F. A. BÉCHARD, D'ANGERS,

d'après le Buste de David.

ÉLÉMENS

D'ANATOMIE DE L'HOMME.

ANATOMIE GÉNÉRALE.

POITIERS. — IMPRIMERIE DE CATINEAU.

ÉLÉMENS
D'ANATOMIE GÉNÉRALE,

OU

DESCRIPTION

DE TOUS LES GENRES D'ORGANES

QUI COMPOSENT LE CORPS HUMAIN;

PAR P.-A. BÉCLARD (d'Angers),

Professeur d'Anatomie à la Faculté de Médecine de Paris, etc.

DEUXIÈME ÉDITION,

ACCOMPAGNÉE

D'UNE NOTICE SUR LA VIE ET LES TRAVAUX DE L'AUTEUR, PAR LE Dr OLIVIER (d'Angers);

ornée d'un portrait

Gravé d'après le buste de M. David.

A PARIS,

CHEZ BÉCHET JEUNE,

LIBRAIRE DE L'ACADÉMIE ROYALE DE MÉDECINE,

Place de l'École de Médecine, n° 4.

A BRUXELLES,

AU DÉPÔT GÉNÉRAL DE LA LIBRAIRIE MÉDICALE FRANÇAISE.

1827.

A la Mémoire

de Bichat.

PRÉFACE

DE LA PREMIÈRE ÉDITION.

L'OUVRAGE que je publie est un sommaire du cours d'anatomie que je fais depuis une dixaine d'années; il est uniquement destiné aux étudians. Le but que je me suis proposé en le publiant a été de leur offrir, sous un petit volume, un abrégé des nombreux travaux entrepris depuis plus de vingt siècles sur la science de l'organisation humaine.

Je divise l'anatomie de l'homme en anatomie générale, en anatomie spéciale des organes, et en anatomie des régions. Le volume qui paraît aujourd'hui ne contient que l'anatomie générale, et peut être considéré soit comme un ouvrage à part, soit comme la première partie d'un traité général.

J'ai mis à contribution, pour rédiger cette partie de l'anatomie, l'ouvrage de notre célèbre Bichat, et ceux qui ont été publiés depuis sur le même sujet. Pour chaque système ou genre d'organes, j'ai aussi, et surtout, consulté les traités *ex professo* dont ils ont été l'objet. J'ai eu soin de citer à chaque chapitre les titres des ouvrages qui m'ont servi à le composer; beaucoup moins pour faire un facile et vain étalage d'érudition, que pour dispenser les autres de lire les ouvrages que j'ai dû lire moi-même, et en même temps pour indiquer, au choix de ceux qui voudraient faire des études approfondies, une sorte de bibliothèque anatomique choisie : j'ai aussi indiqué les figures que l'on devra consulter sur chaque genre d'organes.

J'ai donné, en tête de chaque chapitre, une histoire abrégée des principales découvertes faites sur le système d'organes qui en est le sujet. Je me suis aidé, pour faire quelques-unes de ces notices historiques, de l'histoire de l'anatomie de M. Lauth, dont il n'y a encore qu'un volume de publié.

L'introduction traite, dans une première section, de l'organisation en général, et du corps humain dans la seconde. J'ai eu en vue, dans la première section, de donner au lecteur une idée générale de l'anatomie et de la physiologie comparatives. Je n'ai pas eu l'intention de dispenser par-là les étudians de l'étude de l'anatomie des animaux, mais, au contraire, de leur montrer l'utilité de cette étude. Je me suis servi, pour composer cette partie de l'introduction, des travaux de MM. Duméril, de Blainville, Geoffroy Saint-Hilaire, de Lamarck, surtout de ceux de M. Cuvier, que j'aurais pu citer à toutes les pages. Dans la seconde partie de l'introduction, j'ai donné des généralités sur le corps humain ; j'ai parlé de ses humeurs en général, partie de la science de l'organisation beaucoup trop négligée depuis les travaux de Haller et de son école, qui ont cru à tort trouver tout le secret de la vie dans le système nerveux et dans les phénomènes de l'irritabilité et de la sensibilité.

L'anatomie n'étant pas pour le médecin un objet de stérile curiosité, de pure spéculation, mais la base de toutes les connaissances relatives au sujet de la médecine, j'ai pensé que la physiologie et la pathologie n'en devaient pas être absolument séparées. L'anatomie pathologique surtout m'a semblé devoir être liée à l'anatomie ordinaire ; aussi la description de chaque tissu est terminée par un aperçu des variétés et des altérations que l'on y observe, et l'ouvrage entier par un chapitre sur les productions accidentelles communes à tous ou à plusieurs genres d'organes.

Paris, le 30 août 1823.

P.-A. BÉCLARD.

TABLE.

FIN DE LA TABLE.

NOTICE

SUR

LA VIE ET LES OUVRAGES DE BÉCLARD;

PAR C.-P. OLLIVIER, D'ANGERS.

Écrire la vie d'un homme célèbre, c'est en même temps honorer sa mémoire et rendre service à la société; car en rappelant les triomphes de celui dont chaque pas fut marqué par une couronne, on enseigne aux hommes qui veulent l'imiter, par quels chemins on arrive à la gloire, et de quel prix est dans la vie une réputation justement acquise. C'est dans ce double but que nous voulons dérouler ici la vie laborieuse du savant que regrettera long-temps l'École de Médecine de Paris, dont il était un des plus beaux ornemens.

Pierre-Augustin Béclard naquit à Angers, le 12 octobre 1785, de parens chez lesquels la probité était héréditaire, et qui n'avaient d'autre fortune que leur bonne réputation. Quoique chargé d'une nombreuse famille, son père, à force de soins et d'économie, parvint à donner à chacun de ses enfans l'éducation première dont ils avaient besoin pour continuer l'exercice du commerce assez borné qui les faisait vivre. Ainsi, lorsque le jeune Béclard eut appris à lire, écrire et compter, on lui fit entrevoir que c'était là que devaient se borner ses connaissances. Mais, soit qu'il eût le pressentiment de ses succès à venir, soit qu'il fût inspiré par un instinct ou par un goût irrésistible, Béclard ne tint pas compte de ces avis, et se mit à dévorer tous les livres qui lui tombaient sous la main.

Les écoles centrales, que l'on avait établies dans les départemens comme autant de foyers de lumière destinés à éclairer une nation régénérée, étaient alors dans toute leur activité. Béclard s'inscrit au nombre des élèves de celle qui s'était formée à Angers, et ne tarde pas à se faire remarquer par ses progrès et par ses succès rapides. C'est là qu'il devine, pour la première fois, les ressources de l'étude; c'est là qu'il puise l'amour des sciences, et qu'il apprend à chérir leur culte. Cependant, malgré les illusions dont son âme ardente se nourrissait déjà, ses parens gémissaient de voir naître en lui de semblables dispositions, et, pour le maintenir dans le rang où il était né, s'efforcèrent tour à tour de le faire commis de boutique, écrivain dans un bureau de loterie, et secrétaire du directeur des diligences. Béclard remplissait mal ces emplois, pour lesquels il avait autant de répugnance que d'inaptitude; aussi fut-il jugé par ses patrons comme inhabile aux occupations du commerce ou de la burocratie. Les dégoûts qu'il éprouvait dans une position peu conforme à ses penchans naturels répandirent dès lors sur le caractère de Béclard une teinte de mélancolie qui, plus tard, tourna pour ainsi dire à son avantage, en disposant de bonne heure son esprit à la méditation qu'exige la culture approfondie des sciences.

Il est une époque de la vie où l'homme, encore indécis sur l'état qu'il doit embrasser, étudie, pour ainsi dire le rôle qu'il va jouer dans le monde, et se prépare d'avance à le bien remplir. Cette époque de la vie de Béclard fut marquée par une indolence qui désolait sa famille; il n'était, disait-on, propre à rien, et négligeait de se ménager un avenir heureux: c'est que l'on n'avait point encore interprété ses secrètes intentions, ni fourni à son émulation l'aliment dont elle avait besoin; mais aussitôt que son père, éclairé par de bons avis, et vaincu par les sollicitations de son fils qui ne voulait que devenir officier de santé, lui permit de suivre les cours de l'école secondaire de Médecine établie à l'hôpital de la ville, dès que le jeune étudiant vit s'ouvrir devant lui une carrière dans laquelle il brûlait d'entrer, dès lors cessa cet assoupissement de ses facultés trop long-temps enchaînées.

Ce fut en 1804 qu'il débuta dans l'étude de la Médecine; et, par une circonstance qui se présentait comme pour donner à Béclard la conscience de ses forces, la place d'interne à l'hôpital était pour la première fois promise au concours. Un élève, qui depuis s'est perdu dans la foule, avait alors une réputation, je pourrais dire brillante, car chaque âge a sa célébrité, et était considéré comme un compétiteur redoutable; déjà même tous les suffrages le désignaient. Cependant Béclard étonne tellement ses juges par l'étendue de ses connaissances et la précision de son langage, qu'il est proclamé vainqueur: ce fut là le premier rayon de sa gloire.

Pendant son séjour à l'hôpital d'Angers, il consacra presque tout son temps à l'étude de l'Anatomie, objet de sa prédilection; il s'exerça à l'observation des maladies qui se succédaient et variaient à l'infini dans un séjour ouvert à toutes les misères humaines. Il s'accoutuma à manier le fer et le feu avec adresse. Il apprit sous des maîtres exercés, au milieu desquels se distinguait Mirault, dont le nom se trouve écrit dans les fastes de l'art; il apprit, dis-je, à interpréter avec sagesse et sans prévention les faits dont notre science abonde, et dont on est souvent exposé à tirer des inductions propres à flatter nos opinions favorites; enfin, il puisa dans cette école, plus utile que célèbre, le germe des connaissances exactes et de cet esprit éclectique et sévère qui le rendirent plus tard si recommandable. Béclard pourrait prouver par son exemple et ses succès, beaucoup mieux qu'on ne le ferait par de longs raisonnemens, l'utilité des écoles secondaires de Médecine, où le petit nombre des élèves permet ordinairement de mieux voir les faits, et par conséquent d'acquérir de bonne heure une expérience que, dans les grandes écoles, la foule empressée des étudians n'acquiert toujours qu'avec peine. Aussi le vit-on quitter le modeste théâtre de ses premiers essais, déjà riche de connaissances, sinon très étendues, du moins très positives.

Pendant les premières années de ses études médicales, il se livra à l'étude de la langue latine et de la philosophie, que lui enseignait le chapelain de l'hôpital, qui s'empressait de semer dans une terre si fertile des connaissances qui ne pouvaient manquer d'y croître rapidement. Notre jeune élève cultivait en même temps la Botanique; il remporta plusieurs prix d'Histoire naturelle, et par son zèle, son ardeur et ses succès, fit dès lors concevoir de lui de brillantes espérances. Le séjour de Béclard à l'hôpital d'Angers a laissé des souvenirs que ses successeurs se transmettront d'âge en âge, et qui seront toujours pour eux les mobiles d'une noble émulation.

A cette époque, Bichat était au milieu de sa carrière trop courte, et remplissait le monde savant de sa gloire et de son nom. Dans les entretiens que le jeune Béclard avait avec sa famille, il laissait souvent entrevoir le bonheur qu'il éprouverait s'il pouvait un jour marcher l'égal du créateur de l'Anatomie générale. Bichat était pour ainsi dire son idole; il brûlait de rendre hommage à son génie, et de s'attacher à son char de triomphe. Malheureusement pour lui, la mort enleva Bichat avant que notre jeune élève pût écouter ses leçons, car ce ne fut qu'en 1808 qu'il se rendit à Paris; mais il avait déjà recueilli avec empressement des notes prises au dernier cours de ce célèbre anatomiste.

En 1808, Béclard est reçu au premier rang élève de l'École pratique et des hôpitaux de Paris; en 1809, il obtient à l'École de Médecine des prix d'Anatomie, de Physiologie, d'Histoire naturelle médicale, de Chimie et de Physique. Il ne tarde pas non plus à être nommé interne des hôpitaux. Il remporte de nouveau, en 1810, des prix d'Anatomie, de Physiologie, de Médecine et de Chirurgie, et M. Roux le charge de la tâche honorable de préparer et de répéter ses leçons à l'hôpital de la Charité.

Jusqu'ici Béclard n'est connu que de ses rivaux et de ses amis, et tout son mérite ne brille encore que dans sa mémoire immense et son élocution facile. Son génie n'a point encore pris de caractère déterminé, aucun travail original n'en a dévoilé les ressources; mais bientôt une occasion solennelle de se signaler se présente. La place de chef des travaux anatomiques à la Faculté de Médecine de Paris est vacante par la nomination de M. Dupuytren à la chaire de Médecine opératoire. Béclard, nommé prosecteur en 1811, s'élance dans l'arène, et reçoit de ses juges le prix de la lutte. Il s'était déjà concilié l'estime des nombreux élèves qui avaient suivi ses cours particuliers : sa réputation comme anatomiste commençait à peine ; mais aussitôt que le nouveau chef des travaux anatomiques se vit entouré de tant de moyens d'instruction, il s'empressa de les mettre à profit. Il avait d'ailleurs, dans sa thèse du concours, indiqué de la manière la plus lumineuse quelle marche devait suivre un chef de travaux anatomiques dans l'exercice de ses fonctions importantes ; on avait droit par conséquent d'espérer que, fidèle aux principes qu'il venait de tracer, il ne manquerait pas de les mettre en pratique. On sait qu'il n'a pas démenti les espérances que faisaient naître son zèle et ses talens précoces.

Parmi les faits intéressans qu'il recueillit dans les pavillons de l'École et qu'il présenta à la société des professeurs, dans le sein de laquelle il ne tarda pas à être admis, nous n'indiquerons que les principaux : tels furent, en 1813, l'observation d'un fœtus né avec une hernie frontale et très volumineuse du cerveau, par suite d'hydrocéphalie. Cette pièce était surtout curieuse par la présence inaccoutumée de deux os situés entre les os frontaux et non loin de l'articulation des os propres du nez.

Peu de temps après, il donna la description d'un fœtus dont le cordon ombilical, amplement dilaté à sa base, renfermait une partie des organes abdominaux, et dont le cœur adhérait au palais. Il publia, conjointement avec M. Bonnie, l'observation d'un accouchement par l'anus d'un enfant dont la conception avait été extra-utérine. Dans un mémoire sur la nécrose, il soutint et développa l'opinion des auteurs qui pensent qu'il n'y a pas réellement régénération des os. Il fit connaître également ses réflexions sur la formation du cal ; il démontra, avec Bonn et Bichat, que l'ossification du périoste n'était que provisoire, et servait pour ainsi dire de gaîne aux deux bouts fracturés pendant leur encroûtement de phosphate calcaire. On croyait depuis long-temps que la crosse de l'aorte imprimait à la région dorsale de la colonne vertébrale la courbure latérale qu'on y remarque : déjà Bichat avait ébranlé cette explication en supposant que cela pourrait bien provenir de la contraction plus souvent répétée des muscles du bras droit; mais ce n'était encore qu'une supposition, et Béclard la transforma en un fait positif par des recherches assez nombreuses sur ce sujet. Nous ne devons pas omettre de parler des expériences physiologiques par lesquelles notre anatomiste démontra que le fœtus exerçait dans l'utérus des mouvemens respiratoires desquels résultait l'introduction de l'eau de l'amnios dans les bronches. Toutefois il ne parvint pas à démontrer que cette eau ait une action chimique sur le sang qui pénètre dans les poumons. Ce fut aussi à la même époque qu'il fit avec Legallois une série d'expériences curieuses, propres à déterminer l'action de l'œsophage dans le vomissement.

En 1813, Béclard soutint à la Faculté de Paris sa thèse pour obtenir le grade de docteur en Médecine; elle se compose de plusieurs propositions, qui traitent: 1° de la distinction à établir entre le tissu lamineux et le tissu adipeux; 2° des saillies et des enfoncemens des os, qu'il regarde comme résultant de la disposition primitive de la trame celluleuse de l'os, et non des tractions que déterminent les attaches musculaires. D'autres travaux déjà cités sont reproduits dans cette thèse, qui se termine par une interprétation savante et des considérations pratiques sur la méthode que Celse avait proposée pour l'opération de la taille. Son talent comme chirurgien avait été déjà justement apprécié; aussi lors de la première invasion des étrangers, en 1814, fut-il envoyé par le Gouvernement pour porter des secours aux blessés déposés à l'ambulance établie dans l'hôpital Saint-Louis. Ce fut en 1815 que parut le Mémoire sur les acéphales. Béclard fit aussi connaître à cette époque plusieurs faits d'Anatomie pathologique qu'il avait recueillis dans les pavillons de l'École pratique

Un concours est ouvert pour la place de chirurgien en second de l'Hôtel-Dieu; pour la première fois Béclard n'est pas vainqueur: M Marjolin était son compétiteur. Cependant comme les deux concurrens s'étaient disputé la palme presque à mérite égal, Béclard est nommé chirurgien de l'hôpital de la Pitié. Déjà il s'était exercé dans l'art de Paré et de J.-L. Petit sous un maître qui le chérissait, et auquel plus tard il fut lié par des affections plus intimes. Dubois lui avait enseigné le manuel des opérations à l'école de perfectionnement ; aussi vit-on Béclard développer bientôt un talent vraiment chirurgical, auquel d'ailleurs l'avaient disposé sa dextérité naturelle et sa grande habitude des dissections.

En 1816, il devint membre de la Société philomatique, et fit pour la première fois un cours d'Anatomie générale. En 1817, parurent ses Recherches sur les blessures des artères. Les expériences de Jones en Angleterre étaient à peine connues, que notre anatomiste pensa qu'il était important de les vérifier, et le résultat de son travail vint confirmer les conséquences de l'expérimentateur anglais. Le mémoire de Béclard se trouve parmi ceux de la Société médicale d'Émulation, dont il était membre. En 1818, il publia avec M. J. Cloquet la traduction du Traité des hernies de Lawrence.

Ce fut également cette même année que la Faculté de Médecine de Paris le reçut dans son sein. Cette circonstance mémorable de la vie de Béclard, en ajoutant un nouveau lustre à sa réputation, lui inspira le désir de s'asseoir l'égal des professeurs célèbres de cette Faculté, vieille de gloire et d'expérience ; aussi le vit-on redoubler d'efforts pour se mettre à la hauteur des fonctions qui lui étaient confiées. L'empressement avec lequel les élèves suivirent ses savantes leçons d'Anatomie justifia le choix que l'École avait fait de cet homme remarquable.

Il concourut à la formation d'un recueil scientifique connu alors sous le titre de *Nouveau journal de Médecine*, dont les *Archives générales de Médecine* sont aujourd'hui la continuation. En 1819, il fit paraître quatre mémoires sur l'ostéose dont il exposa la marche avec la plus grande précision et une rare clarté. Il coopéra à la rédaction du Dictionnaire des termes de Médecine, Chirurgie, Pharmacie, etc., et était un des principaux collaborateurs du Nouveau Dictionnaire de Médecine.

Il fut, en 1820, nommé président des jurys des départemens et membre du Conseil de salubrité publique du département de la Seine. Lorsqu'une ordonnance royale eut créé l'Académie de Médecine (20 décembre, même année), tous les yeux se fixèrent sur Béclard, qui fut unanimement désigné pour remplir les fonctions de secrétaire perpétuel de cette société savante, fonctions qu'il exerça jusqu'au moment où la faveur ministérielle en décida autrement.

En 1821, il fit paraître un volume d'Additions à l'Anatomie générale de Bichat, et l'année suivante il consigna dans la thèse de M. Descot les résultats de son expérience et de ses recherches sur les affections locales des nerfs. En 1823, parurent les Élémens d'Anatomie générale, où les élèves puiseront long-temps les leçons les plus précieuses et les mieux présentées qu'on ait encore faites sur l'organisation du corps humain. A cette époque, Béclard fut enveloppé dans la disgrâce générale de l'ancienne Faculté de Médecine, et lors de la réorganisation de la nouvelle école, peu s'en fallut qu'il n'y rentrât pas; mais sa réputation et ses talens l'emportèrent sur l'intrigue, et la chaire qu'il avait illustrée lui fut rendue.

Cette énumération rapide des travaux dont la vie de Béclard fut remplie nous amène à une époque d'un sinistre souvenir; mais avant d'aborder ce point pénible de la tâche que nous nous sommes imposée, revenons sur les particularités de la vie d'un maître qui nous fut cher, et nous honora d'une amitié si bienveillante. Considérons donc Béclard comme anatomiste, comme chirurgien, comme professeur et comme homme privé.

L'Anatomie avait été le premier objet des études de Béclard. Sa mémoire heureuse lui permettait de retenir fidèlement les plus minutieuses descriptions; son adresse le mettait à même d'exécuter les préparations les plus difficiles; enfin, son jugement exquis le plaçait au-dessus d'un grand nombre d'élèves dont toute l'habileté se borne à découvrir un muscle et poursuivre les rameaux d'une artère. Doué du triple don de bien disséquer, de bien voir et de retenir fidèlement la disposition des parties, il avait en lui toutes les qualités d'un bon anatomiste. Lorsqu'il vint à Paris, l'Anatomie et la Physiologie, déjà perfectionnées par les travaux de Haller, de Bordeu et de Bichat, parées pour ainsi dire de tout l'éclat de leur génie, séduisaient la foule des élèves autant par l'attrait des nouvelles découvertes que par l'espoir des nombreuses applications qu'on en pouvait faire à la Médecine et à la Chirurgie ; aussi cultivait-on cette science avec une ardeur que soutenaient par leur exemple et leurs encouragemens les Portal, les Chaussier, les Duméril. Déjà Pinel avait établi, d'après l'Anatomie, des distinctions importantes pour l'art de guérir ; et l'école dont il était le chef suivait avec un enthousiasme vraiment remarquable l'élan donné par ce médecin philosophe. Déjà s'était cimentée cette alliance indispensable de l'étude de l'organisation et de celle des maladies ; et c'était dans le but de la rendre encore plus nécessaire que Bayle, Laennec, MM. Richerand et Dupuytren nous apprenaient à mieux connaître, les uns, l'action de nos organes dans l'état sain, les autres, les différens modes d'altérations qu'ils peuvent subir.

On conçoit que Béclard embrassa l'esprit de son siècle avec d'autant plus d'ardeur, qu'il était capable de pressentir tout le bien qui pouvait en résulter. Il ne se borna donc jamais à l'étude aride et sèche de l'Anatomie : il la considéra continuellement dans ses relations avec la Médecine et la Chirurgie. Il consacra tout son temps à l'étude des rapports des parties entre elles, des variétés de forme et de direction que certaines circonstances peuvent leur faire subir ; et comme il ne trouvait pas dans le nombre prodigieux de faits qui passaient sous ses yeux des moyens assez grands encore de multiplier ses connaissances, on le vit, avide de savoir, reculer à l'infini les limites de son érudition. Plein d'admiration pour l'école allemande, à laquelle nous devons tant de précieuses découvertes dans la science de l'organisation, il se familiarisa de bonne heure avec les travaux des Meckel, des Oken, des Tiedemann, etc. Il mit également à contribution les découvertes des hommes célèbres de l'Angleterre et de l'Italie; et ce fut quand il se vit possesseur d'une masse de faits recueillis, pour ainsi dire, dans tous les points du monde savant, qu'il prit à tâche de soumettre au creuset de son jugement sévère et de sa vaste expérience, tous les faits, toutes les opinions, toutes les théories.

Quelques hommes envieux de sa gloire l'accusèrent de n'être qu'un compilateur, un simple érudit, et refusèrent à cette homme remarquable jusqu'à la moindre étincelle de génie : oubliaient-ils donc qu'en suivant cette marche, et en remplissant une tâche aussi difficile, Béclard avait besoin de faire preuve à chaque pas d'un coup d'œil précis et rapide, d'un esprit éclectique peu commun, et d'une raison vraiment supérieure? Le parallèle qu'on s'est efforcé d'établir entre Bichat et Béclard ne peut réellement exister. Si ces deux hommes ont des rapports entre eux par leur gloire rapidement acquise et par leur fin prématurée, ils diffèrent essentiellement par l'esprit suivant lequel ils ont cultivé la science qu'ils ont également perfectionnée. Riche de son propre fonds, entraîné par le désir de construire un édifice d'une forme nouvelle,

Bichat se hâte de mettre en ordre des matériaux qu'il devait en grande partie à ses seuls travaux. Béclard au contraire forme le projet immense de rassembler tous les faits épars dans le domaine de la science, afin d'en créer un corps de doctrine qui offrît pour garantie l'autorité des noms les plus célèbres et le fruit des méditations des savans les plus recommandables. A la gloire d'être original et créateur, Béclard préfère le mérite de faire briller la vérité, de quelque source qu'elle émane. Il était sans doute un des plus grands admirateurs de Bichat, et s'il a souvent combattu ses idées, c'est qu'il a cru devoir le faire dans l'intérêt de la science.

Je crois que l'on pourrait établir entre Bichat et Béclard la distinction qu'on a faite entre Bossuet et Massillon. L'évêque de Meaux prêchait un jour devant un illustre auditoire; Massillon disait en l'écoutant : C'est bien, je l'admire; mais si j'étais à sa place, je ferais autrement. Tel fut Béclard à l'égard de Bichat. Plus froid et moins enthousiaste, il vint après lui comme pour corriger les erreurs échappées au génie créateur de ce grand homme. Cessons donc d'établir entre eux une comparaison qui ne permet pas de juger l'un et l'autre suivant son mérite particulier; c'est isolément qu'il faut les considérer, c'est leur talent propre qu'il faut admirer.

C'est par suite de ce plan de réforme et de perfectionnement que Béclard publia d'abord une nouvelle édition de l'Anatomie générale de Bichat, avec un volume d'Additions; et c'est encore dans le même but qu'il fit paraître ensuite son Anatomie générale, ouvrage remarquable par sa clarté, l'abondance des vérités qu'il renferme, le plan large sur lequel il a été construit et l'immense érudition qu'on y trouve. On a comparé cet ouvrage au Manuel d'Anatomie générale descriptive et pathologique de Meckel. Il est vrai que l'anatomiste français a quelquefois puisé dans cette grande collection des faits plus ou moins intéressans; mais combien l'imitateur a dépassé son modèle, avec quel art il a évité ces idées germaniques, ces explications hypothétiques et ces analogies souvent forcées dont se trouve parsemée l'Anatomie générale de Meckel! D'un autre côté, on a comparé l'ouvrage de Béclard à celui de Bichat, dont on ne cesse de louer le style enchanteur; mais ne sait-on pas que Bichat écrivait à une époque où l'on avait besoin d'entraîner les lecteurs par le charme de la diction, tandis que Béclard a écrit pour des hommes que la science séduit par elle-même et sans le secours d'aucun artifice. Béclard porte l'empreinte de son époque. Bichat a fait, comme on l'a dit, le roman de la science; Béclard s'est efforcé d'en tracer le code. Ainsi l'Anatomie générale de Béclard a son mérite particulier, et peut être considérée comme un des plus beaux titres de gloire pour son auteur. Je me résume, en disant que ce savant a surtout étudié et perfectionné l'Anatomie dans ses rapports avec la Médecine et la Chirurgie, et en appuyant les fondements de cette science sur une immense érudition, a réellement fondé une école dont on suivra long-temps les principes.

Aux qualités précieuses que nous venons de retracer, Béclard joignait encore celles d'un habile opérateur. Il était doué d'un sang-froid imperturbable, d'une fermeté qui ne tint jamais de la dureté, et d'une adresse qui était le fruit de ses longues et nombreuses dissections. Des circonstances imprévues exigent souvent que l'opérateur s'écarte des préceptes de l'art: Béclard savait à l'occasion modifier ou créer des procédés. Comme son sang-froid ne l'abandonnait jamais, sa mémoire lui rappelait ou son génie lui suggérait souvent dans le cours d'une opération tout ce dont il avait besoin pour que l'exécution en fût parfaite. Il a inventé ou perfectionné plusieurs procédés opératoires : tels sont entre autres sa méthode de guérir la fistule du conduit de Sténon; plusieurs procédés d'amputation partielle du pied, de désarticulation des os du métatarse, de l'amputation dans l'articulation de la hanche et dans celle de l'épaule. Il a modifié la manière d'inciser les parties molles dans l'amputation des membres, et de scier le tibia dans celle de la jambe; il a fait le premier l'extirpation complète de la parotide; enfin il a modifié fort avantageusement le procédé de Celse pour l'opération de la taille.

Sa vaste érudition s'étendait également dans le domaine de la Chirurgie. Il a développé dans les leçons qu'il donnait à la Pitié les connaissances les plus étendues et les plus solides. Ceux qui n'ont suivi que son cours de Chirurgie, et qui ne daignèrent pas assister aux opérations qu'il pratiquait sur un trop modeste théâtre, ne purent au moins se dispenser de le regarder comme un homme très versé dans la littérature chirurgicale. On admirait toujours en effet le talent avec lequel il exposait et commentait les théories des hommes qui ont écrit sur cette branche de l'art de guérir. Il est inutile de chercher à venger ici Béclard du reproche qu'on lui a fait de n'être chirurgien qu'en théorie; ne mêlons point au plaisir que nous éprouvons en retraçant le tableau du mérite et des talens de cet excellent homme, le souvenir amer des haines et des coteries ridicules dont il a été l'objet.

La réputation de Béclard comme professeur s'agrandissait de jour en jour. Il possédait la faculté très rare d'exposer avec méthode, clarté et simplicité tout ce que sa mémoire immense lui rappelait. Il savait surtout revêtir son idée du mot propre, et construire ses phrases avec un ordre admirable. Il préférait à l'élégance l'exactitude et la vivacité des expressions. Son débit était dépourvu de métaphores, mais il développait ses idées par une gradation de mots de mieux en mieux choisis, de sorte que la dernière expression, toujours plus forte et plus énergique, laissait dans l'esprit de l'auditeur l'image de l'objet ou de l'idée profondément empreinte. Comme il préparait mûrement et long-temps ses leçons, comme il avait approfondi la matière qu'il traitait devant ses élèves, et qu'il était toujours maître de son sujet, il poursuivait ses descriptions d'une manière imperturbable. Joignant sans cesse à ses connaissances acquises le fruit de ses propres méditations, il intéressait et séduisait son auditoire sans avoir recours au vain étalage de mots par lequel on captive quelquefois la foule abusée.

Dans son dernier cours, il donna l'Histoire anatomique et physiologique du système nerveux, matière délicate et vraiment difficile. Cependant ses descriptions étaient tellement claires, il y régnait un si grand ordre, qu'il était impossible de ne pas les comprendre. Il a exposé avec la plus grande lucidité la série immense des opinions émises sur ce sujet depuis Praxagoras jusqu'à nos jours. Ses leçons étaient plus brillantes et plus solides que jamais, et comme s'il eût eu le présage de sa fin prochaine, il dépassait toujours le temps qui lui était assigné pour ses leçons, et ne pouvait quitter cette chaire sur laquelle allait bientôt s'étendre un crêpe funèbre.

Si Béclard a eu des rivaux dignes de lui dans certaines branches de l'art de guérir, il a surpassé la plupart de ses contemporains dans la carrière du professorat. Il rappelait le savoir et l'éloquence de Hallé, et marchait au moins l'égal de M. Cuvier, qu'il se plaisait du reste à imiter et à la hauteur de qui ses vastes connaissances l'élevaient de jour en jour. Il ne lui manquait que le talent de rendre par le dessin ses descriptions encore plus frappantes de vérité, et alors Béclard eût été le professeur le plus remarquable que les sciences médicales aient eu jusqu'à ce jour pour interprète.

Il n'est pas très commun de rencontrer des vertus privées avec de grands talens, parce que l'ambition, source ordinaire de nos égaremens, accompagne souvent le génie, et qu'on s'expose en voulant la satisfaire à s'écarter des règles de la morale sociale; mais tel ne fut pas Béclard : s'il désira d'occuper un rang distingué parmi ses semblables, ce ne fut du moins jamais au préjudice de ses confrères qu'il y arriva; ses succès dans les concours l'avaient tiré de la foule, et il se maintint au rang élevé qu'il occupait par son mérite personnel et ses travaux infatigables. On l'a quelquefois taxé d'ambition, mais on interprétait mal sa noble émulation; il ne désirait l'accroissement de sa fortune que pour répandre ses bienfaits sur une famille nombreuse dont il était le glorieux appui. Était-il ambitieux, l'homme qui, négligeant de se faire une clientelle dont sa grande réputation lui assurait le succès, consacrait les deux tiers de sa journée à l'instruction publique? Modeste et simple dans ses goûts et dans ses habitudes, il se plaisait à vivre tranquillement dans le sein d'une famille que plusieurs genres de talens contribuaient à illustrer.

Béclard était naturellement mélancolique et sombre. Sa santé, épuisée par de longs travaux, exigeait de sa part les plus grands ménagemens. Sans cesse préoccupé d'idées abstraites, son abord était froid, et sa conversation très laconique; mais si l'on venait à le détourner de ses méditations, alors on trouvait dans son esprit, orné de la lecture des philosophes et des historiens, tous les charmes que peut répandre sur la conversation un homme remarquable par l'éclat et la variété de ses connaissances. Sa gaieté ne paraissait que par éclairs, et un attrait irrésistible le faisait rentrer aussitôt dans le cercle habituel de ses pensées. Depuis quelque temps, il s'était fort adonné à la lecture des ouvrages de philosophie et d'économie politique; il s'était également livré à l'étude des langues; de sorte qu'il pouvait étaler encore dans la société un autre mérite que celui dont il brillait dans le monde médical.

Béclard était bienfaisant sans ostentation : un grand nombre d'élèves recevaient de lui des bienfaits de toute espèce, et souvent il leur laissa ignorer de quelle source émanaient les services qu'il leur rendait. Il a plus d'une fois, par l'abandon désintéressé de ses opinions médicales, soutenu ou créé la réputation de jeunes élèves, qui plus tard ont fait honneur à leur illustre maître. Il coopérait avec zèle à leurs travaux, encourageait leurs essais, leur prodiguait les richesses de son immense érudition, et les servait avec le plus grand zèle dans la culture d'une science dont il désirait avec ardeur de voir le champ s'agrandir, par quelque main qu'il fût défriché.

Ce fut au milieu de tant de travaux, et lorsqu'il commençait à jouir d'une réputation qui, bien que brillante, n'était pourtant qu'à son aurore, que le célèbre professeur dont nous venons d'esquisser la vie fut frappé d'une maladie mortelle.

Le 6 mars 1825, un érysipèle se développa sur la face, et s'étendit bientôt aux tégumens du crâne. Dès le début, une exaltation cérébrale se manifesta, et fit aussitôt concevoir les plus grandes craintes sur les jours du malade. Malgré les soins les plus empressés, la maladie marcha avec une rapidité effrayante; et le 16 mars, Béclard n'était plus.

Dans le délire prolongé qui termina sa vie, son intelligence avait acquis une étonnante activité. Plus d'une fois nous le vîmes se croire encore au milieu d'un nombreux auditoire, et développer avec une énergie surprenante des idées qui, bien qu'incohérentes, n'en dénotaient pas moins l'esprit élevé qui pouvait les concevoir. C'étaient en quelque sorte les derniers efforts de son génie expirant. Enfin, après une longue et cruelle agonie, il rendit le dernier soupir entre les bras de ses nombreux amis, que la douleur enchaînait depuis quelques jours au chevet de son lit de mort. Aussitôt que cette nouvelle se répandit dans l'École, les élèves qui, pendant quelques jours, n'avaient cessé de circuler autour de la maison de Béclard, pour s'informer s'ils devaient concevoir encore quelques espérances; ces élèves qui, naguère encore, saluaient d'applaudissemens unanimes leur savant et modeste professeur, furent profondément affligés de la perte qu'ils venaient de faire.

Le 17 mars 1825, jour des obsèques de Béclard, deux mille étudians se transportèrent à sa maison, et ne voulant pas laisser à ces mains étrangères le soin de conduire sa dépouille au dernier asile, s'en chargèrent eux-mêmes, et la transportèrent à l'église de Saint-Sulpice, qui, dans un instant, se trouva remplie de savans, de professeurs et d'élèves. Ce fut avec le même empressement, qu'à la sortie du temple, on s'empara des restes de Béclard, dont le cercueil, soutenu par une masse d'élèves jaloux de payer à leur maître un dernier tribut d'admiration et de reconnaissance, fut ainsi porté jusqu'au cimetière du Père-Lachaise. Ceux qui n'avaient pu obtenir l'honneur de soutenir ce fardeau précieux le suivaient dans un morne silence, et formaient de la sorte un cortége plus imposant que ne l'est ordinairement la pompe soldée qui environne le char funèbre des hommes riches et puissans.

L'Académie royale et l'École de Médecine chargèrent d'éloquens interprètes de rendre les derniers honneurs aux mânes de Béclard; et les élèves, jaloux de donner à leur maître un témoignage éternel de leurs regrets, ouvrirent sur-le-champ une souscription pour l'érection d'un monument funèbre. L'École de Médecine de Paris et les amis de notre célèbre professeur imitèrent l'élan de ses jeunes admirateurs, et l'on vit bientôt s'élever sur sa tombe un monument qui rappellera toujours les talens de Béclard, la douleur publique dont il fut l'objet, et la noble admiration d'une jeunesse studieuse pour un savant dont elle dévorait les leçons, et qui, victime de son ardeur pour l'étude et de son zèle pour l'instruction publique, périt à 39 ans, lorsqu'il allait atteindre l'apogée de sa gloire (1).

Paris, le 15 décembre 1826.

---

(1) Tandis que l'École de Médecine de Paris déplorait la perte qu'elle venait de faire dans la personne de Béclard, la ville d'Angers, non moins affligée d'un aussi funeste évènement, voulant honorer la mémoire d'un homme qui avait tant fait pour la gloire de son pays, chargea M. David, son compatriote et son ami, également célèbre dans son art, de faire revivre sur le marbre les traits de l'émule de Bichat. C'est d'après ce buste, empreint du caractère et de l'esprit de Béclard, qu'est gravé le portrait joint à cette Notice.

INTRODUCTION.

§ 1er. L'ANATOMIE a pour objet l'étude des corps organisés; elle est la science de l'organisation; tous les êtres organisés en sont le sujet. L'homme, le plus compliqué de tous les êtres, est le sujet principal de cette science : connaître le corps humain, les parties diverses dont il est composé, et l'arrangement de ces parties entre elles; tel est en effet le but essentiel de l'anatomie.

L'anatomie comparative, qui serait aussi bien nommée anatomie générale, embrasse dans son domaine tous les corps organisés; elle a pour objet de rechercher, par la comparaison, ce qu'ils ont de commun ou de général et en quoi ils diffèrent les uns des autres. La phytotomie est l'anatomie générale des végétaux; celle des animaux porte le nom de zootomie. L'anatomie est encore générale quand elle a pour sujet une classe, un genre, ou un groupe quelconque d'êtres organisés, comme celle des animaux domestiques, ou l'anatomie vétérinaire. L'anatomie spéciale a pour sujet une seule espèce de corps organisés; telle est l'anatomie de l'éléphant, du cheval, de l'homme, etc.

Dans l'anatomie de l'homme, le terme anatomie générale a une autre acception qui sera indiquée plus loin; mais il faut d'abord essayer de prendre une idée exacte de l'organisation en général, et des corps qui en sont doués.

PREMIÈRE SECTION.

DES CORPS ORGANISÉS.

§ 2. Les corps, êtres étendus et mobiles, sont le sujet d'une science immense appelée science de la nature, philosophie naturelle ou physique; mais ils peuvent être considérés sous deux points de vue différens : dans l'état de repos et dans l'état de mouvement ou d'action. Dans la première de ces deux manières de considérer les objets, on s'occupe particulièrement de la forme, soit extérieure, soit intérieure des corps : c'est à ce genre d'étude, désigné par quelques-uns sous le nom de morphologie, qu'appartient l'anatomie. La seconde, qui conserve généralement le nom de physique, s'occupe de leurs changemens appréciables, c'est-à-dire de leurs phénomènes ou mouvemens, soit de masses, soit de molécules, et se divise pour cela en deux branches principales, la mécanique et la chimie.

§ 3. Les corps qui ont des propriétés communes ou générales, diffèrent aussi entre eux à beaucoup d'égards. L'organisation et la vie constituent un caractère extrêmement tranché qui les divise en deux séries très-distinctes; celle des corps anorganiques ou bruts, et celle des corps organisés et vivans.

§ 4. Les corps anorganiques n'ayant point une structure compliquée, leurs particules étant dans une indépendance absolue les unes des autres, ces corps enfin n'étant point le sujet de l'anatomie, il serait inutile d'insister davantage sur leur considération : il suffira de dire que les mouvemens ou les phénomènes de masse que ces corps exécutent, sujets de la mécanique, se reproduisent avec une régularité et une constance qui permettent non-seulement de les observer, de les produire et de les répéter dans des expériences, de déterminer les lois suivant lesquelles ils sont produits, mais de les soumettre à l'analyse mathématique; que les phénomènes moléculaires de ces mêmes corps, sujets de la chimie, peuvent être observés, peuvent être produits ou déterminés à volonté dans des expériences; que certaines lois suivant lesquelles ils sont produits, peuvent même être déduites des observations et des expériences, mais que ces phénomènes échappent encore à l'application du calcul, science instrumentale si propre à accélérer les progrès des connaissances auxquelles elle peut être appliquée. La science de l'organisation et de la vie est à peu près réduite aux lois d'observation.

§ 5. Les êtres organisés ou vivans sont les seuls dont s'occupe l'anatomie. Outre les caractères communs qu'ils partagent avec les corps anorganiques, ils en ont d'autres qui leur sont propres, et qui modifient les premiers; ils possèdent l'organisation et la vie. Ils ont chacun une forme propre, constante, ordinairement arrondie, ce qui paraît dû à des fluides qu'ils contiennent. Leur forme intérieure, ou leur structure, offre en effet un mélange de parties hétérogènes, solides et fluides. Les parties solides sont nommées *organes*, ce qui veut dire instrumens, à cause de l'action qu'elles exercent. Leurs particules sont entrelacées, entrecroisées, tissues, aussi nomme-t-on leur arrangement, texture; elles sont aréolaires, spongieuses, ou forment des cavités particulières qui contiennent les fluides. Ces parties sont en général extensibles ou susceptibles de s'allonger, et retractiles ou douées de la faculté de revenir sur elles-mêmes. Lorsque ces parties ou organes sont multiples, comme cela a lieu le plus communément, chacun à sa forme déterminée, sa texture particulière, et sa situation propre. Les liquides ou humeurs sont contenus dans les solides, et en pénètrent tous les points. Toutes les parties soit solides, soit liquides, sont dans une dépendance mutuelle et nécessaire : c'est de leur réunion que résulte le corps organisé. Les solides et les fluides ont une composition analogue ; ils contiennent beaucoup d'eau, et quelques combinaisons particulières ou matériaux immédiats, et peuvent se résoudre presque entièrement en gaz. Au reste, leur matière n'a rien de particulier ; elle se retrouve dans les corps anorganiques dans lesquels elle est puisée, et c'est beaucoup moins sa nature que son arrangement qui la distingue. On l'a présentée à tort comme différant essentiellement de la matière brute. L'oxygène, l'hydrogène, le carbone, dans un grand nombre l'azote, et quelques substances terreuses, en sont les derniers élémens.

C'est cette forme propre, cette structure commune à tous les corps vivans, ce tissu aréolaire contenant des liquides plus ou moins abondans et de même nature que lui, qu'on appelle organisation.

§ 6. On appelle vie l'ensemble des phénomènes propres aux corps organisés. La vie consiste essentiellement en ce que les corps organisés sont tous pendant un temps déterminé des centres que pénètrent des substances étrangères qu'ils s'approprient, et desquelles en sortent d'autres qui leur deviennent étrangères. Dans ce mouvement de formation momentanée, a matière du corps change continuellement, mais sa forme persiste. C'est sous l'état de fluides que les substances étrangères pénètrent dans les corps organisés; c'est sous la même forme que les molécules superflues en sortent. Les liquides et les solides sont dans un mouvement continuel dans l'organisation; les liquides parcourant les cavités des solides, et ceux-ci, par leur dilation et leur resserrement, déterminant une grande partie du mouvement des premiers. Ils se changent sans cesse les uns en les autres, une partie de la matière mobile devenant fixe pour un temps, et une partie des solides redevenant liquide, ce qui s'accorde avec l'analogie de leur composition. Les corps organisés éprouvent des changemens pendant toute leur durée; depuis le moment de leur origine ils s'accroissent en dimensions et en densité. Ce dernier genre de changement continue jusqu'à la fin lorsque la structure du corps étant insensiblement altérée, le mouvement vital languit et s'arrête, ce qui constitue la mort; après la mort, les élémens qui composaient le corps organisé se séparent, et forment de nouvelles combinaisons. Chaque corps organisé ayant non-seulement sa forme extérieure, mais sa structure propre et particulière, chacune de ses parties concourt par son action au résultat général. On appelle fonction l'action de chaque organe ou de plusieurs organes qui ont un but commun.

La nutrition, fonction comprenant l'absorption, l'assimilation et l'excrétion dont il vient d'être question, n'est pas le seul phénomène commun aux corps organisés; la génération est un autre phénomène aussi général, sans lequel les espèces ne subsisteraient pas, la mort étant la suite nécessaire de la vie. Tous les corps organisés et vivans naissent de corps semblables à eux, et tous produisent leurs semblables; pour cela une partie du corps organisé qui a acquis son développement, après s'être accrue sur lui, s'en sépare et forme un être semblable à lui. Cette partie, qui aura la même forme et présentera les mêmes phénomènes que son parent, s'appelle germe tant qu'elle fait partie de son corps. Ce second phénomène général n'est qu'une suite ou une conséquence du premier. Le germe, tant qu'il fait partie du corps de son parent, se nourrit et s'accroît comme un de ses organes; sa séparation constitue une sorte d'excrétion.

Les corps organisés reproduisent aussi pour la plupart certaines de leurs parties quand elles leur sont enlevées; ils réparent également jusqu'à un certain point les lésions qu'ils peuvent éprouver.

L'ensemble des individus nés des mêmes parens, et de ceux qui leur ressemblent autant qu'ils se ressemblent entre eux, constitue l'espèce. Les circonstances extérieures, comme l'atmosphère, la nourriture, et d'autres encore, suivant qu'elles sont plus ou moins favorables, influent sur l'organisation et ses phénomènes : de là résulte une perfection plus ou moins grande dans le développement, et des différences de similitude en général assez bornées entre les individus d'une même espèce : c'est ce qui constitue les variétés. De là résulte aussi des altérations individuelles variées dans les corps organisés et vivans : ces altérations de l'organisation et de ses phénomènes sont les maladies.

C'est cette série de phénomènes communs à tous les corps organisés : l'origine dans un être semblable, la fin par la mort, l'entretien de l'individu par nutrition, celle de l'espèce par génération; en un mot, une action de formation momentanée, exercée dans un corps qui en a reçu d'un parent et qui en transmet le principe à des descendans, qu'on appelle la vie.

Ce sont ces deux caractères, l'organisation et la vie, communs à tous et propres à eux seuls, qui distinguent essentiellement les corps organisés et vivans.

§ 7. La forme et l'action des corps organisés et vivans, l'organisation et la vie sont dans une connexion telle, qu'elles peuvent être considérées chacune comme la condition de l'autre, l'une supposant constamment l'autre. On ne voit la vie que dans des corps organisés, on ne voit aussi l'organisation que dans des corps vivans. Il fallait en effet, pour que la vie pût avoir lieu, des parties solides pour conserver la forme, et des parties fluides pour entretenir le mouvement, en un mot une organisation; et de même, pour que celle-ci pût se maintenir au milieu des causes de destruction, il fallait un mouvement et un renouvellement continuels de ses parties. Les corps organisés naissent vivans de corps semblables à eux; dans tous, et pendant toute la durée de leur vie, les phénomènes vitaux sont dans un rapport exact avec l'état de l'organisation; et quand celle-ci s'altère, soit par le fait même de la vie, soit par des circonstances accidentelles, la vie languit et s'arrête, et l'organisation se détruit par l'action chimique de ses propres élémens. Tous les efforts des physiciens n'ont pu encore apercevoir la matière s'organisant, ou la vie s'établissant soit spontanément, soit par des causes extérieures, en un mot ailleurs que dans un corps déjà organisé et vivant. La vie ne consiste en effet ni uniquement dans une réunion de molécules auparavant séparées, comme celle que pourrait produire l'attraction chimique, ni uniquement dans une expulsion des élémens auparavant combinés, comme celle que pourrait produire l'action répulsive du calorique; mais dans un mouvement de formation temporaire, dans lequel des élémens restent unis, qui se sépareraient si la vie cessait, et dans lequel des élémens se séparent sans que l'action du calorique les écarte : or, cette action vitale n'existe que dans les corps organisés. Cette connexion intime et réciproque de l'organisation et de la vie, a fait qu'on les a tour à tour regardées chacnue comme la cause ou l'effet de l'autre. C'est à tort sans doute, et l'idée d'organisation et de vie est une idée complexe qui ne doit pas être plus divisée, si ce n'est par abstraction, que ces deux choses ne sont elles-mêmes séparables. La vie est l'organisation en action, ou bien, suivant l'expression de Stahl, c'est l'organisme. L'objet de cet ouvrage cependant étant l'examen de l'organisation en repos, la vie n'y sera considérée que d'une manière fort abrégée [1].

§ 7. Les corps organisés ayant une structure hétérogène, leur histoire se compose de celle de leurs diverses parties ; c'est proprement cette étude qui est l'objet de l'anatomie. De même la physique de ces corps ne comprend pas seulement des phénomènes mécaniques ou chimiques, mais encore ceux qui leur appartiennent en propre, et qui sont étrangers aux corps anorganiques ; savoir, la nutrition et la génération, c'est-à-dire l'action organique ou vitale. Cette physique particulière prend le nom de physiologie.

L'anatomie [2] peut donc être définie la connaissance des corps organisés, ou la science de l'organisation. D'après son étymologie, ce mot n'a point cette signification : il veut dire simplement *dissection;* mais l'usage l'a consacré,

[1] *Voyez* Richerand. Elémens de Physiologie.

[2] De Ανατεμνω, je dissèque.

et on le préfère aux mots morphologie, organologie (discours sur la forme, sur les organes), que quelques-uns ont proposés pour le remplacer. En effet, l'anatomie est une science purement d'observation, et la dissection est le principal moyen par lequel on met à découvert les parties des corps organisés pour les observer.

La physiologie[1] est la connaissance des phénomènes des corps organisés, ou la science de la vie; on l'appelle encore zoonomie et biologie (lois de la vie et discours sur la vie). La physiologie est, comme l'anatomie, une science d'observation; mais elle considère les phénomènes des corps organisés vivans.

L'anatomie et la physiologie sont liées entre elles par un rapport très-étroit; l'observation ayant appris que l'organisation et les phénomènes de la vie sont dans un rapport constant et réciproque, on peut conclure de l'une à l'autre.

§ 8. Les corps organisés et vivans, sujets de l'anatomie et de la physiologie, sont distingués en êtres inanimés ou végétaux, et en animaux ou êtres animés, d'après des différences très-tranchées entre les animaux et les végétaux dont l'organisation est compliquée, très-peu marquées au contraire entre ceux dont l'organisation est la plus simple.

§ 9. Les végétaux les plus composés sont en général formés de deux parties séparées par une ligne médiane horizontale, et dont l'une descendante et contenue dans la terre est la racine; tandis que l'autre, ascendante et contenue dans l'atmosphère, est la tige qui porte les feuilles et les fleurs. Leur structure consiste simplement en un tissu aréolaire, en vaisseaux et en tuyaux spiraux

1. De φυσις, nature, et λογος, discours.

qu'on nomme trachées. Ils n'ont point d'autres organes que ceux de la nutrition et de la génération. Leurs parties les plus importantes sont toutes situées à l'extérieur. Leur composition chimique est assez simple ; l'azote s'y rencontre rarement, ou n'y existe que localement. Leurs actions vitales se bornent à l'accroissement et à la reproduction. Leur nutrition, dont les matériaux sont puisés dans le sol et dans l'atmosphère, dans l'eau et dans l'air, consiste dans une absorption exercée par les racines, dans un mouvement de translation que les liquides éprouvent dans les vaisseaux de la tige, et dans une sorte de respiration qui a lieu principalement dans les feuilles : dans ces diverses actions, les végétaux retiennent l'hydrogène et le carbone, conservent peu ou point d'azote, et exhalent l'oxigène superflu. Leur reproduction se fait suivant plusieurs modes. Il y a, du reste, dans l'organisation des végétaux, une assez grande diversité dont l'exposition serait déplacée dans cet ouvrage[1].

Des Animaux.

§ 10. Les animaux à la tête desquels se trouve l'homme qui ressemble beaucoup à quelques-uns d'entre eux, outre les caractères généraux des corps organisés, en ont d'autres qui leur sont propres, qui les distinguent par conséquent des végétaux, et qui influent sur les premiers et les modifient. Mais les animaux sont tellement différens les uns des autres, que leurs caractères communs ne sont pas bien nombreux et bien tranchés;

[1] *Voyez* Richard. Élémens de Botanique.

voici les caractères propres aux animaux, les uns en petit nombre communs à tous, les autres plus ou moins généraux.

Outre la forme arrondie qui appartient en général à tous les êtres organisés, on observe que la plupart des animaux sont, à l'extérieur au moins, symétriques et divisés par une ligne médiane verticale en deux moitiés latérales semblables, et que leur longueur, suivant cette ligne, l'emporte sur les autres dimensions, quelquefois de beaucoup. La proportion des liquides aux solides est très-grande. Le tissu aréolaire ou cellulaire, qui forme la masse du corps, est très-mou et très-contractile. Le corps est creusé d'une cavité intérieure ou intestine, où sont reçus les alimens. Cette cavité est, ainsi que l'extérieur, tapissée par une membrane ou peau qui limite et enveloppe tout le reste du corps. Il y a dans beaucoup d'animaux des vaisseaux circulatoires qui portent, dans des directions déterminées, la matière nutrive de l'intestin dans toutes les autres parties du corps; des organes respiratoires dans lesquels cette matière est soumise à l'action de l'atmosphère, et des organes sécrétoires où une partie de cette matière se sépare de la masse. Ils ont des organes génitaux qui consistent en général en une cavité de laquelle se détachent et sortent les germes. Dans la plupart des animaux, enfin, il y a des muscles pour exécuter les mouvemens apparens, des sens pour recevoir les impressions des objets extérieurs, et un système nerveux consistant en des cordons ou filets plongés et épanouis par une extrémité dans les tégumens et dans les muscles, et en des renflemens plus ou moins gros dans lesquels tient l'autre extrémité des cordons.

§ 11. Les solides, ou les organes des animaux, ont pour

base principale le tissu aréolaire ou cellulaire, substance molle, extensible, contractile, perméable aux liquides. Condensée aux deux surfaces du corps, c'est cette substance qui forme à l'extérieur la peau, et à l'intérieur les membranes muqueuses, ou la peau intérieure. C'est cette même membrane, la peau diversement disposée, qui constitue les organes de la respiration, des sécrétions et de la génération : c'est elle aussi qui forme les sens. Creusé en canaux rameux dans les parois desquels il a une consistance assez grande, le tissu cellulaire constitue les vaisseaux : cette même substance, diversement modifiée, sans perdre pourtant ses caractères distinctifs, forme encore plusieurs autres genres d'organes dans les animaux. La fibre musculaire constitue un second genre de solide différant essentiellement du tissu cellulaire, en ce que au milieu de cette substance molle qui forme la masse commune, se trouvent des séries linéaires de globules microscopiques; elle se contracte quand elle est irritée. La substance des nerfs est formée de même de globules, mais différens de ceux qui composent les muscles; elle transmet à des centres les impressions reçues, et conduit aux muscles l'influence des centres.

Les liquides animaux, ou les humeurs, sont nombreux et abondans. Dans beaucoup d'animaux il y a un liquide en circulation dans des vaisseaux, c'est le sang, masse centrale du liquide nutritif; d'autres liquides absorbés aux surfaces, ou dans la masse même du corps; et d'autres liquides enfin sécrétés ou séparés du sang. Celui-ci consiste essentiellement en un véhicule séreux, abondant, dans lequel sont plongés des particules microscopiques semblables à celles des solides. La composition du sang est tout-à-fait analogue à celle des parties solides, et il suffit d'un simple changement d'état, ou de quelques faibles changemens de proportions dans les élémens, pour que les matériaux de liquides deviennent solides.

Les derniers élémens anatomiques des humeurs et des organes des animaux paraissent donc être une substance amorphe, liquide dans le sang où elle constitue le sérum ou l'albumine, et concrète dans les organes où elle constitue le tissu cellulaire; et une substance figurée en globules libres et nageant dans le sang, fixés dans les organes où ils forment la fibre musculaire et la substance nervale. La composition chimique du corps animal est plus compliquée que celle du végétal, et consiste en élémens plus volatils; aussi l'azote y entre-t-il comme partie essentielle qui se joint aux autres élémens généraux de l'organisation. La chaux est l'élément terreux qui y existe le plus généralement.

§ 12. Les phénomènes organiques généraux, la nutrition et la génération se retrouvent dans les animaux, mais modifiés par les phénomènes qui leur sont propres. La nutrition, au lieu de résulter de l'absorption extérieure seule, résulte en même temps et principalement d'une absorption intérieure qui a lieu dans leur cavité intestinale. Le liquide nutritif puisé dans l'intestin est soumis à l'action de l'atmosphère; il résulte de cette respiration une production d'eau et d'acide carbonique, ce qui est le contraire de ce qui a lieu dans les végétaux. Outre cela, le liquide nutritif doit être continuellement débarrassé de matières surabondantes par les sécrétions; elles ont lieu aux surfaces externe et interne, tantôt par des vaisseaux simplement épanouis sur de larges surfaces qui laissent perspirer le liquide sécrété; ailleurs c'est du fond de petites cavités formées dans la peau ou la membrane muqueuse, qu'on voit le liquide sourdre ; dans d'autres endroits les vaisseaux circulatoires communiquent avec des vaisseaux propres ou canaux excréteurs ramifiés, formés encore par l'enveloppe du corps, et qui versent le liquide sécrété. Parmi les liquides qui résultent de ces diverses sécrétions, les uns ont des usages dans l'exercice des fonctions, d'autres sont rejetés comme matières superflues, ce qui constitue une sorte de dépuration. Le liquide nourricier sans cesse renouvelé par l'absorption intestinale, entretenu dans un état convenable par la respiration et les sécrétions, parvient dans toutes les parties du corps, et y opère la nutrition, opération merveilleuse dans laquelle il se décompose de manière que dans chaque partie une portion du sang devient solide et fait partie d'un organe ; en même temps et partout aussi une partie des organes devient liquide, et rentre dans le torrent circulatoire. La génération ou la production d'un nouvel être est tellement diversifiée dans ses modes qu'elle n'offre aucun caractère propre aux animaux et commun à eux tous. La séparation des sexes, subordonnée au mouvement, n'est en effet ni propre ni commune au règne animal. Les animaux jouissent aussi, quoiqu'à un degré moindre que les végétaux, de la faculté de reproduire, par une sorte de végétation, certaines parties quand elles sont enlevées.

§ 13. Le mouvement musculaire, les sensations et l'action nerveuse donnent aux animaux, en quelque sorte, une nouvelle vie : aussi appelle-t-on ces fonctions du nom de vie animale, par opposition aux autres fonctions que l'on appelle vie organique ou végétative. Les impressions exercées par les agens extérieurs sur les organes des sensations, c'est-à-dire sur la peau externe ou interne, ou sur quelques-unes de ses parties organisées d'une manière particulière, déterminent dans ces organes des actions qui se propagent par les nerfs jusqu'aux masses centrales du système nerveux. Il n'est même aucune partie du corps qui, dans certains cas, ne puisse être le siége de quelque sensation. Quand l'animal a reçu une sensation, et qu'elle détermine en lui une volition, c'est encore par les nerfs que cette volition est transmise aux muscles dont les contractions produisent les mouvemens de l'animal.

L'action nerveuse n'est pas bornée à transmettre les impressions reçues par les sens et les volitions aux muscles, les masses nerveuses centrales sont encore les organes de l'instinct et des fonctions cérébrales.

Les fonctions dont il s'agit ne sont pas seulement en plus dans les animaux, ou surajoutées en eux aux fonctions organiques ou végétatives, mais elles modifient singulièrement l'exercice de ces dernières. Ainsi, dans la nutrition, ce sont en général des mouvemens musculaires qui déterminent l'introduction des alimens; des fibres musculaires qui garnissent l'intestin, les y font mouvoir; des muscles qui, dans beaucoup d'animaux, garnissent les vaisseaux à leur centre de réunion, y meuvent le sang; des muscles encore déterminent, par leur mouvement, l'application du fluide atmosphérique sur l'organe respiratoire. Des sens sont placés à l'entrée des organes de la nutrition. Des nerfs se distribuent aussi aux organes de la nutrition, et quoique dans l'état ordinaire ces nerfs ne transmettent point de sensations ni de volitions, et que les mouvemens y soient immédiatement déterminés par les impressions ou irritations, cependant, dans les affections fortes des centres nerveux, les mouvemens sont troublés, et dans des cas maladifs ces fonctions sont accompagnées de sensations. La génération est, comme la nutrition, modifiée dans ses actes par les fonctions animales.

§ 14. Il y a en effet entre tous les organes, entre toutes les fonctions des animaux, un enchaînement qui existe bien dans tous les corps organisés et vivans, mais qui se fait remarquer encore davantage dans les animaux, et surtout dans quelques-uns d'entre eux. Dans les êtres organisés réduits à la nutrition et à la reproduction, la dernière de ces fonctions est la suite et la conséquence de la première. Dans les animaux qui jouissent du mouvement et du sentiment, la nutrition a dû être exécutée par une digestion, car l'animal ne pouvait être tout à la fois locomobile et enraciné; la génération a pu être sexuelle. A mesure que chaque ordre de fonctions devient plus compliqué, les organes qui s'ajoutent à ceux dont l'existence est plus générale, tiennent ces premiers sous leur dépendance. Ainsi, dans l'ordre des fonctions nutritives, la circulation, et dans la circulation, l'action du cœur, beaucoup moins générale que les autres phénomènes nutritifs tiennent, quand elles existent, tous les autres phénomènes sous leur influence. De même dans les fonctions animales, l'action des centres nerveux tient sous sa direction des phénomènes dont l'existence est plus générale. Les fonctions animales tiennent de même sous la leur toutes les fonctions nutritives et reproductives, mais celles-ci, à leur tour, tiennent aussi les premières sous leur dépendance : les organes des fonctions animales devant être nourris pour remplir leurs fonctions, et celles-ci déterminant l'exercice des organes des fonctions végétatives. De sorte que dans les animaux trés-dévelopés en organisation, la vie semble essentiellement résulter de l'action réciproque de l'organe central des fonctions végétatives, et de l'organe principal des fonctions animales : de la circulation et de l'action nerveuse, ou de l'action du sang sur le système nerveux, et du système nerveux sur les organes qui meuvent le sang. Les autres phénomènes entretiennent ces deux actions principales, que l'on peut regarder comme les deux fonctions essentiellement vitales des animaux.

§ 15. A tous ces caractères, les premiers très-généraux ou communs, et les derniers beaucoup moins généraux, il faut ajouter les dérangemens de l'organisation et des phénomènes de la vie, c'est-à-dire les maladies, beaucoup plus fréquentes dans les animaux que dans l'autre règne organique; et l'on trouvera aisément la raison de cette fréquence dans la complication de leur organisation, dans l'enchaînement de toutes les parties entre elles, et dans l'exercice d'organes centraux et prédominans dont l'action ne peut être troublée sans que tous les autres s'en ressentent. De là l'étude des circonstances et des corps extérieurs qui influent d'une manière utile ou nuisible sur l'organisation animale, et l'art de conserver ou de rétablir la santé par l'usage bien dirigé des influences extérieures, ou la médecine.

Tels sont les caractères les plus généraux des animaux; mais ces êtres présentent dans leurs organes et dans leurs fonctions une foule de variétés ou de degrés de complication qu'il est important d'examiner.

§ 16. La forme extérieure ou la configuration qui peut donner une idée de la structure dont elle est en quelque sorte l'expression, présente les variétés suivantes. Quelques animaux sont punctiformes ou globuleux, comme les monades; d'autres ont la forme d'un filament, comme les vibrions; quelques-uns ont la forme aplatie comme une petite membrane, tels sont les cyclides; d'autres enfin appartenant, comme les précédens, au groupe des infusoires, n'ont point de forme déterminée, leur configuration changeant à chaque instant de la manière la plus bizarre : ce sont les protées. Ces formes élémentaires, qui appartiennent à tous les animaux les plus simples, se retrouvent dans quelques-uns d'un ordre plus élevé, et dans certaines parties de tous les autres. Il en est de même de la forme étoilée ou rayonnée qui appartient à un certain nombre de classes d'animaux, et qu'on retrouve dans diverses parties de ceux qui ont une autre forme extérieure.

La forme rayonnée commence à se montrer dans les rotifères, et dans les autres polypes ; dans les acalèphes et les échinodermes, la forme rayonnée n'est pas bornée à l'extérieur qui ressemble à une fleur radiée ou à une étoile, mais toutes les parties sont disposées autour d'un axe, et sur un plus ou moins grand nombre de rayons. Dans d'autres animaux l'axe étant plus long, la forme rayonnée devient cylindrique. Les échinodermes cylindroïdes, les vers intestinaux, les annélides établissent ce passage de la forme rayonnée, à laquelle ils participent encore, à la forme symétrique et à la disposition articulaire qu'ils présentent aussi; et les tuniciers, le passage de la forme rayonnée à la forme symétrique sans articulations.

La forme symétrique se trouve, à quelques faibles exceptions près, dans tous les autres animaux. Dans cette forme, le corps est partagé en deux parties latérales ou en deux côtés semblables par un plan médian ; mais elle se soudivise en deux autres très-différentes. Dans les mollusques le corps n'est point divisé en segmens, et il n'y a point de pieds articulés ; ces animaux sont inarticulés. Les autres animaux symétriques au contraire sont articulés, c'est-à-dire que leur tronc est divisé en segmens mobiles les uns sur les autres, et que leurs membres, quand ils en ont, sont divisés en plusieurs parties par des articulations. On trouve déjà la disposition articulaire dans les cirrhipodes, qui, de toute manière, appartiennent aux mollusques ; on en trouve aussi le principe dans les échinodermes cylindroïdes, dans les vers, mais ce genre de forme appartient surtout aux annélides, aux insectes, aux crustacés, aux archides, que l'on appelle, pour cette raison, animaux articulés, et à tous les animaux osseux ou vertébrés. Ainsi on peut rapporter les formes animales aux suivantes : la forme symétrique ou binaire, avec ou sans articulations ; la forme rayonnée ; et les formes simples d'un globule, d'un filament, etc.

§ 17. La forme extérieure des animaux présente encore d'autres différences. Le corps se divise en tronc, partie centrale qui contient les organes essentiels à la vie ou les viscères ; et en appendices, parties en général destinées aux mouvemens et aux sensations. Le tronc se divise en torse ou partie moyenne et en extrémités qui sont la tête et la queue. Le torse lui-même est quelquefois subdivisé en abdomen et en thorax. La tête est la partie qui, outre la bouche, contient le principal renflement nerveux, ou le cerveau, et les organes des sens spéciaux. Le thorax, dans les animaux articulés, est la partie du tronc qui porte les membres ; dans les vertébrés c'est celle qui renferme le cœur et les poumons. L'abdomen contient toujours les principaux organes de la digestion et de la génération. Ces diverses parties du tronc, qui n'existent pas toujours toutes, offrent diverses variétés.

Dans les animaux rayonnés, dans les mollusques acéphales, et dans les intestinaux et les annélides, le tronc, réduit à sa partie moyenne, consiste en une seule cavité qui renferme tous les organes. Dans les mollusques céphalés il y a une tête distincte; il en est de même des insectes, des crustacés et des arachnides, qui ont en outre un thorax, tantôt distinct de la tête et de l'abdomen, et tantôt confondu avec une ou avec ces deux parties du tronc. Dans les vertébrés la tête est toujours distincte, mais le thorax est quelquefois confondu avec l'abdomen. Les appendices présentent aussi diverses variétés: dans quelques infusoires, il y en a de petits appelés cils. Les animaux rayonnés ont la bouche entourée d'appendices appelés tentacules, qui sont destinés au mouvement et au sentiment. Il en est de même dans quelques mollusques qui ont des tentacules sensibles et d'autres productions charnues appelées bras ou pieds pour le mouvement. Les crustacés et les insectes ont des antennes, filamens articulés, de forme très-diverse, tenant à la tête, et qui paraissent des organes de sensation. Il en est de même de leurs palpes que l'on trouve aussi dans les arachnides. Les appendices latéraux, pairs, essentiellement destinés au mouvement, et qu'on appelle membres quand ils sont articulés, existent en rudimens dans les cirrhopodes et dans les annélides setigères; on les trouve en grand nombre dans les myriapodes, en nombre assez grand, mais variable, dans les crustacés; il y en a huit dans les arachnides, et six dans les vrais insectes qui ont en outre, pour la plupart, des ailes au nombre de quatre ou de deux. Dans les vertébrés il n'y a jamais plus de quatre membres.

§ 18. Les organes de la nutrition présentent une grande diversité. Dans les animaux les plus simples, les infusoires, cette fonction consiste uniquement dans une absorption ou imbibition extérieure dont la matière pénètre toutes les parties du corps de l'animal, et est immédiatement assimilée et ensuite excrétée; on retrouve cette simplicité d'organisation dans quelques vers intestinaux et quelques acalèphes.

A un degré plus élevé, on trouve une cavité intestinale creusée dans la substance du corps, et dès-lors l'absorption se fait par deux surfaces et surtout par la surface interne. On trouve cette simple cavité dans quelques polypes. A un degré plus élevé encore, la cavité consiste en un sac membraneux, distinct de la masse du corps, formé par une membrane ou peau intérieure continue et analogue à la peau extérieure. Ce sont encore des polypes et des acalèphes, et quelques intestinaux qui en montrent la première apparence; dans d'autres animaux des mêmes classes, la cavité gastrique a des prolongemens étendus dans la masse du corps pour y distribuer la nourriture. Dans quelques acalèphes, quelques vers intestinaux, l'estomac manque, et il n'y a que les prolongemens ramifiés qui s'ouvrent à la surface extérieure. Dans toutes ces premières apparences d'une cavité intestinale, la cavité est bornée à un sac alongé, ayant une seule issue. Plusieurs échinodermes et vers intestinaux ont un canal intestinal distinct, une bouche et un anus, disposition que l'on retrouve dans toutes les classes élevées, où le canal plus ou moins renflé, plus ou moins resserré, etc., traverse le corps. L'existence de ce canal se montre en même temps que la forme cylindroïde et alongée du corps.

La bouche présente plusieurs variétés dont les principales sont celles d'un simple orifice; d'une ouverture garnie de muscles, et quelquefois de parties dures, mais disposées uniquement pour la succion; d'une ouverture garnie de muscles et de parties dures pour diviser les alimens.

§ 19. Dans beaucoup d'animaux inférieurs, le suc nourricier, absorbé par les parois de l'intestin, simple ou prolongé dans le corps par des appendices ramifiés, est porté immédiatement par la substance aréolaire dans toutes les parties du corps : tel est le cas de tous les animaux rayonnés et de l'immense classe des insectes. Dans tous les insectes, en effet, il n'y a point de vaisseaux, et le liquide nourricier doit passer par imbibition de l'intestin dans tout le corps; il y a seulement un vaisseau dorsal qui paraît un rudiment de cœur, mais point de branches pour la circulation.

Dans les animaux plus élevés, le liquide nourricier, absorbé par les parois de l'intestin, circule dans des vaisseaux clos, dont les dernières ramifications seules laissent échapper dans la substance du corps les molécules qui doivent la nourrir. Les vaisseaux qui portent du centre de la circulation à toutes les autres parties, sont appelés artères; ceux qui rapportent de toutes les parties du corps au centre, se nomment veines; au point de réunion des unes et des autres, on trouve dans beaucoup d'animaux un organe charnu, le cœur, qui aide, par ses contractions le mouvement du liquide, et qui est, ainsi que l'ensemble des vaisseaux, plus ou moins compliqué. On trouve les premiers rudimens de vaisseaux dans quelques vers intestinaux, et le premier rudiment de cœur dans les insectes.

Dans les annélides, seuls animaux invertébrés qui aient le sang rouge, il y a des artères et des veines pour la circulation, mais le cœur est seulement ébauché. Dans les arachnides trachéennes, les organes de la circulation ne sont guère plus avancés que dans les insectes, mais dans les autres, les pulmonaires, il y a un cœur ou grand vaisseau dorsal et des branches de chaque côté. Les crustacés offrent plus distinctement le cœur; dans quelques-uns, il est alongé en un gros vaisseau fibreux qui règne sur toute la longueur de la queue, donnant des branches des deux côtés, et qui rappelle encore le vaisseau dorsal des insectes ; mais dans d'autres crustacés, il y a un ventricule dorsal, un grand vaisseau ventral, et de véritables vaisseaux circulatoires. Dans les mollusques il y a un cœur plus ou moins compliqué, un double système d'artères et de veines ; le sang est blanc ou bleuâtre. Enfin, dans les vertébrés, outre les artères, les veines et le cœur, il y a un système particulier de vaisseaux lymphatiques et des chylifères qui portent le liquide nourricier des intestins dans les veines.

Le cœur le plus simple se compose au moins d'un ventricule qui pousse le sang dans les artères, et souvent d'une oreillette ou sinus des veines à leur entrée dans le cœur ; il est aortique quand il envoie le sang à tout le corps, et pulmonaire quand il l'envoie à l'organe respiratoire ; il est double quand il y a deux ventricules, qui peuvent être d'ailleurs séparés ou réunis. Le cœur est simple, sans oreillette, et pulmonaire, dans tous les animaux articulés qui en sont pourvus. Il en est de même dans les poissons, excepté qu'il y a une oreillette. Il est simple, mais aortique dans la plupart des mollusques ; il est triple dans les mollusques céphalopodes, où il y a deux ventricules pulmonaires et un aortique séparés et sans oreillettes. Dans tous les reptiles il y a un seul ventricule plus ou moins cloisonné qui envoie le sang dans un seul tronc tout à la fois aortique et pulmonaire ; la plupart ont deux oreillettes, les batraciens n'en ont qu'une. Enfin le cœur est double ; il y a deux oreillettes et deux ventricules accolés, l'un aortique et l'autre pulmonaire, dans les oiseaux et les mammifères.

§ 20. Pour que le liquide nutritif soit propre à sa fonction, il faut qu'il soit soumis à l'action de l'atmosphère où vit l'animal. Dans ceux qui n'ont point de circulation, l'eau agit à la surface du corps. Tel paraît être le cas des infusoires, des polypes, des acalèphes; les vers intestinaux ne présentent non plus aucune apparence d'organes de respiration. Dans un autre degré d'organisation, l'air ou l'eau pénètre dans tous les points du corps par des canaux élastiques appelés trachées, et qui sont revêtus par des prolongemens de la peau. Les échinodermes ont des trachées aquifères; dans les insectes il y a deux trachées longitudinales étendues à tout le corps, ayant par intervalles des centres d'où partent beaucoup de rameaux, et qui répondent à des stigmates, ouvertures extérieures pour l'entrée de l'air. Dans les animaux qui ont une circulation, une partie des vaisseaux porte le sang dans un organe où ils se subdivisent sur une grande surface de la peau extérieure ou de la peau intérieure. Cette surface est saillante et appelée branchie quand l'élément ambiant est l'eau, nommée poumon et creuse quand cet élément est l'air. Pour la respiration branchiale ou pulmonaire, il y a en général des organes de mouvement pour mettre le fluide ambiant en contact avec l'organe. Dans les arachnides, on trouve le passage de la respiration disséminée qui existe encore dans les trachéennes à la respiration locale qui a lieu dans des sacs pulmonaires. Dans les crustacés en général, les organes respiratoires sont des branchies saillantes diversement configurées. Il en est de même dans la plupart des annélides. Dans les animaux mollusques en général, on trouve beaucoup de variétés dans les organes de la respiration: quelques-uns respirant l'air en nature, ont une cavité pulmonaire, ce sont les gastropodes pulmonés; d'autres ont des branchies saillantes diversement configurées; d'autres encore ont leurs branchies dans une cavité où l'eau doit être attirée. Dans les poissons, la respiration est branchiale; elle est pulmonaire dans les autres vertébrés.

La respiration est partielle et la circulation simple dans les reptiles où il n'y a qu'un ventricule et qu'une sorte dont l'artère pulmonaire est un rameau. Dans tous les autres animaux qui ont une respiration locale et une circulation, celle-ci est double et la respiration complète, c'est-à-dire qu'à chaque circuit du sang, tout le liquide passe par l'organe respiratoire. Dans les articulés et les mollusques, le cercle est simple; dans les premiers, le sang va du cœur à tout le corps en passant tout entier par les branchies, il en est de même dans les poissons; dans les mollusques, il va du cœur aux branchies en passant auparavant par tout le corps. Dans les oiseaux et les mammifères, les deux cœurs étant accolés, le cercle est double, ou mieux, le circuit est croisé, et peut être représenté par un 8, au centre duquel est le cœur.

§ 21. Le liquide nutritif ne doit pas être seulement soumis à l'action de l'atmosphère, mais il doit être débarrassé par les sécrétions des matières surabondantes. Dans les animaux qui ont une cavité intérieure, et par conséquent deux surfaces, ces deux surfaces servent à l'excrétion comme à l'absorption par toute leur étendue. La peau intérieure et la peau extérieure présentent aussi de petites cavités ou enfoncemens particuliers d'où le liquide sort. Enfin, dans les animaux mêmes où il n'y a point de circulation, si quelque liquide particulier doit être produit, les cavités ou enfoncemens de la peau intérieure ou extérieure sont étendus et ramifiés en vaisseaux propres ou conduits excréteurs dans le corps, et pompent dans le fluide nourricier les élémens propres à la composition de ce liquide. De même dans les animaux qui ont une circulation, tantôt les vaisseaux s'épanouissent simplement sur de larges surfaces, et y laissent échapper par perspiration le liquide sécrété; tantôt c'est du fond de petites cavités ou de follicules formés dans la peau intérieure ou extérieure que le liquide sourd; dans d'autres endroits, les artères au point où elles se changent en veines, communiquent avec des canaux excréteurs ramifiés et toujours formés par la peau intérieure ou extérieure; c'est de la réunion de ces canaux avec les vaisseaux sanguins que résultent les glandes. Ces derniers organes de sécrétion sont propres aux animaux qui ont un cœur. Le foie, par exemple, le plus général de ces organes, n'existe encore dans les arachnides trachéennes que sous la forme de vaisseaux désunis comme dans les insectes; dans les arachnides pulmonaires, et dans les crustacés au contraire, on trouve un foie encore séparé en lobes distincts ou en grappes dans quelques-uns. Les mollusques ont tous un foie considérable; la plupart ont des glandes salivaires, mais point de pancréas ni de reins. Plusieurs ont des sécrétions qui leur sont propres. Les animaux vertébrés ont tous des glandes, et, de plus que les autres, des reins, organes qui ont beaucoup de rapports avec ceux de la génération. Parmi les liquides qui résultent des diverses sécrétions, les uns ont des usages dans l'exercice des fonctions, comme la salive, la bile, etc.; d'autres, tels surtout que l'urine, sont rejetés comme matières superflues ou nuisibles.

Ainsi les organes des fonctions nutritives dans leur

extrême diversité, consistent en une substance perméable qui absorbe, s'assimile et excrète; en une ou deux surfaces, la peau et l'instestin, que les matières étrangères doivent traverser du dehors au dedans, ou du dedans au dehors par absorption ou par excrétion; en vaisseaux qui établissent des communications entre les surfaces du corps et tous les points de sa substance, et réciproquement; en organes respiratoires, parties des surfaces, où le liquide est mis en contact avec l'atmosphère, et en organes sécrétoires, autres parties des surfaces où une partie du liquide est rejetée.

§ 22. La génération, ou la production d'un nouvel être semblable à celui dont il tire son origine, seconde fonction commune à tous les corps organisés et vivans, présente aussi dans les animaux une grande variété dans ses organes et dans ses phénomènes. Cette fonction, dans le cas le plus simple, n'a point d'organe particulier; mais le corps tout entier, très-simple, homogène, se divise en plusieurs fragmens qui conservent chacun les propriétés du tout; c'est la génération fissipare; elle appartient essentiellement aux infusoires; elle existe accidentellement dans d'autres. Dans d'autres animaux du même groupe on aperçoit dans la substance du corps des globules ou corpuscules qui paraissent reproductifs, c'est la génération subgemmipare, ou le premier indice d'une production de gemmes. Dans un degré plus élevé la génération est en effet gemmipare; une gemme ou bourgeon croît sur la surface externe du corps, sur la peau, et ensuite se détache pour former un nouvel être distinct de son parent, ou bien continue de rester sur lui, et en forme un rameau. Ce genre de génération appartient aux polypes. On y trouve aussi la génération gemmipare interne ou subovipare. Son organe consiste en des cavités prolongées dans la masse du corps, et dans l'intérieur desquelles croissent des gemmes ou des ovules qui se séparent spontanément, et sortent en traversant un canal qui s'ouvre à l'extérieur. Ce mode de génération est encore celui des acalèphes, celui des échinodermes, peut-être celui des intestinaux cestoïdes. Les acéphales et quelques mollusques gastéropodes n'en diffèrent que parce qu'ils ont un véritable ovaire. Dans tous ces premiers cas, il n'y a pas, à proprement parler, d'organes sexuels.

§ 23. Dans toutes les organisations plus élevées, sous ce rapport, il y a des organes génitaux des deux sexes, dont le concours est nécessaire pour animer les germes. Les uns, les organes femelles, consistent en un amas de germes ou un ovaire, en un canal par où les germes détachés se portent au dehors, c'est l'oliductus; et dans plusieurs espèces, en une cavité où ils demeurent plus ou moins long-temps, se greffent et s'accroissent avant de naître, c'est l'utérus; l'orifice par lequel ils sortent est la vulve. Les organes mâles sont des glandes appelées testicules, qui sécrètent le sperme, liqueur fécondante, et quand elle doit être introduite dans le corps de la femelle, le mâle est pourvu d'un pénis. Dans ce genre d'organisation le concours des deux sortes d'organes est nécessaire pour opérer la génération. On trouve la première apparence de cette organisation dans quelques vers intestinaux; mais ces animaux étant dépourvus de circulation, leur ovaire et leurs testicules consistent uniquement en vaisseaux sécrétoires libres ou flottans. Les organes génitaux sont de même de deux genres dans beaucoup de mollusques; dans les annélides et autres articulés, et dans les vertébrés; seulement dans ceux qui ont une circulation, les ovaires et les testicules sont des masses glandulaires. Parmi ces animaux, certains sont hermaphrodites ou pourvus d'organes mâles et femelles; mais cet hermaphrodisme est incomplet, ou plutôt insuffisant; car ils ont besoin pour engendrer d'un accouplement réciproque avec un autre individu semblable : tel est le cas de quelques annélides et de quelques mollusques. Dans un ordre plus élevé encore d'organisation, les organes génitaux sont séparés et portés par des individus différens, ce qui constitue les sexes. C'est le cas de quelques vers intestinaux, de beaucoup de mollusques, des insectes, des crustacés, des arachnides et de tous les vertébrés.

§ 24. Dans la génération sexuelle, le germe est renfermé avec des matières nutritives dans une enveloppe membraneuse ou plus solide, et même calcaire; c'est ce qu'on appelle un œuf. Tantôt l'œuf contient des matériaux nutritifs en quantité suffisante pour le développement complet de l'embryon, et reçoit seulement l'influence de l'air atmosphérique, et tout au plus celle de l'humidité au travers de son enveloppe; l'animal est alors ovipare, soit que l'œuf soit pondu entier, et que le développement de l'embryon se fasse après la ponte, ou bien que le développement précède la ponte, et que l'œuf se rompe au moment de la naissance. Dans la génération ovipare, le germe ne se détache en général qu'après la fécondation; dans quelques cas cependant le germe se détache avant, et l'œuf est fécondé pendant ou même après la ponte. L'œuf ne contient pas toujours des matériaux suffisans au développement de l'embryon; il se greffe alors par sa surface dans l'utérus, et y absorbe des matières nutritives; le petit naît vivant avec les débris de son œuf membraneux, mais dans un état de faiblesse qui exige qu'il soit nourri d'une liqueur animale que la mère sécrète, c'est le lait. Les mammifères sont seuls dans ce cas. Au sortir de l'œuf quelques petits ne ressemblent point du tout à leurs parens; ils éprouvent, avant d'atteindre à cette forme, des changemens qu'on appelle métamorphoses; tels sont les larves des insectes, et les têtards des batraciens; les autres au contraire naissent semblables à leurs parens, ou du moins ne s'en éloignent que par des différences de proportion qui s'effacent avec l'âge.

§ 25. La nutrition et la génération ne sont pas les deux seuls modes de production ou de formation des animaux; ils possèdent aussi, quoique à un degré moins élevé ou moins général que les végétaux, la faculté de reproduire par une sorte de végétation les parties enlevées ou détruites; mais cette faculté n'est pas au même degré dans tous les animaux : les animaux les plus simples la présentent au plus haut degré. Les polypes, et notamment les hydres, reproduisent constamment et indéfiniment les parties qu'on leur enlève, de sorte que l'on multiplie à volonté les individus au moyen de la section. La force de reproduction des actinies n'est guère moindre; elles reproduisent les parties qu'on leur coupe, et peuvent se multiplier par la division. Les astéries ont aussi une grande force de reproduction; elles repoussent les rayons qui leur sont enlevés, un seul rayon même, pourvu qu'il soit entier, peut reproduire les autres. On connaît la faculté qu'ont les tenia de reproduire les anneaux postérieurs de leurs corps. Parmi les anélides, les naïades ont aussi une très-grande force de reproduction. On a constaté sur l'écrevisse la faculté qu'ont les crustacés de régénérer leurs pieds lorsqu'ils les ont perdus, ou qu'ils ont été mutilés. Il paraît que les arachnides ont aussi la faculté de régénérer les pates qu'elles ont perdues. Les salamandres aquatiques ont une force étonnante de reproduction ; elles repoussent plusieurs fois de suite le même membre quand on le leur coupe, et cela avec tous ses os, ses muscles, ses vaisseaux, etc. Les membres et la queue des têtards de grenouilles se régénèrent aussi presque comme ceux des salamandres. La queue des sauriens, lorsqu'elle a été cassée, repousse, quelquefois un peu différente de ce qu'elle est naturellement. Dans les animaux à sang chaud la reproduction est presque bornée à des parties épidermiques et cornées. Pour les autres parties, elle se réduit à la guérison des plaies, et à la production d'une cicatrice analogue à la peau, quand celle-ci a été entamée ou détruite.

Les organes et les fonctions propres aux animaux présentent, comme les précédens, beaucoup de degrés de complication ou de variétés dans les êtres qui composent le règne animal.

§. 26. Dans les animaux les plus simples, le corps étant ou paraissant homogène, on ne voit aucun organe particulier pour le mouvement, et pourtant ces animalcules infusoires se meuvent en totalité avec beaucoup de vitesse. D'autres animaux un peu plus composés, comme les rotifères, qui ont un organe rotatoire particulier, comme les polypes, qui ont autour de la bouche des appendices ou tentacules dont les mouvemens agitent l'eau, attirent et saisissent les substances nutritives, et dont quelques-uns ont en outre des mouvemens de totalité, sont encore dépourvus de tout organe musculaire distinct. L'organe propre des mouvemens apparens, la fibre musculaire, existe dans les acalèphes et dans les échinodermes dont le système musculaire est soutenu par une peau bien organisée, et dans tous les animaux plus élevés, où les mouvemens apparens, généraux ou partiels, sont produits par l'action de ces organes. Les fibres musculaires garnissent, dans tous les animaux qui en sont pourvus, la peau externe et la peau interne; elles forment le cœur dans tous ceux qui en ont. Parmi les animaux, quelques-uns ont la peau aussi molle que les autres parties du corps; dans un grand nombre, elle contient dans son épaisseur des parties dures, soit calcaires, soit cornées, qui défendent l'animal contre les atteintes extérieures, et qui, mobiles les unes sur les autres, transmettent aux parties qu'elles soutiennent le mouvement qu'elles ont reçu des muscles. Dans les animaux vertébrés, ce sont des os intérieurs articulés et mobiles qui remplissent ce dernier office, et qui pour cela sont pourvus d'une grande masse de muscles qui manquent dans les invertébrés, ou qui sont attachés à leur peau endurcie.

§ 27. Les organes des sensations, dans les animaux les plus simples, n'ont point une existence distincte; le corps tout entier paraît recevoir les impressions comme il exécute les mouvemens. Dans les animaux qui ont une peau extérieure et une peau intérieure différentes du reste de la masse, et tous à partir des polypes sont dans ce cas, la peau, outre sa fonction d'absorber des matières nutritives, reçoit l'impression des corps extérieurs. Dans ceux qui ont la peau très-molle et peu distincte du reste, elle est partout également sensible. Mais la peau humectée dans beaucoup d'animaux par du mucus ou par la matière sébacée, est, dans un grand nombre, garnie d'épiderme, de poils, d'écailles cornées, ou de croûtes calcaires, et devient aussi un organe de défense ou de soutien. Dans ce cas-là, quelques parties restent dépourvues de ces enveloppes, sont très-mobiles et sont des organes particuliers de tact ou de toucher, tels sont les tentacules des oursins, celles des mollusques, les antennes des insectes, des crustacés, les barbillons de quelques poissons, etc.

L'organe du goût ne se trouve pas distinct dans tous les animaux qui digèrent, et cependant la sensation semble devoir exister dans tous. On ne voit rien dans les animaux rayonnés à l'entrée du canal alimentaire, qui semble être cet organe. Il en est de même dans les mollusques et les articulés. Dans quelques insectes cependant, on suppose que c'est l'extrémité de la trompe ou un palpe; enfin il s'en faut beaucoup même que tous les vertébrés aient une langue organisée d'une manière propre au goût.

L'organe de l'odorat semble manquer dans un grand nombre d'animaux; cependant les insectes, les crustacés, les arachnides sentent les odeurs, mais on ignore le siége précis de cette sensation. Il en est de même dans les mollusques. Dans les vertébrés mêmes, les fosses nasales ne traversent pas la face dans toutes les classes.

L'organe de l'ouïe ou l'oreille n'existe pas dans les dernières classes d'animaux, et le son ne paraît y être perçu que comme impression tactile. Parmi les animaux articulés qui entendent tous, les écrevisses sont les seuls où l'on ait aperçu l'oreille; elle y consiste en un sac rempli d'une lymphe gélatineuse recevant un nerf distinct. De même, parmi les mollusques, les céphalopodes ont cet organe, qui existe dans tous les vertébrés, et y présente beaucoup de variétés.

Dans tous les animaux la lumière exerce une action sur toute la peau, sur toutes les parties qui y sont exposées, mais la vue n'a lieu qu'au moyen de l'œil. Il n'y a point d'yeux dans les animaux rayonnés. Les vers et une partie des anélides en sont dépourvus; dans les autres il n'est que rudimentaire, c'est un petit point noir. Les articulés à pieds, savoir : les crustacés, les arachnides, et les insectes, ont tous des yeux qui peuvent être de deux sortes, plus ou moins nombreux, et toujours symétriques; des yeux simples dont la cornée n'a qu'une facette, l'iris qu'une ouverture, et le nerf optique un seul filet; et des yeux composés ou à facettes multiples avec autant de pupilles et autant de filets du nerf optique. Quelquefois les yeux sont pédiculés ou placés sur des appendices articulés. Les mollusques acéphales sont dépourvus d'yeux; la plupart des gasteropodes en ont, mais de très-petits et rudimentaires, placés soit à la tête même, soit aux tentacules postérieures. Les céphalopodes ont deux gros yeux recouverts par la peau transparente en cet endroit. Les yeux ne manquent que dans un petit nombre d'espèces dans les vertébrés.

§ 28. Le système nerveux n'est pas connu, et ne paraît pas exister dans les animaux infusoires. On en aperçoit les premières traces dans les animaux rayonnés. Les hydres, parmi les polypes, ont dans leur substance des globules microscopiques dont la nature est obscure. Mais dans les étoiles de mer et dans les holothuries il y a des ganglions disposés circulairement autour de la bouche, communiquant entre eux par des filets mous, en envoyant d'autres en rayonnant dans les divisions du corps où ils se distribuent à la peau externe et à la peau interne. Dans quelques vers intestinaux on aperçoit un anneau nerveux qui entoure la bouche, et d'où partent deux cordons qui s'étendent à toute la longueur du corps. Dans les animaux articulés le système nerveux présente un caractère assez général. Il y a un petit renflement appelé cerveau placé sur l'œsophage, et fournissant des nerfs aux parties qui tiennent à la tête. Deux cordons qui embrassent l'œsophage comme un collier se continuent sous le canal intestinal, et se réunissent d'espace en espace en autant de doubles ganglions ou de nœuds qu'il y a d'anneaux au corps et d'où partent les nerfs du tronc et ceux des membres, quand il y en a. La disposition est la même à peu près dans les cirrhopodes. Dans les mollusques il y a une plus grande diversité que dans les articulés. Néanmoins ce sont toujours des glanglions communiquant par des cordons, et envoyant des filets aux diverses parties externes et internes. Dans les acéphales il y a au-dessus de la bouche un ganglion principal qu'on appelle improprement cerveau, et un autre vers l'extrémité opposée du corps; derrière la masse des intestins, deux branches nerveuses établissent une communication entre les ganglions, et embrassent dans leur écartement les viscères; d'autres filets se distribuent aux différentes parties du corps. Dans les mollusques pourvus d'une tête, il y a un renflement nerveux ou une masse médullaire principale qu'on appelle cerveau, située en travers sur l'œsophage qu'elle enveloppe d'un collier nerveux qui se termine en dessous par un autre ganglion plus gros : ces renflemens envoient des filets aux parties de la tête et aux différens viscères. Dans quelques-uns il y a en outre quelques autres petits ganglions. Les céphalopodes seuls ont leur cerveau enveloppé d'une espèce de crâne cartilagineux.

Les caractères généraux du système nerveux des animaux invertébrés consistent surtout dans la dissémination des centres nerveux, et en ce que toutes les parties soit externes, soit internes, soit celles qui appartiennent aux fonctions végétatives, soit celles qui appartiennent aux fonctions animales, reçoivent leurs filets nerveux des mêmes centres. On verra que dans les animau vertébrés, au contraire, le système nerveux est disposé tout différemment et d'une manière qui les distingue tout-à-fait des autres animaux.

§ 29. L'action nerveuse ou l'innervation, présente dans les animaux des variétés correspondant à celles qu'on observe dans la disposition des organes nerveux. Dans les animaux où il n'y a point de système nerveux, et dans ceux où ce système n'a point de centre (les rayonnés), les impressions sont immédiatement suivies de mouvemens; on appelle irritables les animaux et les parties dont les mouvemens sont déterminés par des impressions. Dans les animaux rayonnés c'est la bouche ou l'orifice par lequel ils prennent leur nourriture qui est le point le plus irritable; c'est là aussi que le système nerveux commence à apparaître dans les rayonnés qui en sont pourvus. Tous les autres animaux ont aussi des parties irritables. Dans les mollusques et dans les insectes où les divers ganglions du système nerveux sont rattachés les uns aux autres par des cordons, de manière à former un centre, et où il y a des organes de sensation spéciale, les impressions reçues par les sens donnent lieu à des sensations, et les mouvemens sont déterminés par la volition. Les mouvemens intérieurs cependant sont produits par irritation, mais l'irritabilité dans ces animaux est dans la dépendance du système nerveux. On observe aussi dans ces animaux, et surtout dans les insectes, une faculté qu'on appelle instinct, et qui, comme une impulsion irrésistible, leur fait produire, sans apprentissage et sans imitation, des actions très-compliquées, nécessaires à leur conservation et à celle de leur espèce. Les animaux vertébrés, outre l'irritabilité, la sensibilité, le mouvement volontaire et l'instinct, ont encore des fonctions cérébrales qui simulent l'intelligence jusqu'à un certain degré.

§ 30. Les variétés ou les degrés de complications qui existent dans chaque appareil de fonction, se combinent de diverses manières, ce qui constitue des variétés de l'organisation générale. La combinaison ou la coexistence des divers appareils d'organes est déterminée; certain état des organes nutritifs ou génitaux exigeant, pour que la vie ait lieu, certain état correspondant des organes du mouvement, de la sensibilité, etc. D'après un caractère extrêmement tranché de l'organisation, on divise les animaux en vertébrés et en invertébrés. L'homme appartient à la première division.

§ 31. Quoique les animaux invertébrés diffèrent beaucoup de l'homme, cependant leur étude est d'un grand intérêt pour l'anatomiste et le physiologiste; on y voit l'organisation et la vie dans leur plus grande simplicité, et dans une foule de variétés. Ils diffèrent même tellement entre eux, qu'ils n'ont aucun caractère commun et positif. D'après l'ensemble de leur organisation, on les divise en trois grandes sections qui diffèrent entre elles autant qu'elles s'éloignent des vertébrés: ce sont celles des animaux rayonnés, mollusques et articulés; et même on trouve encore hors de ces trois divisions une classe d'êtres douteux que les zoologistes décrivent sous le nom d'infusoires, et que les botanistes réclament parmi les conferves.

§ 32. Ces animaux équivoques et microscopiques, ont des formes très-simples, diverses, quelquefois changeantes; ils sont homogènes, transparens, diffluens; ils n'ont aucune cavité, aucun organe distinct; cependant ils se meuvent dans les eaux qui les contiennent, ils se nourrissent par imbibition, ils se multiplient par scission spontanée.

§ 33. Les animaux *rayonnés* constituent un type particulier dont le caractère essentiel est dans la forme, qui est celle d'un centre autour duquel les parties sont disposées en rayons. Leur structure, assez simple, présente plusieurs variétés depuis les hydres ou polypes à bras, les plus simples d'entre eux, jusqu'aux astéries. Ils habitent tous l'eau.

§ 34. Les polypes forment une classe extrêmement nombreuse d'animaux rayonnés. Ils sont, en général, allongés, ayant une seule ouverture ou bouche munie d'appendices rayonnés; ils ont une cavité alimentaire; ils digèrent très-vite, et absorbent par imbibition; ils produisent des gemmes qui tantôt restant adhérens, forment des animaux composés, phytoïdes, et tantôt se séparent. Les surfaces extérieure et intérieure sont semblables; la substance intermédiaire est homogène, gélatiniforme; on n'y distingue aucun organe particulier, seulement des globules microscopiques : ils sont tellement régénératifs que, coupés, chaque partie devient un individu. La lumière, le bruit, et d'autres causes extérieures, produisent sur eux des impressions suivies de mouvemens. Les uns sont fixés au sol, d'autres sont libres. Les plus simples de tous sont ceux qui sont nus, comme les hydres, etc.; ils ont un sac alimentaire simple; ils se multiplient par des gemmes extérieurs. D'autres qui sont réunis, excrètent de leur surface externe une substance cornée ou calcaire appelée polypier. Dans d'autres enfin, qui sont des animaux composés, le corps commun enveloppe une substance sécrétée dont la consistance varie depuis celle de la gelée jusqu'à la pierre.

§ 35. Les acalèphes, ou orties de mer, ont une forme circulaire ou rayonnante encore plus marquée; on les a comparés à des fleurs rosacées ou radiées. Leur structure est variée, car quelques-uns sont aussi simples que les plus simples des polypes, et d'autres sont bien plus compliqués; la bouche est centrale, garnie de tentacules, et conduit dans un estomac souvent ramifié, mais qui n'a point d'autre issue. Il y a, pour la génération, des amas de gemmes internes ovariformes dans des cavités particulières.

§ 36. Les échinodermes sont les animaux rayonnés dont l'organisation est le plus compliquée : on trouve dans cette classe la forme étoilée, la forme sphéroïde et la forme cylindrique. Ils ont une cavité intérieure où flottent des viscères distincts; leur intestin a des prolongemens vasculiformes ramifiés dans le corps; quelques-uns ont un anus distinct; les organes de la respiration sont des canaux aquifères ramifiés; les organes de la génération sont des amas ovariformes de gemmes internes qui aboutissent à la bouche ou à l'anus; ils ont des muscles, et dans la plupart il y a des organes particuliers pour le mouvement, consistant en de nombreux tentacules terminés par des ventouses, et qu'on appelle pieds; la peau est bien organisée, et souvent solide; quelques-uns même ont des filets nerveux.

§ 37. Les animaux *articulés* constituent une division du règne animal dans laquelle le corps est symétrique, divisé à l'extérieur en un certain nombre d'anneaux ou de segmens mobiles les uns sur les autres, et formés par la peau plus ou moins ferme et quelquefois dure, excepté dans les intervalles des anneaux où elle conserve toujours sa mollesse et sa flexibilité. Leurs muscles sont attachés en dedans de la peau ; leurs nerfs sont des cordons renflés d'espace en espace, situés au-dessous du canal intestinal. Du reste, ce type comprend des organisations extrêmement variées.

Les uns sont vermiformes, dépourvus de tête et de pieds articulés, et réduits au mouvement de reptation : ce sont les vers et les annélides.

§ 38. Les vers intestins ou helminthes qui ont quelques rapports avec les rayonnés, ont en général le corps allongé, cylindrique ou déprimé, nu, mou ; ils n'ont aucun organe de respiration ni de circulation. Leur génération est gemmipare interne, et sexuelle, ovipare ; ils habitent le corps des autres animaux ; ils offrent d'ailleurs des degrés d'organisation très-différens. Les plus simples de tous, les cestoïdes (les ligules), ressemblent à un long ruban strié, et marqué d'une ligne longitudinale ; on n'y aperçoit aucun organe extérieur, pas même des suçoirs, et à l'intérieur rien que des corpuscules oviformes dans la masse du corps. D'autres dont les formes sont très-variées (trématodes et ténioïdes) ont seulement à l'extérieur des suçoirs plus ou moins nombreux, quelquefois ramifiés dans le corps, qui présente aussi d'autres canaux gemmifères ou ovarifères. Les acanthocéphales (échinorhynques) ont une trompe armée de crochets pourvus de muscles ; ils ont deux petits intestins sans issue ; ils ont aussi des oviductes distincts, ou des vessies spermatiques suivant les sexes qui sont séparés. Les nématoïdes ou cavitaires, comme les ascarides, etc., ont encore une organisation plus compliquée : ils ont une bouche, un anus, un canal intestinal flottant dans une cavité abdominale distincte ; leur peau extérieure est garnie de fibres musculaires, et en général striée transversalement. Ils ont des organes génitaux distincts, consistant en très-longs canaux. Les sexes sont séparés. Ils ont un anneau nerveux qui entoure la bouche et deux longs cordons, l'un dorsal et l'autre ventral; ils ont aussi deux vaisseaux latéraux, spongieux.

§ 39. Les annélides, ou vers à sang rouge, sont des animaux vermiformes dont le corps allongé est divisé en anneaux nombreux, dont le premier, qui se nomme tête, est peu différent des autres; la bouche est ou un tube, ou des mâchoires. Il y a un intestin plus ou moins long qui traverse le corps; il y a un système double d'artères et de veines sans cœurs bien marqués; le sang est rouge, la respiration est branchiale. Ils sont hermaphrodites avec accouplement réciproque; ils ont des muscles et la plupart des soies roides qui servent de pieds; ils ont à la tête des tentacules, et quelques-uns des points noirs qu'on prend pour des yeux; leur système nerveux est un cordon noueux.

§ 40. Les autres animaux articulés sont tous pourvus d'une tête, ont tous des yeux simples ou composés; leur bouche très-compliquée se ressemble beaucoup et présente deux modifications : dans l'une il y a, pour broyer, plusieurs paires de mâchoires latérales dont l'antérieure porte le nom de mandibules, et souvent des palpes, filamens articulés qui paraissent servir à reconnaître les alimens; dans l'autre une trompe pour sucer. Les organes de la digestion sont compliqués et très-variés. Ils jouissent de l'odorat, mais le siége n'en est pas bien déterminé. Ils ont tous un abdomen, un thorax qui soutient au moins six pates articulées. Leur peau est encroûtée et solide; chaque article des pates est tubuleux et contient les muscles de l'article suivant : toutes les articulations des pates sont des gynglymes.

La génération est sexuelle et ovipare. Cette section contient trois grandes classes, celles des insectes, des arachnides et des crustacés.

§ 41. Les insectes, ou les hexapodes, ont le corps composé de segmens ou anneaux nombreux et partagé en trois portions principales, et des pâtes articulées au nombre de six, une tête distincte munie d'yeux et de deux antennes, un thorax qui porte les pieds et les ailes quand il y en a, et un abdomen qui renferme les principaux viscères. La bouche est une partie très-composée: dans les uns, broyeurs, il y a des mâchoires latérales, dans les suceurs il y a une trompe. Le canal intestinal plus ou moins long, renflé, étranglé, etc., se termine par un anus. Il y a un vestige de cœur, c'est un vaisseau attaché le long du dos divisé en segmens par des étranglemens, et qui éprouve des contractions alternatives; mais on n'a pu y découvrir de branches. Le liquide qu'il contient est blanc et paraît y pénétrer comme dans toute la masse du corps par imbibition. La respiration se fait au moyen de trachées ramifiées et réunies en deux troncs principaux. Les organes sécrétoires consistent en de longs vaisseaux ou canaux spongieux repliés sur eux-mêmes, plongés dans la masse du corps, et aboutissant dans l'intestin ou ailleurs, suivant l'usage de leur produit. Les sexes sont séparés. Les organes génitaux aboutissent en général dans l'anus. Ces animaux ne s'accouplent qu'une fois dans leur vie. La femelle fécondée dépose ses œufs dans un endroit convenable. L'œuf produit un animal vermiforme qu'on appelle larve; celle-ci se change en une chrysalide qui est dans un état de mort apparente, de celle-ci enfin sort l'insecte parfait, qui bientôt se reproduit et meurt. Ces changemens considérables de forme extérieure, accompagnés d'autres changemens un peu moins grands dans la structure, sont appelés métamorphoses; tous les insectes, excepté les thysanoures et les parasites qui, par leur ressemblance avec les mites, se rapprochent des arachnides, les subissent; quelques-uns ne les subissent pas toutes. Les organes des mouvemens sont des muscles et la peau endurcie par une matière cornée qu'elle contient dans son épaisseur; il y a six pates articulées, quatre ailes dans la plupart, deux ailes dans quelques-uns; un petit nombre seulement est dépourvu d'ailes. Les mouvemens sont très-variés, ce sont la marche, la course, le saut, le vol. Les organes des sensations sont des yeux composés, et dans plusieurs des yeux lisses ordinairement au nombre de trois; des antennes et des palpes. Ils jouissent de l'odorat et de l'ouïe, mais on n'en connaît pas les organes. Le système nerveux a la disposition indiquée § 28, et se termine en avant par un petit renflement ou cerveau, situé sur l'œsophage et qui fournit aux yeux et aux autres parties de la tête.

§ 42. Les arachnides ou octopodes, dont la tête privée d'antennes, se confond avec le thorax, ont huit pates et point d'ailes. Le canal alimentaire commence dans les unes par une bouche à deux mandibules latérales, dans les autres par une bouche en suçoir. La plupart ont des palpes; elles sont sujettes à des mues ou changemens de peau, et non à des métamorphoses. Les sexes sont séparés, la génération est ovipare, la plupart ont des yeux visibles dont le nombre et la situation varient.

Elles présentent deux degrés d'organisation; le premier ou le plus simple est celui des artères trachéennes, où il n'y a pas d'organes de circulation plus apparens que dans les insectes; les organes de respirations sont des trachées rameuses distinctes entre elles. Le plus composé est celui des artères pulmonaires ou branchiales (araignées, tarentules, scorpions). Elles ont un cœur musculaire simple, dorsal, allongé, cylindrique, branchial ou pulmonaire, d'où partent des vaisseaux pour les organes respiratoires qui sont des sacs pulmonaires, et de là pour tout le corps. Il y a aussi un foie composé de grains ou de lobules rassemblés en grappes. Les organes sexuels sont doubles dans chaque sexe. Quelques-unes s'accouplent plusieurs fois et vivent plusieurs années. Les scorpions sont ovovivipares.

§ 43. Les myriapodes ou mille-pieds forment un petit groupe d'animaux intermédiaires aux crustacés, auxquels ils ressemblent par la configuration; et aux insectes dont ils se rapprochent par la structure, tout en différant encore des uns et des autres. Leur corps est allongé, formé d'une suite ordinairement considérable d'anneaux portant chacun une ou deux paires de pieds. Leur tête porte deux antennes et deux yeux. Leurs mandibules et leurs mâchoires ont de l'analogie avec celles des crustacés. Leur respiration est trachéale. En sortant des œufs, les petits ont six pieds et sept ou huit anneaux; les autres pieds et les anneaux qui les supportent se développent avec l'âge.

§ 44. Les crustacés sont les animaux articulés à pieds articulés les plus compliqués en organisation. La tête et le reste du tronc sont tantôt confondus, tantôt distincts; il y a une queue plus ou moins prolongée divisée en segmens; ils ont en général quatre antennes. La plupart ont la bouche disposée pour broyer, et ont pour cela plusieurs mâchoires, au moins six, toujours latérales. Il y a toujours au moins cinq paires de pates pour le mouvement, mais dont la forme varie selon le genre de mouvement. Le nombre des pates locomotiles est en raison inverse de celui des mâchoires : en effet, les pieds antérieurs se rapprochent des mâchoires, en prennent la forme, en remplissent une partie des fonctions, et peuvent même les remplacer en entier. Ils ont pour la respiration des branchies pyramidales, lamelleuses, filamentueuses ou en panaches, qui tiennent en général aux bases d'une partie des pieds, ou qui même les remplacent en partie. Leur circulation est double ; le sang qui a été soumis à la respiration se rend dans un grand vaisseau ventral, aortique, qui le distribue à tout le corps, d'où il revient dans un autre grand vaisseau ou même un vrai ventricule dorsal qui le renvoie aux branchies. Ils ont un foie plus ou moins divisé, ou même en canaux désunis, suivant l'état du cœur. La génération est sexuelle ovipare, sans véritables métamorphoses. La plupart transportent leurs œufs. Ils habitent tous l'eau. Ils présentent d'ailleurs des variétés d'organisation assez grandes. Les mâchoires, les pates et les branchies, sont dans un rapport tel qu'on a regardé ces appendices comme étant du même genre, les premiers résultant d'une transformation des derniers. La plupart ont un test plus ou moins solidement crustacé comme le reste de la peau, et qui couvre le tronc et dans quelques-uns la tête même. Dans plusieurs ordres, l'estomac très-musculeux est pourvu d'un squelette cartilagineux et de tubercules ou de dents. Le canal intestinal est en général court et droit. La position des organes génitaux varie; ces organes sont doubles dans quelques genres. Les yeux présentent diverses variétés : ils manquent dans un petit nombre; dans d'autres les deux yeux sont très-rapprochés et comme confondus en un seul ; quelques-uns ont des yeux composés soutenus sur un pédicule mobile. Enfin dans quelques crustacés décapodes, il y a des organes distincts pour l'ouïe.

§ 45. Les animaux *mollusques* forment une division des invertébrés dans laquelle on trouve en général une forme symétrique ou binaire, mais point d'articulations. Ils ont des estomacs simples ou multiples, quelquefois garnis de parties dures, et des intestins diversement prolongés. La plupart ont des glandes salivaires; tous un foie volumineux, et plusieurs des sécrétions particulières. Leur circulation est double; il y a toujours au moins un ventricule charnu, ce ventricule est aortique; il reçoit le sang des organes de la respiration et le renvoie dans les artères du corps. Dans ceux qui ont plus d'un ventricule, ils ne sont pas réunis en une seule masse; ils forment plusieurs cœurs distincts. Le sang est bleuâtre. Les organes de la respiration varient assez pour que les uns respirent l'air et les autres l'eau. La génération présente aussi toutes ses variétés: les uns étant sans sexes, et produisant sans accouplement des petits vivans; les autres étant hermaphrodites avec accouplement réciproque: dans d'autres, les sexes étant séparés. Les œufs de ceux qui ont des sexes, ont tantôt une simple viscosité pour enveloppe, d'autres ont une coquille plus ou moins dure. Ces animaux sont très-féconds et ont la vie très-tenace. Leurs muscles sont attachés à l'intérieur d'une peau molle et contractile. Leurs mouvemens sont produits par des parties dépouvues de leviers solides. Ils sont très-irritables. Leur peau nue est enduite d'une humeur muqueuse qu'elle laisse suinter. Ils ont presque tous un développement de leur peau, qui recouvre le corps comme un manteau, en prenant toutefois diverses figures. Quelquefois ce manteau reste mou, mais le plus souvent il se forme dans son épaisseur une ou plusieurs lames, quelquefois cornées, le plus souvent calcaires; ordinairement cette substance est assez étendue pour que l'animal puisse s'en envelopper totalement : c'est ce qu'on appelle une coquille. Beaucoup sont privés d'yeux, quelques-uns en ont de rudimentaires, d'autres en ont de très-développés. Leur système nerveux consiste en masses médullaires dispersées dans le corps, et dont la principale est située en travers sur l'œsophage, qu'elle entoure d'un collier nerveux. Ils ont peu d'instinct. La plupart habitent l'eau.

Ils offrent d'ailleurs plusieurs degrés d'organisation : les uns se rattachent aux rayonnés, d'autres aux articulés, d'autres, par la complication de leur organisation, approchent des vertébrés.

§ 46. Les acéphales sans coquilles, ou tuniciers, ont quelque ressemblance avec les animaux rayonnés. Il y en a qui sont réunis en un corps commun, comme des polypes; parmi eux les uns sont disposés en étoiles, les anus étant au centre et les bouches à la circonférence; d'autres forment un cylindre dans lequel aboutissent les anus, les bouches étant ouvertes à l'extérieur; d'autres ont les viscères prolongés dans une masse commune, et la bouche rayonnée et l'anus rapprochés vers l'extrémité libre du corps. Il y en a d'autres qui restent seulement unis long-temps après leur naissance : ils ont, quand ils sont séparés, la forme d'un tube contractile ouvert aux deux bouts, et dans l'épaisseur duquel sont placés les viscères; d'autres enfin, fixés aux rochers, ont la forme de deux tubes engaînés dans l'intervalle desquels ils font passer l'eau. Ils ont d'ailleurs tous un canal alimentaire à deux orifices, des branchies, un foie, un cœur, et des ovaires ou des gemmes internes qui produisent, sans accouplement, des petits vivans; ils ont tous aussi des ganglions et des filets nerveux.

§ 47. Les cirrhopodes forment un petit groupe d'animaux intermédiaire entre les mollusques et les articulés. Leur corps raccourci, sans tête et sans anneaux transverses, est muni d'un manteau et d'une coquille multivalve qui ressemblent à ceux des acéphales; ils ont à la bouche des mâchoires latérales, et le long du ventre des appendices articulés, disposés par paires, dont la peau est cornée, qui ressemblent aux pieds-nageoires de la queue de certains crustacés, et qu'on appelle cirrhes. L'estomac est garni de beaucoup de petites cellules qui paraissent faire l'office de foie; l'intestin est simple; il y a un cœur dorsal et des branchies latérales; il y a un double ovaire ou amas de gemmes internes, et un double canal serpentin pour la sortie des petits. Ces animaux sont sessilles ou pédiculés, mais toujours fixés; leur système nerveux est une série de ganglions sous le ventre.

§ 48. Les mollusques acéphales, ou conchyfères, ont le corps dépourvu de tête, contenant tous les viscères, et enveloppé en totalité, comme un livre dans sa couverture, par le manteau ployé en deux et garni d'une coquille calcaire en général bivalve, quelquefois multivalve. La bouche est garnie de feuillets tentaculaires cachés sous le manteau; l'anus est caché de la même manière à l'autre extrémité; il y a quatre feuillets branchiaux très-grands; le foie est volumineux, et embrasse l'estomac et une partie de l'intestin qui varie beaucoup. Le pied, lorsqu'il existe, est attaché entre les quatre branchies; c'est une masse charnue qui se meut à la manière de la langue des mammifères. Le cœur est généralement unique, aortique, situé du côté du dos. Ils ont un ou deux muscles qui ferment la coquille, et un ligament élastique qui l'ouvre; ils ont un ganglion principal situé au-dessus de la bouche, réuni, par deux cordons nerveux, à un autre opposé, et quelques autres nerfs et ganglions. Ils engendrent, sans accouplement, des petits vivans.

Les branchiopodes sont d'autres acéphales peu nombreux qui, au lieu de pieds, ont deux bras charnus; ils paraissent avoir deux cœurs aortiques; un intestin replié entouré du foie : on ne connaît pas bien leur génération ni leur système nerveux.

§ 49. Les gastéropodes sont des mollusques céphalés qui rampent généralement sur un disque charnu placé sous le ventre, et dont le dos est recouvert par le manteau qui varie en étendue et en figure, et qui produit généralement une coquille univalve ou multivalve. Il y a dans cette classe des mollusques dont les organes de la respiration et la coquille ne sont point symétriques. La tête, placée en avant et plus ou moins dégagée de dessous le manteau, a ordinairement des tentacules au nombre de deux, quatre ou six, placés au-dessus de la bouche, qui servent au tact, à la vue, et peut-être à l'odorat. Il y a ordinairement aussi des yeux petits, punctiformes, tenant à la tête ou aux tentacules; les organes de la digestion sont très-variés; il n'y a jamais qu'un cœur, qui est aortique : dans ceux qui ne sont point symétriques il est à gauche dans la plupart, et à droite dans les perverses. Les organes respiratoires varient beaucoup; la plupart ont des branchies, quelques-uns respirent l'air en nature. Il en est de même de la génération, qui présente toutes les variétés : unisexuelle sans accouplement, hermaphrodite avec accouplement réciproque, et à sexes séparés.

Les ptéropodes forment un petit groupe de mollusques entre les acéphales et les céphalés.

§ 50. Les céphalopodes forment une petite classe qui comprend les animaux inarticulés les plus compliqués dans leur organisation, et qui, de même que les crustacés parmi les articulés, se rapprochent le plus des animaux vertébrés.

Ce sont des animaux mollasses dont le corps est enveloppé dans un sac formé par le manteau qui, par ses côtés, s'étend plus ou moins en nageoires, et dont l'ouverture donne passage à une tête ronde couronnée de pieds ou bras charnus garnis de ventouses, qui servent à marcher, à saisir et à nager. La bouche, située entre les bases des pieds, est armée de deux fortes mâchoires de corne, comme un bec de perroquet; il y a une langue hérissée de pointes cornées; un œsophage renflé en jabot, un second estomac musculaire comme un gésier, et un troisième membraneux; un intestin simple et peu prolongé qui aboutit dans l'ouverture du sac devant le col. Il y a un double système d'artères et de veines, deux ventricules branchiaux et un ventricule aortique. Les organes respiratoires sont deux branchies situées dans le sac où l'eau entre et sort pour la respiration. Il y a un foie très-grand qui verse la bile par deux conduits dans le troisième estomac. Ces animaux ont une excrétion particulière, noire, produite par une glande et déposée dans un réservoir. Les sexes sont séparés; il y a un ovaire, deux oviductes qui y prennent les œufs et les conduisent au dehors au travers de deux grosses glandes qui les enveloppent de matière visqueuse et les réunissent en grappes; il y a un testicule, un canal déférent qui aboutit à un penis charnu à coté de l'anus; une vésicule et une prostate y aboutissent également. Ils paraît que la fécondation se fait par arrosement des œufs. L'œil est formé de nombreuses membranes et recouvert par la peau qui est transparente en cet endroit, et qui forme même quelquefois des replis ou paupières. Il y a pour chaque œil un gros ganglion d'où sortent des nerfs innombrables. L'oreille est une petite cavité simple, creusée de chaque côté près du cerveau, sans conduit extérieur, et où est suspendu un sac membraneux qui contient une petite pierre. Le cerveau est renfermé dans une cavité cartilagineuse qui est un rudiment de crâne.

§ 51. Telle est l'immense série des animaux invertébrés [1]. Ils forment, comme on l'a vu, trois embranchemens ou types différens. On a vu qu'il y a dans chaque type une ressemblance générale et aussi divers degrés de complication et de perfectionnement dans l'organisation.

Les rayonnés sont évidemment les plus simples ; ils se rapprochent par quelques-uns d'entre eux des infusoires; les plus compliqués mêmes, parmi eux, n'ont encore aucun organe central de circulation et aucun organe nerveux prédominant; manquant d'organes centraux ils manquent d'unité organique ou vitale.

Après les rayonnés viennent les mollusques et les articulés. Quant à l'ordre de supériorité organique de ces deux embranchemens il est assez difficile à déterminer; car si d'une part les articulés sont inférieurs aux mollusques sous le rapport des organes et des fonctions végétatives, puisque beaucoup d'entre eux sont dépourvus d'une véritable circulation, fonction qui au contraire existe dans tous les mollusques ; d'un autre côté ceux-ci sont inférieurs aux articulés sous le rapport du déve-

1 *Voyez* De Lamarck. Hist. natur. des animaux sans vertèbres.

loppement et du rapprochement des masses nerveuses, et surtout sous le rapport de l'instinct si parfait dans quelques articulés, qu'il les rapproche beaucoup des vertébrés.

Des Animaux vertébrés.

§ 52. Les animaux vertébrés constituent un type ou un mode d'organisation auquel appartiennent l'homme et les animaux qui lui ressemblent le plus. Ils se rapprochent des invertébrés par les organes des fonctions végétatives, mais ils en diffèrent beaucoup par ceux des fonctions animales. Leur conformation extérieure est, à l'exception près d'un genre, exactement symétrique; c'est-à-dire que leurs organes des sensations et des mouvemens sont disposés par paires aux deux côtés d'un axe ou d'un plan médian. Ils atteignent une grande taille; c'est parmi eux que se trouvent les plus grands animaux, ce qu'ils doivent aux os qui soutiennent leurs parties molles. Leur corps se compose toujours d'un tronc, et, à peu d'exceptions près, de membres. Le tronc est soutenu dans toute sa longueur par le rachis, colonne composée de vertèbres mobiles les unes sur les autres, à l'une des extrémités de laquelle est la tête, et dont l'autre extrémité se prolonge généralement en une queue. Cette colonne, en partie solide, est creusée d'un canal qui contient la moelle épinière. La tête est formée du crâne qui renferme le cerveau, et de la face qui se compose des mâchoires et des réceptacles des sens. Le reste du tronc forme une ou deux grandes cavités qui contiennent les organes des fonctions végétatives. Dans la plupart il y a, aux côtés de la colonne, des arcs osseux, ou côtes, qui garantissent la grande cavité splanchnique, et dans le plus grand nombre ces côtes s'articulent en avant avec le sternum. Les membres ne sont jamais au nombre de plus de deux paires, qui manquent quelquefois l'une ou l'autre, ou même toutes deux : ils ont d'ailleurs des formes variées et relatives aux mouvemens qu'ils doivent exécuter.

Les vertébrés ont tous deux mâchoires horizontales garnies, dans la plupart, de dents, corps durs analogues aux os par leur composition chimique, et aux cornes par leur mode de formation. Dans ceux qui n'ont pas de dents (les oiseaux et les tortues), on trouve une véritable matière cornée à la place. Dans tous les vertébrés, le canal intestinal, étendu de la bouche à l'anus et présentant divers renflemens, est garni de glandes sécrétoires, savoir : les glandes salivaires, le pancréas et le foie. Dans tous il y a des artères, des veines, un cœur diversement conformé et des vaisseaux chylifères et lymphatiques : dans tous le sang est rouge. Dans une classe seulement (les poissons), il y a des branchies; dans les autres l'organe respiratoire est un poumon. La respiration d'ailleurs est plus ou moins grande ou parfaite, suivant les classes. L'organe de la sécrétion de la bile, le foie, reçoit, dans tous les vertébrés, du sang rapporté des intestins et de la rate par la veine-porte. Tous ces animaux ont aussi des reins qui sécrètent l'urine, et la plupart une vessie ou réservoir pour cette humeur excrémentitielle. Les sexes sont toujours séparés; la femelle a un ou deux ovaires d'où les œufs se détachent. Le mâle les féconde par la liqueur spermatique, mais le mode de fécondation varie beaucoup, ainsi que d'autres phénomènes de la génération.

Les muscles, outre ceux qui forment le cœur et ceux qui appartiennent à la peau, à la membrane muqueuse, et aux sens, sont en très-grand nombre, et s'insèrent à des os intérieurs mobiles les uns sur les autres. Tous ceux qui ont un poumon ont aussi un larynx, quoique tous n'aient pas de voix. Les sens sont dans tous, deux yeux, deux oreilles, le nez, la langue et la peau; cette membrane étant d'ailleurs pourvue de diverses parties protectrices : mais c'est essentiellement le système nerveux qui, par sa disposition, distingue les vertébrés. Dans les invertébrés, les mêmes renflemens nerveux, plus ou moins écartés, fournissent des filets tout à la fois aux organes des fonctions végétatives et à ceux des fonctions animales; ici, au contraire, outre ces ganglions dont les filets sont confinés aux organes des fonctions végétatives, il y a un centre particulier avec lequel communiquent ces renflemens, et d'où partent, ou bien où aboutissent les nerfs des organes des sensations et des mouvemens. Ce centre, parfaitement symétrique, consiste en un gros cordon renfermé dans le rachis et prolongé dans le crâne, où il présente divers renflemens, et est surmonté par deux organes nerveux, compliqués, plus ou moins volumineux, qu'on appelle le cervelet et le cerveau. Ce centre nerveux est enveloppé d'os solidement unis entre eux, et qui le protégent contre les atteintes extérieures. On peut regarder cette fonction des os comme une des plus importantes qu'ils remplissent.

§ 53. Outre les genres d'humeurs et d'organes qui sont communs à tous, ou du moins à la généralité des animaux, on en trouve encore dans l'embranchement des vertébrés qui n'existe pas dans les autres; ce sont le sang rouge, les vaisseaux chylifères et lymphatiques, les os, les ligamens et les tendons, les membranes séreuses et synoviales.

Dans tous les invertébrés, le liquide nourricier est

d'une seule couleur et blanc ou bleuâtre, excepté dans les annélides, où il est rouge. Dans les vertébrés, au contraire, les artères, les veines et le cœur, contiennent du sang rouge, liquide composé de sérum incolore dans lequel nagent des corpuscules formés d'un globule central et d'une enveloppe colorée. Sa composition est plus grande que dans les invertébrés. Un liquide peu coloré ou blanchâtre, est soutenu dans les vaisseaux chylifères qui commencent à l'intestin, et dans les vaisseaux lymphatiques qui naissent de toutes les parties du corps; les uns et les autres, très-analogues aux veines, aboutissent dans ces derniers vaisseaux.

Les os sont des parties dures, propres aux vertébrés; ils sont situés à l'intérieur; ils sont d'une nature organique, consistant en une masse de substance cellulaire serrée, imprégnée d'une grande proportion de phosphate de chaux. Ils servent d'enveloppe aux centres nerveux; ils reçoivent et transmettent le mouvement musculaire; ils servent enfin de soutien et d'appui à toutes les parties, et par-là déterminent la forme du corps. Dans les invertébrés, les parties dures sont en général transsudées à la surface de la peau, et consistent en coquilles, croûtes, écailles de carbonate de chaux ou de substance cornée. Ce dernier genre se retrouve aussi dans les vertébrés, où il affecte des dispositions extrêmement variées, comme celles d'écailles, de plumes, de poils, de cornes : toutes parties analogues entre elles par leur composition et leur mode de formation. On trouve encore dans les vertébrés un genre d'organes qui leur est à peu près particulier, ce sont les tendons qui attachent les muscles aux os, et les ligamens qui entourent les articulations des os; ces liens ou attaches sont de la substance cellulaire très-condensée, dont toute la fonction réside dans leur ténacité.

Les membranes séreuses et synoviales sont encore des parties formées par la substance cellulaire condensée et disposée en vessies à parois contiguës partout où la continuité est interrompue entre les parties; dans les cavités splanchinques elles séparent les viscères des parois, dans les articulations mobiles elles contiennent un liquide qui humecte les extrémités contiguës des os.

§ 54. Mais ce qui distingue les vertébrés, c'est non-seulement l'action des organes qui leur sont propres; savoir : un système nerveux plus concentré, et dont les parties centrales sont plus volumineuses, d'où résulte une apparence d'intelligence qui se distingue de l'instinct, un certain degré d'éducabilité, etc.; c'est non-seulement l'influence que ces organes exercent sur les autres pour en diriger l'exercice, mais c'est surtout la concentration de la vie dans les organes centraux ou prédominans : dans le cœur, et dans le centre nerveux, et dans l'action de ces deux parties l'une sur l'autre. Cependant encore sous ce rapport il y a des différences assez grandes entre les vertébrés.

§ 55. Les animaux vertébrés, qui se ressemblent par tant de caractères, présentent en effet ainsi de grandes différences. La ressemblance existe surtout dans la partie centrale du système nerveux et dans son enveloppe, c'est-à-dire dans la moelle et dans le rachis; et les différences dans les extrémités et à la surface : ainsi dans le cerveau, le crâne, les sens, la face, les organes du mouvement, les membres et la peau. De même dans les organes des fonctions végétatives, le cœur présente bien des différences, mais elles sont surtout très-grandes dans les organes et les phénomènes de la respiration; et comme l'action des muscles et du système nerveux dépend beaucoup de la respiration, les variétés de cette fonction en déterminent de correspondantes dans les fonctions animales. Ainsi dans les mammifères, où la circulation est double, c'est-à-dire que tout le sang rapporté du corps est envoyé au poumon avant de retourner au corps, et où la respiration est aérienne, l'action musculaire a de la force. Dans les oiseaux, où la circulation est double, et où la respiration, aérienne aussi, ne se borne pas au poumon, mais s'étend dans divers endroits du corps, la vigueur des muscles est encore plus grande; elle est faible, et les mouvemens sont lents et souvent interrompus dans les reptiles, où la circulation est simple, et par conséquent la respiration partielle, puisqu'une partie du sang seulement est soumise à l'action de l'air avant de retourner au corps. Les poissons ont bien une circulation double, mais leur respiration ne peut être complète à cause de la petite quantité d'air que contient l'eau qu'ils respirent, aussi sont-ils, pour la station, presque en équilibre dans l'eau. Les animaux des deux premières classes ont le sang bien plus chaud que ceux des deux dernières, qu'on appelle pour cela vertébrés à sang froid.

La génération offre aussi une différence très-notable d'après laquelle on divise les vertébrés en ovipares et en vivipares ou mammifères.

§ 56. Les vertébrés ovipares se ressemblent surtout par leur mode de génération, ils ont aussi quelques caractères communs d'organisation dans le système nerveux et dans les os qui l'enveloppent.

La génération ovipare consiste essentiellement en ce que le germe est renfermé dans ses enveloppes avec des matières nutritives suffisantes pour le nourrir jusqu'à l'éclosion; de sorte que si l'œuf demeure à l'intérieur, il ne se greffe point aux parois de l'oviducte, mais qu'il en reste séparé. La nourriture du petit est contenue dans un sac qui fait partie de son intestin, et qu'on appelle le vitellus ou le jaune de l'œuf. Le germe n'en est d'abord qu'un appendice imperceptible, mais à mesure qu'il se nourrit il s'accroît par l'absorption du jaune, celui-ci diminue en proportion, et finit par disparaître vers l'époque de l'éclosement. Les fœtus des ovipares à poumons (les oiseaux et les reptiles, excepté les batraciens), ont de plus une membrane très-vasculaire qui paraît servir à la respiration, et qui est un prolongement de la vessie : c'est l'allantoïde; elle n'existe pas dans les poissons ni dans les reptiles batraciens dont les petits sont pisciformes. Certains reptiles et poissons gardent les œufs à l'intérieur jusqu'à l'éclosement; c'est ce qu'on appelle des ovovivipares.

Le prolongement de la moelle dans le crâne présente, dans les ovipares, des tubercules dits quadrijumeaux très-développés, le cervelet et le cerveau au contraire le sont fort peu, et il n'y a point de pont de varole ni de corps calleux. Leurs os du crâne sont très-promptement soudés, ou très-long-temps subdivisés; leurs sens ne sont point aussi complets que dans les vivipares; leur mâchoire inférieure, très-compliquée, s'articule par une facette concave sur une partie saillante du temporal, qui est distincte du rocher; leurs orbitres ne sont séparés que par une membrane ou par une lame osseuse du sphénoïde. Quand ils ont des membres antérieurs, souvent les clavicules se réunissent et forment une fourchette, et les apophyses coracoïdes allongées s'articulent avec le sternum. Le larynx est assez simple et manque d'épiglotte, etc. Il n'y a point un diaphragme complet entre la poitrine et l'abdomen.

Les ovipares se divisent, d'après leur respiration, leur température, l'atmosphère qu'ils habitent, leur genre de mouvemens, les appendices de leur peau, etc., en trois classes : les poissons, les reptiles et les oiseaux.

§ 57. Les poissons ont un mode d'organisation évidemment disposé pour la natation ; ils sont suspendus dans un liquide presque aussi pesant qu'eux-mêmes. Beaucoup ont dans le corps, sous la colonne vertébrale, une vessie pleine d'air qui, en se comprimant ou en se dilatant, fait varier la pesanteur spécifique de l'animal. La tête, variable pour la forme, est d'une structure fort compliquée, soit dans le crâne, soit dans les mâchoires, soit dans la distribution des dents. Les membres sont fort réduits en étendue, et conformés en nageoires ; d'autres nageoires occupent le dos, le dessous de la queue et son extrémité. Le nombre des membres varie; le plus souvent il y en a quatre, quelquefois deux, quelques-uns en manquent tout-à-fait. Leur position et leur connexion avec le tronc varient aussi beaucoup. Les organes de la digestion varient également; le pancréas est en général remplacé par des appendices intestinaux. La circulation est double, c'est-à-dire que la totalité du sang passe par l'organe respiratoire, mais l'atmosphère respirée est l'eau aérée : pour cela ils ont aux côtés du col un appareil d'organes appelés branchies, ce sont des feuillets attachés à des arceaux latéraux de l'os hyoïde, et composés de beaucoup de lames membraneuses couvertes d'un lacis d'innombrables vaisseaux sanguins; cette ouverture est en outre garnie d'une membrane branchiale soutenue par des rayons de l'hyoïde, et d'un opercule osseux. L'eau que le poisson presse dans la bouche comme pour l'avaler, s'échappe entre les divisions des branchies, et agit sur le sang.

Le cœur n'a qu'une oreillette qui reçoit les veines du corps, et un ventricule branchial. Le sang, après avoir traversé les branchies, se rend dans un gros vaisseau situé sous l'épine du dos, et qui, faisant les fonctions de ventricule et d'aorte, l'envoie dans toutes les parties du corps. Les poissons ont des reins allongés sur les côtés de l'épine, et une vessie. Leurs testicules sont deux énormes glandes connues sous le nom de laite; leurs ovaires ne sont pas moins volumineux; dans la plupart les œufs sont pondus d'abord, et le mâle les arrose pour les féconder; dans quelques-uns il y a accouplement et intromission de sperme : ceux-là sont pour la plupart ovovivipares. Les muscles qui forment une si grande partie de la masse de leur corps sont blancs, très-irritables, et ont une organisation moins parfaite que dans les autres classes. Il en est de même des os : dans quelques-uns d'entre eux, les chondroptérygiens, les os restent cartilagineux; la substance calcaire n'y forme pas des filamens, mais elle y reste par grains isolés; dans quelques-uns même les articulations du rachis n'existent pas; dans les autres, les os, quoique fibreux et calcaires, varient beaucoup en solidité, et diffèrent notablement des os des autres classes. Les côtes sont souvent soudées aux apophyses transverses. Les sens sont peu parfaits; les narines sont ébauchées sous forme de faussettes au bout du museau; l'œil a une cornée plate, peu d'humeur aqueuse, et un crystallin presque sphérique; l'oreille consiste en un sac vestibulaire qui contient suspendus des os pierreux, en trois canaux demi-circulaires membraneux, situés en général dans la cavité du crâne; quelques genres seulement ont une fenêtre ovale, située à la surface extérieure; leur langue est le plus souvent osseuse et dentée, ou cornée; la plupart ont toute la peau couverte d'écailles; quelques-uns ont des barbillons charnus qui peuvent servir au toucher. Le prolongement de la moelle dans le crâne se termine antérieurement par des renflemens d'où partent les nerfs olfactifs.

La classe des poissons présente, dans la nature du squelette, et dans le mode de génération, une division assez tranchée, en cartilagineux et en osseux.

C'est dans cette classe de vertébrés que l'on trouve un genre (celui des pleuronectes ou des poissons plats), où il y a un défaut de symétrie dans la tête, tel que les deux yeux sont du même côté.

§ 58. Les reptiles présentent dans leur configuration, dans leur structure et dans leurs fonctions, des variétés beaucoup plus grandes qu'aucune des trois autres classes des vertébrés. En effet, les uns ont quatre pieds, d'autres en ont deux en avant, d'autres deux en arrière, d'autres point. Dans les uns le corps est écailleux, dans d'autres la peau est nue. Quelques-uns sont pisciformes dans leur état de fœtus, et éprouvent une véritable métamorphose en grandissant. Les organes de la digestion sont très-variés; la circulation est simple, et la respiration partielle, c'est-à-dire que le cœur, d'ailleurs assez variable, envoie le sang dans une artère dont une branche seulement va au poumon, d'où il résulte qu'il n'y a dans chaque circuit du sang qu'une partie de ce fluide qui soit soumise à la respiration. Leurs poumons ont la forme de sacs, ou du moins ont de larges cellules. Ils peuvent, sans arrêter la circulation, suspendre la respiration : leur sang est froid. La quantité de respiration n'est pas la même dans cette classe, l'artère pulmonaire n'étant pas dans tous dans le même rapport avec le tronc aortique qui la fournit. Ils ont une trachée-artère et un larynx, quoiqu'ils n'aient pas tous de la voix. Les femelles ont un double ovaire et deux oviductes. Quelques mâles ont la verge bifurquée, quelques-uns en sont privés. Aucun ne couve ses œufs. Leurs muscles ont une irritabilité qui se conserve long-temps après leur séparation du système nerveux et même du reste du corps. Leurs sensations sont assez obtuses. Ils ont des narines qui traversent la face; mais leur oreille n'est pas complète, elle est bornée au vestibule qui contient des pierres molles, aux canaux demi-circulaires, et, dans quelques-uns, à un rudiment de limaçon. On y trouve aussi des rudimens d'os du tympan, sous la peau. Les crocodiles seuls ont une ouverture auriculaire extérieure. Le cerveau, assez petit, peut être enlevé ainsi que la tête, et les mouvemens continuer encore. Plusieurs restent engourdis une partie de l'année.

On a divisé les reptiles en plusieurs familles, d'après des variétés très-grandes d'organisation.

Les chéloniens ou tortues ont un cœur à deux oreillettes, qui reçoivent chacune un sang différent, et à un ventricule, ayant deux loges inégales et communicantes, dans lequel les deux sangs se mêlent. Ces animaux sont enveloppés d'une carapace formée par les côtes et les lames des vertèbres, et d'un plastron formé par le sternum, recouverts les uns et les autres par la peau et par une matière cornée ou écaillée transsudée par la peau. L'air pour la respiration est attiré par les narines, et poussé dans le larynx par une sorte de déglutition. Le mâle a un pénis simple, cannelé. La femelle pond des œufs qui ont une coquille très-dure. Elles vivent sans manger pendant des mois et même des années. Elles survivent plusieurs semaines à la section de la tête.

Les sauriens ou lézards, crocodiles, etc., ont le cœur

comme les tortues; les côtes sont mobiles pour la respiration, le poumon est très-étendu. Les œufs ont une enveloppe plus ou moins dure. Il y a des dents, des ongles, des écailles. La verge est simple ou double.

Les ophidiens ont le cœur à deux oreillettes, et point de pieds. Quelques-uns d'entre eux sont venimeux. Ceux qui le sont le plus ont des crochets isolés et une disposition particulière de la mâchoire. Leurs os maxillaires supérieurs sont forts petits, portés sur un long pédicule analogue à l'apophyse pterigoïde externe, et très-mobile; il s'y fixe une dent, creusée d'un petit canal qui donne issue à la liqueur venimeuse sécrétée par une glande considérable située sous l'œil. Cette dent, placée avec plusieurs germes de remplacement sur l'os maxillaire, se cache, au moyen de la mobilité de celui-ci, dans un repli de la gencive quand l'animal ne s'en sert pas.

Les batraciens ou grenouilles, crapauds et salamandres, ont au cœur une seule oreillette et un seul ventricule. Ils ont des poumons, et, dans la jeunesse, des branchies analogues à celles des poissons. Dans ce premier état la circulation est comme celle des poissons; l'artère se divise dans les branchies; les vaisseaux se réunissent ensuite en un tronc aortique pour tout le corps et même pour les poumons. Quand les branchies disparaissent, leurs artères s'oblitèrent, excepté deux rameaux qui se réunissent pour former l'aorte, et qui donnent chacun une petite branche au poumon. Les œufs sont membraneux et fécondés pendant ou après la ponte. Le petit, en naissant, a des branchies, et point de pates; il perd les premières en grandissant, et les pates se développent. Quelques-uns conservent les branchies toute leur vie.

§ 59. Les oiseaux ont une organisation évidemment disposée pour le vol; leur configuration, la proportion de leurs parties, leur abondante respiration, d'où résulte leur légèreté spécifique et une grande vigueur musculaire : tout se réunit pour ce mode de station et de mouvement. Ils sont bipèdes, leurs membres antérieurs étant uniquement destinés au vol. La poitrine et l'abdomen forment une seule grande cavité dont les vertèbres sont très-peu mobiles; le sternum est d'une très-grande étendue, augmentée encore par une lame saillante comme une carène. La partie sternale des côtes est osseuse comme leur partie vertébrale; tout dans cette partie du tronc est disposé pour donner un appui solide et des attaches musculaires aux ailes. Les épaules sont formées par la fourchette, les os coracoïdes, qui sont très-forts, et des omoplates allongées et faibles. L'aile est soutenue par l'humérus, les deux os de l'avant-bras et la main qui est allongée et qui a un doigt, et deux autres rudimentaires; elle porte une rangée de pennes élastiques. Le bassin, très-allongé, fournit des attaches aux muscles des membres inférieurs, et ses os sont assez écartés pour laisser la place où les œufs se développent. Les membres inférieurs sont formés du fémur, du tibia et du péroné, qui sont joints à lui par une articulation à ressort, se maintenant étendue sans effort musculaire. Il y a aussi des muscles qui vont du bassin aux doigts en passant sur le genou et le talon, de manière que le poids du corps fléchit lui-même les doigts. Le tarse et le métatarse sont formés par un seul os terminé en bas par trois poulies. Il y a le plus souvent un pouce et trois doigts diversement dirigés, et dont le nombre des articulations va en croissant du pouce, qui n'en a que deux, au doigt externe qui en a cinq. Le col est allongé, formé de beaucoup de vertèbres, et très-mobile; le coccyx est très-court et garni de pennes comme les ailes. Le cerveau, qui a les mêmes caractères que celui des autres vertébrés ovipares, se fait remarquer par sa grandeur proportionnelle au corps qui est considérable; mais ce volume ne dépend pas des hémisphères, qui sont petits. La peau de l'oiseau est, en général, couverte de plumes composées d'une tige creuse et de barbes; la peau est écailleuse en dessus des doigts, et calleuse en dessous; le toucher doit être par conséquent très-faible. L'œil est muni de trois paupières mobiles; la cornée est très-convexe, le cristallin plat, le corps vitré petit. Le cristallin est muni d'une membrane qui paraît propre à le mouvoir. Le devant du globe est garni d'un cercle de pièces osseuses. Les oiseaux voient distinctement les objets de près et de loin. L'oreille, un peu plus complète que dans les autres ovipares, n'a point de pierres dans le vestibule; le limaçon est un peu arqué; il y a un osselet entre la fenêtre ovale et le tympan, qui est dépourvu de conque, excepté dans les oiseaux de nuit. L'organe de l'odorat, caché dans la base du bec, a ordinairement trois cornets cartilagineux, et point de sinus. La langue est peu musculaire, et est soutenue par un prolongement osseux de l'hyoïde. La trachée-artère a des anneaux entiers; à sa bifurcation il y a une glotte ou larynx inférieur où se forme la voix; le larynx supérieur est très-simple. Les poumons, non lobés, attachés aux côtes, laissent passer l'air dans plusieurs cavités de l'abdomen, de la poitrine, des aisselles, et même des os, ce qui augmente la légèreté spécifique, et multiplie la respiration. La mâchoire supérieure est formée principalement par les os intermaxillaires, et se prolonge en arrière en deux arcades, l'une interne, formée par les os palatins, et l'externe par les maxillaires et les jugaux, et qui s'appuient l'une et l'autre sur l'os carré ou os tympanal, qui est mobile; elle se joint au crâne par des lames élastiques. L'une et l'autre mâchoires sont revêtues de corne qui tient lieu de dents, et qui en a quelquefois la forme. L'estomac est composé de trois parties plus ou moins distinctes : le jabot, qui manque quelquefois; l'estomac membraneux garni de beaucoup de follicules sécrétoires; et le gésier, muni de deux muscles vigoureux et tapissé d'une membrane coriace. Cependant dans les carnivores, le gésier est très-mince et peu distinct de l'autre estomac. La rate est petite, le foie a deux conduits, le pancréas est considérable; il y a au rectum deux appendices, quelquefois un seul, point dans quelques genres, et qui paraissent être le reste de l'allantoïde. Le rectum, les uretères, et les canaux spermatiques ou bien l'oviducte, aboutissent dans une poche appeléec loaque, qui s'ouvre à l'anus. Les testicules sont à l'intérieur, audessous des reins; il n'y a qu'un ovaire et un oviducte. Dans la plupart des oiseaux, la copulation se fait par la simple application des anus; cependant quelques genres ont un pénis cannelé. L'œuf détaché de l'ovaire ne se compose que du jaune et du germe, il s'enveloppe du blanc dans l'oviducte, et au bas du même canal il se garnit de sa coquille. La chaleur du climat, ou le plus généralement l'incubation maternelle y développe le petit.

Des Vertébrés vivipares.

§ 60. Les vertébrés vivipares ou les mammifères, au nombre desquels est l'homme, ne diffèrent pas seulement des ovipares par leur mode de génération et par leur quantité de respiration, mais ils se distinguent surtout par des fonctions animales plus parfaites, par une intelligence plus grande, moins dominée par l'instinct et plus capable de perfectionnement.

Leur conformation générale est celle des vertébrés. La cavité splanchnique du torse est divisée en deux par une cloison musculaire complète, appelée diaphragme. Sauf une seule exception, ils ont le cou formé de sept vertèbres; ils ont un sternum auquel s'attachent les premières côtes. Leur tête s'articule toujours par deux condyles avec la première vertèbre. Leur crâne a la plus grande ressemblance dans sa composition. On y trouve toujours un occipital, un sphénoïde, une thmoïde, des pariétaux, des frontaux et des temporaux; plusieurs de ces os dans les fœtus sont divisés en plusieurs parties. La face est aussi peu variable; elle est formée essentiellement par les maxillaires supérieurs, les intermaxillaires, les palatins, le vomer, les os du nez, les cornets inférieurs, les jugaux et les lacrymaux: ces os réunis entre eux forment la mâchoire supérieure, qui est fixée au crâne; l'inférieure, composée de deux pièces, est articulée par un condyle saillant à un temporal fixe. Un os hyoïde, suspendu au crâne par des ligamens, soutient la langue qui est toujours charnue. Les membres antérieurs commencent par une ceinture osseuse ou épaule, formée par l'omoplate, non articulée avec l'épine, appuyée, dans beaucoup de mammifères, au sternum, au moyen d'une clavicule. Le bras est formé d'un seul os; l'avant-bras de deux, le radius et le cubitus; la main, qui termine ces membres, est composée de deux rangées de petits os qu'on appelle carpe, d'une rangée d'os nommée métacarpe et de doigts formés chacun de deux ou trois os qu'on appelle phalanges. Les membres postérieurs ont une composition analogue à celle des membres antérieurs, et cette analogie est plus ou moins grande suivant que les membres sont destinés à des fonctions semblables ou différentes. Au reste, dans tous les mammifères, excepté les cétacés, le membre postérieur commence par une ceinture osseuse ou bassin formé par les os des hanches fixés à l'épine; et dans la jeunesse ces os sont formés de trois parties distinctes, l'ilium, le pubis et l'ischion. La cuisse est formée d'un seul os, la jambe de deux principaux, le tibia et le péroné; le pied, qui termine ce membre, est composé d'un tarse, d'un métatarse et de doigts ou orteils.

Les muscles ont une assez grande force de contraction; mais leur irritabilité est très-dépendante du système nerveux. Les mouvemens sont ceux de la marche; dans quelques-uns le vol peut avoir lieu au moyen de membres prolongés et de membranes étendues; d'autres ont les membres très-raccourcis et ne peuvent que nager. Le système nerveux des mammifères est surtout caractérisé par l'état du cervelet et du cerveau. Le cervelet a des lobes latéraux, ou hémisphères volumineux, et il y a toujours un pont de varole sous la moelle allongée. De même le cerveau a toujours des corps striés, et est toujours formé de deux hémisphères volumineux, garnis de circonvolutions, formant deux ventricules latéraux et réunis entre eux par le corps calleux.

Les yeux, logés dans les orbites, sont préservés par deux paupières, et un vestige de la troisième, la sclérotique, est simplement fibreuse, le crystallin est fixé par les procès ciliaires. L'oreille a, dans tous, un labyrinthe complet, avec un limaçon, une caisse et une membrane du tympan, et des osselets. Les fosses nasales traversent la face, ont des cornets, et s'étendent dans des sinus des os. La langue est charnue et attachée à l'os hyoïde. La peau des mammifères est en général revêtue de poils : les cétacés seuls en sont totalement dépourvus.

Le canal intestinal est revêtu par le péritoine, suspendu au mésentère, repli de cette membrane qui renferme les glandes conglobées des vaisseaux chylifères, et couvert d'un prolongement flottant de la même membrane, que l'on nomme épiploon. Ils ont une vessie urinaire, dont l'orifice, à peu d'exceptions près, est dans celui des organes de la génération. Les poumons celluleux et le cœur sont renfermés dans une cavité formée par les côtes, séparée de l'abdomen par le diaphragme, et où leur surface est libre. Leur circulation est double, et leur respiration est aérienne et simple. Ils ont un larynx à l'extrémité supérieure de la trachée qui s'ouvre dans l'arrière-bouche et les arrière-narines, dont la communication dépend d'un voile charnu mobile, appelé voile du palais.

Ce qui distingue surtout l'organisation des mammifères, c'est leur génération ; elle est essentiellement vivipare ; c'est-à-dire que l'œuf membraneux descend et se fixe dans l'utérus, après la conception, qui exige un accouplement par lequel le sperme du mâle est lancé dans les organes de la femelle. Ils ont bien, comme tous les vertébrés ovipares, du moins tout au commencement, une vésicule ombilicale ou intestinale; ils ont aussi, comme les ovipares à poumons, une vessie allantoïde; mais ils ont de plus des enveloppes dont la plus extérieure, le chorion, se fixe aux parois de l'utérus par un ou plusieurs plexus de vaisseaux appelés placentas, qui établissent entre lui et sa mère une communication par laquelle il reçoit sa nourriture et probablement aussi l'oxygène. Quand les fœtus ont acquis le développement nécessaire, ils sont expulsés avec leurs enveloppes déchirées. Les mamelles, glandes sécrétoires, produisent du lait pour nourrir les petits pendant tout le temps qu'ils en ont besoin.

C'est à ce genre d'organisation, qui présente encore certaines variétés, qu'appartient l'homme.

§ 61. Les mammifères présentent ainsi quelques organes qui leur sont propres, tels sont les poils de leur peau et les mamelles; pour tout le reste, ils ne diffèrent des autres vertébrés que par des développemens plus grands de certains organes, comme, par exemple, de l'oreille, du cerveau, etc., ou par des combinaisons différentes des organes de la circulation, de la respiration et des mouvemens.

Le sang des mammifères diffère de celui des ovipares par la forme des particules colorées : elles sont circulaires ou plutôt lenticulaires dans les mammifères, tandis que dans les ovipares, elles sont en général ovales ou ovoïdes comprimées.

Les poils des mammifères ne diffèrent pas essentiellement des autres appendices cornés de la peau : ils sont, comme tous les organes de ce genre, produits par une excrétion à la surface de cette membrane.

Les mamelles sont aussi tout-à-fait du même genre que les autres organes sécrétoires glanduleux.

§ 62. Les mammifères présentent encore dans leur organisation des variétés assez grandes : soit dans les organes du toucher, qui sont d'autant plus parfaits que les doigts sont plus nombreux, plus mobiles, moins enveloppés par l'ongle; soit dans les organes de la manducation, et par suite dans le reste des organes digestifs; soit enfin dans les organes de la génération. Les différentes combinaisons de ces variétés, qui en entraînent beaucoup d'autres dans toutes les fonctions, et même dans l'intelligence, ont donné lieu à partager cette classe en plusieurs ordres au nombre desquels est celui des bimanes, formé d'un seul genre, l'homme.

§ 63. L'homme se distingue des autres mammifères, par quelques différences peu importantes dans les organes des fonctions végétatives, par quelques autres plus marquées dans les organes des fonctions animales, mais surtout par l'*intelligence*.

L'intelligence qui constitue l'homme, est surtout caractérisée par la conscience, par la raison, par une volonté libre, par le sentiment moral et par celui d'une cause divine.

L'homme est en outre de tous les mammifères celui qui a les hémisphères du cerveau et du cervelet les plus développés et les plus garnis de circonvolutions. Ce volume des hémisphères paraît surtout considérable si on le compare à la moelle, aux nerfs, aux sens et aux muscles. Ses fonctions cérébrales sont très-développées et très-distinctes de l'instinct. Il est doué de la parole; il vit en société. Il est le seul animal vraiment bimane et bipède; son corps tout entier est organisé pour la station verticale : ses mains sont évidemment réservées à d'autres usages qu'à la station.

Le cœur est dirigé obliquement sur le diaphragme, et l'aorte disposée un peu autrement que dans les quadrupèdes. Les organes de la digestion sont propres à une nourriture variée, et principalement végétale. Le pénis est libre et sans os intérieur; l'utérus est une cavité simple et ovale; les mamelles, au nombre de deux seulement, sont situées au-devant de la poitrine.

Mais tout le reste de cet ouvrage étant consacré à

l'étude du corps humain, il serait superflu d'insister sur des caractères qui seront exposés en leur lieu[1].

SECONDE SECTION.

DU CORPS HUMAIN.

§ 64. L'homme participe, comme on le conçoit, aux caractères généraux des corps, des êtres organisés, des animaux, des vertébrés, des mammifères; il a en outre, comme tout autre, ses caractères propres : c'est l'étude de tous ces caractères, soit de la conformation extérieure et intérieure, soit des phénomènes, qui est l'objet de l'anthropologie ou de la science de l'homme. L'anatomie de l'homme, qu'on a aussi appelée anthropotomie, a pour but particulier la connaissance du corps humain, c'est-à-dire de toutes les parties qui le composent et de leur arrangement mutuel.

§ 65. L'anatomiste peut étudier le corps humain dans deux états différens : dans l'état le plus ordinaire, celui qui est propre à l'espèce et seul compatible avec l'état de santé; ou bien au contraire dans ses déviations de l'ordre naturel. Dans le premier cas, c'est l'anatomie de l'homme sain, l'anatomie hygide, si l'on veut s'exprimer ainsi; c'est l'anatomie morbide dans le second cas.

Dans l'étude de l'anatomie on peut considérer le corps humain tout entier, examiner les caractères généraux de tous ses organes, de toutes ses humeurs, etc. :

[1] *Voyez* Blumenbach, *de Varietate nativâ generis humani.* — Lawrence, *Lectures on physiology, zoology, and the natural histori of man.*

ce sont les généralités de l'anatomie. On peut, réunissant les organes multiples en genres ou en systèmes, d'après leurs analogies de texture, s'arrêter aux caractères génériques, en faisant abstraction de toutes les différences spéciales des organes; et pour ceux qui, sans être multiples, sont étendus à tout le corps, on peut ne considérer que les caractères généraux, en faisant abstraction des différences locales qu'ils présentent dans les diverses régions; tel est l'objet de l'anatomie générale: elle donne une connaissance un peu plus précise du sujet, que les généralités. Mais pour connaître le corps humain d'une manière positive et profitable, il faut joindre à cela une connaissance exacte de chaque organe en particulier, et de chaque région du corps; tel est le double objet de l'anatomie spéciale.

L'anatomie générale, considérant ensemble les organes semblables par leur texture, et se bornant à ce qu'ils ont de commun ou de générique, a pour objet spécial, mais non unique, leur texture. L'anatomie spéciale des organes, improprement appelée anatomie descriptive, s'occupe particulièrement de leur conformation, car c'est surtout en cela qu'ils diffèrent les uns des autres; leur situation respective est l'objet essentiel de l'anatomie des régions ou topographique.

§ 66. La conformation extérieure du corps humain est symétrique [1]; il est divisé en deux moitiés latérales semblables, par une ligne médiane verticale. Cette ligne se prononce même en quelques endroits, où elle forme ce qu'on appelle des raphés ou coutures, qui semblent

[1] *Voyez entre autres* Bichat. Rech. physiol. sur la vie et la mort. — Meckel *Beitr. zur vergl. anat.* Leipz. 1812.

en effet résulter d'une sorte de couture ou de réunion de deux parties latérales séparées dans le principe. La symétrie n'est pas également prononcée dans toutes les parties du corps; elle l'est davantage dans les organes des fonctions animales, et moins dans ceux des fonctions végétatives, dans ceux de la nutrition surtout. En effet, les os, le système nerveux, les sens, les muscles, sont les parties les plus symétriques; et les organes de la digestion, de la circulation, de la respiration, le sont moins que les organes génitaux. Cependant il ne serait pas exact de dire que la symétrie appartient aux premiers, et est étrangère aux derniers; elle appartient plutôt aux parties extérieures en général, et est moins exacte dans les parties profondes; ainsi les glandes lacrymales et salivaires, la thyroïde, les mamelles, les testicules, tous organes des fonctions de la nutrition et de la génération, sont symétriques, tandis que les nerfs du larynx, de l'estomac et des intestins, le muscle diaphragme, ne le sont point. On observe aussi que certaines parties qui se développent plus tard sont moins symétriques que celles du même genre qui se développent auparavant: ainsi dans le système nerveux, la moelle qui se développe la première, est plus symétrique que le cerveau; les côtes sont moins symétriques que le rachis, et plus que le sternum. Enfin on observe encore que les parties sont plus symétriques à l'époque de leur formation, et que ce genre de régularité s'altère ensuite : l'estomac, l'intestin, le foie, sont d'abord beaucoup moins irréguliers qu'ils ne le deviennent ensuite; la colonne vertébrale, d'abord exactement médiane, se renverse un peu à gauche par la prédominance du bras droit, et de là résultent encore l'inclinaison du nez, l'inégale élévation des testicules, la fréquence des hernies à droite, etc. On observe quelquefois un dérangement de la symétrie, tel que les organes d'un côté occupent le côté opposé, et *vice versâ;* c'est ce qu'on appelle transposition des viscères. Dans ce cas, qui se rencontre une fois sur trois ou quatre mille sujets environ, et que j'ai vu quatre ou cinq fois, le poumon trilobé, le foie, le cœcum, sont à gauche, et le poumon à deux lobes, la pointe du cœur, la rate, la portion sygmoïde du colon, etc., sont à droite : les individus qui présentent ce vice de situation ne sont pas pour cela gauchers. Les maladies qui affectent les organes symétriques, et celles qui ont leur siége dans les parties sans symétrie présentent des différences remarquables. On a même prétendu, mais d'après des vues hypothétiques, que les deux côtés du corps étaient chacun plus disposés à certaines maladies[1].

On a aussi établi des comparaisons et cherché des analogies entre les deux moitiés supérieure et inférieure du corps. L'analogie entre les membres est évidente; les épaules et le bassin, le bras et la jambe, la main et le pied, sont construits sur le même plan, et ne diffèrent qu'autant que la différence de leurs fonctions le comporte. Quant à l'analogie que l'on a cru trouver dans l'homme, comme dans les animaux articulés, entre différentes tranches de son tronc, et entre les membres et les mâchoires, elle repose sur une comparaison entre des objets trop différens pour être comparables.

Entraîné par une analogie forcée avec les animaux rayonnés, on a aussi cherché dans la partie antérieure

[1] *Voyez* Mehlis, *de Morbis hominis dextri et sinistri.* Gotting. 1818.

du tronc des parties correspondant à la colonne vertébrale; on a cru les trouver dans le sternum : l'observation ne montre ici de rapprochement raisonnable qu'entre les muscles antérieurs et les muscles postérieurs de la colonne vertébrale. Laissons donc des comparaisons qui ne peuvent conduire à rien de bon et d'utile.

§ 67. On divise le corps humain, comme celui des autres vertébrés, en tronc et en membres. Le tronc est la partie centrale et principale, celle qui contient les organes les plus essentiels à la vie, ou les viscères. Ces parties sont logées dans trois cavités ou ventres; l'inférieur est l'abdomen, et contient les organes de la digestion, de la sécrétion urinaire et de la génération; le moyen, le thorax, renferme les organes de la respiration et de la circulation; et le supérieur, la tête, dont la cavité se prolonge dans la colonne vertébrale, loge le centre nerveux et les sens. On a pu remarquer déjà (Ire section) combien cette distribution des viscères est en rapport avec leur importance dans le règne animal; on verra plus tard qu'elle l'est également avec l'ordre de leur développement. Considéré dans son ensemble, le tronc, aplati d'avant en arrière, présente une face antérieure ou sternale, une face postérieure ou dorsale, et des côtés; il présente deux extrémités, l'une supérieure ou céphalique, l'autre inférieure ou pelvienne. Les membres, appendices articulés et destinés aux mouvemens, se distinguent en supérieurs ou thoraciques, et en inférieurs ou abdominaux, les uns et les autres divisés par des articulations en plusieurs parties. Les diverses parties du tronc et des membres sont encore soudivisés en un certain nombre de régions, ou de portions distinctes et importantes à considérer, à cause des organes qui y sont placés. Les divisions du corps et les subdivisions sont principalement déterminées par les os. La connaissance des régions est nécessaire pour déterminer la situation absolue des organes, et leur étude approfondie est le plus sûr ou plutôt le seul moyen de connaître la situation respective des parties : cette connaissance constitue une sorte d'anatomie topographique du plus grand intérêt.

§ 68. Le corps humain est composé, comme tous les corps organisés, de parties solides et de fluides qui ont une composition analogue, et qui se changent continuellement les unes en les autres. Les fluides sont en très-grande quantité, et leur masse l'emporte de beaucoup sur celle des solides ; cependant la proportion des uns aux autres ne peut être déterminée exactement ; d'une part, parce que certains fluides, comme l'huile, se séparent difficilement des solides ; et d'autre part, surtout, parce que beaucoup de parties solides sont fluidifiables, et dans la dessiccation se confondent et se dissipent avec les liquides. On a cependant essayé de déterminer la proportion des liquides aux solides, soit par la dessiccation au four ou à l'étuve, soit par la momification ; quelques-uns pensent que la proportion des liquides aux solides est comme six est à un ; d'autres que cette proportion est comme neuf est à un. L'examen d'une momie a donné une proportion des liquides bien plus grande encore, puisque cette momie d'adulte ne pèse que sept livres et demie. Mais la proportion, fût-elle déterminée exactement dans un cas, varierait suivant les individus ; l'âge, le sexe, la constitution, etc., y apporteraient des différences notables.

Les solides et les liquides sont formés de globules et

d'une substance amorphe, liquide dans les uns, concrète dans les autres.

§ 69. La composition chimique [1] des solides et des fluides du corps humain résulte d'un certain nombre de matériaux immédiats, dont les principaux sont la gélatine, l'albumine, le mucus, la fibrine, l'huile, l'eau, le sucre, la résine, l'urée, la picrocholine, l'osmazôme, la zoohématine, le phosphate de chaux, le carbonate de chaux, etc. Ces matières elles-mêmes sont composées, et les élémens que l'on trouve dans le corps humain sont l'oxygène, l'hydrogène, le carbone, l'azote, le phosphore, le calcium, le soufre, le potassium, le sodium, le chlore, le fer, le manganèse; on y trouve même du magnésium et du silicium.

Ces substances élémentaires, pour former les matériaux immédiats, et ceux-ci pour composer les parties solides et fluides du corps humain, sont combinés dans l'acte de la nutrition et de la génération d'une manière que la chimie ne peut imiter : c'est précisément cet acte de formation ou d'organisation qui caractérise la vie.

Des Humeurs.

§ 70. Les fluides ou les humeurs [2] du corps humain sont contenus dans les solides et en pénètrent toutes les parties. Ils se composent des molécules venues du dehors pour l'entretien du corps, et de celles qui sont détachées du corps pour être rejetées. Leur fluidité n'est pas seulement due au calorique et à l'eau, comme celle des

[1] *Voyez* Orfila. *Chimie médicale.*

[2] *Voyez* Plenck. *Hygrologia corporis humani.* — Chaussier. Table synoptique des Humeurs.

fluides étrangers à l'organisation, mais elle dépend, comme leur composition, de l'action vitale. Les fluides diffèrent entre eux, les uns étant gazeux, d'autres vaporeux, d'autres liquides et plus ou moins coulans; ils diffèrent aussi en couleur; leur composition varie également, mais elle leur est propre, et ne peut être imitée par l'art.

On peut distinguer les humeurs en trois genres : 1° le sang, masse centrale où affluent et d'où partent toutes les autres; 2° les humeurs qui arrivent du dehors au sang; 3° celles qui en émanent.

§ 71. Le sang est un liquide d'une couleur rouge, d'une odeur particulière, d'une saveur un peu salée, nauséeuse; sa température est celle du corps, dont il est même la partie la plus chaude; il est visqueux au toucher; sa pesanteur spécifique est environ 105, l'eau pesant 100. Il est contenu dans le cœur et dans les vaisseaux sanguins. Sa quantité dans l'homme adulte est considérable, mais variable. On a très-diversement estimé cette quantité; les estimations varient depuis huit ou dix livres, jusqu'à quatre-vingts ou cent.

§ 72. Les micrographes ont fait sur cette humeur des observations dont voici le précis : le sang se compose d'un véhicule séreux dans lequel des particules microscopiques rouges sont tenues en suspension; en général on a considéré ces corps comme des sphères marquées d'un point lumineux dans leur centre, ou bien comme étant percées, et par conséquent de forme annulaire. Hewson a trouvé au contraire que les particules rouges du sang humain sont lenticulaires. Les observations importantes de MM. Prévost et Dumas et les miennes propres ont donné le même résultat. M. Home avait cru, comme le docteur Young, que l'aplatissement était postérieur à la sortie du sang, et qu'il dépendait de la séparation de la partie colorante. Les particules sont en effet composées d'un globule central, transparent, blanchâtre, et d'une enveloppe rouge, moins transparente, ayant la forme d'un sphéroïde déprimé. Le diamètre des particules est, dans l'espèce humaine, d'environ un cent cinquantième de millimètre. Tant que le sang est contenu dans ces canaux et qu'il y est en mouvement, les choses restent en cet état.

§ 73. Extrait des vaisseaux qui le contiennent, le sang exhale pendant tout le temps qu'il conserve sa chaleur, une vapeur formée d'eau et de matière animale susceptible de putréfaction. Il se coagule bientôt, abandonne probablement un peu de chaleur, et dégage aussi une grande quantité de gaz acide carbonique. Ce dégagement, peu sensible quand le sang est soumis à la pression de l'atmosphère, et ne se manifestant alors que par la production de canaux dans l'intérieur du coagulum, s'opère au dehors du caillot, lorsqu'on le place sous le récipient d'une machine pneumatique où l'on fait le vide. Il ne faut pas confondre ce dégagement de vapeur et de gaz du sang hors de ses vaisseaux, avec un prétendu gaz que l'on a supposé circuler avec lui.

Peu après la coagulation du sang en une seule masse, il se partage en deux parties; le coagulum se resserrant, exprime la partie liquide ou le sérum qu'il renfermait. Le resserrement continue, et par conséquent la quantité du sérum exprimé augmente jusqu'à l'époque de la putréfaction. Ordinairement la surface supérieure du coagulum, se resserrant plus que le reste, devient concave. Si on lave le caillot sous un filet d'eau, en le pressant doucement et long-temps, l'eau entraîne la matière colorante ou le cruor, et il reste une masse fibrineuse blanche. Ainsi, par la coagulation et par le lavage, le sang se trouve partagé en sérum, en cruor et en fibrine.

Mais voici ce qui arrive dans ces opérations : aussitôt que le sang est hors des vaisseaux, la matière colorante des particules abandonne le globule blanc central, et ceux-ci, débarrassés de leur enveloppe, s'unissent entre eux et forment des filamens qui se réunissent en un réseau ou lacis dans lequel se trouvent renfermées la matière colorante et beaucoup de particules entières qui n'ont point éprouvé cette décomposition. Quand on pétrit et qu'on lave le caillot, l'eau entraîne tout à la fois la matière colorante libre et les particules qui sont restées entières, et qui contiennent encore un globule blanc dans leur intérieur.

Il y a donc dans le sang trois matériaux principaux, le sérum, les globules blancs et la matière colorante qui les enveloppe : ces deux derniers, réunis dans le sang coulant et formant les particules colorées, se séparent en grande partie peu d'instans après que le sang est tiré hors des vaisseaux. Ces matériaux sont dans des proportions très-différentes, suivant les circonstances d'âge, de sexe, de constitution, de maladie, etc.; dans l'homme adulte et sain, les particules colorées, desséchées, font un peu plus d'un huitième du poids du sang.

§ 74. Le sérum a une faible couleur jaune-verdâtre; il a la saveur, l'odeur et le toucher du sang; il est alcalin; il se coagule à environ 69° C. Il ressemble alors à du blanc d'œuf cuit, et contient dans des vacuoles une substance que l'on a prise pour de la gélatine, et qui paraît être du mucus. Les parties constituantes du sérum sont de l'eau, de l'albumine, de la soude et des sels de soude. On peut, selon M. Brande, considérer le sérum, qui est de l'albumine liquide presque pure, comme un albuminate de soude avec excès de base. La coagulation paraît dépendre de la neutralisation de la soude nécessaire à sa fluidité; l'alcool et la plupart des acides opèrent cette coagulation en enlevant la soude; et par l'action de la pile galvanique comme par la chaleur, la soude transforme en mucus une petite partie de l'albumine, tandis que le reste se coagule. L'albumine et le sérum lui-même présentent encore quelques particularités à noter; c'est que le coagulum d'albumine offre à l'inspection microscopique des globules, et que le sérum conservé liquide dans une éprouvette pendant quelques jours montre peu à peu des globules qui se déposent au fond, et qui éprouvent un mouvement singulier d'ascension et de descente quand on échauffe le vase en le tenant dans la main; enfin il faut encore noter que l'albumine coagulée a la plus grande analogie avec la fibrine, dont elle ne diffère peut-être point du tout.

§ 75. Le cruor du sang, ou la matière colorée obtenue par le lavage, est toujours un mélange de matière rouge libre des globules enveloppés de la même matière et de sérum. Aussi les travaux des plus habiles chimistes ont encore appris peu de choses sur la matière colorante du sang ou la zoohématine. Cette substance insoluble dans l'eau, mais pouvant s'y diviser extraordinairement et de manière à traverser les filtres, est formée d'une matière animale en combinaison avec le peroxide de fer. La couleur rouge du sang varie dans ses nuances.

§ 76. La fibrine du sang, ou la lymphe coagulable de quelques-uns, offre l'aspect de fibres feutrées, tenaces, élastiques, ayant au microscope l'aspect et la structure de la fibre musculaire, étant composées de globules blancs semblables à ceux des particules colorées du sang; la fibrine, tout comme la fibre musculaire, mise dans l'eau, se résout en globules avant de se putréfier. Cette substance, coagulable ou plastique, paraît être, ainsi que l'albumine, le moyen d'agglutination qui détermine, dans l'économie, les réunions et les adhérences.

Le sang contient aussi une matière grasse ou huileuse.

§ 77. Le sang contenu dans les artères, dans les veines et dans le cœur, y est dans un mouvement continuel qu'on appelle circulation. Il éprouve dans ce mouvement des altérations constantes et régulières qui, se balançant mutuellement, l'entretiennent dans un état moyen de composition. Il reçoit de nouveaux liquides préparés par la digestion et l'absorption intestinale; des molécules séparées des organes sont sans cesse ajoutées à sa masse; il est soumis à l'action de l'atmosphère dans les poumons, où il se revivifie; il est envoyé dans toutes les parties, où il éprouve un changement inverse, où il fournit des matériaux qui se fixent dans les organes, et où il est dépouillé d'une partie de ses principes par les sécrétions. Parmi ces altérations, les plus frappantes sont celle qu'il éprouve dans les poumons, où il devient d'un rouge vermeil, et celle qui a lieu dans tout le reste du corps, où il prend une couleur rouge-brun. Ces altérations de couleur sont accompagnées et paraissent dépendre d'une absorption d'oxigène dans le premier cas, et d'une absorption de carbone dans le dernier. Outre la matière nutritive que le sang distribue dans tous les organes, il est encore le véhicule du principe de la chaleur.

§ 78. Le sang présente des variétés constantes suivant les âges, les sexes et d'autres circonstances; il présente aussi des altérations accidentelles.

Dans le fœtus, le sang, dont la couleur est très-foncée, n'a presque pas de matière coagulable. Il en est de même du sang menstruel de la femme. Le sang artériel présente plus de particules colorées que le sang veineux. Chez les personnes qui font usage d'une nourriture succulente, le sang abonde en caillot; il est plus séreux dans les circonstances opposées. La soustraction répétée du sang y diminue la proportion des particules colorées et même celle de l'albumine, et y augmente celle de l'eau.

Dans les maladies, le sang éprouve des altérations qui n'ont pas été assez étudiées. Dans les inflammations, le caillot du sang extrait se recouvre d'une couenne blanche, c'est de la fibrine : et l'on trouve dans le caillot une grande quantité de matière colorante libre. Dans d'autres maladies, comme le scorbut et les maladies septiques, le sang a perdu sa coagulabilité, il reste fluide. Il est beaucoup de maladies sur lesquelles l'examen attentif du sang répandrait un grand jour.

§ 79. Les liquides qui arrivent au sang sont le chyle et la lymphe. Le premier provient du chyme, substance grisâtre, pultacée, en laquelle les alimens se changent dans l'estomac, et dans laquelle on commence à apercevoir quelques petits globules. Absorbé par les parois de l'intestin et arrivé dans les premiers vaisseaux chylifères, il est blanchâtre et à peine coagulable; il devient plus coagulable et prend une teinte rosée dans les glandes du mésentère. Enfin, dans le canal thoracique et près d'arriver dans la masse du sang, il est distinctement rose, manifestement coagulable, et contient des globules nus et des particules qui ne diffèrent de celles du sang que par une couleur moins forte. Il semble dès-lors qu'il n'ait plus besoin que d'être soumis à l'action respiratoire pour devenir du sang parfait. La lymphe, liquide incolore, visqueux, albumineux, mais peu connu, est l'autre humeur apportée au sang.

§ 80. Les humeurs qui émanent du sang s'en séparent par sécrétion; on peut rapporter à ce genre la matière nutritive laissée par le sang dans tous les organes, par une sorte de sécrétion nutritive; on y rapporte encore celles qui sont produites et déposées comme en réserve, par une sécrétion qu'on peut appeler intrinsèque, dans les cavités closes du corps, comme la graisse, la sérosité, la synovie; mais on y rapporte surtout celles qui sont sécrétées à la surface des tégumens externes ou internes et de leurs dépendances plus ou moins éloignées. On les distingue, d'après leur mode de formation, en trois genres : 1° en humeurs perspiratoires, qui sont immédiatement formées et déposées à la surface par les vaisseaux : telles sont les matières de la transpiration cutanée, de la sueur, de la perspiration pulmonaire; 2° en humeurs folliculaires, qui sont d'abord déposées dans des follicules ou ampoules de la peau interne ou externe : tels sont le mucus et la matière sébacée; et 3° en humeurs glandulaires, formées dans des glandes, organes particuliers qui ont des conduits excréteurs ramifiés, lesquels ont leur orifice sur la peau et sur les membranes muqueuses, dont ils sont des prolongemens ramifiés : telles sont la salive sécrétée par les glandes salivaires, la bile sécrétée par le foie, etc. On distingue aussi les humeurs sécrétoires, d'après leur destination, en celles qui remplissent quelque usage dans l'organisme, comme les larmes, la bile, le sperme, etc., et en celles qui, rejetées sans remplir aucun usage, comme l'urine, la sueur, sont appelées excrémentitielles. Ces dernières sont acides, tandis que les autres sont alcalines.

Des Organes.

§ 81. Les organes sont les parties solides [1] ou contenantes du corps; ce sont eux surtout qui déterminent la forme, et qui impriment le mouvement.

La figure des organes est très-variée : cependant en général leurs contours sont arrondis, les surfaces ne sont jamais bien planes, les lignes bien droites, les angles bien entiers. Dans la plupart des organes, la longueur l'emporte sur les deux autres dimensions; quelques-uns sont larges et aplatis : on appelle membranes ceux qui ont cette forme et qui sont mous, quelle que soit d'ailleurs leur texture; d'autres enfin ont les trois dimensions peu différentes. On détermine la forme extérieure des organes par le rapport de leurs trois dimensions; on se sert souvent aussi de comparaisons plus ou moins triviales : car il est en général assez difficile de déterminer la forme par la comparaison avec des figures géométriques.

A l'intérieur, quelques organes sont creux et forment des réservoirs ou des canaux communiquant à l'extérieur; d'autres forment des cavités fermées de toutes parts; d'autres des canaux ramifiés et clos; d'autres sont pleins ou massifs : mais tous cependant sont aréolaires et plus ou moins perméables.

Parmi les organes, quelques-uns s'étendent en rayon-

[1] *Voyez* Chaussier. Table des solides organiques.

nant ou en se ramifiant, du centre à la circonférence : tels sont les vaisseaux, les nerfs, les os eux-mêmes. Aucun n'est isolé, tous sont entrelacés et ont des communications entre eux. Enfin, il y a entre les organes, comme entre les régions, des analogies très-grandes. Quelques-uns, se ressemblant tout-à-fait, constituent, par leur réunion, des genres.

§ 82. La couleur des organes est blanche, rouge, brune; quelques-uns sont transparens, d'autres sont opaques. Leur consistance varie depuis une mollesse très-grande jusqu'à une dureté extrême. Ils sont extensibles et rétractiles, flexibles, compressibles et élastiques, mais à des degrés très-variés. Quelques-uns ont une cohésion peu marquée, d'autres une ténaticité telle, qu'il faut de très-grands efforts pour les rompre. Ces propriétés de couleur et de cohésion dépendent beaucoup des liquides qu'ils contiennent en grande proportion. Ainsi des parties opaques, comme le tissu ligamenteux, deviennent transparentes par la dessiccation; cette même substance, très-tenace et peu élastique quand elle est humide, devient très-élastique quand elle est desséchée; des parties élastiques, comme le tissu des artères, deviennent cassantes par la dessiccation, etc.

§ 83. Les organes diffèrent aussi beaucoup par leur texture. Au premier aperçu, on voit que plusieurs sont formés de l'assemblage ou de la réunion de faisceaux de filets parallèles ou entre-croisés : on dit qu'ils ont une texture fibreuse. D'autres sont formés par la réunion de couches ou de lames plus ou moins nombreuses et distinctes, ordinairement unies très-étroitement entre elles. Dans d'autres on trouve des granulations ou grains rapprochés, réunis entre eux. Quelques-uns ont une texture très-compacte, uniforme ou homogène en apparence, mais en apparence seulement; car tous sont aréolaires et perméables, d'une manière plus ou moins distincte; tous sont plus ou moins composés.

§ 84. Ce premier aperçu ne suffit pas pour faire connaître la texture intime des parties solides. En examinant de plus près, on voit que ces fibres apparentes, ces couches membraneuses, ces granulations, sont composées; et comme les solides contiennent les humeurs, on a été généralement porté à croire que tout est vaisseau dans les solides. Cette idée erronée, puisque les vaisseaux sont eux-mêmes des parties composées, a été reproduite tout récemment dans un ouvrage posthume de Mascagni. D'autres ont admis que tout est formé par le tissu cellulaire, et celui-ci par des fibres et des lames entre-croisées, ou bien par des cellules ou des vésicules accolées les unes aux autres. Mais le tissu cellulaire, tout en étant bien l'élément principal de toutes les parties, n'en est pas l'élément unique. Quant à l'idée d'un parenchyme comme base ou élément générateur de tous les solides, c'est une idée extrêmement vague, et sur laquelle on n'est pas parvenu à s'entendre. Haller [1] a admis dans la composition des organes, outre le tissu cellulaire formé par la réunion de fibres et de lames, et qui est le plus général et le plus répandu, la fibre musculaire et la substance médullaire. Cette division a été depuis assez généralement admise, avec quelques légères modifications plus ou moins heureuses. Ainsi Walther admet une texture membraneuse ou cellulaire, une fibreuse ou vasculaire, et une nerveuse; Pfaff une structure vasculaire, une

[1] *De corporis humani fabricâ et functionibus.* Tom. I. Lib. I. Sect. III.

fascilaire et une cellulaire; d'autres une cellulaire, une vasculaire et une massive, ou sans cellules et sans vaisseaux. M. Chaussier a joint aux trois parties composantes de Haller une quatrième fibre, sous le nom de fibre albuginée : c'est la base des ligamens ; M. Richerand y a joint la substance épidermique ou cornée. Parmi les vingt-un tissus admis par Bichat, il en est trois qu'il considère comme générateurs des autres: ce sont le cellulaire, le vasculaire et le nerveux. M. Meyer admet [1] aussi trois organes élémentaires : 1° la cellule, le vaisseau ou la glande; 2° la fibre irritable, cellulaire ou musculaire; 3° la fibre sensible ou le nerf.

§ 85. En admettant avec Haller l'existence de trois organes simples, de trois tissus élémentaires, ou de trois fibres distinctes les unes des autres par des caractères essentiels, savoir, du tissu cellulaire, de la fibre musculaire et de la substance médullaire ou nerveuse, on n'est pas encore arrivé au dernier terme d'analyse auquel on peut arriver en anatomie. Si l'on s'aide du microscope, on voit que ces organes simples, et toutes leurs modifications, et tous leurs composés, peuvent être ramenés ou réduits à deux élémens anatomiques. Ils sont formés d'une substance animale aréolaire, perméable, et de globules microscopiques semblables à ceux qu'on trouve dans les humeurs. La première substance seule forme des lames, et le plus souvent des fibres qui ne diffèrent les unes des autres que par la figure allongée et filiforme dans le premier cas, élargie dans le second, et qui quelquefois séparées, sont le plus souvent réunies : c'est de leur réunion que résultent les cellules ou les aréoles, etc. Ce premier élément, qui, à lui seul,

[1] *Ueber histologie, etc.* Bonn, 1819.

mais diversement modifié, constitue la plupart des organes, réuni avec l'autre dont il rassemble et joint les particules, forme la fibre musculaire et la substance nerveuse.

§ 86. Les organes diffèrent encore les uns des autres par les phénomènes qu'ils présentent pendant la vie, et qui seront examinés tout à l'heure. Il suffit de noter ici que la substance cellulaire est surtout remarquable par son resserrement continuel, qui peut être augmenté par des impressions ou irritations; que le tissu ligamenteux et le tissu élastique, ses deux principales variétés, se font remarquer, l'un par une grande ténacité, et l'autre par une force de ressort; que la fibre musculaire est, par sa contraction, l'organe de tous les grands mouvemens; et que la substance nerveuse se distingue de tous les autres, par la faculté de conduire les impressions au centre, et l'action du centre nerveux aux muscles, etc.

§ 87. Les organes étant différens les uns des autres par leur conformation, leur texture, leurs propriétés physiques, leur composition chimique, et dans l'état de vie par l'action qu'ils exercent, on les a divisés en un certain nombre de classes ou de genres. Ces genres doivent être déterminés d'après l'ensemble des caractères, et non d'après la forme seule; car autrement on rapprocherait des choses très-différentes, comme toutes les membranes, et l'on éloignerait des parties tout-à-fait semblables, excepté par la forme, comme les os larges des os longs, les aponévroses d'avec les tendons et des ligamens, les nerfs d'avec les ganglions, etc.; la forme fibreuse ou fasciculée, la forme lamelleuse ou membraneuse, pouvant appartenir à des parties tout-à-fait différentes sous tous les autres rapports.

§ 88. Les anciens divisaient les parties solides du corps en parties similaires et en parties dissimilaires ou organiques. Les parties similaires ou homogènes sont celles qui se divisent en particules semblables entre elles, comme les os, les cartilages, les muscles, les tendons, etc. Les parties dissimilaires sont celles qui sont formées par la réunion des parties similaires, comme la main, les viscères, les organes des sens, et autres organes composés. Cette idée d'Aristote, reproduite avec de nouveaux développemens par Coïter, est l'origine et le fondement de toutes les divisions établies plus tard entre les organes. On connaît la division généralement admise dans les livres d'anatomie, en os, muscles, nerfs, vaisseaux et viscères, et quelques autres genres encore. Mais ces genres d'organes comprennent des parties composées, quelques-unes très-composées; et d'un autre côté, ces genres, et surtout celui des viscères, contiennent des organes très-différens les uns des autres, ce qui ôte tous les avantages de la généralisation. M. Pinel, en France, et Carmichael Smith [1], en Angleterre, ayant fait observer que les tissus simples qui entrent dans la composition des parties dissimilaires ou composées pouvaient être malades et surtout enflammées à part, et que leur inflammation était la même, quel que fût l'organe composé dont ils fissent partie, cela a mis sur la voie de faire une analyse anatomique de l'organisation plus complète que celle qui avait été faite jusqu'alors, surtout à l'égard des viscères. Bichat [2], développant cette idée féconde et digne de

[1] *On inflammation, in medical communications*, Vol. II.

[2] Anatomie générale, appliquée à la physiologie et à la médecine, par Xav. Bichat.

son génie, a classé tous les organes simples sous le nom de tissus ou de systèmes, en vingt-un genres. M. Chaussier a distingué les organes en douze genres, le douzième comprenant les viscères ou organes composés. Depuis, plusieurs auteurs, tout en adoptant les principales bases, ont modifié les classifications de ces deux anatomistes [1].

§ 89. Au milieu de toutes ces variations, voici une classification ou division des organes en genres d'après l'ensemble de leurs caractères anatomiques, chimiques, physiologiques et pathologiques.

Le tissu cellulaire, élément principal et général de l'organisation, doit tenir le premier rang : il existe dans tout le règne organique, il entre dans tous les organes, et fait la base de toute l'organisation.

Ce tissu, un peu modifié dans sa consistance, dans sa forme, dans la proportion de substance terreuse qu'il contient, forme plusieurs autres genres d'organes.

Disposé en membranes closes de toutes parts, dans l'épaisseur desquelles il a plus de fermeté et moins de perméabilité, il constitue les systèmes séreux et synovial.

Il forme de même le tissu tégumentaire qui comprend la peau et les membranes muqueuses, ainsi que les follicules de ces deux sortes de membranes et les organes producteurs des poils, des dents, etc.

Il en est de même aussi du tissu élastique, qui fait

[1] *Voyez* presque tous les ouvrages d'anatomie et de physiologie, publiés depuis l'an 1801, et notamment J. F. Meckel, *Handbuch der menschlichen anatomie. Ester Band. Allgemeine anatomie. Halle und Berlin*, 1815. — J. Gordon. *A system of human anatomy, Vol. I. Edinburg*, 1815. — P. Mascagni. *Prodromo della grande anatomia. Firense*, 1819. — C. Meyer. *Opusc. cit.*

la base du système vasculaire, lequel comprend les artères, les veines et les vaisseaux lymphatiques, et qui appartient encore au même ordre, en se rapprochant du tissu musculaire.

Le système glanduleux, qui est formé par la réunion des systèmes tégumentaire et vasculaire, est encore du même ordre d'organes.

Le système ligamenteux ou desmeux, qui comprend des organes très-tenaces et très-résistans, résulte encore d'une modification du tissu cellulaire.

Enfin, les systèmes cartilagineux et osseux appartiennent encore au tissu cellulaire, et doivent leur solidité à sa condensation, et à la grande quantité de sels terreux que contient cette substance.

Un second ordre d'organes est formé essentiellement par la fibre musculaire : ce sont les muscles, soit ceux qui appartiennent aux os, soit ceux des tégumens externe et interne, et des sens, soit ceux du cœur.

Les nerfs et les masses nerveuses centrales constituent un troisième et dernier ordre d'organes formé essentiellement par la substance nervale.

On voit que cette classification repose sur les bases indiquées par Haller, et qui existent vraiment dans la nature.

§ 90. Quant à l'ordre successif dans lequel les genres d'organes doivent être rangés, il peut être fondé sur diverses bases : si l'on avait égard à la généralité plus ou moins grande des organes dans la série des animaux, le tissu cellulaire devrait toujours être placé le premier; après lui viendraient les organes tégumentaires, puis les muscles et les nerfs, puis les vaisseaux, puis les glandes; les tissus cartilagineux et osseux, ligamenteux et séreux, ne viendraient qu'en dernier lieu, comme propres aux vertébrés. On suivrait un autre ordre si l'on classait d'abord les genres d'organes qui appartiennent aux fonctions communes ou végétatives, et en second lieu ceux qui forment les appareils des fonctions propres aux animaux. On établirait encore un autre ordre si l'on voulait, comme Bichat, ranger d'abord les systèmes généraux, comme le tissu cellulaire, les vaisseaux et les nerfs, et ensuite les systèmes particuliers. Il est peu important, mais pourtant préférable, de ranger les organes d'après leur analogie : c'est l'ordre suivi ci-dessus.

§ 91. Plusieurs physiologistes placent encore la substance cornée ou épidermique parmi les fibres primitives; mais cette substance presque inorganique, produite par excrétion, ne saurait être considérée comme un élément anatomique. Au reste, les caractères qu'on lui assigne sont les suivans : elle ne contient pas de cellulosité distincte; la macération la réduit en une sorte de mucilage; la chimie y démontre de l'albumine suivant les uns, ou du mucus suivant les autres, ce qui n'est peut-être pas très-différent, puisque le mucus paraît être de l'albumine unie à de la soude. Cette substance est celle qui constitue l'épiderme, les ongles, les poils, et toutes les parties cornées des animaux. Quoiqu'il paraisse y avoir une légère différence entre les matières cornée et épidermique, cette différence n'est pas assez grande pour qu'on ne puisse les rapporter à la même substance. M. Meyer, qui a donné récemment une nouvelle classification des solides du corps humain, regarde la membrane du tympan, la cornée et le cristallin, comme formés de cette substance, qu'il appelle tissu écailleux ou feuilleté; mais ce rapprochement n'est pas fondé, surtout pour les premières. Les substances épidermiques sont remarquables par la facilité et la promptitude avec lesquelles elles se reproduisent.

§ 92. Les noms de fibre, tissu, organe, etc., désignent en général les solides organiques. Il faut préciser un peu le sens qu'on y attache. On appelle tissu toute partie distincte par sa texture. Le tissu ne diffère de la fibre qu'en ce que celle-ci est plus fine et en est la partie composante. Un tissu peut être formé par des fibres semblables ou différentes. Un organe résulte ordinairement de la réunion de plusieurs tissus. Au reste, ces distinctions ne sont pas absolues : ainsi le tissu cellulaire représente à la fois une fibre particulière, un tissu formé par cette fibre, et un organe important de l'économie. En général, la fibre est l'élément, le tissu indique l'arrangement des parties, et l'organe une partie composée qui exerce une action propre. Presque tous les solides sont formés par la fibre cellulaire et ses deux modifications; quelques tissus ont pour base les fibres musculaire et nervale: un seul, qui est le tégumentaire, contient de la substance épidermique. Les organes sont presque toujours des parties plus ou moins composées : ainsi, dans un muscle, on trouve la fibre musculaire, le tissu cellulaire qui l'entoure, et à l'extrémité le tendon auquel elle se termine; de même dans un nerf, il y a dans le centre une substance molle et médullaire, et à l'extérieur, une membrane particulière qui porte le nom de névrilême. Certaines parties, comme l'estomac, l'œil, sont plus composées encore. En général, tout organe ou partie agissante contient du tissu cellulaire, des vaisseaux et des nerfs. Le tissu cellulaire est le plus répandu : il n'y a point de parties où on ne le rencontre sous différentes formes. Après ce tissu, ce sont les vaisseaux qui existent le plus généralement ; à part un petit nombre d'exceptions, on trouve partout des vaisseaux de diverses sortes, blancs ou rouges. Les nerfs sont moins abondans que les vaisseaux, et, à plus forte raison, que le tissu cellulaire; cependant la plupart des organes en sont pourvus. On peut donc regarder ceux-ci comme des parties dans la composition desquelles il entre constamment du tissu cellulaire, presque constamment des vaisseaux, et le plus souvent du tissu nerveux.

Les viscères ou organes splanchniques tirent leur nom de l'importance de leurs usages. Ce sont les organes les plus essentiels à la vie, ceux par lesquels nous vivons : ce sont les organes les plus composés; ils sont situés dans les trois cavités du corps qu'on appelle splanchniques. Ils comprennent les organes de la digestion, de la génération et de la sécrétion urinaire, que renferme l'abdomen; ceux de la circulation et de la respiration, qui sont contenus dans la poitrine, et les organes sensoriaux et nerveux, logés dans la tête et dans le canal vertébral. C'est surtout aux organes thoraciques et abdominaux, et encore plus spécialement à ces derniers, qu'on donne le nom de viscères.

§ 93. On entend par système ou genre, la réunion de parties semblables par leur texture, comme les os, les muscles, les ligamens, etc. : cela correspond aux parties similaires des anciens. On a encore désigné ainsi des parties, telles que la peau, le tissu cellulaire, etc., étendues à tout le corps, et offrant par-là des régions, des divisions, mais non, comme les précédentes, des portions distinctes. Bichat surtout a employé le mot système dans cette acception. L'étude des genres d'organes ou des systèmes fait l'objet de l'anatomie générale, qui embrasse de cette manière tout ce que les parties semblables présentent de commun, et en même temps ce que les tissus généralement répandus ont de commun dans leurs différentes régions.

§ 94. Les appareils sont des ensembles d'organes quelquefois très-distincts par leur conformation, leur situation, leur structure et même leur action particulière, mais qui concourent à un but commun, lequel est une des fonctions de la vie. C'est à tort que l'on a confondu cette réunion de parties avec celle qui constitue un système ou un genre d'organes. La classification des appareils repose entièrement sur la considération des fonctions, tandis que celle des systèmes ou genres repose sur la ressemblance des parties entre elles. On a vu plus haut l'énumération des genres d'organes; voici maintenant comment les organes sont réunis en appareils de fonctions.

Les os et leurs dépendances, savoir : le périoste, la moelle, la plupart des cartilages, les ligamens, les capsules synoviales, constituent un premier appareil d'organes qui détermine la forme du corps, qui servent de soutien à toutes les parties, et notamment d'enveloppe aux centres nerveux, et qui, par la mobilité des articulations, reçoivent et communiquent les mouvemens déterminés par les muscles.

Les muscles, les tendons, les aponévroses, les bourses synoviales, forment l'appareil des mouvemens.

Les cartilages et les muscles du larynx et diverses autres parties forment celui de la phonation ou de la voix.

La peau, les autres sens et les muscles qui les meuvent, etc., forment l'appareil des sensations.

Les centres nerveux et les nerfs, forment celui de l'innervation.

Le canal alimentaire, depuis la bouche jusqu'à l'anus

et toutes ses nombreuses dépendances, constituent celui de la digestion ;

Le cœur et les vaisseaux, celui de la circulation ;

Les poumons, celui de la respiration.

Les glandes, les follicules et les surfaces perspiratoires, forment l'appareil des sécrétions ; mais la plupart de ces organes servant à d'autres fonctions, sont compris dans leurs appareils. Il ne reste guère que la sécrétion urinaire, dont les organes forment à eux seuls un appareil.

Les organes génitaux constituent un appareil différent dans chaque sexe.

Enfin, l'œuf et le fœtus qu'il renferme, forment un dernier groupe ou appareil d'organes.

De l'Organisme.

§ 95. Le corps humain présente, pendant la vie, des phénomènes très-nombreux et de divers genres. Des actions mécaniques et chimiques ont lieu en lui comme dans tous les corps ; mais elles sont modifiées par celles de la vie. Il y a effectivement dans le corps humain, comme dans tout corps organisé et vivant, les phénomènes essentiels de la vie ; savoir : la nutrition et la génération, actions organiques dont l'exercice est subordonné à d'autres actions propres aux animaux ; savoir : les mouvemens musculaires et les sensations, soumises elles-mêmes à l'innervation. Ces actions animales enfin sont dirigées par des fonctions d'un genre supérieur : ce sont celles de l'intelligence. Outre cet ordre remarquable de subordination entre les phénomènes de la vie, il existe entre eux un enchaînement tel, que les fonctions d'un genre inférieur tiennent aussi sous leur dépendance les fonctions d'un ordre plus élevé, et que toutes les fonctions sont dans une dépendance mutuelle telle, que les phénomènes de la vie peuvent être comparés à un cercle qui, une fois tracé, n'a plus ni commencement ni fin. C'est, comme on l'a déjà dit, cet ensemble d'actions organiques qu'on appelle organisme ou vie.

§ 96. On appelle fonction[1], l'action d'un organe ou d'un appareil d'organes ayant un but commun. On a classé ou distribué les fonctions en plusieurs genres, non que ces divisions soient parfaitement exactes, ni qu'elles soient bien utiles pour aider la mémoire, puisque les objets à classer sont assez peu nombreux; mais parce qu'il faut bien, dans leur exposition, suivre un ordre quelconque, et qu'il vaut mieux en suivre un naturel qu'un tout-à-fait arbitraire. La division des anciens, suivie, à quelques modifications près, par Haller, Blumenbach, Chaussier et quelques autres modernes, consiste à ranger les fonctions en quatre classes: fonctions vitales, animales, naturelles ou nutritives, et génitales. Une autre division qui vient également des anciens, puisqu'on en trouve la première idée dans Aristote, qui a été aussi indiquée par Buffon, Grimaud, etc., et qui a été adoptée et développée par Bichat et M. Richerand, consiste à classer les fonctions en celles de l'espèce et en celles de l'individu, et celles-ci en fonctions de relation ou fonctions animales, et en celles de nutrition ou organiques.

§ 97. Voici un ordre très-naturel suivant lequel les fonctions peuvent être classées. Les unes sont communes, sinon par tous leurs actes et tous leurs organes,

1 *Voyez* Chaussier, Table synoptique des fonctions.

du moins par le résultat, à tous les corps organisés, aux végétaux comme aux animaux; ce sont les fonctions communes, organiques ou végétatives : 1° la nutrition, qui comprend la digestion, l'absorption, la circulation, la respiration et les sécrétions, et dont le résultat définitif est l'entretien de l'individu dans sa forme, dans sa composition et sa température; 2° la génération, qui comprend la formation des germes, celle du sperme, la fécondation et le développement du germe fécondé, et dont le résultat est l'entretien de l'espèce ou d'une succession d'individus semblables. Les autres fonctions sont propres aux animaux; ce sont: 3° l'action musculaire dont les résultats sont la locomotion, le geste et la voix, et de plus les mouvemens musculaires nécessaires à l'exécution des deux fonctions précédentes; 4° les sensations, et 5° l'action nerveuse ou l'innervation. Un autre ordre de fonctions encore appartient à l'homme exclusivement; ce sont les fonctions intellectuelles, qui n'existent qu'en apparence dans les animaux qui lui ressemblent le plus. Enfin, l'homme n'exerce pas seulement des fonctions individuelles et des fonctions sexuelles, mais, vivant en société, il exerce des actions collectives dont l'observation et la direction sont encore hors du domaine de la physiologie et de la médecine.

§ 98. Nous n'apercevons dans les corps en repos, que les qualités par lesquelles ils frappent nos sens. Dans les corps en action ou en mouvement, nous ne distinguons encore que des phénomènes ou des changemens perceptibles à nos sens. Parmi les qualités et les phénomènes, les uns sont communs à tous les corps, les autres sont particuliers aux corps organisés et vivans; ces derniers sont leurs qualités et phénomènes propres, en un mot, leurs propriétés. Les propriétés ne sont autre chose en effet que des qualités et des phénomènes sensibles. Quand des phénomènes se reproduisent suivant un ordre dont on peut déterminer toutes les conditions, on connaît la loi de ces phénomènes, c'est-à-dire la règle qu'ils suivent et à laquelle ils nous paraissent être assujétis : cette loi, quand elle est générale, est appelée théorie. Au-delà nous ne connaissons rien. Mais nous admettons en général que la matière est inerte, et toutes les fois que nous la voyons en action, nous supposons une cause de mouvement qui la fait agir, et que nous appelons une force. Ainsi la matière organique étant en action pendant toute la vie dans les corps organisés, on a dit que la vie avait pour cause une force vitale[1].

On a considéré cette force comme une substance différente des organes, et dont ceux-ci auraient été les instrumens, et on l'a tantôt supposée rationnelle et tantôt irrationnelle. On l'a considérée aussi comme une faculté ou activité propre de la matière; soit de la matière organique solide, soit de la matière fluide. On l'a regardée encore comme résultant de l'organisation, c'est-à-dire de l'assemblage de toutes les parties solides et liquides d'un corps organisé, etc.

Il aurait mieux valu, sans doute, se borner dans une science physique, comme la science de l'organisation de la vie, à l'observation des corps et des faits.

§ 99. Les phénomènes organiques ou vitaux étant différens les uns des autres, les forces vitales ou organiques qu'on a admises ont dû être aussi de plusieurs genres.

[1] *Voyez* Reil. *Von der lebenskraft, in archiv. furv die physiologie.* B. I. Halle, 1795. — Chaussier. Table synoptique de la force vitale, etc.

Il y a des phénomènes de formation organique, tels que ceux de la nutrition et de la génération, de la réparation des parties lésées, de la reproduction, etc. Aussi on a admis sous le nom de force plastique, de force formative, d'affinité vitale, une force de formation [1]; elle est commune à tous les corps organiques et à toutes leurs parties.

§ 100. Les parties solides des corps organisés et surtout des animaux, reçoivent de la part de divers agens des impressions suivies immédiatement de mouvemens plus ou moins appréciables : on appelle cela des mouvemens d'irritation, et la force ou la cause à laquelle on les attribue est appelée irritabilité [2]. Toutes les parties animales en sont susceptibles à des degrés très-variés. On en distingue trois variétés principales. Dans le tissu cellulaire, où elle existe à un faible degré, on l'appelle tonicité; dans les vaisseaux, où elle est plus marquée, on l'appelle contractilité vasculaire; dans les muscles, où elle existe au plus haut degré, on la nomme irritabilité musculaire ou myotilité.

Il est remarquable que tous ces mouvemens consistent dans des resserremens ou contractions. On a cependant cru que certains mouvemens dépendaient d'une expansion, d'une élongation, d'une turgescence [3]; il paraît que c'est faute d'avoir bien observé.

§ 101. Dans l'homme et les animaux qui ont des nerfs distincts et un centre nerveux, les impressions reçues sont transmises par des nerfs, et senties au centre; et

[1] *Voyez* Blumenbach. *Uber den Bildungstrieb.* Gotting.

[2] *Voyez* Gautier, *de Irritabilitatis notione, natura et morbis*, Halæ, 1793.

[3] *Voyez* Hebenstreit, *de Turgore vitali.* Lipsiæ, 1795.

les centres transmettent par des nerfs leur action aux muscles. La cause à laquelle on rapporte ces phénomènes est appelée force nerveuse, et en un mot sensibilité. Parmi les sensations, les unes sont extrêmement obscures et vaguement aperçues [1] : elles sont à peu près répandues partout, mais surtout dans les membranes muqueuses. Dans l'état de santé elles constituent un sentiment général de bien-être; quand elles sont exaltées par quelques causes, elles donnent lieu à une sensation morbide qu'on appelle douleur. Il n'est aucune partie qui ne puisse être le siége de cette sensibilité morbide. Les autres sensations sont distinctes et quelques-unes tout-à-fait spéciales.

Quant à l'action nerveuse sur les muscles, elle en dirige l'irritabilité; elle s'exerce aussi sur les vaisseaux, surtout les plus petits.

Les actes intellectuels et moraux diffèrent tellement des phénomènes organiques, qu'ils ne peuvent dépendre de la même cause : ils seraient en effet aveugles et nécessaires, au lieu d'être éclairés et libres. La physiologie qui, d'un côté, se rencontre avec la physique ou la philosophie naturelle, se rencontre ici avec la philosophie morale ou la métaphysique.

§ 102. Les fonctions ne s'exercent point, ou si l'on veut, les forces vitales n'entrent point en action spontanément, mais par celle des stimulans ou excitans; soit les corps qui agissent sur les surfaces externe et interne de notre corps, soit le sang qui pénètre dans toutes les parties. Relativement à leurs effets, les stimulans sont très-différens les uns des autres. Relativement aux sujets sur lesquels ils agissent, leur variété

1 *Voyez* Hubner, *de Coenæsthesi*; Halæ. 1794.

n'est pas moins grande, et dépend de l'âge, du sexe, et surtout de la diversité des organes qui éprouvent plus ou moins l'action du même agent.

Tout se tenant dans l'organisation, l'action d'un organe n'est point isolée : ceux qui sont des centres influent sur tous ceux qui leur sont subordonnés. D'autres entrent en fonction par association. Quelques-uns exécutent, pour la suppléer, l'action qui s'interrompt dans un autre. Il n'en est pas un seul qui, étant excité d'une manière extraordinaire, par un stimulus approprié, n'influe plus ou moins sur l'organisme tout entier.

Du développement et des différences de l'Organisation.

§ 103. Chaque organe, chaque action, et par conséquent l'organisme tout entier présente des stades ou des degrés de développement ou de perfection. Une première période est celle de la jeunesse, de l'accroissement et du perfectionnement successif; une seconde, très-courte, est celle dans laquelle l'organisation demeure dans un état de maturité ; une troisième, enfin, est celle dans laquelle l'organisme s'altère progressivement, et arrive naturellement à la mort et à la destruction.

§ 104. C'est au commencement de la vie que la ressemblance entre les parties latérales est la plus grande. Le cœur est alors vertical et médian, les lobes du foie sont à peu près égaux, l'estomac est vertical, etc. Les membres supérieurs et les inférieurs se ressemblent tout-à-fait, au moment et peu de temps après leur apparition. Les organes génitaux des deux sexes sont d'abord semblables. C'est aussi au commencement de la vie que les animaux se ressemblent le plus entre eux. La grandeur relative des parties change avec l'âge ; ainsi le système nerveux, les sens, le cœur, le foie, les reins, etc., sont d'abord dans une très-grande proportion avec le reste du corps, tandis qu'au contraire, l'intestin, la rate, les organes génitaux, les poumons, les membres, etc., sont très-petits relativement au reste du corps et aux autres organes. Cela joint à ce que certaines parties disparaissent ou diminuent beaucoup avec l'âge, constitue une espèce de métamorphose ; ainsi les membranes de l'œuf et le placenta, la membrane pupillaire, les dents de lait, cessent d'exister ; et les capsules surrénales, le thymus, diminuent beaucoup, et disparaissent presque tout-à-fait.

§ 105. Les organes et les humeurs ne sont pas toujours dans la même proportion : au commencement, l'embryon n'est qu'une molécule presque tout-à-fait liquide ; avec le temps la proportion des solides augmente, elle augmente jusqu'à la fin. La couleur se développe aussi graduellement ; toutes les parties sont d'abord blanches ; la coloration du sang et celle des autres parties se fait peu à peu. Il n'y a d'abord point de texture déterminée dans les organes : il n'y a même pas de globules au commencement ; plus tard, la masse du corps tout entière paraît globuleuse ou granulée ; ensuite les fibres, les lames, les vaisseaux deviennent distincts. Tous les organes ne se développent pas à la fois. Tous ceux du même genre ou système ne se forment pas non plus ensemble. La forme extérieure ou la configuration se dessine avant que la consistance, la texture et la composition soient fixées ; car, ainsi qu'on le voit dans le fruit de l'amande, qui a déjà sa forme, et qui n'est encore qu'un liquide glaireux qui acquerra successivement la consistance, la texture et la composition qui lui sont propres, de même le système nerveux, le système osseux, ont déjà en partie leur configuration, alors qu'ils sont encore liquides. Le tissu cellulaire et les vaisseaux perméables aux liquides diminuent depuis le commencement jusqu'à la fin de la vie : c'est ce changement surtout, qui persiste après la fin de l'accroissement, qui paraît constituer essentiellement la période de la détérioration de l'organisme, et de la vieillesse.

§ 106. Les organes se forment par parties isolées, qui se réunissent ensuite. Ainsi la moelle nerveuse est d'abord un double cordon; ainsi l'intestin et la cavité du torse, d'abord ouverts par-devant, se ferment ensuite; il en est de même pour le canal rachidien. Les vaisseaux sont d'abord des vésicules isolées, qui s'allongent et se communiquent dans la masse du corps. Les reins, d'abord multiples, s'agglomèrent; les os, qui, à l'état cartilagineux, s'allongent par une sorte de végétation, s'ossifient plus tard, par parties séparées, qui se réunissent, etc. Il reste dans certains endroits des traces de cette formation, plus dans quelques-uns, dans quelques autres moins; ainsi les raphés de la peau, la suture médiane du frontal, la ligne médiane de l'utérus, etc., sont des traces assez apparentes d'une réunion de deux moitiés; au contraire, dans la partie supérieure du sternum, dans le corps des vertèbres, ces traces s'effacent ordinairement tout-à-fait.

§ 107. Toutes les phases par lesquelles passe l'organisme humain répondent à des états permanens dans le règne animal. On pourrait ici accumuler les preuves de cette importante proposition, en mettant en parallèle le fœtus humain à divers degrés de développement, avec les degrés de l'organisation de l'échelle animale. Quelques exemples suffiront. L'embryon n'est d'abord qu'un petit bourgeon ou germe placé sur une vésicule; tels sont quelques-uns des vers les plus simples. Plus tard, c'est un petit corps vermiforme sans membres et sans tête distincts : c'est le cas des annélides; plus tard, les membres sont égaux et la queue est saillante : c'est le cas de la plupart des quadrupèdes. Dans le système nerveux, on voit d'abord apparaître les nerfs avec leurs ganglions : c'est le cas de tous les invertébrés pourvus de nerfs; plus tard, on distingue la moelle vertébrale et crânienne, les tubercules de cette dernière, et seulement encore des rudimens de cervelet et de cerveau : c'est le cas des poissons et des reptiles; plus tard enfin, ces dernières parties s'accroissent beaucoup plus que les tubercules, et l'encéphale est successivement celui des oiseaux et des mammifères, jusqu'à ce qu'enfin, par la prédominance des lobes cérébraux et cérébelleux sur le reste, il devienne celui de l'homme lui-même. On verrait, en suivant le développement des os, d'abord mucilagineux, puis cartilagineux, puis osseux, et à cet état séparés d'abord en beaucoup de pièces qui se soudent plus tard; en comparant ce développement avec l'état du système osseux dans la lamproie, dans les poissons cartilagineux, et dans les vertébrés ovipares en général, on verrait une autre preuve de la proposition énoncée. Il en serait de même enfin en passant en revue tous les genres et tous les appareils d'organes.

§ 108. L'homme se distingue entre tous les animaux par la grande rapidité avec laquelle il parcourt les premières périodes de sa formation ou de son développement; aussi est-il difficile d'apercevoir en lui ces premiers changemens. C'est un point d'anatomie comparée de l'homme avec les animaux, et de l'homme avec lui-même, à ses différens âges, qui, déjà riche d'un grand nombre de faits, se recommande par son importance à l'observation des médecins qui pratiquent l'art des accouchemens.

§ 109. Les phénomènes organiques suivent, comme on le conçoit bien, le développement successif des organes. Il n'y a d'abord dans l'embryon qu'une absorption et une assimilation presque immédiate de la matière nutritive; les vaisseaux deviennent ensuite apparens, et c'est alors la circulation qui porte les matériaux de la nutrition partout; les sécrétions commencent ensuite à se faire, et le sang du fœtus, mis en contact dans le placenta avec celui de la mère, en éprouve une espèce de respiration branchiale. A la naissance, la respiration de l'air et la digestion se joignent aux autres fonctions nutritives, et les fonctions animales entrent en exercice; et ici, comme dans l'ensemble du règne animal, on voit les organes les derniers développés et leurs fonctions, tenir tout le reste sous leur dépendance, et la vie résulter de l'enchaînement des actions organiques les unes avec les autres.

§ 110. L'organisation de l'homme présente dans les deux sexes des différences [1] : outre celles qui existent dans les organes de la génération, il y en a d'autres dans la forme générale du corps, et dans la proportion de ses parties. L'homme est en général plus grand que la femme; le poids total de son corps est d'environ un tiers plus considérable. Les formes sont plus arrondies

[1] *Voyez* J. F. Ackermann. *de discrimine sexuum præter genitalia. Mogunt.* 1787. — *Ejusd. historia et ichnogr. infantis androgyni. Jenæ*, 1805.

dans la femme, plus rudes et plus saillantes dans l'homme ; la femme a le tronc plus court et les membres inférieurs plus longs, de manière que le milieu de son corps se trouve chez elle plus bas que chez l'homme ; elle a l'abdomen, et surtout le bassin, plus larges relativement aux épaules et à la poitrine, qui est courte et évasée. Les organes contenus dans l'abdomen sont plus grands, et ceux de la poitrine et du cou plus petits, en proportion du reste du corps, dans la femme que dans l'homme ; les os et les muscles sont moins développés, le tissu adipeux l'est davantage ; la texture générale des parties est plus molle et plus lâche ; les poils sont moins forts et moins nombreux. Quant aux organes génitaux, les différences très-grandes qu'ils présentent ne détruisent pas des analogies essentielles. Les caractères extérieurs des sexes qui viennent d'être indiqués, paraissent surtout dépendre de l'existence et de l'action de l'ovaire dans la femme, et du testicule dans l'homme. Dans l'embryon, dont le sexe est douteux, il n'y a pas de différences extérieures appréciables ; dans le fœtus et l'enfant, elles commencent à se dessiner à mesure que les organes génitaux se perfectionnent : c'est à la puberté que les caractères sexuels s'établissent surtout, et dans la vieillesse ils redeviennent moins tranchés. Le défaut de développement complet des ovaires ou des testicules, leurs altérations par des maladies, et leur ablation, empêchent également les différences générales des sexes de s'établir, ou les effacent plus ou moins complétement. On a cherché les causes de la différence des sexes dans une prétendue prédominance du principe coagulant ou de l'oxigène dans le mâle, et de la matière nutritive hydro-carbo-azotée dans la femelle.

§ 111. L'espèce humaine présente des différences

d'organisation héréditaires dans les races ou variétés répandues sur le globe, et qu'on peut rapporter à cinq, dont trois principales; savoir : la caucasienne, la mongole et l'éthiopienne, et les races malaie et américaine.

§ 112. La race caucasienne, à laquelle nous appartenons, se fait remarquer par la beauté de la forme et des proportions de la tête, dans laquelle le crâne l'emporte de beaucoup sur la face; ce dont on se convainc par la plus simple inspection comme par l'application des méthodes céphalométriques. Le crâne est arrondi et élevé, la face est ovale, ses parties sont peu saillantes. La coloration de la peau est généralement blanche et rosée, celle des yeux est bleue ou brune, celle des cheveux, en général nombreux, fins et longs, varie du blanc au noir.

Cette race se fait particulièrement remarquer par le développement de son intelligence, par la civilisation et par la culture de la philosophie, des sciences et des arts. Les races colorées, au contraire, l'emportent par la perfection plus grande des sens.

§ 113. La race mongole se reconnaît à la force du tronc, à la petitesse des membres, à la forme presque carrée de la tête et à l'obliquité du front, à la largeur et à l'aplatissement de la face, à la saillie des pommettes, à l'écartement, à l'étroitesse et à l'obliquité des yeux; la couleur de la peau est olivâtre; les cheveux sont droits, noirs et courts; la barbe est rare, et manque quelquefois tout-à-fait.

§ 114. La race nègre a le tronc mince, surtout aux lombes et au bassin; les membres supérieurs sont longs, surtout l'avant-bras; les mains sont petites,

[1] *Voyez* Blumenbach. *Op. cit.* — Lawrence. *Op. cit.*

les pieds grands et aplatis; le genou et le pied sont tournés en dehors; la tête est étroite et allongée; la partie inférieure de la face est saillante; le nez est écrasé; les dents antérieures sont obliques et les lèvres saillantes; la peau, l'iris et les cheveux sont noirs : ceux-ci sont crépus, et la barbe est peu épaisse.

§ 115. La race américaine a des caractères anatomiques moins tranchés, et semble intermédiaire à la race caucasique et à la race nègre. La peau est d'un rouge cuivré; les cheveux sont noirs, droits et fins, et la barbe rare ou nulle.

§ 116. La race malaie est, comme la précédente, peu distincte par des caractères tirés de l'anatomie : elle paraît intermédiaire aux deux premières. Dans cette race, la peau est brune ou basanée, et les cheveux épais et frisés.

§ 117. On a admis des variétés fabuleuses : il ne doit pas en être question ici. Les albinos sont le résultat d'une altération morbide. On trouve encore dans chaque race des sous-variétés plus ou moins tranchées. Dans les divers pays souvent très-rapprochés, on observe en général un caractère national, au moins dans la physionomie; mais aussi dans chaque race, dans chaque nation, et même dans des divisions bien plus rétrécies, on trouve quelquefois des individus très-différens des autres; ainsi il n'est pas très-rare de trouver dans la race nègre tous les caractères anatomiques et physiologiques de la race caucasique, excepté la couleur, et réciproquement. Les variétés d'ailleurs se confondent par des gradations insensibles. Il ne faut donc considérer ces variétés dans l'espèce que comme des différences accidentelles, dont les causes, à la vérité, ne sont pas faciles à déterminer : mais combien aussi, dans une pareille matière, les observations sont-elles courtes, et par conséquent imparfaites, pour déterminer les conditions d'un phénomène à la production duquel la nature n'a pas épargné le temps!

Des altérations de l'Organisation.

§ 118. Le corps humain n'arrive pas, à beaucoup près, toujours au terme de son existence par un changement progressif de l'organisation. Le plus souvent le développement s'arrête, se dévie de l'ordre habituel, ou bien l'organisation régulièrement développée s'altère par l'action des agens extérieurs. Le corps, ainsi altéré dans sa conformation, dans sa texture, dans sa composition, est le sujet de l'anatomie morbide. Pour le médecin, cette anatomie est le complément nécessaire de l'anatomie de l'homme sain : elle est à la pathologie ce que l'anatomie ordinaire est à la physiologie; il n'y a pas plus de pathologie sans anatomie morbide, que de physiologie sans anatomie; il n'y a pas plus de phénomènes morbides ou de symptômes sans organes altérés, que de fonctions sans organes réguliers, que de phénomènes sans corps, que de mouvement sans matière. L'anatomie morbide est le fondement de la pathologie.

§ 119. Les dérangemens de l'organisation peuvent intéresser la conformation du corps en général ou de quelques organes : cela constitue une première classe, celle des vices de conformation. Les uns sont originels ou primitifs; d'autres sont secondaires ou acquis. Ces derniers sont nombreux et très-différens les uns des autres. Quant aux premiers, leur observation attentive a contribué à faire découvrir une des lois les plus importantes du développement de l'organisation. Ces vices ne sont, en effet, essentiellement qu'un état permanent, dans un ou plusieurs organes, des stades ou degrés par lesquels ils passent dans leur développement successif. Ainsi, par exemple, les vices nombreux qui consistent dans une fente ou un écartement plus ou moins grand sur la ligne médiane, comme le bec-de-lièvre, la fente de la voûte ou du voile du palais, l'ouverture du sternum, du diaphragme, de la paroi de l'abdomen, de la paroi antérieure de la vessie, des pubis, de l'urètre, du périnée, le spina-bifida, le crâne bifide, etc., sont l'état permanent d'une fente qui ne devait être que temporaire.

La réunion des doigts entre eux, le prolongement du coccyx, la persistance de la membrane pupillaire, l'utérus bifide, le testicule dans l'abdomen, etc., ne sont encore que des situations, des divisions, des réunions, des existences d'organes, qui ne devaient être que temporaires et qui sont restées permanentes. Il en est de même des communications anormales des cavités du cœur, de l'ouverture de la vessie à l'ombilic, de l'existence d'un cloaque, de la hernie ombilicale congénitale.

Quelquefois, un de ces vices existant, le reste de l'organisation se développe à peu près comme à l'ordinaire ; mais dans certains cas, une imperfection en entraîne nécessairement d'autres à sa suite, et en voici un des exemples plus frappans : que le nerf olfactif et l'ethmoïde qui le contient s'arrêtent dans leur développemens, les orbites et les yeux se confondront plus ou moins intimement, et constitueront ce qu'on appelle un cyclope [1]. Il en est de même de plusieurs autres vices.

[1] *Voyez* Béclard. Mémoire sur les fœtus acéphales.

8

Cette partie de l'anatomie pathologique, qui n'a guère été regardée que comme un objet de curiosité, est au contraire d'un très-grand intérêt pour le physiologiste et pour le pathologiste.

§ 120. Les dérangemens de l'organisation peuvent aussi consister dans une altération de la texture et de la composition des organes.

Tels sont les effets et les produits de l'irritation, de l'inflammation, et d'autres dérangemens moins connus des sécrétions et de la nutrition. L'adhésion, en général, et les différences qu'elle présente dans les divers organes divisés; le pus et les autres produits liquides de l'inflammation; les transformations d'un tissu en un autre analogue aux tissus sains; la dégénération ou le changement d'un organe en une substance qui n'a point d'analogue dans l'organisation régulière; les concrétions molles ou dures qui se forment dans les conduits et les réservoirs des follicules et des glandes, et qui dépendent d'une altération du liquide sécrété, et de l'organe sécréteur, sont autant de genres très-importans dans cette classe, dont l'étude n'est pas d'une utilité contestable, comme pourrait le paraître celle des vices de conformation.

Il faut joindre à ces deux classes celle des vers intestinaux assez nombreux, et des animaux parasites qui peuvent exister dans l'homme.

De la Mort et du Cadavre.

§ 121. La mort[1] est la cessation totale et définitive des fonctions de la vie, suivie bientôt après de la dissolution

1 *Voyez* Bichat. Recherches, etc.—C. Himly. *Commentatio mortis historiam, causas et signa sistens.* Gotting. 1794.

du corps. Elle est le résultat nécessaire et inévitable des changemens successifs de l'organisme. Rarement cependant elle est le dernier terme de la vie, parvenue jusqu'à l'extrême vieillesse; le plus souvent elle arrive par des causes accidentelles.

La vie consistant essentiellement dans l'action réciproque de la circulation du sang et de l'innervation, la mort résulte toujours de la cessation de cette action réciproque. La mort sénile paraît résulter de l'affaiblissement simultané de ces deux fonctions et de l'altération simultanée de leurs organes, et la mort accidentelle ou morbide de l'altération primitive de l'un des deux organes et de sa fonction. C'est toujours en effet par l'interruption de l'action nerveuse sur les organes de la circulation, ou par la cessation de l'action du sang sur le centre nerveux, que la mort est déterminée par les accidens et les maladies. Mais le sang peut cesser d'agir sur le système nerveux de manière à entretenir la vie; soit parce que le cœur ne l'y pousse plus, et que les vaisseaux cessent effectivement de l'y conduire; soit parce que le sang n'est plus soumis à la respiration; soit parce qu'il n'est pas débarrassé par les sécrétions et surtout par la dépuration urinaire des principes nuisibles; soit parce que la digestion et l'absorption intestinale ne lui fournissent pas des matériaux nutritifs; soit enfin parce que des substances délétères sont introduites du dehors dans la masse de ce liquide.

§ 122. Le cadavre[1] est un corps organisé mort; mais ce terme s'entend particulièrement d'un animal, et surtout de l'homme qui a cessé de vivre. Le corps où l'action vitale a cessé est insensible, la chaleur et la

1 *Voyez* Chaussier. Table des phénomènes cadavériques.

motilité s'y éteignent bientôt. Quelques instans encore on y peut observer des phénomènes particuliers, derniers vestiges de la vie qui vient de finir, et qu'on appelle phénomènes cadavériques primitifs. Mais le cadavre n'a qu'une durée éphémère. Constamment, à moins de quelques circonstances particulières, la putréfaction s'en empare au bout d'un temps assez court; ses élémens se dissocient, et les os seuls subsistent encore quelque temps pour se détruire eux-mêmes à leur tour. Quoique tous les cadavres soient disposés aux altérations dont il s'agit, cependant ils ne s'altèrent point tous en même temps et de la même manière. L'âge, la constitution de l'individu, la proportion de ses humeurs, le genre de la mort, les circonstances qui l'ont précédée, la saison, le climat, l'état de l'atmosphère, les corps qui entourent le cadavre, etc., sont autant de circonstances qui influent chacune à leur manière sur le développement des phénomènes cadavériques; chaque organe d'ailleurs éprouve des altérations particulières. Voici les changemens les plus généraux.

§ 123. La chaleur, de même que les autres phénomènes de nutrition, diminue quelquefois dès avant la mort, et cesse peu de temps après. Le refroidissement se fait graduellement, et commence par les surfaces et les extrémités. Il s'opère d'autant plus vite, que le sujet est plus épuisé par la vieillesse ou la maladie, qu'il est privé de sang, qu'il est maigre, et que l'atmosphère est plus froide : il peut alors s'opérer en deux ou trois heures; communément il demande quinze à vingt heures; il peut même exiger plusieurs jours. Le sang est noirâtre, il conserve en général de la fluidité et du mouvement tant que le cadavre est chaud; l'aorte et les principales artères se vident; il s'accumule en général dans les veines caves, dans les oreillettes du cœur et dans les vaisseaux des poumons, et même dans les veines en général, ce qui dépend de l'élasticité des artères et des bronches, et du mécanisme de la poitrine. Au reste, l'accumulation du sang dans les veines varie suivant les causes de la mort : elle est très-grande quand il y a eu dyspnée ou suffocation; il en résulte alors quelquefois des congestions, des turgescences, des érections, et même des transsudations sanguinolentes. Le sang, obéissant à la pesanteur et à l'action des artères, s'accumule et forme des lividités dans les parties qui sont déclives au moment de la mort; et, pendant que le corps est resté chaud, le reste du corps est au contraire pâle et jaunâtre. Pendant toute cette période de refroidissement, le corps est en général flexible et mou, les yeux sont entr'ouverts, la lèvre et la mâchoire inférieures pendantes, la pupille dilatée; des congestions qui avaient existé pendant la vie disparaissent quelquefois; les sphincters sont relâchés, et quelquefois la défécation et même l'accouchement ont eu lieu par un dernier reste de contractilité. Les muscles sont encore irritables par divers excitans, et surtout par le galvanisme.

§ 124. Les parties molles restent flexibles et le sang fluide, tant que le cadavre conserve sa chaleur ; aussitôt qu'elle l'abandonne, le sang se coagule, et les parties molles se roidissent d'une manière plus ou moins marquée. La coagulation du sang varie beaucoup; ordinairement il se forme des concrétions blanches, ou de couleur citrine, qui se moulent dans les vaisseaux; quelquefois le sang prend une consistance de gelée ou même reste tout-à-fait fluide. La roideur cadavérique est un phénomène constant, caractérisé par la fermeté que prennent les parties molles, et par la résistance et l'immobilité des articulations. Elle commence par le tronc, et s'étend aux membres supérieurs, puis aux inférieurs. Ce phénomène, qui paraît dépendre essentiellement de la dernière contraction des muscles, et aussi du refroidissement général et de la coagulation des liquides, présente de grandes variétés, relativement à l'époque de sa manifestation, à son intensité, à sa durée. Ainsi dans la mort sénile, dans la mort par un lent épuisement ou par des fatigues excessives, après les maladies septiques, gangréneuses, scorbutiques, etc., la roideur survient très-promptement, est peu intense, et dure à peine une ou deux heures. Au contraire, dans les sujets forts, musclés, qui meurent tout à coup d'une mort violente; après la plupart des asphyxies et des maladies aiguës, la roideur ne survient qu'au bout de vingt à trente heures, devient très-considérable, et dure pendant trois ou quatre jours. La roideur des parties molles cesse ensuite d'elle-même, et dans le même ordre où elle s'était manifestée; elle est remplacée par une mollesse qui augmente graduellement; les parties sont abandonnées à leur pesanteur, elles se dirigent en conséquence, et s'affaissent sur elles-mêmes. Les liquides qui étaient coagulés se liquéfient de nouveau, et leur fluidité semble même augmenter. Ce sont les premiers phénomènes de la décomposition putride.

§ 125. Dans quelques cas, et ordinairement après une mort prompte et violente, il se fait un dégagement rapide et considérable de gaz, soit dans le canal intestinal, soit dans les cavités séreuses, dans le tissu cellulaire, soit même dans les vaisseaux : il en résulte divers autres phénomènes remarquables. La tympanite de l'abdomen repoussant le diaphragme, fait souvent sortir du mucus par la bouche ou par les narines, refoule le sang dans le cou et la tête : d'où le gonflement de la face, l'éclat des yeux, le resserrement de la pupille; elle fait encore refluer par l'œsophage dans le pharynx, dans le larynx, dans les fosses nasales ou dans la bouche, les matières de l'estomac; elle détermine aussi le reflux du sang vers les organes génitaux, l'excrétion de gaz, de fèces, et quelquefois même la rupture de la paroi abdominale. Le développement de gaz dans le tissu cellulaire constitue l'emphysème cadavérique; son dégagement dans le cœur et les vaisseaux détermine le mouvement du sang et même sa sortie par des plaies, phénomène que l'on appelle cruentation cadavérique.

§ 126. La putréfaction est un mouvement intestin, inverse de l'action organique, qui s'établit dans le cadavre, détruit toutes les combinaisons qui s'étaient formées par l'action vitale, en sépare les molécules, les ramène à un état plus simple de composition, les réduit en gaz, en vapeurs, en putrilage, en terreau, et les rend ainsi à la masse générale des corps inertes. Outre la cessation de la vie, la putréfaction demande encore comme conditions, le contact de l'air, et un certain degré de chaleur et d'humidité. Le degré et la combinaison de ces conditions font beaucoup varier les phénomènes de la décomposition.

§ 127. En général, elle commence dès que la coagulation et la roideur cessent : dès-lors les liquides commencent à se résoudre, et les parties molles se relâchent et s'amollissent graduellement. Le cadavre, qui exhale dès le commencement une vapeur dont la déperdition diminue son poids, répand alors une odeur fade. Le sang et les autres humeurs transsudent à travers leurs réservoirs, et imprègnent de leur couleur et de leur odeur les parois et les parties environnantes : de là la coloration des veines et du tissu cellulaire environnant en rouge les taches imprimées à l'estomac et aux intestins par le foie, la rate, la vésicule biliaire, les infiltrations séro-sanguinolentes dans le tissu cellulaire et les membranes séreuses, leur coloration en rose, en rouge, en brun, et la coloration des parois de l'abdomen en une teinte bleuâtre ou verdâtre. Les humeurs de l'œil transsudent, d'où l'affaissement de la cornée, et, en se mêlant avec les corpuscules qui voltigent dans l'œil, elles forment un enduit terne.

Dans cette première période les muscles rougissent le papier de tournesol.

§ 128. La putréfaction qui, eu égard aux régions, commence en général par l'abdomen, à cause des matières excrémentitielles qui y sont accumulées; qui, eu égard aux organes, commence par les plus mous et les plus imprégnés de liquides, comme la masse encéphalique, et qui attaque aussi, en premier lieu, les parties engorgées ou altérées par la maladie ou par le genre de mort, devient bientôt générale. L'épiderme se détache et est soulevé par des amas de sanie brunâtre; les chairs, imbibées par les liquides, deviennent gluantes, verdâtres, pulpeuses, ammoniacales; il se dégage une odeur putride, nauséabonde.

§ 129. Enfin la texture disparaît tout-à-fait; les parties molles, confondues avec les liquides, se réduisent en putrilage demi-fluide, mêlé de bulles de gaz, et répandant l'odeur la plus infecte et la vapeur la plus pernicieuse. Il ne reste bientôt plus que les os, qui à leur tour deviennent friables, pulvérulens, et ne laissent qu'un faible résidu terreux.

§ 130. Lorsque les conditions de la putréfaction sont favorables, comme après certaines maladies, et dans des temps ou des lieux chauds et humides, elle commence presqu'à l'instant de la mort, et parcourt ses périodes avec la plus grande rapidité. Dans les cas contraires elle est lente, et peut n'être complète qu'après plusieurs années. Elle peut même être indéfiniment suspendue, ou très-modifiée dans ses phénomènes. Ainsi, un cadavre enfermé dans la glace peut s'y conserver sans altération sensible tant que durera la congélation; ainsi, un corps desséché par une atmosphère très-chaude et sèche, comme celle des déserts de l'Afrique, ou par une terre absorbante, comme dans certains caveaux, ou par la chaleur du four ou de l'étuve, ou par divers procédés chimiques, peut devenir à peu près imputrescible. De même, un corps plongé et retenu dans l'eau, dans un terrain humide, ou dans une terre saturée de produits cadavériques, peut se transformer en gras, se saponifier par l'action réciproque de sa graisse et de l'ammoniaque qui résulte de la décomposition des chairs.

§ 131. Le cadavre conservant encore, quelque temps après la mort, à peu près l'organisation et la composition que le corps avait pendant la vie, il est le sujet sur lequel on étudie l'anatomie. Cependant, comme il arrive dès le moment de la mort des changemens qui vont sans cesse en augmentant, il faut rectifier par l'examen des animaux vivans les idées que l'on pourrait se faire en n'examinant que des corps privés de vie.

Tous les corps ne sont point également propres et convenables à l'étude de l'anatomie. Il ne faut point se servir, pour faire des dissections longues et suivies, de ceux qui ont succombé à des maladies septiques ou à la fatigue, de ceux qui sont encore chauds, de ceux dont la putréfaction a été prompte, ou est très-avancée : il faut dans les recherches anatomiques être d'une extrême propreté. Si l'on se blesse en disséquant, et surtout en disséquant un sujet impropre à l'étude de l'anatomie, il faut sur-le-champ laver et cautériser la blessure.

§ 132. L'anatomiste considère dans chaque partie solide du corps, 1° sa configuration ou sa forme tant extérieure qu'intérieure, si elle est creuse, et sa disposition symétrique ou irrégulière; 2° sa situation dans le corps entier, et relativement aux autres parties, ainsi que ses rapports de contact ou de liaison plus ou moins intime avec elles; 3° la direction de son grand diamètre, qui peut être parallèle, oblique ou perpendiculaire à l'axe du corps; 4° son étendue métrique ou relative au corps, ou à quelqu'une de ses parties; 5° ses proportions physiques, soit relatives à l'attraction de ses molécules, comme sa densité, sa cohésion, son élasticité, etc., soit relatives à la manière dont la lumière l'affecte, comme la couleur, la diaphanéité; 6° sa composition anatomique et sa texture ou l'arrangement de ses parties intégrantes; 7° ses propriétés et sa composition chimiques; 8° les liquides ou humeurs qu'elle contient; 9° les propriétés dont elle jouit pendant la vie; 10° son action vitale et la liaison de cette action avec les autres; 11° les variétés qu'elle présente dans les âges, les sexes, les races et les individus; 12° ses états morbides; et 13° ses phénomènes et ses altérations cadavériques. Quoique plusieurs de ces considérations semblent appartenir à la physique, à la chimie, à la physiologie et à la pathologie, plutôt qu'à l'anatomie, il n'en est aucune qui ne soit propre à éclairer l'anatomiste, aucune qu'il doive négliger.

ANATOMIE GÉNÉRALE.

CHAPITRE PREMIER.

DES TISSUS CELLULAIRE ET ADIPEUX.

§ 133. On a généralement confondu ces deux tissus sous le nom de tissu cellulaire; cependant ils sont différens et doivent être décrits à part.

PREMIÈRE SECTION.

DU TISSU CELLULAIRE.

§ 134. Le tissu cellulaire a été ainsi nommé à cause des aréoles qu'il forme et qu'on a, peut-être mal à propos, appelées cellules. C'est un tissu mou, spongieux, répandu dans tout le corps, qui entoure tous les organes, les unit et en même temps les sépare les uns des autres, qui pénètre dans leur épaisseur et se comporte de la même manière à l'égard de toutes leurs parties, et qui, entrant dans la composition de tous les corps organisés et de tous les organes, est le principal élément de l'organisation.

Suivant la manière dont on l'a envisagé, on lui a donné les noms de substance, de corps, de système, d'organe, de membrane, de tissu cribreux, muqueux, glutineux, intermédiaire, aréolaire, réticulé, lamineux, filamenteux, etc. Le nom de tissu cellulaire ne lui convient peut-être pas mieux que les autres, mais il est plus généralement adopté.

§ 135. Malgré l'étendue et l'importance très-grandes de ce tissu, qui ont dû frapper de bonne heure les anatomistes, on n'en trouve point de description dans les auteurs anciens. Hippocrate parle de la perméabilité générale des tissus, lorsqu'il dit qu'il est manifeste que tout le corps est perspirable tant au dehors qu'au dedans : on a voulu trouver dans ce passage les premières notions de l'existence du tissu cellulaire. Ce qu'Érasistrate appelait *parenchyme* correspond peut-être à ce tissu. Mais il faut arriver jusqu'à Charles Étienne, Vésale, Adrien Spigel, pour trouver quelques notions exactes sur la disposition du tissu cellulaire : encore ces anatomistes et un grand nombre de ceux qui leur ont succédé, n'ont-ils indiqué le tissu cellulaire qu'à l'occasion des différentes parties où on le rencontre, comme autour des vaisseaux, des muscles, de la graisse, etc. Kaaw-Boerhave, Bergen, Winslow, ont émis les premiers quelques idées générales sur la continuité de ce tissu dans les différentes régions ; mais ce n'est que depuis Haller, qu'il a été présenté sous son véritable point de vue. Le tissu cellulaire a donné lieu à un grand nombre de traités. Schobinger, Thierry, G. Hunter, Bordeu, Fouquet, Wolff, Detten, Lucæ, de Felici, s'en sont particulièrement occupés. Leurs ouvrages ont ajouté peu de chose à la description donnée par Haller ; mais plusieurs d'entre eux sont remarquables [1] par quelques idées plus ou moins fondées sur la

1 Dav. Ch. Schobinger. *De telæ cellulosæ in fabricâ corporis hu-*

nature et les fonctions de ce tissu. Tous les anatomistes, et surtout ceux qui se sont occupés d'anatomie générale, en ont parlé dans leurs traités : Mascagni seul le nomme à peine. Il n'existe pas de bonnes figures du tissu cellulaire, et il est en effet impossible de le représenter, parce qu'il n'a ni forme ni couleur déterminée; Wolff a tenté de le faire, mais sans succès.

§ 136. Pour faciliter l'étude du tissu cellulaire, on l'examine successivement dans deux portions, dont l'une est considérée comme indépendante des organes, et remplit seulement les vides qu'ils laissent entre eux, tandis que l'autre n'est relative qu'aux organes qu'elle enveloppe, et dans la texture desquels elle entre. Ces portions ne sont distinctes que par la pensée, car le tissu cellulaire est partout continu à lui-même.

§ 137. La première portion est le tissu cellulaire extérieur, général ou commun, (*textus cellularis intermedius, seu laxus*), celui qui ne pénètre pas dans les organes. Ce tissu cellulaire commun a l'étendue et la forme générale du corps; il formerait, si l'on supposait que tous les autres organes fussent enlevés, et qu'il

mani dignitate. Gott. 1748. — Fr. Thierry. *Ergo in celluloso textu frequentiùs morbi et morborum mutationes.* Paris. 1749, 1757, 1788. — W. Hunter. *Remarks on the cellular membrane, etc., in med. obs. and inq.* vol. II. Lond. 1757. — Th. de Bordeu. Recherches sur le tissu muqueux ou l'organe cellulaire, etc. Paris. 1767. — Fouquet, et Abadie. *De corpore cribroso Hippocratis.* Monsp. 1774. — C. F. Wolf. *De telâ quam dicunt cellulosam observationes, in nova acta Acad. Sc. Imp. Petrop.* Vol. VI, VII, VIII, 1790, 1791. — M. Detten. *Beytrag,* etc., c'est-à-dire, Supplément à l'étude des fonctions du tissu cellulaire. Munster. 1800. — S. Ch. Lucæ. *Annotationes circa telam cellulosam, in obs. circa nervos, etc.* Franc. ad Moen. 1810. — G. M. de Felici. *Cenni di una nuova idea sulla natura del tessuto cellulare.* Pavia. 1817.

pût se soutenir de lui-même, un tout conservant la figure du corps, et offrant une multitude de loges pour les différens organes. L'épaisseur de la couche qu'il forme autour de chacun d'eux n'est pas la même partout. Dans le canal vertébral, le tissu cellulaire est en très-petite quantité; dans l'intérieur du crâne, ce tissu forme une couche presque invisible, tant sa ténuité est grande. On en trouve davantage à l'extérieur de ces mêmes parties : il est surtout abondant autour de l'épine, particulièrement en devant. A la tête, les différentes parties de la face, les orbites, les joues, en contiennent une grande quantité. Il en existe beaucoup également au cou, le long des vaisseaux et entre les muscles; dans la poitrine, entre les lames du médiastin, et à l'extérieur de cette cavité, autour des mamelles. L'abdomen renferme, soit dans son intérieur, soit dans l'épaisseur de ses parois, une grande quantité de tissu cellulaire. Aux membres, ce tissu est abondant dans l'aîne, dans l'aisselle, dans le creux du jarret, à la paume des mains et à la plante des pieds; il forme, entre les muscles, des couches plus ou moins épaisses. En général, les organes les plus importans sont ceux qu'entoure le plus de tissu cellulaire : ce tissu est aussi plus abondant dans les endroits qui sont le siége de grands mouvemens. En outre, comme il enveloppe tous les organes, qu'il forme partout des cloisons qui les séparent, il doit y en avoir davantage, toutes choses égales d'ailleurs, là où ces organes sont nombreux : c'est ce qu'on voit au cou, par exemple.

§ 138. La continuité du tissu cellulaire est surtout sensible dans les grands vides que les organes laissent entre eux. Au cou, la continuation de ce tissu est manifeste avec celui de la tête par en haut, et avec celui de l'intérieur de la poitrine par en bas : les ouvertures de cette cavité qui communiquent avec les membres supérieurs, offrent également une continuité très-marquée entre le tissu cellulaire de la poitrine et celui des membres supérieurs. De même, dans l'abdomen, l'échancrure ischiatique, l'anneau inguinal, l'arcade crurale, etc., présentent d'une manière évidente la continuité du tissu cellulaire de l'intérieur à l'extérieur du ventre, et de là aux membres inférieurs. Le long du canal vertébral, les trous intervertébraux établissent une communication entre l'intérieur et l'extérieur du canal; les trous de la base du crâne font de même communiquer cette cavité avec l'extérieur de la tête. Au reste, la continuité du tissu cellulaire n'existe pas seulement dans les endroits que nous venons d'indiquer, divers phénomènes, sur lesquels nous reviendrons, l'indiquent, en général, pour tous les vides qui subsistent entre les organes; seulement elle est plus marquée là où ces vides sont eux-mêmes très-prononcés. On conçoit que la forme arrondie des organes doit rendre ces vides très-nombreux.

§ 139. L'autre division du tissu cellulaire fournit à chaque organe en particulier, une enveloppe qui lui est propre, et pénètre, en outre, dans son épaisseur; cette disposition en a fait établir deux subdivisions. Le tissu cellulaire qui constitue l'enveloppe des organes (*textus cellularis strictus*), a été considéré par Bordeu comme une sorte d'*atmosphère* qui borne leur action et leurs phénomènes morbides, et les empêche de s'étendre des uns aux autres. Cette idée, adoptée par Bichat, me paraît peu fondée; la différence de leur organisation est la seule cause de cet isolement que les organes présentent dans leur action, ainsi que dans leurs maladies. Quoi qu'il en soit, la couche cellulaire qui entoure les organes varie en épaisseur : à part ceux qui ont des enveloppes d'une autre nature, c'est-à-dire de tissu ligamenteux, ou de tissu séreux, tous la présentent à un degré plus ou moins marqué. L'enveloppe que représente cette couche se continue, d'une part, avec le tissu cellulaire commun, et, d'autre part, avec celui qui occupe l'intérieur de l'organe. Suivant la forme de celui-ci, son enveloppe celluleuse est diversement disposée. La peau, les membranes muqueuses et séreuses, les vaisseaux sanguins et lymphatiques, et les conduits excréteurs, qui n'ont qu'une de leurs faces libre, ne sont en rapport avec le tissu cellulaire que d'un côté; au contraire, les organes pleins, comme les muscles, sont entourés de toutes parts par ce tissu. Sous la peau, le tissu cellulaire forme une couche généralement répandue, si ce n'est aux endroits où s'insèrent des muscles ou des aponévroses. Ce tissu sous-cutané est plus ou moins dense, suivant les régions : il est plus serré dans toute l'étendue de la ligne médiane, excepté au cou, où cette ligne est peu prononcée. Bordeu a exagéré cette disposition en disant qu'elle partageait tout le corps en deux moitiés : il est évident qu'à une certaine profondeur on n'en trouve plus de traces. Dans les endroits où les mouvemens sont très-marqués, le tissu cellulaire est plus lâche, comme on le voit aux paupières, au prépuce, au scrotum, aux lèvres de la vulve. Ce tissu est, au contraire, serré dans les régions où la peau n'offre point de glissemens, comme à la paume des mains et à la plante des pieds, au-devant du sternum, au dos, etc. Les membranes muqueuses sont couvertes à leur face adhérente, par un tissu cellulaire très-dense, qu'on appelle communément membrane nerveuse. Celui qui couvre la face adhérente des membranes séreuses est, en général, floconneux. Celui qui existe autour des canaux leur forme des gaînes particulières, importantes surtout pour les artères, mais qu'on trouve également autour des veines, des troncs lymphatiques et des conduits excréteurs. Autour des muscles, ce tissu forme une couche qu'on appelle leur membrane commune.

§ 140. La portion du tissu cellulaire qui pénètre dans les organes, qui en accompagne et en enveloppe toutes les parties (*textus cellularis stipatus*), se comporte différemment dans les divers organes. Dans les muscles, elle forme pour chaque faisceau une enveloppe, et en fournit de plus petites pour les faisceaux secondaires et pour les fibres qui composent ces derniers : le tissu cellulaire d'un muscle représente ainsi une suite de canaux emboîtés, se continuant les uns avec les autres, de la même manière que les enveloppes propres aux différens organes se continuent avec l'enveloppe générale du corps. Les glandes sont de même entourées dans leurs lobes, leurs lobules et les grains qui composent ces derniers, par des enveloppes cellulaires successivement plus petites, et qui, isolées du reste de la glande, formeraient une sorte d'éponge celluleuse. Les organes composés de plusieurs couches membraneuses, comme l'estomac, l'intestin, la vessie, contiennent du tissu cellulaire entre leurs différentes couches. Certains organes très-composés, comme les poumons, ont autour de chacune des parties qui entrent dans leur structure, plus ou moins de tissu cellulaire : la quantité de ce tissu est, en général, proportionnée au nombre des parties différentes que l'organe contient. A mesure que le tissu cellulaire se divise et se subdivise pour embrasser les parties les plus fines des organes, il devient lui-même plus fin, et son enveloppe plus mince : c'est ainsi que les artérioles ont autour d'elles un tissu cellulaire plus fin que celui qui entoure les grosses artères. Les enveloppes formées par le tissu cellulaire sont, en général, d'autant plus épaisses, que les parties exécutent plus de mouvemens : voilà pourquoi ce tissu est plus abondant dans les muscles que dans les glandes. Certains organes, comme les ligamens, les tendons, les os, les cartilages, ne renferment point dans leur épaisseur de tissu cellulaire libre et bien distinct. En général, pour qu'il soit apparent, il faut que les organes présentent des intervalles appréciables entre leurs parties composantes : ainsi, les ligamens qui ont des fibres apparentes, présentent aussi du tissu cellulaire qui sépare ces fibres, et on n'en remarque pas dans les autres.

§ 141. Non-seulement le tissu cellulaire entre dans la composition de tous les organes, mais encore il fait la base de tous (*textus cellularis organicus, seu parenchymatis*), et compose à lui seul plusieurs d'entre eux : c'est lui, ou, si l'on veut, la fibre ou la substance qui le compose, qui constitue, seulement avec des degrés divers de consistance, les membranes séreuses, le derme, les vaisseaux, les tissus ligamenteux, presque toutes les parties en un mot, à l'exception des nerfs et des muscles, encore ceux-ci ne diffèrent-ils du tissu cellulaire que par les globules surajoutés à ce tissu. Les parties cornées et épidermiques seules, n'ont rien de commun avec le tissu cellulaire. Haller et quelques autres anatomistes ont rangé dans le tissu cellulaire les tissus spongieux ou caverneux, et les vésicules aériennes des poumons ; mais ces parties ont une disposition propre qui ne permet pas de les confondre avec le tissu cellulaire. Les cavités de la membrane hyaloïde, comprises également par Haller dans le tissu qui nous occupe, doivent également en être distinguées.

§ 142. Les anatomistes sont peu d'accord sur la conformation intérieure du tissu cellulaire. Les uns le considèrent, avec Haller, comme ayant des cellules distinctes, d'une forme et d'un volume déterminés, formées par l'entre-croisement de lamines et de filamens multipliés. Les autres, au contraire, tels que Bordeu, Wolff, M. Meckel, disent que ce tissu n'est qu'une substance visqueuse, tenace, continue, dépourvue de lames et de cellules, et regardent celles-ci, quand elles existent, comme le résultat des opérations faites pour les démontrer. Voici ce que l'inspection apprend à ce sujet.

Quand on examine à la loupe la tranche d'un muscle, on reconnaît que les fibres ne se touchent pas, mais sont séparées par une substance transparente; si l'on écarte ces fibres, cette substance forme des filamens qui se dessinent à mesure que l'on tire, et qui finissent par se rompre. Ceux qui regardent le tissu cellulaire comme une sorte de glu, font remarquer qu'il en serait de même si ces fibres étaient séparées par de la colle. Autour du muscle tout entier on trouve une lame manifeste, qui prend de même, par la distension, la forme des filamens; en soufflant de l'air sous cette lame, on la transforme en cellules irrégulières, séparées par des espèces de cloisons. Il semblerait donc qu'autour des parties les plus petites, le tissu cellulaire est réellement une sorte de gelée, tandis que ses lames sont apparentes autour des parties plus volumineuses. Si, au lieu d'air, on y pousse de l'eau et qu'on la fasse congeler, on obtient des glaçons irréguliers, remplissant les cellules; on arrive au même résultat quand on y injecte une matière coagulable. Mais ces cellules ne sont jamais régulièrement disposées, et n'ont point une forme géométrique, comme on l'a dit; leur figure peut même varier lorsqu'on les reproduit à plusieurs reprises dans le même endroit.

Il reste, comme on le voit, une grande incertitude sur la question de savoir si les lames, les fibres et les cellules sont préexistantes dans le tissu cellulaire, ou si elles ne dépendent que de son écartement. Doué d'une organisation assez distincte là où son épaisseur est considérable, ce tissu semble inorganique dans les endroits où il est plus mince, et paraît même comme diffluent entre les fibres les plus petites des muscles. En admettant l'existence des cellules, doit-on les regarder comme fermées de toutes parts, et ne communiquant ensemble qu'après la rupture de leurs parois, ou bien comme des cellules percées de porosités, ouvertes dans les cellules voisines, ou enfin comme des aréoles, des vides ouverts de tous côtés, comme des espaces irréguliers qui subsistent entre les fibres et les lames du tissu cellulaire? Cette dernière opinion paraît la plus probable. Mais ces aréoles sont, dans l'état ordinaire, d'une petitesse extrême, microscopiques, à parois contiguës, et l'ampliation qu'elles éprouvent par l'infiltration, l'insufflation, etc., les altérant beaucoup, les déchirant, ne peut en donner une idée exacte.

§ 143. Au reste, le tissu cellulaire se comporte absolument comme s'il était spongieux; les liquides et les gaz le pénètrent avec la plus grande facilité. En effet, 1° la sérosité, dans l'hydropisie de ce tissu, se répand toujours dans les parties les plus déclives, ou dans celles qui offrent le moins de résistance; la situation du malade influe sur la place qu'elle occupe; les pressions extérieures la déplacent également; une seule incision suffit souvent pour lui donner issue; 2° l'eau que l'on pousse dans les injections artificielles se répand de la même manière, de proche en proche, à travers le tissu cellulaire; 3° l'air infiltré dans l'emphysème, celui qu'on introduit artificiellement, présentent le même phénomène; 4° le sang des ecchymoses s'infiltre de même au loin dans le tissu cellulaire, et se dissémine de plus en plus. Tout cela démontre une communication générale entre les aréoles : ceux qui n'admettent pas celles-ci expliquent ces faits par le peu de consistance du tissu cellulaire. Soit que les aréoles, les fibres et les lames du tissu cellulaire soient inhérens à ce tissu, ou ne soient que les effets des divers agens de distension, toujours est-il qu'il présente sous ce rapport des variétés notables. Dans certains endroits il est principalement filamenteux ou fibrilleux; dans d'autres il est surtout lamineux ou lamelleux, comme aux paupières, au prépuce, au scrotum, aux lèvres de la vulve, et entre les muscles très-mobiles; il forme des aréoles d'autant plus grandes, qu'il est lamelleux et lâche, et ces larges aréoles semblent être les premiers rudimens des cavités séreuses.

§ 144. Le tissu cellulaire est incolore lorsqu'il est en lames minces; il paraît blanchâtre quand son épaisseur est plus grande, et surtout lorsqu'il est distendu; il est demi-transparent. Sa force de cohésion varie : c'est simplement celle d'un liquide légèrement visqueux dans quelques endroits, comme entre les fibrilles musculaires; dans d'autres, sa résistance est presque égale à celle du tissu fibreux. Ce tissu est très-extensible et très-rétractile, comme on le voit lorsqu'on l'insuffle, et qu'on y pratique ensuite une incision : il revient alors fortement sur lui-même, et chasse l'air qui le distendait. Ses propriétés chimiques ont été étudiées avec soin par Bichat. Privé d'eau par la dessiccation, il perd une partie de ses qualités physiques, et en acquiert de nouvelles; dans cet état, il est hygrométrique, et susceptible de reprendre son premier aspect quand on le met dans l'eau : cela lui est commun avec presque tous les tissus organiques. Exposé à la chaleur nue, il se dessèche rapidement, se crispe, et finit par brûler, comme tous les autres tissus, mais en laissant très-peu de cendres. Il résiste beaucoup à la décoction, et ne se fond qu'après une ébullition long-temps prolongée. Sa putréfaction est très-lente : il faut une macération de plusieurs mois, même lorsqu'on a soin de ne pas renouveler l'eau, pour que la décomposition de ce tissu s'opère; il se convertit à la longue en une substance visqueuse ressemblant à du mucilage, et fournit divers produits qui viennent à la surface du liquide. Fourcroy l'a trouvé composé de gélatine; John y a rencontré, en outre, une petite quantité de fibrine, du phosphate et du carbonate de chaux.

§ 145. La nature intime du tissu cellulaire a donné lieu à un grand nombre d'hypothèses. Ruysch suppose ce tissu entièrement vasculaire; Mascagni, qui en parle à peine, dit qu'il est composé de vaisseaux blancs; Fontana, de cylindres tortueux : d'autres le regardent comme un épanouissement des nerfs. La seule base que l'on doive y admettre est la fibre ou substance cellulaire, § 68, 85. Il est parcouru par un grand nombre de vaisseaux, et surtout de vaisseaux séreux; mais on ne doit pas le regarder comme en étant entièrement formé, car c'est lui qui, en définitive, forme les parois des derniers vaisseaux. Le tissu cellulaire a des canaux ou des cavités qui lui sont propres : ce sont les petits vides ou aréoles dont il est creusé, ou que les liquides y creusent à mesure qu'ils y sont déposés, et qui, par leur communication, en forment un corps spongieux et perméable. Presque tous ceux qui se sont beaucoup occupés d'injections, comme Haller, Albinus, Prochaska, l'ont rangé parmi les parties solides ou non injectables; c'est-à-dire qu'il est hors du trajet circulatoire des vaisseaux. Le sang peut néanmoins passer dans ses canaux ou cavités propres, mais alors il y a inflammation. Les nerfs paraissent de même ne point s'arrêter, ou se terminer dans le tissu cellulaire. Ce tissu forme une véritable substance à part, traversée dans tous les sens par des vaisseaux sanguins et des nerfs, et dans laquelle seulement les premiers laissent un liquide.

§ 146. Il est, en effet, continuellement baigné et humecté d'une liqueur très-ténue qui l'imbibe, et dont la quantité est à peine sensible; aussi se sert-on du mot vapeur pour désigner ce fluide. Si l'on fait une incision dans le tissu cellulaire sur un animal vivant, ce liquide mouille les doigts introduits dans la plaie : par un temps froid, une vapeur s'élève des tissus divisés, condensée et rendue visible par l'air extérieur; elle provient tout à la fois du tissu cellulaire et des vaisseaux blancs. Dans l'anasarque, le liquide du tissu cellulaire, accumulé et peut-être altéré, ressemble beaucoup à la sérosité des hydropiques; il est coagulable comme cette dernière, et paraît contenir de même une certaine quantité d'albumine, de l'eau, et quelques sels.

§ 147. Le tissu cellulaire est la première partie formée dans l'embryon : on le rencontre aussi dans les animaux les plus inférieurs. D'abord liquide et très-abondant, ce tissu diminue de proportion à mesure que les organes se développent, et acquiert en même temps de la consistance. A la naissance, il est encore presque diffluent dans les intervalles des muscles, et très-mou au-dessous de la peau. Sa densité devient de plus en plus grande chez le vieillard : il est presque fibreux à un âge avancé, dans des parties où il était très-mou chez l'enfant. Le tissu cellulaire est plus lâche et plus abondant chez la femme que chez l'homme. Blumenbach donne pour caractère de l'organisation de l'homme, comparée à celle des autres animaux, de présenter un tissu cellulaire plus mou, et pour ainsi dire plus tendre; ce qui rend chez lui les mouvemens plus faciles.

§ 148. La force de formation du tissu cellulaire est très-développée : il est la première partie formée; il s'accroît accidentellement, se forme de toutes pièces, se reproduit, quand il a été détruit, avec la plus grande promptitude, comme on le voit dans les plaies, les adhérences, les végétations, etc. Il jouit d'une force de contraction dépendante, en partie, de l'élasticité dont il est doué, et en partie de l'irritabilité. Cette dernière force reçoit ici le nom de contractilité fibrillaire, staminale, de tonicité : elle se manifeste par les mouvemens des liquides que ce tissu contient ordinairement ou accidentellement, par le resserrement général ou local qu'il éprouve dans divers cas; il n'est pas bien évident que la force nerveuse influe sur ses contractions, ou les détermine. Il n'est point sensible hors l'état d'inflammation.

§ 149. Les usages et les fonctions du tissu cellulaire sont très-importans : c'est lui qui détermine la forme de toutes les parties. Il est l'unique lien servant à les unir entre elles; de sa cohésion dépend celle de tous les autres tissus. Par son élasticité il facilite les mouvemens, et rétablit les organes dans l'état où ils étaient avant le déplacement, quand ces mouvemens cessent d'avoir lieu; aussi ces derniers s'exercent-ils d'autant plus facilement, que le tissu cellulaire jouit mieux de ses propriétés.

Il est le siége d'une sécrétion perspiratoire très-abondante, à raison de son étendue. Le liquide que les artérioles y laissent échapper, y éprouve-t-il une sorte de circulation, ou du moins de mouvement de translation? On l'ignore tout-à-fait. Ce n'est que dans des cas d'accumulation morbide qu'on voit le liquide infiltré changer de place, en obéissant à la pesanteur, à la pression, etc. On a supposé, mais sans aucun fondement solide, que ce liquide y était dans une agitation continuelle, dont le diaphragme serait le principal moteur par son abaissement et son élévation alternatifs; qu'il y avait des courans dans diverses directions; et que, par exemple, il était la voie secrète par laquelle les boissons passent pour aller de l'estomac à la vessie, supposition démentie par toutes les observations exactes; qu'il était la voie des métastases, etc. Quoi qu'il en soit, le liquide est repris ensuite par les vaisseaux, de sorte que ce tissu est intermédiaire entre une perspiration et une résorption. La contraction tonique du tissu cellulaire est l'agent qui pousse la sérosité de ce tissu dans les vaisseaux.

Le tissu cellulaire est en effet l'organe essentiel de l'absorption; c'est lui qui forme le corps muqueux de la peau, la substance spongieuse des villosités des membranes muqueuses, parties qui absorbent, et d'où les substances absorbées passent dans les vaisseaux. Avant d'être introduites dans les vaisseaux, les substances absorbées par ce tissu cellulaire, qu'on peut appeler extérieur ou superficiel, par opposition à tout le reste, éprouvent sans doute des changemens ou élaborations. De même que les matières étrangères, avant d'entrer dans les vaisseaux, doivent traverser le tissu cellulaire, organe de l'absorption, de même aussi celles qui sortent des vaisseaux traversent le tissu cellulaire, organe de sécrétion, avant d'être déposées sur les surfaces où elles sont versées.

Le tissu cellulaire qui enveloppe chaque organe en particulier, a été considéré comme lui formant une atmosphère isolante, qui circonscrirait ses actions, soit hygides, soit morbides : l'observation dément souvent cette assertion, et quand le fait est vrai, c'est dans la texture particulière de l'organe et dans la variété des agens qu'il faut en chercher l'explication, et non dans cette prétendue atmosphère.

Le tissu cellulaire qui pénètre dans l'épaisseur des organes en réunit toutes les parties.

Quant au tissu cellulaire organique ou parenchymal, il forme la base ou l'élément essentiel de chaque organe, et y présente des variétés notables. Dans l'hypothèse la plus raisonnable sur le siége de la nutrition, on a admis que la matière nutritive est déposée hors des vaisseaux, dans la substance cellulaire, qui fait la base des organes, pour leur être assimilé; et qu'il est ainsi l'organe essentiel de la nutrition. Quoi qu'il en soit, au reste, des usages hypothétiques attribués au tissu cellulaire, il en a incontestablement de très-importans dans l'organisme.

§ 150. Les phénomènes du tissu cellulaire, soit en santé, soit en maladie, sont liés à ceux des autres parties. Ainsi, les lésions organiques du cœur, et les dérangemens de la respiration et de la perspiration pulmonaire, y déterminent souvent une accumulation de sérosité. La même chose a lieu dans les altérations des diverses sécrétions, et surtout de la transpiration cutanée. Ses inflammations déterminent ordinairement la fièvre. L'inflammation suppurative que l'on y provoque par les sétons et les autres fonticules, fait souvent cesser les inflammations des autres organes.

§ 151. Le tissu cellulaire est sujet à diverses altérations morbides. Lorsqu'il est entamé et mis à découvert, il s'enflamme, se couvre de bourgeons *charnus*, suppure, et enfin se recouvre d'une cicatrice ou nouvelle peau, qui sera décrite plus loin. (Chap. III.)

Lorsqu'il est divisé et remis en contact avec lui-même, il s'agglutine d'abord au moyen d'un liquide versé par les surfaces divisées quand le saignement et la douleur ont cessé. Plus tard, cette substance organisable devient un tissu très-vasculaire : alors on ne peut plus séparer les lèvres de la plaie sans produire de la douleur et renouveler l'écoulement du sang. Ce nouveau tissu reste pendant long-temps plus compacte, plus ferme et plus vasculaire que le tissu cellulaire qu'il réunit, et avec lequel il finit par se confondre.

C'est par une production semblable que s'opèrent toutes les réunions de parties divisées, avec des modifications relatives à chaque tissu, et qui seront examinées en leur lieu.

C'est encore de la même manière que s'établissent les adhérences entre les surfaces contiguës des membranes séreuses et tégumentaires, adhérences qui seront décrites à l'occasion de ces membranes. (Chapitres II, III.)

Le tissu cellulaire est susceptible d'un accroissement extraordinaire : il pousse quelquefois des espèces de végétations ou d'exubérances vasculaires, lorsqu'il est dénudé. La reproduction de ce tissu est aussi, en général, d'autant plus facile, qu'il en reste une plus grande quantité dans la partie où il a été lésé; il semble que cette reproduction dépende, en grande partie, de l'extension du tissu cellulaire préexistant.

L'inflammation du tissu cellulaire, ou le phlegmon, est caractérisée par divers changemens qu'éprouve ce tissu. Le premier de ces changemens est un accroissement de vascularité très-marqué. Le tissu cellulaire enflammé devient, en outre, sensible et douloureux. Il perd entièrement sa perméabilité; les liquides cessent de pouvoir le traverser; sa consistance augmente, et sa ténacité diminue : il se déchire, se rompt par la pression, au lieu de s'allonger, comme il faisait auparavant. Cette sorte de fragilité qu'acquiert le tissu cellulaire rend raison de certains phénomènes; elle explique pourquoi la ligature d'un vaisseau détermine souvent la section des tissus environnans, pourquoi, à la suite des péritonites, il est quelquefois si facile de séparer l'intestin de la tunique que lui forme le péritoine. L'inflammation du tissu cellulaire peut se terminer d'une manière insensible, et alors ce tissu reprend peu à peu toutes ses propriétés : c'est ce qu'on voit dans la terminaison dite par résolution. Dans d'autres cas, le tissu cellulaire sécrète un liquide particulier, qui porte le nom de pus, et qui sera décrit plus loin, ce qui constitue la terminaison par suppuration. Ce liquide se rassemble ordinairement dans un point déterminé, qui s'étend progressivement à la circonférence, tant que la sécrétion persiste. Celle-ci est du genre des sécrétions perspiratoires; le pus est fourni directement par le sang, et offre même, dans sa composition, quelque analogie avec ce fluide. Pour peu que la maladie ait une marche lente, les parois de l'abcès sont tapissées par une membrane. Cette membrane est doublée, à l'extérieur, par une couche plus ou moins épaisse de tissu cellulaire compacte. Cette couche est moins marquée, et la membrane est presque exactement isolée, quand la maladie dure depuis un certain temps, le tissu cellulaire ayant repris ses propriétés autour d'elle. Les abcès sont le siége d'une sécrétion et d'une résorption continuelles; l'absorption entière du pus qu'ils contiennent, et les effets que la présence de ce fluide produit quelquefois dans l'économie, en sont la preuve. Le pus formé dans l'intérieur des abcès finit le plus souvent par arriver à l'extérieur. L'abcès se vide, les parois se resserrent, restent quelque temps endurcies, et finissent par reprendre les caractères du tissu cellulaire. Quand la sécrétion et l'écoulement du pus persistent, le canal qui fait communiquer l'abcès au dehors, et qui porte le nom de *sinus* ou fistule, se revêt d'une membrane distincte, offrant les caractères des membranes muqueuses, et dont l'histoire appartient à celle de ces membranes. Après certaines inflammations gangréneuses, le tissu cellulaire devient tellement serré par la perte de substance qu'il a éprouvée, que la peau, les muscles, les aponévroses, sont confondus : mais, dans ce cas, si l'individu est jeune et robuste, le tissu cellulaire peut se reproduire et reprendre toutes ses propriétés. L'inflammation du tissu cellulaire persiste quelquefois indéfiniment, de sorte que ce tissu reste dur et imperméable : cela constitue l'induration. Cet état existe dans les callosités des ulcères et des fistules, qui sont évidemment le résultat d'une inflammation chronique du tissu cellulaire. La maladie des Barbades, l'une des variétés de l'éléphantiasis, offre de même les caractères de l'induration.

Les enfans nouveau-nés sont sujets à un endurcissement du tissu cellulaire, dans lequel on ne trouve point le caractère inflammatoire : cet endurcissement s'observe au-dessous de la peau, et quelquefois dans les intervalles des muscles. Ce n'est du reste, comme les observations de M. Breschet l'ont appris, qu'un phénomène secondaire de la persistance du trou inter-auriculaire du cœur, et du défaut ou de l'imperfection de la respiration

De l'air peut s'infiltrer dans le tissu cellulaire, ce qui constitue l'emphysème. Quand le malade ne succombe pas à cet accident, l'air épanché s'échappe par les incisions que l'on pratique ou par les plaies qui peuvent exister, ou bien cet air se combine avec les fluides contenus dans le tissu cellulaire, et disparaît par absorption. La leucophlegmatie ou l'anasarque, consiste dans une accumulation de sérosités dans le tissu cellulaire. Dans les ecchymoses, le tissu cellulaire contient du sang disséminé dans ses aréoles. Tous les liquides organiques peuvent s'infiltrer accidentellement dans ce tissu, dans lequel ils produisent des inflammations plus ou moins vives, lorsqu'ils sont de nature excrémentitielle.

Les corps étrangers solides, introduits dans le tissu cellulaire, ne restent pas en général long-temps à la même place, mais sont ordinairement, comme le pus, portés à la surface, et, s'ils sont pesans, obéissent aussi en partie aux lois de la pesanteur. Il est évident que ce n'est pas en traversant de prétendues cellules, que ces corps cheminent ainsi à travers le tissu cellulaire. Celui-ci présente, autour d'eux, trois phénomènes distincts : il sécrète du pus à leur surface; se réunit et reprend sa mollesse et sa perméabilité derrière eux, et s'ulcère au devant. On trouve donc là réunis trois des genres d'inflammation admis par J. Hunter; savoir : l'inflammation adhésive, suppurative et ulcérative; l'ensemble de ces phénomènes a reçu le nom d'inflammation éliminatoire. Il peut arriver que les corps étrangers séjournent dans le tissu cellulaire, soit à cause de leur pesanteur spécifique peu considérable, soit par la densité du tissu environnant : une membrane se forme alors autour d'eux.

Le tissu cellulaire contient dans quelques circonstances des corps étrangers animés ou des vers : le *cysticercus cellulosæ*, ainsi nommé à cause de son siége dans le tissu cellulaire, la *filaria medinensis* ou dragonneau, dont l'existence ne saurait être révoquée en doute, y ont été rencontrés; on y a trouvé, dans les animaux, des larves d'*œstrus*.

Le tissu cellulaire peut éprouver diverses transformations. Les transformations séreuse, fibreuse, osseuse, cartilagineuse, qui se développent dans le tissu cellulaire, seront décrites avec les tissus naturels auxquels elles appartiennent.

Les kystes, dont le tissu cellulaire est le siége, seront de même examinés à l'article des membranes séreuses et tégumentaires, avec lesquelles ils ont une grande analogie.

Quand un organe vient à disparaître accidentellement, on le dit transformé en tissu cellulaire; cela n'est peut-être pas parfaitement exact : le tissu cellulaire, dans ce cas, ne fait que prendre la place de l'organe atrophié, qui auparavant le maintenait écarté.

Les dégénérations diverses peuvent être regardées

comme appartenant spécialement au tissu cellulaire : c'est ce tissu qui paraît en être la base, car ces dégénérations se ressemblent partout. Cependant, comme elles sont communes à tous les organes, je renvoie leur histoire après celle de tous les autres tissus. Au reste, le tissu cellulaire, là où il est libre dans les interstices des organes, est affecté de ces dégénérations, comme dans les endroits où il fait partie des organes eux-mêmes.

SECONDE SECTION.

DU TISSU ADIPEUX.

§ 152. Le tissu adipeux, ainsi nommé à cause de la graisse (*adeps*) qu'il contient, résulte de la réunion de vésicules très-petites, microscopiques, entassées, groupées en plus ou moins grand nombre, réunies entre elles par du tissu cellulaire lamineux, et servant de réservoir à la graisse. On en distingue deux sortes : l'une est le tissu adipeux commun, ou le tissu graisseux proprement dit; l'autre est le tissu adipeux ou médullaire des os.

ARTICLE PREMIER.

DU TISSU ADIPEUX COMMUN.

§ 153. Il a été désigné sous les noms de tissu cellulaire graisseux, de membrane graisseuse, toile, tunique, vésicules adipeuses, etc.; on l'a encore nommé pannicule graisseux, parce qu'il forme une couche immédiatement située au-dessous de la peau.

§ 154. Ce tissu a été confondu pendant long-temps avec le tissu cellulaire, que l'on disait contenir tantôt de la sérosité, tantôt de la graisse, et former, dans ce dernier cas, le tissu graisseux. Malpighi a, l'un des premiers, élevé des doutes à ce sujet, et a vu la graisse former des espèces de grains appendus aux vaisseaux sanguins. Swammerdam a vu de même que la graisse est une huile liquide renfermée dans des membranules. Morgagni a également reconnu que la graisse contient des grains qu'il compare à ceux des glandes; Bergen a distingué, l'un des premiers, deux espèces de tissu cellulaire, dont l'un, qu'il appelle *lamineux*, correspond au tissu graisseux. W. Hunter a donné les caractères distinctifs de ce tissu, caractères qui ont été ensuite reconnus et plus ou moins exactement déterminés par Jansen, Wolff, M. Chaussier, Prochaska, Gordon, Mascagni, moi, etc. Haller nie l'existence de ce tissu, et n'admet que les aréoles du tissu cellulaire, comme parties contenantes de la graisse; son opinion a été adoptée par Bichat, par M. Meckel, etc.; mais nous verrons plus bas que cette opinion est peu fondée. Le tissu graisseux a été décrit avec soin dans plusieurs ouvrages[1], et figuré dans quelques-uns[2].

§ 155. Le tissu adipeux a des formes diverses, suivant les endroits où on l'examine. Sous la peau, il forme une couche plus ou moins épaisse, et généralement répandue. Il représente des masses arrondies dans l'or-

[1] M. Malpighi, *De omento, pinguedine, etc., in ejusd. oper. omn. et posth.* --- Bergen. op. cit. --- W. Hunter. op. cit. --- Wolff. op. cit. --- W. X. Jansen. *Pinguedinis animalis consideratio physiologica et pathologica.* Lugd. bat. 1784.

[2] Mascagni. *Prodromo della grande anotomia.*

bite, dans l'épaisseur des joues, dans l'intérieur du bassin, au devant du pubis, autour des reins, etc. Ces masses sont pyriformes, pédiculées, au bord libre de l'épiploon, dans les appendices épiploïques de l'intestin et au niveau des ouvertures que l'on trouve à l'extérieur du péritoine. Dans l'épiploon, la graisse est disposée sous la forme de réseaux ou de rubans qui suivent le trajet des vaisseaux.

§ 156. Quoique la graisse ne soit pas aussi universellement répandue que le tissu cellulaire, on la trouve pourtant dans beaucoup d'endroits.

Le canal vertébral en renferme une petite quantité en dehors de la dure-mère. A la tête, il en existe beaucoup, surtout à la face, dans les échancrures parotidiennes, aux joues, etc. Le cou en présente davantage en arrière qu'en avant. A la poitrine, l'extérieur et l'intérieur de cette cavité en offrent une quantité notable, tant aux environs du cœur qu'entre les muscles pectoraux et autour des mamelles. La graisse de l'abdomen est principalement située à l'extérieur des reins, dans le bassin, dans l'épaisseur du mésentère, de l'épiploon et des appendices épiploïques. Aux membres, la graisse est plus abondante au niveau des articulations, dans le sens de la flexion, ainsi que dans les endroits qui sont exposés à des pressions habituelles, comme la fesse, la plante du pied.

Le tissu graisseux se comporte différemment, relativement à chaque organe en particulier. Celui qui est au-dessous de la peau existe constamment, à moins d'une maigreur extrême, et se prolonge dans les aréoles du derme. On n'en trouve point au-dessous des membranes muqueuses. Les membranes séreuses et synoviales sont doublées, au contraire, par ce tissu, particulièrement dans l'épaisseur de leurs replis. Le tissu adipeux qui entoure les muscles, pénètre également dans l'épaisseur de ceux qui sont divisés en faisceaux distincts, comme le grand fessier, etc. Dans les glandes lobulées, on en distingue dans l'intervalle des lobes. La gaîne des vaisseaux en renferme en général fort peu. Les nerfs volumineux, comme le nerf ischiatique, en contiennent de petits amas entre leurs fibres. Les ligamens fasciculés en offrent de semblables entre leurs faisceaux. Enfin, dans les os, la graisse est considérée à part.

§ 157. La graisse manque entièrement dans certaines parties, comme sous la peau du crâne, du nez, de l'oreille, du menton, où la ligne médiane en est entièrement privée; il en existe de même fort peu entre la peau et le peaucier. On n'en trouve presque point vis-à-vis l'insertion du deltoïde, ce qui fait que cette partie reste toujours enfoncée, même chez les sujets les plus gras. Ce fluide manque également autour des tendons longs et grêles, et dans les intervalles des muscles qui exécutent de grands mouvemens, comme entre le triceps et le droit antérieur de la cuisse, le biceps et le brachial antérieur, les jumeaux et le soléaire. L'épaisseur des viscères est le plus souvent dépourvue de graisse : il n'y en a point dans les parois de l'estomac, de l'utérus, dans la rate, le foie. Les paupières, le pénis, les petites lèvres de la vulve, en sont également privés. Au reste, la quantité de graisse qui existe dans le corps varie beaucoup; mais il y a des parties qui n'en contiennent jamais, même dans l'embonpoint le plus considérable, et d'autres dans lesquelles le marasme le plus complet ne la fait jamais entièrement disparaître. Chez un homme adulte et d'un embonpoint ordinaire, la graisse forme environ la vingtième partie du poids du corps.

§ 158. Le tissu graisseux est, en général, d'une couleur blanc-jaunâtre, et d'une consistance molle, mais variable, suivant les régions du corps, suivant l'âge, etc.

§ 159. Quelle que soit la forme extérieure du tissu adipeux, les masses qu'il représente se divisent en masses plus petites, du volume d'un pois à celui d'une noisette, plus petites à la tête, plus grosses autour des reins. Ces masses sont plongées dans le tissu cellulaire; leur forme varie; en général obronde, elle est allongée, ovoïde sur la ligne médiane de l'abdomen, l'une des extrémités tenant à la peau, et l'autre à l'aponévrose. On peut les réduire par la dissection en lobules ou grains adipeux, qui, examinés au microscope, paraissent eux-mêmes composés d'une infinité de petites vésicules d'un huit centième à un six centième de pouce de diamètre. On peut donc regarder le tissu graisseux comme composé de vésicules agglomérées, réunies en grains, qui sont rassemblés à leur tour pour former des masses. Il résulte de ces dispositions que la structure de ce tissu n'est point aréolaire, mais qu'elle ressemble plutôt à celle des fruits de la famille des hespéridées, comme les oranges, les citrons, qui offrent de même, et d'une manière visible, des vésicules membraneuses, attachées à des cloisons qui les séparent. Les vésicules graisseuses, ainsi que les graines et les masses qu'elles forment, sont pourvues d'un petit pédicule qui leur est fourni par les vaisseaux logés dans leurs intervalles, et peuvent être comparées, sous ce rapport, à des grains de raisin supportés par leurs pédicelles. Au reste, ces vésicules sont tellement minces, qu'il est impossible de distinguer leurs parois : mais il existe des preuves bien certaines de leur existence. En effet, si la graisse était libre, elle ne formerait pas des masses régulières et distinctes. C'est à tort que Haller et plusieurs autres ont prétendu que cette forme était inhérente à la graisse, car celle-ci ne présente pas des globules, et n'a par elle-même aucune figure déterminée. Si l'on place sous le microscope quelques-unes de ces vésicules plongées dans l'eau tiède, on ne voit pas d'huile à leur surface; mais en les entamant, il s'en échappe aussitôt quelques gouttes qui surnagent sur le liquide. Ajoutez à ces considérations, que la graisse étant fluide sur le vivant, comme le prouve son écoulement lorsqu'on divise les tissus, elle devrait s'infiltrer comme la sérosité, sinon dans l'état de santé, au moins dans l'état de maladie; or, cela n'a point lieu, et tout ce qu'on a dit de l'infiltration de la graisse pour expliquer la conformation des mamelles pendantes de certaines peuplades, des fesses saillantes de certaines autres, des bosses dorsales de quelques animaux, de la queue volumineuse de quelques autres, etc., ne présente qu'une réunion de faits contradictoires et de raisonnemens absurdes. Roose et Blumenbach ont allégué contre l'existence des vésicules, le développement de la graisse dans des parties où ces petits appareils n'existent pas; ils en concluent que ceux-ci ne sont pas nécessaires à la production de ce fluide: la graisse se produit en effet dans le tissu cellulaire, mais elle s'y forme des vésicules, au lieu d'être simplement contenue dans des aréoles ouvertes.

§ 160. Le tissu cellulaire qui existe entre les vésicules adipeuses est très-fin, comme il l'est en général entre les parties les plus ténues de nos organes : ces vésicules semblent à peine tenir les unes aux autres, on les écarte sans éprouver de résistance. Le tissu cellulaire devient plus distinct entre les grains, et très-apparent entre les masses adipeuses; celles-ci sont même séparées dans quelques endroits par des lames fibreuses très-résistantes, comme on le voit à la plante des pieds, et qui ont pour usage de donner une grande élasticité à la graisse. Dans d'autres endroits, les masses adipeuses sont réunies, et soutenues par des lames cellulaires fermes, comme au crâne, au dos, etc.; dans d'autres, par un tissu lâche, comme à l'aisselle, à l'aine, etc. Du reste, pour bien voir le tissu cellulaire intermédiaire aux lobes graisseux, il faut l'examiner sur des cadavres affectés d'anasarque ou d'emphysème : on se convainc aussi par cet examen, que la graisse n'est point libre dans les aréoles du tissu cellulaire; car quelque étendues, quelque profondes que soient ces infiltrations, elles peuvent bien écarter, disséquer, pour ainsi dire, les grains adipeux, mais jamais la graisse n'est mêlée avec le fluide infiltré.

Les vaisseaux sanguins du tissu graisseux sont faciles à injecter. On les voit aussi parfaitement en examinant des parties où le sang, resté fluide, s'est porté naturellement après la mort. Ces vaisseaux sont plus apparens chez les sujets peu avancés en âge, les lobules graisseux étant plus distincts. Leurs divisions et subdivisions finissent par arriver jusqu'aux vésicules microscopiques elles-mêmes. Malpighi avait cru ces vaisseaux surmontés d'un appareil sécrétoire et d'un canal qui s'abouchait dans le réservoir de la graisse; il a reconnu lui-même, plus tard, que cette disposition n'existe pas. Les vaisseaux absorbans des vésicules sont moins connus que les artères et les veines. Mascagni, il est vrai, les dit composées d'une couche intérieure de vaisseaux lymphatiques, et d'une couche extérieure de vaisseaux sanguins; mais il ne rapporte aucun fait à l'appui de cette opinion. On ne sait pas s'il y a des nerfs dans ces vésicules.

Quand la graisse n'existe pas, les vésicules manquent également; elles disparaissent quand ce fluide cesse d'exister dans une partie. Hunter dit pourtant qu'on peut les distinguer même vides : mais je ne pense pas qu'il en soit ainsi : elles se confondent, quand elles disparaissent, avec l'élément cellulaire.

§ 161. La graisse humaine, extraite du tissu graisseux qui la renferme, et purifiée par le lavage, la fusion et la filtration, a les propriétés générales des huiles fixes. Elle est inodore, d'une saveur douce et fade ; sa couleur jaunâtre est due à un principe colorant, soluble dans l'eau, et enlevé par le lavage. Elle est moins pesante que l'eau ; son degré de fusibilité varie suivant sa composition : en général, elle est fluide à la température du corps, et même au-dessous, et quelquefois beaucoup au-dessous, comme à 15°, par exemple ; elle est insoluble dans l'eau, peu soluble dans l'alcohol froid : elle n'est point acide ; l'acide que Crell y admettait est un résultat de la distillation, opération dans laquelle la graisse fournit en effet des acides carbonique, acétique et sébacique, et plusieurs autres produits de la réaction de ses élémens. Elle se convertit par l'action des bases alcalines énergiques, en principe doux, et en acides margarique et oléique. Par son exposition à l'air et à la lumière elle se rancit : il y a production d'un acide volatil, d'une odeur forte.

La composition élémentaire de quelques graisses a été examinée par MM. Bérard et Th. de Saussure ; c'est une combinaison en proportions différentes, suivant les animaux, de carbone, d'hydrogène et d'oxigène : celle de la graisse humaine n'a pas été déterminée.

Avant les travaux de M. Chevreul [1], les graisses pas-

1 Annales de Chimie, tom. XCIV. — Ann. de Chim. et de phys., tom. II et VII.

saient pour des principes immédiats. Il a fait voir qu'elles sont essentiellement formées de deux matériaux organiques : la stéarine, fusible à 50° environ, et l'élaïne, encore liquide à zéro ; c'est de leur proportion que résulte le degré de fusibilité de chaque sorte de graisse. On sépare ces deux matériaux immédiats l'un de l'autre, en traitant la graisse par l'alcohol bouillant ; par le refroidissement, la plus grande partie de la stéarine se précipite avec un peu d'élaïne, celle-ci reste en solution dans l'alcohol avec un peu de stéarine. On peut encore les séparer par la congélation, qui fait d'abord figer la stéarine avec un peu d'élaïne. On peut aussi les isoler par l'absorption du papier non collé, qui enlève l'élaïne, et laisse à sa surface la stéarine.

§ 162. La graisse du tissu adipeux n'est pas la seule matière grasse que l'on rencontre dans l'organisation animale, et dans celle de l'homme en particulier. On trouve dans le sang une matière grasse cristallisable. Malpighi, Haller, et d'autres, avaient déjà cru que de la graisse libre circulait avec le sang : c'est une erreur, du moins je ne l'ai jamais vu ; mais M. Chevreul a récemment trouvé dans le sang une matière grasse qui y est en solution, par l'intermédiaire des autres matériaux de cette humeur. Le beurre est encore une matière grasse, colorée et odorante, en solution dans le lait. Il y a également dans la substance nerveuse une matière grasse cristallisable, analogue à celle du sang. Enfin, dans des cas maladifs et dans des altérations cadavériques, on trouve encore d'autres matières grasses dans le corps humain.

§ 163. Le tissu adipeux présente quelques différences dans les animaux ; il existe chez le plus grand nombre : on le trouve dans les articulés, les mollusques et les vertébrés. Dans ces derniers, la graisse présente divers degrés de consistance, de coloration, etc., elle est très-fluide dans les poissons et les cétacés; la tête du *physeter macrocephalus* contient une huile liquide, dans laquelle on trouve une matière grasse concrète : c'est le blanc de baleine ou la cétine. Elle est molle dans le porc, où elle forme le saindoux, ferme dans les ruminans, où elle est appelée suif, etc. Le volume des vésicules adipeuses n'est pas le même chez tous les animaux : suivant les observations de Wolff, elles augmentent successivement de grosseur dans la poule, l'oie, l'homme, le bœuf et le porc. La graisse s'accumule aussi dans des régions différentes, dans divers animaux, comme sur le dos des chameaux, dans la queue de quelques moutons, etc. Dans l'espèce humaine même, la tribu des Bosjesmans est remarquable par la saillie graisseuse des fesses chez les femmes : on en a vu un exemple récent dans la *Venus Hottentote*.

§ 164. Les différens degrés de l'embonpoint établissent des différences très-grandes dans la quantité de la graisse. Elle forme, dans l'obésité, depuis la moitié jusqu'aux quatre cinquièmes du poids total du corps. Au contraire, dans la maigreur extrême, la graisse n'existe que dans quelques endroits. Les femmes possèdent en général plus de graisse que les hommes. Suivant l'âge, il existe sous ce rapport des particularités assez remarquables. Le fœtus est entièrement dépourvu de graisse jusqu'à mi-terme. Depuis cette époque jusqu'à la naissance, la graisse s'accumule successivement dans les diverses parties. Elle n'existe d'abord que sous la peau, et s'y produit par grains isolés, qui en rendent l'étude très-facile à cet âge. A la naissance, on en trouve déjà une grande quantité sous les tégumens, dans l'épaisseur des joues; l'épiploon en offre quelques grains isolés. La quantité de la graisse augmente à mesure que l'accroissement a lieu; elle finit par occuper les interstices musculaires, mais ce n'est que fort tard qu'elle se produit autour des viscères. L'âge mûr, ou l'époque à laquelle l'accroissement est terminé, est aussi celle de l'obésité : on observe quelquefois celle-ci chez les enfans, mais cela est beaucoup plus rare. Dans la vieillesse, la quantité de la graisse diminue, principalement au-dessous de la peau : ce fluide existe alors spécialement à l'intérieur, comme autour du cœur, dans les cavités médullaires des os, etc.

§ 165. Les propriétés et les fonctions du tissu graisseux n'ont rapport qu'à la sécrétion de la graisse. Cette sécrétion ne s'opère point dans des glandes ni dans des conduits particuliers : Heister et Fanton ont des premiers élevé des doutes sur l'existence de ces glandes, dont beaucoup d'auteurs ont parlé depuis l'erreur de Malpighi à ce sujet. La sécrétion de la graisse est une sécrétion perspiratoire, et c'est à tort que Riegel, a voulu faire revivre la supposition des conduits graisseux, en même temps qu'une hypothèse sur l'usage des capsules surrénales : suivant cet auteur, en effet, la graisse qui entoure les reins et leur bassinet, se formerait dans ces capsules, d'où elle serait transportée par des conduits particuliers, qu'à la vérité il dit n'avoir pu injecter. La graisse résulte-t-elle immédiatement de l'action organique des vaisseaux qui la déposent dans les vésicules adipeuses? ou bien est-elle déjà formée dans le sang en circulation ? ou bien enfin a-t-elle

1 *De usu glandularum superrenalium in anim. nec non de origine adipis disq. anat. philos.* Hasniæ, 1790.

encore une origine plus éloignée? M. Ev. Home[1] en fixe l'origine dans l'intestin; il pense qu'elle est, comme le chyle, un produit de la digestion, et qu'elle est absorbée par le gros intestin. Cette opinion repose, entre autres faits, sur l'existence de la graisse ou du jaune de l'œuf dans l'intestin des vertébrés ovipares à l'état de fœtus ou de larve, et sur quelques faits morbides qui ne sont pas très-concluans.

§ 166. La graisse est reprise continuellement par les vaisseaux absorbans; l'action de ces vaisseaux est démontrée par sa diminution de quantité dans plusieurs circonstances. Cette action est en équilibre avec la sécrétion, lorsque la quantité de la graisse reste la même. L'exhalation et l'absorption de la graisse sont quelquefois très-rapides, comme le montrent plusieurs faits. Les enfans qui ont maigri à la suite des maladies, reprennent souvent en peu de jours tout leur embonpoint. Les animaux que l'on affame, comme les porcs, engraissent ensuite très-promptement. Certains oiseaux s'engraissent, dit-on, par un temps humide, en moins de vingt-quatre heures : l'amaigrissement ne s'opère pas moins promptement dans beaucoup de cas. Les circonstances les plus favorables à la sécrétion de la graisse, sont le repos absolu des organes animaux et intellectuels, et la castration. On réunit souvent ces diverses causes lorsqu'on veut engraisser les animaux; elles produisent le même effet quand elles existent chez l'homme. Les saignées habituelles, les alimens doux et amylacés, sont encore regardés comme favorisant la production de la graisse. Il y a, en outre, des circonstances inconnues qui paraissent agir de la même

[1] Philosophical transactions, Ann., 1813.

manière, car on observe des cas d'embonpoint extraordinaire, dont il est assez difficile de se rendre compte. Les causes qui accélèrent la résorption de la graisse sont en général les circonstances opposées à celles dont nous venons de parler, et de plus, les sécrétions abondantes, les maladies organiques, et en particulier celles des organes des fonctions nutritives.

§ 167. On a attribué à la gaisse beaucoup d'usages hypothétiques. Ceux dont elle jouit réellement sont locaux et généraux. En effet, la graisse a, d'une part, des usages purement mécaniques ou de position, comme de modérer la pression, à la plante des pieds dans la station, aux fesses dans l'attitude assise, de remplir les vides conjointement avec le tissu cellulaire, et de rendre par-là les formes arrondies : aussi ces formes sont-elles plus marquées chez les femmes et chez les enfans, qui ont en général plus de graisse. On a dit que la graisse servait à garantir du froid, parce que ce fluide est mauvais conducteur du calorique, et que les animaux qui habitent dans les climats froids en ont une couche épaisse sur les tégumens : en admettant qu'il en soit ainsi, ce n'est du moins pas la surface de la peau dont la graisse pourrait conserver la chaleur. On a prétendu sans fondement qu'elle diminuait l'action nerveuse et l'action des muscles, c'est-à-dire la sensibilité et l'énergie musculaire : on a dans ce cas pris la cause pour l'effet. On a pensé que la graisse servait à assouplir les fibres. Fourcroy, considérant que ce fluide contient un excès d'hydrogène, le croyait destiné à rendre la substance nutritive plus azotée, en la privant d'une partie de son hydrogène. Plusieurs auteurs, et Bichat lui-même n'est pas fort éloigné de cette opinion, ont pensé que la graisse pouvait servir à huiler la peau par une sorte de transsudation à travers ses pores : les follicules sébacés sont aujourd'hui trop bien connus pour que l'on puisse adopter cette idée. Les usages généraux de la graisse sont relatifs à la nutrition. La matière nutritive, avant d'être assimilée, passe successivement par divers états : la graisse est une des formes qu'elle revêt. De plus, ce fluide peut être considéré comme un aliment en réserve : c'est ce dont on voit divers exemples chez les animaux. Les insectes, par exemple, se nourrissent de leur graisse avant d'être insectes parfaits, et présentent le même phénomène peu de temps avant leur mort. Cela est encore plus marqué dans les animaux hybernans qui dorment pendant l'hiver, et ne vivent que de leur graisse jusqu'à leur réveil, époque à laquelle ils sont très-maigres. Les fœtus des ovipares se nourrissent de la graisse qui forme en grande proportion le jaune de l'œuf.

§ 168. Le tissu adipeux et la graisse, outre les variétés dont il a été question, présentent quelques altérations morbides.

Quand le tissu graisseux est divisé, des gouttelettes d'huile s'en échappent, et si les lèvres de la plaie sont maintenues rapprochées, la réunion a lieu promptement; mais la graisse ne reparaît dans l'endroit de la réunion que quand le tissu cellulaire nouveau a cessé d'être compacte. Le tissu graisseux dénudé s'enflamme, la graisse est résorbée; puis il se recouvre d'une couche de matière organisable, qui devient la base de la cicatrice, ou nouvelle peau, qui se forme au-dessus de la graisse.

Ce tissu et la graisse qu'il renferme s'amassent quelquefois en très-grande quantité, comme on le voit dans l'obésité ou polysarcie. On a vu des individus, dans cet état, peser de cinq à six cents, et même jusqu'à huit cents livres. Quand l'obésité est locale ou bornée à un point du corps, elle prend le nom de *lipôme*. [1] Cette affection peut avoir presque partout son siége : cependant on l'observe le plus souvent au-dessous des tégumens et en dehors des membranes séreuses. Les tumeurs de ce genre situées au-dessous de la peau ont été mal à propos confondues avec les tumeurs enkystées. Leur forme est obronde; lorsqu'elles sont très-volumineuses elles soulèvent et entraînent la peau, et sont alors pédiculées ou pyriformes : on en a vu peser de quarante à cinquante livres. A l'extérieur des membranes séreuses, leur figure est ordinairement ovoïde : une de leurs extrémités tient à la membrane, l'autre se rapproche de la peau; à l'extérieur du péritoine, cette tumeur constitue la hernie graisseuse, ou le liparocèle. Le lipôme a une structure analogue à celle de la graisse : suivant Monro, les vésicules y ont le même volume que dans cette dernière, et sont seulement plus nombreuses. Une enveloppe celluleuse semblable à celle qui entoure les muscles, quelquefois d'une densité qui la rapproche des membranes fibreuses et des kystes, existe le plus communément autour de la tumeur. Cette membrane contient des vaisseaux assez apparens. Les lipômes extérieurs au péritoine offrent quelquefois l'aspect de l'épiploon quand on les déploie : en général pourtant ces tumeurs renferment beaucoup moins de vaisseaux que d'autres tumeurs du même volume.

Les auteurs ont parlé de transformations graisseuses des muscles. Voici ce qu'un certain nombre d'observations m'a appris à ce sujet. Les muscles deviennent

1 *Voyez* Th. Ch. Bigot. Dissert. sur les tumeurs graisseuses extérieures au péritoine, etc. Paris, 1821.

souvent tout-à-fait blancs dans les paralysies; leurs fibres diminuent en même temps de volume, et comme cette altération s'observe surtout chez les vieillards, dans lesquels la graisse est plus abondante à l'intérieur, et que le repos de la partie augmente encore la quantité de ce fluide, il en résulte un aspect graisseux des muscles, qui en a imposé pour une vraie transformation graisseuse. Mais on trouve dans ces muscles la fibrine qui leur est propre, lorsqu'on les soumet à l'action de l'alcohol, à l'action d'un papier absorbant; lorsqu'on les fait cuire dans l'eau, ou lorsqu'on les expose à un feu nu. Il y a donc seulement décoloration, et non transformation graisseuse des muscles. M. Vauquelin et M. Chevreul ont obtenu les mêmes résultats dans les analyses qu'ils ont faites de ces muscles. La transformation graisseuse n'existe pas davantage dans les os : seulement la moelle, qui en occupe l'intérieur, peut devenir très-abondante. Le foie est quelquefois le siége d'une transformation graisseuse qui n'a pas été suffisamment examinée.

Les inflammations qui surviennent dans des régions où le tissu adipeux est très-abondant, ont une tendance particulière à se terminer par gangrène. Cette observation, que l'on a faite depuis long-temps sur les animaux très-gras, tels que les cochons, les moutons, quand ils éprouvent des piqûres, est aussi exacte chez l'homme, dans lequel les blessures et les infiltrations, surtout urinaires ou stercorales, dans le tissu graisseux sont suivies de gangrènes très-étendues. La très-petite proportion des parties vivantes que renferme le tissu adipeux peut rendre raison de ces phénomènes. On voit quelque chose d'analogue dans les hernies épiploïques : quand on laisse à l'extérieur des masses considérables d'épiploon, il arrive alors que cet organe se pourrit à sa surface; il en découle une huile abondante, et lorsqu'une fois son volume est par-là considérablement diminué, il ne reste plus qu'un champignon rouge et très-vasculaire, formé par le tissu cellulaire intermédiaire à la graisse, et par le développement des vaisseaux.

Dans un cas d'hépatite, le docteur Traill, de Liverpool, a trouvé dans le sérum du sang extrait par la saignée une quantité notable d'huile, environ deux parties et demie sur cent de sérum. Les kystes de l'ovaire contiennent assez souvent de la graisse avec des poils et quelquefois des dents, mais l'altération est alors très-composée : ce n'est pas ici le lieu de la décrire. Les calculs biliaires sont quelquefois formés d'une matière grasse nommée *cholestérine*. Les matières stercorales contiennent également quelquefois des substances grasses, soit mêlées avec leurs principes, soit en masses isolées. L'ambre gris est une matière grasse, qui paraît provenir de l'intestin du *physeter macrocephalus*. Certains kystes des organes génitaux, et quelques hydrocèles, renferment quelquefois des paillettes brillantes, qui ne sont autre chose que de la cholestérine. On trouve aussi cette matière, mais moins souvent, dans des tissus morbides situés dans d'autres régions. Les tumeurs appelées méliceris, stéatome et athérome, et que l'on regarde comme des kystes sous-cutanés (chap. III) contiennent une certaine proportion de matière grasse.

ARTICLE II.

DU TISSU MÉDULLAIRE OU ADIPEUX DES OS.

§ 169. Le tissu cellulaire est un tissu membraneux, vasculaire et vésiculaire, renfermé dans les cavités des os. Il a reçu les noms de moelle, de système médullaire, de *medulla, meditullium*, par comparaison avec la moelle des arbres.

§ 170. Duverney [1] en a fait le sujet de plusieurs observations : Grutzmacher [2] et Isenflamm [3] en ont donné des descriptions détaillées. Tous les ostéologistes, et tous ceux qui se sont occupés du tissu adipeux, se sont aussi occupés de la moelle. Havers [4] surtout en a très-bien décrit et en a figuré la texture vésiculeuse. Albinus en a donné une très-belle figure dans ses *Annotationes academicæ;* seulement les vaisseaux y sont représentés trop gros : Mascagni, dans son *Prodromo*, a aussi donné une bonne figure de la moelle.

§ 171. La moelle occupe la grande cavité médullaire du corps des os longs, les cavités cellulaires des os courts, de l'extrémité des os longs, et de l'épaisseur des os larges, et même les porosités de la substance compacte des os. Les sinus et les cellules aériennes des os du crâne n'en contiennent point.

§ 172. La graisse qui occupe le canal médullaire représente un cylindre moulé sur les parois osseuses de ce canal, et contenu dans une membrane que l'on appelle périoste interne ou médullaire. Cette membrane, dont les uns ont nié l'existence, tandis que d'autres la croyaient formée de deux couches, n'a qu'un seul feuillet, facilement apercevable au moyen d'une expé-

[1] Mémoires de l'Académie des sciences. 1700.

[2] *De ossium medullâ*. Lips., 1758.

[3] *Ueber das Knochenmark, in beitræge, etc. Von Isenflamm und Rosenmuller*. B. II. Leipzig, 1803.

[4] Clopton Havers. *Osteol. Nov.* Lond. 1691, *et Obs. nov. de ossibus*. Amstel, 1731.

rience qui consiste à scier un os, et à l'approcher du feu ou à le plonger dans un acide : la membrane se crispe, se détache de l'os, et forme un canal distinct dont la ténuité est telle qu'il est presque impossible de l'observer sans ce moyen. Son tissu ne peut guère se comparer qu'à une toile d'araignée. Cette membrane tapisse le canal intérieur de l'os, et semble se continuer à ses deux extrémités avec la moelle qui les remplit. Elle envoie en dehors des prolongemens dans la substance compacte, et fournit en dedans une infinité de prolongemens analogues, qui se comportent à son intérieur comme le font, en général, les filamens et les lames qui composent les membranes celluleuses. Ces prolongemens sont soutenus par les filamens et les lames de la substance réticulaire, dans les endroits où cette substance existe.

§ 173. La composition de la membrane médullaire est due principalement aux vaisseaux ramifiés à l'intérieur du canal, et que soutient un tissu cellulaire extrêmement mou et à peine visible : cette membrane ressemble beaucoup, sous ce rapport, à la pie-mère ou à l'épiploon, et ne semble formée, de même que ces membranes, que par le tissu cellulaire appartenant à la gaîne des vaisseaux. Une artère et une veine pénètrent dans le canal médullaire, et s'y divisent, aussitôt après leur entrée, en deux branches dont les ramifications s'étendent aux deux extrémités de l'os, et communiquent avec les vaisseaux nombreux et volumineux de ces extrémités. Les vaisseaux lymphatiques n'ont été suivis que jusqu'à l'entrée du canal médullaire. Les injections heureuses montrent, au contraire, une foule de filamens colorés dans le canal des os longs. Les nerfs de ce canal, dont l'existence a été niée, sont pourtant assez faciles à suivre. Sœmmering, il est vrai, pense que ces nerfs sont destinés à l'artère seulement. Ces nerfs ont particulièrement été observés par Wrisberg et Klint. Le tissu médullaire est donc essentiellement composé : 1° d'un réseau artériel et veineux, et probablement aussi d'un réseau de vaisseaux lymphatiques; 2° d'un plexus nerveux, destiné soit à l'artère, soit aux autres parties en même temps; 3° de la gaîne celluleuse propre à ces parties, laquelle fournit des fibrilles dont la réunion constitue une sorte de membrane incomplète, frangée. Il faut joindre à cela des vésicules très-apparentes, mais seulement dans les sujets frais, et qui deviennent moins sensibles dans les autres, parce que la moelle se fluidifie très-promptement. Ces vésicules sont tout-à-fait semblables à celles du tissu adipeux général; elles ont le même volume et les mêmes connexions avec les vaisseaux sanguins auxquels elles paraissent appendues. Grutzmacher pense que la texture de la moelle et celle de la graisse en général est aréolaire comme le tissu cellulaire commun, et non vésiculaire. Les extrémités celluleuses des os longs contiennent un grand nombre de vaisseaux; mais leur membrane est moins distincte que celle du milieu de ces mêmes os. Il paraît y avoir des vésicules semblables à celles de la membrane médullaire. Les porosités de la substance compacte semblent également en contenir.

§ 174. La graisse des os prend les noms de moelle dans le canal médullaire, de suc médullaire dans la substance spongieuse, et de suc huileux dans la substance compacte. Cette graisse est formée des mêmes principes que la graisse ordinaire, seulement en des proportions différentes, puisqu'elle est plus fluide; elle est aussi plus colorée, plus jaune.

§ 175. La membrane médullaire est sensible. Duverney a très-bien indiqué l'expérience qu'il faut faire pour constater cette propriété, que Bichat a peut-être un peu exagérée, mais que l'on a eu tort de révoquer en doute. En effet, si le plus souvent, dans les amputations pratiquées chez l'homme, l'impression causée par la section de l'os est à peine sentie, cela tient uniquement à la douleur plus vive, résultant de la section de la peau, et qui a précédé celle-ci. Mais en mettant sur un animal vivant assez d'intervalle entre la section des tégumens et la lésion de la moelle, pour que l'impression, produite par la première, ait le temps de se dissiper, un stylet introduit dans le canal médullaire produit à l'instant même une douleur que l'animal témoigne de diverses manières : on conçoit bien que cette sensibilité réside dans la membrane, et est étrangère à la moelle elle-même. Les nerfs accompagnant dans l'os l'artère médullaire principale, si l'os est amputé au-dessus de l'entrée de ce vaisseau, la moelle restant ne communique plus avec le centre nerveux, c'est à cette disposition qu'il faut attribuer la différence de sensibilité observée par Bichat, entre le centre et les extrémités de la cavité médullaire, et aussi à ce que les filets nerveux vont en se divisant vers les deux bouts de cette cavité. Le tissu cellulaire est doué d'une contractilité obscure semblable à celle du tissu cellulaire. Les artères qui se ramifient dans cette membrane, y sécrètent et y déposent la matière grasse.

§ 176. Suivant Bichat, la membrane médullaire existe de très-bonne heure, préexiste au canal; seulement elle est remplie d'une substance cartilagineuse, qui fait ensuite place à la moelle, à mesure que l'ossification s'opère. L'observation la plus attentive ne montre dans les cartilages, ni artères, ni veines, ni membrane médullaire; plus tard, la cavité des os longs n'est qu'un canal étroit que l'artère remplit; celle-ci se déjette sur le côté et s'accole aux parois, quand le canal commence à s'élargir; une substance visqueuse ou gélatineuse est alors contenue dans ce dernier; de la moelle s'y produit enfin, mais en petite quantité; avec l'âge, le canal devient de plus en plus large, et la moelle plus abondante. Il n'y a aucune différence appréciable, sous le rapport de ce tissu, entre les deux sexes. Ce fluide présente, en outre, des variétés individuelles, par rapport à sa quantité. Lorsque l'embonpoint est ordinaire, la graisse forme la majeure partie de la substance contenue dans le canal médullaire. J'ai trouvé, sur huit parties de cette substance, sept de graisse : le reste est formé par les vaisseaux, de l'eau et de l'albumine. Chez les sujets maigres, au contraire, la graisse ne constitue que le quart, ou une moindre proportion encore du fluide contenu dans les os longs; le reste m'a paru être de l'eau, ou du moins une substance évaporable, et de l'albumine, ou une substance coagulable. Les oiseaux ont, dans les cavités des os longs, de l'air au lieu de la moelle, suivant la remarque de Camper.

§ 177. Les fonctions du tissu médullaire sont de servir de périoste interne et de réservoir à la graisse : c'est sur lui que se ramifient les vaisseaux qui, d'une part, se portent en dehors pour concourir à la nutrition de l'os, et d'autre part, en dedans pour opérer la sécrétion de la graisse. Celle-ci a les mêmes usages généraux que dans les autres parties. Les usages locaux sont de remplir le vide qui sans elle existerait dans les os. On a cru, et Haller et Blumenbach ont adopté cette opinion, qu'elle rendait ceux-ci plus flexibles, moins cassans; mais les os des enfans, privés de graisse, sont pourtant moins cassans que ceux des adultes, tandis que les os des vieillards, dans lesquels ce fluide est si abondant, sont en général très-fragiles. Ceux qui ont avancé cette opinion se fondent sur ce que la combustion ôte à la substance osseuse toute sa solidité; il est évident que ce n'est pas seulement l'huile qu'ils perdent dans ce cas, mais bien la matière animale qui leur est enlevée, dont dépendait leur solidité. Les mêmes auteurs ajoutent qu'en faisant bouillir dans l'huile, ou dans la gélatine, le résidu terreux obtenu par la combustion, on lui rend, jusqu'à un certain point, sa solidité; mais il se forme alors un composé particulier, une espèce de stuc qui n'a rien de commun avec l'os. Haller et plusieurs autres physiologistes ont encore pensé que la moelle servait à la reproduction des os, et notamment à la formation du cal. Cependant l'observation fait voir qu'une fracture se guérit d'autant plus promptement que l'individu est plus jeune; or, plus l'individu est jeune, et moins il y a de moelle, ou moins la moelle contient de graisse. Duverney et d'autres ont cru la moelle nécessaire à la nutrition des os : il suffit que la moelle manque chez plusieurs animaux, comme les oiseaux, que le bois des cerfs, par exemple, en soit dépourvu, que ce fluide n'existe point dans l'enfance, et que les os se forment avant la moelle, pour que cette opinion ne soit point admissible. On a aussi regardé la moelle comme le réservoir du calorique latent et de l'électricité. La moelle ne sert pas non plus à lubrifier les surfaces articulaires, car la synovie existe dans beaucoup d'endroits où la moelle ne se rencontre point.

§ 178. La moelle présente quelques altérations morbides [1]. Dans les fractures, pendant que l'os se consolide, la graisse disparaît dans le canal médullaire; le tissu cellulaire de ce canal devient compacte, comme dans les autres cas de solutions de continuité, et finit par s'ossifier : ce dernier fait, que Bichat a observé, a été constaté de nouveau par plusieurs observateurs. Lorsque la consolidation est parfaite, la membrane médullaire reprend ses propriétés.

On observe dans la moelle, à la suite des amputations, les mêmes phénomènes que dans les autres plaies qui intéressent le tissu graisseux : la matière huileuse disparaît, et une couche cellulaire et vasculaire se forme à l'extrémité tronquée de l'os, qui finit par se clore. La moelle est détruite dans les séquestres, et ne paraît pas se rétablir après leur sortie, du moins ne l'a-t-on pas vue se reproduire dans ce cas; peut-être l'état des parties n'a-t-il pas été examiné assez long-temps après l'issue de la maladie.

La membrane médullaire est susceptible d'inflammation : c'est probablement à elle et à ses suites qu'il faut attribuer les nécroses intérieures. Il est également probable que les douleurs ostéocopes dépendent de cette inflammation. On observe dans le rachitis un endurcissement particulier de la membrane médullaire, qui n'a pas été décrit.

Parmi les affections propres à cette membrane, le spina-ventosa est une des plus remarquables. Il y a, suivant mes observations et celles de plusieurs autres, au moins deux, et même trois espèces distinctes de cette maladie. Le développement considérable de l'os

1 *Voyez* Moignon. *Tentamen de morbis ossium medullæ*, Paris. et Lugd. Ann. III.

tient à l'accroissement extraordinaire de la membrane médullaire altérée; mais tantôt l'altération de la moelle consiste en une dégénération carcinomateuse, en un véritable cancer mou; tantôt la tumeur est fibreuse et cartilagineuse; dans quelques cas, enfin, et surtout chez les enfans, l'os, renflé dans son milieu, contient une substance rouge très-vasculaire, dont la nature n'est pas bien déterminée: cette variété s'observe surtout dans les os du métacarpe, du métatarse, et des doigts. Le spina-ventosa affecte spécialement les os longs des membres: dans le fémur, c'est le plus souvent la partie inférieure de l'os qui est malade; dans l'humérus, c'est la partie supérieure. J'ai enlevé le tiers supérieur du péroné à une jeune femme, dans un cas de spina-ventosa qui avait donné à la tête du péroné à peu près le volume du poing de la malade. Des tumeurs de ce genre ont été décrites par Vigarous, sous le nom de stéatomes osseux, et par M. Astley Cooper, sous celui d'exostoses médullaires.

CHAPITRE II.

DES MEMBRANES SÉREUSES.

§ 179. Les membranes, *membranæ*, sont des parties molles, larges et minces, qui tapissent les cavités, enveloppent les organes, entrent dans la composition d'un grand nombre d'entre eux, et en constituent quelques-uns : du reste, elles diffèrent beaucoup entre elles, par leur texture, leur composition, leur action, etc.

§ 180. Les membranes séreuses, *m. serosæ, vel succingentes*, ainsi nommées parce qu'elles contiennent beaucoup de vaisseaux séreux dans leur épaisseur, qu'elles sont humectées par un liquide analogue au sérum du sang, et parce qu'elles fournissent des tuniques à beaucoup d'organes, forment un système, ou genre nombreux de membranes fermées de toutes parts, adhérentes par une surface aux parties environnantes, libres et contiguës à elles-mêmes par l'autre, servant à isoler certaines parties, à faciliter les mouvemens, et résultant d'une modification très-simple du tissu cellulaire.

§ 181. Confondues pendant long-temps avec les parties auxquelles elles tiennent, les membranes séreuses ont été particulièrement distinguées des autres parties, et étudiées dans leur ensemble, par Bonn[1], par Monro[2], et surtout par Bichat[3].

[1] *De continuationibus membranarum.* Amst.-Batav. 1763.

[2] *A description of all the bursæ mucosæ, etc.* Edimb. 1788.

[3] Traité des Membranes. Paris, an VIII.

§ 182. Le système séreux comprend des membranes qui, à raison de leurs nombreuses ressemblances, forment un genre très-naturel, dans lequel cependant il y a aussi des différences assez marquées pour qu'on doive en faire plusieurs divisions. Sous le rapport de leur situation et du liquide plus ou moins onctueux qui les humecte, on les distingue en séreuses proprement dites, ou séreuses des cavités splanchniques, et en synoviales; et ces dernières elles-mêmes se distinguent encore en celles des articulations, en celles des tendons, et en celles qui sont sous-cutanées. Il faut exposer d'abord les caractères communs à tout le genre, et puis ensuite ceux des espèces.

PREMIÈRE SECTION.

DES MEMBRANES SÉREUSES EN GÉNÉRAL.

§ 183. Toutes consistent en des vessies fermées de toutes parts : il n'y a d'autre exception à cette disposition générale, que l'ouverture par laquelle le péritoine communique avec les organes génitaux chez la femme, ces organes étant eux-mêmes interrompus dans leur continuité entre l'ovaire et le commencement de l'oviducte ou trompe utérine. Il résulte de la conformation générale des membranes séreuses, que les liquides qu'elles renferment sont entièrement isolés, et [illegible]es membranes ne sont perméables que par les vaisseaux q[illegible]ui se ramifient dans leur épaisseur, et non, comme le tissu cellulaire, par des aréoles communiquant librement ent[illegible]e elles; au reste, cette conformation présente quelques variétés ou formes secondaires. Il est de ces membranes qui sont aussi simples que possible, et ne représentent qu'une sorte d'ampoule ou de vessie; on les appelle vésiculaires. D'autres constituent des enveloppes engaînantes qui entourent certaines parties, comme des tendons, des ligamens, des vaisseaux sanguins; et comme elles ne sont pas percées pour laisser passer ces parties, qu'elles se réfléchissent à leurs deux extrémités, et forment ainsi une double gaîne, cela leur a fait donner le nom de vaginiformes. Cette disposition est une des plus communes. Enfin, il en est de plus compliquées encore; ce sont les membranes séreuses enveloppantes, celles qui méritent plus particulièrement le nom de *succingentes* : celles-ci entourent les organes, excepté sur un seul point de leur surface, autour duquel elles se réfléchissent sur les parois de la cavité qui les renferme, et sont ainsi divisées en deux portions, dont l'une forme une enveloppe aux organes, et prend le nom de feuillet viscéral, ou tunique, tandis que l'autre qui revêt les parois, constitue le feuillet pariétal. Les différentes formes que nous venons d'examiner sont souvent réunies dans la même membrane. Dans les membranes séreuses enveloppantes, comme celles que l'on trouve autour du cœur, des poumons, des testicules, il y a toujours à la surface de l'organe un endroit dépourvu d'enveloppe séreuse; c'est par cet endroit que pénètrent les vaisseaux de l'organe, ou bien que celui-ci tient aux parties environnantes. Cette partie, libre des organes revêtus de membranes séreuses, est tantôt large, tantôt très-étroite. Dans quelques cas, le viscère est éloigné des parois qui le renferment, et attaché ou suspendu par un repli de la membrane séreuse qui constitue ce qu'on nomme un frein ou ligament membraneux : cette disposition n'est point une exception à ce que nous venons de dire. Il y a toujours une partie de l'organe qui n'est pas revêtue par la membrane dans toute l'étendue de l'adhérence du repli que forme cette dernière. Outre ce premier genre de replis, les membranes séreuses offrent des prolongemens qui flottent plus ou moins à l'intérieur de la cavité qu'elles forment, et qui dépendent le plus souvent de leur feuillet viscéral, mais qui appartiennent aussi quelquefois à leur autre feuillet : l'épiploon, les appendices épiploïques pour le péritoine; les replis graisseux qu'on observe dans la plèvre sur les côtés du médiastin, pour cette dernière membrane; les franges synoviales pour les capsules articulaires, sont des exemples de ces prolongemens. Ceux-ci contiennent toujours dans leur épaisseur du tissu cellulaire ordinairement graisseux : c'est aussi à cet endroit que la membrane offre le plus de vaisseaux.

§ 184. Toutes les membranes séreuses présentent deux surfaces, une libre et l'autre adhérente. Celle-ci est floconneuse, et tient à du tissu cellulaire, à des ligamens, à des tendons, à des cartilages, etc. Son degré d'adhérence, à ces différentes parties, est plus ou moins marqué : un tissu cellulaire lâche le produit quelquefois, tandis qu'ailleurs, comme sur les cartilages, l'adhérence est intime. Il existe une foule d'intermédiaires entre ces deux extrêmes, ainsi qu'on l'observe au niveau des ligamens, des fibres musculaires, des tendons, etc. La surface libre des membranes séreuses est partout contiguë à elle-même : c'est l'intérieur de l'espèce de vessie que représentent ces membranes. Cette surface paraît, au premier aspect, parfaitement lisse et polie; mais examinée au microscope, elle présente des villosités manifestes; aussi les membranes séreuses ont-elles été nommées *villeuses simples*. Un liquide humecte constamment cette surface.

§ 185. Les membranes séreuses sont, en général, d'une couleur blanchâtre, que leur transparence rend à peine sensible, luisantes à leur surface libre, fort minces et pourtant assez résistantes, plus fortes que ne le serait le tissu cellulaire réduit en lames d'une ténuité égale à la leur; elles sont en général un peu élastiques.

§ 186. Elles paraissent presque homogènes au premier aspect : cependant on observe presque toujours, dans divers points de leur étendue, une apparence fibreuse qui est plus ou moins marquée. Lorsqu'on les déchire par distension, elles s'éraillent d'abord, et puis elles se réduisent en petits filamens entremêlés, entre-croisés, et comme tissus entre eux. Leur nature paraît très-analogue à celle du tissu cellulaire, dont elles ne diffèrent que par une condensation plus grande, et par la cavité distincte qu'elles représentent. Il existe d'ailleurs entre le tissu cellulaire et les membranes séreuses une sorte de gradation insensible, et les membranes séreuses les plus simples participent encore beaucoup de la nature du tissu cellulaire. Le tissu cellulaire très-lâche, et que l'insufflation développe en larges ampoules, comme celui du prépuce, celui qui existe entre les muscles à grands mouvemens, et les bourses synoviales sous-cutanées, constituent en effet une transition entre les deux tissus. Des vaisseaux blancs très-nombreux entrent dans la composition de ces membranes. Les injections et l'inflammation qui font pénétrer, les premières, un liquide coloré; la seconde, le sang, dans ces vaisseaux, rendent ceux-ci très-apparens : leur quantité paraît alors très-considérable. Cependant il faut éviter de confondre les vaisseaux propres à la membrane séreuse avec ceux qui appartiennent au tissu cellulaire sous-jacent, et qu'on croirait exister dans la membrane elle-même, à cause de sa transparence. Dans le péritoine, par exemple, il faut que l'inflammation soit long-temps prolongée pour que le sang arrive au-delà du tissu cellulaire sous-séreux; et, en examinant la chose peu attentivement, on serait tenté de croire que c'est le péritoine lui-même que la maladie a rendu vasculaire. Il en est de même des injections : ce n'est que quand elles sont très-ténues qu'elles pénètrent jusque dans la membrane elle-même. On ne connaît point les nerfs des membranes séreuses.

§ 187. Le liquide que renferment ces membranes n'est point le même dans toutes; cependant il ressemble plus ou moins à la sérosité du sang, ou au sang privé de matière colorante. Il contient, en général, de l'eau, de l'albumine, une matière incoagulable que l'on peut regarder comme une sorte de mucus gélatiniforme, une matière fibrineuse et de la soude. Nous verrons plus loin les différences que présente ce liquide dans les diverses espèces de membranes séreuses.

§ 188. Les membranes séreuses sont, pendant la vie surtout, extensibles et rétractiles à un haut degré, ainsi qu'on le voit dans les hydropisies, et après la guérison de ces maladies; mais leur agrandissement n'est pas toujours simplement un résultat de leur extensibilité; il y a en outre disparition de leurs plis, qui, se développant peu à peu, fournissent à l'accroissement de la membrane. Une autre cause qui concourt à cette augmentation de volume, est le glissement dont celle-ci est susceptible, l'espèce de locomotion qu'elle éprouve lorsqu'elle n'est distendue que dans un point de son étendue, comme on le voit particulièrement dans les hernies. Enfin, il paraît y avoir, dans quelques cas, une augmentation réelle de nutrition, qui contribue encore à la production de ce phénomène : cet accroissement de subtance est, avec les autres causes d'ampliation, manifeste dans la grossesse, par exemple. Au reste, ces phénomènes ne sont pas également marqués dans les différentes espèces de membranes séreuses : le péritoine les présente au plus haut degré; ils sont beaucoup moins prononcés dans les membranes synoviales, articulaires surtout, ce qui dépend, d'une part, de l'extensibilité moindre de ces membranes, mais aussi de ce qu'elles ont moins de plis, et surtout de ce que leurs connexions ne leur permettent pas de se déplacer avec autant de facilité. Quand la distension vient à cesser, les membranes reviennent peu à peu à leur état antérieur; mais si elle a été portée jusqu'à l'éraillement il en reste toujours des traces.

§ 189. La force de formation, assez développée dans les membranes séreuses, y est pourtant moindre que dans le tissu cellulaire libre. La motilité y est très-bornée; elle n'y existe qu'au faible degré qui constitue la tonicité. Mais si l'irritation n'y détermine pas de mouvemens appréciables, elle y développe la sensibilité : ces membranes, en effet, deviennent très-sensibles, et transmettent ordinairement des impressions douloureuses, dans l'inflammation.

§ 190. Toutes les membranes séreuses sont le siége de la déposition et de la résorption continuelles d'un liquide séreux dans leur cavité, ou par leur surface libre et contiguë. L'étendue considérable de ces membranes prises ensemble, donne une grande importance à cette double fonction. La matière de cette sécrétion est, comme toutes les autres, apportée par les vaisseaux dans l'épaisseur de la membrane et surtout dans les points de la membrane les plus vasculaires, dans les prolongemens frangés : on ne sait pas au juste par quelle voie la matière sécrétée sort des vaisseaux et passe dans la cavité. On a supposé pour toutes ces membranes des glandes sécrétoires, soit à leur voisinage, soit dans leur épaisseur même; mais ces prétendues glandes n'existent pas. On a supposé aussi des transsudations par des porosités anorganiques; mais sans connaître exactement le mode suivant lequel se font les sécrétions perspiratoires, on sait que les transsudations n'ont lieu que dans le cadavre, et même quelque temps après la mort seulement. Le liquide est aussi continuellement absorbé par la membrane, dans l'épaisseur de laquelle il rentre dans les vaisseaux. Tant que la déposition et la résorption sont dans un juste équilibre, les membranes séreuses sont simplement humectées à leur surface. L'augmentation de la sécrétion, ou la diminution de l'absorption, donne lieu à une accumulation qu'on appelle hydropisie.

Le liquide sécrété a des usages locaux et des usages généraux : localement il sert à entretenir l'isolement entre les deux feuillets contigus des membranes séreuses, et à faciliter les mouvemens des organes les uns contre les autres; en général, il est vraisemblable que la matière nutritive, ainsi déposée et reprise alternativement, éprouve une assimilation plus parfaite avant d'être employée à la nutrition des organes.

§ 191. L'action des membranes séreuses, soit en santé, soit en maladie surtout, est liée étroitement aux autres actions organiques. Ainsi, quand elles sont malades, les fonctions des organes qu'elles revêtent sont plus ou moins troublées, ce trouble s'étend au loin, et souvent à tout l'organisme : de même les affections des autres organes, surtout celles des membranes tégumentaires, des organes circulatoires, des glandes dérangent souvent leurs fonctions; les affections des organes qu'elles revêtent, les altèrent toujours plus ou moins sensiblement; d'une part la cavité qu'elles forment établit un véritable isolement entre les parties sur lesquelles se déploient leurs deux portions opposées; d'un autre côté, la continuité et l'étendue de chacune de ces membranes, donnent facilement lieu à des affections très-étendues.

§ 192. Le système séreux est très-mou à son origine qui est d'ailleurs peu connue : chez l'embryon, les viscères abdominaux ne semblent recouverts que d'un vernis liquide et visqueux. Les membranes séreuses sont très-minces dans le fœtus, et en général moins adhérentes à cause de la mollesse du tissu cellulaire qui les unit aux parties voisines, de sorte qu'on les sépare avec facilité de ces mêmes parties : cependant, sur les cartilages articulaires et sur l'albuginée du testicule, l'adhérence est presque aussi intime que par la suite. On ignore complétement si ces membranes, dont le caractère essentiel est l'interruption de continuité qu'elles établissent entre les parties, sont d'abord du tissu cellulaire mou, continu et sans cavité intérieure, comme l'affirment quelques anatomistes, qui admettent qu'il existe au commencement une continuité générale entre toutes les parties, entre les os, par exemple. Le liquide des membranes séreuses est d'abord très-ténu. Quelques-unes de ces membranes, celles des cavités splanchniques, offrent des différences de conformation remarquables chez le fœtus. Les membranes séreuses éprouvent divers changemens dans la vieillesse.

§ 193. La formation d'un tissu séreux accidentel s'observe souvent; sa réparation ou reproduction a lieu dans les plaies des membranes séreuses, lesquelles se réunissent quand leurs bords voisins sont en contact immédiat; l'observation a montré que l'opinion des anciens, qui ne croyaient pas ces sortes de plaies susceptibles de réunion, est dénuée de tout fondement. Lorsque ces plaies sont avec perte de substance, ou qu'il y a un écartement entre leurs bords, l'intervalle qu'elles présentent est rempli par une nouvelle membrane, une véritable cicatrice. Celle-ci paraît être un peu plus mince et plus extensible que la membrane environnante.

§ 194. Le liquide contenu dans les cavités des membranes séreuses est susceptible de s'y accumuler, soit que la résorption en soit diminuée ou l'exhalation augmentée: cette accumulation donne lieu aux diverses hydropisies. Le liquide qui forme ces dernières offre des qualités variables, surtout quand il y a de l'inflammation. Ce liquide contient tantôt plus, tantôt moins de matière animale que dans l'état de santé : quelquefois la proportion de cette matière est la même que dans cet état. En général, la sérosité des hydropisies ressemble au sérum du sang, sauf une moindre proportion d'albumine. Il est un point d'anatomie pathologique auquel on n'a pas donné assez d'attention; c'est que les hydropisies, qui ne paraissent pas dépendre d'une altération des membranes séreuses ou des organes de la respiration et de la circulation, et que pour cette raison on a regardées comme des affections générales, sont souvent précédées et accompagnées d'un flux d'urine contenant une grande proportion de gélatine et d'albumine, soustraction de matières animales qui change la composition du sang, qui le rend plus aqueux et qui dépend d'une altération du rein et de sa fonction. Ce flux accompagne aussi quelquefois les hydropisies avec affection locale d'un autre viscère [1].

§ 195. L'inflammation des membranes séreuses, qui est très-fréquente, produit dans ces membranes des altérations de tissu et des altérations de sécrétion. La membrane devient vasculaire, d'abord dans son tissu cellulaire extérieur, puis à la longue dans son épaisseur même ; ses franges vasculaires et ses villosités sont plus marquées, et finissent même par devenir très-saillantes et très-épaisses. Si l'inflammation dure un certain temps, la membrane s'épaissit un peu et perd sa transparence; cependant le plus souvent l'épaississement qui paraît très-grand, n'est qu'apparent et étranger à la membrane elle-même. Outre la disposition intersticielle qui donne lieu à cette altération, une sécrétion s'opère, en général, dans la cavité même de la membrane; la sécrétion, cependant, se suspend d'abord pour changer ensuite de caractère. Le liquide versé est, suivant les cas, une simple sérosité très-abondante, mais non autrement altérée; ou bien un fluide blanchâtre, lactescent, ou contenant des flocons albumineux et fibrineux ; quelquefois, mais rarement, la sérosité est sanguinolente; enfin on y trouve du pus offrant toutes les propriétés de celui qui se produit dans le tissu cellulaire. Outre ces effets de l'inflammation, il en est encore d'autres très-remarquables.

§ 196. Les fausses membranes, *pseudo membranæ*, ne sont point particulières aux membranes séreuses, mais elles y sont très-fréquentes. Elles consistent dans la concrétion, sous forme de membrane, du produit

[1] *Voyez* J. Blackall, *Observations on dropsies, etc.* London, 1813.

de la sécrétion de la membrane enflammée à un certain degré. Ce produit, semblable à la matière organisable qui détermine l'adhérence des lèvres des plaies, est d'abord versé par gouttelettes séparées sur la surface libre de la membrane; ces gouttes, en se multipliant et en s'étendant, se rencontrent communément, et forment d'abord un réseau, puis une surface entière. Ordinairement, la même chose ayant lieu sur la partie opposée de la membrane, et celle-ci restant, en général, en contact avec la première, la fausse membrane détermine l'agglutination des deux parties auparavant contiguës : c'est le premier degré de l'adhérence, l'adhérence *gélatineuse* de quelques-uns, *couenneuse* de quelques autres; j'aime mieux appeler cela agglutination. Tantôt la matière de l'agglutination ne forme qu'une couche mince, interposée entre les deux surfaces rapprochées; tantôt elle est si abondante, qu'elle remplit et distend la cavité séreuse.

Les adhérences organiques des membranes séreuses sont un résultat fréquent de la formation des fausses membranes. La matière organisable de l'agglutination se change en tissu cellulaire, dans lequel il se forme des canaux rameux qui acquièrent peu à peu la structure vasculaire (chap. IV), et qui finissent par communiquer avec les vaisseaux de la membrane enflammée. Plusieurs des premiers observateurs qui ont vu les vaisseaux des adhérences, les ont pris pour des villosités vasculaires, prolongées de la membrane ancienne dans la matière de la fausse membrane. J. Hunter et M. Ev. Home ont observé le contraire, que j'ai moi-même constaté plusieurs fois. On peut, en piquant au hasard dans une adhérence récente avec un tube rempli de mercure, injecter des canaux rameux, dont la partie la plus large ou le tronc répond au centre de l'adhérence, et dont les rameaux dirigés en deux sens opposés, comme ceux de la veine-porte, sont dirigés vers les surfaces séreuses sans arriver toujours jusqu'à ces surfaces, et sans que celles-ci fournissent des villosités bien marquées. A la longue, la disposition change, l'adhérence, dès que les canaux ont communiqué avec les vaisseaux anciens, devient de plus en plus vasculaire au voisinage de la membrane, et de moins en moins dans son centre. Les adhérences organiques des membranes séreuses n'ont pas toujours la même forme, elles consistent ordinairement en quelques brides ou en cordons plus larges aux extrémités adhérentes, et plus minces au centre qui est libre; d'autres fois, il y a un très-grand nombre de filamens à peu près semblables aux brides; dans d'autres cas enfin, les adhérences sont si multipliées, que les deux parties de la membrane sont confondues et semblent remplacées par du tissu cellulaire. La texture des adhérences, telle qu'on la voit dans les brides, est celle des membranes séreuses; elles forment une espèce de gaîne lisse à la surface et remplie de tissu cellulaire contenant quelques vaisseaux. Ces adhérences sont d'une part si fréquentes, et de l'autre quelquefois si régulièrement organisées, que beaucoup de médecins anciens les ont prises pour des ligamens naturels, et que, même parmi les modernes, Tioch en a trouvé dans le péricarde, et Bichat dans la plèvre, qui leur ont semblé appartenir à une conformation primitive.

Les brides qui constituent les adhérences s'allongent de plus en plus à mesure qu'elles durcissent : il est même probable que leur centre finit par être entièrement absorbé; ce qui tend à le faire admettre, c'est qu'en examinant les parois de l'abdomen peu de temps après les plaies de cette partie, on trouve, en général, l'intestin adhérent à l'endroit de la plaie, tandis qu'à une époque plus reculée, l'adhérence n'est plus formée que par une bride qui, à la longue, devient elle-même très-ténue; et qu'enfin, si on observe la disposition des parties au bout d'un temps très-long, il finit par ne plus y avoir d'adhérence. Ces nuances diverses se rencontraient toutes dans le corps d'un individu qui, affecté de mélancolie, s'était donné douze à quinze coups de couteau à différentes époques de sa vie, et que j'ai eu occasion de disséquer.

§ 197. Les membranes séreuses éprouvent diverses transformations, ou pour parler plus exactement, sont le siége de diverses productions accidentelles. Des plaques fibreuses, cartilagineuses, fibro-cartilagineuses et même osseuses, se remarquent souvent dans leur épaisseur, et en particulier dans la plèvre, qui forme quelquefois une sorte de plastron à la suite des pleurésies chroniques. Le plus souvent, il est vrai, ces plaques leur sont simplement subjacentes ou surappliquées.

Des concrétions libres, ou épiculées, ont leur siége à l'intérieur de ces membranes. On les trouve plus particulièrement dans les séreuses articulaires, quelquefois pourtant dans celles des tendons, et même dans les cavités splanchniques. Elles sont d'abord extérieures à la membrane, la poussent ensuite peu à peu au-devant d'elles, et font saillie dans son intérieur, où elles offrent une base large et courte, et plus tard un pédicule qui devient de plus en plus long et grêle, jusqu'à ce qu'enfin, ce pédicule venant à se rompre, elles deviennent totalement libres dans la cavité de la membrane. Tel est le véritable mécanisme de la formation de ces corps, que l'on prenait pour de vraies concrétions, lorsqu'on ne les avait point observés à différens degrés de leur développement. La consistance de ces corps varie : ils sont quelquefois très-mous et comme albumineux, mais le plus souvent ils sont fibreux, cartilagineux ou osseux.

Les membranes séreuses participent aux dégénérations communes à tous les tissus; elles paraissent aussi en avoir qui leur sont propres.

§ 198. Des vices de conformation s'observent dans quelques-unes de ces membranes, comme dans l'arachnoïde des fœtus anencéphales; dans le péritoine et dans la tunique vaginale, quand le canal de communication entre ces deux sacs membraneux subsiste après la naissance. On a rencontré dans le péritoine des espèces de sacs surnuméraires : Neubauer en rapporte des exemples. Les vices de conformation acquis sont également propres à un petit nombre de ces membranes, et appartiennent à l'anatomie spéciale. Les hernies sont un de ces vices.

§ 199. Les kystes peuvent être décrits à l'occasion des membranes séreuses; c'est en effet avec ce genre d'organes qu'ils ont le plus de ressemblance. Ils représentent en général, comme les parties que comprend le système séreux, une poche ou cavité membraneuse, fermée de toutes parts, adhérente d'un côté, libre de l'autre, et en contact avec un liquide qui la remplit; ils ont généralement la forme globuleuse; leur volume varie depuis celui d'un grain de millet jusqu'à celui de l'abdomen distendu; ils sont tantôt isolés et tantôt groupés plusieurs ensemble, et communiquant entre eux; leur surface externe est floconneuse, cellulaire, quelquefois garnie de lames ou même d'une couche fibreuse; quelquefois cette surface est doublée d'une membrane naturelle qu'ils ont envahie en faisant saillie à une surface; leur surface interne est lisse et polie ; l'épaisseur varie et est en général moins grande dans les kystes des organes que dans ceux du tissu cellulaire libre; elle est aussi plus ou moins grande dans les parties d'un même kyste; la consistance varie depuis celle d'un liquide à peine concret jusqu'à celle du tissu séreux, et même du tissu fibreux; il en est de même de leur adhérence, qui tantôt est intime et tantôt ne semble consister qu'en une simple agglutination : il n'y a point de vaisseaux apparens à leur surface libre.

Le liquide qu'ils contiennent n'offre pas moins de variétés. On y trouve tantôt une sérosité limpide, ou plus ou moins épaisse et comme albumineuse, et diversement colorée; tantôt de la graisse à l'état fluide, ou en paillettes et formant de la cholestérine; dans quelques cas, du mucus ou une substance visqueuse, qui, au lieu de se coaguler, s'évapore presque en entier par la chaleur, et laisse très-peu de résidu ; d'autres fois un mélange de mucus et d'albumine, ou bien une matière noirâtre ressemblant à du chocolat, quelquefois même du sang pur; quelquefois des vers hydatiques ; quelquefois des substances salines cristallisées: on y a vu aussi une matière concrète analogue au caoutchouc.

Les kystes sont dans un état de réplétion qu'on peut comparer à l'hydropisie des membranes séreuses : cependant ils sont le siége d'une sécrétion et d'une absorption continuelles; ils disparaissent dans certains cas, persistent dans quelques-uns, et grossissent continuellement dans d'autres cas.

Différentes hypothèses ont été proposées pour expliquer la formation des kystes. Les uns les regardent comme des membranes de nouvelle formation qui se développent autour d'une substance primitivement existante; les autres pensent, au contraire, qu'ils préexistent aux matières qu'ils renferment, soit qu'ils soient formés par le tissu cellulaire distendu, soit qu'ils doivent leur naissance à des vaisseaux lymphatiques dilatés. Il est difficile de trancher la question d'une manière absolue : il y a des cas favorables à l'une et à l'autre de ces opinions. Certains tissus que l'on range parmi les kystes sont évidemment préexistans. On peut ranger dans cette classe les loupes sous-cutanées qui ne sont autre chose que des follicules sébacés considérablement accrus et non des poches accidentelles, les kystes de l'ovaire qui paraissent dépendre du développement extraordinaire des vésicules de cet organe, les kystes du cordon testiculaire de l'homme, ou de la lèvre de la vulve dans la femme, qui sont des détritus de la tunique vaginale, etc. Un autre genre de kystes se forme, au contraire, consécutivement : tels sont ceux qui succèdent aux épanchemens de sang qui se font dans le cerveau, ceux qui se développent autour d'un corps étranger, etc. Dans d'autres circonstances, il est très-difficile de déterminer le mode et l'époque d'origine des kystes. Il est très-vraisemblable pourtant que tous les vrais kystes sont des membranes de nouvelle formation déterminée ou non par une inflammation évidente. Les kystes sont, du reste, susceptibles de toutes les affections des membranes séreuses : ils sont sujets à toutes les variétés de l'inflammation, aux productions accidentelles, soit analogues, soit morbides. On les a observés partout, si ce n'est peut-être dans les os et dans les cartilages.

On confond ordinairement avec les kystes, les membranes cellulaires nouvelles qui servent d'enveloppes aux productions accidentelles analogues ou morbides et aux corps étrangers. Ces enveloppes ne sont point comme les kystes et les membranes séreuses des surfaces inhalantes et exhalantes; elles doublent souvent les kystes. Leur consistance varie; elles sont toujours aussi des parties de formation nouvelle.

Il existe entre les kystes ou vésicules séreuses tenant au tissu cellulaire par leur surface externe, et les vers hydatiques, des transitions insensibles entre lesquelles il est très-difficile d'établir une démarcation tranchée. Ainsi les petites vésicules séreuses que l'on trouve si souvent dans les plexus choroïdes, celles que l'on voit quelquefois à l'extrémité frangée de la trompe utérine; celles que j'ai vues plusieurs fois dans des végétations des membranes muqueuses nasale et utérine, paraissent évidemment appartenir aux kystes. La môle hydatique ou en grappes me semble encore appartenir au même genre, et cependant un médecin naturaliste très-habile, la rapporte au genre acéphalocyste[1]. Les trois espèces d'acéphalocystes simples, elles-mêmes, dont l'animalité est encore douteuse, se rapprochent aussi jusqu'à un certain point des kystes. J'ai retiré une fois de dessous la peau du cou, et plusieurs fois de dessous la peau de la mamelle, des acéphalocystes de ces espèces, uniques, non enkystées, non adhérentes, à la vérité, mais comme accolées ou agglutinées au tissu cellulaire. Le plus souvent, il est vrai, on trouve l'une ou l'autre des trois espèces d'acéphalocystes simples, rassemblées en grand nombre et libres dans un kyste distinct.

Un médecin moderne[2] a attribué à la formation, au

[1] *Voyez* H. Cloquet. *Faune des médecins*, tom. I. Paris, 1822.

[2] *Voyez* J. Baron. *An Inquiry, etc., on tuberculous diseases.* London, 1817.

développement et aux transformations des hydatides ou des kystes hydatiformes dont il vient d'être question, l'origine des tubercules, de toutes les tumeurs, et même des corps étrangers suspendus ou libres dans les cavités séreuses et synoviales.

Après avoir exposé l'histoire générale du système séreux, il faut décrire successivement les différentes espèces qu'il comprend.

SECONDE SECTION.

ARTICLE PREMIER.

DES BOURSES SYNOVIALES SOUS-CUTANÉES.

§ 200. Les bourses synoviales ou mucilagineuses sous-cutanées, *bursæ mucosæ subcutaneæ*, n'avaient point été décrites par les anatomistes. Quelques pathologistes, et notamment Gooch, Camper, et récemment M. Asselin, ont parlé de leur hydropisie. Camper, à cette occasion, avait dit un mot de leur état sain. Je les ai observées et décrites depuis long-temps dans mes leçons; j'en ai parlé aussi dans les additions à l'Anatomie générale de Bichat, et dans le Dictionnaire de médecine.

§ 201. Les bourses synoviales, dont on trouve en quelque sorte le rudiment dans le tissu cellulaire lâche et très-extensible qui existe entre toutes les parties très-mobiles, se rencontrent sous la peau, partout où cette membrane recouvre des parties qui exercent de grands et de fréquens mouvemens; comme entre la peau et la rotule, entre l'olécrâne et la peau, sur le trochanter, sur l'acromion, devant le cartilage thyroïde; quelquefois derrière l'angle de la mâchoire; toujours entre la peau et le côté saillant des articulations métacarpe et métatarso-phalangiennes, et de celles des premières phalanges avec les secondes. Toutes ces dernières sont ordinairement confondues avec celles des tendons voisins.

Pour bien apercevoir ces membranes, il faut les remplir d'air. On voit alors qu'elles forment une cavité obronde, multiloculaire, c'est-à-dire divisée par des cloisons incomplètes, mais close; l'air qu'on y souffle y restant enfermé, et ne s'infiltrant point dans le tissu cellulaire environnant, les parois de la cavité qu'elles forment sont très-minces et peu résistantes.

Leur texture est fort simple, comme celle des membranes séreuses en général, et ne semble différer de celle du tissu cellulaire que par une condensation un peu plus grande. Il existe très-peu de vaisseaux dans l'épaisseur de ces membranes; leur surface libre et contiguë est humectée par un liquide onctueux ou mucilagineux trop peu abondant pour qu'on puisse le bien examiner.

Ces membranes et le liquide onctueux qu'elles contiennent, ont évidemment pour usage local de favoriser le mouvement des os sous la peau.

Ces bourses se développent de très-bonne heure; elles existent à l'époque de la naissance, et sont alors très-aisées à apercevoir, à cause du liquide assez abondant qui les humecte.

Leur développement augmente en proportion de l'exercice des parties qu'elles recouvrent : celle de l'acromion, par exemple, devient plus apparente chez les individus qui portent des fardeaux sur l'épaule; celle du genou est plus développée chez les personnes qui se mettent habituellement à genoux.

§ 202. Elles se forment accidentellement dans des cas où la peau exerce des frottemens accidentels M. Brodie parle d'une gibbosité sur laquelle il s'en était développé une à la suite du glissement continuel dont la peau était le siége en cet endroit; on observe la même chose dans les pieds bots, à l'endroit où la peau frotte contre le côté saillant du tarse; on voit encore la même chose après l'amputation de la cuisse, entre le bout de l'os et la cicatrice.

L'hydropisie des bourses synoviales sous-cutanées constitue l'hygroma, affection anciennement connue, qu'on observe particulièrement au genou, devant la rotule des personnes qui reposent souvent sur cette partie, comme les prêtres, les religieuses, les blanchisseuses de certains pays et les servantes qui se mettent à genoux pour laver, les ramoneurs, etc., et qu'on observe aussi quelquefois, mais moins souvent, dans les autres membranes de la même espèce. L'hygroma peut acquérir un volume considérable. Il disparaît quelquefois très-promptement sans cause connue, ou après des applications médicamenteuses. J'en ai fait quelquefois la ponction, et j'en ai retiré de la sérosité visqueuse. Une injection stimulante, faite après la ponction, détermine souvent l'adhésion mutuelle des parois et l'oblitération de la cavité.

Les bourses synoviales sous-cutanées sont susceptibles de s'enflammer, de suppurer et de former des abcès volumineux, soit après des pressions réitérées, soit après qu'on y a fait une injection.

ARTICLE II.

DES MEMBRANES SYNOVIALES DES TENDONS.

§ 203. Les membranes synoviales des tendons, *membranæ mucosæ tendinum*, sont des membranes séreuses humectées d'un fluide onctueux, annexées aux tendons, là où ils frottent contre les parties voisines.

Elles ont reçu les noms assez mauvais de bourses, de vessies, de capsules, de gaînes muqueuses, mucilagineuses, unguineuses, synoviales, etc. Elles sont connues depuis long-temps : Vésale et A. Spigel parlent de quelques-unes d'elles. Albinus en a décrit avec exactitude un certain nombre. Janckius en a le premier donné une description générale : il en connaissait soixante paires. Camper a le premier donné une figure d'une de ces membranes. C'est à notre célèbre Fourcroy [1] que ce point d'anatomie est le plus redevable, ainsi qu'à Monro [2]. Koch [3] a très-bien décrit ces membranes non-seulement dans l'homme, mais dans plusieurs animaux. Gerlach [4] a le premier décrit et bien figuré celles que l'on trouve au cou et à la tête. Rosenmuller [5] a donné une édition augmentée de l'ouvrage de Monro. Mascagni a donné une bonne figure d'une de ces membranes dans son *Prodromo*.

1 Hist de l'Acad. R. des sciences. Paris, 1785--1788.

2 *A Description, etc. with tables.*

3 Ch. M. Koch. *De bursis tendin. muc.* Lips., 1789.

4 F. E. Gerlach. *De bursis tendinum mucosis in capite et collo reperiundis, cum tabul. æneis.* Viteberg, 1793.

5 *Icones et descript. bursar. mucosar. corporis hum. Ed.* J. Ch. Rosenmuller. Lipsiæ, 1799.

§ 204. Le nombre de ces membranes est considérable, mais variable; on en connaît aujourd'hui environ cent paires. Elles forment, comme toutes les membranes séreuses, des cavités membraneuses sans ouvertures; mais on en distingue de deux sortes par rapport à leur forme. Les unes sont des vésicules arrondies, tenant d'une part au tendon, et d'autre part à la partie sur laquelle il glisse : on les appelle vésiculaires. Les autres sont vaginales, entourent le tendon circulairement, tapissent d'un autre côté un canal où il est renfermé, ces deux portions isolées se rejoignant à leurs extrémités, de manière à être séparées par un intervalle qui constitue la cavité de la membrane. Parmi ces dernières il en est qui, simples à une de leurs extrémités, présentent à l'autre des espèces de digitations qui répondent à autant de portions tendineuses ou de tendons différens, ceux-ci, d'abord réunis, s'écartant ensuite les uns des autres : c'est ce qu'on voit au poignet, sous les ligamens annulaires qui s'y rencontrent.

§ 205. Le tissu cellulaire, très-lâche et membraniforme, que l'on trouve entre les muscles qui exécutent des mouvemens grands et fréquens, comme sous le grand dorsal, le droit antérieur de la cuisse, les muscles du mollet, etc., constitue en quelque sorte le rudiment des membranes dont il s'agit. On trouve des membranes synoviales autour des tendons, dans les endroits où ceux-ci frottent sur les os, glissent à leur surface ou sur d'autres parties, ou bien se réfléchissent et changent de direction; quelquefois ces membranes existent entre deux tendons qui se meuvent l'un sur l'autre. Le muscle grand fessier, à l'endroit où il glisse sur le trochanter, le muscle grand oblique de l'œil, à l'endroit où il se réfléchit dans sa poulie, les péroniers latéraux, là où ils changent de direction pour gagner la plante du pied, etc., sont garnis de membranes synoviales. En général, ces membranes sont en rapport avec des os ou des anneaux fibreux. Elles sont surtout très-communes autour des articulations, parce que c'est là que les tendons sont spécialement situés : c'est ce qu'on voit au genou, au coude-pied, au poignet. On y rencontre les deux genres dont nous avons parlé. Quelques-unes de ces capsules se confondent avec les bourses sous-cutanées ou avec les synoviales articulaires : celle du triceps, par exemple, n'est pas toujours isolée, et paraît souvent une continuation de la capsule synoviale du genou.

§ 206. La face adhérente de ces membranes, outre qu'elle tient au tendon et à la partie sur laquelle il frotte, est en rapport, dans l'intervalle de l'un et de l'autre, avec les tissus cellulaire et graisseux; elle tient souvent à du tissu fibreux, comme aux gaînes tendineuses, ou fibro-cartilagineux, comme dans les endroits où les tendons glissent sur les os, et au niveau desquels le périoste est comme cartilagineux. Leur intérieur offre une cavité simple ordinairement, quelquefois composée, traversée par des cloisons, des espèces de prolongemens fibreux. On trouve dans quelques-unes des prolongemens frangés, dans celle située derrière le calcaneum, par exemple : on y rencontre aussi des pelotons celluleux ou graisseux, mais seulement dans celles en forme de vésicules; les vaginales n'en contiennent point. Ces prolongemens ont été assimilés à des conduits excréteurs. Rosenmuller décrit des follicules dans ces membranes; je n'en ai pas vu. Des villosités s'y rencontrent, qui versent la synovie.

§ 207. Les membranes synoviales des tendons sont blanchâtres, demi-transparentes, minces et molles, surtout les vaginiformes, qui sont garnies de gaînes ligamenteuses à l'extérieur. Les bourses vésiculaires sont plus épaisses, et offrent dans quelques points un aspect fibreux. La texture de ces membranes est la même que celle des autres du même genre : leur tissu ressemble beaucoup au cellulaire. Les fibres, les franges, les paquets adipeux, communs à tout le système séreux, se retrouvent également ici. Des vaisseaux séreux, qui deviennent visibles dans l'inflammation, quelques vaisseaux sanguins, apparens surtout dans les franges, entrent dans la composition de ces membranes, dont les vaisseaux lymphatiques et les nerfs sont entièrement inconnus. Le liquide qu'elles contiennent est visqueux, plus abondant que celui des bourses muqueuses sous-cutanées, jaunâtre, quelquefois rougeâtre : ce liquide est oléiforme, en partie coagulable, et contient de l'albumine et du mucus; il est plus visqueux dans les bourses muqueuses qui ont le plus d'étendue. M. Koch a trouvé quelque différence dans ce liquide examiné chez différens animaux, comme le bœuf, le cheval, le porc.

§ 208. Les propriétés des capsules tendineuses ne présentent rien de particulier. Leurs fonctions sont de sécréter et de renfermer un liquide mucilagineux, qui facilite le glissement en diminuant la perte de mouvement qui résulte du frottement.

On connaît peu le développement de ces membranes. Suivant les uns, elles sont en plus grand nombre chez les jeunes sujets, et se confondent en partie chez le vieillard, en s'agrandissant et en allant à la rencontre les unes des autres. M. Seiler prétend, au contraire, qu'elles diminuent d'étendue et disparaissent en partie dans la vieillesse.

§ 209. Elles présentent quelques altérations[1]. Leur hydropisie n'est pas très-rare; celles qui avoisinent la peau en sont surtout le siége, ce qui peut faire confondre la maladie avec l'hygroma. On donne le nom particulier de *ganglion* aux petites tumeurs circonscrites qui en résultent, et qui sont souvent aussi des kystes. On rencontre surtout de ces tumeurs dans le jarret, au poignet, sur le pied, etc.; elles contiennent un liquide séreux, albumineux, jaunâtre ou rougeâtre, assez semblable, pour la couleur et la consistance, à de la gelée ou à du sirop de groseilles. La résorption de ce liquide se fait très-lentement : on la favorise en écrasant les tumeurs qui le renferment, ce qui dissémine dans le tissu cellulaire le liquide qu'elles contiennent. On trouve quelquefois de ces tumeurs beaucoup plus grosses : des collections volumineuses de sérosité purulente que l'on a observées sous les muscles larges du dos, sous le deltoïde, etc., et que l'on a confondues avec les abcès ordinaires du tissu cellulaire, ont leur siége dans des membranes de ce genre ou analogues à elles.

L'inflammation des membranes qui nous occupent est fort grave; on l'observe dans une des variétés du panaris. Il en résulte des adhérences ou bien la formation d'un abcès qui s'ouvre à l'extérieur; et, dans un cas comme dans l'autre, les mouvemens sont perdus. Quand l'adhérence est filamenteuse, elle finit pourtant quelquefois par se détruire. L'inflammation chronique produit à peu près les mêmes résultats : elle peut aussi amener l'ulcération.

1 MONRO. *Op. cit.* --- KOCH. *De morbis bursarum tendinum mucosarum. Lips.* 1790.

Des corps solides, cartilagineux, ont été trouvés par Monro, et depuis lui par beaucoup d'observateurs, dans l'intérieur de ces membranes. On y rencontre souvent, et en très-grand nombre, des petits corps de la forme et du volume à peu près des pepins ou graines de poires et de pommes, que l'on a cru animés, et qu'on a proposé de nommer *acephalocystis plana*. On les a trouvés le plus souvent sous le ligament annulaire antérieur du carpe, et quelquefois dans d'autres membranes des tendons, comme celles du grand fessier, du long fléchisseur du pouce, etc. L'incision leur donne issue, mais il en résulte le plus souvent une vive inflammation très-grave, et, dans les cas les plus heureux, une adhérence intime qui, au poignet, par exemple, confond tous les tendons fléchisseurs en un seul paquet, et réduit les doigts à l'immobilité. En général, l'inflammation des membranes synoviales tendineuses mérite de fixer l'attention des pathologistes. Il en est de même, au reste, de la plupart de leurs altérations morbides, qui ont souvent été confondues, sous le nom de tumeurs blanches, avec les maladies des articulations, au voisinage desquelles elles sont situées.

ARTICLE III.

DES CAPSULES SYNOVIALES ARTICULAIRES.

§ 210. On désigne sous ce nom, *capsulæ synoviales*, les membranes séreuses des articulations diarthrodiales. La plupart appartiennent à des os, quelques-unes à des cartilages, comme cela a lieu pour le larynx. Ces membranes sont, comme les précédentes, humectées par un fluide à l'intérieur, et facilitent de même le glissement des parties qu'elles revêtent.

Elles ont été long-temps confondues avec les ligamens capsulaires des articulations. Nesbitt, Bonn, W. Hunter, avaient déjà observé qu'elles forment une membrane distincte des ligamens et des cartilages articulaires; Monro avait noté leur analogie avec les autres membranes synoviales et séreuses; Bichat a fixé davantage l'attention sur ces membranes, et en a donné une description générale plus complète. Monro et Mascagni en ont donné des figures.

§ 211. Le nombre de ces membranes est très-grand: il y en a à peu près autant que d'articulations. Ce nombre n'est pas parfaitement égal à celui de ces dernières, parce que, d'une part, certaines de ces membranes sont communes à plusieurs articulations, ainsi qu'on le voit au carpe, et que, d'autre part, il est des articulations qui en renferment plusieurs. Du reste on ne les trouve point ailleurs que dans les articulations.

§ 212. On observe les variétés suivantes dans la configuration de ces membranes : 1° il en est qui représentent des poches arrondies et simples comme les membranes vésiculaires des tendons : c'est ce qu'on voit aux articulations des phalanges entre elles et avec le métacarpe et le métatarse; il n'y a là aucune espèce de complication, et on n'obtient par l'insufflation qu'une petite ampoule ronde; 2° dans quelques articulations, la cavité de la membrane semble traversée par un ligament ou un tendon, autour duquel celle-ci se réfléchit en lui formant une gaîne continue à ses deux extrémités avec l'enveloppe commune que la synoviale fournit à l'articulation; cette synoviale est alors vaginiforme : on rencontre cette disposition dans les articulations coxofémorale, scapulo-humorale, etc.; 3° une complication plus grande s'observe dans d'autres articulations : dans celle du genou, par exemple, on trouve une enveloppe commune, des gaînes pour le tendon du muscle poplité et le ligament adipeux; et de plus des replis revêtent les ligamens semi-lunaires et croisés qui soulèvent la membrane et font saillie dans l'articulation. On pourrait donc établir à peu près cet ordre dans la complication des membranes synoviales : ampoule simple; ampoule soulevée par des flocons graisseux; cette dernière disposition jointe à la présence de gaînes; enfin, outre cette dernière, des replis formés par des parties qui s'enfoncent dans l'articulation et sont revêtues par la membrane. Toutes ces formes si variées se rapportent, en dernière analyse, à la forme vésiculaire.

§ 213. La surface externe des membranes synoviales a des connexions plus ou moins étroites avec les parties voisines. Aux deux extrémités de l'espèce de sac qu'elles représentent, toutes adhèrent intimement aux surfaces articulaires des os, ou plutôt aux cartilages qui revêtent ces surfaces. Leur connexion avec ces cartilages est tellement serrée, qu'on croirait que celui-ci est nu : cependant Nesbitt, Bonn, W. Hunter, avaient annoncé depuis long-temps l'existence d'un prolongement des membranes synoviales sur les surfaces articulaires des os. C'est particulièrement à Bichat que l'on doit d'avoir établi cette vérité d'une manière incontestable. Quelques auteurs pourtant, tels que Gordon et M. Magendie, élèvent encore des doutes sur ce point. Plusieurs faits démontrent la présence des synoviales articulaires sur les cartilages. Dans l'inflammation de ces membranes, leur rougeur, qui à la longue devient sensible, s'étend sur la circonférence du cartilage, et est de moins en moins marquée, à mesure qu'on s'avance vers son centre, la membrane s'identifiant de plus en plus avec le cartilage;

le centre lui-même finit par se pénétrer de vaisseaux, mais le cartilage n'est coloré qu'à sa surface, et conserve dans son épaisseur la couleur blanche qui lui est propre. Les brides qui se forment quelquefois dans les membranes synoviales naissent indifféremment de tous les points de leur étendue, et on observe, quand elles tiennent au cartilage, que leur base lui adhère moins intimement, et qu'en cet endroit la membrane devient apparente, comme elle l'est naturellement au pourtour des surfaces articulaires : de cette manière la synoviale est apparente sur le centre même du cartilage. La dégénération fongueuse, propre à la membrane synoviale, se voit également sur le cartilage. Enfin, l'inspection directe démontre la continuité de cette membrane. En enlevant obliquement une tranche d'un cartilage, que l'on renverse ensuite de manière à la rompre à sa base, elle tient encore par la synoviale, qui la recouvre ainsi que le reste du cartilage. Lorsqu'on scie un os, qu'on rompt ensuite le cartilage de son extrémité, la connexion est encore établie dans les deux moitiés par la synoviale, qui se porte de l'une à l'autre.

Dans le reste de leur étendue, c'est-à-dire au pourtour de l'articulation, les membranes synoviales tiennent aux ligamens articulaires d'une manière également très-serrée, comme on le voit à la capsule de l'articulation scapulo-humérale : l'adhérence est surtout intime au milieu, et devient de plus en plus lâche vers les extrémités. Dans l'intervalle des ligamens, ces membranes correspondent aux tissus cellulaire et graisseux : ces tissus forment là des pelotons très-marqués, ainsi que près de l'endroit où la synoviale abandonne les ligamens pour se réfléchir sur l'os.

La surface interne est lisse, polie, contiguë à elle-même, lubréfiée par la synovie, et garnie de villosités et de prolongemens frangés.

§ 214. Les membranes synoviales sont minces, molles, demi-transparentes, blanchâtres, extensibles à un certain degré, quoiqu'elles le soient moins que les séreuses splanchniques, et rétractiles, comme le montrent leur hydropisie et leur retour sur elles-mêmes après l'évacuation du liquide qui s'y est accumulé. Leur rupture dans les luxations dépend moins de leur défaut d'extensibilité, que de leurs connexions étroites et de la moindre étendue de leurs replis.

§ 215. Ces membranes sont garnies de pelotons graisseux, placés à leur extérieur ou dans leur épaisseur même, et improprement désignés sous le nom de *glandes synoviales d'Havers*. Ces pelotons, aperçus par Vésale et Étienne, décrits par Cowper et surtout par Cl. Havers [1], ont été regardés par tous les physiologistes, jusqu'à Monro, comme les organes sécréteurs de la synovie [2]. Leur volume varie suivant la quantité de graisse qu'ils contiennent : ils renferment toujours plus ou moins de ce fluide, et sont presque entièrement formés de tissu adipeux. Les franges existent, à l'intérieur de la membrane, à l'endroit où sont placés ces pelotons en dehors. Les points où l'on rencontre ces différens objets sont ceux où la membrane offre le plus de vaisseaux. Les franges contiennent dans leur épaisseur du tissu cellulaire, de la graisse et des vaisseaux sanguins; les autres parties des membranes synoviales ne reçoivent que des vaisseaux séreux. Les lymphatiques ne sont

1 *De ossibus*, *sermo* IV, *cap.* I.

2 *Voyez* Pitschel. *De axungiâ articulor. Lips.* 1740. --- Haase. *De unguine articulari, ejusque vitiis. Lips.* 1774.

apparens que dans quelques-unes de ces membranes; il est inutile de nous arrêter de nouveau à l'hypothèse de Mascagni, que cet auteur applique à toutes les membranes transparentes. On ne connaît pas les nerfs des capsules synoviales.

§ 216. Le liquide sécrété par ces membranes, ou la synovie, *synovia*, ainsi nommé par Paracelse à cause de sa ressemblance grossière avec le blanc d'œuf, est le résultat d'une sécrétion perspiratoire, quoiqu'on ait admis beaucoup d'autres idées sur le mécanisme de sa formation. Ce fluide n'est point, comme on l'a cru pendant long-temps, le produit du mélange de la sérosité avec la graisse; la moelle des os ne transsude pas pour le former, comme nous l'avons vu; la synovie même ne contient pas d'huile dans l'état naturel. Les prétendues glandes de Havers ne peuvent, d'après ce que nous avons dit, remplir l'usage que cet auteur leur attribuait, et les franges qui les surmontent ne sont pas, comme il le croyait, des conduits excréteurs. On n'observe, en effet, rien de glanduleux dans les paquets synoviaux, point de granulations, de conduits excréteurs; cependant on a récemment encore cru trouver cette structure glandulaire [1]. La graisse même qu'ils renferment n'est pas essentielle à leur structure, et d'ailleurs, comme il n'y a pas d'huile dans la synovie, ce n'est pas la transsudation du premier de ces fluides, quand il existe, qui donne naissance au second. Rosenmuller prétend qu'il y a des follicules sécrétoires dans ces pelotons adipeux : je n'ai point vu ces follicules, et je ne sache pas que personne ait constaté de nouveau leur

1 *Voyez* Heyligers. *Dissertatio physiol. anat. de fabricâ articul.* 1803.

existence. La sécrétion de la synovie n'est donc ni glandulaire, ni folliculaire, ni un simple résultat de la transsudation, mais véritablement perspiratoire : toute l'étendue des membranes synoviales en est le siége, mais surtout la portion de ces membranes que surmontent les franges, en raison du plus grand nombre de vaisseaux qu'elle contient. La synovie est en partie reprise par absorption, et sa quantité, toujours à peu près la même, suppose un équilibre entre celle-ci et la sécrétion.

Connu des Grecs, qui lui donnaient le nom de μυξω των αρθρων, désigné pendant long-temps sous celui d'*axungia*, d'*unguen*, ce liquide est filant, visqueux, doué d'une saveur salée, d'une pesanteur spécifique exprimée par 105, celle de l'eau représentant 100. Sa composition chimique a été examinée, tant chez les animaux que chez l'homme, mais plus particulièrement dans le bœuf, par Margueron, Fourcroy, J. Davy, Hildebrandt, M. Orfila et plusieurs autres. On y trouve de l'eau, de l'albumine, du mucus ou de la matière incoagulable, regardée par quelques-uns comme de la gélatine mucilagineuse, de la matière filandreuse, que les uns pensent être de la fibrine, les autres de l'albumine dans un état particulier, de la soude, du muriate de soude, du phosphate de chaux et une matière animale que l'on dit être de l'acide urique. Les usages de la synovie sont de diminuer les frottemens, et de faciliter par-là le glissement des parties.

§ 217. Les capsules synoviales des articulations présentent quelques altérations pathologiques[1]. Elles se

[1] *Voyez* Reimarus, *de tumore ligament.*, *etc. Leyd.* 1557. --- Wynpersse, *de ancylosi. Leyd.* 1783. --- *Ejusd. de ancyl. pathol. Leyd.* 1783. --- Brodie, Traité des maladies des articulations. Paris, 1819.

réparent quand elles sont divisées; mais leur mode de réunion est peu connu : il n'y a point de faits précis dans l'histoire des plaies des articulations et des luxations, relativement à ce mode. Il se fait quelquefois de nouvelles membranes synoviales, comme on l'observe dans les fausses articulations, après les luxations non réduites; dans ce cas, que le docteur Thomson a décrit, et que j'ai moi-même observé, les débris de l'ancienne capsule et le tissu cellulaire réunis forment une nouvelle membrane, assez semblable à la première. A la suite des fractures non consolidées, dans les articulations surnuméraires qui leur succèdent, il existe de même une membrane fermée, lisse à l'intérieur, contenant un liquide visqueux plus ou moins analogue à la synovie.

L'hydropisie des articulations constitue l'hydrarthrose : la synovie est ordinairement altérée de diverses manières dans cette affection.

§ 218. L'inflammation produit dans ces membranes les mêmes altérations de tissu et de fonctions que dans les séreuses en général. Elles s'épaississent un peu, rougissent dans une plus ou moins grande étendue, se recouvrent de grains albumineux, et contractent quelquefois des adhérences à la suite de cette inflammation. Celle-ci peut se terminer par résolution, et laisse alors une roideur tenant à l'épaississement de toutes les parties environnantes : la membrane elle-même reste aussi, en général, plus épaisse. Des épanchemens, soit de synovie pure, soit de sérosité lactescente ou contenant des flocons albumineux, ou même du véritable pus, peuvent résulter de cette inflammation. Les adhérences qui surviennent à sa suite constituent une des espèces d'ankiloses. Il est, comme on le sait, plusieurs variétés de cette maladie : toutes dépendent de l'altération de la synoviale, et quelquefois des parties extérieures, à cette membrane. Ainsi dans l'ankylose fausse, il paraît y avoir épaississement, induration de toutes les parties molles qui entourent les articulations. Une autre espèce, à laquelle on pourrait appliquer l'épithète de *fausse* si elle devait être conservée, est caractérisée par des adhérences de la membrane synoviale. L'articulation devient alors une amphiartrose, des brides ou lames synoviales unissent les surfaces diarthrodiales : ces brides sont quelquefois si nombreuses qu'elles représentent une sorte de cellulosité ; suivant leur nombre, leur longueur, leur extensibilité, les mouvemens sont plus ou moins bornés ; l'épaississement et l'endurcissement des parties molles se joignent à cette altération, à la suite de laquelle les parties ne reprennent jamais complétement leurs mouvemens. Dans la vraie ankylose, non-seulement il s'établit des adhérences entre les surfaces articulaires, mais encore ces surfaces se soudent, se confondent; la continuité est parfaite entre les os dont les lames compactes ainsi que les lames cartilagineuses qui les séparaient finissent d'elles-mêmes par disparaître, de sorte que leur tissu spongieux se confond : c'est par la membrane synoviale que commence ce changement, que nous devions à cause de cela indiquer ici. L'ulcération est une terminaison plus rare de l'inflammation des membranes synoviales.

§ 219. Dans les tumeurs blanches, parmi lesquelles on range des altérations très-diverses, comme l'inflammation, l'hydropisie, les maladies des cartilages, etc., on trouve quelquefois une altération propre aux membranes synoviales : c'est un état dans lequel ces membranes sont converties en une substance fongueuse d'où s'élèvent des végétations jusqu'au-dessous de la peau, et faisant même saillie à l'extérieur. Reimarus, Brambilla, M. Brodie, ont décrit ces fongus cancéreux.

§ 220. Il se forme des corps étrangers dans les articulations : celle du genou en est le siége le plus fréquent. Le volume de ces corps varie, ainsi que leur nombre et leur consistance, comme nous l'avons déjà dit en traitant du système séreux en général; ils se forment en dehors de la membrane synoviale, et paraissent le résultat d'une altération particulière de la nutrition; ils s'enfoncent petit à petit du côté de l'intérieur de la membrane, et finissent par se détacher entièrement suivant le mécanisme indiqué plus haut. Leur présence, accompagnée de douleurs vives quand ils se placent entre les surfaces articulaires, ne produit presque point de gêne lorsqu'ils se trouvent logés dans des endroits mobiles et où l'articulation est lâche. Des enfoncemens plus ou moins profonds sont quelquefois creusés à la longue par la pression qu'ils exercent sur les cartilages, et comme ces enfoncemens répondent par leur forme à celle des corps qui y sont logés, cela a fait dire que c'était des morceaux de cartilage séparés par une violence extérieure; mais il suffit de considérer que ces enfoncemens n'existent pas dans le plus grand nombre des cas où l'on trouve des corps étrangers, qu'ils ne ressemblent nullement, pour l'aspect, aux surfaces d'une fracture, et que les corps sont bien plus épais que le cartilage articulaire, pour ne point admettre cette opinion.

ARTICLE IV.

DES MEMBRANES SÉREUSES SPLANCHNIQUES.

§ 221. Les membranes séreuses proprement dites, que l'on a aussi appelées membranes diaphanes, sont celles qui tapissent les cavités splanchniques et qui fournissent des tuniques plus ou moins complètes aux viscères situés dans ces cavités.

§ 222. Ces membranes ont été pendant long-temps, comme toutes les autres membranes séreuses, considérées et confondues, soit dans l'état sain, soit dans l'état malade, avec les organes qu'elles enveloppent et les parties qu'elles revêtent. Cependant, sous le premier rapport, on avait successivement décrit d'une manière exacte chacune de ces membranes, indépendamment des parties qu'elles recouvrent; quelques anatomistes, comme Monro, avaient même déjà indiqué l'analogie qui existe entre elles. Sous le rapport pathologique, Sauvages et M. Pinel avaient déjà établi un ordre d'inflammation pour celles des membranes diaphanes, mais en y comprenant l'inflammation de l'estomac, de l'intestin, de la vessie et de l'épiploon, comme autant de genres. Diverses observations d'anatomie pathologique, et notamment celles de J. G. Walter sur la péritonite, avaient montré que cette membrane pouvait, comme les autres membranes séreuses, être affectée dans toute son étendue, et indépendamment des parties sous-jacentes; enfin, le docteur Carmichael Smith avait noté avec exactitude l'inflammation identique de toutes les membranes diaphanes, lorsque Bichat donna sa description complète et exacte des membranes séreuses, et particulièrement de l'arachnoïde. On a donné depuis des descriptions de quelques-unes de ces membranes [1], mais l'on a peu ajouté à ce que notre célèbre anatomiste en a dit; on a ajouté davantage à leur histoire pathologique.

§ 223. Les membranes séreuses dont il s'agit ici sont situées dans les cavités du tronc, qu'elles tapissent; elles y revêtent les organes les plus importans, les plus essentiels à la vie. Ces membranes sont distinctes et séparées les unes des autres; leur nombre est peu considérable : ce sont 1° le péritoine dans l'abdomen, où il revêt plus ou moins complétement la plupart des organes de la digestion, qui sont contenus dans cette cavité, et beaucoup moins les organes génitaux et urinaires; 2°, 3° les deux plèvres, et 4° le péricarde, dans la poitrine, où chacune de ces membranes est bornée à un seul organe et aux parois de sa cavité; 5° l'arachnoïde, dans le crâne et dans le canal rachidien; 6° et 7° enfin, dans l'homme seulement, les péridymes ou tuniques vaginales des testicules.

L'étendue de ces membranes, prises ensemble, est très-considérable, et dépasse de beaucoup celle de la peau. Le péritoine est la plus grande de ces membranes : son étendue égale au moins celle de toutes les autres réunies.

§ 224. La description générale des membranes séreuses a déjà en grande partie fait connaître l'espèce dont il s'agit ici, et qu'on peut regarder comme le type

[1] *Voyez* Langenbeck, *Commentarium de structurâ peritonæi, etc., cum tabulis.* Gotting, 1817. — L. Rolando, *Osservazioni sul peritoneo et sulla pleura, in mem. della real Accad. delle scienze.* Tom. XXIV, Turin, 1820,

du genre. Leur forme est la même que celle de toutes les membranes séreuses : celle d'une vessie sans ouverture à parois contiguës. Elles revêtent d'une part la surface interne des parois de la cavité où elles sont contenues, et de l'autre elles fournissent des tuniques ou enveloppes extérieures aux organes. Les plèvres, le péricarde, les péridídymes ont une conformation assez simple, leurs parties viscérale et pariétale se continuent autour du point où l'organe qu'elles revêtent tient par des prolongemens vasculaires aux parois de la cavité qui le renferme. Quant à l'arachnoïde et au péritoine, leur disposition est un peu plus compliquée, sans cesser d'être essentiellement la même. Pour la première, la complication tient au grand nombre de vaisseaux et nerfs qui aboutissent au cerveau et qui en partent. Or, sur chacune de ces parties, l'arachnoïde forme une gaîne qui se continue à l'une de ses extrémités avec le feuillet viscéral de la membrane, et à l'autre avec son feuillet pariétal, disposition déjà indiquée et figurée par Bonn, sur laquelle Bichat a plus particulièrement fixé l'attention, et d'où résulte, d'une part, que la cavité membraneuse n'est point ouverte, et que les deux parties de la membrane sont continues l'une à l'autre. Quant au péritoine, sa complication dépend du grand nombre de parties auxquelles il fournit des tuniques, et de la disposition diverse de ces parties, dont les unes sont très-près de la paroi postérieure de l'abdomen, d'où elles reçoivent leurs vaisseaux, et sont simplement couvertes par le péritoine; dont les autres sont éloignées, quelquefois très-éloignées de cette paroi, et sont suspendues à des freins membraneux qui contiennent les vaisseaux dans leur épaisseur. Sa complication dépend aussi des prolongemens vasculaires saillans au-delà des viscères, et auxquels la membrane séreuse fournit des enveloppes flottantes ou épiploïques. Cette membrane offre encore cette particularité, qu'elle est la seule de toutes les membranes séreuses qui présente une ouverture au pavillon de la trompe utérine. De plus grands détails sur la conformation des membranes séreuses splanchniques appartiennent à l'anatomie spéciale de ces membranes, et surtout à celle du péritoine et de l'arachnoïde.

§ 225. Des deux surfaces de ces membranes, l'une est toujours libre dans l'état sain, et l'autre est généralement adhérente. La surface libre est luisante, humide, et paraît polie; cependant elle est garnie de villosités fines qui deviennent visibles quand on la regarde sous l'eau, et que l'irritation inflammatoire rend très-apparentes. C'est aux membranes séreuses qui les enveloppent et qui les tapissent, que les organes et les parois des cavités splanchniques doivent leur aspect luisant; là où ils en sont dépourvus, ils n'ont point la même apparence. Cette surface libre, partout contiguë à elle-même, ainsi que la sérosité qui l'humecte, établissent une distinction, un véritable isolement entre des parties extrêmement rapprochées; elles facilitent surtout singulièrement les mouvemens de ces parties.

§ 226. L'autre surface des membranes séreuses est presque partout adhérente, soit aux viscères, soit aux parois des cavités; il n'y a guère que quelques points du feuillet viscéral de l'arachnoïde qui soient libres par les deux faces, partout ailleurs la surface extérieure des membranes séreuses est adhérente. Cette adhérence a lieu d'une part avec les parois des cavités, et de l'autre part avec la surface des viscères. Le degré ou la solidité de cette adhérence varie beaucoup. En général, là où les membranes séreuses tiennent à un tissu ligamenteux, comme à la dure-mère, au péricarde, aux aponévroses de la paroi abdominale, à l'albuginée du testicule, etc., cette adhérence est intime; elle est encore assez grande sur des parties musculaires et autres, comme sur le cœur, les poumons, l'estomac, l'intestin, etc.; elle l'est beaucoup moins en quelques endroits, comme là où la membrane passe d'un organe aux parois de la cavité, ou réciproquement; là où elle forme des freins et des prolongemens flottans qui contiennent des vaisseaux; dans les endroits où le tissu cellulaire sous-séreux contient de la graisse, et en général partout où il est lâche.

§ 227. Ces différences sont d'une assez grande importance pour s'y arrêter encore : il en résulte, par exemple, que quand l'utérus, la vessie, l'estomac, l'intestin augmentent de volume, les freins et les replis péritonéaux ambians s'écartent, se développent et s'appliquent aux organes; et que, quand ceux-ci reviennent sur eux-mêmes, la membrane leur redevient étrangère : cela est dû à la laxité du tissu cellulaire sous-séreux vers le bord adhérent de ces replis. Quand une hernie se fait dans l'aine et s'accroît, c'est, pour la plus grande partie, par le déplacement, le glissement de la membrane séreuse, favorisés par la laxité des adhérences, que le sac s'agrandit; quand, au contraire, une hernie ombilicale augmente de volume, c'est par distension et par amincissement que le sac s'agrandit, l'adhérence du péritoine étant intime autour de l'ombilic. Bichat a peut-être un peu exagéré l'influence que la laxité des adhérences des membranes séreuses peut avoir sur l'isolement de leurs maladies, et de celles des parties sous-jacentes.

§ 228. Les propriétés physiques de ces membranes sont celles que nous avons exposées en parlant du système séreux en général : elles sont minces, mais la ténuité n'est pas la même dans toutes, dans tous les endroits de la même membrane, ni dans tous les individus. Molles, demi-transparentes, etc., leur extensibilité est très-marquée, plus que celle des membranes synoviales; leur résistance assez grande et de beaucoup supérieure à celle du tissu cellulaire; elles sont un peu élastiques. Lorsqu'on distend ces membranes au-delà d'un certain degré, elles s'éraillent; les éraillemens occupent la surface libre; le reste de l'épaisseur de la membrane résiste plus à la déchirure, ou cède davantage à la distension.

§ 229. Elles consistent toutes en un feuillet unique, d'autant plus dense et serré, qu'on l'examine du côté de la surface libre, et dont la texture est plus lâche du côté opposé, où elle devient floconneuse et se confond avec le tissu cellulaire commun. Jusqu'à l'époque où Douglas a donné une description exacte du péritoine, on considérait cette membrane et celles de la même espèce, comme bifoliées, et contenant les viscères dans l'écartement de leurs deux feuillets : c'était une opinion erronée qu'il a réfutée, et que Vacca et d'autres ont en vain essayé de reproduire. Le prétendu feuillet externe n'est autre chose que le tissu cellulaire sous-séreux si bien décrit par Douglas. Elles consistent essentiellement en une couche de tissu cellulaire extrêmement rapproché et condensé, et de plus en plus distinct du tissu cellulaire, depuis la surface adhérente, où elle se continue insensiblement avec lui, jusqu'à la surface libre, où elle en diffère beaucoup; on n'y distingue pas aussi manifestement des fibres ou des petits faisceaux entrelacés que dans les membranes synoviales. Les appendices flottans de ces membranes contiennent aussi du tissu cellulaire libre, et souvent du tissu graisseux; elles sont beaucoup plus vasculaires que les autres membranes séreuses ou synoviales. Elles contiennent une immense quantité de vaisseaux blancs ou séreux, qui deviennent apparens par l'injection, la congestion, l'inflammation, et quelques vaisseaux rouges très-fins qui appartiennent à leur surface externe, et surtout au tissu cellulaire sous-séreux, comme on peut s'en assurer en détachant la membrane, que l'on trouve blanche dans les endroits où l'on y aurait supposé un grand nombre de vaisseaux rouges que l'on apercevait seulement au travers d'elle. Les vaisseaux rouges sont surtout abondans dans les replis flottans ou épiploïques. Des nerfs ont été suivis jusqu'auprès de ces membranes, mais non dans leur épaisseur même.

§ 230. Ces membranes desséchées deviennent transparentes, prennent une légère couleur jaunâtre, et deviennent en même temps élastiques et assez fermes : elles reprennent leurs premières propriétés par l'immersion dans l'eau. La macération les rend d'abord molles, opaques, épaisses, puis pulpeuses, et finit, mais après un temps très-long, par les dissoudre. Dans les cadavres qui commencent à s'altérer, ces membranes, d'une part, laissent transsuder, et de l'autre, s'imprègnent des liquides; de là leurs diverses colorations. Le feu nu et l'eau bouillante les racornissent. L'ébullition prolongée les convertit en gélatine et en un peu d'albumine. Ces divers caractères les rapprochent du tissu cellulaire et du tissu ligamentaire.

§ 231. La force de formation y est moins développée que dans le tissu cellulaire libre. L'irritation n'y détermine point de mouvemens sensibles, mais elle en altère la sécrétion et la texture; elle les enflamme. Elle ne sont sensibles que dans cet état, où elles deviennent ordinairement le siége d'une vive douleur.

§ 232. Dans l'état de vie et de santé, elles sont humectées à leur surface contiguë par de la sérosité qu'elles déposent et résorbent continuellement. On avait attribué cette sécrétion à l'action de certaines glandes qu'on supposait logées dans leur tissu. Ruysch a prouvé que ces prétendues glandes n'existent pas. Hunter avait cru que cette sécrétion se faisait par une véritable transsudation, analogue à la transsudation cadavérique, à travers les aréoles, les interstices, ou les porosités anorganiques du tissu des vaisseaux : quoique la véritable voie et le vrai mode organique suivant lesquels se font les sécrétions perspiratoires et autres, ne soient pas bien connus, du moins on peut affirmer qu'elles diffèrent de la transsudation, laquelle n'a lieu que dans le cadavre. La sérosité, dans l'état de santé, est en quantité si petite, qu'elle est à peine apercevable, et qu'à peine peut-on la recueillir. Hewson a recueilli, sur des animaux tués à l'instant, le liquide, en petite quantité, qui humecte les membranes séreuses, et il a vu, par le repos et l'exposition à l'air, ce liquide se coaguler comme la lymphe coagulable du sang. Il n'a pu recueillir de même la sérosité du tissu cellulaire. Bostock a trouvé, dans la sérosité saine des cavités splanchniques, de l'eau, de l'albumine en moindre proportion que dans le sérum, de la matière incoagulable et des sels. Schwilgué y a trouvé de l'albumine, une matière extractive et une matière grasse. D'après l'examen que j'ai fait de la sérosité des cavités splanchniques, il me semble que la matière incoagulable est du mucus gélatiniforme semblable à celui qu'on trouve dans l'albumine coagulée du sérum du sang. La coagulabilité de la sérosité saine, déjà observée avant Hewson par Lower, Lancisi et Kaau, a été, au contraire, niée par Sarcone, Cotunnio et Géromini [1]; je crois cette coagulabilité constante dans l'état sain.

§ 233. De toutes les membranes séreuses, celles dont il s'agit maintenant, sont celles dont les fonctions et les actions morbides sont le plus intimement liées avec les autres phénomènes organiques, cela d'ailleurs présente encore des variétés; ainsi la membrane du testicule et celle de l'abdomen diffèrent beaucoup sous ce rapport.

§ 234. C'est à elles aussi que se rapporte, pour la plus grande partie, ce qui a été dit sur les altérations morbides de tout le système séreux. Elles sont sujettes de plus que les autres à quelques vices de conformation primitifs; comme les ouvertures contre nature, qu'on observe dans quelques cas de monstruosité et dont elles peuvent toutes offrir des exemples, ainsi que les prolongemens ou appendices qui enveloppent les hernies congéniales et autres déplacemens.

§ 235. Les hernies accidentelles sont aussi accompagnées d'une altération de forme des membranes séreuses splanchniques, c'est l'existence à peu près constante d'un sac herniaire qui enveloppe les parties déplacées : ce sac est formé par la membrane séreuse qui revêt les parois, et que les viscères, en se déplaçant, poussent devant eux.

§ 236. L'hydropisie, l'inflammation et ses effets, les fausses membranes, les adhérences, les productions accidentelles, soit analogues, soit morbides, sont plus communes dans les membranes séreuses splanchniques que dans les autres espèces, et plus communes encore dans quelques-unes d'entre elles que dans les autres.

[1] *Saggo sulla genesi, e cura dell' idrope. Cremona,* 1816.

§ 237. Quoique les membranes séreuses splanchniques forment un groupe assez naturel, cependant elles présentent des différences qui appartiennent à l'anatomie spéciale; et en outre, l'arachnoïde diffère encore beaucoup des autres. Elle a bien la même conformation que les autres membranes séreuses, mais sa consistance est très-molle, sa ténuité extrême, sa texture impossible à déterminer; elle semble homogène; on n'y rencontre point de vaisseaux, même dans l'état de maladie. La plupart des phénomènes morbides qu'on lui attribue se passent dans le tissu sous-jacent de la pie-mère; elle semble enfin former un genre à part.

CHAPITRE III.

DES MEMBRANES TÉGUMENTAIRES.

§ 238. Ces membranes sont celles qui, tant à l'intérieur qu'à l'extérieur, revêtent les parties naturellement exposées au contact des substances étrangères. On les appelle encore villeuses composées, ou folliculeuses, à cause des parties nombreuses qui entrent dans leur texture, et en particulier des follicules qu'elles contiennent. Elles constituent, après le tissu cellulaire, dont elles sont une modification plus ou moins composée, le tissu ou l'organe le plus généralement répandu dans le règne animal; elles sont les premières parties distinctes et figurées de l'embryon; c'est sur elles et par elles que tout le reste du corps se forme; en santé et pendant toute la vie, elles sont les organes des fonctions les plus essentielles : c'est en elles et par elles que se font toute absorption et toute sécrétion extrinsèques; c'est sur elles que toutes les substances étrangères font impression; elles sont souvent altérées dans les maladies; c'est sur elles enfin que la plupart des agens thérapeutiques sont appliqués : leur étude est donc d'une grande importance pour le médecin.

§ 239. Galien[1] avait déjà fait remarquer qu'outre la peau extérieure qui est le tégument commun de toutes les parties, il y a une peau membraniforme et mince qui

[1] De la Méthode thérapeutique, L. XIV, chap. 2.

revêt les parties internes; plusieurs anatomistes [1] avaient déjà indiqué la continuation de la peau dans quelques-unes des cavités naturelles, et [2] l'analogie du mucus avec l'épiderme; Bonn [3] avait déjà décrit avec détail la continuation de la peau avec la membrane interne dans toutes les ouvertures et les cavités; les zootomistes et les naturalistes l'avaient aussi fait observer, ainsi que l'analogie qui existe entre ces deux parties d'une même membrane dans l'intervalle desquelles tout le reste du corps est placé. Bichat a particulièrement insisté sur cette continuité. M. J.-B. Wilbrand [4] a fait récemment une exposition détaillée du système cutané ou tégumentaire dans toutes ses divisions. M. Hébréard [5] a décrit la transformation de la peau en membrane muqueuse, et réciproquement.

§ 240. Les membranes tégumentaires ont dans toute leur étendue des caractères communs qu'il faut d'abord exposer; mais d'après des différences dans leur situation, leur texture et leurs fonctions, elles sont distinguées en deux parties qu'il faudra décrire ensuite chacune à part : ce sont la membrane muqueuse et la peau.

[1] Casserius, *Pentaestheseion, hoc est, de quinque sensibus liber.*

[2] Glisson, *De Gulâ, ventriculo et intestinis.*

[3] *De continuationibus membranarum.*

[4] *Das hautsystem in allen seinen verzweigungen, anatomisch, physiol. und pathol. dargestellt.* Giessen, 1813.

[5] Mémoire sur l'analogie qui existe entre les systèmes muqueux et dermoïde; Mémoires de la Soc. méd. d'émulation, vol VIII, pag. 153.

PREMIÈRE SECTION.

DES MEMBRANES TÉGUMENTAIRES EN GÉNÉRAL.

§ 241. Les tégumens, quelles que soient leur étendue et leur multiplicité apparente, forment une seule et même membrane, partout continue à elle-même, depuis la peau extérieure jusqu'au fond des dernières ramifications du conduit excréteur de la glande la plus profondément située : cette membrane a par conséquent une largeur immense. Sa situation est partout extérieure ou superficielle, en ce sens qu'elle est partout située aux surfaces du corps dont elle forme la limite, et qu'elle est partout en contact avec des substances étrangères à l'organisation; mais une partie seulement est apparente au dehors et enveloppe tout le corps, tandis que l'autre partie cachée revêt à l'intérieur le canal alimentaire qui parcourt le tronc dans sa longueur, depuis la bouche jusqu'à l'anus. On peut dès-lors concevoir la figure de la membrane tégumentaire comme celle d'une enveloppe et d'un canal qui la traverse, continus l'un à l'autre aux deux extrémités ; ou mieux, comme celle de deux canaux, l'un plus large et l'autre plus étroit, emboîtés l'un dans l'autre et continus aux deux bouts, et dans l'intervalle desquels tout le reste du corps est logé. Si l'on voulait employer une comparaison triviale, celle qui conviendrait le mieux pour représenter cette disposition serait celle d'un manchon ayant en effet deux surfaces séparées par une couche plus ou moins épaisse de substance intermédiaire.

§ 242. Outre la peau et la membrane muqueuse du

canal alimentaire continues l'une à l'autre aux deux orifices de ce canal, partout continues à elles-mêmes, et qui constituent les deux parties principales de la membrane tégumentaire, cette membrane a un grand nombre de dépendances ou de prolongemens plus ou moins étendus et ramifiés dans l'épaisseur du corps : tels sont, 1° les membranes génitale et urinaire, qui se prolongent dans toutes les cavités des organes de la génération et de la dépuration urinaire; 2° la membrane pulmonaire, qui tapisse toutes les divisions des bronches; 3° les membranes qui tapissent les conduits excréteurs des glandes, soit qu'ils aboutissent à la membrane muqueuse, ou que, comme ceux de la mamelle, ils aboutissent à la peau; 4° celles des cavités nasales, de leurs sinus et des arrière-fosses nasales, des conduits auditifs, du tympan, du sinus mastoïdien et de la surface de l'œil.

Parmi ces prolongemens, tous muqueux, excepté celui du conduit auditif externe, qui est cutané, la plupart aboutissent à la membrane muqueuse et en sont des appendices ou des prolongemens; la peau extérieure au contraire est beaucoup moins compliquée par des appendices de ce genre.

§ 243. La membrane tégumentaire présente dans sa vaste étendue des différences ou variétés d'apparence, de texture et de fonction, qui pourraient faire douter de son unité et de sa continuité.

La peau et la membrane muqueuse, comparées l'une à l'autre, semblent très-différentes au premier coup d'œil; mais dans la série animale la différence s'efface par degrés dans les animaux les plus simples; elle est encore assez peu marquée en général dans les animaux plus élevés qui habitent l'eau. Dans le fœtus humain, la différence, quoique réelle, est d'abord peu tranchée.

Dans l'adulte même on voit la peau se transformer aisément en membrane muqueuse, et celle-ci en peau. Quand, par exemple, une partie de la surface du corps est long-temps soustraite à l'action de l'atmosphère, comme on l'a vu dans des cas de contractures où la jambe était fortement fléchie et appuyée sur la cuisse, et comme on le voit souvent dans les plis de la peau chez les enfans très-gras, l'épiderme se ramollit et disparaît, la peau finit par sécréter du mucus. D'un autre côté, dans les prolapsus de l'utérus on voit la membrane muqueuse du vagin, et dans les prolapsus de l'anus naturel ou accidentel, celle de l'intestin, s'épaissir, se sécher et prendre les apparences de la peau. Dans l'état de santé, enfin, on voit, dans beaucoup de parties, la peau ne se changer que graduellement et d'une manière insensible en membrane muqueuse : c'est ce qui a lieu aux lèvres de la vulve, au prépuce, à l'anus, au mamelon et aux narines; ce n'est guère qu'aux paupières et aux lèvres que la ligne de démarcation paraît un peu tranchée. Il n'y a donc point d'interruption réelle, il y a donc au contraire une identité et une continuité véritables entre les deux parties principales de la membrane tégumentaire.

§ 244. Les diverses parties de ces deux portions principales du tégument présentent aussi des variétés assez grandes. Celles que l'on observe entre la peau du dos et celle des paupières, entre celles du crâne, et de la pulpe des doigts, par exemple, sont assez grandes; mais elles ne sont ni absolues ni tranchées : il en est à peu près de même dans la membrane muqueuse, et les interruptions que l'on a cru y trouver ne sont qu'apparentes, comme on le verra plus loin. (Sect. II.) Les différences que l'on observe entre les diverses parties de la membrane muqueuse, quoique plus marquées que celles que l'on trouve à la peau, ne sont pourtant pas plus réelles. En général le changement d'apparence et de texture est graduel, comme on le voit dans les conduits excréteurs où la membrane va en s'amincissant progressivement, et en se dégradant, pour ainsi dire, mais d'une manière insensible. Si l'on comparait la membrane des sinus frontaux et celle de l'estomac, on trouverait certainement de très-grandes différences entre elles, comme entre celles de la langue et de l'utérus; mais ces différences sont en quelque sorte liées par des gradations intermédiaires. On trouve seulement quelques différences assez brusquement tranchées dans des parties très-rapprochées, mais dont les fonctions sont très-différentes, comme entre l'œsophage et l'estomac, entre le vagin et l'utérus : mais encore là, comme partout ailleurs, ce ne sont que des variétés qui se réduisent très-facilement en un type unique de texture organique.

§ 245. Les tégumens ont une surface libre et une surface adhérente. La première est tournée en dehors pour la peau, et en dedans pour la membrane muqueuse; c'est l'inverse pour la seconde. La surface adhérente répond à la masse du corps et généralement au tissu cellulaire. Ce tissu (§ 139) forme là une couche plus ou moins dense, plus ou moins épaisse; dans d'autres endroits c'est du tissu ligamenteux ou du tissu fibreux élastique qui double les tégumens; dans une assez grande partie de leur étendue ils sont garnis ou doublés de fibres musculaires.

§ 246. La membrane tégumentaire, outre les grands appendices et les canaux excréteurs des glandes dont il a été question (§ 242), est pourvue d'une multitude innombrable d'autres enfoncemens plus simples et beaucoup plus petits, qu'on a nommés follicules, locules, lacunes, cryptes, glandes simples, etc. Ces follicules [1], observés et décrits d'abord dans quelques points des tégumens par divers anatomistes, et ensuite dans leur ensemble par Malpighi, Boerhaave, Kaau et beaucoup d'autres, existent en effet dans toutes ou presque toutes les parties de ces membranes. Les follicules sont ronds ou obronds, graniformes, d'un volume variable et en général très-petit; ils sont situés en partie dans l'épaisseur de la membrane, et font sous sa face adhérente une saillie plus ou moins grande. Ils ont en général la forme d'une petite ampoule dont le goulot ou émissaire plus ou moins allongé s'ouvre à la surface libre de la membrane. Ils sont formés par cette membrane repliée sur elle-même, et constituant un enfoncement ou un petit cul-de-sac. C'est à leur présence que sont dues les porosités qu'on aperçoit à la surface de la peau, au nez surtout, et que sont dues aussi les granulations qui garnissent et soulèvent, dans beaucoup d'endroits, la membrane muqueuse; la cavité de ces follicules est extrêmement petite relativement à l'épaisseur de leurs parois. Ils sont formés par toute la membrane, soit qu'elle conserve son épaisseur, ou que celle-ci soit augmentée ou diminuée. Ils sont entourés par un très-grand nombre de ramuscules vasculaires. La plupart de ces petites ampoules sont simples, discrètes et plus ou moins éloignées les

[1] *Voyez* M. Malpighi, *Epistola de structurâ glandularum, etc.*, *in op. posth.* — *Opusculum anatomicum, de fabricâ glandularum, continens binas epistolas.* — H. Boerhaave et F. Ruyschii, etc., *in op. omn. Ruyschii.* — A. Kaau, *Perspiratio dicta Hippocrati, etc.*, cap. XI, XII et XIII.

unes des autres; mais dans certaines parties de la peau, et surtout des membranes muqueuses, on trouve des follicules diversement rassemblés et composés. Outre les follicules dont il vient d'être question, les membranes tégumentaires, et surtout l'interne, présentent beaucoup d'enfoncemens dont l'orifice est aussi large que le fond, et qu'on appelle alvéolaires, et l'une et l'autre présentent aussi un grand nombre de petits enfoncemens évasés ou infundibuliformes. Les follicules diffèrent en outre les uns des autres par la nature du liquide qu'ils sécrètent et qu'ils contiennent : ceux de la peau sont appelés follicules sébacés, et ceux du tégument interne follicules muqueux, à cause du liquide qu'ils fournissent; ceux des membranes muqueuses au voisinage de la peau sont à peu près mixtes.

§ 247. Les tégumens ont une texture foliée ; ils sont, dans une grande partie de leur étendue, évidemment formés de deux couches, le derme et l'épiderme ; dans beaucoup d'endroits on distingue encore une couche assez composée entre ces deux principales ; et, dans un grand nombre de parties, il y a en outre des appendices ou productions saillantes à la surface libre de la membrane.

§ 248. Le derme, quelles que soient les différences qu'il présente dans les deux tégumens et dans leurs divisions, en est toujours la partie la plus profonde, la plus épaisse, celle qui en fait la base, et à la surface de laquelle sont placées les autres. Il est formé d'une couche de tissu cellulaire fibreux, plus ou moins serré, comme feutré, laissant des interstices par où passent diverses autres parties.

§ 249. Des vaisseaux sanguins et lymphatiques, et des nerfs, plus ou moins nombreux, se distribuent et se ramifient dans l'épaisseur du derme, et surtout à sa face superficielle, où ils forment des inégalités qu'on appelle papilles, villosités, bourgeons vasculaires, et qui seront plus exactement définis ou décrits à l'article de chacun des deux tégumens.

§ 250. La surface du derme est couverte d'une couche plus ou moins distincte, suivant les parties des tégumens, et qu'on appelle corps muqueux ou réticulaire; c'est du tissu cellulaire à l'état demi-liquide ou à peine organisé, dans lequel se terminent et d'où naissent les divisions les plus fines des vaisseaux blancs; cette couche, d'ailleurs assez composée, est le siége de la coloration, et celui des incrustations cornées qui garnissent les tégumens dans quelques parties. Cette couche est moins distincte dans les membranes muqueuses que dans la peau.

§ 251. L'épiderme enfin est la dernière partie essentielle des membranes tégumentaires, celle qui en forme la surface libre; c'est une couche albumineuse excrétée à la surface du corps muqueux. Dans beaucoup de parties des membranes muqueuses l'épiderme n'est pas distinct, et semble être remplacé par du mucus. Au reste, il y a beaucoup de ressemblance, quant à la nature chimique de la matière, entre l'épiderme et le mucus.

§ 252. Plusieurs parties des membranes tégumentaires sont pourvues d'appendices saillans à leur surface libre: ce sont, pour la peau, les ongles et les poils; et les dents pour la membrane muqueuse.

§ 253. Les tégumens se résolvent presque tout-à-fait en gélatine par la décoction. La coloration très-diverse des tégumens dépend en partie de celle du sang, et en partie d'une matière colorante sécrétée du sang dans le corps muqueux. Leur densité très-variée est à peu près intermédiaire à celle des tissus cellulaire, ligamenteux et élastique. Leur élasticité est assez marquée. Ils jouissent aussi d'une extensibilité et d'une rétractilité lentes, très-grandes. Leur force de formation est très-développée. L'irritabilité dont ils jouissent, bien moins évidente que celle des muscles, l'est pourtant beaucoup. Ils sont l'organe essentiel de la sensibilité.

§ 254. L'action organique ou la fonction de la membrane tégumentaire est très-importante, très-complexe, et diverse dans les différentes portions de cette membrane. Comme tégument ou enveloppe, tant interne qu'externe de la masse du corps, elle constitue une barrière que doivent traverser de dehors en dedans toutes les substances étrangères qui entrent dans le corps pour en faire partie, et de dedans en dehors toutes celles qui, après en avoir fait partie, lui deviennent étrangères; ces substances et toutes les autres qui sont en contact avec le tégument, y déterminent des impressions : ainsi cette membrane est un organe de protection ou de défense plus ou moins efficace contre l'action des corps extérieurs; elle est l'organe des absorptions et de toutes les sécrétions extrinsèques, c'est-à-dire dont la matière est prise ou déposée au dehors; elle est celui de toutes les sensations externes et des sentimens de besoin et d'appétit; et enfin même, par ses appendices, elle est quelquefois un organe offensif ou d'agression. Mais, suivant les variétés de sa texture, les fonctions de cette membrane varient dans les diverses régions; ainsi la membrane muqueuse est beaucoup mieux disposée pour la sécrétion et l'absorption que la peau, et celle-ci est mieux accommodée aux sensations et à la défense du corps, que la première. Quelques parties sont spécialement disposées pour la sensation, et même pour telle ou telle sensation; d'autres pour l'absorption, d'autres encore pour l'excrétion, d'autres pour la génération, d'autres pour la respiration, etc.

§ 255. L'étendue immense de la membrane tégumentaire, le nombre et l'importance des fonctions dont elle est le siége et l'instrument, en rendent la considération très-importante, tant en santé qu'en maladie. Il existe entre les deux principales parties dont elle est composée la relation la plus intime, et qui, à certains égards, a été aperçue par les plus anciens observateurs[1], qui savaient que l'abondance de la sécrétion muqueuse est généralement en raison inverse de la sécrétion cutanée. L'observation a appris que le bon état de la peau coïncide avec un bon état de la membrane muqueuse, et que, par exemple, les personnes qui ont la peau très-blanche et d'une texture fine et délicate, sont très-exposées aux maladies de la peau et de la membrane muqueuse, et surtout aux flux de ces deux membranes. Elle a appris aussi que chaque partie de la peau sympathise avec toute la membrane muqueuse, et spécialement avec telle ou telle partie de cette membrane. Il existe également la relation la plus intime entre les tégumens et la masse du corps, et réciproquement; relation que l'observation fait journellement apercevoir, que les causes morbifiques mettent continuellement en jeu, que la séméiotique observe, et dont le médecin praticien essaie de tirer parti.

§ 256. L'embryon, avons-nous déjà dit, se forme tout entier sur ces membranes : la membrane vitellaire ou

[1] Ἡ δέρματος ἀραιότης ἡ κοιλίης πυκνότης. ΙΠΠΟΚΡΑΤΟΥΣ, τῶν ἐπιδημ. Βιβλ. ϛ.

intestinale est la première partie apparente dans l'œuf; c'est par son prolongement vers l'estomac et vers l'anus que se forme l'intestin. La seconde partie apparente est l'allantoïde ou la membrane vésicale; c'est par son extension que se forment les voies urinaires et les organes génitaux. La peau extérieure se forme ensuite : d'abord largement ouverte en avant du tronc, elle vient se clore dans la ligne médiane de l'abdomen, et définitivement autour de l'ombilic. Dans les deux sexes il y a une différence de conformation assez grande dans la portion génito-urinaire des tégumens, et une différence de développement dans celle des conduits excréteurs de la mamelle. Il y a, en outre, une différence d'épaisseur et de coloration dans la peau extérieure. Ces différences sont très-marquées dans les races de l'espèce humaine, et assez tranchées encore dans divers individus.

§ 257. Les altérations morbides sont très-nombreuses dans les différentes parties de la membrane tégumentaire. Les productions accidentelles cutanées et muqueuses sont assez fréquentes. Les reproductions de tégumens ou les cicatrices s'observent souvent aussi. Les vices de conformation, les altérations de texture et de fonctions, les productions accidentelles analogues ou non aux tissus sains, les transformations de tissu, etc., s'observent souvent aussi dans les tégumens; mais leur description sera mieux placée après chacune des deux membranes : il en sera de même de leurs altérations cadavériques.

§ 258. Les tégumens accidentels doivent, au contraire, être décrits ici, parce que d'une part, leur production présente beaucoup d'analogie dans l'un et dans l'autre tégumens; d'un autre côté parce que, dans la production d'une cicatrice extérieure, le nouveau tissu ressemble, pendant une époque de sa formation, à la membrane muqueuse, et plus tard à la peau; et parce qu'enfin dans quelques cas on trouve l'apparence et la texture de la peau dans une partie, et celle de la membrane muqueuse dans une autre partie de la même production : telles sont, par exemple, les membranes des fistules.

Toutes les fois que, soit par une lésion mécanique, soit par l'effet d'une cautérisation, de la gangrène ou de l'ulcération, il y a eu destruction des tégumens et même des parties sous-jacentes, à une profondeur plus ou moins grande, il se produit un nouveau tégument semblable, ou au moins très-analogue à celui qui a été détruit, et toujours le même, dans toute son étendue, quelle que soit la diversité des parties mises à découvert et qui doivent en être revêtues. Après des phénomènes primitifs, divers suivant la diversité des causes destructives, il s'en présente une série de secondaires toujours les mêmes : ce sont, 1° la production d'une couche plastique comme celle des agglutinations; 2° la formation de bourgeons ou granulations, et la sécrétion du pus; 3° enfin, la cessation de cette sécrétion et l'achèvement de la cicatrice. Les phénomènes de la cicatrisation commencent par la déposition d'une couche plastique semblable à celle qui constitue les fausses membranes. Cette couche, d'abord inorganique et bientôt organisée, se couvre de petites granulations coniques, rouges, et constitue alors la membrane des bourgeons charnus; cette membrane est cellulaire, vasculaire, très-contractile, sensible, absorbante, sécrétant du pus, très-prompte à se détruire par l'ulcération, et très-prompte à se reproduire. Cette membrane se contracte, se rétrécit continuellement; la sécrétion du pus y diminue par degrés, y cesse tout-à-fait, et alors elle se recouvre, soit d'un épiderme distinct, soit du mucus, suivant les lieux, et elle constitue un tégument nouveau très-analogue et quelquefois tout-à-fait semblable à l'ancien. Cependant cette membrane, outre quelques légères différences anatomiques, est beaucoup plus susceptible d'ulcération que les tégumens primitifs.

§ 259. Il se forme dans les abcès, et surtout dans les abcès chroniques, une membrane qui circonscrit le pus et qui a beaucoup de ressemblance avec la membrane muqueuse; elle acquiert une ressemblance plus grande encore quand l'abcès est ouvert et qu'il reste la source d'un ulcère fistuleux; il en est de même encore dans les ulcères de ce genre qui sont entretenus par une nécrose ou par la présence d'un corps étranger; il en est de même enfin dans les véritables fistules ou canaux accidentels qui naissent d'une cavité muqueuse naturelle. Dans tous les cas, le trajet est revêtu dans toute son étendue par une membrane fongueuse, molle, muqueuse, en un mot, découverte par Hunter dans les fistules à l'anus. A son orifice à la peau, si c'est à cette surface qu'il aboutit, le canal muqueux de la fistule est pourvu, jusqu'à une certaine profondeur, d'un épiderme distinct qui se continue avec celui de la peau.

SECONDE SECTION.

DE LA MEMBRANE MUQUEUSE.

§ 260. La membrane tégumentaire interne ou la membrane muqueuse a reçu ce dernier nom, d'abord dans les fosses nasales (μύξαι, narines), à cause du mucus (μύξα, morve, pituite) qu'elle fournit. Elle constitue un tégument humide qui revêt toutes les cavités communiquant au dehors, lesquelles toutes reçoivent ou rejettent des substances étrangères. Considérée d'abord dans chaque organe creux comme sa membrane interne particulière, et n'ayant pas d'autre nom; appelée ensuite villeuse ou fongueuse, pulpeuse, poreuse, villoso-papillaire dans le canal alimentaire, pituitaire ou muqueuse dans le nez et dans le gosier; les anatomistes ne tardèrent pas à y apercevoir à peu près partout des follicules, ce qui lui fit donner le nom générique de glanduleuse, et à remarquer la ressemblance du mucus nasal et intestinal avec l'humeur onctueuse de la trachée et des bronches, et même l'analogie du mucus et de l'épiderme; dès lors l'identité des diverses parties de cette membrane fut connue. Les pathologistes, et surtout M. Pinel, l'avaient déjà remarqué en faisant l'histoire des catarrhes. Cependant aucune description générale et satisfaisante de cette membrane n'avait été donnée avant Bichat[1]. Depuis lui, les anatomistes et les pathologistes se sont à peu près généralement accordés à adopter ses idées sur cet objet, excepté Gordon, qui a trouvé des différences trop essentielles entre les diverses membranes muqueuses pour les comprendre dans une description commune.

§ 261. La membrane muqueuse forme un tégument interne à toutes les cavités ouvertes au dehors; sa partie la plus importante forme un revêtement à tout le canal alimentaire, depuis la bouche jusqu'à l'anus; le reste de cette membrane constitue des prolongemens ou des appendices prolongés en cul-de-sac et plus ou moins profondément étendus et ramifiés dans la masse du corps, et aboutissant par leur embouchure, soit à

[1] Traité des membranes. Paris, an VIII.

la peau externe, soit à la peau interne. Elle forme ainsi un immense tégument interne bien plus étendu que la peau.

§ 262. La membrane muqueuse présente, comme la peau, une surface adhérente et une surface libre; la surface adhérente ou externe est en général revêtue d'une couche de tissu cellulaire fibreux particulier, auquel Ruysch et beaucoup d'autres anatomistes ont donné le nom de membrane nerveuse, que Albinus et Haller ont démontré être du tissu cellulaire, et que Bichat a nommé tissu cellulaire sous-muqueux. Ce tissu est serré, fibreux, blanc, ne contient jamais de graisse, et rarement de la sérosité infiltrée; il est parcouru par un grand nombre de divisions fines des vaisseaux et des nerfs. Plusieurs anatomistes l'ont assimilé au derme de la peau. Quoi qu'il en soit, c'est à lui que les organes creux doivent en grande partie leur solidité. La membrane muqueuse est de plus doublée dans toute l'étendue de son canal principal et dans plusieurs de ses divisions par un plan musculaire, espèce de muscle peaucier interne; dans quelques endroits, c'est un tissu élastique qui double les membranes muqueuses, c'est ce qu'on voit dans le canal aérien et dans les conduits excréteurs; ailleurs, un véritable tissu ligamenteux, comme le périoste des fosses nasales, des sinus, du palais, des alvéoles, double cette membrane, et en forme une membrane fibro-muqueuse.

§ 263. La surface libre de la membrane muqueuse présente des valvules, des plis et des rides formés par toute l'épaisseur de la membrane redoublée sur elle-même. Les valvules sont formées par la membrane muqueuse repliée, par le tissu sous-muqueux et par des fibres musculaires contenues dans le repli : c'est ce qui a lieu au pylore, à l'embouchure de l'intestin grêle dans le gros intestin, au voile du palais, à l'orifice du larynx, etc. Les plis ne contiennent dans leur épaisseur que du tissu sous-muqueux, mais ils sont constans comme les valvules et ne s'effacent jamais : tels sont les nombreux replis de l'intestin grêle, qu'on appelle valvules conniventes; les rides, au contraire, sont des replis accidentels ou momentanés, dans lesquels la membrane muqueuse est en réserve pour des dilatations futures des organes, ou bien qui dépendent de ce que l'organe ayant été dilaté et étant revenu sur lui-même, la membrane muqueuse s'est trouvée en excès sur la membrane musculaire : telles sont les rides longitudinales de l'œsophage et de la trachée, les rides irrégulières de l'estomac quand il est contracté, les rides régulières du vagin et du col de l'utérus, etc.

§ 264. La surface libre de la membrane muqueuse présente aussi des enfoncemens ou des dépressions de divers genres et des saillies papillaires et villeuses. Mais ces divers objets, quoique très-généralement répandus dans la membrane, n'existent pourtant pas, ou du moins ne sont pas, à beaucoup près, également apparens dans tous les points de son étendue. On trouve à la surface de la membrane des enfoncemens infundibuliformes, cellulaires ou alvéolaires; ils existent au maximum de leur développement dans le bonnet, second estomac des ruminans, que pour cette raison on appelle le réseau; ils existent aussi, mais beaucoup plus petits et microscopiques, dans une grande partie des voies alimentaires, et surtout dans l'œsophage, l'estomac et le gros intestin de l'homme, où ils ont été aperçus et indiqués par Fordyce, Hewson, décrits et figurés par M. Ev. Home.

§ 265. Les follicules ou les cryptes [1] ne diffèrent de ces enfoncemens alvéolaires, que parce qu'ils ont un orifice très-étroit, un goulot ou émissaire plus ou moins prolongé et un fond renflé en ampoule, et logé dans le tissu sous-muqueux où ils font saillie. Ils sont formés par la membrane renversée sur elle-même, et renforcée à l'extérieur par du tissu cellulaire dense et pourvu de beaucoup de petits vaisseaux. Ils sont très-généralement répandus, cependant leur nombre varie suivant les parties; ils sont très-petits, en général, mais leur volume varie aussi beaucoup. Les uns sont simples et discrets; d'autres aboutissent dans un canal commun dont ils sont comme des rameaux; d'autres aboutissent dans un orifice commun et dilaté appelé lacune : tel est le trou de la base de la langue, telles sont les lacunes de l'urètre, du rectum, etc.; d'autres sont agrégés ou agminés, comme la caroncule lacrymale, la glande arythénoïde, les glandes agminées de l'iléum, etc.; d'autres enfin sont composés et pourvus de lacunes multiples ou de conduits ramifiés, et ressemblent beaucoup aux glandes : tels sont les tonsilles, les glandes molaires, la prostate, les glandes de Cowper, etc.

§ 266. Les petites éminences appelées papilles et villosités que l'on aperçoit à la surface libre de la membrane muqueuse paraissent avoir pour but, comme les enfoncemens dont il vient d'être question, et avec lesquels ils sont en rapport inverse de nombre, de multiplier la surface; mais aussi, dans l'une comme dans l'autre de ces dispositions, la texture et les fonctions de la membrane sont notablement modifiées. Ces émi-

1 Peyer, *de Glandulis intestinalium. Amstel.* 1681. — J. C. Brunner, *de Glandulis duodeni. Francof.* 1715.

nences, appelées villosités par suite de la comparaison faite par Fallope, de la membrane interne des intestins avec le velours, et papilles à cause de la ressemblance qu'on a cru leur trouver avec un bouton ou mamelon, ne diffèrent pas essentiellement entre elles; les unes et les autres sont des saillies de la membrane plus ou moins fines, et la plupart à peine visibles à l'œil nu.

Les plus volumineuses parmi ces éminences sont appelées papilles; telles sont celles qui remplissent la cavité des dents, et qu'on nomme communément leur pulpe; telles sont celles, plus petites, qui hérissent la surface de la langue dans ses deux tiers antérieurs, celles plus petites encore que l'on aperçoit au gland du pénis et du clitoris, etc. Ces éminences appartiennent au corium de la membrane muqueuse, pourvue dans ces endroits d'une très-grande quantité de filets nerveux, et de ramuscules de vaisseaux sanguins, parmi lesquels les veinules offrent une disposition érectile. Dans les parties pourvues de papilles, la membrane muqueuse est garnie d'un épiderme distinct que l'on appelle épithélium par la raison même qu'il recouvre les papilles.

§ 267. Les villosités dont l'existence est très-générale, mais qui ne sont nulle part plus nombreuses, plus grandes, plus apparentes que dans la moitié pylorique de l'estomac, dans l'intestin grêle, et surtout encore dans le commencement de cet intestin, sont des éminences plus fines encore que les papilles.

Ces villosités, que l'on peut à juste titre appeler les *radicules des animaux*, sont de petits prolongemens foliacés de la membrane interne des voies digestives, dont la forme et la longueur varient dans les différentes parties de ce canal, et que l'on peut en général comparer aux plis transverses ou valvules conniventes des intestins, à la différence près du volume. Les villosités [1] aperçues par Falope, par Azelli, décrites et représentées par Helvétius, Lieberkühn, Hedwig, Rudolphi, Meckel, Buerger, et plusieurs autres anatomistes, existent surtout dans l'intestin grêle; on les trouve moins longues et moins nombreuses dans l'estomac et dans le gros intestin. Pour les bien apercevoir il faut prendre une partie de l'intestin non encore altérée par la putréfaction, l'ouvrir avec précaution, l'humecter de quelques gouttelettes d'eau jusqu'à ce que la surface en soit entièrement couverte, et l'examiner avec une lentille qui en augmente d'environ quarante fois le diamètre.

§ 268. Je me suis aussi servi avec beaucoup d'avantage, pour faire cette observation et d'autres analogues, d'un petit appareil composé d'une sphère en verre de glace d'un petit diamètre, ouvert dans un quart de sa surface, et d'un operculе un peu plus grand que l'ouverture, et d'une couche mince de cire. On fixe la partie que l'on veut observer sur la cire avec de petites épingles, on la plonge dans de l'eau, ainsi que la sphère ouverte, que l'on remplit de ce liquide, et qu'on appuie ensuite sur l'opercule. On retire l'appareil, et l'on a alors la pièce que l'on veut examiner recouverte d'une petite masse d'eau lenticullaire qui en augmente le diamètre.

§ 269. Examinées par l'un ou l'autre de ces deux

[1] *Voyez*, entre autres, Helvétius, Mém. de l'Acad. des Sc. Paris, 1721. --- J. N. Lieberkühn. *de Fabr. et act. Villos. Intest. hom. Lugd. bat.* 1744. 4°. --- R. A. Hedwig. *Disquis. Ampull.* Lieberkühnii, *physico-micros. Lips.* 1797. 4°. --- C. A. Rudolphi. *in Reils Archiv. der physiol. IV. et Anat-physiol. abhandl. Berol.* 1802.---J. F. Meckel *in Deutsches Archiv fur die physiol. III.* --- et H. Buerger, *Examen microsc. Villos intestin. cum iconibus, Halæ*, 1819, 8°.

procédés, les villosités ne paraissent ni coniques, ni cylindriques, ni canaliformes, ni renflées au sommet, comme plusieurs auteurs les ont décrites; mais bien plutôt sous la forme de folioles, de laminules, dont le nombre est tel, qu'elles offrent l'image d'un gazon abondant et touffu. Ces folioles, diversement ployées, et vues par conséquent sous des aspects divers, paraissent de forme variable. Leur forme, d'ailleurs, n'est pas partout la même; celles de la moitié pylorique de l'estomac et du duodénum, plus larges que longues, constituent des petites lames; celles du jéjunum, longues et étroites, méritent mieux le nom de villosités, et vers la fin de l'iléum elles redeviennent des lamines, ainsi que dans le colon, où elles sont à peine saillantes. Les villosités sont demi-diaphanes, leur surface est lisse, et l'on n'aperçoit, ni à leur surface les ouvertures que l'on y a admises sans s'accorder jamais sur leur nombre, ni dans leur épaisseur l'ampoule cellulaire, ou la texture vasculaire que l'on y a décrite; mais seulement dans leur substance gélatiniforme on aperçoit des globules microscopiques disposés en séries linéaires, et à leur base des ramuscules de vaisseaux sanguins et lymphatiques, d'une excessive ténuité.

§ 270. La texture et la composition anatomique de la membrane muqueuse présentent beaucoup de variétés ou de différences, suivant les endroits. La disposition foliée ne peut être démontrée dans toutes les parties de la membrane, et existe, au contraire, manifestement dans quelques points.

Dans la plus grande partie de son étendue, la membrane consiste uniquement en un tissu spongieux, plus ou moins mou, et dont l'épaisseur varie beaucoup. Il faut remarquer, à cet égard, que dans le fœtus très-jeune, et dans les animaux inférieurs dans la série, la peau externe elle-même présente ce caractère de simplicité. Quant à l'épaisseur, elle offre une diminution successive depuis les gencives, le palais, les fosses nasales, l'estomac, les intestins grêles et gros, la vessie biliaire et la vessie urinaire jusqu'aux sinus et aux divisions des conduits excréteurs, où sa ténuité devient extrême. C'est dans cette partie essentielle de la membrane et à sa surface que se ramifient les dernières divisions des vaisseaux, c'est de sa surface libre que s'élèvent les villosités.

§ 271. On y trouve peu de traces d'une couche distincte de corps muqueux, à moins qu'on ne regarde comme telle la couche de liquide coagulable qui sépare les papilles de la langue de l'épiderme, qu'on ne considère comme y appartenant la surface gélatiniforme des villosités, qu'on n'admette comme des preuves de son existence les éphélides ou taches diversement colorées qu'on trouve quelquefois dans les tégumens du gland et de la vulve, ainsi que les productions cornées accidentelles imparfaites qu'on observe plus souvent encore dans les mêmes parties sous forme de végétations, et qu'on nomme poireaux.

L'existence de l'épiderme est beaucoup plus manifeste, sans pourtant être générale.

§ 272. L'épiderme ou l'épithélium est très-apparent aux orifices des cavités muqueuses; il l'est moins dans les parties profondes de ces cavités, et finit par n'y être plus apparent. Y existe-t-il cependant? Haller et autres ont pensé qu'il en était ainsi, et que les excrétions accidentelles membraniformes en sont une preuve. Tous les pathologistes savent aujourd'hui que de pareilles excrétions sont ordinairement des résultats de l'inflammation couenneuse ou plastique, et quelquefois des escharres. On a voulu tirer la même conclusion du fait des anus contre nature avec renversement de l'intestin, dans lesquels l'épiderme devient très-apparent; mais cela prouve seulement que la surface libre de la membrane muqueuse est couverte d'une substance qui a beaucoup d'analogie avec l'épiderme, et qui est très-disposée à subir cette transformation. En s'en rapportant à ce que l'observation apprend, et en faisant usage de la dissection, de la décoction et de la putréfaction, pour séparer l'épithélium, on le trouve très-distinct jusque dans l'œsophage, et finissant brusquement à la réunion de ce canal et de l'estomac, et de même très-distinct dans le vagin, et cessant tout à coup sur les lèvres de l'orifice de l'utérus; interruptions aperçues depuis long-temps, et données mal à propos, par quelques modernes, comme des preuves de l'interruption de la membrane muqueuse elle-même. Dans d'autres parties, comme les fosses nasales et l'extrémité inférieure du canal alimentaire, la diminution d'apparence de l'épithélium est graduelle, insensible, et il est impossible d'en assigner exactement les limites. Dans les endroits où il est distinct, il s'enfonce en s'amincissant dans les follicules, et y disparaît. Dans les endroits dépourvus d'un épithélium distinct, la surface libre de la membrane est enduite d'un vernis muqueux, que dès le temps de Vésale, et même de Rhazès, on comparait à la couverte ou à l'étamage des vases, et dont Glisson a fait remarquer, du moins quant aux fonctions, l'analogie avec l'épiderme.

§ 273. Le tissu cellulaire qui forme le corium de la membrane muqueuse n'a point, comme le tissu du derme cutané, une disposition régulièrement aréolaire; il est plutôt spongieux ou fongueux. Les vaisseaux sanguins et lymphatiques y sont abondans. Ses nerfs proviennent, en général, du nerf grand sympathique et du pneumo-gastrique. A toutes les ouvertures naturelles, la membrane muqueuse a des nerfs provenant de la moelle.

§ 274. La couleur de la membrane muqueuse varie depuis le blanc jusqu'au rouge, et, outre les nuances intermédiaires, elle présente encore quelques autres variétés de coloration. Cette couleur est, pour la plus grande partie au moins, due au sang qui circule dans son épaisseur, car l'asphyxie et la syncope colorent en brun ou décolorent à l'instant les parties de cette membrane qui sont visibles par leur situation. Sa consistance est, en général, mollasse et comme fongueuse. Son épaisseur varie beaucoup, sa ténacité est médiocre. La membrane muqueuse s'altère promptement par la putréfaction, et le tissu sous-muqueux plus vite encore, car elle se détache alors très-facilement. On ne sait pas si elle est susceptible de former du cuir par l'action du tannin.

§ 275. Elle a une force de formation très-développée; quand elle a été détruite, elle se reproduit promptement et avec tous les caractères du tissu naturel. Elle est un peu irritable, et jouit de la contractilité tonique à un degré plus marqué que le tissu cellulaire. Sa sensibilité est obscure et vague dans la plus grande partie de son étendue. Enflammée même elle ne donne pas lieu, en général, à des douleurs vives. Elle est très-sensible aux orifices naturels; et à l'entrée des voies alimentaires et perspiratoires, elle est le siége d'une sensibilité spéciale.

§ 276. Ses actions organiques ou fonctions sont :

1° L'absorption, qui est très-active, générale, et

dont les villosités sont les agens les plus actifs, mais non les seuls;

2° La sécrétion, qui est perspiratoire et folliculaire, et dont les produits, assez divers suivant les parties, sont pourtant, en général, connus sous le nom de mucosités;

3° Des mouvemens de contraction tonique, renforcés dans beaucoup d'endroits par l'action du tissu élastique, et même par l'action des fibres musculaires dont cette membrane est doublée dans beaucoup de points;

4° Des sensations, plus ou moins distinctes ou obscures, générales ou spéciales, et des sentimens de besoin ou des appétits.

§ 277. Les mucosités ou les humeurs muqueuses que l'on trouve à la surface du tégument interne sont, pour la plus grande et la principale partie, composées de mucus. Le mucus animal [1], très-analogue au mucilage végétal, mais contenant de plus que lui de l'azote, est un des principes immédiats des animaux. Il se trouve, soit à l'intérieur dans le produit de la sécrétion muqueuse, soit à l'extérieur dans l'épiderme, les poils et les parties cornées, dont il constitue une partie considérable. A l'état liquide et pur, il est blanc, visqueux, transparent, inodore, insipide; il contient neuf dixièmes de son poids d'eau; il est insoluble dans l'alcohol, soluble dans les acides, non coagulable comme l'albumine, et non congélable comme la gélatine; il est précipité par l'acétate de plomb; à l'état sec, il est demi-transparent, fragile, insoluble dans l'eau, difficilement soluble dans les acides.

1 *Voyez* Fourcroy et Vauquelin, Annales du Mus. d'hist. nat. vol. XII -- Bostock, *Medico-Chir. transact.* vol. IV. --- Berzélius *ibid.* vol. III.

M. Berzélius a trouvé la mucosité identique dans les narines et dans la trachée, et composée comme il suit : eau, 933,9 ; matière muqueuse, 53,3 ; hydrochlorate de potasse et de soude, 5,6 ; lactate de soude et matière animale, 3,0 ; soude, 0,9 ; phosphate de soude, albumine et matière animale, 3,3.

Dans les analyses des autres mucosités données par ce savant, et dans celles de MM. Fourcroy et Vauquelin, on trouve d'assez grandes différences, qui tiennent les unes à la variété des parties où la mucosité a été recueillie, et où elle avait éprouvé divers mélanges ; les autres à la variété des individus affectés de diverses maladies. En effet, bien que le mucus soit identique, la mucosité n'est ni toujours, ni partout la même ; en général elle coagule le lait.

§ 278. Les fonctions de la membrane muqueuse sont dans une liaison très-intime avec celles des autres parties. Dans l'état de santé, l'action nerveuse, la circulation, les fonctions de la peau, etc., influent manifestement sur les fonctions de la membrane muqueuse, et réciproquement. Dans l'état de maladie, la membrane muqueuse produit des effets sympathiques extrêmement remarquables, et en éprouve également de la part des autres parties.

§ 279. L'origine de la membrane muqueuse, dès les premiers momens de l'œuf, et son développement dans l'embryon ont été indiqués plus haut, § 256. Il reste à faire connaître la manière dont se forment les villosités ; c'est à M. Fr. Meckel que l'on doit la connaissance de ce point de l'embryogénie. Les villosités se forment de très-bonne heure. Dès le commencement du troisième mois, on les aperçoit sous forme de plis longitudinaux très-rapprochés. Ces plis présentent ensuite, sur leur bord libre, des incisions en dents de scie, qui augmentent successivement de profondeur; et vers la fin du quatrième mois, les plis sont remplacés par cette multitude de petites éminences qui constituent les villosités. Elles sont d'abord assez grandes et très-distinctes jusqu'au septième mois. Au commencement, elles sont aussi nombreuses, quoique plus courtes, dans le gros intestin que dans le grêle. Celles du gros intestin deviennent ensuite de moins en moins nombreuses jusqu'à la naissance. Il est à remarquer que dans les reptiles les villosités sont remplacées par des petits plis longitudinaux.

§ 280. Les différences de la membrane muqueuse, suivant les sexes, les races et les individus, ne se prêtent point à une description générale; si l'on excepte toutefois la différence de conformation des parties génitales et urinaires dans les deux sexes. La membrane muqueuse du canal digestif est plus épaisse dans l'espèce humaine que dans les mammifères carnivores, mais plus mince que dans les herbivores; au contraire, la tunique péritonéale de l'intestin est plus mince dans les herbivores, et plus épaisse dans les carnivores que dans l'homme.

§ 281. Les dents, comme on l'a déjà dit, sont des dépendances de la membrane muqueuse de la bouche, prolongée dans les alvéoles jusqu'à la papille ou pulpe dentaire, dépendances que l'on peut rapprocher des appendices pileux et cornés de la peau externe.

§ 282. La membrane muqueuse est sujette à des altérations morbides extrêmement nombreuses et très-variées : elle participe aux vices de conformation primitifs et acquis des organes dont elle fait partie, ainsi qu'à leurs déplacemens. Elle éprouve aussi elle seule, surtout dans l'œsophage, l'intestin et la vessie, des déplacemens plus ou moins étendus, à travers le tissu sous-muqueux éraillé; cela constitue de faux diverticules. La membrane muqueuse présente encore d'autres prolongemens dépendant et de son allongement et de la laxité du tissu sous-muqueux : tels sont certains prolongemens des plis ou valvules conniventes, de la luette, les chutes de l'anus, du vagin, etc. Certains polypes ne paraissent aussi être qu'une végétation ou hypertrophie de la membrane et du tissu sous-muqueux; mais le plus ordinairement il y a production d'un tissu accidentel. On doit regarder comme une hypertrophie de cette membrane et de ses follicules des tumeurs des paupières, de l'amygdale et de la luette vésicale.

§ 283. La membrane muqueuse est très-sujette à un flux séreux et muqueux, qui constitue les phlegmorrhagies et les blennorrhées sans inflammation. Le tissu sous-muqueux lui-même est sujet, quoique cela soit rare, à un œdème ou infiltration séreuse. Cette membrane est fréquemment le siége d'hémorrhagies ou de flux sanguins; le tissu sous-muqueux est aussi quelquefois ecchymosé. Il n'est pas douteux qu'elle soit aussi le siége de flux gazeux.

§ 284. L'inflammation s'y montre très-fréquemment et sous toutes ses formes. Ses caractères anatomiques sont une augmentation de la rougeur, qui va quelquefois jusqu'au brun; un degré d'épaississement en général assez faible, mais variable, et proportionné à la durée de la maladie; un ramollissement plus ou moins marqué; et quelquefois une augmentation énorme des villosités. Le résultat le plus commun de cette inflammation est une augmentation de quantité et un changement des qualités du mucus. Souvent cette inflammation catarrhale dégénère en phlegmorrhée ou en blennorrhée. L'inflammation supurative y a assez fréquemment lieu aussi; la membrane sans être ulcérée sécrète du mucus, et du pus, ou bien même du pus tout pur. On trouve aussi quelquefois des abcès dans le tissu cellulaire sous-muqueux. L'inflammation couenneuse ou plastique y est moins fréquente. Cependant on l'observe fréquemment dans les voiet aériennes où elle constitue le croup, et assez souvent dans les voies alimentaires, dans les intestins, la vessie, l'urètre, et même quelquefois aux yeux. Ordinairement la matière organisable est excrétée en lambeaux ou en membranes assez grandes et assez consistantes pour avoir été quelquefois prises pour la membrane interne de l'estomac ou de la vessie, etc.; ou bien le malade meurt avant l'organisation; d'autres fois, au contraire, la membrane nouvelle s'organise et s'unit à la surface de l'ancienne; ou bien encore elle contracte des adhérences avec elle-même, et forme ainsi des brides muqueuses qui traversent en plus ou moins grand nombre et rétrécissent plus ou moins la cavité qu'elles occupent.

§ 285. L'inflammation de la membrane muqueuse n'est pas toujours érythémateuse et uniformément étendue à sa surface; elle a quelquefois la forme de plaques rouges isolées, et plus souvent celle d'un exanthème boutonné, soit que les petites élévations soient discrètes, soit qu'elles soient agminées ou confluentes. On sait que cela s'observe quelquefois, mais non toujours, sur la membrane muqueuse des voies digestives et respiratoires des individus morts pendant la petite vérole, et que cela même a été regardé comme une variole interne[1]. Cet exanthème interne boutonné, qui paraît consister en une

[1] *Voyez* Wrisberg, *in sylloge Comment.* p. 52. --- G. Blane, *in transact for the improvement of méd. and chir. knowl.* vol. III, p. 423-428.

inflammation bornée aux follicules, a été particulièrement observé par M. Bretonneau dans une épidémie d'entérite, dont il est à regretter qu'il n'ait pas encore publié la description.

§ 286. La gangrène a lieu quelquefois, et l'ulcération fréquemment, dans la membrane muqueuse, surtout après l'exanthème dont il vient d'être question. Après l'une et l'autre de ces causes de destruction, si l'individu survit, il se forme promptement, et avec tous les caractères de l'ancienne membrane, une membrane nouvelle dans les endroits détruits. On a déjà dit que la membrane des abcès, spécialement celle des abcès chroniques, et surtout celle des clapiers des environs de l'anus, est, ainsi que celle des bourgeons charnus, une membrane muqueuse, comme celle des fistules. Les membranes séreuses et synoviales qui suppurent, revêtent le même caractère. Quand, au contraire, une cavité muqueuse est obturée et devient le siége d'une hydropisie, la membrane prend l'aspect des membranes séreuses : c'est ce qu'on voit arriver à la trompe utérine, aux sinus maxillaires, et moins complétement à la vésicule biliaire et au conduit de la glande sous-maxillaire. Certains kystes appartiennent aussi par leur texture et par leur humeur, à la membrane muqueuse : tels sont surtout les athéromes; mais, comme on le verra un peu plus loin, souvent les athéromes sont des follicules de la peau, et ce n'est alors qu'une légère transformation.

§ 287. La membrane muqueuse est sujette aux diverses sortes de productions accidentelles, soit saines, soit morbides. Quelquefois la membrane muqueuse naturelle du vagin renversée, celle du prépuce dans le cas de phymosis, souvent celle des fistules, et surtout dans le poumon, devient plus ou moins parfaitement cartilagineuse, et quelquefois même osseuse, soit par transformation, soit par production nouvelle. On a observé quelquefois des kystes séreux, soit dans son épaisseur, soit au-dessous d'elle. On trouve des poils accidentels à la surface de cette même membrane. On y trouve également des productions cornées imparfaites ou des poireaux. Les tumeurs graisseuses, quoique rares dans le tissu sous-muqueux, y ont été quelquefois observées. On observe des productions érectiles dans ce même tissu sous-muqueux, souvent autour de l'anus, et quelquefois dans d'autres parties du canal intestinal. Enfin, les productions morbides s'y observent fréquemment.

§ 288. Les altérations cadavériques de la membrane muqueuse ont déjà été en partie indiquées § 174. Cette membrane se colore quelque temps après la mort par la pénétration des humeurs qui la recouvrent. Ainsi elle est jaunâtre dans l'intestin vis-à-vis les fesses; elle offre des lividités qui correspondent aux plus grosses veines sous-muqueuses, elle devient verdâtre dans la vésicule biliaire, etc.

Dans certains genres de mort, elle est dans quelques parties internes le siége de congestions sanguines ou séro-sanguinolentes. Dans la mort par apoplexie, par hydrothorax, et surtout par strangulation, dans les cas, en un mot, où la respiration est gênée avant la mort, il arrive fréquemment que la congestion, après avoir été d'abord bornée aux veines sous-muqueuses et puis aux vaisseaux de la membrane elle-même, aille enfin jusqu'à l'hémorrhagie dans l'estomac et l'intestin, comme Boerhaave et Morgagni l'avaient déjà annoncé, comme M. Yelloly[1] l'a observé, et comme je l'ai vu moi-même plusieurs fois

[1] *Medico-chirurg. Transact.* vol. IV, p. 371.

après ce dernier genre de mort, soit sur l'homme, soit sur des animaux. On distingue aisément cette congestion de l'inflammation, par l'absence de tout produit morbide, muqueux, purulent ou couenneux à la surface de la membrane, par les autres phénomènes cadavériques dépendant de la stase du sang dans le côté droit du cœur, et spécialement par l'état de la peau, qui offre aussi, comme la membrane muqueuse, des lividités et quelquefois des ecchymoses.

TROISIÈME SECTION.

DE LA PEAU.

§ 289. La peau, *pellis*, *cutis*, *corium*, δέρμα, constitue le tégument externe; c'est une membrane composée, garnie de divers appendices, qui enveloppe et protége le corps, et qui remplit plusieurs autres fonctions importantes.

§ 290. Galien a donné quelques observations sur la structure, et surtout sur les fonctions de la peau. L'auteur anonyme de l'Introduction anatomique, et ensuite Avicenne, ont les premiers parlé du pannicule charnu. Vésale et Columbus croyaient encore que la peau est percée aux ouvertures naturelles : mais Casserius, comme on l'a déjà vu, avait observé qu'elle se continue dans les narines et dans la bouche; on lui doit aussi une figure de l'épiderme séparé du derme. J. Fabrice a décrit avec beaucoup de détails et d'exactitude les appendices ou les diverses dépendances de la peau des animaux. Depuis lors, les observations des anatomistes sur cet organe se sont beaucoup multipliées [1].

[1] M. Malpighi, *de Lingua, exercit. epist. — de Externo tactû*

ARTICLE PREMIER.

DE LA PEAU EN GÉNÉRAL.

§ 291. Cette membrane, étendue à toute la surface du corps, dont elle détermine la figure dans beaucoup d'animaux inférieurs, et dont, au contraire, elle reçoit la forme dans l'homme et les autres vertébrés, se moule en effet sur les organes subjacens, et laisse apercevoir leurs saillies les plus marquées. Partout continue à elle-même, on voit seulement en divers endroits sur la ligne médiane une interruption apparente qu'on nomme raphé et qui indique qu'il y a eu originairement deux moitiés séparées. Ce raphé est très-marqué dans les endroits où la réunion des deux moitiés s'opère le plus tard, et où il est le plus ordinaire de trouver des divisions anormales; par exemple, à la lèvre supérieure, au périnée et au-dessous de l'ombilic. La peau semble percée, mais ne l'est point, aux ouvertures du canal digestif et aux orifices des voies aériennes, urinaires et génitales, endroits où elle se réfléchit et se continue, en changeant de caractère, avec la peau interne. Il

organo epist., *in op. omn.* tom II. — J. M. Hoffmann, *de Cuticulâ et cute.* Altd. 1685. — Littre, Obs. sur les différentes parties de la peau, etc. Acad. roy. des scienc. 1702. — F. de Riet, *de Organo tactûs. Lugd. Bat.* 1743. — J. Fantoni, *de Corporis integumentis*, etc. Turin, 1746. — Lecat, Traité des sens. — Cruikshank, *Experiments on the insensible perspiration*, etc. London, 1795. — C. F. Wolff, *de Cute, in nov. Com. petrop.* vol. VIII. — G. A. Gautier, Recherches sur l'organe cutané, Paris, 1811. — Dutrochet, Obs. sur la struct. de la peau. Journ. compl. vol. V. — J. F. Schroter, *das Menschlich gefühl*, etc. Leipzig, 1814. — Lawrence, *in Rees Cyclopœdia.* — Seiler, *in Anat.-physiol. Realworterbuch.*

en est de même encore au conduit auditif externe, où elle envoie un prolongement cutané, aux yeux et aux conduits des mamelles, dans lesquels elle en envoie d'autres de nature muqueuse.

§ 292. La peau présente deux surfaces. La surface libre, qui est externe et en contact avec l'atmosphère, offre différens objets à considérer : on y voit des rides ou plis plus ou moins profonds, dont les uns dépendent des muscles peauciers, situés à la tête, au cou et autour de l'anus, dont la peau ne peut pas suivre la contraction; il en est de même des rides du scrotum, déterminées par la contraction du tissu sous-jacent; d'autres rides répondent aux articulations, et dépendent de leurs mouvemens : telles sont celles des mains, des pieds, etc.; d'autres enfin dépendent de l'amaigrissement et de l'atrophie musculaire, quand ces phénomènes se manifestent rapidement et à un âge assez avancé pour que la peau ait perdu sa contractilité. La surface de la peau présente, en outre, de petites rides propres à l'épiderme, à la paume des mains et à la plante des pieds : ce sont des lignes saillantes, séparées par d'autres lignes enfoncées, diversement dirigées et contournées, et qui sont formées par des séries de papilles. Au dos de la main et au front ce sont des polygones; aux joues et sur la poitrine, des points seulement et des rudimens d'étoiles, etc. On voit aussi à la surface libre de la peau des ouvertures petites, arrondies, très-généralement distribuées, abondantes à la face surtout : ce sont les orifices des follicules sébacés; et d'autres ouvertures, plus petites encore, microscopiques, ou des porosités apparentes de l'épiderme, mais qui sont des enfoncemens infundibuliformes et terminés en cul-de-sac. En général, cette surface est assez unie; elle est un peu humectée et enduite par l'humeur de la transpiration et par la matière sébacée.

§ 293. La surface profonde ou adhérente de la peau tient en général aux parties sous-jacentes par un tissu cellulaire lâche, qui permet des glissemens entre la peau et les parties qu'elle recouvre. Dans quelques endroits, des bourses muqueuses sous-cutanées interrompent la continuité du tissu cellulaire et augmentent beaucoup la mobilité de la peau et des parties qui sont au-dessous. Dans d'autres endroits, au contraire, le tissu cellulaire est dense, ferme, et se distingue peu de la peau : telle est sa disposition au crâne, à la nuque, au dos, à l'abdomen. Dans d'autres encore, c'est par du tissu fibreux ou ligamenteux que la peau adhère aux parties sous-jacentes; il en est ainsi autour du poignet et du coude-pied, à la paume des mains, à la plante des pieds, et surtout sous le talon. L'adhérence a lieu dans quelques points au moyen d'un tissu cellulaire rougeâtre, demi-musculaire, si l'on peut ainsi le dire : tel est le dartos, au scrotum et aux lèvres de la vulve. Enfin, dans quelques endroits même, ce sont des muscles qui doublent la peau et qui s'y attachent : tels sont les muscles peauciers du crâne, de la face, du cou et de la main. Le pannicule charnu des animaux mammifères, beaucoup plus développé que celui de l'homme, excepté à la face, est l'analogue des muscles peauciers de ce dernier. Les anatomistes du moyen âge ont beaucoup disputé sur son existence dans l'homme : il est évident qu'il y existe, mais qu'il y est peu étendu. Dans beaucoup d'endroits, le tissu cellulaire sous-cutané est mêlé de tissu adipeux, et ces deux tissus pénètrent ensemble jusque dans l'épaisseur de la peau. Le tissu cellulaire sous-cutané est parcouru par de grosses veines, par beaucoup d'artères et de vaisseaux lymphatiques, et par des nerfs.

§ 294. Les follicules cutanés ou sébacés [1] ont la plus grande ressemblance avec les follicules muqueux.

Ils existent dans toute l'étendue de la peau, du moins on les y admet, excepté à la paume des mains et à la plante des pieds. On en admet l'existence parce que l'humeur sébacée enduit toute l'étendue de la peau; parce que par une dissection attentive, et en s'aidant de la loupe, on les aperçoit dans des endroits où ils sont d'une excessive ténuité; et parce que enfin certaines altérations morbides les rendent évidens dans des endroits où on ne les aperçoit pas autrement. Ils abondent surtout là où il y a des poils, aux environs des orifices, dans les plis de l'aine et de l'aisselle. Ils sont situés dans l'épaisseur de la peau ou au-dessous d'elle; on les voit surtout bien en coupant la peau obliquement. Leur orifice constitue des porosités assez distinctes à la surface. Ils ont la grosseur d'un grain de millet et même moins, cette grosseur varie; ceux du nez sont assez gros, ceux des joues sont beaucoup plus petits. Ils ont la forme d'une petite ampoule. Ils sont en général simples et discrets; ceux du nez cependant sont très-rapprochés; quelques-uns même sont ramassés ou composés. Ils consistent en une petite ampoule formée par la peau, amincie et réfléchie sur elle-même, et garnie là d'un grand nombre de ramuscules vasculaires. Ils contiennent une matière oléo-albumineuse, un peu différente dans les diverses régions du corps.

§ 295. La texture et la composition anatomique de

[1] J. Ch. Th. Reuss, *præside* Autenrieth, *de Glandulis sebaceis dissert.*, etc. *Tubingæ*, 1807.

la peau sont des points de fine anatomie qui ont beaucoup exercé la patience des observateurs, et sur lesquels ils sont peu d'accord. Dès l'antiquité on a vu que la peau est composée de deux feuillets; un profond et épais, et un mince et superficiel. Malpighi ayant aperçu dans la langue de bœuf, que les papilles du derme sont séparées de l'épiderme par une couche muqueuse ou glutineuse, qui, comme un réseau, en remplit les intervalles, transporta cette couche, par analogie, à la peau de l'homme; Ruysch donna ensuite la figure de ce réseau. Depuis cette époque les anatomistes ont été singulièrement partagés sur l'existence de cette membrane; les uns, la niant tout-à-fait, et n'admettant dans la composition de la peau que le derme et l'épiderme; d'autres n'en admettant l'existence que dans les races colorées; d'autres, au contraire, renchérissant sur Malpighi, et admettant plusieurs couches dans le corps muqueux de la peau, autant, pour ainsi dire, qu'il y a d'élémens anatomiques dans cette membrane, ou qu'elle remplit de fonctions.

§ 296. Les vaisseaux sanguins et lymphatiques et les nerfs de la peau pénètrent, en se divisant, à travers les aréoles du derme; soutenus par un tissu cellulaire fin qui les entoure, ils arrivent ainsi jusqu'à la face superficielle, où il y en a des myriades, qui, par leurs dernières divisions, constituent les papilles et le réseau vasculaire. Relativement à la disposition de ces parties, et particulièrement des vaisseaux, on a assez généralement admis qu'ils sont étrangers au derme, qu'ils ne font que le traverser pour former au-dessus de lui un réseau vasculaire. M. Chaussier, au contraire, admet que tous les élémens anatomiques de la peau sont réunis dans le derme lui-même. Gordon va même jusqu'à avancer que le derme injecté est également vasculaire partout, autant à sa face profonde qu'à sa face superficielle. Il serait inexact de dire que les vaisseaux sont étrangers au derme, et qu'ils lui forment seulement une couche sous-jacente; mais il ne le serait pas moins de dire que les vaisseaux sont aussi divisés et aussi nombreux à la face profonde du derme qu'à sa face opposée. Les vaisseaux se divisent et se ramifient dans le derme à mesure qu'ils en pénètrent l'épaisseur, et leurs dernières divisions, prodigieusement multipliées, se distribuent dans la surface externe de cette membrane, et dans les éminences qui la hérissent, parties beaucoup plus vasculaires par conséquent que la face profonde. Il en est absolument de même des nerfs.

§ 297. Le derme ou corium, *corium, derma, vera cutis,* est une membrane fibro-cellulaire qui constitue le feuillet profond et principal, et presque toute l'épaisseur de la peau. Sa face interne, qui est celle de la peau, présente en général des ouvertures alvéolaires coniques, dirigées obliquement dans l'épaisseur de la membrane. Ces aréoles, très-grandes dans le derme de la main, de la plante du pied, du dos, de l'abdomen, des membres; plus étroites au cou, à la poitrine, et à la face surtout, sont presque invisibles au dos de la main et du pied, au front, au scrotum et aux lèvres de la vulve. Les bords de ces aréoles se continuent, les premiers et les plus grands, avec le tissu fibreux sous-cutané; les seconds avec le tissu cellulaire plus ou moins dense; les derniers ou les plus étroits avec le tissu très-lâche qui existe dans les régions où on les observe; l'aréole elle-même est remplie par un tissu cellulaire adipeux, et traversée par les vaisseaux et les nerfs de la peau. Le fond de ces cavités alvéolaires est percé d'ouvertures très-petites qui répondent à la face superficielle du derme. Cette face, assez unie en général, présente dans divers endroits de petites éminences papillaires, bien plus distinctes sur le derme dénudé, que vues au travers de l'épiderme.

§ 298. Le corps papillaire et le réseau vasculaire de la peau, qu'on a mal à propos décrits comme des couches distinctes de cette membrane, appartiennent à la face superficielle du derme. Les papilles [1] découvertes par Malpighi, admises, figurées et décrites depuis par Ruysch, Albinus et beaucoup d'autres anatomistes; dans ces derniers temps par Gautier, sous le nom de bourgeons; révoquées en doute par Chéselden et plusieurs autres, sont de très-petites saillies ou éminences de la surface du derme, en général conoïdes; parfaitement visibles à la langue; disposées en doubles lignes et très-distinctes à la paume des mains, à la plante des pieds et surtout à la pulpe des doigts; distinctes encore, mais irrégulièrement distribuées, au gland, au mamelon et aux lèvres; mais tellement petites et peu distinctes dans le reste de la peau, qu'elles y ont été plutôt admises par analogie que réellement observées, et qu'elles y sont comme confondues, dans la surface du derme, en un réseau vasculaire et nerveux. Ces papilles, dans les endroits où elles sont bien distinctes, consistent évidemment en une saillie du derme très-mol, très-cellulaire, pénétré par beaucoup de filets nerveux dépouillés de névrilème, et de ramuscules vasculaires, ayant là une disposition érectile qui sera décrite plus loin (chapitre IV). Dans les

[1] Hintze, *de Papillis cutis tactui inservientibus*. L. B. 1747. — Albinus, *Acad. annot.* lib. III. cap. IX et XII.

endroits où les papilles sont moins distinctes, quoique la composition et la texture de la surface du derme soient au fond les mêmes, il y a moins de nerfs; les vaisseaux, très-abondans, forment un lacis ou réseau. Le sang pénètre habituellement, mais en quantité variable, dans les vaisseaux de la surface du derme. Dans les ecchymoses de la peau, il va au-delà et s'infiltre dans le corps muqueux. Les injections fines et pénétrantes, après avoir rempli le corps papillaire et vasculaire de la peau, s'épanchent aussi quelquefois au-delà [1].

§ 299. La texture du derme est celle d'une trame aréolaire plus ou moins serrée : la fibre qui le forme lui est propre. Elle a été regardée par les anciens anatomistes comme intermédiaire à la fibre musculaire et au tissu aponévrotique. Quelques-uns l'ont dite purement cellulaire, les autres ligamenteuse. Récemment encore, M. Osiander [2] a soutenu qu'elle était distinctement musculaire à la face interne de la peau. Il a fait ses observations sur la peau de l'abdomen de femmes mortes en couches. Les tissus auxquels elle ressemble le plus par l'ensemble de ses caractères, sont le tissu cellulaire et le tissu fibreux.

§ 300. Le derme est blanc; sa surface externe est plus ou moins rougeâtre, suivant la quantité de sang retenue dans ses petits vaisseaux. Son épaisseur n'est point partout la même, elle varie d'une ligne et demie à un quart de ligne. Au tronc, elle est en général plus grande à la partie postérieure qu'à la partie antérieure; aux membres, à la partie externe qu'à la partie interne. Le derme

1 *Voyez* Prochaska, *disquisitio anat. phys. organismi*, etc. Viennæ, 1812. 4°.

2 *Commentationes gottingenses recentiores*, vol. IV, 1820.

est particulièrement très-mince aux paupières, aux mamelles et aux organes de la copulation; très-épais au contraire à la paume des mains, et surtout à la plante des pieds. Il a une demi-transparence qui permet d'apercevoir, à travers la peau, la couleur des veines sous-cutanées. Il a une force de résistance ou de cohésion qui le rend propre à faire, dans les arts mécaniques, des liens extrêmement forts. Il est soumis dans les arts du tanneur, du corroyeur, du chamoiseur, du mégissier, etc., à diverses opérations qui empêchent sa putréfaction, et qui augmentent sa densité ou sa flexibilité, etc. Il contient naturellement une grande quantité d'humidité dont la soustraction le rend jaune et élastique. Il se réduit par la décoction en colle ou gélatine. Outre son extensibilité et sa rétractilité, qui sont très-marquées et qui existent encore après la mort, il jouit pendant la vie d'une force de contraction tonique très-évidente, quoique beaucoup moindre que celle des muscles. C'est cette contraction qui constitue la *chair de poule*. C'est sa surface externe qui est le siége de la sensibilité tactile. Le derme est le soutien de tout le reste de la peau; c'est à sa surface qu'existe le corps muqueux.

§ 301. Le corps muqueux de Malpighi [1], *reticulare corpus*, *rete glutinosum malpighianum*, est une couche très-mince de tissu cellulaire à demi liquide, qui revêt la surface papillaire du derme, la sépare de l'épiderme, adhère intimement à l'une et à l'autre, et est le siége de la coloration. Cette partie de la peau,

[1] *Voyez* Meckel, Recherches anatomiques sur la nature de l'épiderme et du réseau qu'on appelle *malpighien*, Mém. de l'acad. roy. des sc. de Berlin, ann. 1753. — Albinus, *Academ. annot.* lib. I cap. I-V.

indiquée par Malpighi, très-bien observée par Meckel et par Albinus, admise par la plupart des anatomistes au moins dans le nègre, niée cependant par un certain nombre d'entre eux, et notamment par Bichat, M. Chaussier, Gordon et M. Rudolphi, ne peut pas, à la vérité, être isolée par la dissection, mais peut être aperçue dans diverses circonstances. Toutes les fois, soit dans l'état de vie, soit sur le mort, que l'épiderme se sépare du derme, on distingue, sur l'une ou l'autre, et quelquefois sur ces deux membranes, une couche muqueuse qui couvre les éminences papillaires et en remplit les intervalles. Cette membrane intermédiaire est surtout très-visible dans le nègre, très-visible encore dans les taches noires des blancs, et bien distincte même sur un morceau de peau blanche que l'on voit dans la collection de Hunter. Cette couche, extrêmement mince au sommet des papilles, et moins dans leurs intervalles, a l'apparence d'un réseau, mais n'est point percée. Ceux qui n'ont admis que deux membranes à la peau, l'ont regardée comme la partie profonde de l'épiderme. Ce corps muqueux, sur la nature duquel il est difficile de se faire une idée bien exacte, paraît consister en un liquide plastique ou un tissu cellulaire à demi organisé. Le sang et les injections n'y montrent point de vaisseaux; des liquides y pénètrent pourtant, mais ils semblent y être imbibés ou contenus dans des interstices particuliers. On n'y connaît point de nerfs non plus, et c'est par une pure allégation que M. Gall l'assimile à la substance grise du cerveau. Cette membrane forme un vernis humide qui revêt la surface papillaire et vasculaire du derme. Les substances qui entrent dans l'économie ou qui en sortent par la peau, la traversent; elle est le siége de la couleur, et celui des productions cornées, écailleuses, etc., qui existent naturellement dans la peau des animaux et dans quelques parties de celle de l'homme, ainsi que de celles qui s'y développent accidentellement. Cette membrane si mince, et dont l'existence même a paru contestable, paraît, dans quelques animaux, et même dans l'homme, du moins dans quelques parties du corps, et dans certains cas, être formée de plusieurs couches superposées.

§ 302. Un auteur anonyme avait déjà indiqué cette composition. Cruikshank l'a observée sur un nègre mort de la petite vérole; Bayham sur la peau d'un blanc, injectée, dans un autre cas de maladie; Gautier l'a démontrée sur la peau du nègre par divers procédés; et M. Dutrochet sur la peau des animaux. C'est un nombre d'observations suffisant pour ne pas les rejeter sans examen. 1° Il y a sur la surface papillaire du derme une couche très-mince et incolore, transparente, que l'on distingue surtout sous les écailles et les cornes colorées des animaux, dans le nègre, et même dans le blanc, mais sous l'ongle seulement; 2° une couche colorée, très-distincte dans les nègres, dans les blancs tachetés d'éphélides colorées, et beaucoup moins dans les endroits où la peau est blanche; elle est souvent réunie à la suivante; 3° une couche incolore superficielle, plus ou moins molle ou bien encroûtée de substance cornée ou calcaire; elle est distincte dans beaucoup d'animaux, un peu dans le nègre, point dans le blanc, excepté aux ongles, aux poils, et dans les productions cornées accidentelles. Cette couche est immédiatement couverte par l'épiderme.

§ 303. Le pigment de la peau [1] a son siége principal

[1] B. S. Albinus, *De sede et causâ coloris æthiopum et ceter. homin*,

dans le corps muqueux et surtout dans sa couche moyenne, mais les surfaces externe du derme, et interne de l'épiderme surtout, y participent aussi un peu. Les anatomistes antérieurs à Malpighi, et quelques-uns depuis lui, en placent le siége dans ces deux membranes, surtout dans la dernière. La matière colorante existe et dans les hommes de toutes les races, excepté les albinos. Cependant ce n'est guère que dans les nègres qu'on peut la voir bien distinctement du reste de la peau. Malpighi avait seulement annoncé que la couleur de la peau avait son siége dans le réseau muqueux; Littre avait, mais en vain, essayé d'obtenir la matière colorante séparée, en soumettant la peau du nègre à la macération pour gonfler le corps muqueux, et séparer ainsi l'épiderme du derme. Cependant, quoique le corps muqueux soit très-mol et liquéfiable, on parvient à séparer de la peau du scrotum du nègre des portions considérables du corps muqueux coloré, sous forme de membrane continue, indépendante et séparée de l'épiderme. Mais le plus ordinairement, et j'ai plusieurs fois répété cette expérience, la macération sépare du derme, qui reste très-peu coloré, l'épiderme et le corps muqueux réunis et colorés; ce n'est qu'avec difficulté qu'on peut ensuite séparer le corps muqueux sous forme de membrane. Si l'on prolonge la macération dans peu d'eau, et que l'expérience soit faite avec la peau du scrotum, partie très-foncée en couleur, le corps muqueux, en se résolvant en une sorte de mucosité, teint l'eau et laisse enfin déposer au fond du vase une poudre brune impal-

etc. *Lugd. Bat.* 1737, *et Annot.* lib. I. cap. II. — Meckel, *loc. cit.* — S. T. Sœmmering, *Ueber die korperliche verschiedenheit des negers vom europaër.*

pable. Gautier a assigné pour siége spécial, à la matière colorante, la couche moyenne du corps muqueux, qu'il décrit, sous le nom de gemmules, comme une couche ondulée qui couvrirait d'un seul de ses contours chacune des doubles lignes sillonnées du derme, de la paume des mains et de la plante des pieds. Il semble plutôt que le pigment résulte de globules colorés disséminés dans le corps muqueux.

Non-seulement le corps muqueux est plus coloré, mais il est plus épais dans la race nègre que dans les autres races, et son épaisseur est dans celles-ci en raison directe de sa coloration; aussi est-il tellement mince dans les blancs, que l'on a pu douter de son existence. Il est plus mince encore et si liquide dans les albinos, que l'action du soleil détermine très-facilement la vésication de leur peau, tandis que dans les nègres les épispastiques produisent très-difficilement cet effet.

La matière colorante de la peau est très-analogue à celle du sang; elle paraît être sécrétée de cette humeur, et passer des vaisseaux de la surface du derme dans le corps muqueux, où elle est dans une sorte d'imbibition. Divers phénomènes morbides portent à croire qu'elle y est sans cesse renouvelée par une déposition et une résorption continuelles. Beddoes et Fourcroy ont expérimenté que la peau du nègre, plongée dans l'eau imprégnée de vapeur de chlore, devient blanche, et reprend en très-peu de jours sa couleur noire dans toute son intensité. Les observations chimiques de Davy, de Coli et autres, ont démontré ce que M. Blumenbach avait avancé depuis long-temps, que le pigment de la peau est principalement formé de carbone.

L'usage du pigment, dans les races colorées, paraît être de défendre la peau contre l'effet rubéfiant des rayons du soleil, qu'on appelle communément coup de soleil [1].

§ 304. L'épiderme ou surpeau, *epidermis*, *cuticula* [2], est une couche de la peau distincte quoique mince, qui forme à sa surface une sorte de vernis sec et défensif. La surface libre ou superficielle de cette membrane, qui est en même temps celle de la peau, présente, on l'a déjà vu plus haut § 292, des petites rides, et des éminences diversement disposées et très-visibles à l'œil nu. De plus, si l'on examine cette surface avec un instrument grossissant, et même avec une simple loupe, les endroits de l'épiderme compris entre les petites rides, et qui, à l'œil nu, semblaient tout-à-fait unis, paraissent alors très-inégaux, rugueux, et présentent de petits enfoncemens qui ont d'autant plus l'apparence de pores, que l'on en voit suinter la sueur.

La face profonde de l'épiderme est adhérente et ne peut être séparée du reste de la peau par la dissection; mais la putréfaction, la macération, l'action de la chaleur sèche et humide, les épispastiques, et diverses maladies déterminent cette séparation. Quand elle est déterminée par un commencement de putréfaction, procédé préférable à tous les autres, on aperçoit, en

1 Voyez *Philosophical transactions ann.* 1821. I. *On the black rete mucosum.*, etc., *by* sir Ev. Home.

2 H. Fabricio, *de totius animalis integumentis, ac primò de cuticulâ, et iis quæ supra cuticulam sunt. in oper. omn.* — Ludwig, *de cuticulâ,* Lipsiæ 1739. — Meckel, *loc. cit.* et Nouvelles Observations sur l'épiderme. Mém. de l'acad. roy. des sc. de Berlin, ann. 1757. — Monro sen., *de cuticulâ humanâ, oratio, in works.* Edimb. 1781. — J. Th. Klinkosch et Hermann, *de verâ naturâ cuticulæ, ejusque regeneratione.* Pragæ, 1775. — B. Mojon, *Sull' epidermido,* etc. Genua, 1815.

soulevant avec précaution l'épiderme, une foule de filamens très-fins, transparens, incolores, qui se rompent après s'être allongés jusqu'à un certain degré. Ces filamens, très-bien décrits et représentés par W. Hunter, qui les regardait comme les vaisseaux de la sueur, avaient été déjà notés par Kaau, qui avait la même opinion. Bichat et M. Chaussier les regardent aussi comme des vaisseaux exhalans et absorbans. Mais on n'est pas encore parvenu à les injecter, et l'inflammation qui rend la peau si vasculaire, ne les colore pas sensiblement. D'un autre côté, Cruikshank pense que ce ne sont pas des vaisseaux, mais des prolongemens excessivement fins de l'épiderme qui tapissent les plus petits pores du derme. Seiler semble adopter cette hypothèse, et suivant lui ce sont des rudimens de follicules sébacés et de bulbes de poils. Cependant il n'est pas certain que ces prolongemens existent lorsque l'épiderme adhère au derme, et l'on pourrait les considérer comme des tractus muqueux formés par la substance intermédiaire au derme et à l'épiderme, rendue fluide et visqueuse par un commencement de décomposition.

L'épiderme pénètre en s'amincissant dans les follicules sébacés. Il pénètre aussi, et se comporte de la même manière, dans les ouvertures des bulbes des poils.

§ 305. On a dit que l'épiderme était composé d'écailles imbriquées; mais c'est une apparence trompeuse : il consiste en une membrane plane et continue. Nunberger a admis qu'il était pourvu de vaisseaux, et qu'il se nourrissait par intus-susception. Mojon y suppose, comme Klinkosch, des fibres, des lames, des vaisseaux, et toutes les propriétés de l'organisation et de la vie. Mascagni le regarde comme étant entièrement formé de vaisseaux absorbans. Fontana avait déjà cru y voir des vaisseaux contournés, mais M. de Humboldt a vu que ces prétendus vaisseaux n'étaient que des plis. L'observation la plus attentive et les opérations anatomiques les plus délicates ne font apercevoir dans l'épiderme qu'une couche homogène dont la surface adhérente se confond insensiblement avec le corps muqueux, et qui est dépourvue de tissu cellulaire de vaisseaux et de nerfs

§ 306. L'épaisseur de l'épiderme est peu considérable, elle égale à peine la cinquième ou la sixième partie de celle de la peau. A la paume des mains et à la plante des pieds, il est plus épais que partout ailleurs. Dans ces endroits, surtout chez les personnes qui se livrent à des travaux mécaniques ou qui marchent beaucoup, il paraît formé de plusieurs couches. M. Heusinger [1] considère cette partie de l'épiderme comme une variété du tissu corné, et l'a décrite sous le nom de tissu calleux. L'épiderme est moins élastique que le corium, très-flexible, et facile à déchirer. Il est transparent, et d'une couleur légèrement grisâtre. Dans les races colorées, il participe à la couleur de la peau, mais il est moins foncé que le corps muqueux. La transparence de l'épiderme n'est pas la même partout; quand on le regarde contre le jour on y aperçoit des points plus transparens qu'on a pris pour des porosités.

§ 307. On sait que Leuwenhoeck avait cru les apercevoir, et qu'il en a donné des figures. Beaucoup les ont admis d'après cela ou en se fondant sur des considérations physiologiques. Mais ni les observations de M. de Humboldt, faites avec des instrumens grossissans, de beaucoup supérieurs à ceux de Leuwenhoeck ; ni

[1] *System der histologia, von* Heusinger. Eisenach, 1822. 4°.

celles de Seiler, faites sur l'épiderme, détaché avec un rasoir, du corps d'un animal en sueur; ni les miennes, faites en chargeant un lambeau d'épiderme d'une colonne de mercure du poids d'environ une atmosphère, n'ont pu faire découvrir ces porosités. De plus, l'observation apprend que l'épiderme empêche ou modère beaucoup l'évaporation dans le cadavre, et que les endroits de la peau qui en sont dépouillés se dessèchent, ainsi que les parties sous-jacentes, avec une très-grande promptitude. Cependant l'épiderme laisse passer les matières que la peau absorbe pendant la vie, et certainement celles qu'elle excrète. Mais, ce qu'il y a de plus étonnant encore, c'est que dans les observations dont il vient d'être question on ne puisse pas même apercevoir les ouvertures de l'épiderme qui donnaient passage aux poils, celles qui répondaient aux follicules sébacés, ni même celles que l'on y aurait pratiquées avec une aiguille fine. On sait que la même chose arrive à la gomme élastique. Le papier à filtrer ne présente pas non plus de pores visibles au microscope quand il est mouillé; mais quand il est sec on en voit aisément.

§ 308. L'absorption et la perspiration cutanées ne pouvant dépendre des propriétés physiques de l'épiderme, on a cherché l'explication dans ses propriétés chimiques. L'épiderme desséché diminue de volume, et devient plus ferme, plus élastique, et un peu jaunâtre. Macéré dans l'eau froide, au contraire, il se gonfle un peu, devient mou, moins élastique, plus blanc et plus opaque. Cette substance cependant s'imbibe très-lentement; il faut une assez longue immersion des mains et des pieds dans l'eau, pour que l'épiderme ait absorbé assez de liquide pour devenir blanc et opaque, et cependant l'épiderme de ces régions paraît s'imbiber plus aisément que celui des autres parties du corps. C'est à cette difficile perméabilité de l'épiderme qu'il faut attribuer la difficulté avec laquelle le liquide des ampoules s'échappe dans le vivant, et la lenteur avec laquelle la peau des cadavres se dessèche, même dans les atmosphères les plus sèches, pourvu que l'épiderme soit resté intact. Il résiste très-long-temps à la putréfaction; on l'a retrouvé intact dans des tombeaux au bout de plus de cinquante ans. L'eau bouillante rend l'épiderme blanc, opaque, et le prive d'élasticité bien plus vite que l'eau froide. L'ébullition prolongée lui enlève un peu de gélatine qui paraît fournie par la face adhérente; le résidu ne diffère pas sensiblement de l'épiderme entier. Exposé au feu nu il brûle comme une lame de corne, et en répandant une odeur semblable. Les alcalis fixes purs le dissolvent complétement en une substance saponnacée. L'acide nitrique le jaunit presque immédiatement, l'épaissit, le ramollit, le rend opaque au bout d'environ un quart d'heure, et en vingt-quatre heures le réduit en une pulpe jaune. Si on applique de l'ammoniaque sur l'épiderme jauni par l'acide nitrique, il passe à la couleur orange foncé. Or, Hatchett a constaté que les mêmes effets avaient lieu sur l'albumine coagulée. L'épiderme paraît consister en une couche de mucus albumineux coagulé et desséché.

§ 309. L'épiderme n'est ni irritable ni sensible, il est de toutes les parties du corps celle qui est douée de la force de formation la plus active; il résulte de la concrétion d'un fluide exsudé à la surface de la peau, continuellement renouvelé, jamais résorbé, mais détruit à l'extérieur, à mesure qu'il est produit à la face interne.

§ 310. De nombreuses hypothèses ont été émises sur la formation de l'épiderme; la plus ancienne est celle qui consiste à le regarder comme le desséchement d'un fluide fourni pa rla surface du derme. D'autres, avec Leuwenhoeck, n'ont vu en lui qu'une expansion des vaisseaux de la peau. D'autres, comme Ruysch, le faisaient provenir de l'expansion et du desséchement des papilles. Heister attribuait sa formation à la réunion de ces deux causes; Morgagni, à la callification ou à l'endurcissement de la surface de la peau par la pression de l'eau de l'amnios d'abord, puis de celle de l'atmosphère; et Garangeot, à l'endurcissement du réseau muqueux. Toutes ces opinions, surtout la première et la dernière, contiennent quelque chose de vrai. Il résulte en effet d'une exsudation ou excrétion du derme. C'est la surface endurcie du corps muqueux; de sorte que depuis le derme jusqu'à la surface libre de l'épiderme, il y a une dégradation successive d'organisation et de vitalité, qui fait de l'épiderme une espèce de vernis, ne participant à l'organisation et à la vie que par son origine, ce qui le rend très-propre à supporter l'action des corps extérieurs, et à protéger les vaisseaux, les nerfs, et les autres parties de la peau.

§ 311. La peau formée par le derme, les vaisseaux et les nerfs qui se distribuent dans son épaisseur, et surtout à sa face superficielle; par l'épiderme dont il vient d'être question, et par le corps muqueux intermédiaire, offrant ainsi une dégradation d'organisation et de vitalité depuis le derme jusqu'à l'épiderme, participe aux propriétés physiques, chimiques et vitales de ces diverses parties. Il en est ainsi de ses fonctions ou actions organiques.

§ 312. La peau, à raison de l'épiderme sec et peu perméable qui en fait partie, n'est point aussi bien disposée que la membrane muqueuse, pour l'absorption et la sécrétion.

La peau, étant munie de son épiderme, dans l'état d'intégrité, l'absorption cutanée ou l'absorption cuticulaire, comme on l'appelle aussi, est en effet encore un sujet de doute et de discussion pour les physiologistes. Pour décider cette question entre Séguin, Currie, Klapp, Rousseau, Dangerfield, Chapman, Gordon et M. Magendie, etc., dont les observations et les expériences tendent à faire rejeter l'absorption cutanée, et Keil, Haller, Percival, Home, Cruikshank, Watson, Ford, Abernethy, Bichat, Duncan, Kellie, Bradner-Stuart, Sewal, etc., et surtout M. Young, dont les expériences et les observations sont favorables à cette absorption; il faut faire abstraction des cas dans lesquels l'absorption a pu avoir lieu par la respiration aussi bien que par la peau, et ils sont nombreux; de ceux dans lesquels l'épiderme a pu être amolli, altéré ou lésé par des applications prolongées à sa surface ou par des frottemens répétés : circonstances dans lesquelles l'absorption n'est plus cuticulaire, mais bien du même genre que celle qui a lieu par la membrane muqueuse, ou par l'inoculation, dont la matière est portée à travers une division de l'épiderme dans le corps muqueux et jusque dans le derme, parties éminemment absorbantes. Cela fait, il reste un petit nombre de faits qui montrent que quelquefois certaines substances sont absorbées par la peau à travers l'épiderme, dans son état d'intégrité, mais que cette membrane est véritablement un obstacle très-souvent efficace à l'érection absorbante du tégument externe.

§ 313. La peau est aussi un organe de sécrétion et d'excrétion. Deux genres de sécrétion extrinsèque bien connus ont lieu dans cette membrane, la perspiration cutanée et la sécrétion folliculaire sébacée. La perspiration est tantôt vaporeuse et insensible, et tantôt liquide et visible; dans ce dernier cas, c'est la sueur. Cette sécrétion est continuelle, et probablement essentiellement la même dans les deux cas; mais, dans le premier, elle est insensible à cause de sa vaporisation. La sécrétion a lieu dans la peau, mais on ignore par quels vaisseaux; quant aux voies par lesquelles elle traverse le corps muqueux et l'épiderme, elles sont tout-à-fait inconnues. On peut admettre avec quelque vraisemblance que c'est dans le fond des incisures et des enfoncemens microscopiques de l'épiderme, endroit où il est le moins sec, que se fait spécialement l'excrétion perspiratoire. La quantité de cette matière sécrétée est très-grande, mais difficile à déterminer. Sanctorius, dont les expériences sont si célèbres, avait reconnu qu'il perdait les cinq huitièmes de la totalité de ses alimens par la perspiration pulmonaire et cutanée. Parmi ceux qui ont répété ses expériences, Lavoisier et M. Séguin ont fait cette distinction. Ils ont trouvé que la perspiration cutanée est à la perspiration pulmonaire, terme moyen, comme onze est à sept. Cruikshank a essayé d'en déterminer la nature, et a trouvé qu'elle avait toutes les propriétés de l'eau contenant de l'acide carbonique et une matière animale odorante.

Quand la matière de la perspiration se rassemble sous forme de sueur, on la voit apparaître à la surface de la peau en gouttelettes sur lesquelles Leuwenhoeck a fait des observations intéressantes. La sueur de l'homme dans l'état de santé est toujours acide, salée et odorante. Elle est formée, suivant M. Thénard, de beaucoup d'eau, d'une petite quantité d'acide acétique, d'hydrochlorate de soude, et peut-être de potasse, de très-peu de phosphate terreux, d'un atome d'oxide de fer, et d'une quantité inappréciable de matière animale. M. Berzélius la regarde comme de l'eau tenant en dissolution des hydrochlorates de potasse et de soude, de l'acide lactique, du lactate de soude, et un peu de matière animale.

La perspiration cutanée, soit sensible, soit insensible, doit être considérée comme une des excrétions les plus importantes de l'organisme. En outre, elle est un puissant moyen de refroidissement et de résistance contre une température extérieure trop élevée. Cette fonction présente de nombreuses variétés suivant l'âge, le sexe, les individus, les circonstances extérieures, l'état des autres fonctions, l'action des substances ingérées ou appliquées, les maladies, etc. Elle exerce elle-même une très-grande influence sur les autres fonctions.

§ 314. On a admis qu'il se fait par la peau des absorptions et des sécrétions gazeuses analogues à celles du poumon, et constituant une sorte de respiration cutanée. Ainsi Spallanzani aurait vu dans les mollusques, M. Edwards dans les reptiles, et Jurine dans l'homme même, la peau absorber de l'oxigène. Suivant divers physiciens et physiologistes, des gaz seraient aussi excrétés par la peau; mais des objections et des expériences peuvent être opposées à ces assertions; on peut de même opposer les expériences de Priestley à celles de Cruikshank, du docteur Makensie et de M. Ellis, qui semblent favorables à une excrétion cutanée de carbone qui se combinerait avec l'oxigène de l'atmosphère pour former de l'acide carbonique. Il est du moins certain que, si dans l'homme dont l'épiderme est sec et dont la respiration pulmonaire est très-étendue, l'air exerce une action vivifiante sur le sang qui circule dans la peau, cette action ne peut aucunement suppléer celle du poumon.

§ 315. La peau excrète une matière huileuse [1] que Cruikshank est parvenu à obtenir sous forme de larmes noires à la surface d'un gilet de laine tricoté qu'il avait porté nuit et jour pendant un mois, dans le temps le plus chaud de l'été. Cette matière frottée sur du papier s'y comporte comme de la graisse; elle brûle avec une flamme blanche, et laisse un résidu charbonneux. Il est incertain si cette huile, que l'on a dit être de la graisse sous-cutanée transsudant à travers la peau, est fournie par les mêmes voies que la précédente ou que la suivante.

§ 316. Les follicules cutanés sécrètent une matière sébacée. Cette matière est épaisse, non glutineuse, sans apparence fibreuse quand elle est endurcie; elle forme en se suspendant dans l'eau par la trituration une sorte d'émulsion, mais ne s'y dissout point. Elle ne fond point au feu, elle brûle en laissant beaucoup de charbon. Elle contient, surtout le cérumen, une proportion d'huile qu'on peut en séparer par le papier absorbant. Cette matière se forme dans les follicules sébacés, d'où on peut la faire sortir par la pression sous forme de vermisseaux, et d'où elle sourde d'elle-même pour oindre la peau aux environs, et la garantir surtout de l'action de l'eau et des humeurs excrémentitielles.

Ce sont ces trois matières réunies qui constituent l'excrétion cutanée, excrétion très-abondante, dont une partie est continuellement vaporisée, et dont les parties les plus fixes enduisent la peau, et s'en détachent ensuite sous forme de crasse. Il faut joindre à ces excrétions celle de l'épiderme qui, sans cesse usé à sa

1 Ludwig et Grutzmacher, *de Humore cutem inungente*. Lipsiæ, 1748.

face superficielle, est sans cesse reproduit à sa face opposée.

§ 317. La peau est un organe de sensation. Elle est, plus encore que l'autre membrane tégumentaire, l'organe du tact général et passif qui nous fait apercevoir la présence des corps, leur température, etc. ; de plus, et surtout dans certains endroits, pourvus de beaucoup de nerfs et de vaisseaux, et bien disposés pour s'adapter à la forme des corps, elle est un organe de toucher spécial et actif, ou de palpation. Le tact et le toucher sont d'autant plus délicats que les papilles sont plus développées et moins couvertes.

§ 318. La peau enfin est un organe défensif, peu efficace chez l'homme, mais beaucoup dans certains animaux, où le corps muqueux est le siége d'incrustations calcaires et cornées. Il est évident que cet organe, dont les fonctions sont si multiples, de même que sa texture est si complexe, ne peut avoir une de ses parties, ou l'une de ses fonctions très-développée qu'aux dépens des autres; aussi plus le corps muqueux et l'épiderme sont épais et protecteurs, et plus le tact est émoussé.

§ 319. L'embryon, jusque vers le milieu du deuxième mois, n'a point encore de peau distincte. Vers cette époque, suivant Autenrieth, l'épiderme commence à paraître. Jusqu'à mi-terme, la peau reste mince, incolore et transparente : elle devient ensuite rosée jusqu'à huit mois environ ; à cette époque, elle pâlit, excepté dans les plis. Vers quatre mois et demi de la grossesse, on commence à apercevoir les follicules sébacés, d'abord à la tête, puis dans les autres parties du corps : à sept mois, commence à se montrer l'enduit sébacé, ou caséiforme de la peau ; à la naissance, la peau en est couverte et est d'un blanc rosé; après la naissance, la peau acquiert bientôt la couleur propre à la race, et augmente en épaisseur et en force jusqu'à l'âge adulte; dans la vieillesse, elle se dessèche, se ride et perd peu à peu sa couleur.

La peau est plus mince, plus fine, plus molle dans le sexe féminin; mais ces caractères disparaissent quelquefois après l'âge de la fécondité.

§ 320. Les différences que la peau présente dans les races ont été déjà indiquées (§§ 112-116). Les individus des races colorées, et même les nègres, naissent à peu près de la même couleur que les blancs. La couleur commence à se manifester dès que l'enfant respire, mais surtout vers le troisième jour après la naissance, autour des ongles, des mamelons, des yeux, de l'anus et des organes de la copulation; le septième jour, la coloration est étendue partout, excepté aux régions palmaire et plantaire qui restent blanchâtres. Pendant la première année, la couleur est peu intense; elle augmente ensuite, et persiste pendant la plus grande partie de la vie pour diminuer dans la vieillesse. L'odeur de la peau varie dans les races comme sa couleur. Outre les variétés nationales, on en trouve de très-nombreuses dans les individus.

§ 321. Les altérations morbides de la peau sont extrêmement nombreuses. Il a déjà été question des cicatrices ou des reproductions accidentelles de cette membrane (§ 258). Le tissu nouveau est analogue, mais non identique à l'ancien. Le derme y est plus dense, moins aréolaire, plus compacte, moins vasculaire, moins papillaire que celui de la peau. L'épiderme y existe manifestement; c'est à tort qu'on l'a nié tout récemment encore. Le corps muqueux y existe aussi, de même que sa couche colorée, et c'est à tort que Camper a prétendu que les cicatrices des nègres étaient blanches; seulement la nuance y est un peu différente. Il se forme quelquefois des productions cornées sur les cicatrices; ces tégumens accidentels sont très-ulcérables.

On trouve aussi quelquefois de la peau accidentelle dans des kystes des ovaires, ce sont probablement des productions imparfaites de fœtus, soit engendrés, soit enveloppés dans l'état fœtal, par l'individu qui les contient.

§ 322. La peau présente quelquefois des vices de conformation primitifs, soit par défaut, ce qui constitue dans le fœtus des divisions ou des dénudations; soit par excès, et alors il y a des plis ou des poches plus ou moins étendus. Elle présente aussi des vices de conformation acquis; sa distension portée très-loin, comme dans la grossesse, par exemple, écarte, éraille les fibres du derme, et produit des vergetures d'abord brunes ou noirâtres après l'accouchement, et qui ensuite deviennent et restent plus blanches que le reste de la peau, et luisantes. La distension plus modérée et plus prolongée fait perdre à la peau son élasticité ou sa rétractilité, et laisse, quand elle vient à cesser, des rides plus ou moins marquées.

§ 323. La peau est le siége fréquent de congestions, de flux, d'inflammations aiguës et chroniques, dont les effets très-variés, soit sur la texture de la membrane, soit sur sa couleur, soit sur les produits de sa sécrétion, ont donné lieu à l'établissement d'une cinquantaine de genres, et de plus de cent espèces de maladies de la peau consistant en des boutons, des écailles, des éruptions, des ampoules, des pustules, des vésicules, des tubercules, des taches, etc., sur lesquelles on consullera avec fruit les ouvrages de Plenck, de M. Alibert, de Willan et de Bateman.

§ 324. La rétention de la matière sébacée et son accumulation dans les follicules, donne lieu à la formation de tumeurs qu'on nomme *tannes*, quand elles sont petites, et que l'on confond, quand elles sont grosses, sous les noms de *loupes*, ou de *miliceris*, d'*athéromes* et de *stéatomes*, avec les tumeurs enkystées. Quand la tumeur est petite, et que l'orifice du follicule n'est pas oblitéré, on peut en faire sortir par pression la matière sébacée sous forme de ver, apparence qui a induit en erreur quelques observateurs peu attentifs et amis du merveilleux. Quand, au contraire, la tumeur s'est beaucoup accrue et est devenue volumineuse sous la peau, et que son orifice n'est pas apparent, elle ressemble beaucoup à un kyste; mais en la disséquant avec soin, on retrouve, dans le point où elle tient à la peau, des traces de l'orifice; et si l'on fend, dans ce point, la peau et la tumeur, on suit aisément l'épiderme se réfléchissant de la surface de la première dans la cavité de la seconde. La matière contenue, soit qu'elle ait l'apparence du miel, de la bouillie ou du suif, ressemble encore assez à la matière des follicules sébacés pour n'être pas méconnaissable.

§ 325. Diverses productions accidentelles, soit analogues, soit morbides, s'observent dans la peau. Cette membrane est quelquefois soulevée par une quantité plus ou moins grande, et quelquefois innombrable de tumeurs d'un volume très-variable, et formées par la production accidentelle d'un tissu blanc, fibreux, beaucoup plus compacte que le tissu cellulaire et plus flasque que le tissu ligamenteux, tissu que l'on trouve aussi assez souvent dans les polypes, et surtout dans des tumeurs sous-muqueuses du vagin et de la vulve.

§ 326. La couleur de la peau offre diverses altérations. Celle des albinos présente la plus singulière : leur peau est d'un blanc mat ou rosé tout différent de la blancheur des Européens; leurs poils sont transparens, blanchâtres ou plutôt incolores; l'œil a l'iris rose-pâle et l'ouverture de la pupille rouge, ce qui dépend de l'absence du pigment de la choroïde et de l'uvée. Les fonctions de la peau, et surtout des yeux, se ressentent de cette altération que l'on a attribuée à l'absence du corps muqueux, et qui dépend au moins bien certainement de celle de la matière colorante de la peau et de ses dépendances; c'est à tort que l'on a regardé cela comme effet d'une lèpre, d'une cachexie ou comme un état de maladie; c'est une erreur de Blumenbach et de Winterbottom, suffisamment réfutée par les observations de Jefferson, qui dit expressément que tous les individus de ce genre qu'il a vus étaient bien conformés, forts et bien portans. On trouve cette altération dans toutes les races humaines, dans toutes les parties du globe et dans un très-grand nombre de genres d'animaux. Elle commence dès la naissance, persiste toute la vie, et se transmet par la génération. L'union d'un albinos et d'un individu coloré donne ordinairement naissance à des individus colorés, et quelquefois à des albinos. Du reste, ils ne forment point une race dans l'espèce humaine, mais ne s'y rencontrent que sporadiquement, pour ainsi dire, ou comme des variétés accidentelles.

Les *nævi* et les signes de la peau consistent, les uns en une plaque colorée du corps muqueux, qui est ordinairement alors sensiblement plus épais dans ce point que dans les autres parties; d'autrefois ils consistent en une disposition érectile des vaisseaux de la peau qui sera décrite plus loin (chap. IV).

La coloration de la peau est aussi sujette à des altérations accidentelles : ainsi l'on voit des individus de la race blanche devenir bruns ou tout-à-fait noirs dans des parties plus ou moins étendues. On voit aussi des blancs ou des noirs devenir albinos dans des points plus ou moins larges de la peau.

La mélanose, qui coïncide ordinairement avec la décoloration de la peau, et qu'on observe si souvent dans les chevaux blancs, ne dépendrait-elle pas d'une aberration du pigment de la peau ?

Il se montre quelquefois dans le corps muqueux des productions cornées qui deviennent plus ou moins saillantes à la surface de la peau; ces productions étant analogues aux ongles, seront décrites à la suite de ces dépendances de la peau.

ARTICLE II.

DES DÉPENDANCES DE LA PEAU.

§ 327. Les ongles et les poils sont les seules dépendances de la peau dans l'espèce humaine; dans les animaux, au contraire, on trouve un grand nombre et une grande variétés de ces appendices. C'est à tort que l'on regarde ces parties comme des dépendances de l'épiderme seul, car elles ont des rapports avec toute la peau.

I. *Des Ongles*[1].

§ 328. Les ongles, *ungues*, sont des écailles cornées, qui garnissent la peau de la dernière phalange des

[1] Frankenau, *de Unguibus*, *Jenæ*, 1796. — Ludwig, *de Ortu et*

doigts et des orteils du côté de l'extension seulement.

On distingue trois parties dans les ongles : la racine, le corps et l'extrémité libre.

La racine ou l'extrémité adhérente est la cinquième ou la sixième partie de la longueur de l'ongle; elle en est la partie la plus mince; elle est reçue dans un sillon de la peau, et d'une couleur blanche. Le corps ou la partie moyenne tient le milieu pour l'épaisseur; sa face externe libre, lisse et présentant des sillons longitudinaux plus ou moins marqués, est convexe transversalement. La face opposée est intimement adhérente à la peau; la partie postérieure du corps de l'ongle, dans une étendue peu considérable, et qui va en diminuant du pouce vers le cinquième doigt, est blanche; cette partie semi-lunaire a reçu le nom de lunule; l'autre partie paraît rougeâtre, à cause de sa diaphanéité, qui permet d'apercevoir la couleur de la peau. L'extrémité libre de l'ongle en est la partie la plus épaisse; elle se prolonge au-delà du doigt et tend, d'une manière peu marquée cependant, à se recourber en une sorte de crochet.

§ 329. Les connexions de l'ongle avec le derme et l'épiderme ont lieu de la manière suivante : le derme est épais, rouge et très-papillaire sous le corps de l'ongle, excepté sous la lunule; les papilles sont disposées en séries linéaires, comme des sillons longitudinaux très-minces et très-rapprochés les uns des autres. La face correspondante de l'ongle est molle, pulpeuse, garnie

structurâ unguium. Lipsiæ, 1748. — B. S. Albinus, *in Annot. acad.*, lib. II, cap. XIV, *de Ungue humano*, *ejusque reticulo*, etc. et cap. XV *de Naturâ unguis*. — Bose, *de Unguibus humanis. Lips.* 1773. — Haase, *de Nutritione unguium. Lips.* 1774.

de rainures longitudinales qui reçoivent les sillons papillaires du derme et leur adhèrent très-intimement. Cependant leur séparation s'opère sur le cadavre par les mêmes causes qui détachent l'épiderme et le corps muqueux du derme. L'extrémité adhérente de l'ongle, très-mince et très-molle, est reçue dans le fond d'un pli du derme, dépourvu d'épiderme. Sous les ongles, petits et irrégulièrement développés des derniers orteils, les papilles du derme sont disposées irrégulièrement, et non en séries linéaires; la face adhérente de l'ongle présente la même disposition irrégulière pour recevoir les papilles.

§ 330. L'épiderme, arrivé vers la racine de l'ongle, se réfléchit avec le derme jusque vers le fond du sillon. Là, le derme passe sous l'ongle; l'épiderme, au contraire, se réfléchit sur sa racine et se prolonge sur sa face externe, qu'il recouvre ainsi d'une lame surpeficielle très-mince, qui se confond avec elle. A l'extrémité libre de l'ongle, l'épiderme du bout du doigt se réfléchit sous sa face profonde, et s'unit à la partie libre de cette face. Sur les côtés, il existe en arrière une disposition analogue à ce qui a lieu à la racine, et en devant à ce qui existe à l'extrémité libre.

Les ongles n'ont point d'autres connexions que celles qui viennent d'être décrites. C'est faute d'avoir bien observé, que quelques anatomistes en ont admis avec le périoste et avec les tendons.

§ 331. On a admis avec Blancardi, que les ongles sont formés par des poils agglutinés; d'autres, que les ongles résultent de la superposition d'écailles ou de lames cornées, dont la plus superficielle a toute la longueur de l'ongle, tandis que les autres diminuent successivement de longueur, ce qui donne l'épaississement successif de l'ongle depuis la racine jusqu'à l'extrémité libre. Ce sont plutôt des manières de se rendre compte du mode de formation des ongles, que des résultats de l'observation, qui, en effet, ne fait découvrir dans les ongles qu'une substance cornée, dure et sèche à l'extérieur, et muqueuse à l'intérieur. On n'y trouve ni vaisseaux, ni nerfs. Ils consistent en une couche épaisse et cornée du corps muqueux de la peau.

§ 332. Les ongles sont diaphanes, flexibles, élastiques; ils se déchirent en travers, nonobstant leur apparence fibreuse en sens opposé. Leurs propriétés chimiques sont celles de l'albumine coagulée; ils paraissent contenir aussi un peu de phosphate de chaux; ils ont les plus grands rapports avec la corne. Ils sont tout-à-fait dépourvus d'irritabilité et de sensibilité. La force de formation, ou l'accroissement continuel par une sorte de végétation, est le seul phénomène organique et vital qu'on y observe; encore ce phénomène leur est-il étranger. Les matériaux de leur formation sont continuellement sécrétés et excrétés à mesure par le derme: cette matière apposée à l'extrémité et à la face adhérentes de l'ongle, semblable à celle de la sécrétion du ver à soie, se concrétant à mesure qu'elle est excrétée, et s'ajoutant continuellement à celle qui l'a précédée, la pousse devant elle et allonge ainsi l'ongle par juxtaposition et non par intus-susception. C'est donc une véritable excrétion dont les matériaux une fois déposés ne sont plus résorbés. Les ongles arment, soutiennent et protégent l'extrémité des doigts et des orteils.

§ 333. Les ongles commencent à paraître vers le milieu de la vie fœtale: il sont encore très-imparfaits à la naissance. Dans les races colorées, la couleur est sous-jacente à l'ongle. Dans beaucoup d'animaux, au contraire, la couche colorée du corps muqueux est confondue avec la couche cornée dans la composition des ongles et des parties analogues. Les parties les plus ressemblantes aux ongles de l'homme sont les griffes des carnassiers, etc., qui entourent la face dorsale et les côtés de la dernière phalange, et se recourbent vers la face plantaire; et les sabots des ruminans, etc., qui enveloppent toute l'extrémité de la dernière phalange. Les ongles des pieds de l'homme prennent quelquefois un accroissement considérable et une direction qui les rapprochent des griffes.

§ 334. Les altérations [1] que l'on attribue aux ongles leur sont, dans la réalité, tout-à-fait étrangères, et dépendent uniquement de la peau qui les fournit. Il en est de même des productions cornées accidentelles; c'est dans le tissu sous-jacent qu'il en faut chercher l'origine.

Lorsqu'un ongle est arraché par violence ou détaché par une maladie de la peau sous-jacente, il repousse lentement et diffère plus ou moins de l'ongle primitif, suivant que l'affection de la peau persistait plus ou moins quand il a repoussé.

Il se forme des lames cornées, plus ou moins analogues aux ongles, sur des cicatrices, sur le bout des orteils, et sur d'autres endroits exposés à des pressions ou des frottemens rudes et réitérés : tels sont les callosités, les ognons, etc. L'ichthyose simple ou en plaques n'en diffère que par son étendue et parce que sa cause est ignorée.

Les cors consistent aussi en productions cornées accidentelles, arrondies, petites, très-dures, et qui, par

[1] Plenck, *de Morbis unguium, in doctrinâ de morbis cutaneis.*

la compression qu'elles transmettent, irritent, enflamment, percent quelquefois la peau, et même altèrent les os ou les articulations sous-jacentes.

Des cornes ou des productions cornées conoïdes plus ou moins allongées, ont été observées depuis l'antiquité un grand nombre de fois sur presque toutes les parties de la peau. Quelquefois une seule de ces excroissances existe sur un individu, et s'est développée ou sur une cicatrice, ou dans un follicule sébacé, ou sur quelque point de la peau préalablement altéré, ou bien sans qu'on ait rien remarqué de particulier dans la peau avant la production cornée; d'autres fois il existe sur presque tous les points de la peau des productions de ce genre, ce qui constitue une espèce d'ichthyose.

On peut rapprocher des productions cornées accidentelles, et regarder comme du tissu corné imparfait les verrues de la peau et les poireaux de la membrane muqueuse, les uns et les autres participant du tissu corné et de celui de la membrane.

Les ongles se ramollissent, se carnifient, deviennent du tissu corné imparfait, végètent irrégulièrement, présentent des excroissances, deviennent secs, cassans, etc., dans certaines affections générales ou locales de la peau, ainsi que par le contact habituel des alcalis, des acides, etc., comme cela a lieu dans quelques professions. Ils participent d'ailleurs toujours à l'état sain ou malade de la peau dont ils sont une production. L'ongle entré dans la chair n'est que la cause mécanique d'une inflammation de la peau.

II. *Des Poils* [1].

§ 335. Les poils, *pili, crines*, sont des filamens cornés, en général fins et longs, qui garnissent en plus ou moins grand nombre presque toutes les parties de la peau, excepté la paume des mains et la plante des pieds. Chaque poil consiste en un bulbe et une tige, et chacune de ces parties a une texture assez compliquée, distincte surtout dans les points les plus volumineux.

§ 336. Le bulbe ou follicule des poils, que Malpighi comparait aux vases dans lesquels les jardiniers plantent des végétaux, et que Chirac a très-bien décrit, est situé dans l'épaisseur du derme ou au-dessous de lui; il a une forme ovoïde; par une de ses extrémités, qui pénètre obliquement à travers la peau, il communique à la surface de cette membrane; et par l'autre, qui est profonde et garnie de quelques filamens implantés comme des racines, il est plongé dans le tissu cellulaire sous-cutané. Il est formé à l'extérieur d'une membrane capsulaire, ferme, coriace, blanche, qui se continue par l'extrémité superficielle avec le derme. En dedans de cette membrane en est une autre plus mince, molle, rougeâtre ou diversement colorée, et qui semble être la continuation du corps muqueux. La cavité de

1 P. Chirac, Lettre écrite à M. Regis, sur la structure des cheveux. Montpellier, 1688. — M. Malpighi, *de Pilis observationes in op. posth.* — Withoff, *Anatome pili humani.* Duisb. 1750. *et in Comm. soc. scient.* Gotting. 1753. — J. H. Kniphof, *de Pilorum usu.* Erf. 1754. — Duverney, Œuvres anatom. Paris, 1761. — Albinus, *Acad. annot.* lib. IV, cap. IX. — J. P. Pfaff, *de Variet. pilor. natural. et præternat.* Halæ, 1796. Car. Asm. Rudolphi, *Diss. de pilorum structurâ.* Gryphiswald. 1806. — Gautier, *L. c.* — Heusinger, *L. c.*, etc.

ce follicule membraneux est en grande partie remplie d'un bourgeon ou papille conique, adhérant par sa base au fond de la cavité, et libre par son sommet qui s'élève vers l'orifice du follicule.

Des vaisseaux sanguins arrivent à la papille; suivant Gautier, par le goulot du bulbe; en rempant entre ces deux couches membraneuses, et suivant mes propres observations, par le fond. J'ai aussi suivi, par la dissection, des filets nerveux jusque dans la racine du follicule, que je regarde en conséquence comme formée par des vaisseaux, des nerfs, et du tissu cellulaire.

Les bulbes des poils semblent donc consister en une petite partie de la peau enfoncée, déprimée ou retournée sur elle-même, surmontée d'une papille, et munie de vaisseaux et de nerfs volumineux eu égard à la petitesse de l'espace où ils se distribuent.

On trouve enfin dans l'épaisseur du goulot de ce bulbe pilifère plusieurs petits follicules sébacés disposés circulairement.

§ 337. La tige du poil est implantée par une de ses extrémités dans le bulbe pilifère, et libre dans le reste de son étendue. Sa forme est conoïde, l'extrémité libre étant un peu plus mince que le reste. Sa longueur est très-variable, son épaisseur varie beaucoup aussi. La base est creuse, logée dans le bulbe où elle embrasse la papille; le sommet est souvent fendu; quelle que soit la couleur du poil, sa racine est toujours blanche et diaphane; la partie renfermée dans le bulbe est toujours aussi plus molle que le reste, sa portion la plus inférieure et qui couvre la papille est tout-à-fait fluide. On a dit que la surface du poil était écailleuse ou garnie d'aspérités microscopiques, libres du côté du sommet, et adhérentes du côté de la racine; je n'ai jamais pu les voir.

§ 338. La connexion du poil avec la peau a lieu comme il suit : il tient par sa base, qui est creuse, à la surface de la papille; de plus, l'épiderme, après s'être introduit de la surface de la peau à l'entrée du bulbe, se réfléchit sur la base du poil, s'unit et se confond avec sa surface; aussi le poil tient-il fortement à la peau, et ne peut-on le tirer un peu fort sans la tirailler douloureusement; la séparation des poils s'effectue sur le cadavre par les mêmes causes qui détachent de la peau l'épiderme et les ongles.

§ 339. La tige du poil consiste en une gaîne cornée, diaphane, à peu près incolore, et en une substance intérieure colorée, que l'on a le plus généralement décrite comme étant formée d'un certain nombre de filamens, on a dit de cinq à une dixaine, humectés d'une substance colorante; d'autres ont dit d'une substance spongieuse semblable à celle qui remplit la tige des plumes; d'autres ont prétendu que les filamens intérieurs étaient vasculaires; on a prétendu aussi que les poils consistaient en un filament corné homogène, ce qui n'est pas probable; Mascagni les dit entièrement formés de vaisseaux absorbans. Il paraît au contraire que, comme l'épiderme et la corne, les poils sont tout-à-fait dépourvus de vaisseaux et de nerfs; qu'ils consistent simplement en un prolongement de deux couches du corps muqueux, la couche colorée et la couche cornée, auxquelles se joint même l'épiderme.

§ 340. La couleur des poils est en général relative à celle de la peau et des yeux. Dans les individus qui ont des taches colorées ou des taches albiniques, les poils sont colorés sur les premières, et blancs ou incolores sur les secondes. Ils sont très-résistans, et supportent sans se rompre des poids assez considérables. Ils se fendent ou se déchirent aisément en long. Ils sont très-hygroscopiques, l'humidité les gonfle et les allonge, la sécheresse les raccourcit : Saussure a tiré parti de ce phénomène dans l'hygromètre qui porte son nom. Ils sont idio-électriques. Ils dépolarisent la lumière, et suivant le docteur Brewster, ils possèdent des axes parfaitement neutres ; ceux-ci étant parallèles et perpendiculaires à l'axe du poil.

Suivant M. Hatchett, l'ébullition prolongée des poils leur enlève un peu de gélatine, et la substance restante, qui a perdu une partie de l'élasticité et de la ténacité du poil, a toutes les propriétés de l'albumine coagulée. Ils résistent beaucoup à la putréfaction. Leur couleur s'altère d'abord, mais la matière cornée résiste très-long-temps. M. Vauquelin a trouvé qu'ils se fondent par la décoction dans le digesteur de Papin ; qu'ils se fondent aussi dans l'eau contenant quatre centièmes de potasse caustique ; que tous les acides ont de l'action sur eux. Suivant ce célèbre chimiste, ils sont composés d'une matière animale qui en fait la base, d'un peu d'huile blanche concrète, d'une huile noirâtre, de fer, d'oxide de manganèse, de phosphate de chaux, de carbonate de chaux, de silice et de soufre.

§ 341. Ils ne sont point irritables, point sensibles ; leur force de formation ou de végétation est très-active.

Les mouvemens que les poils peuvent éprouver leur sont communiqués par les muscles peauciers, et par la contraction de la peau elle-même. Les très-gros poils ou les piquans de certains animaux sont en outre pourvus, chacun à leur racine, d'un petit muscle destiné à les redresser. Quoique la tige du poil soit, rigoureusement parlant, insensible, cependant comme leur racine est appliquée sur une papille pourvue d'un nerf, ils lui transmettent avec une grande exactitude les effets du contact des corps extérieurs qui agissent mécaniquement sur eux. Leur végétation ou production est continuelle, elle est analogue à celle de l'épiderme et des ongles, et constitue comme elle une véritable excrétion. Quelques faits semblent indiquer qu'il se passe dans leur intérieur, non une circulation véritable, mais une imbibition, et qu'un liquide coloré les parcourt lentement de la racine vers l'extrémité libre. On les a dit, sans preuve, être des organes d'absorption. Leur usage est de protéger la peau et de servir, dans quelques endroits surtout, à la sensation. Ils ont d'ailleurs des usages locaux.

§ 342. Relativement aux régions qu'ils occupent, les poils présentent des différences assez grandes, et ont reçu divers noms.

Au crâne, on les nomme cheveux, *capilli*, *coma*, *cæsaries* : ce sont les poils les plus nombreux, les plus longs, les plus rapprochés et les plus forts.

Les sourcils et les cils appartiennent aux yeux; les orifices du nez et de l'oreille sont aussi garnis de poils.

Les joues, les environs de la bouche et le menton sont occupés par la barbe, *barba*, *julus*, *mystax*, *pappus*.

Les aisselles sont aussi garnies de poils, *glandebalæ*, ainsi que le pubis, *pubes*, le scrotum ou les lèvres de la vulve, et le pourtour de l'anus.

Le reste du corps, soit le tronc, soit les membres, en est aussi plus ou moins garni. Au tronc, il y en a plus à la face antérieure qu'à la face dorsale, ce qui est le contraire de ce qu'on voit en général dans les animaux; aux membres, il y en a moins au côté interne qu'au côté opposé. En général les poils de la plus grande partie du tronc et des membres sont rares, très-fins, courts et à peine visibles; ils n'ont point reçu de noms particuliers, on ne les trouve abondans et très-développés que dans certains individus velus, *homines pilosi*.

§ 343. C'est vers le milieu de la grossesse que l'on commence à apercevoir les rudimens des poils. Ils apparaissent dans le corps muqueux sous forme de globules semblables à ceux du pigment. Sur ces globules s'élèvent de petits cônes creux, ce sont les gaînes des poils. Ils restent pendant quelque temps sous l'épiderme, et finissent par le traverser obliquement; on a dit par des pores, mais on n'en voit pas.

On trouve bientôt sur la peau du fœtus un duvet fin, *lanugo*, d'abord incolore, qui couvre presque tout le corps, et qui affecte, dans les diverses régions, des directions déterminées. Ces poils soyeux se détachent pour la plupart vers le huitième mois de la gestation, et se retrouvent dans l'eau de l'amnios et dans le méconium. C'est dans la dernière moitié de la durée de la grossesse que commencent à paraître les cils, les sourcils, les cheveux. Après la naissance le reste du duvet tombe. Vers la puberté commencent à paraître la barbe, les poils du nez et de l'oreille, ceux de l'aisselle, du pubis, des organes de la copulation, de l'anus, et ceux du reste du corps. Après l'âge adulte et dans la vieillesse, les poils blanchissent, et tombent ordinairement.

Dans le sexe féminin, les cheveux sont plus nombreux et surtout plus longs. Il n'y a point de barbe ordinairement ni de poils autour de l'anus, et ceux du reste du corps sont plus rares et plus fins. Après l'âge de la fécondité, la barbe se développe quelquefois en assez grande quantité. En général, les femmes deviennent moins souvent chauves que les hommes.

Les races humaines présentent, relativement aux poils, des différences qui ont été déjà indiquées (§§ 112-117).

Les individus en présentent aussi de nombreuses : les unes sont relatives à la couleur dont les nuances varient beaucoup ; d'autres sont relatives à la grosseur, à l'abondance et à la longueur. Withoff a trouvé que sur une portion de peau de l'étendue d'un quart de pouce carré il y avait 147 cheveux noirs, 162 châtains et 182 blonds.

Des parties très-analogues aux poils se trouvent dans quelques mammifères, où elles constituent des piquans; ce sont des étuis cornés, colorés, durs et pointus, renfermant à l'intérieur une substance spongieuse blanche et peu solide : tels sont ceux du porc-épic. Les poils ordinaires semblent consister dans la première substance principalement.

§ 344. On trouve des poils accidentels sur diverses parties de la peau et de la membrane muqueuse, ainsi que dans des kystes. Il existait même une erreur populaire chez les anciens, accréditée par Plutarque et par Pline, c'est que le cœur aurait été vu couvert de poils. Homère, suivant quelques-uns, aurait même parlé du cœur velu d'Achille; mais il paraît que c'est de la poitrine velue de son héros qu'il a réellement parlé. Quant aux autres faits, il paraît, suivant la remarque de Sénac, qu'il s'agit tout simplement de cœurs hérissés de tissu cellulaire accidentel. Les poils accidentels de la peau sont ceux qu'on trouve sur des taches colorées ou sur des parties de la peau plus épaisses que le reste de cette membrane; on en a vu acquérir beaucoup de développement sur des parties de la peau précédemment enflammées. On a vu des poils implantés sur diverses parties de la membrane muqueuse; le plus souvent on les a trouvés libres dans les cavités tapissées par cette membrane ou rejetés au-dehors, soit seuls, soit faisant partie des concrétions. Quoique plusieurs de ces faits soient très-authentiques, il ne faut pas oublier que des poils peuvent être avalés ou introduits par d'autres voies. Les poils des kystes, soit cutanés, soit muqueux, sont tantôt implantés et tantôt libres, et dans les deux cas ordinairement mêlés avec de la graisse ou avec de la matière sébacée. Ceux qui sont implantés dans des kystes de l'ovaire le sont ordinairement sur des parties évidemment cutanées de ces kystes. Quant à ceux des loupes du sourcil et du crâne, etc., ces kystes ne me paraissent être que des follicules sébacés, et les poils qu'ils contiennent que des poils de la peau, qui, au lieu de se diriger à la surface de cette membrane par l'orifice du follicule, ont été déviés par l'agrandissement accidentel de cette cavité.

§ 345. Ces altérations des poils [1], comme celles des ongles, ont toutes leur origine et leur cause dans la partie productrice; la partie produite, cornée, en éprouve les effets. Quand un poil est arraché par violence, ou quand il est tombé par l'effet d'une affection de la peau, et que celle-ci vient à cesser, il repousse et s'accroît par le même procédé organique que les ongles. Cette régénération s'effectue de la même manière que la production première (§ 343). Quand les poils blanchissent par les effets de l'âge ou par d'autres causes, c'est par l'extrémité libre que l'albinisme commence; c'est de la même manière que s'opère le blanchiment automnal de beaucoup d'animaux, ce qui semble assez positivement indiquer que l'intérieur du poil est le siége d'une sorte

[1] Plenck; *de Morbis capillorum, in op. cit.*--G. Wedemeyer; *Historia pathol. pilorum.* Gotting. 1812. 4°.

d'imbibition dont la matière serait fournie par la papille du bulbe ou follicule. Ce qui semblerait l'indiquer encore, c'est que, après les fièvres graves et dans beaucoup de maladies chroniques, les cheveux, quand ils ne tombent pas, éprouvent une sorte d'amoindrissement, d'atrophie; ils deviennent transparens, secs, cassans; et, quand la santé se rétablit, ils reprennent leurs qualités premières. On a vu aussi les cheveux, après ou sans avoir éprouvé l'albinisme, changer de couleur et repousser noirs. Le phénomène morbide de la plique, dans lequel on dit que les cheveux ramollis, carnifiés, laissent couler du sang quand on les coupe au niveau de la peau, ne fait point exception à cette proposition générale, que la tige du poil ne fait que participer à l'état sain ou morbide de la peau : on conçoit en effet que la papille du poil peut, si elle est enflammée, s'élever, renfermée dans la racine du poil, jusqu'au niveau de la peau, et que son tissu vasculaire peut être entamé en rasant la tige du poil; mais n'y a-t-il pas beaucoup d'exagération dans ce qu'on raconte de la plique ?

CHAPITRE IV.

DU SYSTÈME VASCULAIRE.

§ 346. Le système vasculaire, *systema vasorum*, résulte de l'ensemble d'une multitude de canaux ramifiés, communiquant entre eux, et dans lesquels les humeurs nutritives parcourent sans cesse toute l'étendue du corps; recevant aux surfaces tégumentaires les matières de l'absorption extrinsèque, et y abandonnant celles de la sécrétion excrétoire; déposant et reprenant alternativement des molécules dans les cavités closes des membranes séreuses, et dans les aréoles du tissu cellulaire; fournissant continuellement dans la substance des organes des matériaux de composition, et y reprenant incessamment ceux de la décomposition.

§ 347. Dans les animaux les plus simples, la masse du corps tout entière, partout également perméable, s'imbibe directement des matières de l'absorption, et rejette aussi simplement celles de l'excrétion; à un degré un peu plus élevé de composition organique, le tégument, siége essentiel de l'absorption et de la sécrétion extrinsèque, est prolongé dans la masse du corps par des ramifications plus ou moins multipliées, à l'aide desquelles les matières de l'absorption sont distribuées, et celles de l'excrétion puisées, dans divers points de la masse; enfin, dans un degré plus élevé et qui comprend une grande partie du règne animal, des vaisseaux parcourent la masse du corps dans tous les sens, distribuant et reprenant partout la matière de la nutrition.

§ 348. Comme dans l'homme ainsi que dans beaucoup d'animaux, le sang contenu dans les vaisseaux est continuellement porté d'un point central dans toutes les parties et rapporté de toutes les parties au centre, de manière à décrire un cercle, on donne aussi à l'ensemble du système vasculaire et de ses dépendances le nom d'appareil circulatoire; le premier nom étant relatif à la conformation et le second à la fonction.

Ce système ou genre d'organes comprend trois espèces, dont deux, les artères et les veines, contiennent du sang; les artères le portant à toutes les parties, et les veines le rapportant de toutes les parties, sont unies au centre par un organe creux, musculaire, le cœur. La troisième espèce, les vaisseaux lymphatiques, rapportent non du sang, mais le chyle et la lymphe, et les versent dans les veines; ils doivent être considérés comme un appendice du système veineux.

§ 349. Les artères et les veines sont dans un rapport tel avec le cœur et avec le sang, qu'on peut encore les diviser en deux autres sections.

Le sang est apporté par les veines de toutes les parties du corps au cœur, et de là conduit au poumon par l'artère pulmonaire; il revient du poumon par les veines pulmonaires au cœur, pour être emporté par l'artère aorte dans toutes les parties du corps, d'où il est rapporté par les veines caves. On donne le nom de circulation pulmonaire ou petite au trajet du sang du cœur au poumon et du poumon au cœur, et le nom de vaisseaux pulmonaires aux voies de cette circulation. On donne le nom de circulation générale ou grande au trajet du sang du cœur dans tout le corps et de toutes les parties du corps au cœur, et le nom d'artère aorte et de veines caves, ou de vaisseaux généraux, à ceux que parcourt le sang dans ce trajet.

§ 350. Le sang contenu dans les veines générales du corps, dans la moitié antérieure ou droite du cœur et dans l'artère pulmonaire, est d'un rouge brun; on l'appelle veineux : celui que contiennent les veines pulmonaires, l'autre moitié du cœur et les artères aortiques, est d'un rouge vermeil ou artériel. On a divisé aussi la circulation, d'après le sang qu'elle conduit, en celle du sang noir et en celle du sang rouge. Bichat, auteur de cette division, aperçue par Galien (II sect.), a cru devoir décrire ensemble les voies de la première sous le nom de système vasculaire à sang noir, et réunir celles de la seconde sous le nom de système vasculaire à sang rouge. On voit tout de suite que cette division, féconde en résultats, repose entièrement sur une base physiologique, et non sur la ressemblance de texture des parties.

§ 351. Les trois espèces de vaisseaux ayant beaucoup d'analogie entre eux; les deux systèmes vasculaires sanguins ayant surtout beaucoup de rapport l'un avec l'autre; et les systèmes veineux et lymphatique se ressemblant aussi beaucoup, il faut, avant de décrire chaque espèce, exposer ces généralités, tant ce qui est relatif aux vaisseaux en général, que ce qui appartient à leurs terminaisons.

PREMIÈRE SECTION.

ARTICLE PREMIER.

DES VAISSEAUX EN GÉNÉRAL.

§ 352. La situation des vaisseaux est intérieure ou profonde. Les plus gros sont placés en général vers le centre du corps, et l'on ne trouve aux surfaces que des divisions d'une ténuité extrême, et encore sont-elles séparées des corps extérieurs par une couche de substance non vasculaire.

Les vaisseaux principaux, soit au tronc, soit aux membres, sont en général placés dans le sens de la flexion des parties.

En général, on trouve ensemble, une artère, une ou deux veines, et plusieurs vaisseaux lymphatiques; en outre, on trouve sous la peau beaucoup de vaisseaux lymphatiques et de veines, et peu d'artères.

§ 353. Le volume respectif des vaisseaux des trois espèces est tel qu'en général les vaisseaux qui rapportent, savoir les veines et les lymphatiques, sont ensemble beaucoup plus volumineux que les artères qui portent le sang. Les veines mêmes à elles seules ont en général beaucoup plus de capacité que les artères auxquelles elles correspondent; cela est surtout vrai des vaisseaux généraux du corps. Quant au rapport de volume et de nombre, ou de capacité totale, entre les vaisseaux veineux et lymphatiques, il est moins connu; on sait bien cependant que sous la peau, sous les membranes muqueuses, et autour des membranes séreuses, il y a tout à la fois beaucoup de veines et de vaisseaux lymphatiques; que dans les interstices musculaires des membres et des parois du tronc, il y a encore beaucoup de vaisseaux lymphatiques avec les veines, tandis que dans le canal rachidien et dans le crâne il y a beaucoup de veines volumineuses, et peu ou peut-être point de vaisseaux lymphatiques. Ces derniers rapports dépendraient-ils de la différence de la matière dont les muscles et la substance nerveuse se nourrissent, et par conséquent de la matière différente qui reste dans la circulation?

§ 354. La forme extérieure du système vasculaire est celle d'un arbre dont le tronc tient au cœur, et qui se divise successivement en branches, en rameaux et en ramuscules de plus en plus fins.

Chaque partie, depuis son origine d'une branche plus grosse jusqu'à sa division en rameaux plus petits qu'elle, conserve en général une forme cylindrique.

Chaque rameau étant plus petit que la branche dont il procède, et plus gros que chacun des ramuscules qui naissent de lui, il en résulte une diminution successive depuis le tronc jusqu'à la fin de chacune des dernières ramifications.

Comme en général la somme des branches qui résultent de la division d'un tronc l'emporte sur le volume du tronc lui-même, il s'ensuit aussi que le système vasculaire a la forme d'un cône dont le sommet est au cœur et dont la base est formée par l'ensemble de tous les ramuscules répandus dans le corps.

§ 355. Le nombre des divisions du système vasculaire, depuis son centre d'origine jusqu'à ses dernières ramifications, n'est pas le même dans toutes ses parties. On l'a beaucoup exagéré, en le portant à quarante;

Haller s'est beaucoup plus approché de la vérité, en portant à une vingtaine le maximum des divisions successives d'un vaisseau depuis son tronc jusqu'à ses dernières divisions.

Dans certains endroits, les vaisseaux se divisent en se bifurquant, de manière que le tronc cesse par sa division en deux branches, la branche par la séparation en deux rameaux. Ainsi l'aorte se bifurque en iliaques communes, celles-ci se bifurquent à leur tour; les carotides primitives se divisent également en deux. Les vaisseaux intestinaux présentent cette division dichotomique d'une manière remarquable.

Les angles que les vaisseaux forment en se divisant, et sous lesquels les branches se séparent des troncs, varient, mais sont pour la plupart aigus du côté des rameaux. Il est bon d'observer avec Haller que ces angles, auxquels on a attaché beaucoup d'importance, sont en grande partie détruits ou changés par la dissection, en enlevant le tissu cellulaire qui entoure les vaisseaux. Il y a quelques angles qui sont à peu près droits, ce sont en général les premières et les plus grosses divisions des troncs : ainsi les branches de la crosse de l'aorte, l'artère cœliaque, les rénales, etc.; les veines rénales et hépatiques, les veines sous-clavières, les jugulaires, etc.; le canal thoracique, à son embouchure dans la veine sous-clavière, et quelques autres, comme les vaisseaux sacrés antérieurs, tarsiens, etc. Quelques vaisseaux même forment des angles obtus : tels sont les premiers vaisseaux intercostaux, les vaisseaux inférieurs du cervelet, ceux du cœur, et quelques vaisseaux des membres, etc. La plupart enfin forment des angles aigus, et souvent très-aigus, tels sont par exemple les vaisseaux spermatiques.

Il faut observer relativement aux angles, que l'on

regarde comme droits et même comme obtus, que la plupart sont réellement aigus; mais à une petite distance de leur origine, les branches, après un court trajet, changent de direction, se réfléchissent et suivent un trajet rétrograde ou contraire à celui du tronc, à peu près comme on le voit dans les branches des saules pleureurs.

Il n'y a aucune loi ou règle générale à déduire de l'observation sur les angles que forment les divisions des vaisseaux. Ainsi l'on voit des grosses branches aussi bien que des petites, et des branches voisines du tronc et de son origine, aussi bien que des rameaux très-éloignés, naître sous des angles plus ou moins aigus.

Ce qui est vrai des gros vaisseaux l'est également des plus petits dans les divisions desquels on trouve également des angles aigus pour la plupart, quelques-uns droits et même quelques-uns obtus.

§ 356. Les branches des diverses parties du système vasculaire, tout en se divisant ou se ramifiant à mesure qu'elles s'éloignent de l'origine ou du centre du système, ont cependant entre elles des communications ou anastomoses. Les vaisseaux lymphatiques sont ceux qui en ont le plus, les veines en ont beaucoup, les artères en ont moins, et cependant en ont encore un très-grand nombre. Ces communications ont lieu par la rencontre et la réunion de deux vaisseaux d'une même espèce et d'un volume égal.

Dans quelques endroits deux vaisseaux marchant obliquement l'un vers l'autre, se réunissent en un seul tronc qui suit la direction moyenne ou diagonale des deux; telle est la réunion des deux artères vertébrales pour former la basilaire, celle des artères spinales antérieures, celle de l'aorte et de l'artère pulmonaire dans le fœtus, celle de beaucoup de veines, etc.

Les vaisseaux s'anastomosent le plus souvent en formant par leur rencontre une arcade, de la convexité de laquelle partent des rameaux : c'est ce que l'on voit dans les vaisseaux mésentériques ou intestinaux, autour des articulations, à la main, au pied, etc.

Dans d'autres endroits deux vaisseaux suivant chacun leur direction, communiquent par une branche transversale; telle est la communication des artères ombilicales entre elles dans le placenta ; telles sont celles des artères du cerveau, du côté droit avec le côté gauche, et de la partie antérieure avec la postérieure; telles sont aussi celles de beaucoup de veines et d'artères des membres.

Dans plusieurs parties, ces communications diverses et plus ou moins nombreuses, forment des cercles ou des polygones, comme celui de Ridley ou de Willis, sous le cerveau ; ceux de l'iris, de la bouche, celui qui entoure l'estomac, etc.

Dans un grand nombre de parties, ou presque partout, les vaisseaux qui s'anastomosent en arcades, se réunissant également avec d'autres provenant de branches, les unes plus rapprochées, les autres plus éloignées du centre du système vasculaire, établissent des voies collatérales à la circulation : ainsi, par exemple, les vaisseaux circonflexes de la hanche communiquent tout à la fois par en haut avec des vaisseaux du tronc, et par en bas avec des vaisseaux du genoux, et ceux-ci, en même temps, communiquent aussi avec des rameaux nés des vaisseaux de la jambe.

En général, le vaisseau ou les vaisseaux qui résultent d'une anastomose, sont plus volumineux que chacun des vaisseaux abouchés, et moindres que la somme de ces vaisseaux.

Les anastomoses sont d'autant plus multipliées qu'elles

ont lieu entre des vaisseaux plus petits et dans des parties plus éloignées du centre; elles ont lieu aussi entre de grosses branches aux extrémités du corps, par exemple, dans la cavité du crâne, à la main et au pied. Dans la plupart des endroits, elles font communiquer des vaisseaux dont l'origine est assez rapprochée; dans quelques-uns elles en font communiquer dont l'origine est assez distante, ou même très-éloignée, comme de la région sous-clavière à la région inguinale par exemple. Les anastomoses des vaisseaux sanguins sont plus nombreuses et plus grandes autour des articulations que dans les intervalles; celles des veines et des vaisseaux lymphatiques sont encore très-fréquentes entre les troncs principaux; celles des veines en particulier sont très-multipliées sous la peau.

On se fera une idée du nombre et de l'importance des anastomoses quand on saura que l'aorte [1] peut être rétrécie, oblitérée, liée même sans que la circulation ou l'injection cesse de faire parvenir des liquides dans toutes les parties du corps; que les plus grosses veines [2], les veines caves elles-mêmes, étant oblitérées, le sang circule néanmoins; et que le canal thoracique [3] a pû être impunément oblitéré ou lié.

Les anastomoses ont pour but de favoriser et de régulariser la circulation des humeurs.

§ 357. Les gros vaisseaux suivent une direction pas-

[1] Scarpa, sur l'Anévrisme, traduit par Delpech, Paris, 1809. — A. Cooper et B. Travers, *Surgical essays*, part. 1, *Lond.* 1818.

[2] J. Hodgson, Maladies des artères et des veines, traduit par M. Breschet. Paris, 1819.

[3] Flandrin, Journal de Médecine, tom. LXXXVII, Paris, 1791. — A. Cooper, *in Medical records an researches*, etc. *Lond.* 1813.

sablement droite, en général parallèle à l'axe du corps; c'est pour cela qu'on pratique de préférence les incisions en long pour éviter de les léser.

Cependant, en beaucoup d'endroits, les vaisseaux ont une direction flexueuse. La flexuosité consiste en un trajet alternativement ondulé au-dessus et au-dessous d'une ligne droite; elle augmente par l'état de réplétion ou d'injection des vaisseaux du cadavre, et, dans les artères, pendant la systole du cœur: elle diminue dans les circonstances opposées; elle diminue surtout beaucoup par la dissection exacte des vaisseaux. Les flexuosités sont très-marquées dans les vaisseaux des parties sujettes à de grands changemens de volume, de figure, de situation; comme la bouche, l'estomac, l'intestin, la vessie, l'utérus, la langue et le testicule avant sa sortie, etc., et de celles qui sont sujettes à de grands mouvemens, comme les environs des articulations : ici, cependant il y a moins de flexuosités, mais les vaisseaux sont très-élastiques.

Les vaisseaux de la rate, ceux du cerveau, les veines spermatiques, sont aussi très-flexueux, sans que cela paraisse destiné au même usage.

Les flexuosités des vaisseaux sanguins sont plus marquées que celles des vaisseaux lymphatiques, et celles des artères plus grandes que celles des veines.

§ 358. La disposition symétrique des vaisseaux est très-imparfaite. Elle n'existe point dans leurs parties centrales; ils sont à peu près symétriques dans leurs divisions qui appartiennent à des parties symétriques, et asymétriques dans celles qui appartiennent à des parties sans symétrie. Les artères, les veines et les vaisseaux lymphatiques présentent également cette disposition. Dans certains animaux et dans l'embryon, le système vasculaire est plus symétrique que dans l'homme adulte. Du reste, outre le défaut général de symétrie, le système vasculaire est encore sujet à beaucoup d'irrégularités dans sa distribution.

§ 359. Les parois des vaisseaux tiennent par la surface externe, qui est floculente, à la masse du corps dans laquelle ils sont ramifiés ; leur surface interne est lisse, polie, luisante, humide, et en contact avec les humeurs circulatoires; elle présente des éperons saillans là où les branches forment des angles aigus avec les troncs. Les parois ont une épaisseur qui, relativement au volume du vaisseau, va en augmentant des troncs vers les ramifications. La cavité présente exactement, comme cela vient d'être dit (§ 354) des vaisseaux eux-mêmes, la forme cylindrique dans chaque division ; la forme d'un cône décroissant en allant du tronc vers une des dernières divisions ; et celle d'un cône croissant du tronc vers l'ensemble des rameaux.

§ 360. La texture des vaisseaux résulte, plus ou moins distinctement, de plusieurs couches superposées.

La membrane intérieure est mince, blanchâtre, plus ou moins diaphane, uniforme, sans fibres apparentes, partout continue, mais différente dans les artères et dans les veines. Elle ressemble beaucoup aux membranes séreuses. Elle est humectée d'un liquide dont on ne connaît pas bien la source. Elle forme, suivant les espèces de vaisseaux, un plus ou moins grand nombre de valvules ou replis disposés de manière à permettre le passage des humeurs dans le sens suivant lequel se fait la circulation, et à l'empêcher dans le sens opposé.

La membrane externe, qu'il ne faut pas confondre avec la gaîne cellulaire qui entoure lâchement les vaisseaux, est plus épaisse que l'interne, fibro-cellulaire et généralement formée de filamens obliques relativement à la direction du vaisseau et entre-croisés entre eux.

Entre ces deux membranes on en trouve une autre fibreuse, distincte dans toutes les artères que l'on peut soumettre à la dissection, ainsi que dans les grosses veines.

§ 361. La membrane externe du système vasculaire, et surtout la membrane moyenne des vaisseaux qui en sont pourvus, sont formées d'une fibre particulière.

Cette fibre a été nommée fibre élastique, tissu fibreux élastique, etc., quoique la plupart des organes soient élastiques et fibreux, mais parce qu'elle jouit de l'élasticité au plus haut degré : elle avait déjà été aperçue par Nicholls, par J. Hunter et par M. Ev. Home [1]; quelques anatomistes et chimistes modernes s'en sont occupés [2].

Elle forme non-seulement les parois des vaisseaux, mais celles des canaux aériens; elle double aussi certains conduits excréteurs; elle forme l'enveloppe du corps caverneux et celle de la rate, les ligamens jaunes des vertèbres; elle forme de plus, dans divers animaux, le ligament cervical postérieur, une tunique abdominale aux grands mammifères, un ligament qui relève les ongles des chats, celui qui ouvre les coquilles bivalves; et, dans la plupart des animaux mammifères, elle remplace les muscles des osselets du tympan. Mais c'est surtout dans la membrane moyenne des artères, dans les ligamens jaunes, et dans celui de la nuque, que ses caractères sont le plus tranchés. Elle existe sous deux formes

[1] *Croonian Lecture on muscular motion, in philos. trans. ann.* 1795.

[2] H. Hauff., *de Systemate telæ elasticæ*, etc. Tubingæ, 1822. — Chevreul, note inédite.

principales : celle du canal, comme dans les parois des artères; et celle du faisceau, comme dans les ligamens jaunes.

Cette fibre est opaque, d'un blanc jaunâtre et mat, sèche, ferme, disposée en faisceaux toujours parallèles ou très-peu obliques, jamais entre-croisés, ni réunis par du tissu cellulaire, et très-faciles à séparer. Elle est éminemment élastique : distendue, elle s'allonge sensiblement, et dans quelques parties elle acquiert le double de sa longueur; abandonnée ensuite, elle revient subitement et avec force sur elle-même. Sa ténacité dans le corps vivant est moindre que celle du tissu musculaire, et lui est de beaucoup supérieure dans le cadavre. Dans les deux états, elle est beaucoup moindre que celle du tissu ligamentaire, qui, de son côté, est presque inextensible. Elle est plus tenace dans les faisceaux, et plus fragile, au contraire, dans les vaisseaux.

Le tissu élastique contient à peu près la moitié de son poids d'eau ; quand il l'a perdue par la dessiccation, il acquiert une apparence cornée, une couleur jaune foncée, et devient cassant et diaphane, comme de la corne. Plongé en cet état dans l'eau, il l'absorbe avidement, et reprend son poids, son aspect et son élasticité première. Il résiste beaucoup à la macération, et le tissu cellulaire ne devient point alors apparent dans son intérieur. L'action du feu le crispe peu, et il laisse peu de charbon. La décoction le crispe à peine, et lui enlève un peu de gélatine, mais ne le fond jamais, et ne détruit pas son élasticité. Les acides le racornissent peu, et ne le rendent point transparent; il résiste long-temps à leur action, ou n'en éprouve aucun effet. Les solutions alcalines étendues n'altèrent point sa forme et le dissolvent peu.

La plupart de ces caractères anatomiques, physiques

ou chimiques, sont tout-à-fait opposés à ceux du tissu ligamentaire, et différens de ceux de la fibre musculaire, avec lesquels on a mal à propos confondu le tissu élastique. Il ressemble cependant, à quelques égards, à la fibre musculaire, et paraît intermédiaire à cette fibre et aux tissus cellulaires et fibreux.

Ses propriétés vitales sont très-obscures, surtout dans les ligamens, et même dans les gros vaisseaux.

Ses fonctions dépendent de son élasticité, qui partout est en antagonisme avec l'action de la pesanteur ou avec l'action musculaire.

§ 362. Les parois des vaisseaux sont elles-mêmes pourvues de vaisseaux sanguins et lymphatiques, *vasa vasorum*. Les premiers, très-apparens, peuvent être aperçus sur tous les vaisseaux qui n'ont pas moins d'une demi-ligne de diamètre; mais ils ne peuvent être suivis jusque dans l'épaisseur de la membrane interne. Les vaisseaux lymphatiques ne peuvent être aperçus que sur les gros vaisseaux. Le système vasculaire est aussi pourvu de nerfs [1] fournis par la moelle et par le grand sympathique, et qui se distribuent dans la partie externe de l'épaisseur de leurs parois.

§ 363. Les vaisseaux dont les troncs, les branches et les rameaux principaux sont logés dans le tissu cellulaire commun, après s'être divisés, pénètrent dans l'épaisseur des organes, s'y ramifient encore jusqu'au point d'acquérir un degré de ténuité qui les dérobe à la vue, et s'y terminent comme cela sera examiné tout à l'heure; mais la distribution des vaisseaux dans les organes varie sous plusieurs rapports qu'il faut successivement exposer.

[1] Wrisberg, *de Nervis arterias venasque comitantibus; in syllog. comm.* Gotting. 1800.

§ 364. Leur origine est plus ou moins éloignée de leur terminaison, le trajet qu'ils parcourent est plus ou moins long, par conséquent. En général, les vaisseaux se séparent de leurs troncs à peu de distance des organes auxquels ils sont destinés. Lorsque le contraire a lieu, cela tient à quelque disposition locale : c'est ainsi que les vaisseaux spermatiques ont leur origine très-éloignée des organes où ils se terminent, parce que primitivement les testicules et les ovaires étaient situés près des reins.

§ 365. Le nombre, le volume, et par conséquent la somme des vaisseaux, ainsi que la quantité de liquide qu'ils charrient, varient également dans les divers organes. La plupart des organes reçoivent plusieurs vaisseaux de chaque espèce : tels sont les muscles, les os, l'encéphale, l'estomac, l'intestin, l'utérus, etc.; quelques-uns ne reçoivent qu'un seul tronc artériel et un seul veineux : tels sont la rate, les reins, etc. Presque toujours les vaisseaux se divisent beaucoup à la surface des organes avant de pénétrer dans leur intérieur, comme on le voit pour le cerveau, les os, les muscles, etc.; quelquefois ils pénètrent par un seul point dans l'organe, et se divisent dans son épaisseur, comme dans la rate, le testicule, etc.

La somme des vaisseaux, résultant de leur nombre et de leur volume, ainsi que la quantité de liquide qu'ils charrient, varient beaucoup. Les parties les plus vasculaires sont les poumons, ensuite les membranes tégumentaires, ainsi que la pie-mère et la choroïde; puis les glandes, les follicules, les ganglions vasculaires, la substance corticale du cerveau, les ganglions nerveux; puis les muscles, le périoste, le tissu adipeux, la substance nerveuse médullaire, les os et les membranes séreuses; puis les tendons, les ligamens; enfin les cartilages et l'arachnoïde le sont extrêmement peu ou point; et l'épiderme, les ongles, les poils, l'ivoire et l'émail des dents paraissent être tout-à-fait dépourvus de vaisseaux [1].

§ 366. Parvenus dans le tissu même des organes, et arrivés à un degré de ténuité plus ou moins grand, les vaisseaux forment, par leurs divisions et subdivisions, par leur direction et leurs réunions anastomotiques, des réseaux très-déliés, et dont la forme très-variée est toujours la même dans les mêmes parties. Ce sont des arborisations dans l'intestin et dans l'épididyme, des étoiles sur le foie, des houppes à la langue, des vrilles ou boucles dans le placenta : c'est la forme de goupillon dans la rate, celle d'un faisceau de sarment dans les muscles, celle de cheveux bouclés dans le testicule et dans le plexus choroïde, celle d'anses dans l'iris, de franges dans la pie-mère, de treillages dans la pituitaire, d'aigrette ou de panache dans la capsule du cristallin, etc. Ces dispositions sont si constantes et si régulières, qu'en examinant au microscope une parcelle d'un organe bien injecté, on reconnaît aisément à quelle partie elle appartient [2].

§ 367. Les vaisseaux sont plus ou moins diaphanes, suivant leur ténuité ou leur épaisseur ; ils sont blanchâtres. Quelle que soit la densité de leurs parois, surtout à la surface interne, elles sont perméables dans le cadavre et même dans le vivant, soit du dehors au dedans, soit du dedans au dehors. Ils ont une force de ténacité ou de cohésion [3] assez grande, mais qui n'est point la

1 *Voyez* Sœmmerring, *de Corp. human. fabricâ*, t. IV, *Angiologia*. 1800. — G. Prochaska, *Disquisitio anat.-physiol. organismi corp. hum.*, etc. *Viennæ*, 1812. Cap. IX. *De vasis sanguineis capillaribus*, etc.

2 *Voyez* Sœmmerring. *Loc. cit.* — Prochaska, *Loc. cit.*

3 Cl. Wintringham, *Experimental inquiry on some parts of the animal structur*; London, 1740.

même dans les trois espèces, dans toutes leurs parties, ni dans les diverses couches dont ils sont composés. Il en est de même de leur élasticité [1], qui est en général assez grande, et qui existe, soit dans le sens de la longueur, soit dans le sens de la circonférence des vaisseaux. Ils sont manifestement irritables, et leur contractilité vitale [2] est en général en raison inverse de leur élasticité. Ils ne sont point distinctement sensibles. Leur force de formation est très-active.

§ 368. Les vaisseaux sont les canaux par lesquels les humeurs circulatoires parcourent et arrosent sans cesse toute la masse du corps ; ils sont, avec le cœur, les organes ou agens de ce mouvement, tant par leur élasticité que leur contractilité organique ou vitale.

§ 369. La formation et le développement du système vasculaire ont été surtout observés dans le poulet renfermé dans l'œuf, moins dans le fœtus des mammifères, et peu dans l'espèce humaine.

Les veines, celles de la vésicule ombilicale en particulier, se forment avant le cœur et les artères. Il est incertain si, dans les vaisseaux allantoïdiens ou ombilicaux, les veines se forment aussi avant les artères. Il est très-probable que dans le corps même du fœtus les artères se forment avant les veines.

Les vaisseaux se montrent dans l'épaisseur de la membrane ombilicale, sous la forme de petites vésicules arrondies et séparées les unes des autres; ces vésicules augmentent en nombre, se réunissent entre elles, ce qui

[1] D. Hoffman, *Diss. inaug. med. de elasticitatis effectibus in machinâ humanâ*; 1734.

[2] G. Werschuir, *Diss. med. inaug. de arter. et venar. vi irritabili;* Groning. 1766.—C. Hastings, *Disp. physiol. inaug. de vi contractili vasorum*, etc. Edinb. 1820.

donne naissance à un réseau vasculaire très-délié. Ces premiers linéamens sont d'abord dépourvus de parois propres, et consistent en de simples trajets creusés dans la substance de la membrane. Cette substance s'amasse ensuite de plus en plus vers leur circonférence, ce qui leur forme des parois. La texture et la composition de ces parois ne se développent qu'à la longue.

Quant à la simplicité primitive du cercle circulatoire dans le fœtus, à sa complication successive, à la formation du cœur, à celle des vaisseaux pulmonaires, etc., cela appartient beaucoup plus à l'anatomie spéciale, et particulièrement à l'embryologie [1], qu'à l'anatomie générale.

Le nombre des vaisseaux en général et leur diamètre, et par conséquent leur somme totale, sont, relativement à la masse du corps, d'autant plus considérables que le sujet est plus rapproché du moment de la formation. Les vaisseaux en général, les vaisseaux sanguins surtout, et particulièrement les artères, augmentent beaucoup de densité dans la vieillesse.

§ 370. Le système circulatoire présente peu de différences relatives aux sexes; cependant les vaisseaux sont un peu plus épais et plus forts dans le sexe masculin. Il n'y a point de différences appréciables dans les races.

Les variétés individuelles, au contraire, sont très-fréquentes et très-nombreuses dans ce système; elles consistent surtout en des différences d'origine, de volume, de nombre et de situation précise; elles existent à peu près également dans les trois espèces de vaisseaux.

1 Ph. Béclard, Embryologie *ou* Essai anat. sur le fœtus humain, in-4°; Paris, 1821.

§ 371. Il se forme accidentellement des vaisseaux, ordinairement très-fins, dans plusieurs circonstances.

Les adhérences, d'abord simplement glutineuses, deviennent ensuite vasculaires. Il en est de même des tégumens accidentels ou des cicatrices. Toutes les productions accidentelles analogues aux tissus organiques sont dans le même cas. Les productions morbides, ou sans analogues dans l'organisme, sont, au contraire, la plupart dépourvues de vaisseaux. Ceux-ci se forment, dans les cas dont il s'agit, comme dans l'embryon. La masse dans laquelle ils se forment, d'abord sans vaisseaux, consistant le plus souvent en un liquide coagulé, présente primitivement des vésicules isolées, qui, par leur réunion, forment des trajets ou des canaux creusés dans la substance, ou sans parois distinctes et propres; ces vaisseaux communiquent ensuite avec ceux des organes environnans; ils restent quelquefois plus ou moins long-temps, ou même toujours différens des vaisseaux naturels ou primitifs, soit par leur mode de division, soit surtout par l'absence ou la ténuité et la mollesse de leurs parois; dans beaucoup de cas, au contraire, les vaisseaux nouveaux acquièrent avec le temps une texture tout-à-fait semblable à celle des autres vaisseaux.

§ 372. Parmi les altérations auxquelles les vaisseaux sont sujets, les unes sont communes aux trois espèces : telles sont la dilatation ou l'angiectasie et les blessures; les autres sont particulières à chacune d'elles. Les premières présentent même des différences assez grandes dans chaque espèce, pour qu'il soit préférable de les indiquer à part.

ARTICLE II.

DES TERMINAISONS DES VAISSEAUX.

§ 373. Les terminaisons des vaisseaux, *fines vasorum*, sont les derniers ramuscules des artères et les premières radicules des veines et des vaisseaux lymphatiques. Leur connaissance est un des points de fine anatomie qui ont le plus exercé la patience des observateurs et l'imagination des étiologistes, lesquels ont cru, avec quelque apparence de raison, y trouver le secret de la plupart des fonctions et des maladies.

§ 374. Dans presque toutes les parties du corps, les terminaisons vasculaires sont des ramuscules et des radicules d'une ténuité plus que capillaire, et qu'on ne peut apercevoir qu'avec le secours du microscope. Dans quelques parties, ces terminaisons, mais surtout les radicules des veines, présentent plus d'ampleur et une disposition érectile qui les rend susceptibles d'éprouver une expansion plus ou moins considérable. Dans quelques-unes enfin, les terminaisons des vaisseaux constituent, par leur mélange et leur communication, des ganglions ou renflemens vasculaires particuliers.

I. *Des Vaisseaux capillaires.*

§ 375. Les vaisseaux capillaires[1], ou microscopiques, *vasa capillaria*, ainsi nommés à cause de leur ténuité, sont bien plus fins encore que des cheveux, et ne peuvent être aperçus à l'œil nu; quoique les radicules des vais-

[1] Prochaska, *de Vasis sanguin. capill.*, *in op. cit.*

seaux lymphatiques participent à cette ténuité, cependant c'est surtout des vaisseaux capillaires sanguins qu'il sera question ici.

§ 376. Les anciens, qui ignoraient l'art d'injecter les vaisseaux, et celui de grossir les objets avec des instrumens d'optique, ne connaissaient point les vaisseaux fins. Ils croyaient qu'il y avait entre les dernières divisions des artères et les premières des veines une substance sanguine épanchée, spongieuse, appelée *parenchyme* par Érasistrate, *haimatope* par Arétée, et dont ils croyaient surtout que les viscères étaient formés. Cette opinion sur les terminaisons des vaisseaux fut adoptée presque sans division par tous les anatomistes jusqu'à l'époque de la découverte de la circulation du sang, et depuis lors par un assez grand nombre d'anatomistes encore, même jusqu'à nos jours.

Cependant les injections de Ent [1], en montrant le passage direct et sans épanchement du liquide injecté des artères dans les veines; les observations microscopiques de Malpighi [2] et de Leuwenhoeck [3] faites sur des parties transparentes de reptiles, de poissons, et même de chauves-souris, dans lesquelles on voit le sang passer directement des artères dans les veines, expériences et observations répétées depuis une multitude de fois, ont dû faire et ont fait généralement rejeter le prétendu parenchyme interposé entre les terminaisons des artères et des veines, en faisant connaître, au-delà des dernières divisions visibles à l'œil nu, des divisions microscopiques établissant une communication directe entre elles.

1 *Apologia pro circulat. sanguin. in op.* Leidæ, 1687.

2 *De pulmonibus, Epist. II, in oper. omn.*

3 *Exp. et contempl. arcan. natur. detect. Epist.* 65, 67, etc.

Les injections subtiles et les observations microscopiques conduisirent bientôt à admettre, au lieu du parenchyme des anciens, que tout est vaisseau dans le corps ; opinion qui partage encore les anatomistes.

§ 377. Les vaisseaux capillaires sanguins sont les derniers ramuscules des artères et les premières radicules des veines, ou bien ils sont intermédiaires aux artères et aux veines, et, comme on l'a dit en les comparant au système de la veine-porte, étrangers ou indifférens aux unes et aux autres. C'est dans ces vaisseaux que, insensiblement et sans limite déterminée, les artères se changent en veines; ce dont on peut juger par le changement successif de volume des vaisseaux dans un sens ou dans l'autre, par le sens dans lequel se font les divisions ou les réunions successives, et, à l'extrémité des nageoires et de la queue des poissons, par la direction opposée du cours du sang. Cependant on a assez généralement décrit les vaisseaux capillaires comme les dernières divisions des artères, plutôt que comme les premières des veines; soit que cela soit fondé réellement et dépende de ce que les veinules, plus grandes que les artérioles, acquièrent un volume assez considérable après un petit nombre de réunions; ou bien de ce que les veines, presque toutes pourvues de valvules et plus difficiles à injecter que les artères, aient été moins étudiées qu'elles. Ces deux raisons ont pu contribuer à faire adopter l'idée dont il s'agit.

§ 378. Quoi qu'il en soit, les vaisseaux capillaires n'ont point tous le même volume : on peut établir sous ce rapport trois degrés entre eux, en prenant pour les plus gros ceux qui commencent à échapper à la vue simple, et pour les plus petits ceux qui n'admettent qu'un seul globule coloré du sang à la fois, et dont le diamètre intérieur, par conséquent, ne dépasse pas beaucoup celui des globules (§ 72).

Les vaisseaux capillaires les moins déliés éprouvent plusieurs divisions successives avant d'acquérir la ténuité d'un globule coloré du sang.

Ces vascules communiquent ensemble par des anastomoses très-multipliées, de manière à former de véritables réseaux.

Ils constituent par leur ensemble la partie la plus large du cercle circulatoire, la capacité du système artériel allant toujours croissant depuis son origine au cœur jusqu'aux vaisseaux capillaires, et celle du système veineux décroissant depuis les vaisseaux capillaires jusqu'au cœur.

Le cercle circulatoire étant double dans l'homme, il y a deux systèmes capillaires : l'un général, entre les terminaisons des artères aortiques et les origines des veines du corps; et l'autre pulmonaire, à la fin des vaisseaux de ce nom. On a avancé sans preuve, et contre toute vraisemblance, que le système capillaire pulmonaire a autant de capacité et contient autant de sang que le système capillaire général.

Il y a encore deux autres petits systèmes capillaires dans l'abdomen; l'un entre les artères et les veines intestinales, et l'autre entre l'extrémité hépatique de la veine-porte et l'origine des veines sus-hépatiques.

§ 379. La texture des vaisseaux capillaires échappe à l'observation. Ces vaisseaux ont des parois minces, molles, transparentes, invisibles à l'œil nu, peu visibles même au microscope, différant peu de la substance des organes, différant peu aussi des humeurs qu'ils charrient; ils paraissent plutôt creusés dans la substance des organes que pourvus de parois propres. Il est très-probable cependant que la membrane interne des vaisseaux, au moins, se continue sans interruption, des artères dans les veines.

On ne les distingue dans le vivant qu'à la couleur et à la direction du sang qui les parcourt, et dans le mort que par la couleur de l'injection dont on les remplit. Leur trajet constant, continu et régulier, les distingue des aréoles spongieuses et des cavités accidentelles du tissu cellulaire.

§ 380. Quoique les parois de tous les vaisseaux soient perméables, cependant cette propriété est surtout remarquable dans les plus petits vaisseaux.

Ils sont très-extensibles et très-contractiles. L'irritabilité allant croissant, et l'élasticité diminuant dans les vaisseaux à mesure qu'ils approchent de leurs terminaisons, les vaisseaux capillaires sont les plus irritables [1]. Leur contractilité est mise en jeu, soit par des agens locaux et directs, soit par le système nerveux.

§ 381. C'est dans cette partie du système vasculaire que se passent les phénomènes les plus importans de l'organisme, du moins des fonctions végétatives. La circulation capillaire, c'est-à-dire le passage du sang à travers les vaisseaux de ce nom, est, de toutes les parties de la circulation, celle qui, sans être indépendante de l'action du cœur, lui est le moins soumise cependant. C'est le point du cercle où le mouvement du sang est le plus lent ; c'est celui où le sang, divisé en filets minces, a le plus de points de contact avec les parois des vaisseaux, et est le plus soumis à l'action nerveuse. Le sang parcourt, dans l'ordre régulier, le système capillaire, en

1 Whytt, *Physiological essays*, etc. Edinb. 1761. — H. Van den Bosh, *über das Muskelvermögen der Haargefasschen*. Monast. 1786.

allant directement des artères vers les veines; s'il rencontre un obstacle, de nombreuses voies anastomotiques lui sont ouvertes, et lui permettent de suivre son trajet. Mais aussi ce système peut être le siége de congestions, d'irritations, de constrictions, qui y changent le cours ordinaire des liquides. Ainsi, la chaleur humide, appliquée pendant quelques minutes au membre inférieur d'une grenouille, détermine une dilatation des vaisseaux capillaires, un ralentissement local de la circulation, une congestion, en un mot, qui rend très-rouges les parties auparavant blanches. La même chose a lieu, par diverses causes, sur les mammifères et sur l'homme. L'application du froid ou d'un acide affaibli produit des effets tout-à-fait opposés. L'irritation mécanique ou chimique produit d'abord ce dernier effet, et plus tard, par une sorte d'attraction, un afflux concentrique des liquides qui, dans beaucoup de vaisseaux, marchent alors en sens opposé au cours naturel du sang.

Le sang devient veineux dans le système capillaire général, et dans le pulmonaire il devient artériel.

§ 382. Les vaisseaux capillaires sanguins, tels qu'ils viennent d'être décrits, ne sont point également abondans, et n'ont point le même volume dans toutes les parties. La somme des vaisseaux de chaque partie peut être estimée par la rougeur qu'elle acquiert dans les cas de congestion ou d'inflammation, ainsi que quand elle est injectée : ce dernier moyen même est préférable. Les injections les plus parfaites qui aient été faites, sont celles de Ruysch, d'Albinus, de Lieberkuhn, de Barth, de Bleuland, de Sœmmerring et de Prochaska.

Les injections de Ruysch, en remplissant les plus petits vaisseaux, donnèrent naissance à l'opinion que toute la substance solide du corps est vasculaire. Cependant

Ruysch lui-même reconnaissait qu'il y avait dans le corps des parties plus et d'autres moins vasculaires, et d'autres même tout-à-fait dépourvues de vaisseaux. Albinus, en examinant des parties injectées, fraîches et sèches successivement, avait observé qu'après les injections les plus heureuses, il reste toujours plus ou moins de substance non injectée, suivant la nature des parties : il combattit ainsi une opinion erronée, née surtout de l'examen de parties desséchées ou macérées, de manière à faire disparaître ou à détruire les parties non injectables.

L'examen microscopique et diverses expériences montrent également sur le vivant, qu'il y a des parties plus et d'autres moins vasculaires : ainsi, si l'on examine au microscope le mésantère ou les membranes natatoires des pates de la grenouille vivante, on voit que les plus petits vaisseaux capillaires, ceux d'un globule sanguin, sont séparés par des intervalles assez grands, tandis que dans la membrane muqueuse pulmonaire du même animal on ne pourrait pas faire une piqûre avec l'aiguille la plus déliée sans en intéresser plusieurs. De même on ne pourrait pas trouver, à la surface libre du derme de l'homme vivant, un point où une aiguille n'ouvrît plusieurs vaisseaux, tandis que dans les parties ligamenteuses, dans la substance nerveuse, dans le tissu cellulaire, etc., on peut faire des divisions d'une certaine étendue sans faire sortir une goutte de sang.

Si toutes les parties solides étaient vasculaires et uniquement vasculaires, il n'y aurait plus de différences entre elles, tous les organes seraient homogènes, il n'y aurait qu'un seul organe ; simplicité organique que l'on ne trouve au contraire que dans les animaux dépourvus de vaisseaux.

§ 383. La somme des vaisseaux capillaires sanguins,

et leur proportion avec la substance solide et non injectable, ne sont pas moins intéressantes à considérer que leur disposition dans les diverses parties du corps.

Le tissu cellulaire n'est point injectable.

Les parties épidermiques, cornées, pileuses, et les dents, ne le sont point du tout.

Les lobules adipeux sont entourés de réseaux vasculaires extrêmement fins.

Les cartilages n'éprouvent aucun changement par l'injection.

Les membranes séreuses et synoviales rougissent peu par l'injection, mais les masses et les franges adipeuses sont entourées de très-beaux réseaux vasculaires.

Les membranes tégumentaires sont les parties les plus vasculaires. L'injection transsude quelquefois au-delà du derme dans le corps muqueux. Les vaisseaux capillaires de la peau, d'abord de la première et de la seconde grosseur, acquièrent en pénétrant dans les papilles le plus grand degré de ténuité. La peau fraîche est beaucoup plus colorée à sa face superficielle ; elle paraît également colorée partout, quand, par la dessiccation, les parties non injectables qui cachaient les vaisseaux ont disparu. Les follicules cutanés et muqueux sont pourvus de réseaux vasculaires très-déliés. Il en est de même des alvéoles microscopiques de la membrane muqueuse de l'estomac et de l'intestin. Les papilles de la membrane muqueuse sont pourvues, comme celles de la peau, d'une multitude de vaisseaux capillaires ; il en est de même des villosités, du moins à leur extrémité adhérente. La membrane muqueuse en général est encore plus injectable que la peau, celle du poumon l'est surtout au plus haut degré. La membrane des sinus pituitaires l'est beaucoup moins que le reste. La conjonctive rougit modérément, et moins par l'injection que par l'inflammation. La membrane muqueuse des conduits excréteurs, et les glandes elles-mêmes, sont pourvues de beaucoup de vaisseaux capillaires.

Le tissu ligamenteux reçoit peu de vaisseaux sanguins, la dure-mère en reçoit un peu plus, le périoste rougit un peu par l'injection.

Les os n'ont qu'une petite quantité de vaisseaux.

Les vaisseaux capillaires des muscles sont abondans; les plus petits, tortueux, accompagnent et entourent les fibres musculaires en s'anastomosant fréquemment.

Le système nerveux est pourvu de vaisseaux capillaires plus abondans dans ses enveloppes et dans la substance grise que dans la substance médullaire. La pie-mère et le névrilème en général, différens en cela des enveloppes de plusieurs viscères, contiennent les vaisseaux jusqu'à ce que la plupart aient acquis une ténuité capillaire. La substance grise de l'encéphale et les ganglions nerveux possèdent un grand nombre de vaisseaux capillaires de tous les degrés; la substance blanche, au contraire, soit du cerveau, soit des nerfs, ne possède guère que de très-petits vaisseaux capillaires, et dans une moindre proportion.

§ 384. Il y a donc dans les divers organes une proportion plus ou moins grande de substance non injectable.

M. Meyer [1] ayant introduit dans le sang une matière colorante, soit par absorption, soit par injection, conclut de la coloration diverse des parties du corps, qu'il y a deux sortes d'organes; les uns composés pour la plus grande partie de vaisseaux capillaires, savoir : le tissu

1. Mémoire sur l'absorption veineuse, etc. : *in deutsches archiv*, etc., et dans le Journal complém. vol. XI.

cellulaire, les membranes séreuses, les membranes tégumentaires et le tissu fibreux ou ligamenteux; les autres, plus isolés des vaisseaux sanguins, et formés de globules ou d'une pulpe organique, savoir : les glandes, les os, les muscles et la substance nerveuse médullaire.

Cette proportion change aussi avec l'âge; au commencement, du moins dans les ovipares, le sang se montre et présente des courans avant qu'il y ait des parties solides; bientôt les parois des vaisseaux se forment; plus l'animal est jeune et rapproché de son état fœtal, et plus est grande la proportion des vaisseaux sur les parties non injectables; à mesure qu'il avance en âge, au contraire, la proportion des parties non injectables augmente, et celle des vaisseaux capillaires diminue.

§ 385. Y a-t-il, au-delà des vaisseaux capillaires sanguins du diamètre d'un globule coloré, d'autres vaisseaux plus petits, livrant passage à la partie incolore du sang? C'est une question très-difficile à résoudre.

Boerhaave, Vieussens, Ferrein, Haller, Sœmmerring, Bichat, Chaussier, et beaucoup d'anatomistes et de physiologistes modernes, admettent des vaisseaux séreux au-delà des derniers vaisseaux sanguins; Bleuland croit même en avoir démontré l'existence.

D'un autre côté, Prochaska, Mascagni, Richerand, et plusieurs autres, sont d'avis qu'il n'y a point de vaisseaux de ce genre. Il faut examiner les faits et les raisons apportés à l'appui de ces opinions.

§ 386. Edm. King substitua, l'un des premiers, à l'hypothèse des anciens sur l'existence d'un parenchyme dans les viscères, celle d'une structure purement vasculaire, ce qui suppose qu'il y a des vaisseaux séreux, car les derniers capillaires sanguins sont loin d'occuper ou de former la totalité des tissus.

Vieussens et Boerhaave, surtout, ont admis non seulement un, mais plusieurs ordres de vaisseaux décroissans et incolores. Les disciples de Boerhaave, Haller, le plus célèbre d'entre eux, et la plupart des physiologistes jusqu'à ce jour, ont aussi admis des vaisseaux séreux continuation des artères au-delà du point où naissent les veines sanguines. Ils se fondent sur les observations microscopiques de Leuwenhoeck, qui parle de vaisseaux admettant seulement des globules séreux, sur les phénomènes de l'injection, et surtout sur ceux de l'inflammation, qui rendent plus ou moins rouges des parties naturellement blanches et transparentes.

On doit ajouter à cela que les vaisseaux capillaires rouges et injectables connus dans certains organes, sont en si petite proportion avec la substance non injectable, qu'il est difficile de concevoir que leur nutrition puisse avoir lieu sans qu'il existe des voies circulatoires plus étendues et plus multipliées que celles des vaisseaux sanguins connus.

J. Bleuland [1] a ajouté à ces raisons une expérience anatomique, qui, si elle était répétée et constatée, fournirait l'argument le plus puissant en faveur de l'existence des vaisseaux séreux.

On sait que l'injection rouge, fine et très-pénétrante, passe aisément des artères dans les veines par le système capillaire intermédiaire. On sait également que la matière colorante reste dans les vaisseaux capillaires lors même que son véhicule transsude et s'infiltre dans la substance environnante, où, faute de couleur, il est im-

[1] *Experimentum anatomicum, quo arteriolarum lymphaticarum existentia probabiliter adstruitur, institutum, descriptum, et icone illustratum.* Lugd. Bat. 1784. 4°.

possible de discerner aucune forme, aucune direction particulière dans les voies ou les réservoirs de l'épanchement. Bleuland imagina de combiner avec la matière colorante rouge une autre matière blanche qui, au lieu d'être pulvérulente et suspendue dans le véhicule, y était dissoute. Ayant poussé ces injections dans les artères d'une partie de l'intestin dont les veines avaient été préalablement remplies d'une matière plus grossière et d'une autre couleur, ayant ensuite séparé la tunique péritonéale de l'intestin, il observa dans la surface externe de cette membrane, à l'aide du microscope, outre les vaisseaux capillaires sanguins qui étaient tous remplis de matière rouge, un autre ordre de vaisseaux plus fins et blancs, naissant des plus petites artérioles rouges et tout-à-fait différens des vaisseaux que l'on remplit par l'injection ordinaire.

Mais quels seraient ces vascules blancs, microscopiques, vus une seule fois et sur une portion de membrane détachée des parties environnantes? Sont-ce des artérioles exhalantes s'ouvrant à la surface du péritoine? Sont-ce des artérioles séreuses se continuant avec des radicules séreuses des veines, et constituant un système capillaire séreux? Sont-ce enfin des artérioles lymphatiques se continuant avec des radicules des vaisseaux lymphatiques? Il est à peu près impossible de résoudre ces questions. Ne seraient-ce pas plutôt des trajets accidentels?

Ceux qui depuis ont admis l'existence des vaisseaux séreux paraissent avoir ignoré ce fait le plus puissant en faveur de leur opinion. Ceux qui les ont rejetés l'ont également passé sous silence.

§ 387. L'opinion de Mascagni, de Prochaska et autres, sur la non existence de vaisseaux plus fins que ceux qui donnent passage à un seul globule coloré du sang, peut être établie, en premier lieu, sur ce que l'on voit bien ces vaisseaux à l'aide du microscope dans les animaux vivans et aucunement des vaisseaux plus petits, quoique les instrumens microscopiques donnent aux globules du sang un volume tellement grand, qu'il serait encore facile de distinguer des objets beaucoup plus petits; en second lieu, sur ce que l'injection rouge, très-pénétrante, ne fait précisément découvrir que les vaisseaux que l'on aperçoit sur le vivant; si dans ce cas les parties deviennent plus rouges, surtout après la dessiccation, cela peut tenir à la dilatation des vaisseaux et à la disparition de la substance intermédiare; si l'inflammation rougit davantage encore les parties, c'est par la dilatation des vaisseaux existans, par la formation de vaisseaux nouveaux, et par l'infiltration du sang entre les vaisseaux. Quant à la blancheur ou à l'incoloration naturelle de certaines parties très-vasculaires, comme la conjonctive, elle dépend de ce que les vaisseaux capillaires y étant extrêmement fins, la couleur du sang ne peut y être aperçue.

§ 388. Il reste donc très-difficile ou impossible de résoudre la question relative à l'existence des vaisseaux capillaires incolores ou séreux; et, quand ce terme est employé dans cet ouvrage, c'est pour désigner des vaisseaux capillaires qui, soit qu'ils ne contiennent que le sérum du sang, soit qu'ils contiennent le sang tout entier, mais en séries d'un globule, ce qui ne permet pas d'apercevoir sa couleur, sont incolores dans l'état ordinaire. Cependant il est plus raisonnable de ne point admettre l'existence de vaisseaux que personne n'a jamais vus.

§ 389. Dans le double cercle que forment les voies circulatoires, la communication évidente des troncs artériels et veineux a lieu dans le cœur, et celle des troncs lymphatiques avec les troncs veineux près de cet organe, dans les veines sous-clavières. Mais dans les parties diamétralement opposées de ce double cercle, dans les systèmes capillaires, la communication n'est plus aussi évidente. Les anciens soupçonnaient celle des artères avec les veines, mais ne la croyaient pas immédiate. La découverte de la circulation du sang, en faisant nécessairement admettre cette communication, laissait encore son mode indécis. Nous avons déjà vu que les observations microscopiques et les injections étaient d'accord pour démontrer cette communication, et même pour montrer qu'elle est immédiate.

L'inspection microscopique l'a démontrée [1] dans les parties transparentes des animaux ovipares à sang froid, dans l'œuf incubé des oiseaux, et même dans les parties transparentes des mammifères.

L'injection l'a démontrée dans presque toutes les parties du corps de l'homme et des animaux [2], soit en poussant la matière par les artères, soit en la poussant par les veines dans les parties, comme l'intestin, où les veines sont dépourvues de valvules.

Quelques anatomistes avaient même admis des communications artério-veineuses entre des vaisseaux visibles à l'œil nu et d'un certain calibre; ainsi Cassérius en représente dans le foie, Riolan en décrit après un anévrisme guéri, Leal Lealis en note entre les artères et les veines spermatiques. Ce sont des erreurs, c'est-à-

1 Malpighi, *loc. cit.* --- Leuwenhoeck, *loc. cit.* --- Spallanzani, Expér. sur la circul., p. 255.

2 Voyez entre autres : Ruysch, *Thes. anat.* --- Winslow, Mém. de l'acad. des sc. --- Haller, *de Fabricâ corp. humani*, vol. I. --- Mascagni, *vas. lymph.*, etc. *prodromo*, etc. --- Prochaska, *loc cit* --- Reissessen, *de Structurâ pulmon.*

dire des faits mal observés, combattus par Albinus et par Haller.

Les communications artério-veineuses sont toutes capillaires et microscopiques, mais il paraît que, dans les animaux à sang froid au moins, il y en a qui donnent passage à plusieurs globules colorés à la fois, et d'autres à un seul globule.

La disposition de ces voies de communication a été observée sur les animaux : elles consistent, tantôt simplement en un changement de direction ou un recourbement d'une artériole qui devient une veinule ; tantôt une artère et une veine capillaire parallèles s'envoient aussi des ramuscules de communication où l'artère se change en veine ; tantôt enfin, et cela est assez fréquent, plusieurs artérioles se terminent ou se continuent en une seule veinule ; dans tous les cas la communication a lieu par des vaisseaux de la capacité d'un à quatre ou cinq globules colorés.

§ 390. Des physiologistes modernes ont récemment encore élevé des doutes sur la communication immédiate des artères avec les veines. M. Doellinger pense que les artères, à leur dernière extrémité, cessent d'avoir des parois, et que le sang se meut à nu dans la substance solide du corps qu'il appelle muqueuse ; que là une partie du sang se convertit en substance muqueuse, et qu'une autre partie du sang continue son trajet, jointe à de la substance muqueuse sanguifiée qui entre en mouvement, et pénètre dans les vaisseaux veineux et lymphatiques naissant de la substance muqueuse comme les artères s'y terminent.

M. Wilbrand va plus loin, il admet une métamorphose plus complète encore dans la circulation : suivant lui, la totalité du sang se change en organes ou en substance muqueuse et en liquides sécrétés, et les organes se fluidifiant à mesure, redeviennent du sang veineux et de la lymphe, qui continuent la circulation, et deviennent aussi de la matière des excrétions.

Dans l'une de ces deux opinions, une partie, et dans l'autre, la totalité du sang se solidifie, et de même une partie ou la totalité des organes se fluidifie à chaque tour de la circulation; dans l'une comme dans l'autre, la masse solide du corps est interposée entre les terminaisons des artères et les origines des veines et des vaisseaux lymphatiques. Elles supposent toutes deux que l'inspection microscopique des animaux vivans et l'injection sont des moyens infidèles de constater la communication artério-veineuse.

§ 391. La continuation immédiate des artères et des vaisseaux lymphatiques n'est point aussi bien démontrée que celle des veines et des artères. Beaucoup d'anatomistes cependant ont admis avec Bartholin, la continuation des vaisseaux lymphatiques avec des artérioles capillaires plus fines que celles qui laissent passer les globules colorés du sang. Haller, et la plupart des anatomistes postérieurs à lui, n'admettent point d'autres origines aux vaisseaux lymphatiques que les membranes tégumentaires, les membranes séreuses et les aréoles du tissu cellulaire. Quelques autres, au nombre desquels il faut compter Mascagni, admettant que des vaisseaux lymphatiques naissent aussi des parois des vaisseaux sanguins, admettent ainsi indirectement une communication, quoiqu'ils rejettent la continuation directe.

L'inspection sur les animaux vivans n'apprend rien touchant cette communication. Les injections passent quelquefois, souvent même, mais incolores ordinairement, des artères dans les vaisseaux lymphatiques; ce qui peut dépendre de la transsudation dans la substance cellulaire et du passage dans les vaisseaux lymphatiques qui en naissent; du passage des artérioles dans les vaisseaux lymphatiques de leurs parois admis par Mascagni, tout aussi bien que d'une continuation directe et immédiate, laquelle reste donc très-douteuse.

§ 392. Les vaisseaux capillaires séreux que l'on a admis au-delà des capillaires sanguins, beaucoup plus par des considérations physiologiques, que d'après l'observation anatomique, ne sont pas la seule hypothèse de ce genre. L'absorption et la sécrétion étant des faits certains et évidens, comme le disait déjà le père de la médecine [1], on a cherché par quelles voies les matières sortaient du système vasculaire, et par quelles voies elles y entraient : sans les avoir vues, on les a décrites, les unes sous le nom de vaisseaux exhalans ou sécrétoires, et les secondes sous celui de vaisseaux absorbans ou inhalans.

Les vaisseaux exhalans ont été admis par Haller, Hewson, Sœmmerring, Bichat, M. Chaussier, etc., comme des vaisseaux très-simples, paraissant être des productions très-déliées et très-courtes, des artérioles capillaires, et répandues dans les membranes tégumentaires, les membranes séreuses et le tissu cellulaire.

D'autres anatomistes, comme Mascagni, Prochaska et M. Richerand, admettent au contraire l'opinion que c'est par des pores latéraux disposés organiquement, que se fait la sécrétion ou l'exhalation.

Hunter avait même admis que c'était par des po-

1 Δῆλον, ἡ αἴσθησις, ὡς εκπνοον, καὶ εἴσπνοον ὅλον το σῶμα. *Epidem. lib. VI, sect.* 6.

rosités ou interstices anorganiques que la sécrétion avait lieu, tout comme la transsudation cadavérique. Hewson et Bichat ont combattu cette opinion.

Cependant les voies réelles de l'exhalation ou de la sécrétion sont tout-à-fait inconnues. Ce que l'on sait seulement, c'est que dans le vivant des fluides sortent sous forme de vapeur de tous les points du système capillaire, et que plusieurs se manifestent sous la forme liquide, ou plus ou même moins concrète; c'est que dans le cadavre les injections fines, en passant des artères dans les veines, suintent à la surface de la peau et de la membrane muqueuse, dans les follicules muqueux et cutanés, dans les conduits excréteurs des glandes, à la surface libre des membranes séreuses et dans la substance muqueuse, aréolaire ou cellulaire qui constitue la masse solide du corps; mais jamais, et nulle part, on n'a vu des ramuscules se détachant des réseaux capillaires, et se terminant par une extrémité ouverte. Les voies de l'exhalation ou de la sécrétion sont donc inconnues. Il est très-probable que c'est à travers la substance solide et poreuse du corps qu'elle se fait. Cependant la sécrétion est un phénomène organique ou vital tout différent de la transsudation cadavérique, comme le démontrent les différences que présentent les diverses humeurs sécrétées et les différences de quantité de ces humeurs. Les noms des vaisseaux exhalans ou sécrétans ne peuvent donc désigner que les voies inconnues par lesquelles sortent de la circulation les molécules qui forment la matière des sécrétions intrinsèques et des sécrétions excrétoires.

§ 393. On peut dire à peu près la même chose des voies de l'absorption. Les vaisseaux absorbans, suivant l'idée qu'on s'en est faite, seraient des radicules béans par une extrémité, comme les points lacrymaux, et se continuant par l'autre, soit dans les réseaux capillaires veineux et lymphatiques, soit avec les vaisseaux lymphatiques seuls, soit avec les veines seules dont ils seraient ainsi des origines. Or, on n'a jamais vu ces canaux, jamais du moins leurs bouches béantes. Voici, au reste, les opinions et les faits connus sur ce point de fine anatomie. Aselli a dit, en parlant des vaisseaux lactés ou chylifères : *ad intestina instar hirudinum orificia horum vasorum hiant spongiosis capitulis.* Helvétius enseigne que les villosités intestinales ont des orifices spongieux. Lieberkühn parle d'une ampoule spongieuse ou celluleuse. Hewson rejette cette ampoule. Cruikshank décrit et figure vingt ou trente ouvertures, plus grandes chacune qu'un globule de sang, au sommet de chaque villosité. Sheldon fait terminer les villosités par un tissu spongieux, et paraît confondre avec elles des follicules. Mascagni n'a pu voir d'orifices au sommet des villosités. Feller et Werner décrivent une ampoule et y suivent des vaisseaux. Bleuland admet des ouvertures au sommet des villosités. Sœmmerring dit que l'on peut distinguer de six à dix orifices absorbans dans chacune d'elles. Hedwig regarde les ampoules comme spongieuses, et représente à leur sommet, un, plusieurs ou point d'orifices. Rudolphi n'a jamais vu d'orifices, et ceux qu'on a admis lui paraissent dépendre d'illusions d'optique. En voilà assez pour conclure que les orifices que l'on a décrits n'existent pas distinctement. Il faut pourtant ajouter que quand on fait une injection très-pénétrante dans les veines intestinales, la matière, en passant dans les artères, transsude aussi à la surface libre de la membrane muqueuse. On sait, relativement à la peau, que, quand on a injecté un vaisseau lymphatique de cette membrane, si on repousse le mercure vers les racines du vaisseau, on finit, comme Haas l'a observé, par le faire sourdre à la surface libre. Mascagni a fait, et chacun peut aisément répéter cette même expérience sur les vaisseaux lymphatiques sous-péritoneaux du foie. Enfin Carlisle dit avoir vu dans une cellule du tissu cellulaire des orifices de vaisseaux lymphatiques.

Quelque douteux et contradictoires que soient les faits, voici cependant l'opinion généralement admise, c'est que, à la surface des membranes tégumentaires et séreuses, dans les aréoles du tissu cellulaire, et, suivant Mascagni, à la surface même des vaisseaux, il y a des orifices de radicules absorbans conduisant, suivant le plus grand nombre des modernes, dans les vaisseaux lymphatiques seulement; suivant les anatomistes antérieurs à Haller et quelques modernes, dans les veines seulement; et suivant d'autres, dans les vaisseaux capillaires sanguins et lymphatiques tout à la fois. Prochaska ajoute à cela, parmi les voies de l'absorption, les porosités organiques des vaisseaux qui seraient ainsi, tout à la fois, les voies de l'exhalation et des voies d'inhalation. On a aussi regardé l'absorption comme un phénomène purement physique et comparable à l'attraction capillaire ou à l'imbibition, en alléguant à l'appui de cette opinion l'absorption cadavérique.

La vérité est que les voies d'inhalation sont inconnues : elles paraissent être, comme celles de l'exhalation, les porosités de la substance solide et perméable du corps. Cependant l'absorption, tout comme la sécrétion, est un phénomène organique et vital tout différent de l'imbibition cadavérique, comme le démontrent le choix des substances absorbées et les modifications que présente, dans divers cas, l'activité de l'absorption. Quand, dans cet ouvrage, l'expression vaisseaux absorbans est employée, c'est pour désigner d'un seul mot les voies inconnues par lesquellesles substances étrangères entrent, et celles par lesquelles les matières des absorptions intrinsèques rentrent dans l'appareil de la circulation.

§ 394. L'imagination ne s'est pas encore arrêtée à la création des vaisseaux exhalans et des vaisseaux inhalans, dont il vient d'être question. On a aussi imaginé des vaisseaux nutritifs.

Voici les principales opinions que l'on s'est faites à ce sujet. Boerhaave et R. Vieussens ayant admis des vaisseaux incolores et décroissans, le premier construisit de vaisseaux toutes les parties du corps, même les parties non injectables. Suivant le système de Boerhaave, les plus petites fibrilles élémentaires formeraient des membranules, roulées sur elles-mêmes, pour former les plus petits vaisseaux nerveux; de ces plus petits vaisseaux résulteraient les membranes vasculeuses formant des vaisseaux plus gros, et ainsi jusqu'aux vaisseaux les plus considérables. Il établit aussi que les plus petits vaisseaux nerveux contiennent un fluide aqueux servant au sentiment, au mouvement et en même temps à la nutrition.

L'opinion de Mascagni sur la composition élémentaire et sur la nutrition des parties ne diffère pas beaucoup de celle de Boerhaave. Suivant Mascagni, les divisions des artères finissent au point où, arrivées à la ténuité d'un globule rouge du sang, elles se changent en veines. Là elles sont pourvues de porosités exhalantes, tant pour les sécrétions que pour la nutrition. Partout il y a des orifices de vaisseaux absorbans pour prendre et contenir les molécules nutritives. Les parties élémentaires consistent en vaisseaux absorbans; ceux-ci, par leur réunion, constituent les membranes les plus simples et les plus petits vaisseaux sanguins, lesquels forment des membranes plus composées.

Dans ces deux hypothèses, tout serait vasculaire, et la nutrition aurait lieu dans les vaisseaux : dans la première, dans les plus fines ramifications des artérioles; dans la seconde, dans les plus fines radicules des vaisseaux absorbans. Dans l'une et dans l'autre la masse du corps serait dans les vaisseaux et véritablement dans une circulation continuelle.

L'opinion de Bichat sur les vaisseaux nutritifs et sur la nutrition, est un peu différente ; suivant lui, chaque molécule des organes serait pour ainsi dire placée entre deux vaisseaux béans, l'un exhalant nutritif qui l'aurait déposée, et l'autre absorbant nutritif destiné à la reprendre.

Prochaska, tout en reconnaissant la continuation directe des artères avec les veines, admet que c'est par la porosité des parois des vaisseaux et par la perméabilité générale de la substance qui forme la masse du corps, que la nutrition a lieu.

§ 395. La nutrition, quelles qu'en soient les voies immédiates, présente un double mouvement continuel de composition et de décomposition. Les animaux les plus simples inhalent et exhalent directement les matériaux de ce double phénomène; d'autres, plus composés, ont un tégument plus ou moins prolongé dans la masse du corps, y conduisant et y reprenant les matières qui s'y ajoutent, et celles qui s'en séparent; d'autres, plus composés encore, ont d'autres organes, des vaisseaux, qui transportent des surfaces dans tous les points de la masse, et de là aux surfaces les matières de l'absorption et de l'excrétion. Dans certains animaux pourvus de vaisseaux, leur nombre est tellement grand, l'homme est de ce genre, qu'ils semblent occuper et former toute la masse du corps. Mais, outre les considérations ci-dessus, tirées de l'analogie, les argumens tirés de l'inspection montrent encore que les vaisseaux ne font que parcourir la masse du corps, et ne la constituent pas. L'inspection apprend également que, quelle que soit la ténuité, la mollesse, des derniers vaisseaux capillaires, les artères et les veines forment des canaux continus.

L'observation apprend qu'il entre dans les vaisseaux des substances nouvelles, et qu'il en sort aussi sans cesse; mais ce double passage a lieu dans les parties les plus fines des vaisseaux, et par des voies invisibles, même avec les meilleurs instrumens d'optique; les substances elles-mêmes passent à travers ces voies à un état de division, de vapeur, insaisissable pour les sens et pour les meilleurs microscopes. Ce passage, soit qu'il ait lieu du dehors au dedans ou du dedans au dehors, dans les absorptions et les sécrétions extrinsèques, soit qu'il ait lieu dans les cavités closes du corps, paraît toujours se faire par l'intermédiaire de la substance solide et perméable du corps; c'est-à-dire de la substance dite cellulaire qui, en s'imbibant, transmet au dedans ou au dehors les molécules inhalées ou exhalées.

Il paraît en être de même de la nutrition; les vaisseaux déposent et reprennent sous forme de vapeur, et par des voies invisibles, dans la substance cellulaire, les molécules de la composition et de la décomposition des organes.

Mais tous ces phénomènes, physiques en apparence, sont modifiés par le corps organisé et vivant dans lequel ils ont lieu. C'est sutout à la cause inconnue de ces phénomènes qu'on a donné le nom de force vitale, ou plus spécialement celui de force de formation.

II. *Du Tissu érectile.*

§ 396. Le tissu érectile, caverneux ou spongieux, consiste en des terminaisons de vaisseaux sanguins, en des racines de veines surtout, qui, au lieu d'avoir la ténuité capillaire, ont plus d'ampleur, sont très-extensibles, et réunies à beaucoup de filets nerveux.

§ 397. Ce tissu a d'abord été observé dans le pénis, où il existe sous de grandes dimensions. Vésale [1] en parle en ces termes : *Corpora hæc (cavernosa) enata ad eum fere modum, ac si ex innumeris arteriarum venarumque fasciculis quàm tenuissimis, simulque proxime implicatis, retia quædam efformarentur, orbiculatim a nervea illa membraneaque substantia comprehensa.* Malpighi [2] paraît avoir fait la même observation : *Sinuum speciem in mammarum tubulis et in pene habemus; in his nonnihil sanguinis reperitur, ità ut videantur venarum diverticula, vel saltem ipsarum appendices.* Hunter [3] a vu la même chose relativement au tissu spongieux de l'urètre : « Il est bon d'observer, dit-il, que le corps spongieux de l'urètre et le gland du pénis ne sont pas spongieux ou cellulaires, mais consistent en un plexus

[1] *De Corp. hum. fabricâ*, lib. V, cap. XIV.

[2] *Diss. Epist. varii argum. in op. omn.* vol. II.

[3] *Obs. on certain parts of the animal Œconomy*, in-4°. London, 1786, pag. 38.

de veines. Cette structure est visible dans le sujet humain, mais beaucoup plus distinctement dans quelques animaux, comme le cheval, etc. »

Cependant la plupart des anatomistes qui se sont occupés de la structure du pénis, entre autres Degraaf, Ruysch, Duverney, Boerhaave, Haller et ses disciples, ayant méconnu la nature des tissus caverneux et spongieux du pénis, et les ayant considérés comme étant du tissu cellulaire lâche et élastique formant des cellules et interposé entre les artères et les veines, la plupart des anatomistes modernes ont adopté cette erreur. Duvernoy, Mascagni, MM. Cuvier, Tiedemann, Ribes, Moreschi, Panizza, Farnèse, etc., ont fait des observations exactes sur le tissu érectile du pénis et du clitoris de l'éléphant, du cheval, de l'homme, etc.

§ 398. Quoique la disposition érectile des vaisseaux existe en beaucoup d'endroits, cependant il en est un certain nombre où elle est beaucoup plus évidente. Ce sont les corps caverneux du pénis et du clitoris, le corps spongieux de l'urètre, les nymphes, le mamelon, les papilles des membranes tégumentaires, etc.

§ 399. Le tissu érectile est dans des dimensions très-grandes dans les organes de la copulation. Quoiqu'il n'offre pas le même développement dans les papilles, on peut néanmoins très-bien l'y observer.

Les papilles, celles de la langue particulièrement, consistent en filamens nerveux renflés, mous, dépouillés de névrilème, entremêlés d'une innombrable quantité de vaisseaux capillaires sanguins, serpentans, recourbés en arcades, anastomosés entre eux, et le tout enveloppé et rassemblé par un tissu cellulaire, mou et muqueux. Dans l'état de repos ces papilles sont petites, molles, pâles, peu distinctes; dans l'état d'érection, au contraire, elles sont agrandies, redressées, rouges, gonflées par le sang, et très-sensibles.

Le mamelon, ou la papille de la mamelle, ne paraît différer des autres que par de plus grandes dimensions. La peau et la membrane muqueuse présentent à des degrés variés la disposition papillaire et érectile dans toute leur étendue. Le volume des nerfs et l'abondance des vaisseaux sanguins y sont partout proportionnés au degré de la sensibilité. La peau de la pulpe des doigts, très-vasculaire et très-nerveuse, éprouve un degré de gonflement et de rougeur manifeste pendant le toucher, et proportionné à sa perfection.

§ 400. Le tissu érectile des organes de la copulation ne diffère guère de celui des papilles, que par ses dimensions beaucoup plus grandes. Celui du corps caverneux du pénis présente la disposition suivante : il est enveloppé d'une gaîne de tissu fibreux élastique qui envoie des prolongemens dans son intérieur. Les deux artères dorsales du pénis sont accompagnées d'une veine impaire formant un plexus, et de nerfs très-volumineux. Les artères envoient dans l'intérieur beaucoup de ramuscules accompagnés de nerfs, et les veines reçoivent à travers la gaîne beaucoup de radicules. L'intérieur est composé de ramifications artérielles provenant des artères dorsales et des artères centrales et de larges veines très-abondantes, entremêlées dans tous les sens et anastomosées une multitude de fois entre elles. Ces branches de veines offrent des dilatations et de larges communications. Quand on injecte une des artères du pénis, l'injection, si elle est bien pénétrante, après avoir rempli les ramifications artérielles et le plexus veineux intérieur, qui constitue le corps caverneux, et avoir produit l'érection, revient par la veine dorsale : on remplit encore bien plus aisément le corps caverneux en injectant par la veine. Ainsi les prétendues cellules du corps caverneux ne sont que des racines de veines très-larges formant un plexus compliqué, et anastomosées comme les vaisseaux capillaires.

Le tissu érectile de l'urètre et du gland ont la même disposition; il en est de même de celui du clitoris et de celui des nymphes.

L'érection dans les organes de la copulation provient, comme dans les papilles, de la réplétion des vaisseaux érectiles. Cette réplétion peut dépendre de l'afflux du sang artériel, qui est accompagné de l'exaltation de la sensibilité, de la rétention du sang veineux, ou de la réunion de ces deux causes.

§ 401. Il est encore une partie dont la texture et les phénomènes se rapprochent beaucoup de ceux des organes érectiles : c'est la rate, qui, par-là, paraît être un diverticule du sang. Si on met la rate à découvert sur un animal vivant, et qu'on arrête, par la compression, le cours du sang dans la veine splénique, cet organe se gonfle et augmente beaucoup de volume; il revient promptement sur lui-même aussitôt qu'on rétablit la circulation. Les accès de fièvre intermittente sont accompagnés, dans la période de froid, d'un gonflement manifeste de cet organe, qui se dissipe plus ou moins complétement à la fin de l'accès. Il paraît que la même chose a lieu pendant la digestion.

§ 402. Le tissu érectile se développe quelquefois accidentellement dans l'organisme. Cette production a été décrite sous les noms de tumeur variqueuse, d'anévrisme par anastomose, d'anévrisme des plus petites artères, de télangiectasie, etc.

Ses caractères anatomiques sont tout-à-fait les mêmes

que ceux du tissu érectile naturel ; c'est une masse plus ou moins volumineuse, plus ou moins bien circonscrite, entourée quelquefois d'une enveloppe fibreuse mince ; offrant à l'intérieur une apparence de cellules ou de cavités spongieuses ; consistant, dans la réalité, en un lacis inextricable d'artères et de veines qui communiquent par d'innombrables anastomoses, comme les vaisseaux capillaires, mais beaucoup plus larges, les veines surtout ; facilement injectable par les veines voisines, qui sont quelquefois variqueuses, mais difficilement par les artères.

Cette altération existe le plus souvent dans l'épaisseur de la peau, et dans une étendue plus ou moins grande. Elle ressemble alors quelquefois à la crête et aux autres parties analogues des gallinacées. La peau de la face, celle des lèvres surtout, en est fréquemment le siége. On l'observe dans le tissu cellulaire sous-cutané, ou plus ou moins profond ; on l'a vue occuper tout un membre ; on dit même l'avoir observée dans des viscères.

Cette production est le siége d'une vibration, d'un bruissement, d'une pulsation plus ou moins manisfestes, et qui augmentent par toutes les causes qui excitent l'activité de la circulation générale ; mais les tumeurs qu'elle forme, même à la peau, ne sont guère susceptibles d'une sorte d'érection isolée. Elle tire le plus souvent son origine de la naissance, d'autres fois elle paraît dépendre d'une cause accidentelle ; elle persiste quelquefois sans changement ; d'autres fois, et c'est le plus ordinaire, elle augmente continuellement de volume par la dilatation de ses cavités intérieures et finit par se rompre, ce qui donne lieu à des hémorrhagies difficiles à réprimer.

Au pourtour de l'anus on trouve des tumeurs hémorrhoïdales splénoïdes qui constituent une variété de ce tissu érectile accidentel.

III. *Des Ganglions vasculaires.*

§ 403. Les ganglions vasculaires, organes adénoïdes, ou glandiformes, glandes aporiques [1], confondus sous le nom commun de glandes avec des organes de sécrétion excrétoire, sont encore des parties dans lesquelles les terminaisons et les communications des vaisseaux affectent des dispositions spéciales. M. Heusinger leur a donné le nom de tissu parenchymateux.

Leur texture résulte de la réunion de plusieurs autres tissus : ils sont formés de tissu cellulaire modifié, de vaisseaux sanguins et lymphatiques, et de nerfs; le tout renfermé dans une enveloppe qui envoie des prolongemens à l'intérieur. Ils sont tous placés sur le trajet de la circulation lymphatique et veineuse, et paraissent destinés tous à faire subir une élaboration aux substances absorbées et à préparer leur assimilation ; ils semblent ainsi dans une sorte d'antagonisme avec les vraies glandes ou les organes de l'excrétion. Les ganglions vasculaires diffèrent les uns des autres par la quantité et l'espèce de tissu qui en forme la masse, par la proportion des vaisseaux et des nerfs, et par le mode de communication des vaisseaux.

§ 404. On peut distinguer les ganglions adénoïdes en deux sortes : 1° les glandes ou ganglions lymphatiques,

[1] Queitschius, *de Glandulis coecis*, etc., *in select med. Francof.* — Hendy, *Essay on glandular secretion.* — Hewson, *Descriptio glandul.*, etc., *opus posthum. in op. omn.* — H. F. F. Leonhardi, *de Glandulis in genere et glandulis aporicis*, etc. Dresdæ, 1813.

et 2° les ganglions vasculaires sanguins, qui sont la thyroïde, le thymus, les capsules surrénales et la rate.

Les premiers seront décrits avec les vaisseaux lymphatiques (sect. IV). Les autres, formant un groupe moins naturel, appartiennent principalement à l'anatomie spéciale; ils ont cependant quelques caractères généraux. Les ganglions vasculaires sanguins [1] sont plus volumineux et beaucoup moins nombreux que les ganglions lymphatiques. Ils sont d'une couleur rouge-brune. Ils sont globuleux et granuleux. Ils présentent à l'intérieur des cavités distinctes, remplies d'un fluide, mais peu ramifiées et closes en tous sens. On a cru à diverses époques y avoir découvert des conduits excréteurs, mais ces prétendues découvertes n'ont point été confirmées. Ces ganglions sont dans un tel rapport avec les vaisseaux sanguins et lymphatiques, et notamment avec le canal thoracique, qu'on leur suppose avec beaucoup de vraisemblance une très-grande influence sur le perfectionnement de la lymphe et du chyle, et sur la formation du sang.

SECONDE SECTION.

DES ARTÈRES.

§ 405. Les artères [2], *arteriæ*, sont les vaisseaux qui portent le sang du cœur à toutes les parties du corps.

[1] Boeckler, *de Functionibus glandulæ thyreoidæ, thymi, atque glandul. supraren.*, etc. Argentor. 1753. — Hecker, *über die verrichtung der kleinsten schlagadern und einger ans einem gewebe der feinsten gefasse bestehenden eingeweide, der schild-und brust-drüse, der milzes, der nebennieren und nachgeburt.* Erfurt, 1790.

[2] Bassuel, Nouvel aspect de l'intérieur des artères, et de leur structure par rapport au cours du sang; Mém. présent. de math. et de

§ 406. Hippocrate et ses contemporains donnèrent le nom de veines à tous les vaisseaux et à tous les canaux, excepté au canal aérien, qu'ils appelèrent artère. Aristote parle le premier de l'aorte, qu'il appelle petite veine. Praxagore donne le nom d'artère à l'aorte et à ses branches, qu'il croit contenir une vapeur. L'école d'Alexandrie distingue les artères des veines par l'épaisseur des parois, et admet que le sang peut, dans certaines circonstances, passer dans les artères. Galien, le plus grand anatomiste de l'antiquité, essaie de prouver que les artères sont pleines de sang dans l'état naturel ; il considère le système veineux et le système artériel chacun comme un arbre dont les racines, implantées dans le poumon, et les branches distribuées dans tout le corps, sont réunies au cœur. Il faut venir presque jusqu'à Vésale pour trouver les premiers rudimens de l'art d'injecter les vaisseaux, et jusqu'à lui pour trouver quelques notions sur la texture des vaisseaux sanguins : leurs fonctions et leurs altérations n'ont été connues que plus tard.

§ 407. Il y a deux troncs artériels : l'aorte et l'artère pulmonaire. Chacun d'eux a une disposition arborisée, et présente une origine, un tronc, des branches, des rameaux et des ramuscules de plus en plus déliés, jusqu'à sa terminaison.

Chacun des troncs artériels naît d'un ventricule du cœur, et présente là, non une continuation de la substance du cœur, comme on l'a dit récemment encore [1],

phys. tom. I, ann. 1750. — D. Belmas, Structure des artères, leurs propriétés, leurs fonctions et leurs altérations organiques, in-4°. Strasbourg, 1822 — Ch. H. Ehrmann, mêmes titre, lieu et date.

[1] Langenbeck, *Nosol. und therap. der chir. krankheiten*; Goetting, 1822. vol I.

mais une connexion intime et très-remarquable : la membrane moyenne de l'artère est divisée en trois festons bordés de tissu ligamenteux, l'orifice du ventricule est garni d'un anneau du même tissu, le sommet des festons de l'artère est solidement attaché à l'orifice du ventricule, et les intervalles triangulaires des dentelures sont également occupés par des membranes ligamenteuses ; la membrane interne du vaisseau se continue avec celle du cœur, et la membrane externe s'unit à la substance de cet organe.

Les troncs, les branches et toutes les divisions des artères sont sensiblement cylindriques. Il y a pourtant quelques exceptions : certaines artères vont en s'élargissant, quelques-unes semblent se rétrécir. Les cylindres artériels vont en diminuant depuis les troncs jusqu'aux dernières ramifications.

En général la somme des branches l'emporte sur le tronc qui les fournit, mais il y a des exceptions : ainsi il n'est pas évident que l'artère carotide et le tronc brachial aient ensemble plus de capacité que le tronc innominé ; de même il n'est pas certain que les artères radiale et cubitale réunies en aient plus que l'humérale. Il ne faut pas confondre dans cette comparaison le diamètre extérieur avec la capacité. D'ailleurs il arrive à tout instant des changemens de capacité dans des rameaux artériels, sans que les branches en changent sensiblement ; et pour n'en citer qu'un exemple évident, les artères utérines augmentent considérablement pendant la grossesse, l'artère hypogastrique qui les fournit augmente un peu, et l'artère iliaque primitive pas sensiblement.

Le nombre variable des divisions successives des artères, leur mode de division, les angles que forment les branches avec les troncs ont été indiqués (§ 354 et suiv.)

ainsi que les anastomoses et les voies collatérales qu'elles offrent à la circulation. Il en est de même de leurs flexuosités.

La terminaison des artères devenues capillaires et microscopiques a lieu par leur continuation en veines, soit par des communications capillaires rouges, soit par des communications incolores à cause de leur ténuité.

§ 408. Vues à l'intérieur, les artères sont cylindriques, leur coupe est circulaire, excepté dans les très-grandes artères qui, étant vides, s'aplatissent un peu, et présentent une coupe elliptique.

Chacun des deux troncs artériels est muni de trois valvules à son origine au cœur. Ces valvules semi-lunaires tiennent par leur bord convexe au contour des festons de l'artère ; leur bord libre est droit, un peu épais, surtout au milieu, qui offre un petit renflement. Une face est tournée du côté de la paroi artérielle, et l'autre du côté de l'axe du vaisseau. Ces valvules sont formées par la membrane interne des artères, repliée en double, et contenant dans son épaisseur une couche mince de tissu ligamenteux ou fibreux; leur bord libre contient un petit cordon de ce tissu, et son milieu un point fibro-cartilagineux. Quand ces valvules s'abaissent, la face qui répond au ventricule devient convexe, l'autre qui répond au canal devient concave; leurs bords libres se rencontrent, se touchent, et elles ferment exactement le vaisseau. Dans tout le reste de leur étendue les artères sont dépourvues de valvules.

La surface interne est lisse, polie, et humectée. La surface externe répond au tissu cellulaire commun et particulier dans lequel les artères sont ramifiées. Le tissu cellulaire, moulé autour d'elles ou écarté par leur présence, forme leur une gaîne cellulaire. Cette gaîne est confondue en dehors avec le reste du tissu cellulaire ou avec la substance des organes ; en dedans elle est unie à l'artère assez lâchement pour que celle-ci glisse aisément dans son intérieur dans les divers mouvemens, et s'y retire en se raccourcissant quand elle a été divisée. Cette gaîne est assez ferme autour des artères des membranes; dans la poitrine et l'abdomen la gaîne des artères est en partie formée par les membranes séreuses. Celle des artères spermatiques est remarquable par sa laxité ; celle des artères du cerveau n'est pas distincte. Cette partie de l'anatomie des artères mérite beaucoup de considération dans la pathologie et dans les opérations.

§ 409. La texture [1] des artères résulte de plusieurs couches membraneuses superposées. On a beaucoup discuté et varié sur leur nombre. Porté à cinq par quelques anatomistes, et réduit à un par quelques autres, on peut le fixer à trois : une externe, une moyenne et une interne.

§ 410. La membrane externe, appelée aussi celluleuse, nerveuse, fibreuse, etc., est mince, blanchâtre, formée de fibrilles obliques et croisées, entrelacées diagonalement par rapport à la longueur du vaisseau. A l'extérieur ce tissu est assez lâche, et s'unit à la gaîne ; du côté interne, au contraire, les fibrilles sont tellement serrées, qu'on ne peut les apercevoir qu'en le déchirant.

[1] Ludwig, *de Arteriarum tunicis.* Lips. 1739. — Albinus, *Acad. annot.* lib. IV, cap. VIII, *de Arteriæ membranis et vasis.* — A. Monro, *Remarks on the coats of arteries, their diseases,* etc. *in Works.* — Delasone, sur la Structure des artères, Mém. de l'acad. des sc. 1756. — C. Mondini, *de Arteriarum tunicis, in opusculi scientifici*, t. I ; Bologna, 1817. — A. Béclard, sur les Blessures des artères, Mém. de la soc. méd. d'Emulation, t. VIII. Paris, 1817.

Dans les troncs artériels, cette double disposition est assez marquée et assez tranchée pour que cette couche paraisse réellement double ; dans les artères moyennes et petites, au contraire, cette couche devient uniformément serrée et distincte du tissu cellulaire de la gaîne, et ressemble alors beaucoup au tissu ligamenteux.

Cette membrane est très-résistante et très-élastique, tant dans le sens longitudinal que circulairement. Souple et résistante en même temps, elle n'est pas divisée par l'action des ligatures appliquées, même immédiatement, sur elle. Quand on la déchire on éprouve beaucoup de difficulté, et l'on aperçoit la texture de ses fibrilles obliques, qui en rend la résistance égale dans tous les sens.

§ 411. La membrane moyenne, appelée aussi musculeuse, tendineuse, propre, etc., est épaisse, jaunâtre, formée de fibres presque circulaires ou annulaires. Cette membrane, la plus épaisse des trois, est très-apparente dans les troncs; elle augmente proportionnellement d'épaisseur, à mesure que les artères diminuent de volume. Son épaisseur est peu considérable dans les artères de certains viscères, et surtout dans les artères du cerveau. Elle peut être divisée en plusieurs couches par la dissection : c'est probablement ce qui a induit en erreur ceux qui ont admis plus de trois membranes artérielles. Les fibres extérieures sont moins serrées, les plus profondes le sont davantage, et ainsi de plus en plus. Ces fibres ne forment pas tout le tour du vaisseau. On ne trouve point dans la membrane moyenne les fibres longitudinales et spirales qu'on y a admises. Dans les endroits où les artères se divisent, les fibres circulaires du tronc s'écartent et forment de chaque côté un demi-anneau; les fibres annulaires de la branche leur font suite. La membrane moyenne tient intimement à l'externe.

La membrane moyenne a une fermeté telle, que, séparée des autres, elle conserve sa forme cylindrique; c'est à elle que les artères doivent de rester béantes ou de conserver leur lumière quand elles sont vides. Isolée, elle jouit d'une force de résistance et d'une élasticité faibles, suivant le sens de la longueur de l'artère, et très-fortes suivant le sens de ses fibres, c'est-à-dire suivant la circonférence du vaisseau. La fermeté et l'élasticité des fibres qui la forment vont successivement en diminuant des grosses artères vers les petites. On l'a tour à tour comparée et assimilée à la fibre musculaire en général, à la fibre musculaire de l'utérus, au tissu fibreux ou ligamenteux; elle constitue une espèce de tissu élastique, tissu particulier, mais participant des caractères des fibres musculaire et ligamentaire.

§ 412. La membrane interne des artères, appelée aussi nerveuse, arachnoïde, commune, etc., est la plus mince des trois. Elle se continue des ventricules du cœur dans les artères; c'est elle, pour la plus grande partie, qui forme les valvules semi-lunaires des artères. Elle présente, dans les grosses branches vides, quelques plis longitudinaux, et de petites rides transversales dans les artères du jarret et du pli du coude; elle est également ridée dans les artères rétractées après l'amputation. Sa face interne est lisse, polie, humide et en contact avec le sang; sa face externe adhère à la membrane moyenne. Dans les troncs artériels, on peut la diviser en plusieurs lames : la plus interne est extrêmement mince et transparente, le reste est blanc opaque, et se confond insensiblement avec la membrane moyenne; c'est à cette partie surtout qu'on a donné le nom de membrane nerveuse. Dans les branches, elle ne forme plus qu'un seul feuillet indivisible. On ne distingue dans cette membrane, qui est très-dense, aucune apparence de fibres; elle se déchire à peu près avec la même facilité dans tous les sens. Elle est peu élastique. On l'a comparée aux membranes séreuses et au tissu muqueux ou cellulaire; elle n'est point vasculaire comme les membranes séreuses en général; c'est à l'arachnoïde qu'elle est le plus comparable.

§ 413. Il entre encore dans la composition des artères, du tissu cellulaire, des vaisseaux et des nerfs.

Le tissu cellulaire qui pénètre la membrane externe, et qui l'unit à la moyenne, est assez apparent; mais au-delà il est tellement rare et serré, que son existence a été révoquée en doute. Cependant quand, par la dissection, on enlève d'une artère la membrane externe et la plus grande partie de l'épaisseur de la moyenne, il s'élève de la partie découverte des bourgeons charnus, comme du reste de la plaie.

§ 414. Les artères et les veines des artères (*vasa arteriarum*) leur sont fournies par les vaisseaux voisins, et deviennent très-apparentes dans la membrane externe par les injections et quelquefois même sans cela, surtout chez les jeunes sujets; on les suit jusqu'à leur pénétration dans la membrane moyenne, et pas au-delà.

Ce que l'on appelle vaisseaux exhalans et absorbans, ou plus exactement les voies inconnues de l'exhalation et de l'inhalation, sont démontrés dans les parois artérielles par le fait même, car dans les artères enflammées il se fait une exhalation à la surface interne; et, dans le cas de ligature, le coagulum intérieur est absorbé.

§ 415. Les nerfs [1] des artères viennent de la moelle et des ganglions. Les artères des organes des fonctions végétatives reçoivent les leurs des ganglions, les autres de la moelle. Les nerfs des artères forment autour d'elles des réseaux analogues à ceux que forment les nerfs pneumo-gastriques autour de l'œsophage, et les accompagnent ainsi dans l'intérieur des organes. Mais, en outre, des filets se terminent dans la tunique externe, et d'autres arrivent à la membrane moyenne, sur laquelle ils se répandent en un réseau très-délié. Les premiers sont mous et aplatis; les seconds, filiformes et d'une finesse extrême, ont plus de consistance, et parcourent un trajet moins long. Toutes les artères ne reçoivent pas un égal nombre de nerfs; l'artère pulmonaire en reçoit moins que l'aorte et ses divisions. Ils sont d'autant plus abondans que les artères sont plus petites. Les artères du cerveau n'en sont pourvues que jusqu'à l'endroit où elles pénètrent dans la substance cérébrale. Dans la vieillesse, les nerfs des artères, surtout ceux de la membrane moyenne, deviennent moins apparens. Le grand nombre de nerfs que reçoivent les artères montre une étroite liaison entre le système nerveux et l'appareil circulatoire, entre les nerfs et le sang.

§ 416. Les propriétés physiques les plus remarquables des artères sont la fermeté de leur tissu, sa résistance et son élasticité. C'est à la fermeté de la membrane moyenne qu'elles doivent surtout la faculté de conserver une grande partie de leur lumière, quoique vides de sang.

[1] A. Wrisberg, *loc. cit.* — Lucæ, *Quædam. observ. anat. circa nervos arterias adeuntes et comitantes, in-4°, cum. fig.* Francof. ad Mœnum, 1810.

Leur pesanteur spécifique est environ 108. Leur épaisseur, en général assez grande, augmente encore un peu par la vacuité; elle est aussi un peu plus grande du côté convexe des courbures que du côté opposé, à peu près comme 8 est à 7; elle augmente proportionnellement au calibre des artères à mesure que celui-ci diminue; cependant elle n'est pas la même dans toutes les artères du même diamètre: ainsi les parois des artères encéphaliques sont très-minces, et celles des membres sont épaisses.

§ 417. La résistance des artères à la rupture a été examinée par Clifton Wintringham; j'ai fait aussi quelques expériences sur ce sujet. Ces vaisseaux ont une grande force de résistance, en général proportionnée à leur épaisseur. Celle de l'aorte est supérieure à celle de l'artère pulmonaire. A mesure que les artères diminuent de volume, leur résistance absolue diminue, mais leur épaisseur relative et leur mollesse augmentant, leur extensibilité et leur résistance relative augmentent. La résistance n'est cependant point la même dans toutes les artères du même volume: celle de l'artère iliaque est plus considérable que celle de la carotide. La résistance en long ne dépend presque que de celle de la membrane externe; la résistance circulaire, beaucoup plus forte, est due aux membranes moyenne et externe. La membrane interne a très-peu de force de résistance dans un sens comme dans l'autre.

§ 418. L'élasticité des artères est leur propriété physique la plus importante. Si on les distend en long, elles cèdent et s'allongent, pour revenir brusquement sur elles-mêmes quand on cesse la distension. Si on les distend en travers, elles cèdent moins et reviennent avec plus de force encore. Si par l'injection ou l'insufflation on les remplit avec excès, elles s'élargissent un peu, s'allongent, et au moment où l'on cesse l'effort, elles reviennent sur elles-mêmes et se vident en partie. Si on les ploie, elles se redressent; si on les aplatit par la compression, elles reprennent leur forme cylindrique. Dans l'état de vie, elles sont à un état de tension élastique qui fait que, quand elles sont divisées, les bouts se rétractent. L'élasticité des artères est très-marquée dans les plus grosses; elle diminue successivement dans les petites.

§ 419. Les artères sont aussi susceptibles d'une extensibilité et d'une rétractilité lentes. Quand une artère principale cesse de livrer passage au sang, les artères collatérales, en la remplaçant dans ses fonctions, s'agrandissent et acquièrent en peu de temps un volume considérable : cet agrandissement est du même genre que l'accroissement ordinaire, mais il est beaucoup plus rapide; l'artère, au contraire, qui cesse de livrer passage au sang revient peu à peu sur elle-même, et finit par disparaître plus ou moins complétement.

§ 420. Les propriétés vitales des artères, comme celles des autres parties, sont relatives et à leur propre nutrition et à leur action dans l'organisme. La force de formation y est manifeste dans leur production accidentelle, et moins dans la réparation de leurs lésions. L'irritabilité y est manifeste à un certain degré; la sensibilité y est beaucoup moins évidente.

§ 421. L'irritabilité artérielle [1], appelée aussi tonicité, contractilité, force vitale des artères, force de contrac-

[1] *Voy.* Chr. Kramp, *de Vi vitali arteriarum;* Argent. 1785. — C. H. Parry, *an Exper. inquiry into pulse and other prop. of the arteries*, etc.; Bath. 1816. — Ch. H. Parry, *Additional exper. on the arteries*, etc.; Lond. 1819. — Hastings, *loc. cit.*

tion, ou la force par laquelle les parois de l'artère, dans l'état de vie, se rapprochent de son axe sans même avoir été distendues, a été un grand objet de controverse parmi les physiologistes.

Haller, qui admet la nature musculaire de la membrane moyenne des artères, avoue que ses expériences ne lui ont rien appris de positif sur leur contractilité, et que ces vaisseaux n'ont pas répondu toujours aux stimulus chimiques et mécaniques. Bichat, Nysten et M. Magendie, ont également nié l'irritabilité des artères. Bichat se fonde sur ce que l'irritation mécanique à l'extérieur ou à l'intérieur du vaisseau ne produit pas de mouvemens; ouverte en long, les bords de l'artère ne se renversent pas; extraite du corps, elle ne donne aucune marque de contractilité; disséquée couche par couche, on ne voit point ses fibres palpiter; le doigt introduit dans une artère vivante n'y est pas serré fortement; l'artère interceptée entre deux ligatures n'éprouve qu'un ébranlement communiqué; la contraction produite par les acides est un racornissement, et l'action des alcalis est nulle.

La plupart des anatomistes et des physiologistes sont d'une opinion contraire, fondée sur un grand nombre de faits; Verschnir et Hastings ont vu l'irritation mécanique produire la contraction des artères. Zimmermann, Parry, Verschuir, Hastings, ont vu les acides minéraux et végétaux produire le même effet. Thomson et Hastings ont vu la même chose par l'action de l'ammoniaque. Verschuir, Hunter, Hastings, ont vu la seule action de l'air et de la température produire cette contraction. Hastings a encore obtenu le même effet en appliquant l'huile de térébenthine, la teinture de cantharides, la solution de muriate d'ammoniaque, de sulfate de cuivre. Bikker et

Van den Bosch ont obtenu la contraction des artères par l'électricité; Guilo et Rossi, par le galvanisme; Home l'a même observée en appliquant un alcali sur le nerf avoisinant une artère. La contractilité vitale, peu évidente dans les grosses artères, va en augmentant successivement dans les petites.

On peut encore citer en preuve de l'existence de l'irritabilité des artères, l'augmentation de leur contraction dans les inflammations et les névralgies. Ainsi, dans le panaris, dans l'angine tonsillaire, dans la prosopalgie, etc., on voit et on sent au toucher les artères d'un côté battre beaucoup plus fort que celles du côté opposé. On voit quelquefois des différences du même genre dans l'hémiplégie. La même chose a lieu aussi dans la grossesse et dans beaucoup d'autres phénomènes hygides ou morbides, accompagnés d'un développement local des vaisseaux.

On peut donc conclure de ce qui précède, que pendant la vie les artères jouissent à la fois de l'élasticité et de l'irritabilité; que l'élasticité prédomine dans les grosses, et l'irritabilité dans les petites artères; que l'irritabilité artérielle est plus ou moins soumise à l'influence nerveuse. Avec l'âge, les *vasa vasorum* diminuant, les nerfs des artères s'atrophiant, et la membrane moyenne devenant plus dure, l'irritabilité artérielle diminue de plus en plus, l'élasticité elle-même finit par diminuer beaucoup.

§ 422. La sensibilité des artères est nulle ou extrêmement obscure. Verschuir rapporte une seule expérience dans laquelle un animal a paru éprouver de la douleur par l'application d'un acide minéral. D'après Bichat, l'injection d'un liquide irritant paraît aussi produire une douleur vive.

§ 423. La fonction des artères est de conduire le sang du cœur dans toutes les parties du corps. Lorsque les ventricules du cœur poussent en se contractant une nouvelle quantité de liquide dans les artères déjà pleines de sang en mouvement, la vélocité du mouvement s'en trouve accrue dans toutes les artères : l'observation d'une blessure artérielle le prouve. Un autre effet de la systole des ventricules généralement admis, est la dilatation des artères. Des expériences ont été invoquées à l'appui de cette dilatation ; d'autres expériences intéressantes du docteur Parry semblent la contredire : cependant elle existe réellement, mais elle est très-peu considérable. Un autre effet plus sensible, produit par chaque systole, est l'allongement des artères. L'action exercée par les artères pour pousser le sang en avant, est leur retour élastique qui les rétrécit et les raccourcit, et par conséquent diminue leur capacité, et de plus une force de contraction vitale qui s'ajoute à l'élasticité dans les artères moyennes, et finit par la remplacer dans les petites. La vélocité du cours du sang artériel va en général en diminuant des troncs vers les derniers rameaux; cette vélocité présente en outre des variétés locales, constantes ou accidentelles.

La fonction des artères est donc de conduire comme des canaux le sang dans toutes les parties, et comme canaux contractiles, de lui imprimer une partie du mouvement dont il est animé. On a tour à tour exagéré et trop restreint l'action des artères sur le sang. Il est bien certain, 1° que les vaisseaux paraissent avant le cœur, soit dans la série animale, soit dans l'embryon; 2° que les fœtus monstrueux sans tête sont dépourvus de cœur; 3° que dans les poissons il n'y a point de ventricule aortique, et que dans l'homme même la veine-porte (*sect. III*) est également dépourvue d'un agent musculaire propre d'impulsion ; 4° que dans les reptiles à qui on enlève le cœur, le mouvement du sang continue encore long-temps : tous ces faits prouvent effectivement que les vaisseaux sont un agent, et sont même l'agent primitif du mouvement du sang. Les artères y prennent part par leur élasticité et par leur irritabilité.

Mais il n'est pas moins certain que dans les animaux pourvus de cœur, cet organe devient un agent puissant du mouvement du sang ; c'est ainsi que par son action la circulation artérielle, bien que continue, est saccadée ; c'est ainsi que la circulation a lieu dans l'esturgeon, quoique l'aorte soit renfermée dans un canal osseux ; c'est de même que, dans l'homme, l'aorte et ses principales branches peuvent être osseuses sans nuire notablement à la régularité du cours du sang. Il faut conclure de là que l'une et l'autre de ces puissances (celle du cœur et celle des artères) servent à la circulation, et que l'une peut suppléer en partie l'autre. Mais l'action du cœur sur le sang va en diminuant, et celle des vaisseaux en augmentant, à mesure qu'on s'éloigne du centre de la circulation. La contraction vitale des artères est aussi une des causes de leur vacuité dans le cadavre.

§ 424. La circulation artérielle est accompagnée d'un mouvement qu'on appelle pouls. On a tour à tour attribué ce phénomène à la dilatation et au resserrement alternatifs des artères ; à l'allongement de ces vaisseaux, et à la locomotion qui en résulte ; à la pression du doigt qui l'explore, ou à plusieurs de ces causes réunies. Le nombre des pulsations dépend uniquement de celui des contractions du cœur. Le volume ou la plénitude du pouls dépend de la quantité de sang contenue dans les artères; sa durée, de celle des contractions du cœur; sa force, de la quantité de sang poussée par le cœur, de la force avec laquelle il est poussé, de la quantité contenue dans les artères, et de celle qui passe à travers les vaisseaux capillaires. L'exploration du pouls a pour objet d'examiner l'état de la circulation et des puissances motrices du sang, savoir le cœur et les vaisseaux.

Les parois des artères augmentent d'épaisseur et de densité pendant toute la période d'accroissement; elles continuent encore d'augmenter en densité pendant tout le reste de la vie.

Les variétés des artères sont beaucoup plus fréquentes qu'on ne l'a dit en général. Bichat et M. Meckel [1] ont dit avec raison qu'elles sont au moins aussi fréquentes, sinon plus même que celles des veines. C'est surtout dans les grosses artères qu'elles sont remarquables [2], et par leur fréquence, et par une sorte de régularité ou de symétrie, et par la ressemblance qu'elles présentent alors avec l'état régulier de certains animaux.

§ 425. Outre les vaisseaux accidentels déjà indiqués (§ 371), quand une artère principale est interrompue dans sa continuité, il s'établit encore des voies supplémentaires pour la circulation. Ces voies résultent ordinairement de l'augmentation de volume d'anciens vaisseaux qui, de blancs et incolores qu'ils étaient par leur ténuité extrême, deviennent rouges, ou qui, de rouges et capillaires qu'ils étaient, deviennent plus volumineux; mais qui, dès avant cette circonstance, formaient,

[1] *Deutsches archiv fur die physiologie.*

[2] Fr. Tiedemann, *Tabulæ arteriarum corp. humani.* Calsruhæ 1822.

par leurs anastomoses, des voies collatérales (§ 350). Dans certains cas la circulation se rétablit par des voies tout-à-fait nouvelles, par des artères de nouvelle formation. Ce fait, soupçonné par J. Hunter, entrevu par M. Maunoir et par Jones lui-même, quoiqu'il ait combattu l'opinion de M. Maunoir, a été mis hors de doute par les expériences du docteur Parry [1]. Si on lie ou si l'on retranche une partie de l'artère carotide du mouton, artère qui ne fournit aucune branche dans toute la longueur du cou, on trouve, quelque temps après, la circulation rétablie dans l'endroit où l'artère a été oblitérée ou retranchée, par plusieurs rameaux à peu près parallèles occupant l'intervalle qui existe entre les deux bouts de l'artère.

§ 426. L'inflammation générale des artères est rare; l'artérite locale ne l'est pas. Cependant la rougeur ne suffit pas pour la caractériser; il y a de plus de l'épaississement, du ramollissement dans les parois, et souvent à l'intérieur une exsudation plastique, quelquefois du pus, et quelquefois des ulcérations plus ou moins profondes.

§ 427. Les blessures [2] des artères offrent des considérations anatomiques d'un grand intérêt : l'acupuncture ou piqûre d'une artère donne lieu à une hémorragie faible si le vaisseau est entouré de tissu cellulaire, plus forte s'il est dénudé de sa gaîne. L'hémorrhagie s'arrête par la coagulation du sang qui est ensuite successivement résorbé; il reste pendant quelque temps un petit renflement vis-à-vis la piqûre; il se forme en-

[1] *Loc. cit.*

[2] J. F. D. Jones; *On the process employed by nature in supressing the hemorrhage*, etc. Lond. 1810. --- Béclard, *loc. cit.*

suite une cicatrice si exacte, qu'il devient à la longue impossible de l'apercevoir. Une petite incision parallèle à l'axe du vaisseau s'écarte un peu, et donne lieu à une hémorrhagie plus forte que la piqûre. La guérison s'effectue quelquefois ensuite, et de la même manière. L'incision transversale donne lieu, par l'écartement considérable de ses bords, à une hémorrhagie plus ou moins grave, suivant que l'artère est ou non dénudée. L'hémorrhagie est d'autant plus grave, que l'incision intéresse la moitié de la circonférence du vaisseau, cas dans lequel, abandonnée à elle-même, elle continue ou se renouvelle, après s'être arrêtée, jusqu'à la mort. Dans le cas où l'incision atteint une petite partie de la circonférence, si la gaîne existe, le sang, après avoir coulé plus ou moins, s'y infiltre, s'y coagule, et quelquefois il se fait une cicatrice qui, à la vérité, est, dans l'homme, beaucoup moins solide que les parois originelles de l'artère, et qui devient ordinairement le siége ou la cause d'un anévrisme dit consécutif. Quand, au contraire, la division transversale dépasse de beaucoup la moitié de la circonférence, la rétraction est telle, ainsi que le rétrécissement qui en résulte, que si la gaîne existe encore, le sang s'y infiltre, s'y arrête, s'y coagule, et que la guérison peut aussi avoir lieu; mais pour cela la division de l'artère s'achève, et ce cas rentre alors dans le suivant.

§ 428. Quand une artère d'un moyen calibre est coupée en travers, soit sur une surface amputée, soit dans la continuité des parties, le sang sort à plein canal et par un jet continu, alternativement élevé et abaissé, jusqu'à ce que la circulation soit beaucoup affaiblie; l'écoulement se ralentit alors et s'arrête, soit pour recommencer une ou plusieurs fois, quand la faiblesse sera passée, et continuer jusqu'à la mort, soit pour ne plus reparaître. Dans ce dernier cas, très-rare dans l'espèce humaine, l'artère s'étant rétractée dans sa gaîne et dans le tissu cellulaire ambiant, le sang s'est infiltré et se coagule autour du bout du vaisseau, il se coagule aussi dans ce bout même, jusqu'à une hauteur plus ou moins grande, toujours déterminée par la situation de la branche la plus voisine, dans laquelle la circulation continue d'avoir lieu. Le bout de l'artère est alors obstrué et bouché, à peu près comme l'est le goulot d'une bouteille par le bouchon et par la cire dont on le recouvre. L'artère n'étant plus soumise à la distension alternative qu'elle éprouvait, revient peu à peu sur elle; son extrémité tronquée éprouve l'inflammation traumatique, et devient le siége d'une exsudation plastique; le bout se cicatrise, le sang coagulé à l'intérieur et à l'extérieur est successivement résorbé, l'artère continue de se resserrer, elle se change en un cordon imperméable, et finit ordinairement par disparaître ou se changer en tissu cellulaire jusqu'aux environs de la branche la plus voisine qui continue de servir à la circulation.

§ 429. Quand on distend en long une artère, elle s'allonge d'abord beaucoup en glissant dans sa gaîne à la faveur du tissu cellulaire qui l'entoure; après avoir beaucoup cédé sans se rompre, elle commence à se déchirer à l'intérieur. La membrane externe se déchire la dernière, après s'être allongée et effilée à peu près comme un tube de verre que l'on fond et que l'on tire à la lampe l'émailleur. Une fois rompue, les bouts de l'artère se retirent moins qu'ils ne se sont allongés, et le sang jaillit d'abord comme dans le cas précédent, mais bientôt il s'arrête pour ne plus reparaître ordinairement.

On a attribué cette cessation prompte et définitive de l'hémorrhagie, qui a presque toujours lieu dans ce cas, à la rétraction de l'artère et à d'autres causes imaginaires : beaucoup de cas observés dans l'espèce humaine et beaucoup d'expériences faites sur les animaux m'ont convaincu que c'était aux ruptures intérieures plus ou moins multipliées qu'éprouve l'artère avant de se diviser totalement en un point, qu'il fallait attribuer ce phénomène remarquable. Les phénomènes consécutifs sont les mêmes qu'après la section transversale (§ 428).

§ 430. Une ligature appliquée circulairement à une artère, soit dans sa continuité, soit sur une surface amputée, assez serrée pour arrêter la circulation dans le vaisseau, coupe les membranes interne et moyenne, et, si l'artère est saine, ne divise point la membrane externe. Si la ligature reste en place, le sang arrêté dans le vaisseau se coagule dans sa cavité jusqu'à la branche la plus voisine, qui continue de servir à la circulation. La division éprouvée par les membranes internes, la pression exercée sur l'externe, et la présence de la ligature, déterminent une effusion de matière organisable, qui produit d'abord l'agglutination de toutes les parties intéressées; la partie embrassée par la ligature s'amollit d'abord, puis se divise par l'effet de l'inflammation, et la ligature est rejetée au dehors. Les changemens ultérieurs dans le vaisseau sont les mêmes qu'après sa section transversale (§ 428).

§ 431. Dans les trois genres de blessures qui viennent d'être exposés (§ 428-30), les phénomènes ultérieurs sont différens, suivant qu'il s'agit d'une surface amputée, ou bien de la continuité des parties. Dans une surface amputée, non-seulement l'artère principale s'oblitère, mais encore toutes ses branches et ses rameaux aboutissans à la surface; de sorte que le tronc lui-même se rétrécit plus ou moins. Dans l'autre cas, au contraire, les branches qui naissent de l'artère liée, coupée ou déchirée, non-seulement continuent de servir à la circulation, mais se dilatent pour suppléer le tronc principal; elles entretiennent ainsi, jusqu'au point d'où elles naissent, la fluidité du sang, son mouvement et son effort sur le vaisseau. C'est à cette différence qu'il faut attribuer la fréquence de la réunion primitive des artères divisées dans une surface amputée, et la rareté relative de cet heureux résultat dans la continuité des parties.

§ 432. On trouve quelquefois une production ou une transformation cartilagineuse avec épaississement des parois artérielles dans une étendue ordinairement assez limitée. Les productions dites athéromateuses, stéatomateuses, etc., ne sont, comme la précédente, que le prélude de l'ossification pierreuse dont les artères sont si fréquemment le siége. Il faut distinguer cette ossification en accidentelle et en sénile. La première a son siége entre les membranes interne et moyenne, et est précédée d'une des altérations ci-dessus. La seconde, au contraire, a son siége dans la membrane moyenne, et consiste en une transformation de ses anneaux fibreux en cerceaux osseux plus ou moins étendus. Les diverses parties du système artériel n'y sont pas toutes également disposées. Le système aortique en est beaucoup plus souvent affecté que le pulmonaire. Les éperons intérieurs des artères et les valvules de leurs troncs en présentent souvent; l'aorte et ses branches principales en sont souvent le siége; les artères des membres inférieurs plus souvent que celles des membres supérieurs; les artères des muscles, du cœur, du cerveau, de la rate, assez souvent; celles de l'estomac et du foie rarement. La totalité enfin du système artériel a été vue ossifiée par Harvey, Riolan et Loder. L'ossification des artères est le plus généralement le partage de la vieillesse. Cependant on voit aussi quelquefois l'ossification accidentelle chez de jeunes sujets, et même dans la première enfance. L'ossification des artères est plus rare dans le sexe féminin que chez les hommes. Elle est beaucoup plus commune dans les climats froids que dans les pays chauds.

L'effet de l'ossification artérielle, et surtout de celle qui est accidentelle, est de produire l'usure des membranes entre lesquelles elle est placée. L'ossification des artères a été attribuée à une foule de causes. Celle qui est accidentelle est une véritable production ou déposition; celle qui est sénile paraît le dernier terme des changemens successifs que la membrane moyenne, d'abord molle et rougeâtre, éprouve durant la vie.

§ 433. On trouve quelquefois des excroissances de consistance charnue, attachées à la face interne des artères, et surtout aux valvules semi-lunaires qui sont à leur entrée.

§ 434. La dilatation des artères, ou l'artériectasie, est une affection très-fréquente; elle peut consister : 1° dans une simple perte d'élasticité sans altération apparente des parois; 2° dans une altération des parois dilatées.

La dilatation simple se rencontre surtout dans les gros troncs; elle affecte généralement toute la circonférence, et la tumeur qui en résulte a la forme ovoïde. On l'a observée souvent dans l'aorte, particulièrement à sa crosse, et quelquefois dans l'artère pulmonaire.

La dilatation avec altération des parois affecte l'aorte

et les diverses parties du système aortique jusque vers les ramifications. Les artères des membres supérieurs en sont beaucoup plus rarement affectées que les autres. L'altération et la dilatation qui en résultent sont le plus souvent latérales : c'est ce que les auteurs ont décrit, depuis Fernel, sous le nom d'anévrisme vrai ; les parois altérées y sont plutôt épaissies qu'amincies.

Le sang que contiennent ces deux sortes de dilatations est fluide.

§ 435. L'anévrisme résulte de la destruction ou de la rupture, en un mot de la solution de continuité des parois artérielles, précédée ordinairement de la dilatation de ces parois, et toujours de leur altération. Il consiste en une cavité formée par la membrane externe dilatée et renforcée par le tissu cellulaire et les autres parties ambiantes, tapissée à l'intérieur par une membrane mince et lisse en quelques points, ressemblant beaucoup à la membrane interne des artères. Cette cavité communique avec celle du vaisseau par une ouverture, régulière ou non, des membranes interne et moyenne; elle est remplie de sang coagulé, et de couches plus ou moins fermes de fibrine, diversement altérée, et peut être mêlée de matière organisable produite par les parois de la cavité. Le sang, en parcourant le canal de l'artère, pénètre continuellement dans la cavité accidentelle.

Tantôt l'anévrisme s'accroît indéfiniment, et tue par la compression des organes voisins et par le trouble de leurs fonctions. Tantôt il se rompt à l'extérieur ou à l'intérieur, et fait périr par hémorrhagie ou par épanchement. D'autres fois il s'enflamme, suppure et s'ouvre comme un vaste abcès, et tantôt alors il y a hémorrhagie, et tantôt, au contraire, l'artère s'étant oblitérée par l'inflammation, la guérison peut avoir lieu. Quelquefois l'inflammation se termine par la gangrène de la tumeur, et l'un ou l'autre des effets ci-dessus peut être le résultat de la séparation de l'escarre. D'autres fois enfin, la circulation se ralentit insensiblement dans l'artère affectée d'anévrisme, et devient en même temps de plus en plus active dans les voies collatérales, d'où résulte à la fin l'oblitération de l'artère affectée jusqu'aux branches voisines de la tumeur, et la résorption successive de celle-ci.

§ 436. Les artères, soit enflammées, soit affectées d'une production accidentelle dans leurs parois, soit sans cause apparente, au lieu de se dilater et de se rompre, se rétrécissent quelquefois, et s'oblitèrent même spontanément. On a trouvé ainsi l'artère aorte rétrécie et même tout-à-fait oblitérée; on a aussi observé l'oblitération totale de l'artère pulmonaire droite; j'ai vu une fois celle de l'artère carotide, quelquefois le rétrécissement du tronc brachial, et souvent le rétrécissement et l'oblitération du tronc crural et de ses branches. C'est là la cause ordinaire de la gangrène sénile des orteils, des pieds et des jambes; ce changement arrivant dans une partie et à une époque où les rameaux artériels, affectés eux-mêmes d'endurcissement, ne sont plus susceptibles de l'accroissement rapide, nécessaire à l'établissement de la circulation collatérale.

TROISIÈME SECTION.

DES VEINES.

§ 437. Les veines [1] sont les vaisseaux qui rapportent au cœur le sang de toutes les parties du corps.

§ 438. On a déjà vu que les anciens n'ont fait d'abord aucune distinction entre les veines et les artères. Galien, qui les distinguait bien, plaçait dans le foie l'origine des premières. La distinction et la connexion des artères et des veines ont été parfaitement établies par la découverte de la circulation du sang; depuis lors on a peut-être un peu négligé l'étude du système veineux.

§ 439. Les veines ont, comme tout le système vasculaire, une disposition arborisée; mais, vu la direction dans laquelle le sang les parcourt, elles ressemblent plutôt aux racines d'un arbre qu'à ses branches : ainsi leur origine a lieu par des radicules qui répondent aux ramuscules des artères; leur terminaison par des troncs qui sont ouverts dans le cœur, comme les origines des artères; leur trajet présente des réunions, comme celui des artères, des divisions successives. Si donc on les considère en suivant le cours du sang, elles présentent une disposition opposée à celle des artères; et si on les examinait dans le même sens que les artères, on suivrait une direction opposée à celle du cours du sang.

§ 440. Le système veineux, comme l'artériel, est double : l'un, général, rapporte le sang du corps à l'oreillette

[1] *Diatribe anatomico-physiologica de structurâ atque vitâ venarum*, Auctore H. Marx. in-8° ; Carlsruhæ, 1819.

antérieure ou droite ; l'autre rapporte le sang du poumon à l'autre oreillette du cœur. Il y a en outre un système veineux particulier et compliqué dans l'abdomen : c'est la veine-porte dont la disposition doit être examinée à part.

§ 441. Ce système veineux particulier constitue un système vasculaire tout entier, c'est-à-dire, un arbre ayant un tronc, des racines et des branches, placé comme intermédiaire entre les derniers ramuscules des artères gastriques, intestinales et spléniques, qui se continuent avec ses racines, et les premières radicules des veines sushépatiques, qui sont la continuation de ses rameaux. Ce système vasculaire, si l'on a égard à sa disposition ramifiée en deux sens opposés, ressemble aux veines par sa moitié intestinale, et aux artères par sa moitié hépatique ; sous un autre rapport, il est indifférent ou étranger aux unes et aux autres, comme il leur est intermédiaire, car c'est dans l'endroit où il est la continuation des artères, qu'il a la disposition veineuse, et *vice versâ*. C'est surtout à cause de la nature du sang qu'il contient, que ce système vasculaire est réuni au système veineux général.

§ 442. Dans les animaux vertébrés ovipares on trouve un autre système veineux analogue aux vaisseaux intestino-hépatiques. Ce système particulier [1] est formé par la réunion des veines de la région moyenne du corps seulement, ou de cette région et de la queue, qui se portent et se terminent dans les reins, à la manière des artères, en envoyant quelquefois un rameau à la veine-porte, c'est-à-dire au foie.

1 Lud. Jacobson, *de Systemate venoso peculiari in permultis animalibus observato*; Hafniæ, 1821.

J'ai vu quelquefois, dans le chien, la veine-porte avoir une ou deux terminaisons rénales.

§ 443. Le nombre des veines est en général plus grand que celui des artères. Il y a deux veines caves et une veine cardiaque pour répondre au tronc unique de l'aorte. Il y a de même quatre veines pulmonaires pour répondre à l'artère pulmonaire unique et à ses deux branches. Mais chacune de ces divisions veineuses répond à une branche d'artère correspondante. Dans presque toute l'étendue du corps il y a beaucoup plus de veines sous-cutanées que d'artères, et dans les parties profondes il y a presque partout deux veines satellites pour une seule artère. Dans l'estomac, la rate, les reins, les testicules, les ovaires et quelques autres parties, le nombre des veines est égal à celui des artères. Dans quelques parties même le nombre des veines est moindre que celui des artères, comme, par exemple, dans le cordon ombilical, dans le pénis, dans le clitoris, dans la vésicule biliaire, les capsules surrénales, etc. Mais cela est compensé par la différence de capacité. La grandeur des veines en général est plus considérable en effet que celle des artères correspondantes.

La somme des veines, ou leur capacité totale, est donc plus grande que celle des artères. Beaucoup d'évaluations ont été hasardées à ce sujet : on peut dire seulement avec Haller, que les veines sont au moins le double des artères en capacité ; mais, outre les différences individuelles, accidentelles ou passagères, et celles qui dépendent du genre de mort, cela varie continuellement avec l'âge. Cette différence d'ailleurs n'est pas la même dans toutes les parties du corps. Dans le système pulmonaire elle n'existe pas, car les veines y sont sensiblement égales en capacité aux artères. Il en est de même des vaisseaux rénaux; au contraire, dans le testicule, les veines l'emportent de beaucoup sur les artères.

§ 444. La situation des veines est en général la même que celle des artères, ces deux genres de vaisseaux s'accompagnant mutuellement dans leur trajet, et se continuant à leur terminaison. Presque partout un tronc, une branche, un rameau artériel, est accompagné d'une ou deux veines. Il y a pourtant quelques exceptions : ainsi, dans le crâne, dans le rachis, dans l'œil et dans le foie, les artères et les veines affectent des situations et des dispositions différentes : la veine azygos, tronc des intercostales dans l'espace mesuré par le péricarde et le foie, n'est point satellite d'une artère; il en est encore de même des veines sous-cutanées.

§ 445. Les veines commencent par des radicules capillaires ou microscopiques, continuation des ramuscules des artères. Ces radicules sont incolores ou rouges, suivant que leur diamètre admet une seule série de globules ou plusieurs à la fois. Dans quelques endroits, comme dans l'intestin, le poumon, etc., les réunions successives des radicules des veines correspondent et ressemblent tout-à-fait aux divisions des ramuscules artériels; dans d'autres endroits la disposition est différente. Sans parler du tissu érectile ou caverneux, où le renflement et la communication des veines sont extrêmes, dans beaucoup d'autres parties elles affectent des dispositions différentes de celles des artères : elles forment des plexus au col de la vessie, dans le rachis et autour de l'artère spermatique; de larges canaux dans les os spongieux; sous la peau elles forment, par leurs communications multipliées, un grand réseau à mailles angulaires, et le plus souvent pentagones.

Elles ne sont point aussi régulièrement cylindriques que les artères; loin de suivre un ordre régulier d'accroissement dans le volume des troncs, et de décroissement dans leur capacité totale, on voit souvent de très-grosses branches tenir à un tronc peu volumineux, ce qui dépend surtout de la mollesse des parois, et du grand nombre d'anastomoses. Les communications des veines présentent toutes les variétés déjà indiquées (§ 356), et, de plus, la réunion de très-gros troncs, comme celle des veines caves par la veine azygos; la réunion de veines superficielles et de veines profondes, comme celle des veines crâniennes et rachidiennes avec les veines épicrâniennes, temporales, cervicales, etc., des veines jugulaires internes et externes, des veines profondes avec les sous-cutanées des membres.

En général, les veines ont un trajet moins flexueux, plus droit, et par conséquent plus court que les artères.

Les variétés des veines ont été un peu exagérées, comme celles des artères ont été dissimulées. Les gros troncs veineux surtout sont moins variables qu'on ne l'a dit; les branches et les rameaux le sont beaucoup.

§ 446. L'intérieur des veines présente un grand nombre de valvules [1] ou de prolongemens repliés de la membrane interne, ce qui établit une grande différence entre elles et les artères. On voit très-bien les valvules en examinant sous l'eau une veine fendue en long.

Chaque valvule consiste en un repli de la membrane interne. Ce repli a un bord convexe, adhérent aux parois

[1] H. Fabricio, *de Venarum ostiolis*, *in op. omn.* — J. G. Schmiedt et H. Meibomius, *de Valvulis seu membranulis vasorum, earumque struct. et usu.* Helmst. 1682. — Perrault, Essais de physique, t. III.

de la veine du côté de ses racines, et un bord concave et libre, tourné du côté du cœur. Ces deux bords sont un peu plus épais que le reste du repli; une des faces regarde la cavité du vaisseau, et répond au sang qui circule; l'autre répond aux parois de la veine, un peu dilatée en ce point. Quand la valvule s'abaisse, la face qui répond aux origines devient convexe, et l'autre devient concave, et la veine se renfle un peu; les valvules sont d'autant plus larges que la veine est plus volumineuse, et d'autant plus allongées qu'elle est plus petite. C'est à cette différence surtout qu'il faut rapporter les variétés de forme décrites par Perrault et par plusieurs autres.

Outre la membrane interne repliée, on trouve encore dans l'épaisseur des valvules, du tissu cellulaire dense et quelquefois des fibres distinctes; quelquefois elles sont aréolaires et perforées comme de la dentelle. Dans les veines ou sinus de la dure-mère, on trouve seulement quelques fibres transversales qu'on peut regarder comme des valvules rudimentaires.

Les valvules sont en général disposées par paires placées alternativement, suivant deux diamètres opposés de la veine.

Elles sont trois à trois dans les grandes veines, comme la crurale et l'iliaque; rarement elles sont quadruples, et très-rarement ou jamais quintuples. Dans les rameaux d'une demi-ligne de diamètre et au-dessous, elles sont uniques.

Il n'y a pas, à beaucoup près, des valvules partout où un rameau se joint à une branche, où une branche s'abouche dans un tronc; elles ne sont pas non plus partout à la même distance; elles ne sont nulle part plus rapprochées que dans les plus petites veines. On trouve des valvules dans les veines des membres, plus dans les sous-cutanées que dans les profondes, dans celles de la face, du col, de la langue, des tonsilles, à la fin de la veine cardiaque, dans les veines tégumentaires de l'abdomen, dans celles du testicule, du pénis, du clitoris, dans les veines iliaques interne et externe; quelquefois dans les rénales, rarement dans l'azygos.

Il n'y en a point dans les veines encéphaliques, rachidiennes, diploïques, dans celles des poumons, dans la veine-porte, dans la veine ombilicale, dans les veines caves, si ce n'est à l'embouchure de l'azygos dans les veines utérines et dans la veine médiane.

En général, il y a beaucoup de valvules dans les veines superficielles, moins dans les veines profondes ou inter-musculaires, et moins encore dans les veines des cavités splanchniques; il y en a beaucoup dans les parties les plus déclives, et par conséquent dans les membres inférieurs, moins dans les supérieurs, et moins encore dans la tête et dans le cou.

Les valvules appliquées contre les parois des veines, quand le cours du sang est libre et facile, s'en écartent, ferment la veine, soutiennent le sang, et empêchent son reflux vers les vaisseaux capillaires quand il rencontre des obstacles à son trajet.

§ 447. Les veines sont, comme tous les vaisseaux, entourées par le tissu cellulaire des parties où elles sont placées, ce qui leur forme une gaîne, lâche autour des troncs, plus intimement unie aux rameaux. La gaîne de la veine-porte est remarquable dans le foie, où elle est connue sous le nom de capsule de Glisson.

La membrane externe proprement dite est plus mince et moins serrée que celle des artères, à laquelle elle ressemble beaucoup.

La membrane moyenne est formée de fibres plus extensibles et plus molles que celles des artères. Ces fibres paraissent presque toutes longitudinales, quand on regarde la membrane contre le jour; quelques-unes des plus internes paraissent annulaires; mais quand on veut séparer les fibres de cette membrane, on éprouve la même difficulté dans tous les sens. Cette membrane est, dans l'espèce humaine, bien plus épaisse dans le système de la veine cave inférieure que dans l'autre; en général aussi elle est plus épaisse dans les veines superficielles que dans les profondes; aussi la veine saphène interne a des parois très-épaisses au bas de la jambe. Près de leur embouchure au cœur, les veines ont des fibres distinctement musculaires. La membrane interne, mince et transparente, diffère de celle des artères par son extensibilité et sa résistance à la rupture, et par sa texture filamenteuse, qui devient évidente quand on la distend et la déchire. Les grandes veines du crâne ou les sinus, les veines des os et quelques autres, résultent presque uniquement de la membrane interne, et sont du reste comme creusées dans la substance de la dure-mère, des os, etc.

Les parois des veines sont pourvues de petits vaisseaux sanguins et de filets nerveux que l'on suit dans une partie de leur épaisseur.

§ 448. Les parois des veines sont blanchâtres, demi-transparentes, plus minces que celles des artères; en général leur épaisseur va en augmentant absolument des racines vers les troncs, et en diminuant, relativement au diamètre, dans le même sens; mais il y a beaucoup de variétés à cet égard. Leur densité est de 115 ou 110; la fermeté de leurs parois est beaucoup moindre que celle des artères, aussi s'affaissent-elles quand elles sont vides,

24

excepté celles de l'utérus, du foie, etc., qui tiennent à la substance des organes. Elles sont moins extensibles en long que les artères, mais beaucoup plus circulairement. On admet généralement, d'après les expériences de Wintringham, que les veines résistent avec beaucoup plus de force que les artères aux causes de ruptures; mais dans la réalité les veines sont plus faibles circulairement que les artères; aussi, non-seulement elles cèdent beaucoup plus, mais aussi elles se déchirent en travers bien plus souvent que les artères, tandis qu'au contraire elles m'ont paru plus résistantes à la distension en long. Les parois des veines sont très-élastiques, mais moins que celles des artères. Leur irritabilité ou contractilité vitale est au contraire plus grande que celle des artères, mais moindre que celle des vaisseaux capillaires. Elle a été niée par divers physiologistes, mais prouvée par beaucoup d'expériences. Il suffit d'avoir observé l'effet du froid local sur les veines sous-cutanées, et de savoir qu'une veine interceptée entre deux ligatures et piquée se vide entièrement et rapidement sur un animal vivant, tandis que cela n'a pas lieu après la mort, pour admettre l'irritabilité dans les veines. La sensibilité y est obscure ou douteuse; Monro disait dans ses leçons avoir senti la piqûre d'une veine dénudée. La force de formation des veines n'est pas moins évidente que celle des artères.

§ 449. La fonction des veines est de conduire le sang de toutes les parties du corps au cœur; on a vu que chaque contraction des ventricules détermine une augmentation dans le mouvement continu du sang dans les artères; cette augmentation va en s'affaiblissant à mesure que les vaisseaux deviennent capillaires: dans ceux-ci le mouvement est uniforme; il l'est aussi dans les veines en général. Dans les veines, le sang est animé du mouvement imprimé par le cœur, par les artères et par les vaisseaux capillaires. Les veines exercent-elles une action additionnelle? Cela n'est pas douteux; que l'on comprime ou qu'on lie l'artère d'un membre dans un animal, le cours du sang dans les veines sera ralenti, mais ne sera pas pour cela arrêté; si on lie une veine, elle se vide cependant au-dessus de la ligature, elle se vide même entre deux ligatures. Aux causes qui viennent d'être indiquées il faut joindre le relâchement alternatif du cœur, qui produit une sorte d'attraction; l'inspiration, qui en produit une bien plus efficace encore, et la pression des muscles environnans. Les valvules, en divisant la colonne du sang, rendent plus efficaces ces diverses puissances. La forme même du système veineux fait que le mouvement du sang, au lieu d'aller en se ralentissant comme dans les artères, est, à la vérité, plus lent que dans ces vaisseaux dont la capacité est moins grande que celle des veines, mais va en s'accélérant en approchant du cœur. La circulation veineuse est beaucoup plus dépendante que l'artérielle, des effets de la pesanteur et de la pression.

§ 450. Le trajet du sang dans les veines est continu, et ces vaisseaux ne présentent point de pulsations; cependant, dans quelques endroits et dans quelques circonstances, elles présentent quelque chose d'analogue au pouls artériel, que pour cette raison on appelle pouls veineux. Au voisinage du cœur, les troncs veineux qui sont dépourvus de valvules éprouvent alternativement, pendant la contraction des oreillettes, un reflux du sang qui les fait gonfler; et un flux rapide qui les fait affaisser pendant le relâchement des oreillettes. Dans l'état ordinaire et régulier des fonctions, ce double mouvement est borné aux environs du cœur, et n'est pas sensible ; il s'étend au loin dans l'abdomen, et devient visible au cou, quand la circulation est gênée. Il en est de même de l'influence des mouvemens de la respiration : l'inspiration accélère l'entrée du sang dans les veines caves et dans leur oreillette ; l'expiration active, la gêne ou la suspension de la respiration, et les efforts, la ralentissent au contraire, ou la suspendent ; dans l'état ordinaire, ces effets sont peu marqués et peu étendus ; ils le deviennent beaucoup dans les cas opposés. Les efforts dans lesquels les effets de l'expiration active sont portés au plus haut degré déterminent d'une manière très-sensible la stase du sang veineux dans la tête, dans l'abdomen, et de proche en proche jusque dans les membres ; tandis que c'est aux effets contraires de l'inspiration sur la circulation veineuse, qu'il faut rapporter la mort par introduction de l'air dans le cœur. Quand, en effet, par une opération ou un accident, une grosse veine est ouverte à la base du cou ou dans la région sous-clavière, une grande inspiration y attire quelquefois de l'air qui est entraîné dans les cavités droites ou antérieures du cœur, et qui, en arrêtant la circulation, détermine subitement la mort.

§ 451. Dans la jeunesse le système veineux est moins grand, relativement au système artériel, que dans l'âge adulte ; sa capacité relative continue à augmenter dans la vieillesse. Les parois des veines présentent peu de changemens observables ; leur ossification sénile est extrêmement rare.

§ 452. Les altérations morbides des veines [1], ont été moins étudiées que celles des artères.

[1] Hodgson, *op. cit.* — B. Travers, *in Surgical Essays*, part. I.

L'inflammation des veines ou la phlébite est une affection sur laquelle Hunter a l'un des premiers attiré l'attention. Elle occupe ordinairement une assez grande étendue des veines, et s'étend en général vers le cœur. Elle donne souvent lieu à la formation du pus, et d'autres fois à celle d'une matière plastique dans la cavité de la veine, autour d'elle, et même dans son épaisseur; elle dépend le plus souvent de lésions mécaniques.

§ 453. Les blessures des veines, considérées sous le point de vue anatomique, présentent de l'analogie avec celles des artères; cependant, quel qu'en soit le mode, elles sont beaucoup plus aisément suivies d'ulcération ou d'inflammation étendue et souvent suppurative que celles des artères, et elles se réunissent plus difficilement. Après la piqûre ou l'incision il reste entre les bords un espace rempli par une membrane nouvelle; la ligature ne détermine pas primitivement la section de la membrane interne et promptement son adhésion, mais cette membrane est d'abord plissée seulement, et ce n'est que très-lentement qu'elle se divise pour se réunir faiblement.

§ 454. Les productions accidentelles sont plus rares dans les parois des veines que dans celles des artères. L'état cartilagineux, ou un épaississement analogue, a pourtant quelquefois lieu dans les parois des veines qui s'oblitèrent; Morgagni l'a vu une fois dans la veine cave. L'ossification est extrêmement rare dans les veines; le docteur Baillie l'a vue une fois dans la veine cave inférieure près des iliaques, et le docteur Macartney une fois dans la veine saphène externe d'un homme mort avec un

--- Fr. A. B. Puchelt, *das Venensystem in seinen krankhaften Verhaltnissen dargestellt*. in-8°; Leipzig, 1818.

ulcère à la jambe. J'ai observé que les parois des veines sont plus épaisses du côté qui touche à une artère que dans le reste de leur circonférence, et j'ai vu une fois sur un vieillard une veine fémorale ossifiée du côté correspondant à l'artère, qui l'était elle-même dans toute sa circonférence et dans une grande longueur.

Les productions morbides s'observent quelquefois sous forme de végétation, à la surface interne des veines, soit que la veine affectée soit ou non entourée par des productions semblables.

§ 455. La dilatation des veines est très-fréquente; elle est de plusieurs sortes : quelquefois le système veineux tout entier en est affecté; le plus souvent la dilatation affecte une ou quelques veines seulement, ce qui constitue des varices. Presque toutes les parties du corps peuvent en être le siége; cependant ce sont les plus déclives, comme les membres inférieurs, les organes génitaux et l'anus; ce sont aussi les veines les moins profondes, comme les sous-cutanées, qui en sont le plus souvent affectées. L'augmentation de volume n'est pas seulement circulaire, mais les veines variqueuses forment des flexuosités multipliées qui dépendent d'un accroissement de longueur. On trouve quelquefois des dilatations très-peu étendues, et bornées à une partie de la circonférence de la veine, soit seules, soit réunies à des dilatations plus générales. La varice anévrismale est une autre sorte de dilatation dépendante de la communication accidentelle d'une artère et d'une veine, et du passage du sang de la première dans la seconde. Cette affection est ordinairement accompagnée d'un épaississement remarquable des parois de la veine dilatée et allongée. Il se forme quelquefois en outre un anévrisme consécutif entre les deux vaisseaux : ce cas est celui de l'anévrisme variqueux.

§ 456. Les veines se rétrécissent quelquefois par l'épaississement de leurs parois ; elles sont quelquefois obturées par l'effet de l'inflammation plastique ; quelquefois elles sont comprimées par des tumeurs voisines, ou bien embrassées par une ligature : dans ces cas, où leur cavité est oblitérée, et où la circulation cesse de s'y faire, le sang passe par des branches et des anastomoses, et il s'établit une circulation collatérale.

On a vu la veine cave inférieure oblitérée, soit au-dessous, soit même au niveau des veines sushépatiques, et le sang passer par la veine azygos ; on a vu plusieurs fois une des veines iliaques primitives, une veine jugulaire, etc., oblitérées ; j'ai vu quatre fois le tronc veineux crural oblitéré dans l'aine ; et dans tous ces cas la circulation se faisait aisément par des voies collatérales. Hunter a vu une fois la veine cave supérieure et la veine brachio-céphalique gauche presque entièrement effacées par la pression d'un anévrisme. J'ai vu cependant un cas où la veine cave supérieure et ses branches, étant remplies de matière plastique, et imperméables au sang, la mort a paru être le résultat de cette altération. Plusieurs fois j'ai vu, mais pas constamment, de grandes infiltrations séreuses coïncider avec l'oblitération des veines.

§ 457. On trouve quelquefois dans les veines des petits corps durs et ronds, qu'on prendrait au premier aspect pour des productions osseuses accidentelles. Quelques-uns ont même supposé qu'ils se formaient d'abord dans les parois des veines, dans le bord de leurs valvules, ou même à l'extérieur de ces vaisseaux ; mais il n'en est pas ainsi : ce sont des concrétions, des phlébolithes, du volume d'un grain de millet à un petit pois, diversement consistantes, formées de couches superposées, renfermées dans du sang coagulé, fibrineux, et souvent logées dans des dilatations latérales des veines où le sang reste en stagnation, ou dans des veines variqueuses, et toujours dans des veines déclives. Les veines où on les rencontre le plus ordinairement en effet, sont celles de l'anus, du col de la vessie, de l'utérus, des ovaires, des testicules, et quelquefois même les veines sous-cutanées de la jambe.

L'hexathyridium ou *polystoma venarum*, dont Treutler a recueilli deux individus dans la veine tibiale rompue d'un homme qui lavait dans un fleuve, paraît être un ver aquatique, une *planaria*, qui s'y serait introduit, et non un entozoaire.

QUATRIÈME SECTION.

DU SYSTÈME LYMPHATIQUE.

§ 458. Le système lymphatique comprend, 1° les vaisseaux qui rapportent la lymphe et le chyle dans les veines, et 2° des renflemens interposés dans leur trajet, et qu'on appelle glandes conglobées, ou ganglions lymphatiques.

ARTICLE PREMIER.

DES VAISSEAUX LYMPHATIQUES.

§ 459. Les vaisseaux lymphatiques, appelés aussi absorbans, sont tellement déliés, minces et valvuleux, ce qui rend l'observation et l'injection très-difficiles, que leur connaissance est assez récente. Cependant ils ont été entrevus par les anciens. Erasistrate et Erophile avaient certainement aperçu les vaisseaux chylifères.

C'est Eustachio qui a découvert le canal thoracique dans le cheval. Aselli vit et nomma vaisseaux lactés, les chylifères de quelques animaux; il indiqua bien leurs fonctions. Veslingius est le premier qui ait vu des vaisseaux chylifères ou les lymphatiques du mésentère et le canal thoracique dans l'homme. On doit à O. Rudbeck, et l'on a attribué aussi à Th. Bartholin et à Jolyf, la découverte des vaisseaux de cette espèce dans les autres parties du corps. Les inventeurs leur donnèrent les noms de vaisseaux séreux, aqueux ou lymphatiques; Bartholin conjectura qu'ils étaient, comme les veines, continus aux artérioles, et destinés à rapporter la partie aqueuse du sang. Ruysch a très-bien décrit leurs valvules. La connaissance des vaisseaux lymphatiques s'est beaucoup étendue par les travaux de Meckel, de Monro, par ceux de W. Hunter et de trois de ses disciples, J. Hunter, W. Hewson [1] et Cruikshank [2]; surtout par ceux de l'illustre P. Mascagni [3], et par quelques autres [4] encore, qui tous leur ont accordé des orifices béans, et ont attribué l'absorption à ces orifices.

§ 460. On distingue communément ces vaisseaux en chylifères et en lymphatiques; mais cette distinction est tout-à-fait superflue et sans aucune utilité, car leur

1 *Descriptio systematis lymphatici*, *ex anglico versa*, etc. *in op. omn.* Lugd. Bat. 1795.

2 Anatomie des vaisseaux absorbans du corps humain, traduite de l'anglais par Petit-Radel; Paris, 1787.

3 *Vasorum lymphaticorum corp. hum. historia et ichonographia*; Senis, 1787.

4 Ludwig, Traduction allemande de Cruikshank et de Mascagni, avec des additions; Lips. 1789 — Werner et Feller, *Vasorum lacteorum atque lymph. anat.-physiol. descriptio*; Lips. 1784. — J. G. Haase, *de Vasis cutis et intestin. absorbentibus*, etc. Lips. 1786. — Schreger, *Fragmenta anat. et physiol. fasc. I.* Lips. 1791.

disposition, leur texture et leurs fonctions sont les mêmes.

§ 461. Les vaisseaux lymphatiques ont une disposition arborisée comme les autres vaisseaux. Les humeurs qu'ils contiennent les parcourent, comme les veines, des ramifications, ou plutôt des racines, vers les troncs. L'ensemble de ces vaisseaux consiste en un tronc principal et un tronc accessoire, auxquels aboutissent des racines innombrables.

§ 462. On trouve des vaisseaux lymphatiques dans toutes les parties du corps, si l'on excepte la moelle épinière, l'encéphale, l'œil et le placenta.

Leur situation présente cela de remarquable, que, dans les membres et dans les parois du tronc, ils sont, comme les veines, distribués en deux plans, l'un superficiel ou sous-cutané, et l'autre inter-musculaire ou profond qui accompagne les vaisseaux sanguins et les nerfs ; et que dans les cavités splanchniques on trouve de même un plan de vaisseaux lymphatiques situés immédiatement sous les membranes séreuses, et d'autres plus profonds.

§ 463. Le nombre des vaisseaux lymphatiques est très-considérable ; on en compte jusqu'à une vingtaine dans le plan superficiel des membres inférieurs pour accompagner la seule veine saphène interne, et un nombre moins grand, mais assez considérable encore, pour accompagner les vaisseaux profonds. Les superficiels sont moins volumineux que les profonds. Le volume de ces vaisseaux est beaucoup moindre que celui des veines. Ceux des membres inférieurs sont plus gros que ceux des membres supérieurs, ceux de la tête sont très-petits. Quant à leur capacité totale, elle n'a pas été exactement déterminée ; elle paraît en général être environ le double de celle des artères, et égaler celle des veines dans le plan superficiel au moins.

§ 464. L'origine des vaisseaux lymphatiques est invisible et inconnue. Des considérations physiologiques et des expériences anatomiques ont fait admettre et puis rejeter leur continuation directe et immédiate avec les artères. On a vu aussi plus haut que leur origine par des orifices béans à la surface des deux tégumens et des membranes séreuses, dans les aréoles du tissu cellulaire et dans la substance des organes, admise d'après des considérations et des expériences du même genre, n'est pas mieux constatée. Il faut savoir douter.

§ 465. Aussitôt qu'on peut les apercevoir, on voit les radicules des vaisseaux lymphatiques s'unir entre elles, se séparer, et s'unir de nouveau, de manière à former des réseaux qui constituent en grande partie les membranes séreuses, tégumentaires, etc.

Ces vaisseaux deviennent en général plus gros et moins nombreux en s'éloignant de leur origine. Dans leur trajet ils continuent de se diviser en branches qui se réunissent de nouveau avec d'autres branches voisines, ou même entre elles, de manière à former des îles : ces divisions, ces réunions, ces nombreuses anastomoses, forment en beaucoup d'endroits des plexus.

Quand ils sont pleins et un peu distendus ils paraissent plutôt moniliformes que cylindriques ; c'est le grand nombre de valvules dont ils sont munis, et la dilatation qu'ils présentent au-dessus d'elles, qui leur donne cette apparence de chapelet; ils offrent assez souvent encore d'autres dilatations ovoïdes. Ils présentent beaucoup de variétés dans leur trajet : constamment ceux d'un côté diffèrent plus ou moins de ceux du côté opposé.

Tous, après un trajet plus ou moins long, se ramifient à la manière des artères, et semblent se terminer dans des glandes lymphatiques, au-delà desquelles ils reparaissent de nouveau formés de racines qui se rassemblent à la manière des veines. Ceux des membres parcourent de longs trajets, plusieurs pieds, sans interruption de ce genre ; ceux du mésentère ne parcourent que quelques lignes sans rencontrer des glandes. Quelques-uns passent à côté d'une glande sans s'y arrêter. Il paraîtrait même, suivant Cruikshank, que des vaisseaux lymphatiques du dos arriveraient aux troncs sans passer par des glandes; mais Mascagni, dont l'autorité est si grande dans cette matière, assure qu'aucun vaisseau lymphatique n'arrive aux troncs sans passer au moins par une glande.

§ 466. Après un trajet plus ou moins long, plus ou moins interrompu par des ganglions, les vaisseaux lymphatiques de la moitié inférieure et du quart supérieur et gauche du corps se terminent par un tronc très-allongé, le canal thoracique, dans la veine sous-clavière gauche; les autres se terminent par un tronc très-court dans l'autre veine sous-clavière. Ces terminaisons sont elles-mêmes sujettes à diverses variétés. Y a-t-il d'autres terminaisons des vaisseaux lymphatiques dans les veines? Une partie de cette question doit être examinée à l'occasion des ganglions lymphatiques, l'autre doit l'être ici.

Plusieurs anatomistes et physiologistes ont admis cette opinion [1], que l'on peut fonder sur ce que partout, surtout dans le mésentère, les radicules connues des vaisseaux lymphatiques ont une capacité de beaucoup supérieure à celle des vaisseaux qui leur font suite; sur ce que, dans cette partie du corps aussi, on trouve souvent dans les veines, comme dans les vaisseaux lymphatiques, les substances introduites par absorption, et même celles qui ont été injectées direc-

[1] *Voyez* Ludwig, *loc. cit.*

tement dans ces derniers vaisseaux; sur ce que, enfin, la ligature du canal thoracique, même unique, ne détermine pas la mort avant dix à quinze jours, et qu'on retrouve alors dans le sang les substances introduites dans l'intestin et absorbées par sa membrane interne. Mais on n'a point vu la communication dont il s'agit; aussi n'a-t-elle pas été généralement admise. C'est surtout dans les glandes lymphatiques qu'elle paraîtrait avoir lieu; nous y reviendrons un peu plus loin. (Art. II.)

§ 467. Les surfaces des vaisseaux lymphatiques sont, comme celles de tous les vaisseaux, l'une celluleuse et adhérente, l'autre lisse et libre : cette dernière présente une multitude de valvules.

Ces valvules, de forme sémi-lunaire ou parabolique, sont la plupart disposées par paires, et assez larges pour fermer complètement la lumière du vaisseau. Elles sont en général placées à des intervalles inégaux, si ce n'est dans les vaisseaux du testicule, où elles sont à peu près de ligne en ligne, ce qui leur donne plus qu'à aucune autre la forme d'un chapelet. Elles sont plus ou moins rapprochées suivant les parties, sans que cela soit plus particulier aux branches qu'aux rameaux; on trouve dans certains vaisseaux des intervalles de plusieurs pouces sans valvules : le canal thoracique est surtout remarquable sous ce rapport. Dans quelques points l'insertion d'un petit vaisseau dans un plus gros n'est garnie que d'une valvule simple. Dans quelques endroits des troncs on trouve des valvules annulaires qui ne closent pas totalement le canal. L'insertion des troncs dans les veines sous-clavières est garnie d'une double valvule qui s'oppose efficacement aux reflux du sang dans leur cavité. Toutes ces valvules, comme celles des veines et des artères, sont formées par une duplicature de la membrane interne.

§ 468. Les vaisseaux lymphatiques sont formés de deux membranes, très-distinctes dans leur tronc principal.

L'externe, cellulaire et inégale extérieurement, est unie au tissu cellulaire ambiant, qui lui forme une gaîne; plus profondément elle est distinctement fibrillaire ou filamenteuse : on prétend même y avoir vu des fibres musculaires. La membrane interne est très-mince.

On suit dans l'épaisseur de la membrane externe, des petits vaisseaux sanguins, artériels et veineux; quelques-uns disent y avoir vu aussi des vaisseaux lymphatiques. On n'a pu y apercevoir de nerfs.

§ 469. Les parois des vaisseaux lymphatiques, quoique très-minces et transparentes, sont denses et très-résistantes, bien plus que celles des veines, eu égard à l'épaisseur différente. Cependant ces vaisseaux sont extensibles, et aussi très-rétractiles. L'élasticité y est manifeste : si on les remplit et les distend dans le cadavre, la matière qu'on y a introduite en est repoussée.

L'irritabilité ou contractilité vitale [1] n'y est pas moins évidente, quoiqu'elle ait été niée par Mascagni et plusieurs autres. Si on les expose à l'air sur le vivant, ils se contractent manifestement; si on pique le canal thoracique ou un autre vaisseau lymphatique après l'avoir lié, le liquide en sort par jets, comme le sang qui sort d'une veine, tandis qu'après la mort il s'échappe seulement en nappe. Il est vrai que les irritations méca-

[1] Schreger, *de Irritabilitate vasorum lymphaticorum*; Lips. 1789.

niques ou chimiques ne produisent pas des mouvemens semblables à ceux des muscles, mais l'irritabilité varie suivant les organes.

On ne sait rien sur leur sensibilité, et peu de choses sur leur force de formation.

§ 470. Les vaisseaux lymphatiques contiennent le chyle et la lymphe (§ 79); ils conduisent ces humeurs de leurs racines vers leurs troncs, ce qui est assez bien prouvé par la disposition de leurs valvules, qui permet le trajet dans ce sens et s'y oppose dans l'autre; par les effets de la ligature, au-dessous de laquelle il se gonflent tandis qu'ils se vident au-dessus; et par les valvules qui garnissent leur insertion dans les veines. Les liquides les parcourent lentement et uniformément, c'est-à-dire sans présenter de pulsations.

Darwin, Thilow et autres, pour expliquer la rapidité de certaines sécrétions, ont admis un mouvement rétrogade des humeurs dans les vaisseaux lymphatiques; tel, par exemple, que des liquides absorbés par les parois de l'estomac pourraient aller directement par les vaisseaux lymphatiques, et au moyen de leurs communications, aux reins et à la vessie : c'est admettre que les valvules n'opposent pas un grand obstacle au retour des liquides. Mais il est certain, au contraire, que les valvules opposent un obstacle insurmontable au cours rétrograde des liquides ; et de plus des observations et des expériences directes font découvrir dans les voies urinaires des substances introduites dans l'estomac, sans que les vaisseaux lymphatiques intermédiaires en présentent la moindre trace.

ARTICLE II.

DES GANGLIONS LYMPHATIQUES.

§ 471. Les glandes conglobées ou ovoïdes, qui interrompent la continuité des vaisseaux lymphatiques, sont dans le même rapport avec ces vaisseaux que les ganglions nerveux avec les nerfs.

Ces ganglions sont très-anciennement connus. C'est en partie d'eux qu'Hippocrate parle sous le nom de glandes. Fr. Sylvius leur a donné l'épithète de conglobées, et Lossius celle de lymphatiques. D'après la comparaison ci-dessus faite par Sœmmerring, et pour éviter une confusion, M. Chaussier les a désignées sous le nom de ganglions lymphatiques.

§ 472. Ils sont situés sur le trajet de tous les vaisseaux lymphatiques, à commencer du coude-pied et du pli du coude pour les membres; du canal carotidien et de la base extérieure du crâne pour la tête. Il en existe beaucoup au cou, dans l'aisselle, dans l'aine, plusieurs dans les parois antérieures de la poitrine et de l'abdomen, et un très-grand nombre dans ces cavités. Ils existent surtout très-abondamment autour des racines des poumons et dans le mésentère, près des parties par conséquent qui donnent accès à beaucoup de matières venant du dehors. On n'en connaît point dans le crâne ni dans le rachis.

Leur volume varie, dans l'état de santé, depuis celui d'une lentille jusqu'à celui d'une amande. En général les plus petits sont placés vers les origines, et les plus gros vers les troncs des vaisseaux. Les plus volumineux et les plus rapprochés se trouvent vers la racine du mésentère, les plus petits dans l'épiploon; ceux de la tête et du bras sont petits.

Leur figure est obronde, oblongue, un peu aplatie; ils sont plus ou moins inégaux à la surface; ils ont en général la forme d'une amande.

Les ganglions lymphatiques sont en général d'un blanc rougeâtre, semblable à la chair, mais leur couleur varie suivant les régions qu'ils occupent : ainsi, ceux qui sont sous-cutanés sont d'une couleur plus foncée; ceux des environs du foie sont jaunâtres, ceux de la rate bruns, ceux des poumons noirâtres, ceux du mésentère très-blancs, etc.

Leur consistance est plus grande que celle d'aucune partie molle.

§ 473. Les ganglions lymphatiques sont enveloppés d'une membrane mince, fibrillaire, très-vasculaire, unie au tissu cellulaire environnant, et qui envoie des prolongemens fins et mous dans l'intérieur.

Les vaisseaux lymphatiques dont la glande interrompt le trajet se distinguent en eux qui y arrivent, *vasa inferentia*, et en ceux qui en sortent, *vasa efferentia* : ils se distinguent les uns des autres par la direction de leurs valvules. Le nombre des vaisseaux inférens est très-variable, on en trouve depuis un jusqu'à vingt ou trente; celui des vaisseaux efférens est variable aussi, rarement correspondant, et ordinairement moindre. Les premiers entrent par l'extrémité de la glande la plus rapprochée des origines du système, les autres sortent par l'extrémité opposée, qui répond aux troncs. Les vaisseaux inférens, en approchant de la glande, se divisent en rameaux qui s'écartent en rayonnant autour d'elle, se divisent et se subdivisent à sa surface, de manière à l'entourer d'un réseau. Les vaisseaux efférens produisent à peu près le même effet à l'autre extrémité de la glande, par la réunion successive de leurs radicules et de leurs racines en troncs plus ou moins nombreux et volumineux. La capacité totale des vaisseaux efférens paraît en général moindre que celle des inférens ; cela est surtout frappant dans le mésentère.

Les glandes lymphatiques ont aussi des vaisseaux sanguins remarquables. Les artères sont assez volumineuses et nombreuses pour que leur injection colore tout-à-fait les glandes. Les veines, plus volumineuses encore que les artères, sont dépourvues de valvules. On peut voir des filets nerveux arriver à ces organes et les traverser ; mais il est très-difficile de savoir si quelques filamens s'y terminent, ou si tous ne font que les traverser. Deux grands anatomistes sont opposés sur ce sujet : Wrisberg les admet, et Walter les nie.

§ 474. Les anatomistes ne sont pas plus d'accord sur la conformation interne et la texture des glandes lymphatiques. Albinus, Ludwig, Hewson, Wrisberg, Monro, Meckel, regardent leur tissu comme entièrement vasculaire; Malpighi, Nuck, Mylius, Hunter, Cruikshank, y admettent des cellules; Sœmmerring admet ces deux sortes de textures, et une troisième résultant de leur combinaison. L'examen que j'ai fait de ce tissu dans l'homme, dans plusieurs animaux, et surtout dans les glandes inguinales de vaches mortes pendant la lactation, m'a montré qu'il résulte uniquement de vaisseaux, mais qui offrent une disposition érectile plus ou moins évidente. En effet, parmi les vaisseaux inférens qui pénètrent dans l'épaisseur de la glande, les uns acquièrent et conservent une grande ténuité, les autres se dilatent en cellules comme les veines du pénis, les uns et les autres ayant de nombreuses communications anastomotiques.

Les racines des vaisseaux efférens présentent de leur côté la même disposition, c'est-à-dire que les unes sont des radicules déliées, et les autres des racines renflées ou dilatées en cellules. La plupart des glandes lymphatiques présentent à l'intérieur ce mélange de ramifications ténues et de parties renflées. Quelques-unes ne présentent presque que des rameaux dilatés en cellules; quelques autres ne semblent consister qu'en un réseau de ramifications déliées. C'est par ces variétés qu'on peut expliquer la diversité d'opinion qui a existé sur ce point d'anatomie.

Les glandes lymphatiques contiennent dans leur intérieur une substance crémeuse ou lactiforme qui paraît être contenue dans les vaisseaux fins ou larges qui les composent, et non dans le tissu cellulaire.

§ 475. Ces ganglions sont plus volumineux, plus mous, plus rougeâtres, et contiennent plus de liquide dans les enfans et les jeunes sujets que dans les adultes; ils diminuent beaucoup, mais ne disparaissent pas dans la vieillesse. Il n'y a pas de différence tranchée sous ce rapport entre les deux sexes : Hewson dit qu'ils sont plus gros chez l'homme; Bichat dit tout le contraire. On les a trouvés noirs sous la peau des nègres.

§ 476. La fonction qu'on attribue aux glandes lymphatiques est de servir au mélange des liquides arrivant par divers vaisseaux inférens, et à l'élaboration de la lymphe et du chyle. Les liquides sont ensuite emportés par les vaisseaux lymphatiques efférens, et peut-être en partie par les veines. Ce dernier point a été nié par beaucoup d'anatomistes et de physiologistes d'un grand nom, comme Haller, Cruikshank, Hewson, Mascagni, Sœmmerring, etc.; mais il est à craindre que l'autorité de ces hommes célèbres n'ait fait rejeter sans examen une vérité.

Outre les faits déjà rapportés ci-dessus en faveur de l'opinion dont il s'agit, on peut dire que beaucoup d'observateurs ont aperçu des stries de chyle dans la veine-porte; on peut ajouter qu'un très-grand nombre d'anatomistes ont vu, et j'ai vu moi-même nombre de fois, le mercure introduit dans les vaisseaux lymphatiques du mésentère, passer, au-delà d'une glande, tout à la fois dans les vaisseaux efférens et dans les veines de la glande; or ce passage est trop facile et trop constant pour dépendre d'une double rupture, et non d'une communication naturelle des vaisseaux lymphatiques et des veines.

§ 477. Outre les maladies des glandes et des vaisseaux lymphatiques [1], comme l'inflammation des uns et des autres, les blessures et les ruptures des vaisseaux, leur dilatation variqueuse, leur rétrécissement et leur oblitération, les tubercules et les autres productions morbides dans les glandes, etc., on a fait jouer au système lymphatique, en le considérant comme appareil de l'absorption, un rôle très-grand et très-exagéré dans la plupart des maladies.

[1] S. Th. Sœmmerring, *de Morbis vasorum absorbentium corp. hum.* in-8°; *Traj. ad Mœn.* 1795.

CHAPITRE V.

DES GLANDES.

§ 478. Le nom de glande [1], *glandula*, ἀδὴν, vient, suivant Nuck, de la comparaison faite par les anciens entre les ganglions ou glandes lymphatiques et les fruits du chêne.

Des objets si différens ont été compris sous le nom de glande, qu'il en est résulté beaucoup de difficulté d'en donner la définition.

Hippocrate avait dit que les glandes étaient formées d'une chair particulière, grenue, spongieuse, point dense, de couleur de graisse, de consistance de laine, s'écrasant sous la pression, pourvue de beaucoup de *veines*, et rendant, quand on la coupe, du sang blanchâtre et séreux. Il comprenait un grand nombre de parties sous ce nom, et notamment le cerveau.

On a eu long-temps une idée aussi vague des glandes,

[1] Wharton, *Adenographia;* Lond. 1656. --- M. Malpighi, *de Viscerum structurâ, in op. omn.* et *de Struct. glandul. conglob.* etc., *in op. posth.* --- Lossius et Pielow, *Disq. de glandulis in genere;* Viteb. 1683. --- A. Nuck, *Adenographia curiosa;* L. B. 1691. --- G. Mylius, *de Glandulis;* L. B. 1698. --- L. Terraneus, *de Gland. universim*, etc.; L. B. 1729. --- Boerhaave et Ruysch, *de Fabricâ glandular.*, etc., *in Ruyschii op. omn.* --- A. L. de Hugo, *Comment. de glandulis in genere*, etc.; Gotting. 1746. --- Th. de Bordeu, Recherches anatom. sur les glandes, etc.; Paris, 1751. --- G. A. Haase, *de Glandularum definitione*, Lips. 1804. --- Leonhardi, *op. cit.*

l'on y a joint ensuite celle d'une forme arrondie; on a compris alors avec les glandes et les ganglions vasculaires, le conarium et l'hypophyse du cerveau, les paquets adipeux synoviaux, et même la langue.

Une autre définition, fondée sur la texture, et dans laquelle on faisait entrer l'idée d'un amas de follicules ou d'un ensemble de vaisseaux avec une enveloppe membraneuse particulière, comprenait encore beaucoup de parties différentes, et supposait la connaissance exacte de la texture intime.

On a aussi essayé de définir les glandes par leur fonction, en disant qu'elles sont des organes sécrétoires; mais confondant ensuite la nutrition et la sécrétion, on y a compris la plupart des organes; ou bien distinguant ces fonctions, mais ne séparant pas les sécrétions intrinsèques des sécrétions excrétoires, on a confondu les membranes séreuses et synoviales avec les glandes.

Il faut, pour distinguer les glandes de toute autre partie analogue par la forme, par la texture apparente, et même jusqu'à un certain point par les fonctions, avoir particulièrement égard à leurs connexions; Bichat et M. Chaussier ont pris cette considération pour base d'une définition des glandes; Haase l'a adoptée aussi, mais il a supposé des conduits excréteurs aux ganglions vasculaires. Les glandes sont des organes de forme obronde, lobuleux, entourés de membranes, ayant beaucoup de vaisseaux et des nerfs, et *pourvus de conduits excréteurs ramifiés* qui aboutissent aux membranes tégumentaires et y versent un liquide sécrété. En un mot, ce sont des organes de sécrétion extrinsèque, pourvus de conduits excréteurs.

§ 479. Considérées ainsi, les glandes sont des dépendances ou des prolongemens des membranes tégumentaires. Dans les animaux pourvus de vaisseaux et de cœur, les seuls qui aient des glandes massives, elles résultent d'une réunion intime de ces deux genres d'organes ; c'est pour cela que leur description est placée ici. Elles tiennent cependant encore plus au système tégumentaire qu'au système vasculaire, car dans les animaux dépourvus de vaisseaux, les glandes existent, mais à un état rudimentaire ; le foie, la plus constante de toutes les glandes, si ce n'est cependant le rein, existe en effet dans les insectes sous forme d'un canal excréteur ramifié, aboutissant au canal intestinal, mais libre et flottant dans l'abdomen.

§ 480. Il est encore assez difficile, et peut-être impossible, d'établir une ligne de démarcation bien tranchée entre les follicules ou cryptes et les glandes.

On a déjà vu que parmi les follicules il y en avait de simples et solitaires ; que d'autres sont groupés, agminés ou agrégés ; que d'autres sont composés, soit par leur réunion dans un orifice commun ou une lacune, soit en même temps par l'agglomération de plusieurs follicules, soit enfin par un canal excréteur commun et ramifié ; c'est ici que la difficulté existe, car il n'y a pas de raison valable pour ne pas ranger les amygdales qui ont des lacunes composées, les glandes molaires, la prostate et les glandes de Cowper, qui ont des conduits ramifiés, parmi les glandes, aussi bien que les glandes sublinguales, lacrymales, etc.

Les glandes les plus parfaites et les moins équivoques sont : les lacrymales, les salivaires, au nombre de trois de chaque côté, savoir la parotide, la maxillaire et la sublinguale ; le pancréas, le foie, les reins, les testicules et les mamelles. Les ovaires doivent être, comme les testicules, rangés dans ces genres d'organes.

§ 481. La forme des glandes est irrégulièrement arrondie, et présente beaucoup de variétés. Les unes impaires, comme le foie et le pancréas, sont asymétriques; les autres sont paires et assez exactement semblables des deux côtés.

§ 482. Elles sont toutes situées au tronc, et toutes, quelle que soit la diversité apparente de leur situation, aboutissent par leurs canaux à la membrane muqueuse ou à la peau.

§ 483. Leur volume diffère beaucoup : le foie est un des organes les plus volumineux du corps, les glandes lacrymales, sublinguales et les ovaires ont à peine, au contraire, le volume de la moitié du pouce.

§ 484. A l'intérieur, les unes sont lobées et lobulées, comme les lacrymales, les salivaires et le pancréas; les mamelles le sont moins distinctement; les testicules le sont d'une autre manière; les reins le sont seulement dans le fœtus; le foie n'est lobé qu'à l'extérieur.

Dans les premières, les lobules paraissent formés de particules très-petites, mais semblables et blanchâtres; dans le foie et dans les reins, on trouve deux substances de couleur différente, disposées par couches dans les reins, et mêlées à la manière du granit dans le foie.

§ 485. Les glandes sont enveloppées d'une membrane, cellulaire dans la plupart d'entre elles, et fibreuse dans les autres, entourée dans quelques-unes par une membrane séreuse, et dans les autres par beaucoup de tissu cellulaire et adipeux. La face interne de cette membrane se continue avec le tissu cellulaire plus ou moins lâche qui existe abondamment dans les glandes.

Ces organes ont beaucoup de vaisseaux sanguins et lymphatiques, et peu de nerfs; plus cependant que la membrane muqueuse en général, mais moins que la peau. La plupart ne reçoivent que du sang artériel ; le foie seul dans l'homme et les mammifères, le foie et les reins dans les ovipares, reçoivent en outre du sang veineux, ce qui explique la nature des liquides, si différens du sang et tout-à-fait excrétoires que fournissent ces glandes. Le nombre et le volume, ou la capacité totale des artères, sont très-divers dans les glandes, mais nulle part plus grands que dans les reins. La longueur, le trajet, le mode de distribution des vaisseaux, sont également très-variés. La différence de capacité entre les artères et les veines est très-peu marquée dans les glandes ; et, en effet, une grande partie du sang y est transformée en humeur sécrétée, et emportée par les conduits excréteurs.

§ 486. Ces conduits commencent par des radicules très-fines, invisibles, et probablement closes, qui se réunissent entre elles à la manière des veines, pour former plusieurs troncs, comme dans les glandes lacrymales, sublinguales et mammaires, ou un seul, comme dans toutes les autres. Ces conduits, multiples ou uniques pour chaque glande, parcourent un trajet en général droit, tortueux dans les testicules seulement, et aboutissent aux membranes tégumentaires. Celui de l'ovaire est seul interrompu ; ceux des mamelles présentent, avant leur terminaison, des renflemens olivaires ; ceux du rein présentent d'abord un évasement ou bassinet, et puis viennent aboutir à une vessie unique pour eux deux ; celui du foie et celui de chaque testicule ont aussi un réservoir, mais situé latéralement et exigeant un cours rétrograde du liquide sécrété pour y arriver. Les conduits des autres glandes ne présentent ni interruption, ni renflemens, ni réservoirs.

La composition des conduits excréteurs résulte toujours essentiellement d'une membrane muqueuse dont l'épaisseur vient en diminuant, à mesure qu'elle forme des divisions plus fines dans la glande. Cette membrane est doublée à l'extérieur par du tissu cellulaire, par du tissu élastique ; dans quelques conduits par du tissu érectile, comme dans l'urètre, dans le mamelon, et peut-être dans quelques autres; dans quelques parties des voies excrétoires, la membrane muqueuse est armée ou doublée de fibres musculaires.

§ 487. La texture intime des glandes est peu connue. Malpighi avait avancé que chacun des grains glanduleux, *acini*, devait être considéré comme un follicule, et chaque glande comme une conglomération de follicules aboutissant à un canal excréteur commun. Cette opinion fut reçue et admise sans contradiction jusqu'à Ruysch, et de son temps défendue contre lui-même par Boerhaave. Suivant Ruysch, au contraire, ce qu'on a appelé grains glanduleux consisterait uniquement dans des entrelacemens de vaisseaux fins, dans lesquels les artères se continueraient en canaux excréteurs.

Il y a dans chacune de ces deux opinions quelque chose de vrai qu'il faut admettre, et quelque chose à rejeter comme inexact. Il est vrai, comme le dit Malpighi, qu'une glande consiste, comme un follicule simple ou composé, en un canal fermé à l'extrémité ; il est vrai aussi, comme le dit Ruysch, que chaque grain glanduleux, et que la glande entière, consiste dans le mélange et l'entrelacement des vaisseaux fins avec les origines du conduit excréteur ; mais il est inexact de dire, comme il l'a dit, que les conduits excréteurs sont la continuation des artères ; comme il serait inexact de dire, avec Malpighi, que les racines des conduits excréteurs commencent par des renflemens ou follicules. Peut-être l'hypothèse de Malpighi aurait-elle plus de probabilités, appliquée aux glandes granulées, comme les salivaires, le pancréas et les lacrymales, qui ressemblent tant en effet à des follicules composés; et celle de Ruysch, plus de vraisemblance en l'appliquant seulement au foie, aux reins et aux testicules, dont la texture est si évidemment vasculaire et canaliculée; sans que cependant on puisse affirmer qu'il y a dans les premières de véritables follicules évasés, et dans les autres des continuations directes entre les artères et les conduits excréteurs.

On pourrait encore apporter à l'appui de cette conjecture la facilité avec laquelle, dans ces dernières glandes, les injections passent des vaisseaux dans les conduits excréteurs, et réciproquement; et la difficulté avec laquelle on obtient les mêmes résultats dans les glandes lobulées et granulées.

Quoi qu'il en soit de cette opinion, la texture des glandes paraît bien certainement résulter de la réunion intime des conduits excréteurs ramifiés, et clos à leur origine, avec des vaisseaux sanguins et lymphatiques et des nerfs situés dans leurs intervalles, divisés et terminés dans leur épaisseur; le tout réuni par du tissu cellulaire et enveloppé de membranes.

§ 488. Les glandes ont pour fonction un mode de sécrétion que l'on appelle glandulaire. Toute sécrétion en général consiste dans la formation d'une humeur particulière, dont le sang fournit les matériaux. La sécrétion glandulaire ne diffère des autres (sécrétions folliculaire et perspiratoire), que par la complication plus grande de son organe.

A une exception près, le même sang, le sang artériel seul, est apporté dans toutes les glandes; le nombre, le volume, la direction, le mode de distribution des vaisseaux, et le degré de ténuité auquel ils arrivent par leurs divisions successives, ne peuvent guère influer que sur la quantité de sang qui arrive à la glande, et sur la rapidité de son cours; cependant une partie du sang étant remportée par les veines, et un autre liquide par les vaisseaux lymphatiques, les glandes versent par leurs conduits excréteurs des humeurs aussi différentes entre elles, que la salive, les larmes, la bile, l'urine, le sperme et le lait.

Quelles sont donc la nature et la cause du changement du sang en humeur sécrétée? On a cru que le changement et sa cause étaient purement mécaniques, et dépendaient de la grandeur et de la figure des ouvertures par où les humeurs sortent des vaisseaux; on a supposé, avec beaucoup plus de vraisemblance, que c'était un changement chimique, c'est-à-dire une autre composition élémentaire; mais ce changement n'a lieu que dans les corps organisés, et que dans certains de leurs organes; cette différence tient donc à des modifications de leur substance, tout comme on voit divers végétaux plantés dans le même sol, plongés dans la même atmosphère, produire, les uns, de la gomme, les autres un acide, les autres de la résine, etc. La sécrétion glandulaire, comme les autres, est donc une fonction de la substance organisée et vivante : les vaisseaux en apportent les matériaux contenus dans le sang, la production est probablement même disposée ou préparée par la disposition des vaisseaux et le mode de circulation qui en résulte; mais c'est dans le tissu qui forme les racines des conduits excréteurs qu'il faut en chercher l'instrument essentiel et immédiat. La sécrétion en général, et la sécrétion glandulaire en particulier, sont évidemment soumises à l'influence nerveuse; les effets des passions sur les sécrétions en général, ceux des maladies, de l'hystérie, de l'hypochondrie, etc., sont assez connus. Des expériences de M. Brodie sont venues confirmer ce que l'observation directe avait appris.

La ligature des veines d'une glande augmente beaucoup le produit de sa sécrétion.

§ 489. Les glandes commencent à se former par leur canal excréteur. Dans l'embryon, ce canal est libre et flottant, comme dans les insectes. Les glandes sont ensuite lobées, par exemple les reins, comme elles le sont dans les arachnides et les crustacés. Elles sont en général très-volumineuses dans le fœtus et l'enfant. Elles diminuent proportionnellement à mesure que les organes des fonctions animales se développent. Quelques-unes changent de place vers l'époque de la naissance : ce sont les testicules et les ovaires. Ces glandes et les mamelles se développent beaucoup à l'époque de la puberté et se flétrissent dans la vieillesse.

§ 490. Les glandes présentent beaucoup de variétés individuelles et de vices de conformation. Quelques-unes manquent quelquefois entièrement; ce sont celles de la génération qui sont le plus sujettes à manquer. Une des glandes paires peut manquer ou être moins volumineuse que l'autre. Quelques-unes restent quelquefois lobées, ou très-volumineuses comme dans le fœtus. D'autres sont quelquefois réunies, comme les deux reins en un. D'autres peuvent conserver leur situation primitive, comme les testicules et les ovaires; ces derniers sont quelquefois, au contraire, entraînés au dehors de l'abdomen. Les reins peuvent aussi être situés beaucoup trop bas, ou dans le bassin.

§ 491. On observe quelquefois l'atrophie des glandes, soit par une pression extérieure, soit par une production accidentelle développée dans leur épaisseur : elle a aussi lieu par le défaut d'action, ou même sans cause appréciable. L'hypertrophie a lieu quelquefois par suite de la cessation d'action d'autres organes, et sutout d'une glande paire. Assez souvent elle est accompagnée de quelque altération de tissu.

§ 492. L'inflammation des glandes est fréquente, et souvent se développe en se propageant le long du conduit excréteur, depuis son orifice jusqu'à ses racines dans la glande. L'inflammation y est souvent suppuratoire, et quelquefois plastique ; d'où résulte l'oblitération des conduits et l'induration du tissu.

§ 493. Les productions accidentelles, soit saines, soit morbides, sont très-communes dans les glandes. Les ovaires y sont le plus sujets, mais surtout aux productions analogues ; les testicules, le foie et les mamelles, sont très-sujets aux productions morbides ; les glandes lacrymales, salivaires, et le pancréas, sont au contraire très-peu sujets, soit aux unes, soit aux autres productions accidentelles.

§ 494. Le tissu glanduleux ne se produit point accidentellement. Quand il est entamé, les racines ou le tronc du conduit excréteur étant divisés, la matière sécrétée est versée dans la plaie, qui a beaucoup de tendance à devenir et à rester fistuleuse.

§ 495. Ici se termine la description de tous les systèmes ou genres d'organes qui appartiennent spécialement aux fonctions végétatives ; ceux qui restent à décrire appartiennent au contraire plus particulièrement aux fonctions animales. Cette distinction serait mieux tranchée si l'une des membranes tegumentaires, la membrane muqueuse, n'appartenait principalement aux fonctions de la nutrition et de la génération; tandis que l'autre, la peau, sert principalement aux sensations: c'est le système tégumentaire qui lie les deux classes de fonctions et d'organes.

CHAPITRE VI.

DU TISSU LIGAMENTEUX.

§ 496. Le tissu ligamenteux ou desmeux, *textus desmosus*, est blanc, flexible, très-tenace, et forme des liens et des enveloppes très-solides.

Il a été désigné par les noms de tissu fibreux, albugineux, tendineux, aponévrotique, etc. Ces deux derniers noms, comme celui de ligamenteux, ont l'inconvénient d'indiquer une sorte particulière de ce tissu, et les premiers, une qualité commune à beaucoup d'autres; c'est pour cela que le nom desmeux me paraît préférable, parce que, quoiqu'il signifie ligamenteux, il n'a point été appliqué aux ligamens en particulier.

§ 497. Les plus anciens anatomistes, Hippocrate et Aristote, confondaient sous le nom de nerfs toutes les parties blanches; de là les noms d'aponévrose, de synévrose, d'énévration, de muscle demi-nerveux, etc. L'école d'Alexandrie, et Galien surtout, ont positivement distingué les ligamens, les tendons et les nerfs.

Galien et Vésale avaient déjà noté l'analogie qui existe entre les ligamens et certaines membranes; Ad. Murray avait déjà indiqué la ressemblance très-grande qui existe entre les tendons, les ligamens et les aponévroses. Isenflamm [1] a donné quelques remarques sur ce tissu; mais c'est Bichat qui, le premier, a considéré dans leur en-

1 *Bemerkungen über die flechsen*, in *Beiträge fur die zergliederungskunst*, Band. I, Leipzig, 1800.

semble toutes les parties de ce genre sous le nom de tissu fibreux. Il y comprenait le tissu élastique que j'en ai séparé (§ 361) et en excluait une autre sorte que j'y réunis, c'est son tissu fibro-cartilagineux des articulations et des coulisses tendineuses.

PREMIÈRE SECTION.

DU TISSU LIGAMENTEUX EN GÉNÉRAL.

§ 498. Les organes ligamenteux ne forment point un tout continu ou un ensemble; on a cependant cherché un centre et une réunion à toutes les parties de ce genre.

Une opinion très-ancienne, antérieure à Galien, mais énoncée dans un de ses traites, attribuait au péricrâne l'origine de toutes les membranes *nerveuses*. On a cru que les Arabes, en traduisant dans leur langue le nom de méninges par un mot qui a la même signification, et aussi celle de mère, regardaient les membranes du cerveau comme génératrices des autres membranes; c'est une erreur consacrée par Sylvius, qui a représenté les méninges comme des membranes fécondes et mères. Beaucoup plus tard Bonn, et tout récemment Clarus, ont attribué, en quelque sorte, la même qualité aux aponévroses d'enveloppe. Bichat a indiqué le périoste comme la partie centrale du système fibreux. Mais ce système, formé de parties indépendantes les unes des autres, n'a point, à proprement parler, de centre; quelques-unes de ses parties sont même tout-à-fait isolées des autres. C'est d'ailleurs un tissu très-généralement répandu, ayant beaucoup de rapport avec le tissu cellulaire, et se continuant avec lui en divers endroits.

§ 499. Le tissu ligamenteux se présente sous deux formes principales, celle du lien, ou du cordon, comme les ligamens et les tendons; et celle de membrane ou d'enveloppe, comme le périoste, la méninge, la scléro-tique, etc. Ces deux formes, funiculaire et membraneuse, se confondent dans certaines parties, allongées et arrondies à une extrémité, épanouies et aplaties à l'autre, tels sont certains tendons; en outre la forme membraneuse, quoique en général destinée à former des enveloppes, forme aussi quelquefois des liens : tels sont les ligamens capsulaires, les aponévroses d'insertion, etc. D'après ses connexions, on a aussi divisé le tissu ligamenteux en parties servant aux os, aux muscles et à d'autres organes; et, d'après ses usages, en parties servant d'attaches ou d'enveloppe, ou à l'un et à l'autre usages.

§ 500. La couleur du tissu ligamenteux est blanche; son aspect est en général resplendissant ou satiné.

§ 501. Sa texture est essentiellement fibreuse, les fibres dont il est composé sont des filamens très-déliés, parallèles ou entre-croisés. Dans quelques tendons longs et grêles, les fibres sont comme tressées; dans les aponévroses, elles sont ordinairement disposées en plusieurs plans entre-croisés, et quelquefois comme tissues entre elles. Dans quelques parties de ce tissu, les fibres sont si étroitement réunies, que le tout semble homogène et non fibreux, tels sont les ligamens cartilaginiformes; mais dans toutes les autres parties on peut, dans les sujets infiltrés, ou dans les parties soumises à la macération, séparer les faisceaux de fibres les uns des autres, séparer les fibres elles-mêmes sous forme de filamens fins comme des fils de ver à soie. On ne sait pas bien si c'est le dernier terme de division, mais c'est probable. Ces filamens sont blancs, tenaces, peu élastiques, flexibles, et probablement pleins ou solides. Fontana et M. Chaussier regardent cette fibre comme primitive et particulière; Isenflamm la regarde comme formée de filamens cellulaires imprégnés de gluten et d'albumine; Mascagni dit que l'inspection microscopique semble démontrer que ces filamens primitifs résultent d'un amas de vaisseaux absorbans entourés d'une membrane formée de ces mêmes vaisseaux, et d'une autre résultant de vaisseaux sanguins très-déliés formant un réseau subtil; on voit que c'est toujours la même idée déjà exposée plus haut (§ 394.) Ces filamens paraissent être du tissu cellulaire très-condensé; la macération les amollit et les change en substance muqueuse ou cellulaire.

Les divers organes ligamenteux sont enveloppés de gaînes formées par le tissu cellulaire; de plus, ceux qui ont des faisceaux distincts contiennent encore de ce tissu dans leur intervalle; les fibres enfin sont elles-mêmes entourées et liées entre elles par ce tissu, que l'infiltration et la macération rendent très-apparent. On trouve aussi du tissu adipeux dans l'épaisseur des organes ligamenteux. Le tissu ligamenteux est en général peu vasculaire, cependant on trouve à sa surface et l'on suit dans son épaisseur quelques petits vaisseaux sanguins. Pour les bien voir, il faut, après les avoir injectés en rouge, faire sécher la partie, puis la tremper dans l'huile volatile de térébenthine, pour la rendre transparente. Quelques parties du système ligamenteux sont très-vasculaires; tel est surtout le périoste, telle est encore la méninge crânienne. On aperçoit des vaisseaux lymphatiques dans les plus gros organes de ce genre. Il est douteux qu'ils aient des nerfs.

§ 502. Le tissu ligamenteux contient naturellement une grande proportion d'eau. La dessiccation le rend dur, transparent, élastique et cassant; lui donne une couleur rougeâtre ou jaunâtre, et rend ses fibres peu distinctes. Il résiste long-temps à la macération, qui l'amollit, le rend floculent à la surface, écarte ses fibres, en rendant le tissu cellulaire apparent dans son épaisseur, et finit par les changer elles-mêmes en substance muqueuse. Le feu le crispe violemment, et il laisse un charbon volumineux. La décoction le crispe beaucoup d'abord, le rend jaune, dur, élastique, et finit par le réduire en gélatine. Les acides minéraux froids et chauds le dissolvent : l'acide nitrique commence par le crisper. L'acide acétique froid le gonfle et le réduit en une masse gélatineuse; chaud, il le fond entièrement. Les alcalis le gonflent et le ramollissent; en cet état ses fibres se séparent aisément, et présentent les couleurs de l'arc-en-ciel.

§ 503. L'élasticité du tissu ligamenteux frais est très-médiocre, mais elle est très-marquée quand il est desséché. Son extensibilité est presque nulle, quand l'effort est subit; de là les étranglemens produits par les parties ligamenteuses, et les déchirures de ce tissu par des distensions violentes. Quand, au contraire, les causes de distension agissent lentement et graduellement, le tissu ligamenteux cède en s'amincissant, ses fibres s'écartent, et se désunissent même, si la distension lente est portée très-loin. Il ne faut pas confondre avec ce phénomène l'augmentation de volume du tissu fibreux par excès de nutrition. La rétractilité du tissu fibreux s'exerce dans la même proportion que l'extensibilité; elle a lieu promptement si la distension a été prompte sans aller jusqu'à la déchirure, et lentement si elle a été graduelle et lente. La ténacité ou la force de résistance de ce tissu à la rupture est énorme; elle persiste après la mort dans toute.

son énergie; l'irritabilité ou contractilité vitale y est nulle; ainsi il ne faut pas y admettre avec Baglivi des mouvemens de contraction, ni des mouvemens d'oscillation avec La Caze. La sensibilité de ce tissu est extrêmement obscure ou douteuse. Ceux qui l'admettent, conviennent qu'elle n'est développée que par certains agens mécaniques, particuliers pour les diverses parties de ce tissu : ainsi la dure-mère serait sensible à l'impression de quelques excitans sans effet sur d'autres parties ligamenteuses; les ligamens seraient sensibles à la distension et au tiraillement violent qui précède leur rupture, tandis que la même chose n'a pas lieu dans les tendons. Il reste encore bien des doutes sur ce sujet. On a eu tort cependant de conclure, des expériences favorables à l'opinion de l'insensibilité des parties ligamenteuses, qu'elles n'éprouvent aucune impression des causes irritantes; ces causes au contraire y développent l'inflammation, la sensibilité morbide et diverses altérations. La force de formation des parties ligamenteuses est très-active.

§ 504. La fonction de ce tissu, toute mécanique, est de former des liens, des cordons, des enveloppes très-solides, qui servent à attacher les os entre eux, les muscles aux os, à contenir certaines parties, à transmettre des efforts, etc.

§ 505. Le tissu ligamenteux est d'abord, dans l'embryon, mou et muqueux comme toutes les autres parties; il conserve pendant la vie fœtale et pendant l'enfance beaucoup de mollesse et de flexibilité; il est alors peu dense, plus vasculaire, d'un blanc bleuâtre, perlé ou argentin, et aisément soluble dans l'eau bouillante. Quelques parties, comme la méninge, la sclérotique, le périoste, sont plus épaisses que dans l'adulte; les tendons et les aponévroses au contraire sont plus grêles et plus minces. Dans la vieillesse, au contraire, il devient jaune, moins resplendissant, plus ferme, plus coriace, plus sec, moins vasculaire, et moins soluble dans l'eau bouillante qu'il ne l'était dans l'âge adulte.

Malgré la dureté du système ligamenteux chez le vieillard, il n'a pas une très-grande tendance à s'ossifier. Les tendons ne s'ossifient guère que là où ils frottent, et où ils ont une texture fibro-cartilagineuse, et à leur extrémité insérée aux os. La rareté de l'ossification sénile des tendons est d'autant plus remarquable, que chez plusieurs animaux, comme certains oiseaux, comme les insectes et les crustacés, l'ossification ou un endurcissement analogue a toujours lieu dans le développement régulier de ces parties.

§ 506. Les diverses parties du système fibreux, quoique assez analogues pour former un genre d'organes, ne sont pourtant point identiques ; le tissu des tendons est moins serré que celui des ligamens, celui des ligamens cartilaginiformes est tellement serré, qu'il est presque homogène en apparence. La composition chimique de toutes ces parties est à peu près la même ; cependant les tendons cèdent beaucoup plus facilement à l'action dissolvante de l'eau bouillante, que les autres parties ligamenteuses.

§ 507. Le tissu ligamenteux divisé, déchiré ou rompu, se réunit : c'est ce qu'on voit arriver aux ligamens après les luxations. Le tendon d'Achille, ou quelque autre gros tendon étant rompu, si les bouts sont maintenus immobiles et en contact, il se fait en premier lieu une agglutination entre eux, puis une réunion organique qui, plus extensible d'abord que le tendon, acquiert avec le temps sa force de cohésion, ou sa ténacité et sa presque inextensibilité. Il se fait entre les bouts des muscles divisés, et quelquefois à la suite des fractures des os, des réunions fibreuses.

§ 508. La production accidentelle du tissu ligamenteux est assez fréquente, et se présente sous plusieurs formes. On trouve des membranes de ce genre autour de certains kystes qui en sont rarement enveloppés en totalité. Certaines tumeurs solides ont aussi des enveloppes du même genre. Les articulations contre nature ont aussi des capsules fibreuses plus ou moins distinctes. On trouve quelques fois des lames ou brides fibreuses dans les membranes séreuses, et surtout dans la plèvre.

Les corps fibreux ou ligamenteux isolés ont été très-anciennement vus, mais confondus avec le squirrhe; M. Chambon les a décrits sous le nom de scléromes. Walter et Baillie les ont connus. Bichat, et d'après lui M. Roux, les ont décrits; mais c'est à Bayle et à M. Laennec qu'on en doit la connaissance complète. Ils ont la forme globuleuse, leur surface est inégale et comme lobulée; les anfractuosités les plus grandes contiennent des vaisseaux et du tissu cellulaire infiltré. Fendus, on voit qu'ils sont formés de lobules et de bandes contournées en volute, réunis par du tissu cellulaire et des prolongemens fibreux. Ils ont peu de vaisseaux à l'intérieur. Ils sont d'abord petits et mous comme la fibrine du sang; ils s'accroissent progressivement en volume et changent de texture; ils deviennent rarement cartilagineux, mais fréquemment osseux; l'ossification pierreuse s'y développe d'une manière irrégulière, et ressemble dans leur épaisseur à un calcul moriforme. Ils se forment souvent dans l'épaisseur et près des surfaces de l'utérus; quelquefois dans l'ovaire, dans le tissu cellulaire accidentel des membranes séreuses, et sont alors formés de couches comme une bulbe, dans le tissu cellulaire ; on a dit aussi dans les os ; on en a vu aux doigts et aux paupières, sous la membrane muqueuse du nez : les fongus de la dure-mère sont quelquefois des corps de ce genre ; on en a même vu une fois dans le cerveau.

On trouve des productions fibreuses informes dans les cicatrices du foie, des os, de la peau ; dans le scrotum et ailleurs autour des fistules.

§ 509. Il y a une production qui se rapproche beaucoup du tissu ligamenteux, c'est celle d'un tissu blanc, compacte, point fibreux, point lamineux, point celluleux, demi-diaphane, point chatoyant, flasque et tenace. Quelques organes atrophiés semblent se transformer en ce tissu ; les cicatrices de la peau, celle du tissu cellulaire après la guérison des phlegmons chroniques, et après celle des fistules anciennes, quelques granulations blanches des membranes séreuses analogues aux glandes de pacchioni, sont de ce genre.

On doit aussi en rapprocher la sclérose que l'on observe dans le tissu cellulaire et la peau dans l'éléphantiasis des membres, du scrotum et de la vulve, et que l'on a vue aussi dans le tissu cellulaire sous-péritonéal, dans un cas de cancer.

C'est à cette production qu'il faut aussi rapporter la plupart des polypes de l'utérus et surtout du vagin, et certaines tumeurs saillantes sous la peau qu'elles soulèvent ; polypes et tumeurs, dont le tissu blanc, compacte, flasque et tenace, diffère du tissu fibreux, mais s'en rapproche plus cependant que d'aucun autre.

Ces variétés de tissu blanc accidentel se rapprochent des productions morbides par leur tendance à s'étendre et à repulluler.

§ 510. L'inflammation du tissu ligamenteux est peu connue, mais elle n'est pas très-rare.

Elle se termine le plus souvent par résolution, assez souvent aussi par production d'une matière plastique ou organisable, qui tantôt est résorbée, et tantôt donne lieu à l'ossification accidentelle. L'inflammation chronique ramollit ce tissu, lui fait perdre sa ténacité, et donne aussi quelquefois lieu à son ossification.

Quelques fongus de la dure-mère, certains polypes des fosses nasales et des arrière-narines, certaines épulies, quelques tumeurs du périoste, sont des productions morbides ou des dégénérations cancéreuses du tissu ligamenteux.

SECONDE SECTION.

DES ORGANES LIGAMENTEUX EN PARTICULIER.

§ 511. En faisant abstraction pour le moment du tissu fibro-cartilagineux, on peut diviser les organes fibreux en ceux qui attachent les os entre eux, ceux qui attachent les muscles aux os, et ceux qui forment des enveloppes.

ARTICLE PREMIER.

DES LIGAMENS.

§ 512. Les ligamens [1], *ligamenta, nervi colligantes*, *σύνδεσμοι*, sont les parties fibreuses qui attachent les os et les cartilages les uns aux autres.

1 Jos. Weitbrecht, *Syndesmologia sive historia ligament. corp. hum., etc., cum figuris*, 4°; Petropol. 1742.

Le même nom a été mal à propos donné à beaucoup d'autres parties, et notamment à des freins formés par des replis des membranes séreuses et muqueuses, à des prolongemens séreux et adipeux, etc.

Les véritables ligamens tiennent par leurs deux extrémités aux os et au périoste, et si solidement, qu'il faut, dans l'adulte, une putréfaction très-avancée pour les en détacher; dans les enfans ils se séparent des os avec le périoste par une macération peu prolongée.

Le tissu fibreux qui les forme est très-dense, et disposé en faisceaux plus ou moins distincts, très-étroitement unis; quelques-uns même ont l'homogénéité apparente des cartilages.

Ils se résolvent, par la décoction, mais très-difficilement, en gélatine et en albumine.

§ 513. Les ligamens sont souvent affectés d'inflammation, soit par des causes mécaniques, comme celles de l'entorse et des fractures dans les parties articulaires des os, soit par le voisinage des membranes synoviales enflammées, soit par les causes spécifiques du rhumatisme articulaire et de la goutte. L'inflammation donne lieu à deux effets différens dans les ligamens : un ramollissement extrême et une perte de leur force de résistance, ou bien l'ossification accidentelle. Ce dernier changement est le plus fréquent; on observe surtout l'autre dans les maladies scrofuleuses des articulations.

§ 514. D'après leurs connexions et leurs usages, on distingue les ligamens en articulaires, en non articulaires, et en mixtes. Les premiers sont ceux qui s'attachent par leurs extrémités à des os différens qu'ils réunissent, ce sont les plus importans; les seconds sont ceux qui, attachés à des parties d'un même os, servent à fermer des échancrures, comme à l'arcade orbitaire et au bord supérieur du scapulum, ou à clore une ouverture et donner attache à des muscles, comme le ligament obturateur du trou sous-pubien ; les derniers sont ceux qui, comme ligamens sacro-ischiatiques et interosseux de l'avant-bras et de la jambe, se fixent à des os différens, mais servent surtout à des insertions de muscles.

Les ligamens articulaires se distinguent en capsulaires et en funiculaires.

Les ligamens capsulaires ou les capsules fibreuses consistent en des gaînes ligamenteuses cylindroïdes qui entourent l'articulation, qui tiennent par leurs deux bouts aux deux os articulés, et sont doublées à l'intérieur par la membrane synoviale. Ces capsules, tout en fixant solidement les os, permettent des mouvemens dans tous les sens. Elles sont presque propres aux articulations scapulo-humérale et coxo-fémorale ; cependant on en trouve des rudimens à quelques autres, où des faisceaux irréguliers fortifient la membrane synoviale dans plusieurs points de son contour.

Les cordons ou les faisceaux ligamenteux des articulations sont des cordes arrondies ou des bandes aplaties, situées la plupart à l'extérieur des articulations, et quelques-unes seulement à l'intérieur des cavités articulaires. Les uns et les autres permettent des mouvemens en quelques sens, et les empêchent ou les bornent dans les autres.

Les ligamens externes sont la plupart placés aux deux côtés de l'articulation, et appelés pour cette raison ligamens latéraux ; beaucoup d'articulations mobiles en sont pourvues ; d'autres sont antérieurs ou postérieurs ; quelques-uns, à raison de leur direction, sont appelés ligamens croisés. Tous ces ligamens, attachés par les deux bouts aux os, répondent par une de leurs faces à la membrane synoviale, et par l'autre au tissu cellulaire commun, aux muscles et aux tendons environnans.

Les ligamens internes sont entourés d'une gaîne fournie par la membrane synoviale qui se réfléchit à leurs deux extrémités (§ 212).

ARTICLE II.

DES TENDONS.

§ 515. Les ligamens des muscles ou les tendons [1], *tendines*, τένοντες, sont des parties ligamenteuses auxquelles se fixent les extrémités des fibres musculaires.

Parmi les tendons, les uns, funiculaires, ont la forme de cordons allongés, arrondis ou aplatis, mais étroits, ce sont les tendons proprement dits; les autres sont élargis et membraniformes, ce sont les tendons aponévrotiques ou les aponévroses d'attache.

Les uns et les autres sont placés, pour la plupart, aux extrémités des muscles, et servent à leurs insertions; les autres, placés dans leur longueur, et interrompant les fibres charnues, sont des tendons et des aponévroses d'intersection ou des énervations.

Parmi les tendons d'insertion, il en est même qui, consistant en une multitude de petits faisceaux fibreux isolés, n'ont la forme ni de cordon ni de membrane.

Il en est quelques autres qui forment des cintres ou des arcades attachées par les deux extrémités, et sous lesquelles passent des vaisseaux; tel est celui sous lequel passent les vaisseaux fémoraux en devenant poplités, etc.

Parmi les tendons il y en a qui ont la forme de

[1] Albinus, *Annot. acad.*, lib. IV, cap. 7, et tab. 5.

cordon dans la plus grande partie de leur longueur, et qui, à l'une des extrémités ou aux deux, s'élargissent en membranes.

Il en est d'autres qui, simples à une extrémité, se divisent à l'autre en plusieurs cordons ou en lames plus ou moins larges.

§ 516. La connexion des tendons avec les fibres musculaires est très-solide; on a prétendu même qu'il y avait continuité réelle et identité entre ces parties. Mais, outre les différences de densité et de couleur, outre la différence remarquable qu'on aperçoit avec le microscope entre les deux tissus, on voit des tendons aponévrotiques dont les fibres ont une direction différente de celle des muscles; les tendons sont beaucoup moins vasculaires que les muscles; ils sont plus longs proportionnellement dans les enfans; ils se séparent des muscles par la décoction; ils se résolvent en tissu cellulaire par la macération; ils ne sont point irritables comme la fibre musculaire, etc.; ils n'en sont point la continuation, mais seulement celle du tissu cellulaire des muscles.

Par l'autre extrémité les tendons sont attachés aux os, en général près des articulations. Quelques tendons aponévrotiques, au lieu de s'attacher directement aux os, s'épanouissent et se confondent avec les enveloppes des muscles.

Les tendons sont entourés de tissu cellulaire commun et lâche, ou de bourses mucilagineuses, suivant l'étendue des glissemens qu'ils éprouvent.

Quelques-uns sont maintenus par des anneaux ou des gaînes qui préviennent leur déplacement.

La couleur des tendons est blanche, resplendissante, azurée, comme verdâtre, satinée ou veloutée.

Le tissu fibreux qui les compose contient dans ses intervalles, dans les plus gros au moins, du tissu cellulaire et des petits vaisseaux sanguins.

Quelques tendons ont une texture fibro-cartilagineuse : ce sont ceux qui frottent contre des os; ils deviennent même à la longue osseux dans ces points.

Leurs propriétés essentielles sont l'inextensibilité et la force de cohésion, ce qui les rend propres à transmettre aux os l'action musculaire, seule fonction qu'ils aient à remplir.

Ils sont rarement altérés; la piqûre y détermine un gonflement indolent qui se résout lentement.

ARTICLE III.

DES ENVELOPPES LIGAMENTEUSES.

§ 517. Des membranes ligamenteuses forment, à certaines parties, des enveloppes analogues à celles que le tissu cellulaire fournit aux autres organes. Ces membranes sont les suivantes :

I. *Des Enveloppes des muscles.*

§ 518. Les enveloppes des muscles ou les aponévroses d'enveloppe fournissent aussi, dans quelques endroits, des insertions aux fibres musculaires; elles sont de deux sortes, les unes entourent les muscles des membres, les autres revêtent ceux des parois du tronc.

§ 519. Les aponévroses d'enveloppe des membres, *fasciæ musculares* [1], sont des membranes ligamen-

[1] Ad. Murray, *de Fasciâ latâ*, Upsal. 1774.

teuses qui entourent les muscles des membres et les maintiennent contre les os. Ces membranes ont la forme de gaînes; leur surface externe répond aux tissus cellulaire et adipeux, ainsi qu'aux vaisseaux et nerfs sous-cutanés. Leur surface interne répond aux muscles, fournit des attaches à quelques-uns, envoie entre la plupart des lames, des cloisons, des prolongemens qui les séparent, qui leur fournissent des attaches, et qui vont se terminer en s'attachant aux crêtes et aux lignes des os. Leurs extrémités s'attachent aux os, reçoivent des insertions ou des expansions de tendons, se perdent insensiblement dans le tissu cellulaire; et dans d'autres endroits forment des ligamens annulaires aux tendons. Elles consistent en une ou plusieurs couches plus ou moins épaisses de tissu ligamenteux, et sont proportionnées en épaisseur au nombre et à la force des muscles qu'elles entourent; elles présentent des ouvertures pour le passage des vaisseaux du plan profond au plan superficiel, et réciproquement. Elles sont pourvues de muscles tenseurs, soit propres, soit simplement par expansion de leurs tendons. Elles ont pour usage de maintenir les muscles en place, de leur fournir des attaches; elles exercent par leur résistance une légère pression sur les vaisseaux profonds, et favorisent ainsi la circulation veineuse et lymphatique. Leur connaissance est d'une grande importance sous le point de vue pathologique, à cause des étranglemens qu'elles peuvent déterminer; elle ne l'est pas moins dans la chirurgie, à cause de leurs rapports avec les muscles et avec les vaisseaux.

La cuisse, la jambe, le pied, la main, l'avant-bras et le bras, sont pourvus d'aponévroses de cette sorte.

§ 520. Les aponévroses des parois des cavités du tronc, ou les aponévroses partielles, revêtent, recouvrent et même enveloppent, en partie du moins, certains muscles; telles sont les gaînes aponévrotiques composées des muscles droit et pyramidal de l'abdomen; l'aponévrose dorsale, qui couvre les muscles des gouttières vertébrales; l'aponévrose temporale; les aponévroses pelvienne, transversale, superficielle, jugulaire ou trachélienne, etc. Quelques-unes, et surtout les dernières, sont peu distinctes du tissu cellulaire, avec lequel elles se continuent.

II. *Des Gaînes des tendons.*

§ 521. Les gaînes des tendons sont des canaux ligamenteux qui entourent et fixent les tendons à leur place.

Quelques-unes sont assez longues pour former de véritables canaux; d'autres, beaucoup plus courtes, sont appelées des ligamens annulaires. Parmi ces anneaux ligamenteux, quelques-uns sont tout-à-fait circulaires; les autres, ainsi que les gaînes, sont complétés par les os voisins, d'où résultent des gaînes ostéo-ligamenteuses. Elles sont, ainsi que le tendon qu'elles contiennent, tapissées par des membranes synoviales vaginiformes. Ces gaînes sont très-solides, très-fortes; elles contiennent chacune un ou plusieurs tendons; elles sont surtout nombreuses à l'extrémité libre des membres, plus dans le sens de la flexion, et plus fortes aussi dans ce sens que dans celui de l'extension. Elles maintiennent en place les tendons, elles empêchent leur déplacement pendant l'action des muscles et les mouvemens des articulations; elles servent aussi, en quelques endroits, de poulies de renvoi, qui changent la direction des tendons et modifient le sens des mouvemens.

III. *Du Périoste.*

§ 522. L'enveloppe des os ou le périoste entoure les os dans toute leur étendue, excepté les surfaces articulaires. Les dents seules, qui d'ailleurs ne sont pas des os, en sont dépourvues.

Cette enveloppe est interrompue aux articulations amphiarthrodiales et diarthrodiales, elle ne l'est pas aux articulations immobiles.

Sa surface externe est floculente, et hérissée de filamens qui se confondent avec le tissu cellulaire environnant, et qui, dans d'autres endroits, se continuent avec les ligamens et les tendons.

La surface interne est unie à l'os par d'innombrables prolongemens qui accompagnent les vaisseaux dans son intérieur et dans son épaisseur. Cette surface est surtout unie très-solidement aux os là où ils sont épais et spongieux, moins solidement dans les autres endroits. L'adhérence est moins solide aussi dans les enfans que dans les adultes.

L'épaisseur du périoste est variable, et proportionnée à la vascularité des os.

Sa texture est fibreuse, et fibro-cartilagineuse dans les endroits contre lesquels frottent des tendons. Il a des vaisseaux sanguins [1] très-nombreux, et, sous ce rapport, fait une exception remarquable dans le tissu ligamenteux. On y a aussi aperçu des vaisseaux lymphatiques. On n'y connaît point de nerfs.

[1] *Voyez* Ruysch, *Adv. anat. dec.* III, *tab.* II, *fig.* 8. — Albinus, *Icon. oss. fœtûs*, *tab.* XVI, *fig.* 162.

Le périoste est d'abord mince et peu vasculaire avant l'époque de l'ossification. Il devient épais et vasculaire à cette époque. L'usage de la garance ne le colore pas.

Les fonctions du périoste sont d'envelopper l'os, de soutenir ses vaisseaux, de réunir dans l'enfance les épiphyses au corps de l'os, et de servir à cette époque à l'insertion des ligamens et des tendons.

On lui a attribué sans preuve l'usage de former les os, mais on voit l'ossification des os courts commencer au centre du cartilage, et loin du périoste par conséquent; de déterminer la forme des os, d'en borner l'accroissement en retenant le suc osseux, etc. Quant à la part qu'il peut avoir à l'accroissement des os en épaisseur, à la réparation des os divisés ou nécrosés, elle sera examinée plus loin (chap. VIII).

Le périoste divisé se réunit; enlevé, cela produit ordinairement une nécrose superficielle, et il se reproduit après l'exfoliation. Lorsqu'il est enflammé, il y a quelquefois résolution, d'autres fois gangrène; quelquefois il suppure, et se sépare alors plus ou moins promptement de l'os qui se nécrose; d'autres fois l'inflammation étant plastique, il se fait une déposition dans son épaisseur, une périostose, qui tantôt se dissipe par résorption, et d'autres fois s'ossifie. Le périoste est quelquefois le siége d'une dégénération ou d'une production cancéreuse cérébriforme, au centre de laquelle l'os lui-même n'est pas très-altéré.

§ 523. Le périchondre, membrane ligamenteuse qui enveloppe les cartilages, ne diffère guère du périoste que par une bien moins grande vascularité. Il remplit, à l'égard des cartilages, les mêmes usages que le périoste à l'égard des os, et de plus, il donne à ceux qui sont très-minces et flexibles, une résistance à la rupture, une ténacité qu'ils n'ont pas par eux-mêmes.

IV. *Des Enveloppes fibreuses du système nerveux.*

§ 524. Les nerfs ont une enveloppe propre, le névrilème, qui est de la même nature que le tissu ligamenteux. Autour de la moelle épinière, cette enveloppe perd la solidité du tissu ligamenteux, et autour du cerveau, où la pie-mère est sa continuation, elle devient purement cellulaire et vasculaire. Le névrilème, beaucoup moins vasculaire que la pie-mère, est encore une partie très-vasculaire du système ligamenteux.

§ 525. La dure-mère ou ményngе, vasculaire comme le périoste, diffère de cette membrane commune des os, en ce qu'elle est doublée par l'arachnoïde, ce qui en forme une membrane fibro-séreuse, en ce qu'elle forme une tunique ou capsule à l'encéphale et à la moelle, en ce que dans le crâne, seul endroit où elle serve aussi de périoste, elle contient des sinus ou canaux veineux dans son épaisseur, et enfin par les prolongemens ou cloisons qu'elle forme entre les divisions de l'encéphale.

V. *Des Membranes fibreuses composées.*

§ 526. Le péricarde et les péridídymes ou tuniques vaginales sont, comme la dure-mère, des membanes fibro-séreuses résultant de l'union intime d'une membrane ligamenteuse avec le feuillet externe ou pariétal d'une membrane séreuse.

Dans les fosses nasales et dans leurs sinus, dans la cavité du tympan et dans le sinus mastoïdien, à la voûte du palais et dans quelques autres endroits encore, le périoste est immédiatement couvert par une membrane muqueuse qui lui est intimement unie, ce qui constitue une membrane fibro-muqueuse.

Ces membranes composées ressemblent, par leur texture, leurs fonctions et leurs altérations, aux deux genres de tissu dont elles sont formées.

VI. *Des Capsules fibreuses de quelques organes.*

§ 527. Enfin, l'œil est renfermé dans une membrane capsulaire, appelée sclérotique et cornée; le testicule dans une qu'on nomme albuginée, l'une et l'autre remarquables par leur épaisseur et leur solidité; les ovaires, les reins, le foie, et quelques autres parties encore, ont des enveloppes du même genre, mais beaucoup moins épaisses et moins solides. La plupart de ces capsules, toutes même, excepté la sclérotique, ont des prolongemens intérieurs fibreux qui s'étendent dans le tissu de l'organe. Elles sont percées de quelques ouvertures pour le passage des vaisseaux, mais sont peu vasculaires elles-mêmes. Elles ont pour usage commun de déterminer la forme des organes qu'elles enveloppent, d'en contenir, d'en soutenir, d'en protéger les parties internes.

TROISIÈME SECTION.

DU TISSU FIBRO-CARTILAGINEUX.

§ 528. Le tissu fibro-cartilagineux est fibreux et tenace comme le tissu ligamenteux dont il fait réellement partie; blanc, très-dense, et élastique comme le tissu cartilagineux : il semble intermédiaire aux ligamens et aux cartilages.

§ 529. Galien a nommé certains ligamens neurochondroïdes, νευροχονδρώδες σύνδεσμοι; Vésale les appelait ligamens cartilagineux; Morgagni les regardait comme intermédiaires entre les ligamens et les cartilages; Weitbrecht les comprend parmi les ligamens; Haase, au contraire, les range dans la chondrologie, sous les noms de cartilages ligamenteux et mixtes. Bichat a établi un système fibro-cartilagineux, composé du tissu ligamenteux cartilaginiforme dont il s'agit ici, et d'une partie du tissu cartilagineux, qui sera décrit dans le chapitre suivant; mais ce système d'organes ne me semble pas exister dans la nature, c'est pourquoi je ne l'ai point conservé. Les fibro-cartilages dont il est question ici ne me paraissent être qu'une variété du tissu desmeux : ce sont des organes ligamenteux cartilaginiformes.

§ 530. Les fibro-cartilages sont temporaires ou permanens.

Les fibro-cartilages temporaires sont ceux qui passent régulièrement, constamment, et à des époques déterminées, à l'état osseux : ce sont les fibro-cartilages d'ossification. On les rencontre dans l'épaisseur des tendons et des ligamens. Ils sont purement fibreux dans le principe, deviennent ensuite fibro-cartilagineux, et enfin osseux. La rotule et les os sésamoïdes se développent de cette manière. Les endroits où les tendons frottent contre les os, ceux, par exemple, où les jumeaux appuient contre le fémur, où le long péronier latéral glisse contre le tarse, sont aussi constamment le siége de fibro-cartilages de ce genre. Le ligament stylo-hyoïdien, le thyro-hyoïdien, contiennent dans leur épaisseur des grains de la même nature. La sclérotique, dans certains animaux, présente des points opaques, également fibro-cartilagineux, qui forment ensuite des plaques osseuses.

§ 531. Les fibro-cartilages permanens, ou du moins ceux qui durent presque toute la vie, sont de plusieurs espèces. 1° Il en est de libres par leurs deux faces : ce sont les ligamens inter-articulaires ou ménisques, *menisci*; on les rencontre dans les articulations temporo-maxillaires, sterno-claviculaires, quelquefois dans celle de l'acromion avec la clavicule, constamment entre le fémur et le tibia, entre le cubitus et l'os pyramidal. Entièrement isolés par leurs deux faces, ces ligamens sont adhérens par leurs bords ou par leurs extrémités. 2° D'autres sont adhérens par une de leurs faces; tels sont ceux que l'on trouve partout où un tendon frotte contre un os, et dont la présence est due à ce que le périoste devient cartilagineux dans ces endroits; ceux que présentent les ligamens contre lesquels glissent des tendons, comme cela a lieu pour le ligament calcanéo-cuboïdien, contre lequel frotte le tendon du muscle jambier postérieur. Tels sont encore les bourrelets fibro-cartilagineux attachés au bord des cavités glénoïde et cotyloïde. Partout, en général, où le tissu fibreux est exposé à des frottemens habituels, ce tissu prend une texture ou une apparence cartilagineuse : c'est ce qu'on voit pour les frottemens des os contre les ligamens, au ligament annulaire du radius, au ligament transverse de l'apophyse odontoïde; la poulie du muscle grand oblique est encore un exemple du même genre. 3° Certains ligamens cartilagineux adhèrent par leurs deux faces; les intervalles des corps des vertèbres, l'intervalle des pubis, sont remplis par des organes de ce genre. Ainsi, d'après leur forme et leurs connexions, on peut distinguer trois sortes de ligamens cartilaginiformes.

§ 532. Ces organes, quoique toujours fibreux comme les ligamens, et très-denses comme les cartilages, présentent un grand nombre de variétés, par rapport à la consistance et à l'homogénéité de leur tissu. Les ménisques, ou ligamens inter-articulaires, par exemple, offrent des fibres très-distinctes à leur circonférence, et prennent vers leur centre, qui est mince, une apparence de plus en plus serrée et homogène, sans pourtant qu'on doive les regarder, même en cet endroit, comme de vrais cartilages. Le périoste cartilagineux a plus de ressemblance avec ces derniers. Dans les ligamens amphiarthrodiaux, un tissu fibreux très-apparent existe à l'extérieur; il se convertit, à mesure qu'on se rapproche du centre, en une sorte de pulpe ou de bouillie blanche qui se rapproche des cartilages, moins par sa consistance cependant que par la disparition des fibres et par son homogénéité apparente.

§ 533. Il entre dans la composition des fibro-cartilages les mêmes parties que dans celle du tissu ligamenteux; on y trouve peu de vaisseaux. Leur composition chimique a été peu étudiée. Par la dessiccation, ils deviennent jaunes et transparens, comme les ligamens. La décoction agit sur eux de la même manière que sur ces derniers; elle les fond entièrement en gelée, de sorte qu'ils ne participent pas, sous ce rapport, du tissu cartilagineux.

§ 534. Leurs propriétés physiques sont semblables à celles des ligamens et des cartilages. Leur ténacité ou force de cohésion très-grande, et qui surpasse même celle des os, les rapproche du tissu ligamenteux. D'un autre côté, ils sont très-élastiques, et reviennent promptement sur eux-mêmes lorsqu'ils ont cédé, soit à la distension, soit à la pression; c'est surtout quand ils sont comprimés, que leur élasticité est très-marquée. Ils résistent plus que les os et les cartilages à l'action destructive des tumeurs pulsatiles : dans les anévrismes de l'aorte, les vertèbres sont usées et détruites avant le fibro-cartilage qui les sépare : cette propriété est une suite de leur élasticité. Les propriétés vitales des fibro-cartilages sont obscures, comme celles du tissu ligamenteux en général.

§ 535. Dans leur formation, plusieurs de ces parties passent par l'état fibreux; d'autres passent directement de l'état muqueux à l'état fibro-cartilagineux. Ce n'est qu'accidentellement, et d'une manière variable, que les fibro-cartilages permanens deviennent osseux dans la vieillesse; cependant cela leur arrive plus souvent qu'aux ligamens, mais moins souvent qu'aux cartilages.

§ 536. Les fibro-cartilages temporaires ou passagers ont pour usage de servir de type ou de moule à des os. Ceux qui sont permanens forment tantôt des liens flexibles, élastiques et très-solides, et servent tantôt à faciliter les glissemens, par la consistance qu'ils donnent aux surfaces.

§ 537. Les états morbides des fibro-cartilages sont peu connus.

Divisés, ils se réunissent, comme on le voit, après l'opération de la symphyséotomie.

Leur production accidentelle n'est pas très-rare. On peut prendre pour type de l'espèce et pour objet de comparaison le centre d'un ligament inter-vertébral. Les fibro-cartilages accidentels sont en effet fibreux comme les ligamens, d'un blanc laiteux comme les cartilages, souples, humides et élastiques. D'après leur forme, leurs connexions, leurs usages, les fibro-cartilages accidentels sont de deux sortes. Les uns sont des moyens d'union de quelques fractures non consolidées, soit à cause des mouvemens, comme celles du col du fémur, de la rotule et autres; soit à cause d'une perte étendue de substance dans un des os de l'avant-bras, de la jambe, du métatarse, du métacarpe, du crâne, etc., endroits où le rapprochement des fragmens ne peut avoir lieu. D'autres fibro-cartilages se forment sur le bout des os amputés, sur les surfaces des articulations surnuméraires, sur et autour de la surface des cavités articulaires supplémentaires, et dans quelques fausses ankyloses. On trouve des fibro-cartilages informes dans quelques tumeurs composées de la thyroïde, dans certains kystes, et dans quelques cicatrices, surtout celles qui se font quelquefois dans les poumons, à la suite de l'évacuation des tubercules. On trouve des plaques du même genre à la surface de la rate. Les corps fibreux de l'utérus sont quelquefois mous et pulpeux au centre, comme les ligamens inter-vertébraux. On trouve enfin quelquefois des masses fibro-cartilagineuses régulières, globuleuses, libres dans les cavités séreuses où elles ont pénétré. M. le docteur Trouvé, de Caen, m'a donné une tumeur de ce genre, grosse comme une noix, trouvée avec une autre semblable dans la cavité péritonéale; cette tumeur, manifestement fibreuse à l'extérieur, est molle comme les ligamens inter-vertébraux, vers le centre, et contient là un os gros comme un petit pois.

§ 538. L'inflammation des fibro-cartilages est peu connue. On sait seulement que, dans certains cas, les parties desmo-cartilagineuses deviennent extrêmement molles par suite d'un afflux des liquides, d'une sorte de congestion : c'est ce qu'on voit dans la grossesse, aux symphyses du bassin, et ce qu'on a même observé chez l'homme, dans ces mêmes articulations. La colonne vertébrale présente ce ramollissement d'une manière très-remarquée chez les rachitiques : il en résulte une flexibilité des ligamens inter-vertébraux qui fait que la colenne se ploie avec la plus grande facilité, et que si l'individu garde habituellement une mauvaise attitude, la colonne se courbe latéralement en plusieurs endroits, et que les vertèbres elles-mêmes participent avec le temps à la déformation.

Une des variétés du mal vertébral consiste aussi dans le ramollissement et dans le gonflement des ligamens inter-vertébraux qui finissent par s'ulcérer et se détruire.

CHAPITRE VII.

DES CARTILAGES.

§ 539. Les cartilages, χόνδροι, sont des parties blanches, dures, flexibles, très-élastiques, cassantes, homogènes en apparence, qui forment le squelette des vertébrés inférieurs dans la série (les poissons chondroptérygiens); qui tiennent la place des os dans les autres vertébrés au commencement de leur vie; et dont quelques-uns, persistant dans l'état adulte, forment des parties solides, dures et flexibles tout à la fois.

§ 540. Les anciens anatomistes et ceux de l'école d'Italie ont discuté beaucoup sur la matière formatrice des os et des cartilages, et sur leurs différences; Gagliardi et Havers ont cherché en vain cette différence dans la texture intime des parties; des observations plus utiles ont été faites dans le siècle dernier sur le tissu cartilagineux. L'on doit à Haase une très-bonne dissertation [1] sur ce sujet; mais cet anatomiste, comme plusieurs de ceux qui l'ont précédé et suivi, a confondu les ligamens chondroïdes avec les cartilages, ce qui met un peu de vague dans sa description générale. Bichat a séparé des autres cartilages ceux qui sont minces et très-flexibles, pour en faire, avec les ligamens cartilaginiformes, le système fibro-cartilagineux; mais ces derniers sont de vrais ligamens, et les premiers des cartilages véritables.

[1] J. G. Haase, *de Fabricâ cartilaginum*. Lips. 1767.

§ 541. Les cartilages sont, ou temporaires, ou permanens : les premiers disparaissent constamment, complétement, régulièrement, à une époque déterminée de l'accroissement, et sont remplacés par les os; les derniers restent beaucoup plus long-temps, et quelquefois plus d'un siècle, à l'état cartilagineux; cependant plusieurs d'entre eux finissent par s'ossifier, quelquefois même dès la fin de l'accroissement. Les cartilages temporaires seront décrits avec les os (chap. VIII). Il ne sera question ici que des cartilages dits permanens : ils forment un genre d'organes assez naturel, et présentent aussi quelques différences.

PREMIÈRE SECTION.

DES CARTILAGES EN GÉNÉRAL.

§ 542. Quelques cartilages ont une forme allongée : tels sont les cartilages costaux; d'autres sont épais et courts, comme les arythénoïdes et le cricoïde; mais la plupart sont larges et minces.

Les uns tiennent aux os dont ils revêtent quelques parties; d'autres en sont des prolongemens, et sont engrenés avec eux; d'autres sont liés aux os par des ligamens; d'autres sont attachés les uns aux autres, et n'ont point d'autres connexions avec les os.

Les cartilages sont d'un blanc nacré, et demi-transparens quand ils sont en lames minces; quoique les parties les plus dures du corps après les os, ils se coupent aisément.

§ 543. Examinés dans leur épaisseur, les cartilages ne présentent ni cavités, ni canaux, ni aréoles, ni fibres, ni lames, rien enfin qui indique une texture organique; ils paraissent homogènes. Cependant il paraît qu'ils ont une texture distincte et variée dans chaque sorte de cartilages; cette assertion sera examinée plus loin.

Tous les cartilages, excepté ceux des surfaces articulaires, sont enveloppés d'une membrane fibreuse, le périchondre, qui est peu vasculaire, et qui n'a pas avec les cartilages des rapports aussi intimes que le périoste avec les os. On ne connaît dans les cartilages, ni nerfs ni vaisseaux; le tissu cellulaire n'y devient point apparent pendant la vie, et après la mort il faut une macération prolongée pendant plusieurs mois, même sur des jeunes sujets, pour les réduire en une substance muqueuse analogue au tissu cellulaire, et qui, dans leur état ordinaire, doit être un degré extrême de condensation et de resserrement.

§ 544. Les cartilages contiennent une grande quantité d'eau[1] ou de liquide séreux qui suinte à la surface quand on les incise, et qui l'humecte. Dans l'homme adulte la proportion d'eau qu'ils contiennent est à la substance solide comme 2 1/4 est à 1. Le cartilage desséché devient demi-transparent, jaunâtre, susceptible de se déchirer; plongé dans l'eau il reprend en quatre jours son poids et son volume, sa couleur blanche, sa flexibilité, et perd de sa transparence.

§ 545. Soumis à l'action de l'eau bouillante, en lames minces, elle les crispe d'abord, les jaunit et les rend opaques.

L'action prolongée de l'eau bouillante sur les cartilages établit entre eux une différence fondée aussi sur d'autres

1 Chevreul, de l'Influence que l'eau exerce, etc., *in* Ann. de chimie et de physique, tome 19.

caractères; les cartilages articulaires se résolvent en gelée par la décoction, les autres, au contraire, y résistent. L'alcohol rend les cartilages un peu opaques. Les acides étendus n'ont point d'action sur eux; concentrés, ils agissent comme sur l'épiderme. Leur analyse chimique laisse encore à désirer. On a répété vaguement, après Haller, qu'ils sont composés de gélatine et de terre. D'après M. Allen, c'est de la gélatine, et un centième de carbonate de chaux. Hatchett dit qu'ils sont formés d'albumine coagulée et de traces de phosphate calcaire; mais on ignore de quel cartilage il veut parler. M. Chevreul a trouvé que les os cartilagineux du squale sont composés d'huile, de mucus, d'acide acétique et de quelques sels. M. J. Davy a trouvé le cartilage formé d'albumine 44,5; d'eau 55; et de phosphate calcaire 0,5.

§ 546. La propriété physique la plus remarquable des cartilages est l'élasticité. Ce n'est pas qu'ils s'allongent et reviennent sur eux-mêmes, comme le tissu élastique; ce n'est pas non plus, en général, comme les ligamens chondroïdes, qu'ils cèdent à la pression, et qu'ils reprennent ensuite leur épaisseur; mais ils sont flexibles, et se redressent avec force et promptitude quand la cause de flexion cesse d'agir. Les cartilages articulaires seuls sont élastiques à la manière du tissu fibro-cartilagineux.

§ 547. Les propriétés vitales et les phénomènes de formation, d'irritation et de sensation, sont extrêmement obscurs dans le tissu cartilagineux. On ne sait si c'est aux cartilages articulaires, ou si ce n'est pas plutôt aux membranes synoviales qui les revêtent, qu'il faut attribuer la douleur que causent les corps étrangers des articulations quand ils s'engagent entre les surfaces.

§ 548. Les fonctions des cartilages dépendent uniquement de leurs propriétés physiques; de leur solidité, qui les rend propres à conserver la forme de certaines parties; de leur flexibilité et de leur élasticité, qui leur permettent de céder par instans, et de reprendre ensuite leur forme première.

§ 549. Les cartilages sont d'abord, dans l'embryon et le fœtus, mous, muqueux et transparens comme de la gelée ou de la glu; la proportion d'eau y est alors extrêmement grande; dans l'enfant, ils sont encore peu colorés, très-transparens, très-mous et peu élastiques. Ils acquièrent ensuite la blancheur, la fermeté et la demi-opacité qui les caractérisent. Plus tard, dans la vieillesse, ils deviennent plus blancs ou jaunâtres, plus opaques, moins flexibles, moins élastiques, plus cassans, plus secs; la proportion d'eau y diminue, et celle de la substance terreuse augmente. Ils finissent la plupart par s'ossifier, en quelques points au moins. Ce changement commence quelquefois dès l'âge adulte, mais surtout dans la vieillesse. L'inflammation le détermine prématurément.

§ 550. L'action organique de la nutrition y paraît très-lente. L'usage de la garance ne les colore pas; cette substance paraît n'avoir d'affinité qu'avec la substance terreuse des os. Ils jaunissent dans l'ictère. Les os cartilagineux de la colonne vertébrale de la lamproie paraissent et disparaissent chaque année, ce qui suppose pourtant une grande activité organique; il en est de même de l'accroissement rapide du larynx vers l'époque de la puberté.

§ 551. Les productions cartilagineuses accidentelles sont très-communes; elles ont tous les caractères des cartilages naturels : la couleur, l'homogénéité apparente, etc. Elles présentent toutes les variétés de texture des cartilages, et même plus; aussi faut-il les distinguer en deux sortes. Les cartilages accidentels imparfaits sont quelquefois à l'état de gelée, ou bien ils ont la consistance du blanc d'œuf cuit. Ils ont une couleur laiteuse, ou jaunâtre, ou gris de perle; ils s'ossifient en partie ou en totalité, plutôt que de devenir des cartilages parfaits. On les trouve sous forme d'incrustation dans les artères, et surtout dans l'aorte et dans les artères cérébrales; sous forme de kystes autour des productions morbides et des acéphalocystes; formant des trajets fistuleux dans les poumons; sous forme de masses irrégulières dans les goîtres et autres tumeurs composées, et sous celle de corps isolés dans les articulations.

Les cartilages accidentels parfaits sont ceux qui présentent les caractères du tissu naturel, et spécialement sa fermeté. On en trouve formant de petits kystes remplis de phosphate de chaux. On en trouve souvent à l'état de corps isolés, d'un volume médiocre, d'une figure obronde, dans les membranes synoviales, ou à leur extérieur, d'où ils pénètrent dans la cavité en poussant la membrane devant eux, en s'en enveloppant comme d'un doigt de gant dont la base, après s'être amincie, se divise. Ils s'ossifient imparfaitement en partie ou en totalité, en commençant par le centre. On trouve aussi de ces corps cartilagineux dans les cavités splanchniques, et surtout dans la tunique vaginale, où ils pénètrent comme les précédens.

On trouve aussi des cartilages parfaits sous forme d'incrustation ou de plaques, dans le tissu cellulaire sous-séreux de la rate, des poumons, de la plèvre costale; dans l'épaisseur des valvules du cœur, surtout du côté gauche; dans le tissu sous-séreux de la plèvre et du péritoine diaphragmatiques, dans celui du foie; dans les hernies, et rarement dans la paroi antérieure de l'abdomen. Toutes ces incrustations ont une grande tendance à s'ossifier. On trouve aussi des cartilages en masses informes dans les tumeurs composées et dans le tissu cellulaire accidentel des membranes séreuses.

Il se forme quelquefois des cartilages accidentels par transformation d'autres tissus. Une vieille femme qui était, il y a quelques années, à l'hôpital de la Faculté de Médecine, et qui portait sur le front une large excroissance cornée conoïde, venue sur une cicatrice de brûlure, étant morte, on a trouvé dans la base de cette corne les os du crâne transformés en cartilages. M. Laennec a vu une transformation cartilagineuse de la membrane muqueuse de l'urètre. J'ai vu la même chose au vagin, dans un cas de prolapsus de l'utérus, et au prépuce, dans un cas de phymosis de naissance, dans un vieillard. Je crois toutefois que ces trois cas appartiennent plutôt aux productions desmo-cartilagineuses.

§ 552. Les altérations [1] des cartilages sont rares, et le plus souvent consécutives. Ils résistent très-long-temps à l'action destructive des tumeurs anévrismales, et à la propagation des maladies des organes voisins. Les altérations auxquelles ils sont sujets, et la réparation de leurs lésions, sont d'ailleurs un peu différentes dans les différentes sortes de ce tissu.

SECONDE SECTION.

DES DIFFÉRENTES SORTES DE CARTILAGES.

§ 553. On peut diviser les cartilages, à raison de leur forme, de leurs connexions, de leur texture, de

[1] Doerner, *præside* Autenrieth, *de Gravioribus quibusdam cartilaginum mutationibus;* Tubing., 1798.

leurs propriétés et de leurs fonctions, en trois sortes principales.

ARTICLE PREMIER.

DES CARTILAGES ARTICULAIRES.

§ 554. Les cartilages articulaires diarthrodiaux [1], sont des lames cartilagineuses aplaties et élargies, qui revêtent ou incrustent les surfaces des os dans les articulations mobiles. Ces lames ont une surface libre, recouverte par la membrane synoviale qui y est étroitement unie, et une face qui adhère aussi intimement à la surface de l'os, sans pourtant qu'il y ait continuité de tissu. Leur circonférence, amincie, s'étend jusqu'à celle des surfaces articulaires des os. Leur épaisseur, peu considérable et proportionnée à leur largeur, est de une à deux lignes dans les plus grands, et d'une fraction de ligne dans les plus petits : cette épaisseur n'est point la même dans toute leur étendue. Ceux qui revêtent des surfaces osseuses convexes sont plus épais au centre que dans le reste de leur étendue ; ceux des surfaces concaves sont, au contraire, plus épais au pourtour qu'au centre.

§ 555. La texture de ces cartilages, aussi peu évidente au premier aperçu que celle des autres, tellement qu'ils ressemblent à une couche de ci e dont on aurait enduit l'os, peut être découverte par quelques procédés ; elle est fibreuse. La macération d'une partie articulaire d'un os, prolongée pendant six mois, détermine la destruc-

[1] W. Hunter, *of the Structure and diseases of articulating cartilages; in Philos. trans., ann.* 1743. — Delasone, sur l'Organisation des os ; *in* Mém. de l'acad. des sc. ; Paris, 1752.

tion de la membrane synoviale, seule membrane qui recouvre le cartilage dépourvu du périchondre fibreux, et produit la désunion des fibres qui le composent, lesquelles s'élèvent perpendiculairement de la surface de l'os, comme les filamens du velours s'élèvent de sa trame. Si on fait dessécher un cartilage ainsi disposé par la macération, les fibres en s'amincissant s'écartent les unes des autres, et deviennent encore plus distinctes. La décoction, quand elle n'est pas assez prolongée pour fondre le cartilage articulaire, produit d'abord le même effet que la macération. L'action du feu nu fait aussi apercevoir la même chose. Ces cartilages n'ont point de vaisseaux : l'injection fine et l'inspection microscopique montrent les vaisseaux capillaires se terminant à leur circonférence et à leur face adhérente, sans pénétrer jamais dans leur substance.

Ces cartilages, compressibles et élastiques, amortissent les effets de la pression et des chocs; leur poli facilite le mouvement des articulations diarthrodiales. Ils s'amincissent beaucoup dans la vieillesse.

§ 556. Dans les articulations contre nature, il ne se produit point de véritables cartilages, mais seulement du tissu desmo-chondroïde, tissu qui, à la vérité, ressemble beaucoup à celui des cartilages diarthrodiaux. Dans les articulations diarthrodiales naturelles, la destruction des cartilages est quelquefois suivie de leur reproduction à peu près parfaite; seulement le cartilage nouveau produit à la surface de l'os, étant plus mince, a une couleur en apparence violacée, ce qui est dû à sa demi-transparence : les bords de l'ancien cartilage sont libres, et anticipent sur le contour très-mince du nouveau.

On trouve quelquefois dans les articulations des vieillards affectées de diverses autres altérations, les cartilages diarthrodiaux changés en fibres villeuses, libres et flottantes. Mis à découvert dans les désarticulations, si la plaie est réunie par adhésion primitive, le cartilage et sa membrane synoviale n'y participent point, et restent libres derrière la cicatrice. Si la plaie reste ouverte, si elle s'enflamme et suppure, on voit au bout de quelques jours le cartilage se ramollir, et disparaître ensuite successivement de la circonférence au centre, à mesure et même avant que les granulations s'étendent à la surface de l'os. L'inflammation des cartilages diarthrodiaux est en général rare; et, quand elle a lieu, elle se termine ordinairement par ulcération ou par résorption. Cette ulcération des cartilages diarthrodiaux est le plus souvent consécutive à l'inflammation de la membrane synoviale ou de l'os, quelquefois à celle du cartilage lui-même, mais quelquefois aussi elle semble n'être précédée d'aucune inflammation. Quelquefois, avant de s'ulcérer, le cartilage s'amollit et prend l'apparence fibreuse. Cette ulcération a le plus souvent lieu chez les sujets jeunes, ou avant l'âge moyen de la vie. Cette ulcération est accompagnée d'une douleur d'abord légère, qui augmente peu à peu d'intensité. Quand l'ulcération s'arrête et guérit, il se fait une reproduction de cartilage déjà indiquée, ou bien une production osseuse éburnée ou émaillée, ou bien enfin une soudure des surfaces, une ankylose. Dans le cas d'ankylose vraie, les cartilages sont toujours résorbés.

§ 557. Les cartilages des articulations synarthrodiales, sont des lames extrêmement minces, placées entre les os articulés d'une manière immobile, et tenant fortement des deux côtés à ces os par engrenure; leurs bords, dans l'intervalle des os, tiennent intimement au périoste externe et interne qui passe de l'un à l'autre os. Ils concourent ainsi pour beaucoup à la solidité de ces articulations. Ces cartilages, dans les sutures du crâne, sont plus minces à l'intérieur qu'à l'extérieur de la paroi, ce qui rend en partie raison de la disparition plus prompte des sutures à l'intérieur qu'à l'extérieur du crâne. Sous le rapport de la fréquence de leur ossification, ils tiennent le milieu entre les cartilages temporaires et les permanens.

ARTICLE II.

DES CARTILAGES COSTAUX, LARYNGIENS, etc.

§ 558. Les cartilages costaux [1] sont les cartilages les plus longs et les plus épais du corps; ils constituent des prolongemens cartilagineux aux côtes osseuses. Les premiers d'entre eux peuvent aussi être considérés comme des côtes cartilagineuses antérieures ou sternales. Les cartilages tiennent tous à l'extrémité antérieure des côtes, par engrenure, comme les cartilages synarthrodiaux. Le premier est même continu avec le sternum par l'autre extrémité; les six suivans s'articulent avec le sternum par diarthrose; les trois suivans s'articulent de même avec ceux qui les précèdent; les deux derniers sont plongés dans le tissu cellulaire intermusculaire.

§ 559. La texture de ces cartilages est très-obscure, et au premier aspect ils paraissent homogènes. Cependant, par la macération prolongée pendant au moins

[1] Hérissant, sur la Structure des cartilages des côtes de l'homme et du cheval; *in* Mém. de l'acad. des sc., 1748.

six mois, les cartilages costaux se divisent en lames ou plaques ovales, séparées les unes des autres par des lignes circulaires ou spirales, et réunies entre elles par quelques fibres obliques qu'elles s'envoient réciproquement. Ces lames elles-mêmes se divisent en fibrilles radiées, et celles-ci, à la longue, en petites parcelles, qui se réduisent enfin en substance muqueuse; toutes ces divisions ou séparations s'opèrent d'abord à la circonférence du cartilage : le centre est plus homogène, et se divise le dernier. On peut hâter cette séparation en faisant dessécher au soleil un cartilage costal macéré pendant deux ou trois mois. Les acides produisent un effet analogue.

§ 560. Les cartilages costaux sont un peu flexibles et très-élastiques. Dans l'inspiration, le mouvement imprimé aux côtes par les muscles, les ploie et les tord sur eux-mêmes; et quand l'action musculaire vient à cesser, ils tendent d'eux-mêmes à reprendre leur direction première, et sont ainsi des agens de l'expiration.

§ 561. Passé l'âge adulte et dans la vieillesse, les cartilages costaux cessent d'être ou de paraître homogènes. Leur périchondre devient opaque, et il se produit, entre le cartilage et lui, et dans son épaisseur, des plaques osseuses plus ou moins nombreuses et larges, qui finissent quelquefois par former un étui osseux plus ou moins complet. Ce changement arrive presque constamment au premier, en commençant par son extrémité sternale; les autres cartilages sterno-costaux l'éprouvent aussi, mais à un degré moindre. Les cartilages costaux asternaux l'éprouvent moins encore, ou point. En même temps les cartilages costaux deviennent jaunâtres, puis rougeâtres dans leur centre, qui présente aussi des points osseux plus ou moins gros et nombreux, lesquels finissent quelquefois par envahir le cartilage tout entier. Ce dernier phénomène se montre plus fréquemment et plus tôt aux cartilages asternaux qu'aux autres.

Ces changemens dans les cartilages sont ordinairement l'effet de l'âge; ils commencent vers le milieu de la vie, et vont continuellement en augmentant; cependant on a vu des hommes de cent trente ans et de cent cinquante ans ne pas avoir les cartilages costaux ossifiés.

Quand les cartilages commencent à éprouver ce changement, la dessiccation les fait rompre en travers dans le centre, devenu aréolaire, et non à la surface, devenue au contraire plus dense.

Ils s'ossifient fréquemment, et à un âge peu avancé, chez les phthisiques.

§ 562. Les cartilages costaux dénudés ne produisent point de granulations, mais sont recouverts par celles des environs. Rompus, ils ne se réunissent pas par une substance cartilagineuse, mais une lame cellulaire est produite entre eux, et l'endroit rompu est enveloppé d'une virole osseuse fournie par le périchondre, et qui est plus ou moins régulière, suivant que les fragmens sont restés plus ou moins exactement affrontés. J'ai vu quelquefois dans l'homme, et souvent dans le cheval, la fracture des cartilages asternaux ossifiés, réunie par un cal osseux.

Les cartilages costaux sont sujets à quelques vices de conformation primitive, et même à manquer en totalité ou en partie : dans ce dernier cas, c'est toujours l'extrémité tenant à la côte qui existe. Quand la poitrine se déforme, quand elle se rétrécit, comme cela a quelquefois lieu après la guérison de la pleurésie, les cartilages du côté affecté se ploient, et deviennent difformes.

§ 563. Le cartilage nasal, celui du conduit auriculaire et celui du conduit guttural du tympan, sont encore articulés par engrenure avec les os. Ceux du larynx, au contraire, ne sont attachés aux os que par des ligamens, et sont réunis entre eux par des articulations mobiles.

Ces cartilages ont encore une certaine épaisseur. Quand on enlève leur périchondre, on trouve leur surface lisse et dense. La macération long-temps continuée divise ces cartilages en fibrilles ou filamens mous et courts. La coction et les acides minéraux produisent les mêmes effets.

Ces cartilages sont flexibles et élastiques; par leur solidité ils maintiennent la forme et la cavité des organes qu'ils contribuent à former. Ceux du larynx présentent la particularité remarquable d'un accroissement très-rapide à l'époque de la puberté. Ces mêmes cartilages s'ossifient quelquefois dès l'âge adulte, en partie du moins. L'inflammation chronique de la membrane muqueuse du larynx et son ulcération hâtent beaucoup cette ossification, qui est en effet constante dans la phthisie laryngée, et fréquente dans la phthisie pulmonaire.

Les cartilages thyroïde et crisoïde divisés, se réunissent par des lames osseuses du périchondre, plus épaisses à l'extérieur qu'à l'intérieur du larynx.

ARTICLE III.

DES CARTILAGES MEMBRANIFORMES.

§ 564. Ces cartilages sont ceux que Bichat a rangés dans son système fibro-cartilagineux. Ils sont très-minces et très-flexibles.

Ce sont les cartilages palpébraux ou tarses, celui de l'oreille, ceux des narines, l'épiglottique, le cartilage médian de la langue, les trachéaux et les bronchiques.

Ces cartilages très-minces sont pourvus d'un périchondre très-fort et très-épais, relativement à eux, et qui envoie dans leur épaisseur des prolongemens fibreux et cellulaires, dont quelques-uns même les traversent de part en part; aussi leur surface est-elle inégale et poreuse. La macération, prolongée pendant deux ou trois mois, les ramollit, et les réduit à l'état de fibrilles distinctes d'abord, et enfin de substance cellulaire ou muqueuse.

Ils sont très-flexibles, parfaitement élastiques, et beaucoup moins cassans et plus tenaces que les autres. Comme les précédens, ils concourent à former des organes, des canaux, dont ils maintiennent la forme, et dont ils conservent le calibre. Ils s'ossifient rarement et très-tard. Les cerceaux de la trachée seuls présentent dans l'adulte une ossification plus ou moins étendue. Cependant on a trouvé, dans le cas de phthisie, les arceaux cartilagineux des bronches ossifiés. On a vu aussi, sur des goutteux, et à la suite de l'inflammation de l'oreille, le cartilage de cette partie devenir osseux. Dans le cas de goître, et même sans cette cause de compression, on trouve quelquefois les arceaux cartilagineux de la trachée comprimés d'un côté à l'autre, et leur partie moyenne pliée à angle : on observe aussi le même changement de forme dans les bronches.

CHAPITRE VIII.

DU SYSTÈME OSSEUX.

§ 565. Le système osseux[1] ou le squelette, Σκελετὸν, résulte de la réunion des os, parties les plus dures et les plus sèches du corps.

§ 566. C'est, de tous les appareils, celui qui se montre le dernier dans la série animale : il apparaît avec le centre nerveux (la moelle et le cerveau) auquel il sert d'enveloppe.

§ 567. On n'a pas toujours attaché le même sens aux mots os et squelette. On trouve dans les ouvrages d'Hippocrate et d'Aristote la source des deux idées principales attachées à ces mots, idées qui sont encore aujourd'hui un sujet de controverse entre les zootomistes.

L'auteur du Traité de la nature des os leur attribue pour usages de déterminer la forme, la rectitude et la direction du corps : cette idée a prévalu, et l'on admet

[1] Les meilleurs ouvrages à consulter sur l'ostéologie sont : A. Monro, *Anatomy of the bones and nerves*; Edimb., 1726, in-8° ; traduit en français par Sue; Paris, 1759, gr. in-fol. — W. Cheselden, *Osteographia*, etc.; London, 1733, in-fol. — B. S. Albinus, *de Ossibus corp. hum.*; Lugd. Bat., 1726, in-8°. — Id., *de Sceleto hum.*; ibid., 1762, in-4°. — Id., *Tab. sceleti et muscul.*; ibid., 1747, fol. max. — Id., *Tab. ossium*; ibid., 1753, fol. max. — Boehmer, *Institutiones osteologicæ*; Halæ-Magd., 1751. — Tarin, Ostéographie; Paris, 1753. — Bertin, Traité d'ostéologie; Paris, 1754. — Ed. Sandifort, *Descriptio ossium hominis*; Lugd. Bat., 1785. — Loschge, *die Knochen*, etc., *in Abbildungen und kurzen Beschr.*; Erlang., 1804, in-fol. — Blumenbach, *Geschichte und Beschreibung der Knochen*; Gotting., 1807.

encore généralement aujourd'hui, que le système osseux a pour fonction principale de déterminer la forme du corps, et d'en faciliter les mouvemens. D'après cette définition, on a dû assimiler aux os des vertébrés les parties dures des autres animaux articulés, et surtout celles des insectes et des crustacés, car c'est chez eux que le mouvement volontaire et la conservation de la forme du corps sont portés au plus haut degré; aussi Willis disait-il, en parlant de l'écrevisse: *Quo ad membra et partes motrices, non ossa teguntur carnibus, sed carnes ossibus.*

Aristote cependant, qui déjà regardait l'épine comme l'origine ou le centre d'où proviennent les os, avait mis sur la voie de la distinction faite dans ces derniers temps entre les os et les autres parties dures des animaux. Suivant cette idée, on voit en effet le squelette ou système osseux des vertébrés consister d'abord, et principalement, en une colonne longitudinale, laquelle fournit en haut ou en arrière une enveloppe à la moelle et au cerveau, et en avant ou en bas, une autre enveloppe aux organes de la nutrition, et notamment aux parties centrales du système vasculaire; d'autres appendices moins constans servent aux mouvemens par leurs articulations; toutes les parties du système, d'ailleurs, peuvent fournir des attaches aux muscles.

La question est donc de savoir s'il faut appeler os et squelette toutes les parties dures et sèches du corps des animaux, celles qui en déterminent la forme et en facilitent les mouvemens; ou bien s'il faut réserver ce nom aux parties dures, propres aux vertébrés, qui forment une colonne centrale et médiane dans le corps, avec une cavité pour le tronc nerveux, et une autre cavité pour le cœur et l'aorte, et souvent des appendices latéraux pour le mouvement?

Suivant M. Geoffroi Saint-Hilaire, l'un des naturalistes qui s'est le plus occupé de ce point de zootomie, et qui l'a traité avec son talent original, cette question n'en serait point une, et toute la différence entre le squelette d'un articulé et d'un vertébré, entre le rachis d'un animal crustacé ou d'un insecte, et celui d'un animal osseux, tiendrait à l'absence d'une moelle épinière dans le premier, et à sa présence dans le second ; différence qui exige un rachis à deux canaux dans celui-ci, et à un seul canal dans celui-là. Suivant cette idée, si je l'ai bien comprise, un insecte ou un crustacé serait justement comparable à un vertébré monstrueux privé d'encéphale et de moelle épinière.

§ 568. Quoi qu'il en soit, au reste, de cette discussion tout-à-fait étrangère à l'anatomie de l'homme, il y a trois choses à considérer dans le système osseux, les os eux-mêmes, leurs articulations, et le squelette qui résulte de leur réunion.

PREMIÈRE SECTION.

DES OS.

§ 569. Les os, *ossa*, ὀστεα, sont les parties les plus dures du corps humain, celles qui par leur réunion forment le squelette.

§ 570. Chacun des os, et beaucoup de parties des os ont reçu des noms propres ; ces noms doivent être d'autant mieux déterminés et plus précis, que les noms de beaucoup d'autres parties du corps en sont formés.

Le nom de plusieurs os est un adjectif pris substantivement avec une désinence commune : tels sont le frontal, l'occipital, le pariétal, etc. M. Duméril[1] a proposé, comme un moyen de mettre de la précision et de l'exactitude dans le langage anatomique, de donner à tous les noms d'os cette même désinence, et de la donner à eux seuls.

§ 571. Le nombre des os est très-grand, mais diversement déterminé, suivant qu'on prend le sujet à tel ou tel âge, ou divers sujets de différens âges; et c'est ainsi qu'on a fait le plus souvent. Si, par exemple, on veut déterminer rigoureusement ce nombre, en prenant le sujet adulte, on trouve alors le sphénoïde soudé avec l'occipital, et souvent avec l'ethmoïde; mais on trouve le sternum divisé encore en trois parties; l'hyoïde, encore composé de trois os distincts au moins, etc.

Voici l'énumération des os que la plupart des anatomistes s'accordent à décrire comme distincts :

Vingt-quatre vertèbres mobiles ;

Cinq vertèbres pelviennes, soudées pour former le sacrum ou os pelvial;

Trois ou quatre vertèbres caudales, réunies pour former le coccyx;

Douze côtes de chaque côté; un sternum impair, formé de trois pièces distinctes dans l'adulte;

Un occipital, un sphénoïde, un ethmoïde, un frontal, deux pariétaux, deux temporaux, contenant chacun trois osselets du tympan; un vomer, deux os maxillaires supérieurs, deux os du palais, deux os zygomatiques, deux os nasaux, deux lacrymaux ou unguis, deux cornets inférieurs, un maxillaire inférieur;

[1] Projet d'une nomenclature anatomique, *in* Magasin encyclopédique, tom. II; Paris, 1795.

Un hyoïde, composé, même dans l'adulte, de trois ou de cinq pièces distinctes.

Les os qui restent à énumérer sont tous pairs ou doubles, ce sont ceux des membres ; savoir :

Le scapulum, la clavicule, l'humérus, le radius, le cubitus, les huit os du carpe, les cinq os du métacarpe, les deux phalanges du pouce, les trois phalanges de chacun des autres doigts, et cinq os sésamoïdes ;

L'os coxal, le fémur, le tibia et la rotule, le péroné, les sept os du tarse, les cinq du métatarse, les deux du gros orteil, les trois de chacun des autres orteils, et trois os sésamoïdes.

§ 572. La situation des os est toujours intérieure ou profonde. Soit qu'ils forment des cavités pour les centres nerveux et vasculaires, soit qu'ils forment les membres, ils sont tous recouverts par les muscles et les tégumens : aucun n'est extérieur.

§ 573. La grandeur des os est très-différente ; quelques-uns ayant environ le quart, le cinquième ou le sixième de la longueur du corps ; d'autres ayant à peine quelques lignes de diamètre. On divise sous ce rapport les os en grands, moyens, petits et très-petits, ou osselets.

§ 574. La forme des os est symétrique ; les uns sont impairs et médians, les autres latéraux et pairs : dans les premiers, chacune des moitiés latérales est semblable ; dans les autres, chacun des os est semblable à celui du côté opposé du corps. Il n'y a à cet égard que de très-légères irrégularités.

Les os impairs, tous situés sur la ligne médiane, sont les vertèbres, tant celles qui sont mobiles, que celles du sacrum et du coccyx ; les ternum, l'occipital, le sphénoïde, l'ethmoïde, le frontal, le vomer, l'os maxillaire inférieur et l'hyoïde.

Tous les autres os sont pairs ou doubles, et situés sur les côtés de la ligne médiane, plus ou moins loin de cette ligne.

On divise les os d'après leur forme, et d'après le rapport qu'ont entre elles leurs trois dimensions géométriques, en longs, larges, courts et mixtes : dans les premiers, une des dimensions l'emporte de beaucoup sur les deux autres; dans les seconds, la longueur et la largeur dépassent de beaucoup l'épaisseur; les trois dimensions sont sensiblement égales dans les troisièmes; les quatrièmes participent, dans des parties différentes de leur étendue, des caractères des os de deux genres.

§ 575. Les os longs, *ossa longa, seu cylindrica*, sont situés dans les membres, où ils constituent des colonnes brisées, articulées. Le nombre de ces os, dans chaque fraction des membres, va en augmentant, et leur longueur en diminuant, en s'éloignant du tronc. Chaque os long se divise en corps ou partie moyenne, et en deux extrémités. Le corps, ou diaphyse, est cylindroïde dans quelques-uns; dans les autres il a la forme d'un prisme triangulaire; il est en général un peu courbé et tordu. Les extrémités sont renflées.

Les os larges, *ossa lata, seu plana*, sont situés dans le tronc, où ils constituent des parois de cavités ouvertes et plus ou moins solides. Ces os, aplatis en deux sens opposés, sont courbés, quelques-uns sont tordus. Ils sont demi-circulaires, quadrilatères ou polygones; leurs bords sont en général un peu renflés.

Les os courts ou épais, *ossa crassa*, sont situés dans la colonne vertébrale, dans la main et dans le pied, où ils constituent, par leur assemblage et leur multiplicité, des parties solides et mobiles. Ils sont globuleux, tétraèdres, cunéiformes, cuboïdes ou polyèdres.

Les os mixtes, *ossa mixta*, sont ceux qui participent des caractères de plusieurs genres : il y en a beaucoup, l'occipital, le sphénoïde, le temporal, le coxal, le sternum. Les côtes participent des os larges et des os courts. Les os longs eux-mêmes ressemblent aux os épais par leurs extrémités.

§ 576. On distingue dans la conformation extérieure des os, des parties ou régions de leur étendue.

Dans les os impairs il y a, en général, ou bien une partie impaire et médiane et des parties latérales, comme le corps et les apophyses du sphénoïde, le corps et les masses apophysaires des vertèbres, etc., ou bien des parties latérales seulement, réunies sur la ligne médiane, comme les deux moitiés du frontal, etc.

Beaucoup d'os se divisent en parties ou régions déterminées par leur mode de formation ou de développement : ainsi, l'os de la hanche est divisé en ilium, ischion et pubis; le sphénoïde, l'ethmoïde, le temporal, etc., en plusieurs régions distinctes également par le mode de leur développement.

Dans d'autres os, la division en régions résulte uniquement de la situation et des usages des parties; ainsi la surface externe de l'os frontal se partage en une région orbitaire et nasale, et une région frontale, etc.

On reconnaît aussi dans les os, des régions ou parties géométriques de leur étendue; ainsi on distingue et on décrit, dans les os longs, un corps ou partie centrale, et des extrémités; dans les os larges, des faces, des bords et des angles, etc.; mais on ne prend guère ces termes à la rigueur, car les plans et les angles sont très-rares et imparfaits dans l'organisation.

§ 577. Les os présentent à leur surface des éminences et des enfoncemens très-variés.

Les éminences des os se distinguent en épiphyses et en apophyses, les premières ont rapport au développement, et seront décrites à son occasion.

Les apophyses sont des éminences osseuses, continues à la substance des os; elles sont extrêmement nombreuses et très-diversifiées : aussi peu d'objets en anatomie ont été plus diversement classés. Elles se distinguent en articulaires et non articulaires. Les premières seront décrites plus loin.

Les apophyses non articulaires sont un peu rugueuses; leur grandeur et leur forme très-variée permettent de les diviser en trois genres : les unes, longues et saillantes comme une branche ou un rameau osseux, portent le nom de branches, de processus et d'apophyses proprement dites.

D'autres, plus courtes et plus épaisses, portent le nom de protubérances, tubérosités et de tubercules.

Les autres, allongées, étroites, et peu saillantes, portent le nom de crêtes et de lignes.

La synonymie de ces diverses éminences est très-compliquée et très-difficile; elles sont le plus souvent désignées chacune par des noms tirés de comparaisons triviales et peu rigoureuses, et quelquefois aussi par des noms tirés de leur situation, de leur grandeur, de leur direction et de leurs usages.

Leur usage général est de servir à des insertions de ligamens et de tendons.

§ 578. Les cavités externes des os se distinguent, comme leurs éminences, en articulaires et en non articulaires. Il n'est question ici que des dernières.

Parmi ces cavités, les unes traversent, les autres ne ttraversen pas l'épaisseur des os. De ces dernières, les unes ont une entrée élargie, évasée dans tous les sens, ce sont des fosses, des fossettes, des impressions digitales; les autres ont le fond évasé et l'entrée étroite, et sont d'ailleurs tapissées par la membrane muqueuse, et remplies d'air : ce sont des sinus, et quand elles sont divisées en plusieurs loges, des cellules; d'autres sont allongées, étroites, plus ou moins profondes : ce sont des sillons, des gouttières, des méats, des rainures, des coulisses. Les cavités de cette dernière sorte, quand elles existent sur le bord des os, portent le nom d'incisures ou d'échancrures.

Parmi les cavités qui traversent les os de part en part, les unes suivent le trajet le plus court, à travers un os mince, et sont des trous, des fentes ou des fissures; les autres suivent un trajet plus long et diversement contourné : ce sont des canaux, des conduits, etc.

Quelquefois plusieurs os se réunissent pour former une cavité composée comme le crâne et le canal vertébral, comme le bassin, le thorax, les fosses nasales, les orbites, etc.; ou même pour former un trou ou un conduit, comme les trous sphéno-palatin, déchiré, postérieur, etc., les conduits orbitaires, palatins, etc.

Parmi ces cavités simples ou composées, les unes logent des organes, d'autres fournissent des insertions, d'autres servent à transmettre ou à livrer passage à certaines parties.

Dans certains endroits des os, on trouve une multitude de petites éminences et de petits enfoncemens très-rapprochés : cela constitue des empreintes ou des inégalités qui servent à des insertions.

§ 579. Les os ont des cavités internes et closes qu'on appelle cavités médullaires, parce qu'elles renferment la moelle ou graisse des os (§ 169).

Les os longs ont une grande cavité médullaire cylindrique, qui en occupe le corps ou la partie moyenne, et qui, à ses extrémités, communique avec les aréoles de la substance spongieuse. Cette cavité loge le système médullaire, et rend l'os plus léger sous le même volume, et plus fort avec le même poids.

Les extrémités des os longs, les os courts, les os larges, et surtout leurs bords épais, sont creusés de cavités aréolaires qui logent également de la moelle.

Il en est de même enfin de la substance compacte: elle est creusée de cavités médullaires microscopiques.

§ 580. Les os ont aussi des canaux vasculaires pour les vaisseaux de la moelle et pour ceux de leur propre substance.

Chaque os long a un canal de ce genre, au moins, qui parcourt obliquement les parois de la cavité médullaire, en y pénétrant de haut en bas dans l'humérus, le tibia et le péroné, et de bas en haut dans le fémur, le radius et le cubitus; ce canal donne passage aux vaisseaux et nerfs de la membrane médullaire.

Les extrémités des mêmes os, les os courts et épais, et les bords épais des os larges, sont pourvus d'un très-grand nombre de larges canaux qui donnent également passage à des vaisseaux, et notamment à de grandes veines.

Tous les points enfin de la surface des os sont criblés d'une multitude de petits trous ou orifices de conduits dans lesquels pénètrent de très-petits vaisseaux.

§ 581. La densité du tissu osseux est très-grande, mais elle n'est pas la même dans toutes les parties d'un même os. Sous ce rapport, on distingue la substance des os en compacte et en spongieuse, ou aréolaire: la première est corticale, ou située à l'extérieur des os; la seconde est intérieure.

La substance compacte est celle dont la densité est telle, qu'on n'y aperçoit pas d'interstices à l'œil nu; cependant elle est criblée de très-petits canaux médullaires et vasculaires, visibles au microscope. Dans les os longs, ces canaux sont longitudinaux; ils ont de fréquentes communications latérales avec le grand canal médullaire et la surface externe de l'os; ils sont moins grands vers cette surface que vers l'autre; leur diamètre moyen est d'un vingtième de ligne.

La substance aréolaire ou spongieuse est celle qui forme des petites cavités très-visibles à l'œil. Cette substance présente plusieurs variétés, dont les principales sont les suivantes : elle consiste en filamens plus ou moins fins, et en lamines d'une ténuité semblable, dans les extrémités des os longs, et dans l'épaisseur des os courts; en filamens et en lames réticulés à la surface interne du canal médullaire des os longs; et en lames fortes, formant des aréoles étroites dans les os larges et minces, et surtout dans ceux du crâne.

Les deux substances, ou variétés du tissu plus ou moins dense des os, sont arrangées d'une manière particulière dans chaque sorte d'os.

Dans les os longs, le corps est formé de substance compacte, et la surface interne du canal hérissée de quelques filamens et lames réticulés; vers les extrémités, la substance compacte diminue beaucoup d'épaisseur, la substance aréolaire ou spongieuse devient de plus en plus abondante et fine, le grand canal finit, en se continuant, avec la substance spongieuse, dont toute l'extrémité de l'os est remplie.

Dans les os larges, les deux surfaces sont formées de substance compacte; là où l'os est mince, ces deux lames se touchent; là, au contraire, où il est épais, elles sont séparées par une couche de substance spongieuse proportionnée à l'épaisseur de l'os. Dans les os du crâne, la table interne, plus dense encore, mais plus mince et plus fragile que la table externe, porte le nom de lame vitrée, et la substance spongieuse, celui de diploé.

Les os courts sont formés de substance spongieuse, entourée d'une couche de substance compacte.

Les os mixtes enfin, participent par la disposition des deux substances, des genres d'os auxquels ils appartiennent.

Les deux variétés de tissu, ou les deux substances dont il vient d'être question, sont dans la réalité un seul et même tissu, une seule et même substance diversement disposée, raréfiée dans une partie, condensée dans l'autre. Une parcelle de substance compacte est exactement la même chose qu'une lamine ou un filet de substance spongieuse. Une tranche quelconque, de la longueur d'un os long, contient sensiblement la même quantité de tissu osseux qu'une autre tranche égale en longueur du même os; mais dans l'une la substance ou le tissu est condensé, et laisse un grand canal dans son centre, tandis que dans l'autre le tissu est raréfié, et le canal remplacé par une multitude d'aréoles spongieuses. Ces deux substances peuvent se transformer l'une en l'autre. La différence essentielle qu'elles présentent leur est pour ainsi dire étrangère; elle dépend de la présence et de la pénétration du tissu médullaire et de ses nombreux vaisseaux dans l'épaisseur même de l'os spongieux, et de son contact sur une des faces seulement de l'os compacte.

§ 582. La texture des os [1] est un des points de l'ana-

[1] Malpighi, *de Ossium structurâ*, *in op. posth.* — D. Gagliardi,

tomie qui a donné lieu au plus grand nombre de travaux et d'écrits. Malpighi, le premier auteur qui mérite d'être cité, regarde le tissu des os comme résultant de lames, de fibres et de filets, avec un suc osseux intermédiaire; c'est, suivant lui, comme une éponge imbibée de cire. Gagliardi admet des lames ou bractées, et des chevilles osseuses de différentes formes, qui les rassemblent; Havers, à peu près comme Malpighi, des lamines formées de fibres, et réunies par le suc osseux. Lasône décrit des lames formées de fibres ossifiées, tenant entre elles par des filets obliques. Reichel, ayant examiné des portions d'os ramollies dans un acide minéral, a vu qu'on pouvait les partager en lames, et celles-ci en fibres, formant un tout poreux et tubuleux, qui se continue avec la substance spongieuse. Scarpa conclut, de l'examen des os sains et malades, des os entiers et privés de

Anatome ossium novis inventis illustrata; Romæ, 1689. — Cl. Havers, *Osteologia nova*, etc.; Lond., 1691. — Description exacte des os, comprise en trois traités, par J. J. Courtial, J. L. Petit, et Lémery. — Delasône, Mém. sur l'organisation des os, *in* Mém. de l'Acad. royale des sc.; Paris, 1751. — J. F. Reichel, *de Ossium ortu atque structurâ;* Lips., 1760. — B. S. Albinus, *de Constructione ossium, in Annot. acad.*, lib. VII, cap. 17. — Perenotti, Mém. sur la construction et sur l'accroissement des os; Mém. de Turin, tome II, 1784. — A. Scarpa, *de Penitiori ossium structurâ commentarius;* Lips. 1795, et Paris, 1804. — V. Malacarne, *Auctuarium obs. et icon. ad osteol., et osteopath. Ludwigii* et *Scarpæ*; Patav. 1801. — Howship, *Microsc. observ. on the structure of bone; in Med.-chir. transact.*, vol. VII; Lond., 1816. — M. Troja, *Observationi ed esperimenti sulle ossa;* Napoli, 1814. — Medici, *Esperienze intorno alla tessitura organica delle ossa, in opuscoli scientifici*, tome II; Bologna, 1818. — *Considerazioni intorno alla tess. org. delle ossa, scritte da M. Medici*, etc., *in riposta alle oppos. fatt. dal S. D. C Speranza, e dal S. Cav. A. Scarpa;* Bologna, 1819.

substance terreuse, des os avant et après leur entier développement, que le tissu osseux, même la substance compacte, est un tissu celluleux et réticulé, tout-à-fait semblable à la substance spongieuse. Medici a observé, ce que savent depuis long-temps ceux qui font le commerce de gélatine extraite des os, que la substance compacte des os longs, privée des sels terreux par l'action d'un acide faible, se divise en plusieurs lames ou couches, adhérentes entre elles par des fibres.

§ 583. Pour examiner la texture du tissu osseux, ce tissu étant extrêmement dur, on est obligé d'avoir recours à des procédés chimiques qui, en décomposant l'os, doivent avoir une action quelconque sur la partie qui reste soumise à l'examen. Quoi qu'il en soit, si on plonge un os pendant quelques jours dans un acide végétal, ou dans un acide minéral étendu d'eau, la substance saline qui entre en grande proportion dans l'os, en est enlevée, et l'os, conservant sa forme, son volume, mais ayant perdu une partie de son poids, égale à celle de la terre soustraite, est devenu flexible et tenace comme le tissu fibreux cartilaginiforme. En cet état, il est réductible en colle ou en gélatine par la décoction. En cet état aussi, si on l'amollit par la macération dans l'eau, la substance compacte, qui n'offrait aucune texture apparente, se divise en lames, réunies par des fibres; les lames elles-mêmes, un peu plus tard, ou plus difficilement, se divisent en fibres, qui, par une macération plus prolongée, se gonflent, et deviennent aréolaires et molles, comme le tissu cellulaire ou muqueux.

Un os long, examiné par ce procédé, se divise à sa partie moyenne en plusieurs couches dont la plus externe enveloppe tout l'os, et dont les suivantes se continuent en se raréfiant vers les extrémités avec la substance spongieuse qui les remplit. Les os larges sont formés de deux lames seulement, et les os courts d'une seule qui les enveloppe; celle-ci, comme les autres, présentant à sa face interne des prolongemens filamenteux et lamineux qui constituent la substance spongieuse.

La fibre osseuse diffère donc surtout des autres fibres animales par la grande quantité de substance terreuse qu'elle contient.

En effet, si au lieu d'enlever cette substance terreuse et d'examiner le résidu organique dont il vient d'être question, on détruit au contraire celui-ci, en soumettant un os à l'action du feu nu, il reste une substance blanche, conservant le volume, la forme et une grande partie de la pesanteur de l'os; cette substance dure, mais très-fragile, est un sel terreux qui faisait partie du tissu osseux. Les autres tissus laissent, après la combustion, un résidu analogue ou des cendres, mais en beaucoup moins grande proportion, et ne conservant point, comme celles des os, la forme et une partie de la solidité du tout.

§ 584. La fibre osseuse est donc une fibre très-analogue à la fibre cellulaire, mais en différant par la très-grande quantité de substance terreuse qui entre dans sa composition. On s'est fait diverses idées sur la nature intime de cette fibre. Celle qui est le plus généralement admise consiste à considérer le tissu des os comme un tissu organique aréolaire comme les autres, mais contenant de la substance terreuse dans des cavités extrêmement étroites, à peu près comme l'eau est interposée dans le tissu d'une éponge humide. D'autres regardent l'os comme un mélange intime ou une combinaison de gélatine et de phosphate calcaire. Mascagni regarde ce tissu comme formé de vaisseaux absorbans remplis de phosphate de chaux. Ce sont autant d'hypothèses qui ne reposent sur aucun fait, ou plutôt qui sont contraires aux faits. On ignore toutefois dans quel rapport exact se trouve la substance terreuse avec la substance organique des os.

§ 585. Quelques tissus appartiennent essentiellement à l'organisation des os, ce sont le périoste, la moelle et les vaisseaux.

Le périoste est une membrane fibreuse très-vasculaire qui enveloppe les os, comme on l'a vu (§ 522).

La membrane médullaire est une membrane celluleuse très-vasculaire qui contient la moelle, et qui sert de périoste interne aux os (§ 169-178).

Les vaisseaux sanguins des os, assez nombreux, et de volume différent, se distinguent en ceux qui se ramifient d'abord dans le périoste externe, et qui pénètrent ensuite dans les petits trous nourriciers de la substance compacte, en ceux qui pénètrent, sans se ramifier, dans le canal médullaire, où ils se distribuent à la membrane de ce nom, et pénètrent ensuite par la face interne dans la substance compacte, où ils communiquent avec les précédens; et enfin en ceux qui pénètrent par les trous grands et nombreux des os courts et des parties spongieuses des os longs et larges, pour se distribuer dans la substance spongieuse, et y communiquer, dans les os longs, avec les vaisseaux des deux premiers ordres. Quelques anatomistes ont appelé vaisseaux nourriciers du premier ordre, ceux du canal médullaire des os longs; vaisseaux nourriciers du second ordre, ceux de la partie spongieuse; et du troisième ordre, ceux qui passent du périoste externe dans la substance compacte: en général, chacun des conduits nourriciers contient une artère et une veine; ceux du second ordre contiennent des veines très-grandes et à parois très-minces, qui ne paraissent consister que dans la membrane interne; ces veines paraissent avoir de grandes communications avec les cavités médullaires de la substance spongieuse.

On voit des vaisseaux lymphatiques seulement à la surface des grands os.

On ne voit dans les os d'autres nerfs que ceux qui accompagnent les vaisseaux de la membrane médullaire.

§ 586. La dureté considérable des os dépend de leur composition chimique : ce sont en effet, comme on l'a vu, les parties organisées qui contiennent le plus de substance terreuse. On doit avoir su de tout temps que les os sont combustibles, et qu'ils laissent un résidu considérable. Il y a long-temps aussi qu'on sait que les os fournissent de la gélatine ou de la colle par la décoction. C'est Schéele qui a annoncé que la partie terreuse des os est du phosphate de chaux. Cent parties d'os frais se réduisent à soixante environ par la calcination.

D'après l'analyse de M. Berzélius, les os humains, privés d'eau et de graisse, sont composés ainsi qu'il suit : matière animale réductible en gélatine par la décoction, 32,17; substance animale insoluble, 1,13; phosphate de chaux, 51,4; carbonate de chaux, 11,30; fluate de chaux, 2,0; phosphate de magnésie, 1,16, soude et muriate de soude, 1,20.

Fourcroy et M. Vauqueiin, dans leurs premiers essais, n'avaient point trouvé de phosphate de magnésie dans les os humains. Suivant M. Hildebrandt, il n'y en aurait point. Suivant M. Hatchett, il y aurait du sulfate de chaux qui, d'après M. Berzélius, est un produit de la calcination. Enfin, Fourcroy et M. Vauquelin admettent encore dans les os, du fer, du manganèse, de la silice, de l'alumine et du phosphate d'ammoniaque, mais point de fluate.

Outre les différences de composition relatives à l'âge, aux individus, et aux affections morbides, circonstances qui font varier la proportion de la substance animale et de la substance terreuse, tous les os n'ont point exactement la même composition dans le même individu; ainsi les os du crâne contiennent généralement un peu plus de substance terreuse que les autres; le rocher est de toutes les parties celle qui en contient le plus [1].

§ 587. Les os sont d'une couleur blanc-jaunâtre et opaques, mais c'est surtout par leur dureté, leur peu de flexibilité et leur résistance à la rupture, qu'ils sont remarquables; c'est par ces propriétés qu'ils servent dans l'organisme. Quelque peu flexibles et compressibles qu'ils soient, ils sont élastiques.

Ils jouissent aussi d'une extensibilité et d'une force de resserrement lentes, mais réelles : ainsi le sinus maxillaire, les fosses nasales, l'orbite, etc., s'agrandissent peu à peu par le développement de tumeurs dans leur intérieur; ces mêmes cavités reviennent sur elles-mêmes quand elles sont débarrassées de ces causes d'extension; les alvéoles se resserrent et s'effacent après la chûte des dents, etc.

Toute autre contraction y est nulle. La sensibilité n'y existe qu'à l'état morbide. La force de formation y est remarquable sous ce double rapport, que tous les phénomènes qui s'y rapportent, comme la formation première, la réparation, les altérations de texture, etc., y sont d'une très-grande lenteur; tandis que les facultés

1 John Davy, *in* Monro, *Outlines of the anatomy of the human body*; Edimb., 1813.

de reproduction et de production accidentelle, y sont plus grandes que dans aucun autre tissu.

§ 588. La formation des os, l'ossification, ou l'ostéogénésie [1], est un phénomène qui a beaucoup occupé l'attention des observateurs, et qui en est en effet bien digne.

Les os éprouvent dans leur développement des transformations d'autant plus remarquables, que les divers états par lesquels ils passent répondent à des états analogues, mais permanens, qu'on observe dans les animaux.

Après avoir été liquides comme toutes les autres parties, ils deviennent, 1° mous, muqueux ou gélatiniformes; 2° cartilagineux, et quelques-uns fibreux et cartilagineux; 3° osseux.

Les os sont muqueux, transparens et incolores, à une époque très-rapprochée de la conception; ils croissent

[1] H. Eysson, *de Ossibus infantis; cui tractatui annexus est* V. Coiter, *Ossium infantis historia*, 12°; Gronig., 1659. — Th. Kerkring, *Osteogenia fœtûs*; Lugd. Bat., 1717. — R. Nesbitt, *the Human osteogeny*; Lond., 1736. — J. Baster, *de Osteogeniâ*, Lugd. Bat., 1731. — A. Vater et Ulmann, *Osteogenia*; Viteb., 1733. — Albinus, *Annot. acad.*, lib. VI, VII. — Id. *Icones ossium fœtûs humani accedit ostegeniæ brevis historia.* Lugd. Bat. 1737. — Duhamel, Mém. de l'Acad. roy. des sc., ann. 1739-41-43-46. — Haller, *Experimenta de ossium formatione in op. min. II.* — Hérissant, Mém. de l'Acad. roy. des sc., 1768. — C. F. Senff, *Nonnulla de incremento ossium embryonum in primis graviditatis mensibus*; Halæ, 1801, — J. Fr. Meckel, *Deutsches archiv fur die physiolog.*; B. I, II. 4. — J. Howship, *Exper. and observ.*, etc., *on the formation of bone, in Med.-chir. trans.*, vol. VI; Lond., 1815. — A. Béclard, Mém. sur l'ostéose, *in* nouveau Journal de méd., vol. IV, 1819. — Serres, des Lois de l'ostéogénie, Analyse des trav. de l'Ac. roy. des sc., ann. 1819.

alors par végétation, et forment un tout continu qui se divise plus tard.

Les os cartilagineux, ou les cartilages temporaires, ne paraissent guère qu'après deux mois, à partir du moment de la conception. On ne peut apercevoir cet état que dans les os ou les parties d'os qui s'endurcissent un peu tard, car pour ceux dont l'ossification est très-précoce, il est douteux qu'ils passent par l'état de cartilages; état qui paraît plutôt destiné à remplir provisoirement les fonctions d'os, qu'à être une période de l'ossification.

L'état osseux commence successivement, dans les divers os, depuis environ un mois après la conception, pour les plus précoces, jusqu'à dix ans ou douze ans environ après la naissance, dans les plus tardifs; et même certains points osseux accessoires ne commencent guère à se former que vers quinze à dix-huit ans.

§ 589. L'ordre dans lequel les os commencent à paraître et à s'endurcir, a semblé pouvoir être réduit en règles :

Ainsi, la clavicule et les mâchoires étant très-précoces dans leur développement, le sternum, le bassin et les membres étant plus tardifs, on a dit que la précocité était en rapport avec l'importance dans le règne animal, ou plutôt dans la classe des vertébrés, où l'on voit en effet, dès la classe des poissons, les clavicules et les mâchoires très-développées, tandis que le sternum, le bassin et les membres le sont très-peu.

On a établi aussi en proposition générale, que les os les premiers formés sont ceux qui avoisinent les centres sanguins et nerveux; les côtes et les vertèbres étant en effet très-précoces dans leur formation.

On a dit encore que les os longs paraissent les premiers, puis les larges, et enfin les courts; la clavicule, le fémur, le tibia, paraissant dès le commencement, et les os du tarse et du carpe très-tard au contraire.

On a cru enfin que les os plus grands s'ossifiaient les premiers, et les autres successivement.

Il y a beaucoup d'exceptions à ces règles.

§ 590. L'ossification commence à la fin du premier mois dans la clavicule, et successivement dans l'os maxillaire inférieur, dans le fémur, dans le tibia, dans l'humérus, dans le maxillaire supérieur, et dans les os de l'avant-bras, où elle est commencée vers trente-cinq jours. Elle commence vers quarante jours dans le péroné, dans le scapulum, dans les os palatins, et les jours suivans dans la portion prorale de l'occipital, dans le frontal, dans les arcs des premières vertèbres, dans les côtes, dans la grande aile du sphénoïde, dans l'apophyse zygomatique, dans les phalanges des doigts, dans les corps des vertèbres moyennes, dans les os nasaux et zygomatiques, dans l'ilium, dans les os métacarpiens, dans les phalangettes des doigts et des orteils, dans les condyles de l'occipital, et puis dans sa portion basilaire, dans la portion écailleuse du temporal, dans le pariétal et dans le vomer, tous os où elle est commencée dès le milieu de la septième semaine. Dans le courant de la même semaine, elle commence encore dans l'aile orbitaire du sphénoïde, et à la fin, dans les os métatarsiens, dans les phalanges des orteils et dans les phalangines des doigts. Dans les dix jours suivans, elle commence dans le corps du sphénoïde, dans celui des premières vertèbres sacrées, et dans le cercle du tympan. Vers deux mois et demi, elle se manifeste dans l'appendice costiforme de la septième vertèbre; avant la fin du troisième mois, dans le labyrinthe, et vers sa fin, dans l'ischium et dans l'apophyse ptérygoïde interne; vers le milieu du quatrième mois, dans les osselets du tympan; à mi-terme, dans le pubis, dans le calcaneum, dans les phalangines des orteils, dans les masses latérales de l'ethmoïde et dans les cornets du nez; un peu plus tard, dans les premières pièces du sternum; vers six mois, dans le corps et dans l'apophyse odontoïde de la seconde vertèbre, et dans les masses latérales et antérieures de la première vertèbre pelvienne ou sacrée; un peu plus tard encore, dans l'astragale; vers sept mois, dans le cornet sphénoïdal; plus tard, dans la crête médiane de l'ethmoïde; dans le cuboïde, la première vertèbre du coccyx et l'arc antérieur de l'atlas, vers la naissance; un an plus tard, dans l'os coracoïde, le grand os et l'os crochu du carpe, et dans le premier cunéiforme; dans la rotule et l'os pyramidal, vers trois ans; vers quatre ans, dans le troisième et le deuxième cunéiformes; vers cinq ans, dans le scaphoïde du tarse, le trapèze et le lunaire; vers huit ans, dans le scaphoïde du carpe; un an après, dans le trapézoïde, et enfin dans le pisiforme, vers douze ans.

§ 591. L'ossification ne résulte pas partout de la transformation du cartilage en os. La diaphyse des os longs et le centre des os larges très-précoces, passent immédiatement de l'état muqueux à l'état osseux. Les autres parties du système sont d'abord cartilagineuses, et c'est en elles qu'on peut le mieux observer les phénomènes successifs de l'ossification.

Le cartilage, qui depuis plus ou moins long-temps tient la place, et remplit les fonctions de l'os dont il a la forme et dont il acquiert successivement le volume, se creuse d'abord de cavités irrégulières, puis de canaux tapissés de membranes vasculaires remplis d'un liquide mucilagineux ou visqueux ; il devient opaque, ses canaux deviennent rouges, et l'ossification commence vers son centre.

Le premier point d'ossification, *punctum ossificationis,* paraît toujours dans l'épaisseur du cartilage, et jamais à sa surface. Il est entouré de cartilage rouge à l'endroit qui est en contact avec lui, opaque et creusé de canaux un peu plus loin, et plus loin encore homogène et sans vaisseaux, mais percé seulement de quelques canaux vasculaires qui tendent vers le centre osseux. Le point osseux augmente continuellement par accroissement à sa surface, et aussi par addition intersticielle dans son épaisseur. Le cartilage, successivement creusé de cavités et de canaux tapissés par des gaînes vasculaires, diminue successivement à mesure que l'os augmente, et finit par disparaître. Les canaux du cartilage eux-mêmes, très-larges au commencement de l'ossification, deviennent de plus en plus petits, et disparaissent enfin quand elle est opérée. A la place d'un cartilage plus ou moins épais, mais d'abord plein ou solide, sans cavités et sans vaisseaux distincts, plus tard creusé de canaux tapissés de membranes vasculaires et sécrétantes, on trouve un os très-vasculaire, creusé de cavités aréolaires ou spongieuses, revêtues de membranes et remplies de moelle graisseuse. L'os devient ensuite moins vasculaire avec le temps.

§ 592. La cause de l'ossification est inconnue, comme celle de la formation organique en général. Depuis Hippocrate et Aristote, jusqu'à Scarpa, Bichat et Mascagni, une foule d'hypothèses plus ou moins ingénieuses ont été proposées sur ce sujet obscur [1].

[1] *Voyez* Sœmmerring, *de Corp. hum. fabricâ,* tom. I, *de ossibus.*

On a dit que les dernières divisions des artères s'ossifiaient ou s'emplissaient de matière osseuse; qu'après s'être remplies de matière osseuse, elles se crevaient et la laissaient échapper autour d'elles. On dit aussi, et avec plus de vraisemblance, qu'elles forment et laissent échapper la matière ossifiante, soit par des extrémités exhalantes, soit par des porosités latérales. Mais quelle est cette matière osseuse? est-ce de la substance terreuse? Mais où les artères versent-elles cette matière? est-ce dans les aréoles intersticielles d'un cartilage, comme on le dit communément depuis Hérissant? ou bien dans des vaisseaux absorbans qui s'en remplissent, comme le dit Mascagni? ce sont autant de pures hypothèses. Ce que l'on sait, c'est que la vascularité augmente beaucoup avant l'ossification, et qu'elle la précède toujours; c'est que le cartilage diminue et disparaît à mesure que l'os se forme et qu'il augmente; c'est que l'os, très-vasculaire au moment de sa formation, le devient ensuite de moins en moins. Quant à l'état sous lequel la substance osseuse est déposée, c'est sous forme liquide, et son endurcissement successif dépend ou de l'addition continuelle d'une plus grande proportion de substance terreuse, ou plutôt de la résorption du véhicule qui lui donnait sa fluidité. L'ossification ne dépend pas de la déposition de la substance terreuse dans un tissu organique, mais de la formation simultanée d'un tissu contenant tout à la fois et la substance animale et la substance terreuse.

Les phénomènes de l'ossification sont différens dans les différentes sortes d'os.

§ 593. L'ossification est très-précoce dans les os longs; elle y commence de un à deux mois après la conception, suivant les os. Avant le commencement de l'ossification, on n'y trouve point de cartilages. Il en est de même encore au commencement de l'ossification, on ne trouve alors entre les cylindres osseux qu'une substance mucilagineuse. Ces cylindres osseux sont d'abord gros et courts, d'où résulte qu'ils peuvent s'allonger beaucoup avant de grossir. Ils répondent au point où plus tard se trouve l'artère médullaire principale. Au commencement du troisième mois on aperçoit, au bout de ces cylindres osseux allongés, des extrémités cartilagineuses: sortent-elles par végétation de l'intérieur du canal osseux? Ces extrémités cartilagineuses ont la même conformation qu'auront plus tard les extrémités; elles s'ossifient, comme cela vient d'être dit, de l'ossification en général. La plupart ne s'ossifient que par le centre, et forment alors des épiphyses plus ou moins long-temps distinctes aux bouts des os. Dans quelques-uns l'ossification procède, dès le commencement, par l'extension du corps de l'os, dans le centre de leur masse cartilagineuse.

§ 594. Les os larges du crâne commencent à s'ossifier de soixante à soixante-dix jours: le péricrâne et la dure-mère sont alors très-vasculaires. Il existe entre ces deux membranes une substance muqueuse très-vasculaire elle-même. Les premiers points osseux paraissent dans les endroits les plus sanguins sous forme de grains isolés, puis disséminés et réunis en réseaux; ils forment ensuite une lame mince au milieu, et garnie de fibres osseuses rayonnées au pourtour; les surfaces de l'os sont couvertes, et les intervalles des fibres radiées sont remplis d'une substance mucilagineuse rougeâtre et très-vasculaire, le péricrâne et la dure-mère le sont encore beaucoup à cette époque.

§ 595. Les os courts ou épais s'ossifient comme les extrémités des os longs. Ils sont précédés, dans leur formation, de cartilages qui ont la forme, et à la fin, le volume des os qui doivent les remplacer. Ces cartilages, d'abord homogènes et pleins, présentent ensuite les changemens successifs déjà indiqués; des cavités, des canaux membraneux vasculaires, remplis de liquide visqueux, et des points osseux qui s'étendent du centre à la circonférence.

La rotule et les os sésamoïdes se forment dans un tissu d'abord fibreux, puis cartilagineux, et de la même manière que les os courts.

Les os mixtes participent, par leur formation comme par leur figure extérieure et leur conformation interne, aux caractères des os de deux classes différentes.

§ 596. Beaucoup d'os se forment par plusieurs points distincts d'ossification.

Plusieurs os médians, soit larges, soit épais, se forment par deux moitiés latérales réunies plus tard sur la ligne médiane : tels sont les arceaux des vertèbres, le frontal, le corps du sphénoïde, la portion écailleuse de l'occipital, l'os maxillaire inférieur, et les pièces moyennes du sternum. Mais dans plusieurs des os médians aussi, l'ossification commence au milieu, et s'étend sur les côtés; comme dans le corps des vertèbres, dans la portion basilaire de l'occipital, dans la crête de l'ethmoïde, dans le corps de l'hyoïde, dans le premier et dans le dernier os sternal, soit que dans une période antérieure, à l'époque de la cartilaginisation, par exemple, l'os se soit formé de deux moitiés latérales, ou bien qu'il en soit autrement, et qu'il soit primitivement impair.

Beaucoup d'os, tant larges que courts, sont formés de plusieurs points principaux ou primitifs d'ossification qui se réunissent plus ou moins promptement. Souvent ces points répondent à des os distincts dans d'autres genres ou classes d'animaux : tels sont les points d'ossification des vertèbres, de l'occipital, du sphénoïde, du temporal, du maxillaire, du sternum, des os coxaux, du sacrum, etc. On trouve même dans les animaux ruminans un exemple de la réunion collatérale de deux os longs pour former le canon.

§ 597. Un grand nombre d'os enfin, surtout des os longs, et quelques os larges et courts, ont des points accessoires ou secondaires d'ossification, qu'on appelle épiphyses [1] à cause de leur implantation et de leur réunion sur le corps de l'os, au moyen d'un cartilage qui dure plus ou moins long-temps. Les grands os longs de la cuisse, du bras, de la jambe et de l'avant-bras, ont au moins une épiphyse à chaque extrémité.

La clavicule, les os métacarpiens, métatarsiens et phalangiens, n'en ont qu'à une seule extrémité.

Parmi les os larges, les os coxaux et les omoplates ont des épiphyses marginales analogues à ces épiphyses terminales des os longs. Les côtes en ont à leur extrémité dorsale et à leur tubercule.

Parmi les os courts, les vertèbres, presque seules, ont des épiphyses : elles en ont aux deux faces de leur corps et au sommet de toutes leurs apophyses non articulaires. Parmi les autres os courts, le calcanéum seul a une épiphyse; elle est située à son extrémité postérieure.

Les épiphyses commencent à se former à des époques très-différentes, depuis quinze jours environ avant la naissance, jusqu'à quinze ou dix-huit ans après, et

1 Platner, *de Ossium epiphysibus*, 1736. — Ungebauer, *Epistola de ossium trunci corp. hum. epiphysibus sero osseis earumdemque genesi;* Lips., 1739. — Béclard, Mém. cit.

durent plus ou moins long-temps distinctes avant de se réunir au corps des os; les époques de leur réunion sont comprises entre quinze et vingt-cinq ans environ. De toutes les épiphyses, celle qui s'ossifie la première, est celle de l'extrémité inférieure du fémur : l'ossification y commence avant la naissance, et c'est une de celles qui se réunissent le plus tard au corps de l'os; celle de l'extrémité supérieure du radius, qui est une des dernières à s'ossifier, est peut-être, au contraire, celle qui se réunit la première.

§ 598. L'accroissement des os a lieu d'une manière évidente par l'addition successive de nouvelle substance osseuse autour de celle qui a été la première formée.

L'accroissement en longueur a lieu par l'allongement du corps des os longs à leurs extrémités. Pour cela les bouts du cylindre osseux sont hérissés de filamens ou de villosités osseuses plongées dans l'extrémité non ossifiée, creuses et vasculaires, qui s'allongent continuellement en devenant de plus en plus fines à mesure que les vaisseaux se ramifient davantage, et que l'ossification se ralentit; en même temps les extrémités cartilagineuses se transforment peu à peu, en commençant par le centre, en os qui constituent des épiphyses.

L'accroissement a lieu en largeur, dans les os plats, de la même manière, soit par l'addition successive de substance osseuse au bord même de l'os, comme dans les os du crâne, soit par la formation osseuse, sous une épiphyse marginale qui en couvre le bord, comme au scapulum et au coxal.

L'accroissement en épaisseur a lieu dans tous les os par un même procédé; le périoste, très-vasculaire jusqu'à cette époque, sécrète et dépose entre ses fibres, à la surface de l'os, de la substance osseuse, muqueuse d'abord, puis dure, qui, s'ajoutant ainsi successivement à la surface, augmente l'épaisseur de l'os.

§ 599. L'accroissement des éminences se fait pour quelques-unes comme celui des os longs garnis d'épiphyses, c'est-à-dire entre le corps de l'os et la base de l'éminence; tels sont les trochanters, etc. Dans les autres, c'est à la surface même que se fait l'accroissement, tout comme l'épaississement des os : la plupart sont dans ce dernier cas. Quant au creusement des cavités externes non articulaires, il est, en beaucoup d'endroits, déterminé par des pressions qui, sans déprimer réellement l'os, déterminent néanmoins sa dépression, en y rendant la nutrition moins active que dans les parties environnantes.

Les éminences et les cavités articulaires se modèlent mutuellement. Il en est de même des cavités destinées à loger des parties molles ou fluides, et des cavités médullaires des os; leur existence et leur forme sont très-dépendantes des parties qu'elles renferment. Ainsi la conformation du crâne et celle du canal vertébral dépendent beaucoup de celle du centre nerveux qu'ils longent. La partie inférieure du canal vertébral, vide de moelle, est triangulaire, tout comme le devient la cavité cotyloïde abandonnée depuis long-temps par la tête du fémur, l'une et l'autre de ces parties étant formées de trois points osseux.

§ 600. Quoi qu'il en soit, la terminaison de l'accroissement évident, en longueur et en largeur, dépend de la soudure des os longs avec leurs épiphyses terminales, et des os larges avec leurs épiphyses marginales, ou entre eux. La terminaison de l'accroissement en épaisseur dépend de la cessation de la formation osseuse à la surface des os. Ce dernier genre d'accroissement dure un peu plus long-temps que le premier.

L'accroissement néanmoins continue de se faire, mais localement, et d'une manière insensible, quelquefois cependant d'une manière assez sensible encore.

L'accroissement sensible dépend d'une sorte de juxtaposition aux extrémités, aux bords et aux surfaces des os; l'accroissement insensible, au contraire, est intersticiel, et dépend d'une véritable intus-susception. On voit dans quelques cas morbides surtout des exemples frappans de ce dernier; dans l'empyème, dans le spinaventosa, etc.

§ 601. L'accroissement étant terminé, les os restent le siége d'un entretien ou d'une nutrition habituelle. La déposition et la résorption y sont très-lentes et insensibles dans l'état de santé, et surtout dans la vieillesse. Mais dans certains cas de maladie, il survient dans les propriétés des os des changemens très-marqués, qui montrent clairement qu'il s'est opéré des changemens non moins grands dans leur composition.

§ 602. Les faits relatifs à l'accroissement et à la nutrition habituelle des os, sont surtout prouvés par les effets de la garance sur eux.

Mizauld[1] d'abord, et Belchier[2] long-temps après, ont les premiers observé que quand la garance (*rubia tinctorum*) est donnée aux animaux, mêlée avec les alimens, leurs os deviennent rouges. Duhamel, Boehmer[3],

[1] Ant. Misaldus, *Centur. memorabilium seu arcanorum omnis generis*; 1572.

[2] *Philos. transact.*, vol. XXXIX, ann. 1736.

[3] *Radicis rubiæ tinctor. affectus in corp. anim.*; Lips. 1751. — *Ejusdem prolusio, quâ callum ossium è rubiæ tinctorum radicis pastu infectorum describit*; ibid., 1752.

Detlef [1], J. Hunter [2] et plusieurs autres, ont fait des expériences curieuses sur le même objet. Rutherford [3] a expliqué l'effet de la garance sur les os seuls, et à l'exclusion de toutes les autres parties du corps, par une affinité chimique de la matière colorante de la garance pour la substance terreuse des os.

Duhamel a vu dans ses expériences que les os des jeunes animaux se coloraient beaucoup plus tôt que ceux des vieux; que les progrès de la teinture et l'ossification étaient d'autant plus prompts, que l'accroissement est plus rapide; que, quand on supprime la garance, les os redeviennent blancs, et que le rétablissement de la couleur se fait par la superposition de couches blanches sur les rouges. Ce dernier fait résulte pleinement aussi des expériences de Hunter. Cependant Duhamel a cru, malgré ces expériences décisives, que c'est par extension que les os grossissent.

Quant à l'accroissement en long, les expériences de Duhamel l'ont aussi conduit à penser que cet accroissement, qu'il compare à la végétation, a lieu par l'extension de leurs parties. Il en est probablement ainsi dans l'accroissement lent et insensible, mais l'allongement rapide qui a lieu avant la soudure des épiphyses, dépend évidemment d'une addition de substance osseuse au bout du corps de l'os, comme le prouve l'expérience suivante faite par Hunter : on met le tibia à découvert

1 *Ossium calli generatio et natura perfracta in animalibus, rubiæ radice pastis, ossa demonstrata*; Goett., 1753.

2 *Exper. and obs. on the growth of bones, from the papers of the late* M. Hunter, *by* Ev. Home, *in Transact. of a society for improvement*, etc., vol. II; London, 1800.

3 *V. Disp. med. inaug. de dentium formatione et structurâ*, etc., auct. R. Blacke; Edimb., 1798.

sur un jeune cochon, on le perfore aux deux extrémités du corps ossifié, et on mesure exactement l'intervalle des deux trous; quelques mois après, quand l'accroissement a fait des progrès, on trouve la même distance entre les deux trous; tout l'allongement s'est fait au-delà, aux extrémités de la diaphyse.

Ces expériences, qui laissent peu de choses à désirer, relativement à l'accroissement des os, ne fournissent pas, à beaucoup près, des résultats aussi positifs sur la question de la nutrition habituelle des os. Il suffit de donner quelques gros de garance à un jeune animal, pendant l'espace de quelques jours, pour rougir ses os, tandis que la même substance donnée en plus grande quantité et pendant des semaines ou des mois, à un animal adulte, les colore à peine ou point.

§ 603. Après la fin de l'accroissement en dimension, les os éprouvent encore des changemens ultérieurs : le plus remarquable est un décroissement [1]. Le canal médullaire des os longs, à partir du moment de leur formation, va toujours en augmentant de diamètre. Tant que l'accroissement en épaisseur continue, les parois du canal augmentant à l'extérieur, conservent leur épaisseur, et même augmentent dans ce sens.

Duhamel a fait, à ce sujet, une expérience très-curieuse, mais dont il a tiré de fausses conséquences. Ayant mis à découvert, et entouré d'un fil métallique, un os long d'un jeune animal qu'il tua quelque temps après, il trouva alors le fil métallique recouvert à l'extérieur par l'os qui avait grossi, et le canal ayant acquis le diamètre de l'anneau métallique, il en conclut que

[1] Albinus, *Annot. acad.* — F. Chaussard, Recherches sur l'organ. des vieillards; Paris, 1822.

l'os avait grossi par l'expansion, par l'élargissement du canal. Non, l'os avait grossi à l'extérieur par addition, et avait diminué à l'intérieur par soustraction, d'où l'agrandissement du canal.

En effet, lorsque l'accroissement de l'os en épaisseur est achevé, le canal continuant de s'agrandir par résorption intérieure, ses parois s'amincissent singulièrement, au point qu'après avoir eu dans l'enfant une épaisseur supérieure, et dans l'adulte une épaisseur à peu près égale au diamètre du canal, elles n'ont plus, dans les vieillards, qu'une très-petite fraction de ce diamètre. Les cavités spongieuses des os courts, des os larges et des extrémités des os longs, s'agrandissent en général de même, de telle sorte que, par cet amoindrissement des os, le squelette des vieillards est beaucoup moins pesant que celui des adultes.

Les os larges du crâne éprouvent assez souvent dans la vieillesse un amincissement d'un autre genre : il résulte de la résorption du diploé, et du rapprochement de la table externe vers la table interne, de manière à produire tout à la fois et un grand amincissement et une dépression extérieure. C'est par les bosses pariétales, qui en sont fréquemment affectées, que cette atrophie commence ordinairement.

Assez souvent aussi, dans la vieillesse, les surfaces articulaires des os des membres inférieurs et les faces des vertèbres sont élargies et aplaties, comme si, à la longue, elles avaient cédé à la pression.

§ 604. La forme des os n'éprouve pas seule des changemens par les progrès de l'âge. Leur consistance en présente de remarquables : les os des enfans sont plus flexibles et moins cassans que ceux des adultes, ils peuvent être ployés ou tordus dans le vivant sans se rompre. Ceux des vieillards, au contraire, sont plus denses, plus dures et plus fragiles que ceux des adultes, ce qui, joint à leur amincissement, rend les fractures très-communes dans la vieillesse. Il y a aussi une différence sensible dans la proportion de la substance terreuse, plus grande dans le vieillard que dans l'adulte.

Ainsi, après la fin de l'accroissement en dimensions, l'augmentation de densité continue dans les os comme dans toutes les autres parties du corps.

§ 605. L'ossification accidentelle [1] est très-fréquente, très-commune et très-anciennement connue. Cette ossification est rarement parfaite. On peut, sous ce rapport, en distinguer plusieurs variétés.

L'ossification accidentelle la moins parfaite est appelée terreuse; elle produit une substance blanche, opaque, crétacée, molle, friable, et même quelquefois semi-liquide. Composée de matière animale, en petite proportion, et de substance terreuse, on la rencontre le plus souvent dans des kystes. Les phlébolithes sont quelquefois de cette sorte. On la rencontre aussi en fragmens isolés et informes, dans des abcès, dans le poumon, dans les corps fibreux de l'utérus, dans le tissu cellulaire et dans les ligamens des goutteux, dans le cerveau, etc. On la trouve enfin, fréquemment infiltrée dans les glandes bronchiques, dans les poumons, le foie, le rein, le cœur, etc.

L'ossification accidentelle pierreuse est très-fréquente, elle est très-dure, opaque, et contient une proportion

[1] J. Van Heckeren, *de Osteogenesi præternaturali*; Lugd. Bat., 1797. — P. Rayer, Mém. sur l'Ossification morbide, *in* Archives génér. de méd., tom. I; Paris, 1823.

de substance terreuse plus grande que les os ordinaires. On la trouve souvent sous forme d'incrustation plus ou moins épaisse sous les membranes séreuses, dans la membrane propre de la moelle épinière, et surtout dans les parois des artères. On la trouve aussi sous forme de kyste. On la rencontre sous forme de masses isolées dans les corps fibreux de l'utérus ossifiés et dans la glande pinéale, où elle constitue l'*acervulus*. On la rencontre aussi quelquefois sous forme d'infiltration du pancréas. Ce que l'on a décrit sous le nom de pétrification de certains organes ou de fœtus, n'est autre chose qu'une infiltration d'os pierreux très-serrée, de manière à faire disparaître presque tout-à-fait la matière animale de l'organe.

La production accidentelle diffère quelquefois davantage encore des os; elle ressemble, pour la dureté et le poli, à l'émail des dents; cet émail accidentel remplace quelquefois certains cartilages diarthrodiaux.

L'ossification accidentelle ressemble quelquefois beaucoup ou tout-à-fait à l'os naturel, par un périoste, par des cavités spongieuses médullaires, par sa texture, par sa demi-transparence et par sa composition chimique; mais cette production parfaite est rare : on l'a rencontrée sous la forme de corps isolé dans la dure-mère; je l'ai vue aussi, mais presque tout-à-fait compacte, sous forme de lames placées dans le ligament vertébral antérieur. Les plaques osseuses qui couvrent les cartilages costaux sont dans le même cas. On trouve aussi quelquefois une ossification parfaite, mais compacte, sous forme de kyste hydatifère.

L'ossification accidentelle, qui présente aussi plusieurs variétés, est souvent un effet de l'âge; cependant beaucoup de vieillards n'en sont pas affectés. L'irritation et l'inflammation chronique ou latente en sont le plus souvent la cause. Elle est plus fréquente dans le nord que dans les pays chauds. Elle commence par une production plastique, et passe quelquefois par les états demi-cartilagineux ou fibreux, d'autres fois non. En général, elle ne gêne que par son volume ou par ses effets mécaniques.

La transformation des cartilages permanens en os peut être regardée comme intermédiaire aux ossifications naturelle et accidentelle.

§ 606. L'exostose [1] est encore une production osseuse accidentelle, quelquefois parfaite, et souvent pierreuse ou éburnée. Le périoste étant irrité ou enflammé, il se fait, à sa surface interne, dans son épaisseur et dans une partie plus ou moins étendue de sa largeur, une déposition de matière organisable, molle; cela constitue la périostose dont la terminaison est variée; souvent elle s'ossifie, cela constitue d'abord une sorte d'épiphyse ou d'os distinct et séparable de l'os naturel, auquel l'exostose se soude ordinairement à la longue. Tantôt elle consiste en un nodus très-circonscrit, et dont le développement a été rapide. D'autres fois elle se forme lentement, et consiste en une masse volumineuse et foliée. D'autres fois même, tout un membre ou une plus grande partie encore du squelette en est affectée.

Le spinoventosa, au lieu de consister toujours en une production morbide, est quelquefois formé de substance organisable qui, après avoir distendu et dilaté l'os naturel, finit par s'ossifier plus ou moins complétement dans son intérieur.

1 *On exostosis*, by M. A. Cooper, *in Surgical essays*. part. 1; Lond. 1818.

§ 607. Quand un os est dénudé [1] du périoste, si le sujet est jeune, si l'os n'est pas altéré lui-même, s'il n'est pas resté long-temps à découvert, les parties molles vulnérées, réappliquées dessus, peuvent s'y unir par adhésion primitive.

Dans les circonstances opposées, et dans celles où le périoste enflammé se sépare de l'os par la suppuration, dans celle où il se gangrène, et lorsqu'une périostose suppure ou se mortifie, etc., l'os, privé de son appareil nutritif, se nécrose à sa surface, et plus ou moins profondément. La partie restée vivante, placée aux confins de la partie morte, s'enflamme, s'amollit, se détache enfin de la partie nécrosée, et suppure; la nécrose, devenue libre, tombe. Les granulations sous-jacentes produisent avec le temps une cicatrice qui recouvre l'os, lui adhère et lui forme un nouveau périoste.

§ 608. Après l'amputation [2], les choses se passent de l'une ou de l'autre des deux manières qui viennent d'être exposées.

Quand l'os et son appareil nutritif n'ont pas été lésés au-dessus de l'endroit amputé, et quand surtout la réunion de la plaie est immédiate, le bout de l'os s'unit ordinairement par adhésion primitive aux parties molles.

Quand, au contraire, la plaie reste béante et qu'elle suppure, quand le périoste a été déchiré ou détaché au-dessus de la section, quand la membrane médullaire

[1] Tenon, trois Mémoires sur l'exfoliation des os, *in* Mém. et obs. sur l'anat., la pathol. et la chir., etc.; Paris, 1816.

[2] Van Horne, *Dissertatio de iis, quæ in partibus membri, præsertim osseis, amputatione vulneratis, notanda sunt*; Lugd. Bat., 1803. — J. L. Brachet, Mém. de phys. pathol., sur ce que devient le fragment de l'os après une amputation, *in* Bullet. de la Soc. méd. d'Emul. de Paris, 1822.

irritée s'enflamme, le bout de l'os se nécrose, et il s'en détache une virole comprenant toute son épaisseur et anticipant en général obliquement sur sa surface externe, parce que ordinairement le périoste est plus lésé ou est lésé plus haut que la membrane médullaire.

Dans l'un et l'autre cas d'ailleurs, le bout de l'os éprouve à la longue d'autres changemens. En général il diminue notablement de volume et de pesanteur. Le canal, d'abord rempli par la raréfaction spongieuse de la substance compacte, se rétablit, mais se ferme à l'extrémité par une production osseuse surajoutée comme un opercule.

§ 609. La nécrose profonde des os longs présente tout à la fois des phénomènes intéressans de séparation et de production osseuse.

Quand on détruit sur un animal vivant la membrane médullaire d'un os long, en introduisant dans son canal un corps étranger qui la déchire ou qui la cautérise, le membre tout entier auquel appartient l'os se gonfle, devient douloureux et chaud; plus tard il s'y forme des abcès qui s'ouvrent et restent fistuleux; on voit, ou l'on sent, à travers les ouvertures, un os mobile au milieu du pus, et renfermé dans un autre os qui est creux;

1 Chopart et Robert, *de Necrosi ossium theses anat.-chir.*; Parisiis, 1766. — Troja, *de Novorum ossium*, etc.; Paris, 1775. — Blumenbach, *in Richter, chir. biblioth.*, B. VI. — David, Observat. sur une maladie connue sous le nom de nécrose. — Koëler, *Experimenta circa regenerationem ossium*; Gotting., 1786. — J. P. Weidmann, *de Necrosi ossium*; Franc. ad moen., 1793, fol. — Russel, *Practical essay on a certain disease of the bones called necrosis*; Edinb. 1794. — A. H. Macdonald, *de necrosi ac callo*; Edinb. 1799. — Macartney, *in Crowther pract. obs. on the diseases of the joints*; Lond., 1808. — Charmeil, de la régénération des os; Metz, 1821.

avec le temps l'os intérieur, devenu de plus en plus mobile, parvient quelquefois à s'engager par une de ses extrémités, dans une des ouvertures de l'os extérieur, et finit même par être expulsé au dehors. On voit alors qu'il a la longueur de la diaphyse de l'os primitif, et une épaisseur variable, mais qui égale quelquefois tout-à-fait celle de l'os primitif. Cependant l'os nouveau, débarrassé du corps étranger, et tenant dès le commencement aux extrémités de l'os ancien devenues les siennes, se resserre peu à peu sur lui-même; la suppuration diminue graduellement, et cesse tout-à-fait, quand les parois, revenues sur elles-mêmes au point de se toucher, sont mutuellement agglutinées; elles se confondent enfin tout-à-fait.

L'os nouveau, d'abord très-mou et flexible, au point qu'il se ploie quelquefois par l'action musculaire, quand l'os ancien, engagé par une extrémité dans une des ouvertures fistuleuses, ne lui forme plus une attelle solide; l'os nouveau acquiert avec le temps, et conserve une densité et une dureté supérieures à celles des os primitifs.

Les cavités médullaires se forment dans le nouvel os, à mesure que son tissu, d'abord uniformément rare, acquiert de la densité à l'extérieur.

Tous ces mêmes changemens ont lieu comme spontanément dans l'espèce humaine, dans des circonstances et sous l'influence de causes qui paraissent agir sur le périoste pour en produire l'inflammation, et probablement aussi sur la membrane médullaire, c'est-à-dire sur l'appareil nutritif intérieur, de manière à en altérer la texture et les fonctions.

Les os longs, où la nécrose est la plus fréquente, sont, dans l'ordre, à peu près de cette fréquence : le tibia, le fémur, l'humérus, l'os mandibulaire, les os de l'avant-bras, la clavicule, le péroné, et les os du métatarse et du métacarpe.

Il a été proposé sur ce sujet deux théories, dont les auteurs n'ont eu que le tort d'être exclusifs; car les choses se passent tantôt d'une manière et tantôt d'une autre.

Troja, David, Bichat et beaucoup d'autres, ont admis que le séquestre est formé par le corps tout entier de l'os primitif plus ou moins aminci par la résorption et par l'action dissolvante du pus, et que le nouvel os résulte d'une formation nouvelle, dont l'appareil nutritif externe, c'est-à-dire le périoste et ses vaisseaux, a fourni les matériaux, lesquels, déposés dans son épaisseur et à sa surface interne surtout, ont passé par tous les états de fluidité et d'endurcissement successif que présentent les os ordinaires, excepté que l'endurcissement osseux commence dans beaucoup de points à la fois.

Les expériences sur les animaux vivans apprennent à ce sujet, que quand le périoste est arraché, il se reproduit avec l'os; mais l'endurcissement de celui-ci est retardé de tout le temps nécessaire à la reproduction de son enveloppe vasculaire.

Quand les choses se sont passées ainsi, c'est-à-dire quand c'est un os nouveau qui est formé, le séquestre a le même volume et la même apparence que l'os primitif; on y retrouve jusqu'aux apophyses, aux empreintes, aux lignes et aux inégalités originelles.

D'autres pathologistes, et notamment MM. Leveillé et Richerand, et tout récemment le docteur Knox [1], soutiennent que dans tous les cas la nécrose dont il s'agit

[1] *The Edinburg med. and surg. Journal*, ann. 1822 et 1823.

est bornée à une partie intérieure de l'épaisseur des parois du canal médullaire, et que le nouvel os résulte simplement de la partie externe de l'os primitif que la nécrose n'a pas affectée, et qui a éprouvé seulement des changemens de volume et de consistance.

Il en est certainement ainsi dans beaucoup de cas, et alors le séquestre a un diamètre sensiblement moindre que l'os primitif, et sa surface est rugueuse et inégale.

Les extrémités des os longs se nécrosent et se reproduisent bien moins souvent que leur corps; cependant il n'est pas rare d'observer ces phénomènes à l'extrémité supérieure de l'humérus; on a vu la même chose à l'extrémité inférieure des os de l'avant-bras. J'ai extrait de l'intérieur d'un nouvel os l'extrémité inférieure du tibia, nécrosée après une fracture arrivée deux ou trois ans avant. Il ne manquait à cette extrémité que le cartilage articulaire.

Les os larges se nécrosent, mais leur reproduction est rare ou imparfaite; cependant on a vu le scapulum nécrosé être remplacé par deux autres os.

La nécrose des os courts est beaucoup plus commune qu'on ne le croit; elle existe ordinairement sous forme d'un séquestre renfermé au centre de l'os. Cela constitue beaucoup de prétendues caries des os du tarse, du carpe, etc.

§ 610. On appelle cal [1] la substance osseuse de nou-

1 Duhamel, Mém. de l'Acad. roy. es sc.; Paris, 1741. — Boehmer, *de Ossium callo*; Lips. 1748. — P. Camper, *Observationes circa callum ossium fractorum*; *in Essays and obs. phys. and litter.*, vol. III; Edinb., 1771. — Bonn, *de Ossium callo*, etc.; Amstel., 1783. — Macdonald, *op. cit.* — J. Howship, *in Med. chir. trans.*, vol. IX; Lond., 1816. — Breschet, Quelques recherches hist. et expérim. sur le cal; Paris, 1819.

velle formation qui réunit les solutions de continuité des os.

Quand un os long est fracturé, outre la rupture du tissu osseux, il y a rupture de la membrane médullaire, et ordinairement aussi du périoste, ainsi que des vaisseaux de ces membranes et de l'os. Il résulte de ces divisions vasculaires et autres, une effusion plus ou moins considérable de sang autour et dans l'intervalle des fragmens. Si ceux-ci sont maintenus dans un contact exact, il s'opère bientôt entre eux et entre les autres parties divisées une agglutination. Il survient aussi une tuméfaction et un engorgement des parties molles divisées et de celles qui les entourent, lesquelles deviennent compactes comme le tissu cellulaire enflammé; la moelle, à l'endroit de la fracture, participe notamment à cet état. Toutes ces parties, et surtout la substance agglutinante et organisable qui les engorge, s'ossifient successivement, et forment, à l'extérieur, une virole osseuse plus ou moins étendue, dont l'épaisseur va en diminuant du centre ou du siége de la fracture vers les deux extrémités, et à l'intérieur, une cheville osseuse fusiforme. L'os cependant, dont les deux fragmens sont ainsi assemblés, semble étranger jusqu'alors aux changemens qui l'entourent. Ce n'est qu'à partir dès ce moment, et à mesure que ces ossifications extérieure et intérieure temporaires diminuent et disparaissent par résorption, que l'agglutination des fragmens se change en une réunion osseuse permanente.

Plusieurs pathologistes, et notamment Bonn, Callisen et J. Bell, se sont contentés d'observer les faits sans en chercher l'explication. Cependant un grand nombre d'hypothèses ont été proposées pour donner la théorie de ces phénomènes remarquables. Boerhaave, Haller, et Detlef, son disciple, ont admis que les fragmens sont réunis par une matière glutineuse ou coagulable.

J. Hunter, Macdonald, Howship, ont pensé que c'était le sang qui fournissait cette matière organisable et agglutinante.

On sait que Duhamel et Fougeroux ont admis que le périoste fournissait une virole osseuse qui assemblait les fragmens. M. Blumenbach a donné la figure d'un os humain entouré par une virole de ce genre. M. Pelletan enseignait la même chose dans ses leçons cliniques. Camper avait observé qu'il y a un cal extérieur et un intérieur. Bichat, M. Dupuytren, M. Cruveilher et autres, ont admis que ces ossifications extérieure et intérieure sont provisoires.

Beaucoup de pathologistes, et notamment Bordenave, Bichat, M. Richerand, M. Scarpa, etc., ont soutenu que la réunion des os divisés s'opérait par des granulations ou bourgeons celluleux et vasculaires, comme celle des parties molles, ce qui est vrai des uns et des autres dans le cas seulement où la division est extérieure et suppurante, et non quand elle a lieu, ainsi que la réunion, sans plaie extérieure et sans suppuration.

J'ai déjà fait remarquer ailleurs [1] qu'il ne manque à ces hypothèses, pour être des théories ou des expressions exactes des faits, que d'être combinées, ou de ne point être exclusives. C'était l'opinion de Troja, c'est aussi celle de M. Boyer, de M. Delpech, etc.

En effet, il y a successivement, dans la réunion d'une fracture simple, agglutination des fragmens par un liquide organisable dont le sang fournit les maté-

1 A. Béclard, Propositions sur quelques points de la médecine; Paris, 1813.

riaux ; ossification d'une substance semblable, infiltrée tout au tour de la fracture, tant à l'intérieur qu'à l'extérieur ; enfin, réunion vasculaire et osseuse entre les fragmens eux-mêmes.

Le périoste, qui paraît jouer, quand il existe, un si grand rôle dans la production du cal, n'est pas plus indispensable ici que dans la reproduction après la nécrose. On l'a enlevé, sur les bouts d'os d'oiseau fracturés, et il a été reproduit en même temps que le cal a été formé.

La fracture communitive des os longs, et surtout celle qui est produite par les armes à feu, est accompagnée, dans sa réunion, d'une production osseuse considérable et permanente. C'est dans cette production surtout, de même que dans l'exostose, de même aussi que dans la reproduction après la nécrose, qu'on peut voir en grande masse la matière osseuse nouvelle : après avoir été liquide elle devient solide, molle, flexible et élastique, au point qu'on pourrait la confondre avec un cartilage; mais cette substance est parsemée de points osseux, et si l'observation est faite sur un animal qui a pris de la garance, on la trouve rose ou même rouge, chose qui n'arrive jamais aux cartilages. Elle devient ensuite dure comme un os ordinaire, et même plus. Cette tumeur osseuse permanente porte le nom de *calus*.

§ 611. Les plaies des os diffèrent de leurs fractures par l'état même de la solution de continuité et par son mode de réparation, différent de celui qui vient d'être exposé. Le tissu osseux étant très-dur et peu flexible, un instrument tranchant qui l'entame obliquement produit véritablement une multitude de petites fractures dans le fragment qu'il soulève, absolument comme il arrive à un copeau de bois sec soulevé par un coup de hache. Quant à la réunion d'une telle entamure, ainsi que celle d'une fracture avec plaie, elle n'a lieu ordinairement qu'après une exfoliation, et par la formation de granulations suppurantes.

§ 612. La perte de substance des os longs dans les sujets jeunes et bien portans, est suivie d'une réparation ou production plus ou moins étendue, et quelquefois complète. On peut même, dans les oiseaux [1], enlever le périoste avec une partie considérable d'un des os de l'avant-bras, et il se fait, avec le temps, et par une sorte de végétation des deux bouts, une reproduction de l'os et du périoste. Dans l'espèce humaine, quand la perte de substance du cylindre osseux est un peu considérable, et que la disposition des parties ne permet pas le rapprochement des fragmens, il se fait, par l'affaissement et l'allongement des bouts, une production fibreuse cartilaginiforme, qui n'acquiert pas jusqu'au milieu la dureté des os.

Ces résultats plus ou moins heureux de la reproduction d'une partie d'os enlevée ont engagé, dans certains cas, à pratiquer la résection [2] de parties d'os malades dans leur continuité.

§ 613. Quand le cal déjà commencé est soumis à des mouvemens répétés de flexion, de torsion, de distension, etc., il reste, comme dans le cas précédent, flexible, ou bien même il ne s'établit pas de réunion, et les bouts d'os restent contigus. Il en est encore de même quand les bouts d'os sont séparés par une couche un peu épaisse de tissu musculaire.

1 Charmeil, Ouvrage cité.

2 Roux, de la Résection, etc.; Paris, 1812. — Champion, de la Résection des os dans leur continuité; Paris, 1815.

§ 614. Les os larges ont une force de réparation et de reproduction moindre que celle des os longs. Après la trépanation des os du crâne il se fait une production qui est rarement osseuse jusqu'au centre. Après la même opération, si on réapplique l'opercule osseux séparé, il se réunit quelquefois [1]. Les phénomènes de la reproduction sont peu connus dans les os courts.

§ 615. La séparation des épiphyses [2] a lieu, dans les jeunes sujets, par des causes mécaniques, comme les fractures, et se réunit par un cal semblable. L'inflammation chronique des articulations des os longs détermine quelquefois aussi, chez les enfans ou les adolescens, la séparation de leurs épiphyses non encore réunies. L'une et l'autre de ces deux sortes de séparations sont rares. On a publié récemment un cas de fausse articulation à la suite de la fracture du col du fémur, comme un exemple de séparation de l'épiphyse dans un adulte.

§ 616. Quand une tumeur anévrismale rencontre dans son développement un os, celui-ci est détruit successivement dans l'endroit qui touche à la tumeur, sans qu'on aperçoive aucun résidu de sa substance : cette destruction porte le nom d'usure.

§ 617. L'anatomie morbide des os [3] a donné lieu déjà à beaucoup d'ouvrages et de figures ; cependant elle présente encore, sur quelques points, bien des obscu-

[1] Merrem, *Animadversiones quædam*, etc. ; Giess., 1810.

[2] Reichel, *de Epiphysium ab ossium diaphysi diductione* ; Lips., 1769.

[3] A. Bonn, *Descriptio thesauri ossium morbosorum Hoviani*, Amstel., 1783. — Ed. Sandifort, *Museum anat. academiæ Lugduno-Batavæ* ; Lugd. Bat., 1793. — C. F. Clossius, *Uber die krankheiten der knochen* ; Tubingen, 1798. — J. Howship, *in Med.-chir. transact.*, vol. VIII et X.

rités à dissiper, qui tiennent peut-être plus qu'on ne croit à des comparaisons vagues que l'on a faites entre les altérations des os et celles des parties molles en général, sans spécifier aucun tissu en particulier. C'est un point d'anatomie et de pathologie bien digne de fixer l'attention.

§ 618. Les vices primitifs de conformation[1] sont rares dans les os longs, moins dans les os courts, fréquens dans les os larges, rares dans les os des membres, plus fréquens dans les os du tronc, surtout dans le sternum et les côtes, plus encore dans les os de la tête, et principalement dans ceux du crâne, et plus dans ceux de la voûte que dans ceux de la base.

Les variétés les plus communes s'observent dans les réunions des os, puis dans leur figure, puis dans la forme de leurs trous; enfin, dans leurs apophyses.

La plupart de ces vices de conformation, comme ceux de toutes les parties, d'ailleurs, paraissent dépendre d'un défaut de formation; quelques-uns cependant semblent être dus à un excès de formation. Ils sont rares dans les os et dans les parties d'os les premières ossifiées, et plus communs dans les parties au contraire qui se forment les dernières.

§ 619. Les os sont quelquefois altérés consécutivement en plus ou en moins. Outre le spina-ventosa et l'ostéostéatome, déjà mentionnés, et qui ne sont guère qu'une dilatation des os, les exostoses, soit exerne,

[1] Van Doeveren, *Observ. osteolog. varios naturæ lusus in ossibus hum. corp. exhibent; in Obs. acad. specim;* Lugd. Bat., 1765. — Sandifort, *de Ossibus diverso modo à solitâ conformatione abludentibus; in Observ. anat. pathol.*, lib. III et IV; Lugd. Bat., 1777-81. — Rosenmuller, *de Ossium varietatibus;* Lips., 1804.

soit interne, qui ne sont que la périostose et le spina-ventosa ossifiés; les os sont encore quelquefois le siége d'une hypertrophie : l'os est alors tuméfié, et il y a une déposition interstitielle qui en maintient ou qui en augmente la densité première; dans tous les cas il y a augmentation de poids. D'autres fois la tumeur résulte simplement de la raréfaction de la substance compacte; l'os, moins dense et plus volumineux, n'a pas alors sensiblement augmenté de poids. Je possède un très-bel exemple de ce genre d'altération, occupant symétriquement les deux bosses pariétales dans une tête de jeune sujet : l'os, très-raréfié, est extrêmement vasculaire. Ces deux genres de tuméfaction, quand ils affectent les os longs, déterminent quelquefois le rétrécissement ou la disparition du canal médullaire; ce cas a été décrit sous le nom d'enostose [1]. J'ai donné à la Faculté de médecine un squelette dont presque tous les os longs présentent cette altération.

§ 620. L'atrophie des os y détermine prématurément des changemens semblables à la diminution sénile.

Il existe, dans le muséum de la Faculté, des os longs de jeune homme, dont les parois du canal médullaire ont une ténuité papyracée. Ce canal s'est agrandi par absorption intérieure, tandis qu'aucune formation n'a eu lieu à l'extérieur. La phthisie, très-lente, produit quelquefois cette altération dans les os; l'inaction prolongée la produit aussi.

§ 621. L'inflammation des os est très-peu connue.

Le nom de carie est un des mots les plus vagues de la pathologie. On a augmenté l'obscurité de la chose, en

[1] Lobstein, Rapport sur les travaux exécutés à l'amph. d'anat. de Strasbourg; 1805.

comparant la carie à l'ulcère. Ce qu'on s'accorde le plus généralement à appeler carie, est un ramollissement aigu de la substance spongieuse des os, tel qu'on peut la couper avec un bistouri sans altérer son tranchant. Ce ramollissement paraît être l'effet d'une inflammation qui, le plus souvent, se termine par suppuration, et quelquefois aussi par nécrose.

Le rachitis est un autre genre de ramollissement qui paraît tenir à la diminution de la substance terreuse pendant la période d'accroissement, d'où résulte la courbure des os sous le poids du corps et sous l'action musculaire. En effet, si on examine les os des rachitiques [1] à l'époque où ils sont mous, on voit que les os longs sont devenus spongieux dans toute leur épaisseur, et que leur tissu, ramolli et rouge, peut être aisément entamé avec le scalpel. Quand, au contraire, la maladie est terminée, et que les os ont repris leur dureté et leur inflexibilité, on trouve la substance compacte beaucoup plus épaisse du côté concave de la courbure que du côté opposé; et quand l'os est ployé à angle, l'endroit de la flexion est tout-à-fait compacte, et le canal médullaire y est interrompu.

Dans l'âge adulte, le ramollissement dépendant de la même cause peut être porté aussi loin, et plus loin encore; les os peuvent devenir mous et ployans (*osteomalacia, seu malacosteon*); ils peuvent même acquérir toute la mollesse et la flexibilité de la chair (*osteosarcosis*). A ce degré extrême de mollesse, dont la femme Supiot a offert un exemple si connu, et où les os se ploient comme de la cire molle, la dessiccation diminue leur poids et change leur forme; la décoction

1 Ed. Stanley, *in Med. chir. trans.*, vol. VII; London, 1819.

les dissout; leur composition chimique [1] est changée au point qu'ils ne contiennent plus que quelques centièmes de substance terreuse.

Enfin, il peut arriver, avec ou sans les changemens précédens, que la substance animale des os perde sa force de ténacité naturelle; et que ces organes, devenus fragiles, se rompent sous le moindre effort.

§ 622. Les productions accidentelles morbides se rencontrent aussi quelquefois dans le tissu osseux; les tubercules, le squirre et la production encéphaloïde n'y sont pas rares.

SECONDE SECTION.

DES ARTICULATIONS.

§ 623. L'articulation, *articulus*, ἄρθρον, est la jointure ou jonction des os; elle comprend la manière dont ils se rencontrent et s'adaptent mutuellement, et celle dont ils sont réunis ou attachés entre eux.

Les os longs se rencontrent et se joignent par leurs extrémités; les os larges, ordinairement par leurs bords; et les os courts, par divers points de leur surface. Les parties articulaires des os sont, le plus souvent, des éminences et des enfoncemens de différentes formes, et qui sont adaptés les uns aux autres.

Les moyens d'union sont des cartilages, des ligamens cartilaginiformes et des ligamens fibreux; ils sont placés, soit entre des surfaces qu'ils réunissent, et rendent

[1] Bostock, *in Med. chir. trans.*, vol. IV; London, 1813.—J. Davy, *in* Monro, *Outlines of anatomy*.

ainsi continues, soit autour de surfaces qui restent contiguës.

Les articulations ont pour usage commun de réunir les os et d'en faire un ensemble, le squelette.

Parmi les articulations, les unes sont mobiles et les autres ne le sont pas sensiblement; aucune cependant n'est, rigoureusement parlant, immobile.

D'après la forme des parties articulaires, d'après le mode de réunion de ces parties, et d'après leur solidité et leur mobilité diversement associées, on divise les articulations en trois genres, et en plusieurs espèces et variétés, que l'on a multipliées sans utilité : la synarthrose, ou l'articulation continue et immobile, la diarthrose, ou l'articulation contiguë et mobile, et l'amphiarthrose, ou articulation mixte, qui est continue comme la première, et mobile comme la seconde.

Chaque articulation a un nom propre, composé des noms des os qui s'y trouvent réunis.

§ 624. *La synarthrose* [1], ou l'articulation immobile, résulte de la réunion de tous les os du crâne et de la face, excepté la mâchoire inférieure, par des bords plus ou moins épais et garnis d'inégalités qui s'adaptent les unes aux autres, souvent enclavés et toujours revêtus d'un cartilage synarthrodial intimement uni aux deux parties articulées; le périoste, en passant de l'un à l'autre os par-dessus le cartilage intermédiaire, réunit encore entre elles ces trois parties, auxquelles il adhère

[1] Duverney, Lettre contenant plusieurs nouvelles observ. sur l'ostéologie; Paris, 1689.—F. G. Hunauld, Rech. anat. sur les os du crâne de l'homme; Acad. des sc., ann. 1730. — E. G. Bose, *Program. de suturar. cranii humani fabricat. et usu*; Lips., 1763. — Gibson, *On the use of sutures in the skulls of animals*; *in Mem. of the soc. of Manchester, 2 series*, vol. I, 1805.

étroitement. Ce genre d'articulation, très-solide, n'a pas de mouvemens sensibles; il favorise l'accroissement des os larges par leurs bords; il s'efface souvent dans la vieillesse; sa désunion exige des efforts du même genre et de la même violence que ceux qui fracturent les os.

Ce genre d'articulation, qui a reçu le nom générique de suture, présente plusieurs variétés.

§ 625. La suture vraie est celle dans laquelle les bords des os articulés présentent des éminences et des enfoncemens étendus et nombreux, qui se reçoivent réciproquement : telles sont les articulations inter-pariétale, occipito-pariétale, et fronto-pariétale. Cette suture présente même quelques différences; ainsi, dans la première, ce sont de longs prolongemens dentés; dans la seconde, ils ont la forme de queues d'arondes; dans la troisième, ils ressemblent à des dents de scie. On a donné à ces trois variétés les noms de suture dentée, *sutura dentata*, en forme de scie, *serrata*, et bordée, *limbosa*.

L'articulation harmonique, ou l'engrenure, est celle dans laquelle les bords plus ou moins épais des os présentent des rugosités qui s'adaptent les unes aux autres : telle est celle des os du nez entre eux, etc.

L'articulation écailleuse est celle dans laquelle les bords des os, taillés en biseau, s'adaptent les uns aux autres comme ceux des coquilles bivalves. Cette disposition, très-marquée dans la réunion du pariétal avec le temporal, se retrouve jointe à la suture ou à l'engrenure dans beaucoup d'autres articulations du crâne et de la face. Elle est, dans plusieurs articulations, double et réciproque; de sorte que, dans un point, un os anticipe sur un autre, qui, dans un autre point, anticipe à son tour sur le premier : telles sont les sutures sphéno-frontale, fronto-pariétale, etc. Cet enclavement est un des plus puissans moyens de solidité des articulations synarthrodiales.

La schindylèse est une synarthrose qui résulte de la réception de la crête d'un os dans la rainure d'un autre : telles sont les articulations du sphénoïde et de l'ethmoïde avec le vomer, de l'os lacrymal avec l'apophyse nasale du maxillaire, etc.

La gomphose enfin est l'espèce d'articulation synarthrodiale, tout-à-fait différente de la suture, qui résulte de la réception des racines des dents dans les alvéoles.

§ 626. *L'amphiarthrose* [1], ou articulation mixte, participe de la synarthrose par la réunion des surfaces articulaires au moyen d'une substance intermédiaire, et de la diarthrose par une mobilité assez sensible. Ce genre d'articulation est borné au corps des vertèbres, au pubis, et à la partie supérieure du sternum.

Les parties articulaires des os sont ici des surfaces planes et larges ; les moyens d'union sont des ligamens cartilaginiformes intermédiaires, adhérant très-solidement aux deux surfaces, et des ligamens accessoires placés à l'extérieur de l'articulation. Ce genre d'articulation, que l'on appelle souvent symphyse, jouit d'une grande solidité, due à la ténacité du ligament ; sa mobilité est due à la flexibilité et à l'élasticité de la même substance. Le mouvement consiste dans la flexion ou dans la torsion du ligament. Cette articulation, très-lâche et très-mobile dans l'enfance, devient de plus en plus serrée dans la vieillesse ; elle s'ossifie quelquefois

[1] A. Béclard, Dictionnaire de médecine, vol. II.

à cette époque ; quelquefois l'ossification lui est extérieure, et ne fait que l'entourer plus ou moins complétement, et c'est ce qu'on voit surtout au-devant du corps des vertèbres. Elle peut être accidentellement trop lâche ou trop serrée. Elle n'est pas susceptible d'une véritable luxation, mais bien d'un déplacement, d'une déduction, qui supposent toujours la déchirure ou la destruction du ligament chondroïde intermédiaire.

Après quelques fractures non consolidées, il se produit quelquefois des articulations de ce genre, c'est-à-dire que les fragmens sont réunis par l'intermède d'une substance flexible et tenace, qui leur permet de se mouvoir l'un sur l'autre. On trouve souvent ce mode d'articulation accidentelle après les fractures de la rotule, du col du fémur, de l'olécrâne, et quelquefois aussi après celles du corps des os longs. Il se forme aussi quelquefois des amphiarthroses à la place de quelques diarthroses dont la membrane synoviale a contracté des adhérences flexibles.

§ 627. *La diarthrose* est un genre d'articulation dans lequel les surfaces articulaires des os sont contiguës et mobiles les unes sur les autres.

Ce genre d'articulation existe entre tous les os des membres, soit entre eux, soit avec le tronc, entre la mâchoire inférieure et le crâne, entre le crâne et la colonne vertébrale, entre les apophyses articulaires des vertèbres, entre les côtes et les vertèbres, et entre les cartilages costaux et le sternum.

§ 628. Les parties articulaires des os, dans ce genre d'articulation, sont des surfaces larges, dont la configuration est réciproque. Ces surfaces sont, en général, les unes convexes, les autres concaves. Les surfaces convexes, ou les éminences articulaires, sont quelquefois arrondies comme un grand segment de sphère : on les appelle alors têtes; d'autres sont arrondies, mais allongées dans un sens, et rétrécies dans l'autre : on les nomme condyles. Les têtes et les condyles sont quelquefois supportés par une partie mince, qu'on appelle col. Les enfoncemens articulaires, ou les surfaces concaves, portent le nom de cavités cotyloïdes, quand ils ont la forme d'une calotte de sphère et qu'ils sont profonds, et celui de cavités glénoïdes, quand ils sont plus superficiels. Quelquefois deux condyles sont rapprochés par le côté, et laissent dans leur intervalle une gorge articulaire comme eux; on donne à cet ensemble le nom de poulie, *trochlea*. Enfin, beaucoup de surfaces articulaires, peu convexes, peu concaves, presque planes, n'ont pas reçu de nom spécial, et sont désignées, suivant leur étendue, sous les noms génériques de surfaces ou de facettes articulaires.

Toutes ces surfaces sont revêtues de cartilages diarthrodiaux (§ 554); ceux-ci sont eux-mêmes recouverts de membranes synoviales (§ 210), et humectés de synovie (§ 216). Il y a, de plus, entre quelques-unes de ces surfaces, des ménisques ou des ligamens chondroïdes inter-articulaires (§ 531).

§ 629. Les moyens d'union sont des ligamens fibreux (§ 512). Les muscles qui entourent les articulations, quoique n'entrant pas essentiellement dans leur composition, contribuent puissamment à leur solidité.

§ 630. La solidité et la mobilité sont diversement associées dans les articulations diarthrodiales.

Ces articulations jouissent de mouvemens très-variés : comme le glissement, la rotation, l'opposition angulaire et la circumduction. Le glissement existe dans toutes les articulations diarthrodiales. Les autres mouvemens, au contraire, ne se rencontrent que dans un certain nombre d'entre elles. La rotation est propre à quelques articulations : tantôt elle s'exerce sur un seul pivot, comme autour de l'apophyse odontoïde de la seconde vertèbre; tantôt il y en a deux, comme dans la double articulation des os de l'avant-bras entre eux; quelquefois c'est autour d'un axe fictif qu'un os tourne, comme le fémur en offre un exemple. Le mouvement d'opposition, ou mouvement angulaire, est celui dans lequel les os forment l'un avec l'autre des angles plus ou moins ouverts, suivant les mouvemens : il se distingue en opposition bornée à deux mouvemens de flexion et d'extension, comme au coude, au genou, etc., et en opposition vague, qui peut avoir lieu dans quatre sens principaux et dans tous les sens intermédiaires, comme le bras, la cuisse, le pouce, etc., en offrent des exemples. La circumduction qui existe dans toutes les articulations qui jouissent de l'opposition vague, est un mouvement par lequel l'os qui se meut décrit un cône dont le sommet répond à l'extrémité centrale de l'os, et la base à son extrémité opposée.

La solidité de ces articulations est, comme celle des autres, en raison inverse de leur mobilité.

§ 631. On distingue, d'après la configuration des surfaces, les moyens d'union, et les mouvemens de ces articulations, plusieurs sortes de diarthroses.

La diarthrose planiforme et serrée, *articulus adstrictus*, amphiarthrose de quelques-uns, *motus obscurus* de Colombus, est celle dans laquelle les surfaces sont superficielles, les ligamens forts et serrés, les mouvemens obscurs et bornés au glissement, mais possibles en plusieurs sens : telles sont les articulations des apophyses articulaires des vertèbres, celles des os du carpe et du tarse, soit entre eux, soit avec le métatarse et le métacarpe.

L'arthrodie diffère de l'articulation précédente, en ce que les surfaces sont moins planes, les ligamens moins serrés, et les mouvemens plus étendus et plus nombreux : telle est l'articulation temporo-maxillaire.

L'énarthrose consiste dans la réception d'une tête dans une cavité. Dans cette espèce, le ligament est capsulaire, et les mouvemens très-variés : telle est l'articulation du fémur avec l'os coxal.

Ces trois premières sortes de diarthrose sont orbiculaires ou vagues : leurs mouvemens, plus ou moins variés et étendus, peuvent avoir lieu dans tous, ou dans beaucoup de sens. Les deux espèces suivantes, au contraire, sont dites alternatives, parce que les mouvemens n'y ont lieu qu'en deux sens opposés.

La diarthrose rotatoire, *commissura trochoïdes* de Fallope, est celle qui permet seulement des mouvemens de rotation : telle est l'articulation de l'atlas avec la seconde vertèbre, celle du radius avec le cubitus; on l'appelle aussi ginglyme latéral.

Le ginglyme[1] proprement dit, ou la charnière, appelé aussi ginglyme angulaire, est l'articulation où il n'y a que deux mouvemens opposés : telle est celle du coude; dans cette espèce de diarthrose, l'un des os présente ordinairement une poulie, et l'autre une surface correspondante; il y a communément deux ligamens latéraux. Si le mouvement d'extension ne doit

[1] I. F. Isenflamm et Schmidt, *de Ginglymo*; Erlangæ, 1785.

pas dépasser la ligne de direction des os, ces ligamens, pour limiter le mouvement, sont plus rapprochés du plan de flexion que du plan opposé.

§ 632. Les articulations diarthrodiales accidentelles se produisent dans deux circonstances différentes : après les fractures dont les fragmens ne se sont pas réunis, et après les luxations qui n'ont point éte réduites. Les unes et les autres sont des productions très-composées. On peut appeler les premières, articulations surnuméraires, et les secondes, supplémentaires.

§ 633. Les articulations surnuméraires [1] sont connues depuis long-temps. Elles succèdent aux fractures dont les fragmens n'ont pas été affrontés, à celles dont les fragmens ont été mus souvent l'un sur l'autre; quelquefois aussi le défaut de réunion tient à une affection constitutionnelle. Les bouts de l'os, diversement configurés, devenus compactes et clos comme après l'amputation, sont couverts d'une couche mince de cartilage imparfait ou fibreux; ils sont couverts et enveloppés d'une membrane synoviale, entourés d'une capsule fibreuse, ordinairement incomplète, et de cordons ligamenteux irréguliers. Cette sorte d'articulation a été observée, avec un grand nombre de variétés, dans presque tous les os longs des membres, et plusieurs fois à la mâchoire inférieure et aux côtes.

§ 634. Les articulations supplémentaires ont aussi été souvent observées. Elles succèdent aux luxations non réduites, et surtout à celles du fémur et de l'humérus. MM. Folleville et Pinel-Grandchamp m'ont remis une

[1] J. Salzmann, *de Articul. analogis, quæ fracturis ossium superveniunt*; Argentor., 1718.—Langenbech, *Uber die Bildung wider naturlicher Gelenke nach knockenbruchen, in der neuen Bibl. fur die chirurg.*; Gotting, 1815.

pièce d'anatomie, qui présente une articulation semblable, formée après une luxation non réduite des os de l'avant-bras, en arrière de l'humérus.

Dans les articulations dont il s'agit, on trouve un enfoncement dans le point contre lequel la tête de l'os luxé a été placée. Le pourtour de ce point est relevé par une ossification accidentelle ; quelquefois même on y trouve aussi un bourrelet fibro-cartilagineux circulaire. Cette cavité de nouvelle formation est couverte d'un cartilage imparfait ou fibreux. La tête de l'os luxé est ordinairement aplatie. L'intérieur de l'articulation est tapissé par une membrane synoviale et humecté de synovie très-distinctes. Il y a une capsule fibreuse formée par des débris de l'ancienne, adhérens à l'os luxé, par le tissu cellulaire environnant, et par une production nouvelle. L'ancienne cavité se rétrécit, et devient superficielle ; le cartilage y diminue, ou même y disparaît tout-à-fait. Si c'est à la hanche, la cavité cotyloïde, en se rapetissant, devient triangulaire, d'hémisphérique qu'elle était ; fait à ajouter à ceux qui montrent que la forme des organes dépend, en partie du moins, de leur action réciproque. Il paraît que ces changemens étaient déjà en partie connus du temps d'Hippocrate.

§ 635. M. Chaussier [1] a déterminé, sur des chiens, la formation d'articulations accidentelles intermédiaires entre les deux sortes qui viennent d'être décrites. Ayant fait sortir par une incision la tête du fémur de la cavité cotyloïde, et l'ayant sciée au-dessous du trochanter, il a rapproché les chairs, et abandonné ces animaux aux soins de la nature. En examinant les parties à des époques plus ou moins éloignées, il a reconnu que les muscles

[1] Bulletin des sciences, par la soc. philom. ; Paris, an VIII.

avaient rapproché l'extrémité du fémur sur un point de l'ischium; que l'extrémité osseuse tronquée était arrondie, revêtue d'une substance cartilaginiforme; que le point de l'ischium contre lequel elle appuyait, avait pris aussi l'apparence cartilagineuse, et présentait quelquefois une fossette articulaire plus ou moins profonde; enfin, que le tissu cellulaire formait autour de cette articulation nouvelle une sorte de capsule membraneuse, dans laquelle était contenu un fluide séreux plus ou moins abondant.

§ 636. Les articulations diarthrodiales peuvent être altérées dans leur solidité et dans leur mobilité; elles peuvent être trop lâches ou trop serrées; elles peuvent aussi être luxées ou soudées.

§ 637. La luxation est la cessation plus ou moins complète du rapport naturel entre les surfaces contiguës des os. Quand elle a lieu, les ligamens sont violemment distendus, tiraillés, ou même rompus. Les autres parties articulaires et environnantes participent plus ou moins à ces lésions. Le mouvement est alors très-difficile. Les articulations les plus mobiles en sont le plus susceptibles; ainsi les arthrodies et les énarthroses sont celles qui en présentent le plus d'exemples, et les diarthroses serrées, celles qui en présentent le moins. Parmi les articulations de la même espèce, celles qui sont le moins serrées, celles dont les surfaces articulaires sont le moins étendues, et celles qui ont lieu entre les os les plus longs, sont celles qui sont le plus souvent luxées. Aussi l'articulation scapulo-humérale fournit-elle à elle seule plus d'exemples de luxations que toutes les autres ensemble.

§ 638. L'ankylose [1], ou la soudure des articulations

[1] J. Th. Van de Wynpersse, *de Ancylosi*, etc.; Lugd. Bat., 1783.

diarthrodiales, consiste, quand elle est complète, en une réunion intime, une véritable continuité entre des os auparavant contigus : la substance spongieuse communique de l'un dans l'autre os; les lames compactes, les cartilages diarthrodiaux, la membrane synoviale et la synovie, qui séparaient la partie spongieuse des deux os, ont disparu. L'immobilité long-temps prolongée, mais surtout un certain degré d'inflammation, soit primitivement dans la membrane synoviale, soit d'abord dans les ligamens et les autres parties circonvoisines, amènent ces changemens. Tantôt ils commencent par une agglutination de la membrane synoviale, et la formation entre ses surfaces, de tissu cellulaire ou de brides fibreuses qui peuvent s'ossifier plus tard; tantôt l'articulation étant ouverte par une blessure ou par l'effet d'un abcès, c'est par des granulations suppurantes que s'établit l'agglutination; dans l'un comme dans l'autre cas, les cartilages diarthrodiaux sont successivement résorbés, avant que la soudure osseuse ait lieu. Toutes les diarthroses en sont susceptibles, mais les ginglymes plus que les autres.

L'ankylose affecte quelquefois plusieurs articulations. On a vu même toutes les diarthroses et les amphiarthroses en être successivement affectées, et le squelette devenir une seule masse osseuse inflexible. M. Percy a déposé, dans le muséum de la Faculté, un squelette qui offre cette soudure générale de toutes les articulations.

§ 639. D'autres fois, les causes de l'altération dont il s'agit déterminent la nécrose superficielle ou l'usure des surfaces articulaires; c'est dans des cas semblable.

— *Idem, de Ancyloseos pathol. et curat.*; Lugd. Bat., 1783. — J. Cloquet, *in* Diction. de méd., vol. II.

que l'on a pratiqué la résection [1] des extrémités articulaires des os. D'autres fois, l'adhérence de l'articulation reste celluleuse ou fibreuse, avec un peu de mobilité. Quelquefois le cartilage détruit se répare. D'autrefois il est remplacé par l'éburnification ou la transformation émaillée de la lame osseuse compacte sous-jacente. C'est encore dans des cas d'altérations analogues que les os se luxent spontanément.

J'ai vu quelquefois un singulier déplacement de l'articulation coxo-fémorale, dépendant sans doute d'une inflammation chronique : dans ce cas la partie supérieure de la cavité articulaire semble avoir cédé à la pression de la tête du fémur, après avoir été ramollie; toujours est-il que la cavité, devenue ovale, est très-allongée et creuse en haut, où elle loge la tête du fémur, tandis que la partie inférieure de la même cavité qui la logeait auparavant est rétrécie et superficielle. J'ai observé ce changement tantôt d'un seul côté, tantôt symétriquement opéré des deux côtés à la fois.

§ 640. Toutes les maladies des articulations diarthrodiales appartiennent à chacune ou à plusieurs des parties qui les forment : ainsi, à leurs membranes séreuses, à leurs cartilages, à leurs ligamens, et aux parties articulaires des os.

TROISIÈME SECTION.

DU SQUELETTE.

§ 641. Le squelette est l'ensemble de tous les os réunis entre eux par les articulations. On l'appelle naturel, quand les os sont assemblés par leurs propres ligamens;

[1] H. Park, *Account of a new method of treating diseases of the*

et artificiel, quand les os sont réunis par des liens étrangers à l'organisation.

Il constitue un tout symétrique [1], qui a la forme et les dimensions du corps entier, dimensions et forme qu'il détermine en grande partie.

Il se divise en tronc et en membres. Le tronc, partie centrale et principale, formé sur la ligne médiane par la colonne vertébrale, présente deux grandes cavités : l'une, supérieure et postérieure (crâne et canal vertébral), loge le centre nerveux ; l'autre, antérieure et inférieure (thorax), loge les organes centraux des fonctions nutritives ; d'autres cavités (celles de la face) reçoivent les organes des sens, etc. Les appendices, ou membres pourvus d'articulations nombreuses et très-mobiles, servent surtout aux mouvemens.

§ 642. Les usages du squelette sont de former l'axe solide et flexible du corps, de fournir des enveloppes protectrices aux centres nerveux et vasculaires, et aux organes des sens ; d'offrir des points d'attache aux muscles, et de déterminer, par ses articulations, l'étendue et la direction des mouvemens.

C'est par la dureté et la rigidité des os, et par la solidité des articulations, que le squelette remplit une partie de ses fonctions ; il remplit les autres par la mobilité des articulations.

§ 643. Dans leurs mouvemens, les os articulés par diarthrose agissent à la manière des leviers.

knee and elbow; Lond., 1783. — Moreau, de la Résection des os, etc. ; Paris, 1816. — J. Jeffray, *Cases of the excision of carious joints, by* H. Park *and* P. F. Moreau, *vith observations* ; Glasgow, 1806. — Wachter, *Diss. de articul. extirp.* ; Groningue, 1810. — Roux, de la Résection, etc. ; Paris, 1812.

[1] Loschge, *de Sceleto hum. symmetrico*, etc ; Erlang., 1795.

La plupart sont des leviers du troisième genre, ou inter-puissans : le centre des mouvemens ou point d'appui est dans l'extrémité articulaire de l'os, la résistance à l'autre extrémité, et la puissance musculaire est appliquée dans un point intermédiaire, ordinairement très-rapproché du point d'appui. Quelques-uns sont des leviers du second genre, ou inter-résistans; quelques-uns aussi sont des leviers inter-mobiles, ou du premier genre.

§ 644. Les os ne se formant pas tous en même temps, et ne s'accroissant pas tous dans la même proportion, la forme et les proportions du squelette, et non ses dimensions seulement, changent beaucoup avec l'âge [1].

La proportion de la tête au reste du tronc et aux membres est d'autant plus grande, que le sujet, au-dessous de vingt ans, est plus jeune. Au second mois de la conception, elle fait la moitié de la hauteur du corps, presque le quart à la naissance, le cinquième à trois ans, et le huitième seulement, quand l'accroissement est achevé. La face est également d'autant plus petite, relativement au crâne; le bassin, relativement au thorax; les membres, proportionnellement au tronc, etc., que le sujet est plus jeune. Beaucoup d'autres différences du même genre seront indiquées dans l'anatomie spéciale des os.

§ 645. Le squelette présente des différences assez tranchées entre les deux sexes [2]. En général, le squelette

[1] Boehmer, *op. cit.*—Cheselden, *op. cit.* — Eyson, *op. cit.* — Sue, sur les Proportions du squelette de l'homme, examiné depuis l'âge le plus tendre, jusqu'à celui de vingt-cinq, soixante ans et au-delà; *in* Mém. prés., vol. II.—F. G. Danz, *Grundriss der Zergleiderungskunde des ungebornen kindes*; Francof., 1792. — Senff, *op. cit.*

[2] *Voyez* J. F. Ackermann, *de Discrimine sexûs præter genitalia*;

de la femme est plus petit et plus délicat que celui de l'homme; le thorax est plus court, et en somme plus petit; il est aussi plus mobile; le bassin plus large; la région lombaire plus allongée, etc. Les articulations diarthrodiales sont plus mobiles, les amphiarthroses sont plus flexibles, etc. Toutes les régions du corps, et presque tous les os, présentent quelques différences spéciales.

§ 646. Les races humaines présentent aussi, dans leurs squelettes, des différences dont les principales sont relatives aux dimensions et à la forme du crâne [1], à sa proportion avec la face. Il y a aussi quelques différences dans la proportion des membres : dans la race nègre, les membres supérieurs sont plus longs, relativement au tronc; l'avant-bras et la jambe sont plus grands proportionnellement au bras et à la cuisse.

§ 647. On observe enfin des variétés individuelles dans le squelette, tant sous le rapport des dimensions, que sous celui des proportions, de la configuration, du défaut de symétrie, etc.

La stature du corps, déterminée par les dimensions du squelette, est d'environ cinq pieds quatre pouces pour l'homme adulte, et de cinq pieds environ pour la femme; mais cette longueur, un peu variable dans les races, et même dans des variétés plus restreintes encore de l'espèce humaine, présente des différences assez grandes dans les individus d'une même nation. Ces différences cependant sont, comme celles des autres espèces animales, renfermées dans de certaines limites.

Mogunt., 1788. — Comparez aussi : Albinus, *Tabula sceleti hominis*, et Sœmmerring, *Tabula sceleti fœminei*; Francof. ad mœn., 1796.

[1] Blumenbach, *Decades craniorum*, I-VI. — Sœmmerring, *de Ossibus*.

Ainsi, les nains ont rarement moins de la moitié de la stature moyenne, et les géans ont très-rarement plus que cette moitié au-dessus de la stature ordinaire. Ce que l'on a dit de géans de dix-sept, ou de vingt-cinq pieds, doit être rapporté à des os d'animaux pris mal à propos pour des os humains.

Les proportions des membres au tronc et des diverses parties du tronc, ou des membres entre eux, présentent également beaucoup de variétés individuelles, déterminées par celles des os. Il en est de même encore de la configuration et de la symétrie du corps : leurs variétés sont presque toutes déterminées par celles du squelette.

§ 648. Le système osseux termine ceux qui ont pour base la substance muqueuse ou le tissu cellulaire diversement modifié ; les tissus qui restent à décrire sont, au contraire, essentiellement formés de globules réunis par la même substance.

CHAPITRE IX.

DU SYSTÈME MUSCULAIRE.

§ 649. Le système musculaire [1], *systema musculare*, comprend tous les organes formés de fibres longues, parallèles, rougeâtres dans les animaux à sang chaud, molles, irritables et contractiles, qu'on appelle musculaires; organes qui produisent tous les grands mouvemens qui ont lieu dans le corps vivant.

Le nom de muscle, *mus*, μῦς, de μύειν, serrer, indique cette propriété; les muscles sont en effet les organes du mouvement.

§ 650. Il peut paraître étonnant, mais il est pourtant vrai, que les premiers anatomistes, Hippocrate et Aristote, n'ont point connu les muscles, ni surtout leurs usages. Les anatomistes de l'école d'Alexandrie ont connu ces organes, et en ont nommé quelques-uns. Galien en a eu une connaissance générale assez exacte; il représente le muscle comme formé par le nerf et par le ligament divisé en fibrilles, formant un tissu qu'il appelle *stæbe*, rempli par la chair. Il suppose les muscles doués

1 W. G. Muys, *Investigatio fabricæ, quæ in partibus musculos componentibus extat. Diss. I : de Carnis musculosæ fibrarum carnearum structurâ, etc.*; *Lugd. Bat.*, 1741, in-4°, clij et 432 pag. — Prochaska, *de Carne musculari tractatus anat.-physiol*; *Viennæ*, 1778, et *in op. min.*, pars. I; *Viennæ*, 1820. — F. Ribes, Dictionn. des Sc. méd., articles *muscle, musculaire* et *myologie*.

d'une faculté tonique, ou force contractile, et dans un état de tension élastique, inhérente à leur tissu, et indépendante de la vie; le mouvement dépendrait alors du relâchement volontaire des muscles antagonistes. De son temps on admettait aussi une contraction volontaire plus prompte et plus étendue que cette contraction par l'élasticité. A l'époque du renouvellement des sciences, la myologie était au point, fort imparfait, où l'avait laissée Galien; elle a dû à Jacques Dubois (Sylvius), des progrès considérables : il nomma la plupart des muscles, chose qui n'avait encore été faite qu'à l'égard d'un très-petit nombre. Vésale, et les autres anatomistes de l'école d'Italie, surtout Eustachi, ont perfectionné la connaissance particulière des muscles, et en ont donné des figures. La texture intime des muscles, leur action contractile, l'influence nerveuse sur cette action, et les mouvemens qui en résultent, ont été beaucoup étudiés dans le courant des deux derniers siècles, et sont encore aujourd'hui le sujet de travaux importans [1].

§ 651. Dans les animaux les plus simples, la fibre musculaire n'existe pas distinctement : les mouvemens sont produits chez eux par le tissu cellulaire. Dans les premiers de la série où la fibre musculaire apparaît, elle meut seulement les membranes tégumentaires auxquelles elle est annexée, ou dont elle fait même partie. Dans tous ceux qui ont un cœur, cette fibre en est le principal élément. Enfin, dans les vertébrés, un petit nombre de muscles seulement sont attachés à la membrane muqueuse, à la peau, et aux sens, leurs dépen-

[1] MM. Prévost et Dumas s'occupent d'observations sur la texture intime et sur l'action musculaire; ils ont bien voulu m'en communiquer les premiers résultats, encore inédits.

dances; une grande masse, au contraire, est attachée au squelette pour le mouvoir.

§ 652. Il y a dans l'homme deux classes de muscles : les uns, intérieurs, membraniformes et creux, appartenant à la membrane muqueuse et au cœur, se contractant involontairement, et servant aux fonctions de la nutrition et de la génération, en un mot, aux fonctions végétatives; les autres, extérieurs, plus ou moins épais et pleins, appartenant à la peau, aux sens, au squelette et au larynx, se contractant volontairement, et servant aux fonctions animales. Les uns et les autres présentent des caractères communs, qu'il faut d'abord considérer en général.

PREMIÈRE SECTION.

DU SYSTÈME MUSCULAIRE EN GÉNÉRAL.

§ 653. Le système musculaire forme à lui seul une grande partie du poids, et la plus grande partie du volume du corps.

§ 654. Quelle que soit la diversité de leur forme et de leur situation, les muscles, pour la plupart, se divisent en faisceaux, et tous sont formés de fibres primitives ou simples, rassemblées en fascicules.

Les auteurs qui se sont occupés de ce point de fine anatomie, l'ont exposé d'une manière en général peu intelligible : les uns disent simplement que la chair est composée de fibres; d'autres, de stries charnues; d'autres, de fibres et de fibrilles; d'autres, de fibres composées elles-mêmes de *villi*. Muys s'est complu dans une division ternaire : il divise la chair musculaire en fibres, en fibrilles et en fils. Il subdivise les fibres en trois ordres :

en grandes, moyennes et petites, les grandes étant composées des moyennes, et celles-ci des petites; de même pour les fibrilles, dont les plus petites composent les moyennes, et celles-ci les plus grosses, ces dernières composant les plus petites fibres; et de même encore pour les fils dont les plus petites fibrilles seraient composées; d'où il arriverait que les muscles résulteraient de neuf degrés successifs de composition. D'autres, rejetant cette analyse tout-à-fait imaginaire, admettent une divisibilité indéfinie. Mais il paraît bien, au contraire, que, dans les muscles comme dans toute substance organique, on arrive, par l'inspection microscopique, à un degré de division fini et très-bien déterminé.

§ 655. Les faisceaux musculaires, *lacerti*, ne sont pas également distincts, nombreux et volumineux dans tous les muscles; il en est dont les faisceaux sont tellement distincts et gros, qu'on pourrait les considérer comme autant de muscles particuliers: tels sont les portions des biceps, triceps, les faisceaux du deltoïde, du masseter, du grand fessier, etc.; tels sont aussi les colonnes charnues des ventricules du cœur, les bandes longitudinales du colon, etc. Il est, au contraire, beaucoup de muscles qui égalent à peine une petite partie d'un faisceau des précédens, et qui ne sont pas formés de faisceaux distincts.

Les faisceaux musculaires sont eux-mêmes formés de faisceaux moins volumineux, et ceux-ci d'autres plus petits encore, que l'on peut distinguer dans presque tous les muscles.

§ 656. Tous les muscles, d'ailleurs, peuvent être divisés en fascicules ou fibres visibles à l'œil, *fasciculæ seu fibræ secundariæ*. Ces fascicules, dernier degré de division apercevable à l'œil nu, ont, dans tous les muscles, presque la même forme et la même épaisseur. On peut, comme les divisions précédentes, les apercevoir par une dissection longitudinale, mais mieux encore dans une section transverse, et surtout sur un muscle cuit, ou trempé dans l'alcohol : elles ont une forme prismatique, pentagone ou hexagone, et jamais cylindrique; leur diamètre varie un peu; leur longueur, suivant Prochaska, égale l'intervalle tout entier de leurs deux attaches, même dans le muscle couturier. Haller, au contraire, pensait, avec Albinus, que les fibres ou les fascicules n'avaient pas toute la longueur des muscles, et que des fascicules de fibres se terminaient en s'amincissant dans les intervalles d'autres parties semblables; il ne paraît pas qu'il en soit ainsi.

§ 657. Les fibres musculaires, *fibræ musculares primariæ, seu fila carnea*, visibles seulement avec le secours du microscope, sont le dernier terme de l'analyse anatomique des muscles. C'est à Hooke, à R Leuwenhoeck, à Dehayde, à Muys, à Della Torre, à Prochaska, aux frères Wenzell, à M. Autenrieth, à M. Sprengel, à MM. Ev. Home et Bauer [1], à MM. Prévost et Dumas [2], que l'on doit les meilleures observations sur ce sujet. Cependant il faut remarquer que les premiers de ces observateurs ne s'étant servis, dans leurs recherches, que de loupes grossissant environ cent cinquante fois, n'ont pu apercevoir les fibres primitives qui exigent, pour être vues, un grossissement d'environ trois cents fois; leurs observations sont donc relatives à des fibres secondaires.

[1] *Croonian lecture, in philos. Trans.*; ann. 1818.

[2] Examen du sang et de son action dans les divers phénomènes de la vie; *in* Annales de chimie et de phys., t. XXII.

Hooke observa que les muscles des divers animaux sont composés d'une innombrable quantité de fils déliés, dont il évalue le volume au centième d'un cheveu, et dont il compare la figure à celle d'une série de perles ou de grains de corail. Leuwenhoeck, après avoir aperçu les fibres musculaires, qu'il appelle primitives, conjectura qu'elles étaient encore composées, se fondant, mal à propos, sur ce que les animalcules spermatiques, plus fins que les fibres, devaient être pourvus de nerfs et de muscles; il en donna d'ailleurs des figures grossières; celles de Dehayde, quoique grossières encore, sont plus exactes. Muys en a donné des descriptions aussi exactes que longues, il les représente le plus souvent cylindriques, et rarement noueuses. Della Torre a dit qu'elles étaient rougeâtres, ce qui n'est pas généralement vrai. Les observations de Prochaska, beaucoup plus exactes, ont appris que ces fibres sont parallèles, mais non toujours droites, et que dans la chair cuite elles sont presque toujours flexueuses; que leur forme n'est pas cylindrique, mais aplatie ou prismatique; que leur substance est diaphane, et paraît solide; leur diamètre, peu variable, lui a paru être de sept à huit fois moins étendu que le plus grand diamètre d'un globule rouge du sang, observation qui ne semble pas exacte; ces fibres lui paraissent le dernier terme de la division des muscles, sans que cependant il ose affirmer que ce soient là des fibres élémentaires. L'observation microscopique faite par les frères Wenzell sur une portion de muscle préalablement plongée pendant huit jours dans un mélange d'alcohol et d'acide muriatique, leur a montré chaque fibre composée de corpuscules ronds excessivement fins. Selon M. Autenrieth, le diamètre de ces fibres serait le cinquième de celui des globules du sang. M. Sprengel, au contraire, évalue le diamètre de la fibre musculaire à sept fois celui des globules du sang (lequel est d'un trois centième de ligne), c'est-à-dire à environ un quarantième de ligne; il la décrit d'ailleurs comme angulaire, striée et pleine. Les observations microscopiques de M. Bauer et de M. E. Home, publiées avec de très-belles figures, représentent la fibre musculaire comme indentique avec les particules du sang dépouillées de leur matière colorante, et dont les globules centraux se sont réunis en filamens. MM. Prévost et Dumas ont obtenu constamment le même résultat, quel qu'ait été l'animal examiné, et quels que soient la forme et le volume de ses globules; mes propres observations s'accordent tout-à-fait avec les leurs. Pour que l'observation ne laisse pas de doutes, elle doit être faite sur la chair musculaire crue et sans préparation; en effet, la coction et l'action de l'alcohol produisant des globules en coagulant l'albumine, on pourrait attribuer à ces causes leur présence dans la fibre musculaire. Ces globules sont réunis par un *medium* invisible à cause de sa transparence et de son incoloration; c'est une sorte de gelée ou de mucus. Si on fait macérer de la chair musculaire dans l'eau fréquemment renouvelée, la putréfaction altérant plus promptement le moyen d'union des globules que ceux-ci, et le renouvellement de l'eau entraînant le produit de la putréfaction, on obtient les globules isolés et semblables à ceux des particules colorées du sang. Les fibres de tous les muscles ont le même volume et la même forme.

§ 658. On aperçoit souvent sur les fascicules des muscles, surtout quand ils sont cuits, des rides ou des flexuosités. Cette apparence, aperçue par Hooke, Leuwenhoeck, Dehayde et Haller, très-bien représentée par Muys, a beaucoup occupé Prochaska, qui l'a attribuée au resserrement du tissu cellulaire, des vaisseaux et des nerfs, et à leur crispation par la coction. Ces rides ou stries apparentes ont encore été attribuées à plusieurs autres causes imaginaires, et ont fait accorder aux fibres une disposition articulée, tortillée, ou spirale. Ces rides ne sont ou ne paraissent être autre chose que des flexuosités ou des ondulations; elles existent toujours dans les muscles contractés, soit dans l'état de vie, soit dans la raideur cadavérique, soit par l'action du calorique. Cette flexuosité se produit encore d'elle-même quand on favorise ou quand on opère la rétraction d'un muscle, en coupant ou en rapprochant ses attaches, ou en les refoulant l'une vers l'autre; elles s'effacent au contraire quand, sur le cadavre, on étend les fascicules musculaires. Elles disparaissent tout-à-fait quand la raideur cadavérique se dissipe.

§ 659. Des physiologistes, trompés par des observations inexactes, ou conduits par des vues hypothétiques, ont admis des opinions fausses ou tout-à-fait arbitraires sur la texture intime de la fibre musculaire [1]: ainsi, un très-grand nombre de physiologistes et de mécaniciens ont admis que la fibre musculaire est creuse, et consiste en une série de vésicules ovoïdes, ou de cavités rhomboïdales, et allongées dans l'état de relâchement, élargies et globuleuses dans l'état de raccourcissement des muscles. Plusieurs ont regardé la fibre musculaire comme creuse et continue aux nerfs. Beaucoup d'autres l'on considérée comme creuse, vasculaire et injectable, soit comme formée uniquement d'artérioles, soit comme consistant en vaisseaux très-fins, intermédiaires aux artérioles et aux veinules. D'autres

1 Haller, *Elementa physiol.*, *lib.* XI, *sect.* I *et* III, *tom.* IV.

ont décrit ces cavités intérieures, soit les vésicules, soit les canaux, comme spongieuses ou celluleuses. Quelques-uns ont admis des fibres transversales nerveuses ou autres, soit pour retenir le sang dans la fibre, soit pour resserrer son canal dilaté, et le raccourcir par ce mécanisme. D'autres encore ont imaginé la fibre comme un canal spiral autour d'un fil inextensible; d'autres l'ont supposée tordue à la manière des fils de lin ou de chanvre, etc.

On peut objecter à toutes ces assertions, que la fibre musculaire, examinée avec de bons instrumens d'optique, paraît bien résulter d'une série linéaire de globules plus opaques, réunis par un milieu plus clair, mais que rien du tout n'indique que ces globules soient des vésicules; que lors de la contraction musculaire on voit des rides se former, et ces flexuosités s'effacer lors du relâchement, mais point du tout de changement dans la figure des globules; que dans les insectes, où il n'y a point de vaisseaux, il y a néanmoins des fibres musculaires qui, dès-lors, ne peuvent en être la continuation; que l'injection peut bien gonfler les muscles en s'infiltrant entre les fibres, mais qu'elle ne les pénètre point; que les prétendues fibres transversales, les torsions, les spirales, etc., n'ont jamais été vues, mais seulement supposées au profit de certaines hypothèses sur l'action musculaire; qu'enfin la fibre musculaire, différant notablement par ses caractères organiques et par ses phénomènes vitaux, du tissu cellulaire, du tissu nerveux et de celui des vaisseaux, ne peut pas être assimilée à ces tissus. Mascagni a renouvelé et modifié une de ces opinions, en regardant les cylindres primitifs des muscles comme formés de vaisseaux absorbans remplis de substance glutineuse contractile dans l'état de vie, et se renouvelant sans cesse par la circulation. Rien ne démontre qu'il en soit ainsi, et que les fibres soient creuses; il est bien plus probable qu'elles sont solides.

§ 660. Les muscles sont enveloppés par le tissu cellulaire qui leur forme des membranes ou des gaînes; il en est de même à l'égard de leurs faisceaux et des divisions de ces faisceaux; seulement, à mesure que les parties enveloppées sont moins volumineuses, le tissu cellulaire forme des enveloppes plus minces et plus molles. Les fascicules sont enveloppés et réunis entre eux par des couches presque imperceptibles de ce tissu; les fibres primitives, enfin, sont réunies entre elles, dans chaque fascicule, par des prolongemens de son enveloppe, qui, par leur ténuité et leur mollesse, échappent tout-à-fait à l'observation. On aperçoit les enveloppes cellulaires, soit en écartant les faisceaux et les fascicules les uns des autres, soit sur la coupe transversale de muscles.

On trouve également du tissu adipeux autour des muscles, dans les intervalles de leurs faisceaux, et même quelquefois entre les fascicules.

§ 661. Les vaisseaux sanguins des muscles, très-bien décrits par Albinus et Haller, et représentés par Prochaska et Mascagni, sont très-abondans, moins cependant que dans la membrane muqueuse. Leur abondance est proportionnée au volume des muscles; cependant les muscles intérieurs sont plus vasculaires que les autres, et parmi les premiers quelques-uns surtout le sont beaucoup. Les veines, comme dans la plupart des parties, ont une capacité supérieure à celle des artères. Les unes et les autres communiquent avec les vaisseaux des membranes tégumentaires, là où les muscles en sont voisins; les unes et les autres, après s'être divisées d'abord dans la membrane celluleuse, et y avoir présenté beaucoup d'anastomoses, pénètrent, sous des angles variés, entre les divers faisceaux, et s'y divisent encore, pour pénétrer entre les fascicules et jusque dans les intervalles des fibres, en suivant toujours les enveloppes celluleuses, et en présentant continuellement de nouvelles divisions et de nouvelles anastomoses. Dans tout leur trajet, ces vaisseaux accompagnent les divisions des muscles par des rameaux parallèles à eux, et en croisent la direction par d'autres rameaux transverses qui les entourent. Arrivés à leur dernier terme de division, les artères se continuent avec les veines, sans qu'on puisse savoir comment elles concourent à la texture et à la nutrition des fibres charnues.

Ce n'est pas aux vaisseaux sanguins des muscles qu'est due la couleur rougeâtre de ces organes, car les muscles intérieurs très-vasculaires sont blanchâtres.

Des vaisseaux lymphatiques se voient distinctement dans les intervalles de la plupart des muscles, et dans l'épaisseur de quelques-uns; quant à la manière dont ils en naissent, elle est inconnue : peut-être sont-ils la continuation du tissu cellulaire intermédiaire aux fibres.

§ 662. Les nerfs des muscles sont très-volumineux; après la peau et les sens, aucune partie n'en est aussi abondamment pourvue. En général, ils sont proportionnés en nombre et en volume au volume des muscles; cependant les muscles intérieurs en ont en général moins que les autres, et, parmi ceux-ci, ceux du squelette moins que ceux du larynx et des sens. Ils accompagnent en général les vaisseaux sanguins, et surtout les artères, et leur sont unis lâchement par le tissu cellulaire. Pour les bien voir, il faut faire macérer les muscles jusqu'à un commencement de putréfaction, laquelle en effet détruit les muscles plus promptement que les nerfs; ils pénètrent par divers points dans les muscles, et s'y divisent à la manière des vaisseaux; mais bientôt ils échappent à la vue, sans que l'on puisse les apercevoir par aucun moyen artificiel; de sorte qu'on ne peut rien affirmer sur leur terminaison. On conjecture, avec quelque vraisemblance, que leurs divisions s'étendent jusqu'aux fibres primitives. Il paraît qu'avant de disparaître ils s'amollissent successivement, en se dépouillant de leur enveloppe propre, de sorte que leur substance médullaire serait en contact immédiat avec la fibre musculaire. Monro et Smith ont cru voir que les nerfs des muscles sont leurs fibres tortillées en spirales.

Suivant MM. Prévost et Dumas[1], on aperçoit encore mieux les nerfs des muscles par les moyens suivans que par tout autre : on examine un morceau de muscle de bœuf, qui a été macéré dans l'eau pure, dans un endroit obscur; en recevant sur le muscle seul un faisceau de lumière vive, on distingue la couleur du nerf qui tranche sur celle du muscle, et l'on peut le suivre très-loin, au moyen d'une bonne loupe et d'un scalpel très-délié; on voit alors les ramifications se terminer en s'insérant entre les fibres musculaires dont elles coupent la direction à angle droit. Pour observer cet arrangement dans toute la masse d'un muscle assez mince pour être transparent, on place le sterno-pubien de la grenouille sur une lame de verre, et on l'examine en l'éclairant par transmission, au moyen d'une faible loupe et de la lumière d'une bougie; on aperçoit alors le nerf et ses rameaux, que l'on distingue des fibres musculaires à leur direction. En effet, le tronc du nerf marche, dans l'épaisseur du muscle, parallèlement à sa longueur,

[1] Mémoire inédit.

et les branches s'en séparent toutes à angle droit, pour s'engager entre les fascicules et les fibres musculaires; et comme elles se trouvent toutes sur le même plan, à cause de la faible épaisseur du muscle, elles représentent une sorte de peigne. Si le muscle est contracté, on voit que les dernières fibrilles transverses visibles du nerf répondent exactement au sommet des angles ou des flexuosités du muscle.

Les nerfs, quoique nombreux et volumineux dans les muscles, échappent à la vue long-temps avant que leurs divisions soient à beaucoup près assez multipliées pour pouvoir se distribuer à toutes les fibres musculaires. On a imaginé deux hypothèses pour expliquer leur action sur toutes ces fibres : Isenflamm et M. Carlisle supposent que les nerfs, à leur terminaison, se fondent dans le tissu cellulaire des muscles, et que ce tissu participe par-là à la propriété conductrice des nerfs. Reil admet que les nerfs ont une sphère d'activité étendue au-delà de leur terminaison, et qu'il appelle atmosphère nerveuse : ce sont des suppositions qui seront examinées plus loin.

§ 663. La plupart des muscles, enfin, ont les extrémités de leurs fibres attachées à du tissu ligamenteux, par l'intermédiaire duquel leur action est transmise plus ou moins loin. Mais ces parties ligamenteuses sont beaucoup plus répandues dans les muscles extérieurs que dans les autres.

§ 664. La couleur des muscles varie beaucoup : ceux des animaux invertébrés et ceux des vertébrés à sang froid sont blancs; ceux des oiseaux, des mammifères et de l'homme sont, les uns rougeâtres, de cette teinte généralement connue sous le nom de couleur de chair; les autres sont d'un blanc grisâtre : la nuance varie beaucoup dans les uns et dans les autres; elle varie aussi, suivant différentes circonstances antérieures ou postérieures à la mort. La couleur s'enlève aisément par le lavage et la macération ; elle paraît d'ailleurs d'autant plus faible, que le muscle, ou le faisceau, ou le fascicule, est plus petit, et d'autant plus foncée, au contraire, que la masse est plus grande. En tranches minces, la chair musculaire est demi-transparente.

La consistance des muscles varie beaucoup, même dans le cadavre, et par des causes qui ont agi avant ou depuis la mort, et qui vont être examinées en parlant de leur irritabilité. En général, la fibre musculaire est molle, humide, peu élastique, facile à déchirer dans le cadavre.

§ 665. La chair musculaire, exposée en tranches minces à l'action d'un courant d'air sec, ou à l'étuve, perd plus de la moitié de son poids, devient brune, plus transparente et très-dure. Plongée, au contraire, dans l'eau froide souvent renouvelée, la chair perd entièrement sa couleur, et prend une teinte jaune-paille. La macération d'ailleurs l'amollit et la gonfle.

L'alcohol, les acides étendus, la solution de sublimé corrosif, celles d'alun, de sel commun, de nitrate de potasse, augmentent la consistance du muscle, le contractent légèrement, favorisent sa séparation en fibres, et altèrent sa couleur de diverses manières. L'alcohol le pâlit ; l'alun le brunit, et le durcit beaucoup ; le nitrate de potasse et le sel commun le rougissent un peu, et, après l'avoir durci d'abord, l'amollissent ensuite, surtout le premier, tout en retardant cependant sa décomposition. Suivant les observations inédites de M. Bretonneau, et celles de M. Labarraque, la solution de chlorure de calcium, à un degré convenable de concentration, conserve à la chair musculaire et aux autres parties molles leur consistance, leur flexibilité et leurs autres qualités naturelles.

§ 666. La chair musculaire traitée par l'eau froide, lui abandonne de la matière colorante, un peu différente de celle du sang, de l'albumine, de la gélatine, et une matière *extractive* aperçue par Thouvenel.

Soumise à l'action de l'eau bouillante, la chair fournit une plus grande quantité des mêmes substances, et, de plus, de la graisse. Le muscle ainsi traité, et épuisé par l'action prolongée de l'eau, il reste des fibres décolorées, insolubles dans l'eau, aisées à séparer, qui par la dessiccation deviennent cassantes, et qui ont toutes les propriétés de la fibrine. La chair musculaire calcinée laisse environ un vingtième de son poids de matières salines.

Il suit de ces faits, observés par Thouvenel, Fourcroy, M. Thénard et autres, que les muscles sont principalement composés de fibrine, et qu'ils contiennent aussi de l'albumine, de la gélatine, de l'extractif, osmazome de M. Thénard, des phosphates de soude, d'ammoniaque et de chaux, et du carbonate de chaux.

Ces observations ont été faites particulièrement sur la chair de bœuf; mais comme les propriétés chimiques des muscles présentent des différences, même entre des animaux de genre peu différens, elles ne sont peut-être pas exactement applicables à l'homme.

§ 667. Dans l'état de vie, les muscles jouissent d'une force ou propriété active, désignée communément sous les noms d'irritabilité musculaire, de force musculaire, ou de myotilité.

§ 668. L'action musculaire [1] a été le sujet de beau-

1 *Voyez* Fr. Glisson, *Anat. hepatis.*; Lond., 1654.—Swammerdam, *Biblia nat.*, tom. II.—Haller, *de Partibus corp. hum. irri-*

coup de travaux de la part de Haller, de plusieurs physiologistes antérieurs à lui, et d'un grand nombre de ses contemporains et de ses successeurs.

L'étude de l'action musculaire comprend celle, 1° des phénomènes de cette action; 2° de ses conditions; 3° de son principe ou de sa cause, et 4° de ses effets.

§ 669. *Les phénomènes* de l'action musculaire les mieux constatés sont les suivans : le muscle en action se raccourcit, se tuméfie, durcit; on est incertain si son volume change; sa couleur ne varie pas; il présente des rides ou des plis à sa surface; ses fibres et ses fascicules sont souvent dans un état de tremblement ou d'oscillation qui dépend de leur resserrement et de leur

tabilibus; *in comm. Gotting.*, tom. II, et *in Nov. comm. Gotting.*, tom. IV. — Mémoires sur la nature sensible et irritable des parties du corps humain; Laus., 1756-59. — Petrini, *Sull' insensib. e irritab. Dissert. transp.*; *Romæ*, 1754. — Fabri, *Sull' insensitiva e irrit. opuscol. raccolti*; *Bonon.*, 1757-59. — A. G. Weber, *de Initiis ac progr. doctr. irritab.*, etc.; *Halæ*, 1783. — J. L. Gautier (*præs.* Reil.), *de Irritabit. notione*, etc.; *Halæ*, 1793. — *Croonian* * *lectures on muscular motion*, *in* philos. Trans., ann. 1738, 1745, 1747, 1751, 1788, 1795, 1805, 1810, 1818, etc. — J. Chr. A. Clarus, *der Krampf*; *Lips.*, 1822. — Lucæ, *Grundlinien einer physiol. der Irritabilitat des menschlichen organismus*, *in* Meckel's Archiv., B. III. — G. Blane, *On muscular motion*; London, 1788, et *in select. Dissert.*, etc.; Lond., 1822. — Barzelotti, *Esame di alcunò moderne Theorie alla causa prossima della contrazione muscolare*; Sienna, 1796, et *in* Reil's Archiv., B. VI. — H. Mayo, *Anat. and physiol. commentaries*, n° 1; Lond., 1822.

* Le docteur W. Croon ou Croone, mort en 1684, laissa le plan de deux lectures à fonder, l'une au collége des médecins, sur les nerfs et le cerveau; l'autre, qui devait être annuelle, à la Société royale de Londres, sur la nature et les lois du mouvement musculaire : celle-ci continue encore, et a donné lieu à plusieurs excellens Mémoires, tant sur la texture que sur l'action des muscles. Plusieurs de ces leçons ne sont pas consignées dans les Transactions philosophiques.

relâchement alternatifs; il acquiert une force très-grande et une élasticité manifeste : ce sont là les phénomènes de la *contraction;* le plus remarquable de ces faits est en effet le raccourcissement. Lorsque l'action cesse, tous ces phénomènes disparaissent, et le muscle est alors dans le relâchement.

Les muscles sont-ils aussi susceptibles d'une *élongation active?* Divers faits ont été cités en faveur de cette opinion. Parmi eux, les uns [1] ne prouvent rien du tout en sa faveur; les autres, rapportés par Bichat, M. Autenrieth, M. Sprengel et M. Meckel, laissent encore la question au moins indécise.

On a admis aussi, dans les muscles, une force de *situation fixe* [2], ou une action dans laquelle ils ne sont ni contractés ni allongés. On peut dire de ce phénomène la même chose que du précédent.

§ 670. La contraction ou le raccourcissement étant le fait le mieux constaté dans l'action musculaire, il faut l'examiner en détail, ainsi que ses phénomènes concomittans.

Le muscle augmentant d'épaisseur en même temps qu'il se raccourcit, la simultanéité de ces deux phénomènes a donné lieu à une question qui a beaucoup occupé les physiologistes, et qui n'est pas encore tout-à-fait résolue : c'est de savoir si le volume des muscles change lors de leur contraction.

Les expériences de Swammerdam, de Glisson, de Goddart et de M. Erman, sur la diminution de volume des muscles pendant la contraction, ne prouvent pas sans réplique que cette diminution ait lieu. Il en est de

[1] V. Barthez, Nouv. Élém. de la science de l'homme, tome I.

[2] Barthez, *ibid.*

même des expériences et des raisonnemens d'Amberger, de Prochaska et de M. Carlisle, en faveur de l'augmentation ; ils laissent également la question indécise. Il est très-probable que, suivant les observations et les expériences de M. G. Blane, de M. Barzelotti, de M. Mayo et de MM. Prévost et Dumas, et suivant l'opinion de M. Sœmmerring, de M. Sprengel et de M. Meckel, il n'y a aucun changement de volume; le raccourcissement et le gonflement du muscle se compensant mutuellement.

§ 671. Le raccourcissement se manifeste par divers effets, le gonflement est évident à la plus simple observation, l'endurcissement est sensible au toucher.

§ 672. La couleur des muscles ne change pas pendant la contraction. On a cru apercevoir le contraire, en examinant le cœur en action sur de jeunes animaux; c'est uniquement à sa transparence qu'est dû le changement apparent de couleur.

§ 673. Un grand nombre de physiologistes ont attribué l'action musculaire à l'accumulation du sang dans les muscles, soit dans l'intérieur même, soit dans les intervalles des fibres; d'autres à des causes analogues, qui toutes supposent une activité augmentée de la circulation pendant l'action musculaire. Haller a déjà fait diverses objections à ces hypothèses. Il n'y a aucune preuve directe de l'afflux du sang dans les muscles pendant leur action. Il résulte d'ailleurs des expériences de Barzelotti, que la contraction des muscles de la grenouille, excitée par le galvanisme, peut avoir lieu après la mort, 1° lorsque le sang ne circule plus dans les vaisseaux; 2° lors même que le sang est congelé, et 3° lorsqu'enfin les vaisseaux sont privés de sang. Il s'agit, à la vérité, de contractions cadavériques excitées par le galvanisme; mais d'autres faits prouvent encore que la présence du sang dans les vaisseaux des muscles n'est pas nécessaire à leur contraction. On sait cependant que, quand il y a du sang fluide dans un muscle, la contraction, même après la mort, y met le sang en mouvement, comme par une sorte d'exposition.

§ 674. Les fibres qui étaient droites pendant l'état de relâchement, se fléchissent pendant la contraction, en formant des sinuosités très-régulières. Ces sinuosités ou ces plis, aperçus déjà par beaucoup d'observateurs, ont surtout été examinés avec soin par MM. Prévost et Dumas, qui ont reconnu que ces zigzags se produisent toujours de la même manière, et que les sommets des angles, qui sont les points de la fibre qui se rapprochent hors de la contraction, sont aussi ceux où se terminent les dernières ramifications transverses des nerfs.

§ 675. Pendant la contraction des muscles il se passe dans leur épaisseur une agitation fibrillaire continuelle; les unes, parmi les fibres, se contractent, tandis que d'autres se relâchent. C'est à cette cause qu'il faut rapporter le bruissement que l'on entend quand on applique le doigt sur l'orifice du conduit auriculaire, ainsi que celui que l'on aperçoit par le stéthoscope appliqué sur un muscle en action. Ce phénomène est surtout, et peut-être uniquement, sensible dans un muscle en action soutenue. Il n'a été observé aussi, soit par la vue, soit par l'ouïe, que dans les muscles extérieurs, et dans le cœur.

§ 676. Certains muscles peuvent se contracter partiellement. C'est du moins ce que l'on voit dans des

[1] Roger, *de Perpetuâ fibr. musc. palpitatione*; Gott., 1760. — Wollaston, *Croonian lecture, in philos. Trans.*; ann. 1810.

expériences sur les animaux vivans, et dans quelques cas de convulsion des muscles sous-cutanés. Cela est-il propre aux muscles qui ont plusieurs nerfs ?

§ 677. La vitesse et la force de la contraction sont extrêmement grandes; la vitesse est très-grande dans l'action de courir, dans celle de parler avec promptitude, dans celle de jouer des instrumens à corde, etc. Cette vitesse, dans quelques cas, peut être portée jusqu'à moins d'une tierce. La force des muscles en action est énorme, et suffit quelquefois pour rompre les tendons ou les os, parties du corps si résistantes à la rupture; elle est toujours relative au nombre des fibres musculaires, chacune d'elles ayant sa force propre, qui est une fraction de la force totale. L'élasticité des muscles contractés est surtout manifeste dans la production de la voix.

§ 678. L'étendue de la contraction est difficile à déterminer; on a essayé de le faire, d'après des idées hypothétiques sur la forme des fibres primitives, et on l'a alors évaluée à un tiers de la longueur de la fibre. L'observation directe montre que le raccourcissement de la fibre contractée, dans les muscles extérieurs, est d'un quart de sa longueur; MM. Prévost et Dumas sont arrivés au même résultat, en mesurant les angles qui se forment pendant la contraction. Quoi qu'il en soit, l'étendue de la contraction est en effet relative à la longueur des fibres musculaires. Lorsque rien ne s'oppose à la contraction d'un muscle, elle peut produire un très-grand raccourcissement, comme on en voit des exemples dans des cas de fractures et de perte de substance des os des membres.

§ 679. *Les conditions* de l'action musculaire sont la vie du muscle et sa communication avec les centres circulatoire et nerveux, son état d'intégrité, et l'action d'un excitant ou stimulant.

Pour que l'action musculaire ait lieu, il faut que le muscle participe à la circulation : si on lie les artères ou les veines principales d'une partie du corps, l'action musculaire y est considérablement affaiblie. Les muscles, pour agir, doivent aussi communiquer par les nerfs avec le centre nerveux; l'interruption de cette communication arrête l'action musculaire plus ou moins subitement. Elle arrête toujours, et à l'instant, l'influence du centre nerveux; mais le muscle reste irritable par des causes qui agissent sur lui ou sur le nerf auquel il tient encore.

§ 680. Le muscle doit être dans son état d'intégrité : la contusion des muscles, l'inflammation de leurs gaînes cellulaires, l'accumulation de la graisse dans les intervalles des fascicules, etc., sont autant de circonstances qui s'opposent encore plus ou moins à l'action musculaire. La distension extrême des fibres musculaires suffit pour empêcher leur action; il n'en est pas tout-à-fait de même de leur raccourcissement. Un degré extrême de chaleur ou de froid, l'application immédiate de l'opium sur les muscles, et divers autres substances, diminuent l'irritabilité musculaire en général, mais cependant peu la susceptibilité galvanique.

§ 681. Il faut enfin, pour que le muscle entre en action, qu'il y soit excité par un stimulant. Les stimulans de l'action musculaire sont, 1° la volition, ou action de la volonté : elle agit sur les muscles par l'intermède des nerfs, mais elle n'est un stimulant que pour certains muscles seulement, que pour cette raison on appelle muscles volontaires; 2° l'émotion ou la passion qui agit par le même moyen, mais dont l'action est étendue à tous les muscles; 3° l'irritation de l'encéphale, du cordon rachidien ou des nerfs, qui, dans le premier cas, agit aussi sur tous les muscles, mais avec plus ou moins d'énergie; 4° la stimulation de quelque partie déterminée, de la peau ou de la membrane muqueuse, plus ou moins éloignée des muscles; 5° celle de la membrane qui couvre immédiatement les muscles, comme la membrane interne du cœur, la gaîne celluleuse des muscles, la membrane séreuse de l'abdomen, etc.; 6° enfin, l'irritation directe du muscle lui-même : il reste douteux, dans ce cas, si l'excitant agit directement sur la fibre musculaire, ou par l'intermédiaire des nerfs. Ce qui rend la dernière supposition plus vraisemblable, c'est que l'irritation d'une partie d'un muscle produit la contraction du muscle entier.

§ 682. *La cause* de l'action musculaire est, comme celle de toutes les actions organiques, à peu près impossible à déterminer ; on en connaît les phénomènes et les conditions; au-delà ce sont de pures hypothèses. On a attribué cette cause à l'action du nerf, à celle du sang, à l'action réciproque du nerf et du sang dans le muscle; et, suivant les doctrines dominantes aux diverses époques, ces opinions ont donné lieu à beaucoup d'hypothèses différentes. Aucune d'elle ne rend raison de l'augmentation considérable de la force de cohésion du muscle. Il est évident que pendant la contraction il y a un accroissement momentané de l'attraction moléculaire entre les particules de la fibre. Si l'on considère la forme plissée que prend la fibre, et le rapport des filets nerveux avec les plis, on concevra que l'influence nerveuse doit avoir une très-grande part dans le phénomène de la contraction.

§ 683. L'irritabilité est-elle une force inhérente à la

substance fibrineuse des muscles, et l'action nerveuse n'agit-elle là que comme tout autre excitant de la contraction? Dans cette hypothèse, les nerfs rempliraient, dans les muscles volontaires, l'unique fonction de les irriter; et, à l'égard des muscles qui, comme le cœur, ne se contractent point volontairement, l'action nerveuse ne se manifesterait point dans les circonstances ordinaires. Ou bien l'irritabilité a-t-elle sa source unique dans le système nerveux? Dans cette autre hypothèse, les nerfs rempliraient, à l'égard des muscles volontaires, le double office de les rendre irritables, et de les faire se contracter; et, à l'égard des muscles involontaires, dont la contraction est déterminée par des stimulans locaux, elle les rendrait seulement aptes à cette contraction. Ou bien, enfin, les muscles ont-ils une force propre *(vis insita)* et une force empruntée à l'action nerveuse *(vis nervea)* ? Il est à peu près impossible de résoudre ces questions, et de choisir avec quelque motif raisonnable entre ces hypothèses.

§ 684. *Les effets* de l'action musculaire, dans le corps vivant, sont de produire ou d'empêcher le mouvement des parties solides et liquides, ou même du corps entier, suivant les cas.

Les modes suivant lesquels les muscles exercent leur action, peuvent être réduits à deux : 1° les deux extrémités des fibres en action peuvent rester également fixes, comme dans l'action du diaphragme, des muscles de l'abdomen, du buccinateur, etc.; ou être également mobiles comme dans les sphincters, les fibres annulaires de l'estomac, des intestins, etc.; 2° une extrémité des fibres en action est plus fixe que l'autre; de sorte que la plus mobile est entraînée vers l'autre, comme dans la plupart des muscles des membres; comme, surtout, dans les muscles des doigts ou des orteils; ou bien même une extrémité est absolument fixe, et l'autre absolument mobile, comme dans les muscles de l'œil, du voile du palais, de l'oricule, etc.

§ 685. Les actions musculaires qui ont naturellement lieu dans le corps peuvent être divisées en deux classes : les unes sont volontaires, les autres involontaires.

Les actions volontaires sont celles de tous les muscles servant à la station et aux mouvemens du squelette, aux mouvemens du larynx, et à ceux des organes des sensations. Tous ces muscles reçoivent leurs nerfs directement de la moelle.

Les actions involontaires peuvent être sous-divisées en trois ordres : les unes sont produites par des stimulus agissant à travers une membrane mince, qui couvre immédiatement les muscles; ce sont les mouvemens du canal alimentaire, de la vessie urinaire, ceux du cœur, etc.; d'autres sont produits par des stimulus d'un genre analogue, mais qui se propagent par voie d'association à beaucoup d'autres muscles : tels sont les mouvemens de déglutition, de respiration, de toux, d'éternument, d'excrétion fécale, d'émission du sperme et de l'urine, d'accouchement, etc. Les autres sont les mouvemens d'émotion ou de passion, comme le rire, les cris, etc.

Parmi les actions ou les mouvemens de cette seconde classe, quelques-uns ont été régardés comme demi-volontaires, ou bien comme constituant une classe intermédiaire de mouvemens mixtes. Il est en effet très-difficile d'établir une démarcation parfaitement tranchée entre les mouvemens volontaires, c'est-à-dire parfaitement soumis à la volonté, et les mouvemens involontaires; car, d'une part, il est peu de fonctions sur lesquelles la volonté, mais surtout les passions, n'aient de l'empire; et, d'un autre côté, beaucoup de mouvemens volontaires deviennent, par l'assuétude, presque involontaires : tels sont, par exemple, les mouvemens des membres qui ont lieu sans conscience et sans volonté pendant le sommeil; tels sont ceux des paupières qui ont lieu sans et même malgré la volonté, quand un corps étranger est approché de l'œil; telle est, d'un autre côté, la difficulté ou l'impossibilité de mouvoir simultanément les membres supérieurs ou inférieurs, les yeux, dans une direction opposée à celle qu'ils suivent ordinairement. L'irritation accidentelle des muscles, des nerfs, ou du centre nerveux, rend quelquefois tout-à-fait involontaire la contraction des muscles extérieurs; d'autres affections les rendent immobiles malgré la volonté. Quant à l'influence de la volonté sur les mouvemens regardés comme involontaires, elle est évidente sur ceux de la respiration, du vomissement, de la rumination; il paraîtrait même qu'elle se serait étendue quelquefois jusqu'aux mouvemens du cœur, jusqu'à ceux de l'utérus, à ceux de l'iris, à ceux de la peau; il est vrai qu'il ne faut pas oublier l'influence des passions sur la volonté elle-même.

Les mouvemens que l'on a regardés comme mixtes sont surtout ceux qui, s'exerçant ordinairement sans conscience et sans volonté, peuvent être modifiés par la volonté : tels sont ceux du diaphragme. On ne donne pas aussi généralement ce nom à ceux qui, habituellement volontaires, s'exercent par assuétude et par association, sans que la volonté les dirige : comme les mouvemens de balancement des membres supérieurs dans la marche.

Il est à remarquer que l'apoplexie et les autres affections cérébrales paralysent le plus souvent les muscles volontaires seuls.

§ 686. En général, les mouvemens musculaires variés qui ont lieu dans le corps vivant, sont ou associés les uns aux autres pour produire une même action, ou opposés les uns aux autres pour produire des actions contraires : dans le premier cas, les muscles sont dits congénères; dans le second, ils sont antagonistes. L'antagonisme est beaucoup plus évident dans les muscles extérieurs, comme, par exemple, on le voit entre les fléchisseurs et les extenseurs, etc. ; il est moins marqué dans les muscles intérieurs ou automatiques; cependant il ne leur est pas tout-à-fait étranger; il résulte, aux orifices naturels, de l'opposition des muscles automatiques et des muscles arbitraires, comme on le voit entre les muscles excréteurs, qui sont involontaires, et les muscles rétenteurs ou sphincters, qui sont volontaires. Partout l'antagonisme présente ce phénomène remarquable, que la contraction des uns est accompagnée du relâchement des autres muscles. Les muscles congénères ou associés présentent cet autre phénomène important, que leur contraction est simultanée, et que, quand la stimulation est bornée à un seul, les autres entrent néanmoins en action : ainsi, quand le gosier, l'orifice du larynx, l'angle antérieur du trigone vésical, etc., sont stimulés, toutes les puissances musculaires du vomissement, de la toux ou de l'urinement, etc., entrent en action, par la loi de l'association des muscles congénères, en même temps et conformément à la loi de l'antagonisme. Dans ce dernier cas, les muscles sphincters et constricteurs du col de la vessie et de l'urètre se relâchent.

§ 687. Les muscles continuent, quelque temps après

la mort, après la cessation de la circulation, à être irritables et contractiles par divers stimulus. Tous les muscles ne conservent pas pendant le même temps l'irritabilité ; ils ne perdent pas non plus tout à coup la susceptibilité à la contraction, mais ils cessent d'abord d'être excitables par tel ou tel stimulus ; l'état antérieur de la santé, le genre de mort, les circonstances extérieures avant la mort, influent beaucoup sur la durée de l'irritabilité musculaire. Galien, Harvey, Haller, savaient que le cœur est en général *l'ultimum moriens*. Haller avait établi un ordre de cessation de l'irritabilité dans les différens muscles, et avait entrevu aussi diverses variétés dans cet ordre. Zinn, Zimmermann, Œder, Froriep, et surtout Nysten, se sont occupés de cette question. Les variétés déjà entrevues par Haller dépendent beaucoup de la nature de l'excitant : ainsi, le cœur reste plus long-temps qu'aucun autre muscle, irritable par les agens mécaniques, et les muscles du squelette, au contraire, par l'irritation galvanique. L'irritation galvanique agit plus efficacement en ne comprenant pas les muscles extérieurs, qu'en les comprenant avec le nerf dans le courant. Le contraire a lieu pour les muscles intérieurs.

L'ordre établi par Nysten, pour l'extinction successive de l'irritabilité dans les cadavres d'individus décapités, est le suivant : 1° le ventricule aortique du cœur ; 2° le gros intestin, l'intestin grêle et l'estomac ; 3° la vessie urinaire ; 4° le ventricule pulmonaire ; 5° l'œsophage ; 6° l'iris ; 7° les muscles extérieurs ; 8° l'oreillette droite, et enfin la gauche.

Des muscles, ou des portions de muscles, séparés du corps vivant, conservent pendant quelque temps l'irritabilité. Ils présentent sous ce rapport des variétés analogues à celles qui viennent d'être indiquées. La contraction dans ces deux circonstances a évidemment lieu sans afflux du sang.

§ 688. Quand l'irritabilité est près d'être éteinte ou épuisée dans les muscles, l'irritation ne détermine plus de contraction générale ou étendue des muscles entiers, de leurs faisceaux ou de leurs fascicules; mais elle reste bornée aux points irrités, qui se tuméfient par la flexuosité dont ils deviennent le siége. Ce dernier genre d'irritabilité, qui survit à l'action nerveuse, me semble tout-à-fait du même genre que celui qu'on observe dans la fibrine du sang; c'est là véritablement la *vis insita* de la fibre musculaire.

§ 689. Le genre de la mort, l'état antérieur et les circonstances environnantes, influent sur l'irritabilité cadavérique. L'état de paralysie, d'hémiplégie, n'empêche pas les muscles d'être irritables, dans le cadavre, par le galvanisme. Les maladies influent sur l'irritabilité cadavérique, bien plus par leur marche et leur durée, que par leur nature; les maladies chroniques altèrent beaucoup plus cette propriété que les maladies aiguës, et parmi les chroniques, ce sont celles dans lesquelles la nutrition est le plus lésée, qui portent la plus forte atteinte à l'action musculaire. Les sujets les plus musclés ne sont pas ceux chez qui l'irritabilité musculaire persiste le plus après la mort. Cette durée varie depuis une heure jusqu'à vingt-quatre heures environ.

§ 690. Enfin, après que toute irritabilité générale ou locale a cessé dans le corps privé de vie, la raideur cadavérique se manifeste (§ 124). C'est un phénomène constant, quoi qu'en aient dit Haller et Bichat, mais variable dans son intensité et dans sa durée. Cette contraction, ou raideur, qui a son siége dans le système musculaire, est indépendante du système nerveux; elle n'a lieu que quand ce système ne jouit plus d'aucune excitabilité galvanique. La section des nerfs, l'état d'hémiplégie, l'ablation du centre nerveux, n'empêchent pas qu'elle se manifeste. C'est le dernier effort de la contractilité musculaire. Dans les animaux à sang froid, où l'excitabilité nerveuse persiste long-temps, la raideur cadavérique se manifeste tard, et dure peu; elle se manifeste peu après la mort, au contraire, et dure long-temps dans les animaux à sang chaud, où l'excitabilité nerveuse est peu persistante. La raideur cadavérique semble analogue à la contraction du coagulum fibrineux du sang, et ne cesse, comme celle-ci, que quand la putréfaction commence. On peut la regarder, jointe au refroidissement qui l'accompagne toujours, comme un signe certain de la mort. Si on plonge et si l'on conserve dans l'alcohol un muscle dans l'état de raideur, cet état y persiste indéfiniment.

§ 692. On a encore attribué d'autres propriétés motrices aux muscles. Galien leur reconnaissait une force tonique indépendante de la vie, on leur accorde aussi l'élasticité; Haller leur accordait la force contractile en général, et la force morte; Sympson et Whytt leur attribuaient la tonicité ou la force tonique; Bichat, outre la contractilité volontaire, et l'irritabilité ou contractilité involontaire, leur accordait aussi la contractilité organique insensible, c'est-à-dire la tonicité.

Les muscles sont extensibles; ils sont rétractiles aussi, et cela, indépendamment de leur contraction par irritation. Dans l'état de sommeil et de repos, les muscles donnent, en général, aux parties du corps des attitudes moyennes, dépendantes de leur longueur proportionnelle, et par conséquent de leur tension, de leur force, et de la manière plus ou moins efficace dont cette force est appliquée. La même chose a lieu dans la paralysie déterminée artificiellement, en coupant tous les nerfs d'un membre. Dans les paralysies par affection cérébrale, et dans les rétractures des membres, l'attitude est quelquefois différente; la flexion est quelquefois portée très-loin. Mais il reste ici un doute, c'est de savoir si la cause de la paralysie a porté également sur tous les nerfs de la partie; si même cette cause n'en est pas une de contraction tonique de quelques muscles. Dans le cadavre, les muscles restent contractiles, et donnent une attitude déterminée à toutes les parties du corps, jusqu'à ce que la raideur cadavérique soit dissipée.

§ 693. Les muscles sont sensibles, mais à un degré médiocre. Ils ne donnent même guère, dans l'état de santé, que le sentiment de la fatigue durant et après leur action, quand elle a été prolongée. Quand l'action a été très-longue ou violente, elle donne lieu à une sensibilité douloureuse. Il en est de même dans le cas d'inflammation de leur tissu ou de leurs gaînes celluleuses. Cabanis et le docteur Yelloly ont rapporté des cas de maladie dans lesquels les muscles étaient insensibles.

§ 694. Les circonstances qui montrent un changement continuel de particules dans la nutrition musculaire ne sont pas très-évidentes; le fait est cependant probable: il semble que ce soit la partie globuleuse du sang qui en fournisse les matériaux. On connaît les effets de l'exercice sur la nutrition, l'augmentation et la coloration des muscles, et l'effet opposé d'un repos trop prolongé. La paralysie produit un effet plus marqué encore sur leur diminution. La quantité et l'espèce de nourriture ont une grande influence sur le volume et la force des muscles. Certaines maladies consomptives, comme la phthisie, ont une influence marquée sur l'atrophie musculaire. On ignore si dans ce cas il y a diminution seulement du volume, ou disparition des fibres.

§ 695. Dans l'embryon, le tissu musculaire n'est pas distinct du tissu cellulaire, il se confond avec lui en une masse gélatineuse commune. A une époque peu éloignée du moment de la conception, l'action du cœur annonce déjà un degré de développement assez avancé dans le tissu musculaire de cet organe. Vers deux mois de la conception, les muscles du squelette ont des fibres distinctes; ils commencent à exécuter vers quatre mois quelques contractions. Suivant Bichat, les muscles du fœtus auraient une irritabilité, ou du moins une susceptibilité galvanique moindre que celle des individus qui ont respiré. Des expériences faites par M. Meckel, sur quelques animaux, ont eu des résultats contradictoires à ceux de Bichat.

Pendant l'enfance, les muscles restent peu volumineux relativement aux nerfs et au tissu adipeux. A cet âge aussi, la chair musculaire, moins rouge, est plus gélatineuse et moins fibrineuse que dans l'âge adulte; les mouvemens sont faciles, prompts et faibles.

Les muscles, qui sont d'un rouge vermeil dans l'âge adulte, deviennent pâles, fauves et livides dans la vieillesse; les contractions, à cette époque, deviennent difficiles, faibles et lentes.

L'irritabilité et les actions musculaires de la femme, comparées à celles de l'homme, présentent à peu près les mêmes différences que celles de l'adolescent, comparées à celles de l'adulte : une plus grande irritabilité ou susceptibilité au mouvement, et une action moins forte et moins soutenue.

Il existe entre les races humaines des différences dans

la force musculaire, qui, d'après les observations faites par Péron avec le dynamomètre, sont à l'avantage des Européens dont la santé et la force résultent d'une nourriture abondante et saine, et d'occupations habituelles; tandis que les habitans de Timor, de la Nouvelle-Hollande et de la Terre de Van-Diémen, exposés à tous les genres de privations, ont moins de puissance musculaire.

§ 696. Quand des muscles sont mis à découvert [1] par une plaie de la peau, des aponévroses et des gaînes celluleuses, et qu'on réapplique ensuite exactement ces parties, il se fait dans la solution de continuité une effusion de liquide organisable, d'abord peu adhérent au muscle, et qui finit par rétablir une réunion organique. La même chose arrive quand des muscles, divisés en travers, dans l'amputation par exemple, sont recouverts par des lambeaux de peau; seulement la matière de l'agglutination tient dès le commencement très-étroitement à l'extrémité tronquée des muscles. Quand des muscles sont divisés en travers, et non couverts par des lambeaux de peau, il se forme assez promptement sur leur extrémité des granulations suppurantes, et plus tard une cicatrice; ces phénomènes, et surtout le dernier, sont plus lents quand les muscles sont seulement dénudés latéralement. Dans tous ces cas, quelle que soit l'époque à laquelle on examine la plaie affectée d'inflammation, soit adhésive, soit suppurative, les gaînes celluleuses des muscles et de leurs faisceaux sont seules altérées; on n'aperçoit absolument aucun changement dans les fibres musculaires elles-mêmes. Il n'est pas inu-

[1] B. Fr. Schnell, *Præs.* Autenrieth, *de Naturâ reunionis musculorum vulneratorum; Tubingæ*, 1804.

tile de noter cependant que ces fibres sont privées, dans ce cas, de la plus grande partie de leur irritabilité.

§ 697. Lorsqu'un muscle est divisé en travers, il s'établit entre les bords de sa division un écartement assez considérable, et toujours plus grand que celui de la plaie de la peau. Lorsque les bords de la plaie extérieure ont été rapprochés, et se sont réunis, les bouts du muscle, au contraire, présentent un écartement rempli d'abord par un liquide organisable, qui devient ensuite vasculaire, mou, qui se contracte un peu, et diminue légèrement l'écartement qui existait entre les bouts du muscle, et devient enfin plus ou moins ferme et résistant. Cette substance intermédiaire, lorsque son organisation est achevée, a quelquefois l'apparence du tissu cellulaire, le plus souvent celle du tissu ligamenteux, et quelquefois celle d'un tissu coriace subcartilagineux, mais jamais celle du tissu musculaire. A quelque période de la formation qu'on l'examine, on trouve toujours que les fibres et les fascicules musculaires y sont étrangères, et qu'elle n'est que la réunion du tissu cellulaire qui leur forme des gaînes. Un muscle qui a une réunion de ce genre offre donc une espèce d'intersection aponévrotique ou tendineuse; c'est une sorte de muscle digastrique, dont les deux ventres sont vivans et irritables, tandis que la substance intermédiaire remplit seulement les fonctions d'un tendon qui résiste ou cède plus ou moins à la distension. Cette substance intermédiaire n'est irritable, ni par les stimulans mécaniques, ni par le galvanisme. Cependant, quand l'irritabilité est encore bien manifeste, et que l'action galvanique est forte, l'irritation appliquée à une des parties du muscle réuni, se propage par la cicatrice, qui toutefois ne se contracte pas, à l'autre partie du muscle. On ignore si dans le vivant, et par l'action de la volonté, les deux parties d'un muscle divisé en travers et réuni par une cicatrice, se contractent l'une et l'autre. Il est évident que plus les bouts du muscle divisé seront restés écartés pendant que la réunion médiate s'est opérée, que plus aussi le moyen de réunion sera long et extensible, et plus les mouvemens des muscles auront perdu de leur étendue et de leur force. Dans les cas les plus heureux même, les mouvemens sont d'abord impossibles, puis faibles et mal assurés, jusqu'à ce que le moyen d'union ait acquis toute sa fermeté.

Tout ce qui vient d'être dit de la réunion des muscles coupés en travers, s'applique à leur rupture par un effort.

Quand une plaie transversale des muscles et de la peau est restée écartée et béante, il se fait dans toute son étendue une couche de granulations suppurantes, et plus tard une cicatrice plus ou moins large, sous laquelle les deux bouts du muscle restent écartés.

Dans ce dernier cas, ainsi que dans le précédent, on a quelquefois mis à découvert et reséqué la substance intermédiaire trop longue et trop extensible qui formait la réunion d'un muscle divisé; tenant ensuite ses bouts dans un rapprochement aussi exact que possible, et suffisamment prolongé, on a obtenu une réunion courte et ferme, et rendu le mouvement à des parties qui l'avaient tout-à-fait ou presque perdu.

§ 698. Les muscles sont sujets à des variétés et des vices de conformation. On a vu certains fœtus monstrueux, acéphales [1] et autres, privés de tous les muscles

[1] Béclard, Mémoire sur les fœtus acéphales.

ou de tous ceux d'un membre au moins, ces organes étant remplacés par du tissu cellulaire infiltré.

On observe plus souvent le défaut ou l'absence de muscles isolés.

Assez souvent on trouve des muscles surnuméraires, ou des muscles divisés en plusieurs parties distinctes; des muscles réunis qui ordinairement sont séparés; d'autres, plus longs ou plus courts, ce qui change leurs attaches et modifie leurs fonctions; toutes ces variétés sont originelles ou primitives.

La diminution ou l'augmentation de volume des muscles sont, au contraire, ordinairement dues à des causes accidentelles. Le repos et la paralysie en diminuent le volume, l'exercice l'augmente.

Les ruptures musculaires [1] arrivent, soit par l'action des muscles antagonistes, ou par une autre puissance qui distend un muscle relâché, soit par l'action même du muscle rompu, et, dans ce dernier cas, la rupture a lieu ordinairement à l'union des parties tendineuses ou aponévrotiques, avec les fibres charnues, dont un petit nombre seulement se trouvent rompues. Dans le cas de rupture, il se fait avec bruit et douleur un écartement plus ou moins grand et profond, et une effusion de sang plus ou moins abondante dans la solution de continuité, et dans le tissu cellulaire environnant. Les muscles intérieurs, et notamment le cœur, se rompent quelquefois aussi par leur contraction.

Le déplacement [2] des muscles admis par Pouteau,

[1] J. Sédillot, Mémoire sur la rupture musculaire, *in* Mém. et prix de la Soc. de méd. de Paris, 1817.

[2] J. Hausbrand, *Diss. luxationis sic dictæ muscularis refutationem sistens*; Berol., 1814.

M. Portal et d'autres pathologistes, n'est guère possible que quand les aponévroses d'enveloppe sont divisées.

§ 699. Les muscles présentent diverses altérations de couleur, de consistance et de cohésion.

Dans le rhumatisme, on trouve quelquefois, à la surface, à l'intérieur et dans l'épaisseur des gaînes celluleuses des muscles et de leurs faisceaux, un liquide gélatiniforme.

Dans les cas de paralysie ancienne, les muscles sont atrophiés, blancs, et quelquefois très-gras. On a déjà vu plus haut (§ 168) que la transformation des muscles en graisse était plutôt apparente que réelle. Elle résulte de la pâleur et de l'atrophie du muscle, conjointement avec l'accumulation de la graisse entre les fascicules de fibres.

On observe rarement des productions accidentelles, soit de tissus analogues, soit de tissus morbides, dans les muscles. On y trouve cependant quelquefois des os accidentels. J'ai vu une fois une production composée osseuse et cancéreuse, occupant les muscles du mollet. On trouve quelquefois dans les muscles de l'homme, et souvent dans ceux du porc, le cysticerque ladrique, *cysticercus cellulosæ* de Rudolphi. La production accidentelle du tissu musculaire est très-rare, si jamais elle a lieu. On a cependant établi un rapprochement entre le sarcome et la chair musculaire. On a dit aussi avoir vu des productions musculaires accidentelles dans les membranes séreuses, dans les os et dans les ovaires : il paraît qu'on s'est laissé tromper par l'apparence.

Le développement de la texture musculaire dans l'utérus, pendant la grossesse, et la disparition de cette texture, après l'accouchement, se rapprochent d'une production accidentelle.

§ 700. Les fonctions des muscles présentent des variétés et des altérations dont les unes ont leur siége et leur cause dans le tissu musculaire lui-même, et les autres dans le système nerveux. Ces variétés et ces altérations sont, la plupart, différentes dans les deux espèces de muscles, et presque toutes sont propres aux muscles, pleins, extérieurs, volontaires, ou des fonctions animales.

SECONDE SECTION.

DES MUSCLES INTÉRIEURS.

§ 701. Ces muscles, qu'on nomme aussi muscles creux, muscles involontaires, et muscles des fonctions végétatives ou organiques, n'ont point de noms propres; chacun d'eux porte celui de l'organe qu'il concourt à former.

§ 702. Ces muscles sont, 1° le cœur; 2° ceux qui doublent, dans toute son étendue, la membrane muqueuse des voies alimentaires; ceux qui, garnissant les prolongemens urinaires et génitaux de la même membrane, forment la vessie, les vésicules spermatiques et l'utérus; ceux de son prolongement pulmonaire, qui forment les faisceaux musculaires de la trachée et des bronches. Les sphincters qui se trouvent aux orifices du conduit alimentaire et des voies urinaires et génitales, peuvent être regardés comme intermédiaires aux deux classes de muscles. Il en est presque de même, pour la texture et surtout pour les fonctions, des muscles du squelette qui servent à la digestion, à la respiration, à la génération et à l'excrétion urinaire. Il n'y a donc point de démarcation bien tranchée entre les deux classes de muscles.

§ 703. Les muscles dont il s'agit ici sont placés à l'intérieur; les uns, situés immédiatement au-dessous du tégument interne, un autre, le cœur, situé tout-à-fait profondément, et loin des deux surfaces dont il est indépendant.

Le volume de ces muscles est très-peu considérable, comparé à celui des muscles extérieurs : tous forment des parois de canaux et de réservoirs.

§ 704. Ces muscles sont disposés en couches ou en faisceaux croisés.

Dans toute l'étendue du canal alimentaire, il y a des fibres circulaires ou annulaires, et des fibres longitudinales, formant chacune un plan distinct, et plus ou moins complet et épais.

Dans les réservoirs, ainsi qu'au cœur, les fibres, disposées en couches et en faisceaux qui se croisent obliquement, ont la forme d'anses fixées par les extrémités aux côtés de l'ouverture de l'organe. Les faisceaux de fibres dans ces organes se croisent entre eux, et s'unissent à la manière des plexus. Cette disposition est moins marquée dans le canal alimentaire, où les couches musculaires se croisent à angle droit.

La fibre musculaire des muscles intérieurs est d'un blanc grisâtre dans la plupart d'entre eux, et rouge dans le cœur seulement. Cette fibre ne diffère pas autrement de celle des muscles extérieurs. L'utérus seul offre, sous ce rapport, une différence tranchée et des caractères tout-à-fait spéciaux.

§ 705. Le tissu cellulaire des muscles intérieurs est moins abondant et plus serré que celui des autres muscles. On ne trouve de tissu fibreux ou ligamenteux que dans le cœur, où il forme des anneaux aux orifices des ventricules, des cordons ou tendons aux colonnes charnues de ces mêmes cavités, des épanouissemens aponévrotiques qui constituent en grande partie les valvules tricuspide et bicuspide des orifices auriculo-ventriculaires et des cordons dans le bord des valvules semi-lunaires des orifices artériels. Bichat, qui ne parle que des cordons tendineux des colonnes charnues, avait déjà indiqué qu'il existe des différences entre eux et les tendons. Dans les autres parties on ne trouve d'analogue au tissu ligamenteux, que le tissu fibro-cellulaire sous-muqueux, auquel s'attachent les fibres musculaires sous-jacentes.

Les muscles intérieurs paraissent avoir plus de vaisseaux sanguins que les autres. M. Ribes cependant dit le contraire. Les nerfs de ces muscles, peu abondans, appartiennent, la plupart, au grand sympathique; plusieurs sont fournis par le nerf pneumo-gastrique, et quelques-uns par d'autres nerfs de la moelle.

§ 706. L'irritabilité des muscles intérieurs présente les mêmes phénomènes que celle des autres muscles, excepté l'agitation fibrillaire, qui n'a été observée que dans le cœur seulement.

L'irritabilité y paraît moins que dans les autres, dépendante de l'influence nerveuse.

L'irritation mécanique est beaucoup plus efficace que l'action galvanique pour y déterminer des contractions. L'irritation galvanique agit peu sur eux par l'intermède des nerfs. Cependant les nerfs cardiaques et le cœur

riences de Legallois ont porté ensuite à admettre une opinion diamétralement opposée. Les expériences postérieures de M. Clift[1] et de M. Wilson Philip[2], l'observation comparée des autres animaux, des embryons et des fœtus monstrueux, ont dû faire modifier l'une et l'autre conclusions. Les faits connus montrent, en effet, que les muscles intérieurs, indépendans de la moelle nerveuse, dans les animaux et dans les fœtus monstrueux qui n'en ont point, ainsi que dans les embryons qui n'en ont pas encore; peu dépendans de cette moelle dans les jeunes animaux chez lesquels son influence ne date pas encore de long-temps, et dans les animaux d'un autre ordre inférieur, où l'action nerveuse n'a pas de centre unique bien déterminé, sont, au contraire, dépendans de cet organe dans l'homme adulte; sont surtout très-influencés par ses lésions, et plus encore par des lésions brusques que par des altérations lentes.

§ 707. Quand les muscles intérieurs entrent en contraction, ils entraînent quelquefois dans une action simultanée et associée tous les muscles extérieurs qui peuvent contribuer à l'accomplissement de leur fonction : ainsi, dans la toux, l'éternument, le vomissement, la défécation, l'accouchement, etc., un nombre plus ou moins grand de muscles du squelette agissent par association avec des muscles intérieurs.

Les muscles intérieurs n'ont point, comme les autres, de véritables antagonistes, toutes leurs fibres concourant à un but commun et unique, la diminution de capacité

1 *Philos. trans.*, ann. 1815.

2 *An exper. Inq. into the laws of the vital functions, etc.*; Lond. 1818.

de la cavité qu'ils forment. Cependant on peut considérer comme tels, 1° les substances étrangères qui tiennent écartées les parois des organes formés par ces muscles; 2° les diverses parties d'un même organe creux : par exemple, les oreillettes, à l'égard des ventricules; le corps de l'utérus et de la vessie, à l'égard du col ou de l'orifice de ces organes; 3° les deux couches musculaires du canal alimentaire dans le mouvement péristaltique; le raccourcissement des fibres longitudinales déterminant, en poussant les matières, l'allongement des fibres annulaires. En outre, il arrive ici ce qui a lieu dans tout antagonisme : la contraction d'un muscle coïncide avec le relâchement de son antagoniste, et réciproquement; 4° enfin les muscles intérieurs trouvent des antagonistes dans les muscles extérieurs.

Ces muscles n'ont pas de point fixe déterminé : ceux qui sont annulaires se contractent sur eux-mêmes; ceux qui sont longitudinaux ont cependant pour point de ce genre les orifices du canal alimentaire; ceux des réservoirs, comme la vessie, l'utérus, ainsi que ceux du cœur, ont encore un point fixe, mieux déterminé, dans l'orifice de ces organes.

TROISIÈME SECTION.

DES MUSCLES EXTÉRIEURS.

§ 708. Ces muscles sont aussi nommés muscles volontaires, muscles des fonctions animales, de la vie animale, muscles proprement dits. Ce sont eux qui forment la plus grande partie de la masse du corps.

§ 709. Ils sont très-nombreux; il y en a de trois à

quatre cents, mais on a varié sur ce nombre : les uns regardent comme plusieurs muscles, ce que d'autres présentent comme des faisceaux d'un même muscle.

§ 710. Chaque muscle a un nom propre, mais cette nomenclature a beaucoup varié. Il n'y a presque pas un muscle qui n'ait reçu plus d'un nom, quelques-uns en ont reçu jusqu'à une douzaine.

La dénomination des muscles a été tirée de plusieurs considérations : on y a fait entrer l'ordre numérique, ainsi, quand plusieurs muscles appartiennent à la même partie, à la même région, au même mouvement, etc. ; on les a distingués par des noms de nombre, comme les radiaux, les adducteurs, les inter-osseux, distingués en premier, second, etc. Avant Jacques Sylvius, presque tous les muscles étaient ainsi désignés par des noms de nombre. On a fait entrer dans leur dénomination, comme surnoms, leur situation antérieure, postérieure, supérieure, inférieure, superficielle, profonde, etc. ; ou bien on les a désignés par le nom de la partie qu'ils meuvent ou de la région qu'ils occupent, comme les palpébraux, oculaires, labiaux, pectoraux, dorsaux, abdominaux, cruraux, etc. D'autres sont distingués, d'après leur étendue ou leur volume, par les épithètes de grand, petit, moyen, grêle, vaste, large, long, court, etc. D'autres ont été nommés rhomboïdes, carrés, triangulaires, scalènes, etc., d'après la figure qu'on a cru leur trouver ; ou bien on les a nommés splénius, par comparaison à la rate ou à une compresse, soléaire, à cause de leur ressemblance avec une sole ou avec une semelle. Certains muscles ont été nommés, d'après leur direction, droits, obliques, transverses, contournés ; d'après leur texture et leur composition, on les a nommés biceps, triceps, complexus, demi-aponévrotique, perforant, perforé, etc. D'autres muscles ont été dénommés d'après leurs attaches, soit une seule, comme les ptérygoïdiens, les péroniers, les zygomatiques, etc.; soit les deux, comme le stylo-hyoïdien, le sterno-hyoïdien, soit un plus grand nombre, comme le sterno-cléïdo-mastoïdien; d'autres encore ont été nommés, d'après leurs usages, fléchisseurs, extenseurs, élévateurs, abaisseurs, pronateurs, supinateurs, etc.; enfin ce ne sont pas même là toutes les considérations qui ont servi de base à la nomenclature des muscles.

Presque aucune de ces considérations n'est absolument inutile à la connaissance des fonctions des muscles; toutefois les plus utiles sont, sans contredit, le mouvement lui-même, les attaches, la région occupée par le muscle, sa direction, etc. Quelque nombreuses que soient ces bases, il n'importerait pas beaucoup, si elles fournissaient toujours des noms propres, distincts et courts, ne fussent-ils même pas bien significatifs; mais presque tous les noms des muscles sont des noms composés de plusieurs des circonstances indiquées. Ainsi on trouve dans la nomenclature musculaire les noms oblique-externe-abdominal, grand-droit-antérieur de la tête, premier-radial-externe, droit-antérieur de la cuisse, premier-interosseux-dorsal de la main, etc. Cet inconvénient, joint à celui qui résulte de la multiplicité des noms différens donnés par les divers anatomistes au même muscle, ont engagé M. Chaussier [1] à proposer une réforme dans la langue anatomique, et surtout dans celle de la myologie. Cette réforme

[1] Exposition sommaire des muscles du corps humain; Dijon, 1789. — Tableau des muscles de l'homme; Paris, 1797.

dans les noms des muscles consiste à donner à chacun d'eux un nom qui exprime seulement et constamment les deux points d'attache opposés, désignés communément sous les noms d'origine et d'insertion ; mais il a été impossible à l'habile auteur de ce projet de donner des noms qui ne fussent en même temps, en assez grand nombre du moins, composés de quelques autres des circonstances indiquées plus haut. M. Dumas [1] a essayé de modifier la nomenclature de M. Chaussier, en indiquant dans ses noms tous les points d'attache des muscles. M. Duméril [2] s'est aussi occupé de la réforme de la langue anatomique, en prenant pour racines de cette langue les noms grecs ou latins des os et des viscères, et en variant seulement la désinence de ces noms pour les divers autres organes et pour les régions. La désinence des muscles était *ien ;* ainsi le nom occipito-frontien, sans y joindre le mot muscle, désigne, dans cette nomenclature, le muscle occipito-frontal. Vicq-d'Azyr avait également dirigé ses vues sur la nécessité de réformer la langue anatomique; il n'a pas exécuté son projet. Le docteur Barclay s'est aussi occupé de cet objet, et s'est surtout attaché à donner des noms propres et précis aux différentes régions du corps. M. Schréger [3] a rassemblé la plupart des noms anatomiques employés jusqu'à lui dans une synonymie volumineuse, où l'on trouve à quelques organes presque autant de noms qu'il y a de traités d'anatomie. La

1 Système méthodique de nomenclature et de classification des muscles du corps humain, etc.; Montpellier, 1797, in-4°.

2 Magasin encyclopédique.

3 *Synonymia anatomica, auct. Chr. H. Th. Schreger*; *Furthii*, 1803, in-8°, 380 pages.

crainte de contribuer à accroître une confusion qui augmente presque toutes les fois qu'il paraît un nouveau traité, doit engager les anatomistes à se servir des noms déjà usités, en choisissant entre tous le plus connu, le plus simple et le plus significatif.

§ 711. D'après leur situation et leur destination de mouvoir telle ou telle partie, on distingue les muscles extérieurs en ceux du squelette ou des os, en ceux du larynx, en ceux des organes des sens et de la peau; plusieurs muscles extérieurs aussi appartiennent aux orifices des voies digestives, respiratoires, génitales et urinaires, et se confondent là insensiblement avec les muscles intérieurs.

Les muscles du squelette sont situés au tronc et aux membres : aux membres ils forment des masses considérables, et sont allongés; au tronc ils sont élargis, nombreux au dos et à l'abdomen, moins au thorax, beaucoup moins encore au crâne.

§ 712. Les muscles varient beaucoup en volume; les uns sont grands ou volumineux, d'autres sont moyens, d'autres petits, et d'autres très-petits.

§ 713. Tous les muscles, excepté le diaphragme, les sphincters de la bouche et de l'anus, l'arythénoïdien, et souvent le releveur de la luette, sont pairs; tous, excepté le diaphragme, sont symétriques, ou semblables des deux côtés, à la légère différence près que l'on observe ordinairement dans le volume des deux moitiés latérales du corps.

D'après leur forme on distingue encore les muscles en larges, longs et courts.

Les muscles larges appartiennent au tronc; quelques-uns s'étendent du tronc aux membres, et sont alors allongés dans cette dernière partie de leur étendue.

Les muscles longs appartiennent aux membres, et sont, en général, disposés par couches, les plus extérieurs étant tes plus longs et les plus droits, les plus profonds ayant beaucoup moins de longueur, et plus d'obliquité : disposition importante à connaître dans la pratique des amputations, puisque les muscles inégalement longs doivent se rétracter inégalement.

Les muscles courts se rencontrent au tronc et aux membres, près des articulations.

§ 714. La direction des muscles est celle d'une ligne qui s'étend, en passant par leur centre, de l'une à l'autre de leurs extrémités; elle est souvent fort différente de celle de leurs fibres, et cette dernière est la plus importante à considérer. Quand toutes les fibres sont droites et parallèles entre elles, la force du muscle, égale à la somme des forces de toutes les fibres, s'exerce parallèlement à la direction de ces fibres. Mais si les fibres sont obliques entre elles, l'intensité et la direction de la force seront différentes.

§ 715. On distingue en général dans chaque muscle un corps ou ventre, et deux extrémités, que l'on distingue vulgairement en tête et en queue. Le corps est la partie charnue, les extrémités sont ordinairement tendineuses : on distingue assez souvent aussi les extrémités en point d'origine, d'adhésion ou point fixe, et en point mobile ou d'insertion; mais beaucoup de muscles ne se prêtent point à cette description. Ceux auxquels elle s'appliquerait le mieux sont certains muscles des membres, qui sont allongés, renflés au milieu, à cause de la disposition de leurs fibres charnues; formés d'un tendon court à leur extrémité supérieure, ordinairement la plus fixe, et d'un tendon long à l'autre extrémité, généralement la plus mobile. Mais, dans ces muscles même, le mouvement peut être partagé entre les deux points, et quelquefois même être tout entier exécuté par le point le plus élevé.

§ 716. Certains muscles forment un corps charnu unique entre les deux attaches; d'autres, au contraire, sont formés de faisceaux très-distincts, et qu'on pourrait prendre pour autant de muscles : tels sont surtout le masseter, le deltoïde, le sous-capulaire, le grand fessier, etc.

§ 717. Il y a des muscles qui dans toute leur étendue restent simples et distincts, et d'autres qui sont divisés en plusieurs parties, ou confondus avec d'autres, à l'une de leurs extrémités : ainsi quelques muscles, simples à leur insertion, sont, à leur origine, séparés en deux ou trois portions : tels sont les biceps, les triceps; tels sont encore le sterno-mastoïdien et le grand pectoral, que, pour cette raison, quelques-uns ont regardés comme composés de deux muscles chacun ; ainsi les muscles extenseurs et fléchisseurs communs des doigts et des orteils, simples à leur origine, sont divisés à leur insertion en plusieurs parties. Les muscles dentelés, transverses, etc., qui s'attachent aux côtes par des digitations, sont encore à peu près dans le même cas. Il faut rapprocher de ce genre les muscles qui ont une origine commune, comme les muscles qui s'attachent à l'ischion, ou une insertion commune, comme le grand dorsal et le grand rond.

§ 718. Il y a encore des muscles dont la composition est différente : tels sont plusieurs des muscles spinaux ou vertébraux, et notamment le transversaire épineux, le long dorsal, le sacro-lombaire; ils résultent chacun de beaucoup de faisceaux musculaires, distincts aux extrémités et confondus au centre, de telle sorte que chaque portion de muscle, unique à une extrémité, se continue à l'autre extrémité avec deux portions; et réciproquement chacune de celles-ci tient à une double portion de l'extrémité opposée : ces faisceaux musculaires se succédant les uns aux autres, et s'unissant latéralement, il en résulte un muscle très-long, composé de faisceaux courts, distincts à leurs extrémités, et réunis latéralement dans leur partie moyenne. Chaque faisceau, étroitement lié avec les deux faisceaux, ne peut se contracter sans que ceux-ci entrent en même temps en action, de sorte que le mouvement est toujours imprimé à la fois à plusieurs vertèbres ou à plusieurs côtes : disposition tout-à-fait en rapport avec celle des os qui doivent toujours être mus, plusieurs simultanément.

§ 719. Les muscles du squelette, et ce sont les plus nombreux, ont leurs deux extrémités attachées au périoste et à la surface des os, par des tendons ou des aponévroses. Les muscles du larynx sont attachés de la même manière aux cartilages et au périchondre. Les muscles qui du squelette s'étendent aux organes des sens, et s'insèrent à des cartilages, sont encore pourvus de tendons aux deux extrémités; ceux qui s'attachent aux tégumens en sont, au contraire, dépourvus à leur insertion au derme.

Outre les tendons et les aponévroses d'attache que l'on trouve aux extrémités de la plupart des muscles, quelques-uns présentent aussi des tendons ou des aponévroses d'intersection qui occupent quelque point de leur longueur, et les divisent en plusieurs corps charnus. Tels sont le digastrique maxillaire et le digastrique cervical, divisés en deux corps très-distincts par des tendons; tels sont aussi le sterno-hyoïdien, le scapulo-hyoïdien, le droit de l'abdomen, etc., dont le corps charnu est divisé par des aponévroses.

§ 720. Dans beaucoup de muscles les fibres sont droites, et sensiblement parallèles d'un bout à l'autre. Dans plusieurs muscles, les fibres charnues, toutes parallèles, s'étendent obliquement entre deux tendons aponévrotiques épanouis sur deux faces opposées du corps charnu, tel est le droit antérieur crural. Ce sont sans doute des muscles de ce genre qui avaient fait comparer par Gassendi le muscle à un moufle. D'autres muscles sont rayonnés ou flabelliformes, comme le grand pectoral et le grand dorsal, dont les fibres étalées du côté de l'origine se rassemblent en un faisceau épais du côté de l'insertion; comme les moyen et petit fessiers, dont les fibres se terminent successivement sur une expansion aponévrotique. Dans d'autres, les fibres s'étendent ainsi obliquement de leur origine d'un os au côté d'un tendon : on appelle ces muscles demi-pennés, tels sont les péroniers. D'autres sont pennés, les fibres se rendant obliquement sur les deux côtés d'un tendon; dans quelques autres, très-analogues à ceux-ci, les fibres forment deux plans qui se rendent sur les deux faces d'une aponévrose moyenne, comme le temporal. D'autres muscles sont plus composés encore, comme le deltoïde, le masseter, etc., qui résultent de la réunion de plusieurs faisceaux penniformes.

§ 721. La texture des muscles extérieurs résulte toujours de faisceaux plus ou moins distincts, qui se terminent en général aux deux bouts sur du tissu tendineux; ces faisceaux sont composés de fascicules ou fibres visibles, résultant elles-mêmes de fibres élémentaires microscopiques. Le tissu cellulaire et le tissu adipeux leur forment des enveloppes et des cloisons d'autant plus distinctes, que les faisceaux sont plus distincts eux-mêmes et plus volumineux. Les nerfs de ces muscles, très-abondans, surtout dans ceux des organes des sens, viennent presque tous de la moelle, peu viennent du grand sympathique, et ceux-ci ne sont jamais seuls.

§ 722. Outre ces parties essentielles aux muscles, ces organes ont des dépendances ou des annexes : ce sont les *fasciæ* (§ 519), ou aponévroses d'enveloppe, qui entourent les muscles, qui les maintiennent en place, et leur fournissent des cloisons qui les séparent, ainsi que des points d'attache; ce sont aussi les gaînes et les anneaux qui renferment les tendons et préviennent leur déplacement, et les membranes synoviales qui en facilitent les glissemens.

§ 723. On divise les muscles, d'après les mouvemens qu'ils produisent, en congénères et en antagonistes, suivant qu'ils concourent au même mouvement, ou qu'ils produisent des mouvemens opposés. Les mouvemens qui ont lieu dans le corps humain, et que les muscles produisent, sont des mouvemens de flexion et d'extension, d'inclinaison latérale, de rotation en deux sens opposés, qu'à l'avant-bras on distingue en pronation et en supination, d'élévation et d'abaissement, d'adduction, d'abduction et de diduction, de dilatation et de constriction, de protraction et de rétraction, etc. On nomme, d'après cela, les muscles fléchisseurs, extenseurs, pronateurs, supinateurs, élévateurs, etc.

Les muscles antagonistes présentent quelques différences : presque dans toutes les parties du corps, les muscles affectés à un mouvement sont plus forts que ceux qui produisent le mouvement opposé. Ceux des deux côtés du corps qui produisent l'inclinaison latérale, et la rotation autour de l'axe du corps, présentent seulement la légère différence que l'on observe en général entre les deux côtés. Les autres présentent des différences bien plus grandes. On ne s'est guère occupé que de celle qui existe entre les fléchisseurs et les extenseurs. Borelli pensait que les fléchisseurs étaient plus courts que les extenseurs, et que, se contractant avec une force égale, ils entraînaient nécessairement les os dans la flexion. M. Richerand pense également que la différence est à l'avantage des premiers; M. Meckel a adopté cette opinion : ces deux physiologistes sont d'avis qu'elle est établie sur l'observation de l'attitude fléchie que prennent toutes les parties du corps dans le repos, et qu'elle a sa cause dans la force et la longueur des muscles, dans le volume de leurs nerfs, et dans la disposition plus favorable des fléchisseurs, relativement au centre des mouvemens et à la direction des os.

Ritter a ajouté à ces différences, que les fléchisseurs se contractent quand le pôle zinc de la pile galvanique communique avec l'extrémité musculaire du nerf, et le pôle argent avec l'extrémité centrale; et que le contraire a lieu pour les muscles extenseurs. Cette différence n'est sans doute qu'une différence de susceptibilité galvanique; susceptibilité assez grande dans les muscles les plus forts, pour qu'ils se contractent même dans la circonstance la moins favorable de l'action galvanique.

M. Roulin [1] pense, comme Borelli, que la cause principale de l'antagonisme des fléchisseurs et des extenseurs dépend de leur longueur respective, et par conséquent de leur tension.

Cette question mérite peut-être qu'on l'envisage d'une manière plus générale; il faut chercher la prédominance dans la longueur et dans le volume des muscles,

[1] *Voyez* ses Recherches sur les mouvemens et les attitudes de l'homme, dans le Journal de physiologie, vol. I et II.

et plus précisément dans le nombre des fibres charnues qui entrent dans leur composition ; il faut la chercher aussi dans la disposition des muscles, relativement aux leviers sur lesquels ils agissent ; il faut observer quelle est l'attitude que prennent les parties dans leur action la plus ordinaire, et celle qu'elles prennent dans le repos, dans le sommeil et dans la paralysie ; il faut avoir égard aussi à celle qu'elles prennent dans le spasme tonique général ou dans le tétanos : or, en ayant égard à ces diverses considérations, il semblerait que les muscles prépondérans sont, dans le tronc, les extenseurs ; à la mâchoire, les élévateurs ; aux membres supérieurs en général, les fléchisseurs ; à l'avant-bras, les pronateurs ; aux membres inférieurs en général, les extenseurs ; et au pied, les adducteurs.

§ 724. Il y a dans l'organisation plusieurs circonstances[1] défavorables à l'action des muscles, et qui réduisent leur force de contraction, ou force effective, à une force efficace, c'est-à-dire à un résultat beaucoup moindre. Ces circonstances, bien connues depuis Borelli, sont, 1° le partage égal de l'effort musculaire entre ses deux attaches, tandis qu'un seul point doit en général être mu ; 2° le levier défavorable, celui du troisième genre, par lequel une grande partie de la force est perdue ; 3° l'insertion oblique des muscles sur les os, et des fibres charnues sur les tendons ; 4° la résistance des muscles antagonistes ; 5° le frottement des tendons et celui des articulations.

Il y a aussi, dans l'organisation, des circonstances qui, en favorisant l'action musculaire, diminuent l'influence des premières : tels sont le changement de l'angle

1 J. Alph. Borelli, *de Motu animalium, opus posthumum.*

que forment le muscle et l'os au moyen de certaines dispositions anatomiques, comme le volume des extrémités articulaires des os, l'existence des apophyses à l'endroit où les muscles s'attachent, celle des os sésamoïdes, etc.; telle est encore la diminution des frottemens par la synovie, etc.

En résultat, le mécanisme animal présente la même perfection qu'on admire dans toute la nature. Ce que le muscle perd en force, le mouvement le gagne en étendue et en vitesse par l'emploi du levier du troisième genre, et par l'obliquité de l'insertion; d'un autre côté, l'obliquité des fibres musculaires sur les tendons, en diminuant l'étendue du mouvement, et même la force du muscle, permet, sous un petit volume, la réunion d'un très-grand nombre de fibres, ce qui compense, et bien au-delà, la perte de force; sans parler de la forme et de la liberté des membres, qui ne pourraient avoir lieu avec toute autre insertion et toute autre direction des muscles relativement aux os.

§ 725. Le muscle est le siége et l'organe immédiat de la contraction, tout comme les tégumens et les sens qui en font partie sont le siége de l'impression; mais de même que la sensation n'a lieu qu'autant que l'impression est propagée par les nerfs jusqu'au centre nerveux, de même c'est du centre nerveux que la volition est propagée, par les nerfs, jusqu'au muscle, pour le mettre en mouvement. Il y a en outre, dans un cas et dans l'autre, une chose tout-à-fait incompréhensible: c'est la manière dont le moi acquiert la connaissance de la sensation; c'est aussi la manière dont le moi détermine la volition. Ce n'est pas ici le lieu d'examiner cette question encore insoluble de l'action réciproque de l'organisme et du moi.

Quoi qu'il en soit, la volition procède du centre nerveux, elle se propage par les nerfs, et détermine la contraction des muscles extérieurs. Si le nerf est coupé ou interrompu par une ligature serrée, etc., le muscle, encore irritable, ne se contracte plus volontairement. On verra dans le chapitre suivant quel est, dans le système nerveux, le siége précis, ou du moins probable, du principe organique des mouvemens volontaires.

§ 726. Les effets de la contraction des muscles extérieurs sont de déterminer les attitudes et les mouvemens du corps, en agissant sur le squelette; de mouvoir la peau et les organes des sens; de produire la voix, la parole, le geste; et enfin de servir d'une manière plus ou moins nécessaire, mais toujours auxiliaire, aux fonctions végétatives.

§ 727. On a déjà vu que les muscles droits, en se contractant, rapprochent une ou leurs deux extrémités du centre, suivant qu'un des points d'attache est seul mobile, ou qu'ils le sont tous les deux; que les muscles circulaires rétrécissent, en se contractant, les orifices ou les canaux qu'ils forment. Les muscles courbes se redressent en se contractant, si leurs attaches sont fixes; et, en tendant à se redresser, ils diminuent les cavités dont ils forment les parois, comme les muscles abdominaux et le diaphragme pour l'abdomen; ils agrandissent la cavité à laquelle ils répondent par leur surface convexe, comme le diaphragme pour le thorax. Les muscles réfléchis, et il y en a un très-grand nombre, tendent, comme les muscles courbes, à se redresser pendant leur contraction; mais si un obstacle insurmontable s'y oppose, le mouvement, dont la direction est changée, est transmis à l'une ou l'autre extrémité, ou aux deux, suivant leur mobilité.

§ 728. Lorsque l'une des deux parties auxquelles s'attache un muscle est immobile, et l'autre mobile, il tire cette dernière vers la première, c'est ce qui a lieu à l'égard des muscles qui s'étendent des os aux parties molles, etc. Lorsque l'une des deux parties est peu mobile, et l'autre très-mobile, comme le tronc à l'égard des membres, comme l'extrémité centrale des membres à l'égard de leur extrémité périphérique, etc., la dernière est en général la seule qui se meut. Mais il faut observer que, dans ce cas, le point fixe et le point mobile des muscles peuvent changer : ainsi, dans les mouvemens les plus ordinaires du bras, les muscles moteurs de cette partie ont leur point fixe au tronc, et leur point mobile dans le membre; au contraire, dans l'action de s'élever en grimpant sur un arbre, le point fixe, au moment où le tronc s'élève vers le bras préalablement fixé, est dans le bras, et le point mobile dans le tronc. De même, dans l'action de monter un escalier, lorsque la jambe est portée en avant et en haut sur une marche, le point fixe est du côté du tronc; lorsque ensuite le tronc s'élève vers la jambe dont le pied est appuyé, le point fixe est à la jambe, et les points mobiles des muscles sont à la cuisse et au tronc.

Lorsque les deux parties auxquelles s'attachent les muscles sont à peu près également mobiles, la contraction tend à les mouvoir à peu près également; ainsi, quand on est couché sur un plan horizontal, la contraction des muscles antérieurs du tronc tend à peu près également à fléchir la tête sur le col, et le bassin sur les lombes.

Dans ce cas et dans le précédent, qui sont extrêmement fréquens dans la mécanique animale [1], la partie qui doit servir de point fixe est retenue par la contraction d'autres muscles qui la rendent immobile. Les mouvemens les plus simples en apparence exigent presque toujours l'action simultanée d'un grand nombre d'autres muscles que ceux qui sont destinés à les produire immédiatement.

§ 729. C'est surtout dans les efforts que l'on observe ces synergies musculaires.

On appelle effort [2], *nisus*, toute action musculaire d'une intensité extraordinaire, destinée à surmonter une résistance extérieure, ou à exécuter une fonction laborieuse, soit accidentellement, soit naturellement. Ainsi l'action de soulever ou de porter un corps pesant, l'accouchement, l'urinement difficile, etc., exigent des efforts pour être exécutés.

Dans tout effort il y a un influx nerveux extraordinaire sur les muscles ; tantôt cet influx est volontaire, tantôt il est involontaire. Dans le dernier cas, il est irrésistiblement déterminé par la liaison déjà remarquée entre les muscles intérieurs involontaires et leurs congénères extérieurs. Dans tout effort aussi, un nombre considérable de muscles, quelquefois l'appareil tout entier des mouvemens, est en action. Dans tout effort enfin, le poumon est d'abord rempli d'air par une inspiration, la glotte

1 Winslow, Mém. de l'Acad. des sc., ann. 1719-23-26-29-30-39-40, etc.

2 Js. Bourdon, Recherches sur le mécanisme de la respiration et de la circulation du sang; Paris, 1820. — J. Cloquet, de l'Influence des efforts sur les organes renfermés dans la cavité thorachique; Paris, 1820. — Magendie, de l'Influence des mouvemens de la poitrine, et des efforts, sur la circulation du sang; Journal de physiologie, vol. I.

est fermée ou rétrécie, les muscles expirateurs sont contractés, et les parois de la poitrine sont ainsi rendues immobiles, pour offrir des points d'attache fixes aux muscles de l'abdomen et des membres.

Les effets des efforts sont de retarder ou d'empêcher l'entrée du sang veineux dans les troncs thorachiques, d'où son reflux et sa stase dans les veines du col, de la tête, de l'abdomen et même des membres; de comprimer les viscères thorachiques et abdominaux; et d'en déterminer même quelquefois l'expulsion, surtout des derniers, à travers une ouverture des parois; parfois même les efforts vont jusqu'à déterminer la rupture des muscles, des tendons ou des os; jusqu'à produire des ruptures vasculaires, des hémorrhagies et des épanchemens de sang.

§ 730. Les muscles qui passent sur plusieurs articulations peuvent les mouvoir toutes. Ainsi les fléchisseurs des doigts, après avoir fléchi la troisième et la seconde phalanges sur la première, fléchissent celle-ci sur le métacarpe, la main sur l'avant-bras; l'une des deux concourt même à la pronation. Il en est de même au pied, où l'extenseur commun des orteils fléchit le pied sur la jambe, et partout où la même disposition se rencontre. Ces muscles, qui passent sur plusieurs articulations, ont encore d'autres usages; ils sont auxiliaires ou supplémentaires des muscles plus courts, étendus seulement aux deux os réunis par une articulation. Ainsi, les biceps demi-tendineux et demi-membraneux de la cuisse, qui passent sur deux articulations à flexion opposée, peuvent aider ou suppléer dans leurs fonctions les muscles extenseurs du bassin sur la cuisse, et les fléchisseurs de la cuisse sur la jambe. Les muscles de cette sorte, si nombreux dans les membres, surtout dans les membres inférieurs, et qui existent également dans le sens de l'extension, et dans celui de la flexion, paraissent aussi avoir pour usage d'assurer la station en appliquant les surfaces articulaires les unes contre les autres, et en prévenant le mouvement dans tous les sens.

§ 731. Le mouvement musculaire est simple quand il est imprimé par un seul muscle ou par plusieurs qui agissent dans la même direction. Il est composé, quand il est produit par plusieurs muscles qui agissent dans des directions différentes. Le mouvement simple a ordinairement lieu dans la direction même du muscle ou des muscles qui le déterminent. Ainsi les fléchisseurs des doigts amènent les doigts dans leur propre direction. Dans d'autres cas, le muscle étant réfléchi, la direction du mouvement est déterminée par celle de la portion du muscle qui s'étend depuis l'endroit où il change de direction, jusqu'à la partie mobile. Ainsi le mouvement imprimé par le muscle grand oblique de l'œil, par le péristaphylin externe, par les muscles péroniers latéraux, etc., a une direction déterminée par celle de la dernière portion de ces muscles. La direction du mouvement est souvent déterminée, en grande partie, par celle des articulations des os; ainsi les os articulés par ginglyme et par articulation rotatoire, quoique la plupart aient des muscles obliques, ne se meuvent que dans deux sens opposés; ainsi, au contraire, le même muscle, le biceps brachial, sans changer de direction, produit, par sa contraction, la supination et la flexion de l'avant-bras; ainsi les muscles pyramidal, jumeaux, etc., rotateurs de la cuisse en dehors, quand elle est étendue, deviennent abducteurs lorsqu'elle est fléchie.

§ 732. Dans beaucoup de cas les mouvemens musculaires sont composés ; plusieurs muscles, se contractant simultanément, impriment à une partie mobile un mouvement différent de celui qui résulte de la contraction de chacun d'eux en particulier. Ainsi, si les muscles droit supérieur et droit externe de l'œil se contractent ensemble et avec une force égale, l'œil obéissant à ces forces différentes, la prunelle sera dirigée en haut et en dehors. Ainsi, si le muscle grand pectoral, qui porte le bras en dedans et en avant, se contracte en même temps que le grand dorsal, qui le porte en dedans et en arrière, le bras sera porté, par un mouvement composé, directement en dedans. Les mouvemens de l'épaule sont toujours composés. Beaucoup d'autres parties sont souvent dans le même cas ; sans cela les mouvemens, qui sont si variés, seraient extrêmement bornés.

§ 733. Les mouvemens des muscles volontaires sont en effet le plus souvent combinés. On peut, sous ce rapport, distinguer les actions musculaires en mouvemens isolés, résultant d'un seul muscle en contraction ; en mouvemens associés ou combinés, résultant de l'action de plusieurs muscles associés, soit congénères, soit antagonistes, pour produire des mouvemens déterminés, comme ceux de flexion, d'extension, etc. ; en actions coordonnées, comme celles qui par leur réunion opèrent la station, la locomotion, etc. ; enfin en actions voulues, ce sont les actions musculaires dirigées par la volition. Ces variétés dans l'action musculaire dépendent de l'influence nerveuse, suivant qu'elle est volontaire, et suivant que, soustraite à la volonté, elle est déterminée par l'irritation du centre nerveux, par celle du plexus d'un membre, ou seulement par celle d'un nerf isolé

§ 734. La contraction des muscles extérieurs, par des causes qui agissent soit sur le tissu musculaire, soit sur les nerfs, soit sur le centre nerveux, devient quelquefois faible et incertaine (tremblement); impossible (paralysie); permanente (spasme ou contraction tonique, tétanos); involontaire et irrégulière (convulsions, spasme ou contraction clonique).

CHAPITRE X.

DU SYSTÈME NERVEUX.

§ 735. Le système nerveux, *systema nerveum*, comprend des cordons (nerfs), des renflemens (ganglions), et une masse centrale (cerveau en général), formés d'une substance blanche et grisâtre, qui, dans l'état de vie, entretiennent l'irritabilité, sont les conducteurs et l'aboutissant des sensations, le point de départ et les conducteurs des volitions ; en un mot les organes de l'innervation.

Le centre nerveux est en outre l'*organe*, c'est-à-dire l'instrument matériel de l'*intelligence*.

§ 736. Les Asclépiades n'ont point connu les nerfs ni les ganglions ; on peut aisément se convaincre, en lisant les ouvrages d'Hippocrate et d'Aristote, qu'ils ont confondu sous le même nom, Νεῦρον, les ligamens, les tendons, les nerfs, et même les vaisseaux. Praxagoras paraît avoir eu la première idée juste d'une différence entre les organes blancs; mais ayant placé l'origine des nerfs à la terminaison des artères, il a donné naissance à une opinion sur la structure canaliculée des nerfs, qui s'est propagée jusqu'à nos jours. Hérophile et Érasistrate ont connu la connexion des nerfs avec le cerveau, mais ils ont continué de donner le même nom aux tendons et aux ligamens. Galien débrouilla la confusion qui régnait encore de son temps sur ce sujet, en donnant des noms aux ligamens et aux tendons; en reconnaissant que les nerfs sont médullaires à l'intérieur, et membraneux à l'extérieur, il établit positivement leur connexion avec la moelle épinière et avec l'encéphale; il fit remarquer, contre une opinion antérieure à lui, que la moelle est subordonnée à l'encéphale, qui dès-lors devient le centre nerveux; il essaya d'établir une distinction entre les nerfs du sentiment et ceux du mouvement; il découvrit et nomma les ganglions nerveux : il a eu aussi de grandes connaissances dans la névrologie spéciale. Les anatomistes de l'école d'Italie ayant trouvé la névrologie à peu près au point où l'avait conduite Galien, l'ont beaucoup perfectionnée; G. Bartholin a reproduit l'opinion énoncée dans l'antiquité par Praxagoras et quelques autres, que c'est la moelle épinière qui est le centre du système nerveux, et que l'encéphale n'en est que la continuation. Depuis cette époque, l'anatomie du système nerveux, soit dans les animaux, soit dans l'homme, n'a cessé de s'enrichir de nouveaux faits.

§ 737. Les animaux les plus simples n'ont pas de système nerveux distinct. (§ 28.)

Les premiers où l'on commence à l'apercevoir sont les animaux rayonnés, et en particulier les astéries ou étoiles de mer, où ils consistent en filets mous et en petits renflemens disposés autour de la bouche, les uns et les autres blancs, et dépourvus de substance grise.

Dans tous les autres animaux invertébrés, le système nerveux consiste en deux cordons plus ou moins rapprochés, rassemblés dans un plus ou moins grand nombre de nœuds ou de ganglions, appelés improprement moelle dans les articulés, toujours réunis autour de l'œsophage ou au-dessus de la bouche par un anneau nerveux au moins, et souvent par un renflement ou ganglion dont le volume est proportionné à la composition plus ou moins grande de la tête, et qu'on appelle cerveau dans les mollusques.

Dans tous ces animaux, les deux tégumens et leurs muscles, les organes des fonctions végétatives et ceux des fonctions animales reçoivent des nerfs semblables.

Cependant on trouve déjà dans le renflement nerveux des céphalopodes (§ 50) l'indice évident d'un centre nerveux propre aux organes des sens et du mouvement.

§ 738. Dans les animaux vertébrés[1], le système nerveux consiste en une masse centrale propre à eux, et composée d'un cordon longitudinal, la moelle, où la figure gangliforme n'est plus apparente, et dont l'extrémité supérieure ou crânienne, divisée en trois paires de cordons, présente des renflemens et des développemens dont la réunion forme l'encéphale : ce sont, successivement d'arrière en avant, le cervelet, les tubercules quadrijumeaux, le cerveau proprement dit et les lobes olfactifs. La moelle spinale donne attache à un nombre de paires de nerfs proportionné à celui des vertèbres. Chacun de ces nerfs est pourvu d'un ganglion près de son extrémité centrale; la portion crânienne de la moelle (moelle allongée) en fournit aux sens et aux autres organes de la face, à ceux de la digestion et de la respiration. En outre, il existe de chaque côté, au-devant de la colonne vertébrale, un cordon noueux (nerf grand sympathique) et des ganglions et des cordons nerveux pour le

[1] *Voyez* l'excellent ouvrage de M. Tiedemann : *Anatomie und Bildungsgeschichte des gehirns*, etc.; *Nürnberg*, 1816, traduit en français par M. Jourdan; — Anatomie du cerveau, contenant l'histoire de son développement dans le fœtus, avec une exposition comparative de sa structure dans les animaux; Paris, 1823; — Desmoulins : *Exposition succincte du développement et des fonctions du système cérébro-spinal*.

cœur et le canal alimentaire, système nerveux particulier, qui seul, ou joint au nerf pneumo-gastrique, rappelle par sa distribution les premières apparences de ce système dans le règne animal.

§ 739. La moelle, creuse dans les animaux ovipares, devient pleine dans les mammifères. Dans les premiers elle occupe toute la longueur du canal vertébral; dans les mammifères elle s'étend jusque dans le sacrum. Son volume est d'autant plus grand, relativement à l'encéphale, ou celui-ci est d'autant plus petit, comparativement à la moelle, qu'on s'éloigne plus de l'homme adulte pour arriver aux poissons. Elle est cylindrique, un peu renflée aux points où tiennent les nerfs des membres. Sa portion crânienne est également renflée en proportion des nerfs qui s'y insèrent.

Le cervelet, formé par les cordons postérieurs ou restiformes de la moelle, épanouis, réfléchis et réunis au-dessus du quatrième ventricule, est très-simple dans les poissons osseux, beaucoup des cartilagineux, et la plupart des reptiles. Dans les autres, et surtout dans les oiseaux, il a une composition plus grande; on y aperçoit déjà des lames et un commencement d'hémisphères latéraux, mais dans aucun ovipare on ne trouve encore les prolongemens destinés à former la protubérance annulaire, ni cette protubérance. Dans tous les mammifères on trouve la structure la mellée du cervelet, des hémisphères latéraux, un corps ciliaire dans les pédoncules et une protubérance; ces parties sont d'autant plus développées, qu'on s'élève davantage dans la classe des mammifères, et qu'on s'approche de l'homme. Les prolongemens du cervelet aux tubercules quadrijumeaux existent aussi dans tous les mammifères. Le ventricule du cervelet est commun aux quatre classes de vertébrés.

Dans quelques poissons on trouve des lobes encéphaliques postérieurs au cervelet : tels sont ceux qui répondent à l'origine des nerfs de l'appareil électrique de la torpille.

Les tubercules quadrijumeaux, formés par le développement des cordons latéraux ou olivaires da la moelle, paraissent exister dans tous les vertébrés, quoiqu'on ait beaucoup varié sur leur détermination. Dans tous ils sont le point principal d'origine des nerfs optiques. Dans tous ils forment, par leur réunion sur la ligne moyenne, la paroi supérieure d'une cavité située entre le ventricule du cervelet et le troisième ventricule. Ils sont d'autant plus volumineux, relativement à l'encéphale en général, que celui-ci est plus simple ; ils sont bijumeaux seulement dans les ovipares, et ne sont quadrijumeaux que dans les mammifères. La paire antérieure est plus volumineuse que la postérieure dans les ruminans, les solipèdes et les rongeurs ; l'inverse a lieu dans les carnassiers ; les deux paires sont à peu près égales dans les quadrumanes et dans l'homme.

Le cerveau, proprement dit, qui résulte de l'épanouissement des cordons antérieurs ou pyramidaux de la moelle, entre-croisés dans tous les mammifères et dans les oiseaux de proie seulement, et point dans les autres animaux, renflés par les couches optiques et par les corps striés, présente beaucoup de différences dans son volume et sa complication, proportionnées en général au volume de ces couches et de ces corps. Les poissons cartilagineux n'ont point de cerveau (Desmoulins); dans les poissons osseux il est formé par la couche optique seule, qui est solide (Desmoulins) ; dans les reptiles et dans les oiseaux, par cette même couche, qui est creuse et qui ressemble un peu aux hémisphères des mammifères; mais ces hémisphères ne recouvrent pas les tubercules quadrijumeaux : ils n'ont encore ni lobes, ni circonvolutions, ni corps calleux. Le cerveau des mammifères, formé par une membrane médullaire recourbée, dont les fibres viennent des pyramides, des couches optiques et des corps cannelés, se rapproche peu à peu de celui de l'homme, en présentant plusieurs degrés d'organisation. Les rongeurs et les chéiroptères occupent le dernier rang sous ce rapport; leurs hémisphères ne couvrent pas totalement les tubercules; il y a seulement une scissure de Sylvius superficielle, à peine quelques légers sillons, et point de circonvolutions. Dans les carnassiers, les ruminans, le cochon et le cheval, les hémisphères, beaucoup plus volumineux et plus bombés, couvrent une partie du cervelet; il y a des circonvolutions et des anfractuosités, mais il n'y a point encore de lobes postérieurs. Dans les quadrumanes, les hémisphères couvrent le cervelet, mais le lobe postérieur est encore dépourvu de circonvolutions.

Le corps calleux, formé par le retour vers la ligne médiane des fibres des pédoncules épanouies dans les hémisphères, n'existe point dans les ovipares. Dans les mammifères son étendue est relative à celle des hémisphères, aussi est-il très-petit dans les rongeurs.

Les ventricules latéraux, formés par le reploiement de la membrane nerveuse des hémisphères, sont proportionnés à l'étendue de ceux-ci.

La voûte n'existe point dans les poissons; on trouve les premières traces de ses piliers dans les reptiles, et plus manifestement encore dans les oiseaux. Dans tous les mammifères les piliers sont réunis pour former la voûte; on trouve de plus la cloison transparente et son ventricule : ces parties sont proportionnées à l'étendue des hémisphères.

La corne d'Ammon n'existe que dans le cerveau des mammifères. L'éminence unciforme n'existe dans aucun animal, si ce n'est peut-être dans les quadrumanes.

La glande pituitaire existe chez tous les animaux ; elle est très-volumineuse, relativement à l'encéphale, dans les classes inférieures. La glande pinéale paraît manquer dans la classe des poissons.

Les lobes olfactifs terminent antérieurement l'encéphale. Suivant M. Desmoulins, ce sont ceux qu'on appelle cerveau dans les poissons cartilagineux. Ils égalent le cerveau dans beaucoup de poissons osseux et de reptiles. Ils sont très-petits dans les oiseaux, très-développés et creux dans beaucoup de mammifères, et rudimentaires dans l'espèce humaine.

Les différences principales que le centre nerveux présente dans l'homme sont donc le volume du cervelet et du cerveau, relativement à la moelle, aux tubercules et aux lobes olfactifs; le volume des lobes latéraux du cervelet, relativement au lobe moyen; le volume des hémisphères cérébraux, leur prolongement en arrière; l'existence du lobe postérieur et de ses dépendances; l'épaisseur de la membrane nerveuse qui forme les hémisphères, le volume de sa masse médullaire centrale, le nombre et la profondeur de ses sillons, le nombre et l'épaisseur de ses circonvolutions, d'où résulte une grande étendue de surface; et enfin, l'étendue du corps calleux.

§ 740. Les anciens, à partir de Galien, et beaucoup de modernes, ont regardé le système nerveux comme ayant un centre unique dans l'encéphale, et des prolongemens (la moelle et les nerfs). On a déjà vu que

G. Bartholin avait déplacé le centre nerveux en le fixant dans la moelle épinière; et cela en considérant que les poissons ont une moelle très-volumineuse, et un encéphale très-petit, et que ces animaux ont pourtant une grande force de mouvement. Bichat, développant quelques idées vaguement émises avant lui sur l'action des ganglions, établit deux systèmes nerveux distincts, l'un (cérébral, ou encéphalique et spinal) servant aux sensations avec conscience, à l'intelligence et aux mouvemens volontaires; l'autre, ganglionnaire, servant aux fonctions qui s'exécutent sans conscience et sans volonté: il y plaça toutefois le siége des passions. M. Cuvier regarde plutôt le système nerveux comme un vaste réseau embrassant tout l'animal, ayant des centres multiples et des cordons de communication. M. Gall divise le système nerveux de la vie animale en ceux de la moelle épinière, des sens, et en ceux du cerveau et du cervelet. M. de Blainville considère le système nerveux comme divisé en autant de parties qu'il y a de grandes fonctions, et le définit des amas ou ganglions et des filets, les uns sortans, et allant dans l'organe qu'ils doivent animer, ce qui forme la vie particulière; les autres rentrans, se terminant tous à une masse centrale, établissent la vie générale, les sympathies et les rapports. La partie centrale, suivant cet ingénieux physiologiste, est la moelle épinière; une autre partie comprend les ganglions des sens et des organes du mouvement; une troisième, ceux des viscères, savoir les ganglions cardiaque et semi-lunaire ou cœliaque; une quatrième et dernière comprend le grand sympathique, qui forme un centre aux ganglions viscéraux, et qui, par l'intermède des ganglions sensitifs et moteurs, les rattache à la masse centrale.

Toutes ces divisions, qui peuvent être justifiées par diverses considérations, ne sont pourtant point aussi tranchées, aussi absolues que leurs auteurs le prétendent. Dans l'homme, l'encéphale ou quelqu'une de ses parties, la moelle allongée, là où elle est embrassée par le pont de varole, est certainement un centre auquel les fonctions de toutes les autres parties du système nerveux sont plus ou moins soumises. A la vérité, dans quelques-unes de ses fonctions, la moelle spinale peut aussi être considérée comme un centre peu dépendant; il en est de même des ganglions; il en est de même, enfin, des nerfs; car aucune partie du système n'est réduite au rôle tout-à-fait passif de conducteur. Cette indépendance des nerfs, l'indépendance plus grande encore des ganglions, plus grande encore de la moelle, sont d'ailleurs d'autant plus marquées, qu'il s'agit de telle ou de telle fonction, qu'on les observe dans tel ou tel animal, et que dans l'homme même on les observe à des époques plus ou moins avancées du développement. On trouvera plus loin le développement de ces propositions, qu'on peut regarder comme des lois de l'innervation.

Il suffit pour le moment de faire remarquer qu'il n'y a point de séparation absolue entre les parties du système nerveux. Nous allons le considérer successivement dans son ensemble et dans ses principales parties, renvoyant les détails à la névrologie spéciale.

PREMIÈRE SECTION.

DU SYSTÈME NERVEUX EN GÉNÉRAL.

§ 741. Le système nerveux [1] forme un tout continu ou un ensemble rameux et réticulé, dont toutes les parties se tiennent.

§ 742. Ce système consiste en une masse centrale, en cordons nerveux et en ganglions.

La masse nerveuse centrale, qui n'a point reçu de nom propre, et que l'on désigne sous le nom de cerveau en général, et quelquefois sous celui d'axe nerveux, d'organe cérébro-spinal, consiste elle-même en plusieurs parties que l'on distingue, par leur situation, en moelle épinière ou cordon rachidien (Ῥαχίτης μυελός) et en encéphale (Ἐγκέφαλος); par leur forme et leur texture, en moelle nerveuse et en cerveau, cervelet, et tubercules quadrijumeaux; les lobes olfactifs rudimentaires sont regardés comme des nerfs.

[1] Th. Willis, *Cerebri anatome nervorumque descriptio et usus*; *Genevæ*, 1676. — R. Vieussens, *Neurographia universalis*; *Lugd.*, 1684. — G. Prochaska, *de Structurâ nervorum tract. anat.*; *Ejusd. Commentatio de function. system. nerv.*; in *op. minor.* — Vicq-d'Azyr, Rech. sur la struct. du cerveau, du cervelet, de la moelle allongée, de la moelle épinière, et sur l'origine des nerfs, etc.; *in* Mém. de l'Acad. des Sc. de Paris, 1781 et 1783. — A. Monro, *Observ. on the nervous system; Edinb.*, 1783. — Ludwig, *Scriptores nevrologici minores selecti, etc.*; *Lipsiæ*, 1791-95, 4°. — F. G. Gall et Spurzheim, Rech. sur le système nerv. en général, et sur celui de cerveau en particulier; Paris, 1809. — Rolando, *Saggio sulla vera struttura del cevrello dell' uomo e degli animali, e sopra le funzioni del sistema nervoso*; Sassari, 1809. — Carus, *Anat. und physiol. des nerven systems*; Leipzig, 1814.

La moelle est un gros cordon impair et médian, divisé par un double sillon en deux moitiés latérales, et par l'insertion des ligamens dentelés en faisceaux antérieurs et postérieurs. Ce cordon, contenu en grande partie dans le canal vertébral, est prolongé dans le crâne, et porte là le nom de moelle allongée ou crânienne. Dans cette dernière partie, outre les faisceaux antérieur et postérieur, il y a de chaque côté un faisceau latéral ou moyen.

Les faisceaux moyens, renforcés par les éminences olivaires, se prolongent, pour la plus grande partie, dans les tubercules quadrijumeaux, et s'y terminent. Les faisceaux postérieurs, après s'être renforcés dans le corps festonné ou rhomboïdal, s'épanouissent dans le cervelet et le forment; se prolongeant au-delà, ils se réunissent d'une part sur la ligne médiane, sous la moelle allongée, où ils forment la protubérance annulaire ou le pont de varole, et d'un autre côté s'unissent avec les tubercules quadrijumeaux. Les faisceaux antérieurs, après s'être entre-croisés, réunis à une partie des latéraux, renforcés dans les couches optiques et les corps striés, s'épanouissent en rayonnant pour former les hémisphères du cerveau, et se rejoignent sur la ligne médiane dans le corps calleux.

Les cordons nerveux ou les nerfs, au nombre de quarante et quelques paires, tiennent à la moelle par une extrémité; ils présentent un certain nombre de plexus où ils communiquent entre eux; des ganglions nombreux se rencontrent dans leur trajet; les cordons se terminent par une autre extrémité dans les deux tégumens, dans les organes des sens, dans les muscles, et dans les parois des vaisseaux, surtout dans l'épaisseur des artères.

§ 743. La forme du système nerveux est, en général, symétrique ; la symétrie est surtout très-marquée dans les parties centrales, plus encore dans la moelle que dans l'encéphale, où la surface des lobes du cerveau et du cervelet présente toujours des irrégularités. Les nerfs qui tiennent immédiatement à la moelle sont tous symétriques, excepté le pneumo-gastrique, qui se distribue à des organes asymétriques : tous cependant cessent d'être, dans leurs dernières divisions, aussi rigoureusement symétriques que dans leurs troncs. Les ganglions et les nerfs qui appartiennent aux organes asymétriques des fonctions végétatives participent dès leurs parties centrales, mais surtout dans leurs divisions et à leurs extrémités périphériques, à l'irrégularité de ces organes.

§ 744. La situation du système nerveux est intérieure et centrale pour ses masses, profonde encore pour les cordons nerveux : les extrémités seules de ces cordons aboutissent aux surfaces du corps, aux deux tégumens.

§ 745. Le système nerveux est formé de deux substances distinguées, par leur couleur et leur situation respective, en blanche ou médullaire, et en grise ou corticale.

§ 746. La substance nerveuse blanche, appelée aussi médullaire, *medullaris*, parce que, le plus souvent, elle est enveloppée par l'autre, présente plusieurs nuances de blanc.

Sa consistance varie un peu dans les différentes parties. Elle est en général moins élastique que de la gélatine, mais un peu plus glutineuse, visqueuse ou tenace. La section est uniforme en couleur, et en apparence homogène : on y aperçoit seulement des points rouges ou des stries sanguines. En effet, cette substance est très-vasculaire; quand on la déchire, les vaisseaux sanguins rompus font saillie à la surface inégale de la déchirure.

La substance nerveuse blanche, trempée pendant quelques minutes dans l'huile bouillante, ou plongée pendant quelques jours dans l'alcohol, dans les acides nitrique ou muriatique affaiblis, dans l'alcohol acidulé, ou dans une solution de sublimé corrosif, augmente en consistance; et si on essaie alors de la distendre et de la rompre dans un sens ou dans un autre, on voit qu'elle offre une apparence fibreuse. On peut en séparer des filamens blancs, fins comme des cheveux. Les fibrilles les plus fines qu'on puisse obtenir sont si délicates et si étroitement unies entre elles, qu'il est très-difficile de rien assurer touchant leur longueur et le diamètre des plus fines ou des fibrilles primitives. Ces fibrilles, parallèles ou concentriques, sont réunies en faisceaux qui ont, les uns à l'égard des autres, diverses directions. On ne sait pas exactement si cette disposition fibreuse existe dans tout le système nerveux; seulement on l'a trouvée partout où on l'a cherchée, et toujours on l'a retrouvée la même dans les mêmes parties.

Cette structure fibreuse est visible dans quelques parties du système nerveux sans aucune préparation; presque partout on trouve plus de difficulté à déchirer cette substance dans un sens que dans l'autre, et précisément dans le sens suivant lequel les préparations chimiques indiquées montrent la direction des fibres.

La substance nerveuse blanche, desséchée, acquiert une couleur jaunâtre et une apparence cornée; coupée en tranches minces, elle devient demi-transparente; plongée dans l'eau, elle reprend sa couleur et son opacité.

§ 747. La substance grise [1], *cinerea*, appelée aussi corticale parce qu'elle enveloppe dans beaucoup d'endroits la précédente, présente comme elle, et même plus encore, des variétés de nuance : elle varie du gris de plomb à la teinte brune noirâtre. Cette substance est toujours plus molle que la blanche. La surface de son incision est uniforme, et présente seulement des points et des stries rouges, plus nombreux encore que dans la substance médullaire. Cette substance, en effet, est, en quelques points au moins, beaucoup plus vasculaire que la blanche. Celle qui forme l'écorce du cerveau et du cervelet contient tant de vaisseaux, que lorsqu'elle a été bien injectée, et macérée ensuite, elle paraît au microscope entièrement vasculaire. Albinus [2] cependant affirme, et avec raison, que dans ce cas même il reste évidemment une partie non injectable ou extra-vasculaire. La substance grise, soumise aux mêmes préparations chimiques que la substance blanche, ne présente pas dans sa déchirure une apparence fibreuse tout-à-fait semblable à la sienne. Soumise à l'action de l'eau, la substance nerveuse grise devient plus molle, se gonfle un peu, et perd une grande partie de sa couleur. Les acides, l'alcohol, et surtout le sublimé corrosif, la blanchissent aussi en la durcissant; desséchée ensuite, elle devient pulvérulente. La couleur, un peu variable suivant les races et les individus, paraît être un produit de la matière colorante du sang.

§ 748. Les deux substances nerveuses sont diversement entremêlées l'une avec l'autre dans les diverses parties du système nerveux : dans les lobes ou hémi-

1 Ludwig, *de Cinerea cerebri substantia. Acad. annot., lib. I, cap. 12.*

sphères du cerveau et du cervelet, la substance grise forme une enveloppe ou une écorce à la blanche; dans la moelle épinière, la substance grise forme deux cordons intérieurs, enveloppés par la substance blanche; dans la moelle allongée et dans les pédoncules du cerveau et du cervelet, on trouve des amas ou noyaux de substance grise, enveloppés de substance blanche, des lames ou couches alternatives des deux substances, des cordons ou fibres de l'une et de l'autre, qui se croisent ou se traversent réciproquement; dans les ganglions, une substance grise particulière, traversée par des fibres blanches; dans les nerfs, enfin, des fibres blanches seulement.

La substance blanche forme seule un tout continu. La substance grise, au contraire, ne se rencontre que par places; on la trouve partout où sont implantées les extrémités centrales des nerfs; on a supposé même qu'elle existait aussi à leur extrémité périphérique, et notamment dans le corps muqueux de la peau; on la trouve encore là où les fibres blanches prennent de l'accroissement et semblent s'épanouir, comme dans les pédoncules du cerveau et du cervelet; on la trouve enfin à la surface du cervelet, du cerveau; on a cru même, mais sans preuve, qu'elle existait dans les ganglions.

La texture fibreuse de la substance nerveuse avait déjà été aperçue dans la substance blanche par Malpighi, mais il regardait la substance grise comme *glanduleuse.*

Cette idée de Malpighi sur la substance grise, a été long-temps admise conjointement avec l'opinion hypothétique que les nerfs sont creux ou canaliculés. On a substitué ensuite à l'idée de Malpighi sur la substance grise, celles d'un point d'origine (Gall), et d'un centre d'action (Ludwig), etc.

§ 749. La substance nerveuse, soit blanche, soit grise, examinée au microscope [1], et grossie d'environ trois cents diamètres, paraît dans toutes ses parties composée de globules demi-diaphanes, réunis par une substance transparente et visqueuse. Ces globules ont paru à Dellatorre différens en volume dans le cerveau, le cervelet, la moelle et les nerfs, les plus gros étant dans le cerveau, et les plus fins dans les nerfs; ces globules lui ont paru entassés sans ordre dans la masse nerveuse centrale, et en séries linéaires dans les nerfs; quant au liquide dans lequel ils sont contenus, il lui a paru peu visqueux dans l'encéphale, plus dans la moelle épinière, et plus encore dans les nerfs. Ces globules et le liquide dans lequel ils sont plongés, fournis et réparés continuellement par l'abord du sang artériel, se porteraient, suivant lui, du cerveau, comme d'un centre, à tout le corps, et réciproquement; leur flux du cerveau aux muscles déterminerait le mouvement, leur reflux des sens au cerveau produirait le sentiment. Cette explication inadmissible doit être séparée de l'observation anatomique assez exacte sur laquelle elle repose.

Prochaska ayant examiné au microscope une lame de substance nerveuse assez mince pour être transparente, a trouvé qu'elle ressemblait à une sorte de pulpe formée de globules ou particules rondes innombrables; par l'action de l'eau cette pulpe se divise en petits flocons, et chaque flocule est encore composé d'un certain nombre de globules; la macération, prolongée

[1] J. M. Dellatorre, *Nuove osserv. micros.; in* Napoli, 1776. — Prochaska, *de Struct. nervor.* — J. et Ch. Wenzell, *de Penitiori struct. cerebri;* Tubing., 1812. — A. Barba, *Osserv. microsc. sul cervello e sulle parti adjacenti;* Napoli, 1807. — Home et Bauer, *Philos. trans.;* ann. 1821.

même pendant trois mois, est insuffisante pour séparer les globules les uns des autres. Il en conclut que le moyen d'union est un tissu cellulaire délicat, formé en partie par les vaisseaux sanguins, et en partie par des prolongemens de l'enveloppe du système nerveux : les globules lui ont paru de volume différent dans une même partie du système ; il évalue le volume de ceux du cerveau et du cervelet à environ un huitième de celui des globules du sang ; quant à la structure des globules eux-mêmes, les plus puissans microscopes n'apprennent rien à ce sujet.

Barba a observé les globules, et n'a pas trouvé de différence dans la substance qui les réunit entre eux dans les différentes parties du système nerveux.

Les frères Wenzell ont ajouté quelques observations à celles-là ; ils ont trouvé la substance nerveuse partout formée de globules qu'ils regardent comme des vésicules remplies de substance médullaire ou cendrée, suivant les parties ; les globules semblent se toucher ou adhérer, et on n'aperçoit rien entre eux. Cette apparence globulaire résiste à la dessiccation, à l'action de l'alcohol, soit pur, soit acidulé.

MM. Home et Bauer ont publié deux résultats différens d'observations microscopiques : suivant leurs premières recherches, le cerveau frais serait composé de fibres formées par la réunion de globules d'un diamètre à peu près semblable à ceux du pus. Suivant leurs nouvelles observations, la substance nerveuse serait composée de globules blancs, demi-transparens ; les uns du volume de ceux qui forment le noyau des particules colorées du sang, les autres plus petits ; de substance gélatineuse, transparente et soluble dans l'eau, et d'un liquide semblable au sérum du sang : la proportion de ces trois parties, les globules, la gelée et le sérum, ainsi que le volume des globules, donneraient lieu aux principales différences que présente le système nerveux. La substance grise présente peu de fibres uniglobulaires distinctes, elle est formée surtout de très-petits globules; la substance gélatineuse et le liquide séreux y sont très-abondans. La substance médullaire des hémisphères du cerveau et du cervelet contient des fibres formées de séries linéaires de globules plus distinctes, plus abondantes; la majeure partie des globules qui les composent sont d'un diamètre plus grand : la substance gélatineuse est plus tenace et en moindre proportion que dans la substance grise. Le corps calleux et le bulbe rachidien ont surtout des globules d'un diamètre moyen, la substance gélatineuse et le sérum sont plus abondans que dans les hémisphères, et la première est moins tenace. Dans les nerfs on trouve des globules de tous les diamètres réunis en fibres, et celles-ci en faisceaux. La matière gélatineuse dont il s'agit ici se retrouverait dans le sang, où elle servirait de moyen d'union aux particules de la matière colorante qui entoure les globules.

M. H. M. Edwards publie [1] dans ce moment des observations microscopiques d'après lesquelles la substance nerveuse de l'encéphale, de la moelle, des nerfs, dans les quatre classes de vertèbres, est composée de globules microscopiques de 1/300 de millimètre réunis en séries de manière à former des fibres primitives dont la longueur est assez considérable.

J'ai vérifié ces observations dont l'importance est

[1] Mémoire sur la structure élémentaire des principaux tissus organiques des animaux : Thèse; Paris, 30 juillet 1823.

d'autant plus grande, que l'on trouve des globules semblables, mais arrangés un peu différemment, dans tous les tissus des animaux.

Suivant M. Carus, les globules nerveux sont disposés en amas dans les masses centrales qui agissent par irradiation, et en lignes régulières dans les nerfs qui n'agissent que comme conducteurs.

§ 750. Le tissu cellulaire qui réunit entre elles les fibrilles nerveuses est mou et peu apparent. Ce tissu est plus condensé à la surface, où, réuni aux vaisseaux, il forme une membrane plus ou moins dense, plus ou moins vasculaire; unique pour les nerfs (névrilème), double autour du centre nerveux (pie-mère et méninge), avec un intervalle à parois contiguës établi par une membrane séreuse (l'arachnoïde).

§ 751. Les vaisseaux sanguins du système nerveux sont très-nombreux. Ils se ramifient d'abord beaucoup dans l'enveloppe immédiate de ce tissu (névrilème et pie-mère); ils pénètrent ensuite dans la substance grise, où ils sont extrêmement abondans; ils pénètrent enfin dans la substance blanche, où ils sont beaucoup plus fins et moins nombreux. On ne connaît point de vaisseaux lymphatiques dans le système nerveux.

§ 752. La substance nerveuse a été examinée sous le rapport chimique par Thouret, Fourcroy et M. Vauquelin.

L'analyse du cerveau, faite par M. Vauquelin, a donné les résultats suivans : eau 80,00; matière grasse blanche 4,53; matière grasse rougeâtre 0,70; albumine 7,00; osmazome 1,12; phosphore 1,50; acides, sels et soufre 5,15.

D'après les expériences de cet habile chimiste, la

moelle et les nerfs auraient la même composition que le cerveau.

M. John a reconnu que la substance grise ne contient point de phosphore.

M. Chevreul a trouvé dans le sang une matière caractéristique de la substance nerveuse : la cérébrine.

§ 753. Les propriétés vitales du système nerveux le distinguent essentiellement de tous les autres genres d'organes ; outre la faculté commune à toutes les parties des corps vivans de se nourrir, il possède une autre propriété active, tout-à-fait spéciale, qu'on appelle force nerveuse, puissance nerveuse, influence nerveuse ; elle se manifeste par les fonctions de ce système, désignées sous le nom collectif d'innervation.

§ 754. L'innervation [1], beaucoup trop restreinte par ceux qui la bornent à la sensation et à la volition, tient sous sa dépendance, d'une manière plus ou moins directe, tous les phénomènes de la vie. Les physiologistes modernes, en constatant cette prééminence du système nerveux, ont mis à même, en s'appuyant sur les observations d'anatomie et de physiologie comparatives, sur les observations de l'embryogénésie, et sur les observations et les expériences physiologiques et pathologiques, d'établir quelques lois de l'innervation. En général le système nerveux a d'autant plus d'influence sur le reste de l'organisme, que l'animal plus élevé dans la série a ce système plus développé. Dans l'espèce humaine

1 Rolando, *op. cit.*, et Journal de physiologie, t. III. — Georget, de la Physiologie du système nerveux, etc. ; Paris, 1821. — Flourens, Recherches physiques sur les propriétés et les fonctions du système nerveux, etc. ; *in* archives générales de médecine, vol. II. — Fodéré, Recher. expériment. sur le système nerveux ; *in* Journ. de physiol., tom. III.

le système nerveux a d'autant plus d'influence sur les fonctions, que l'individu plus éloigné de l'état d'embryon a également ce système plus perfectionné. L'influence de l'innervation sur une autre fonction est d'autant plus marquée, que cette fonction s'éloigne davantage du but des fonctions végétatives. L'influence du centre nerveux sur le reste du système est d'autant plus grande et plus nécessaire, que le centre est plus développé, plus volumineux relativement au reste du système, et surtout que les parties diverses de la masse centrale sont plus exactement rassemblées vers un point unique : c'est sous ce dernier rapport surtout que le système nerveux de l'homme diffère de celui des animaux.

§ 755. Les opérations mentales les plus élevées s'exercent sur des résultats, et se manifestent par l'intermédiaire de l'action nerveuse ; il est donc vrai de dire que *l'homme est une intelligence servie par des organes.*

Les actions de combinaison, intermédiaires à la sensation et à la volition, qui constituent une apparence d'intelligence, ou l'instinct perfectionné des animaux vertébrés, appartiennent aussi à l'innervation.

L'instinct le plus borné, qui, dans tous les animaux, même les plus imparfaits, lie nécessairement certains mouvemens à certaines sensations, est encore une action nerveuse.

La sensation et la volition, quels que soient les phénomènes intermédiaires, sont encore des actions du même genre.

Les phénomènes d'irritation, c'est-à-dire l'impression non sentie et le mouvement involontaire, sont eux-mêmes plus ou moins dépendans de l'action nerveuse. Dans le canal intestinal, le cœur, etc., ordinairement l'impression n'est pas sentie, et la contraction musculaire n'est pas voulue, mais déjà pourtant le système nerveux intervient; car si dans l'ordre régulier l'impression ne va pas au-delà des ganglions, et si la contraction musculaire en est le résultat nécessaire, caractère de l'irritabilité, dans certains cas d'impression extraordinaire la sensation en résulte ; et de même, quand la volonté est troublée par les passions, les mouvemens musculaires intérieurs s'en ressentent. Dans les vaisseaux, et particulièrement dans les artérioles, l'action nerveuse est très-évidente. Dans le tissu cellulaire l'impression et la contraction étroitement liées, et désignées par le nom unique de tonicité, paraissent peu dépendantes du système nerveux, mais n'y sont pourtant point étrangères.

L'influence nerveuse n'est point limitée aux seuls organes ou parties solides, le sang [1] en éprouve les effets.

§ 756. Les fonctions de formation et d'entretien, c'est-à-dire les fonctions nutritives et génitales, sont aussi toutes plus ou moins dépendantes de l'innervation.

La digestion [2], non-seulement les sensations et les mouvemens qui ont lieu à l'entrée de ses organes, mais l'action même de l'estomac, est soumise à l'innervation; on sait depuis assez long-temps déjà que la section des nerfs de l'estomac ôte à cet organe la faculté de digérer et de pousser les alimens dans les intestins.

[1] G. A. Treviranus, *Biologia*, B. 4, page 646. — *Idem*, *Vermischte Schriften*, etc. B. I, page 99.

[2] A. Brunn, *Experim. circa ligat. nervorum.* — Vavasseur, de l'Influence du système nerveux sur la digestion stomacale : Thèse ; Paris, 12 août 1823.

La respiration n'est pas moins soumise à l'influence nerveuse ; la section des nerfs du poumon détermine bientôt l'asphyxie et la mort.

La circulation, surtout l'action du cœur et des artères capillaires, est également sous la même influence.

La sécrétion est évidemment aussi sous l'influence de l'innervation. Des expériences directes montrent que la section des nerfs d'un organe y suspend la sécrétion. L'inhalation ou absorption est également modifiée par l'action nerveuse. La nutrition ou formation organique, sans être un résultat immédiat de la force nerveuse, est pourtant soumise à son influence. La chaleur animale en est plus évidemment encore dépendante. Les expériences physiologiques de MM. Brodie et Chossat ont mis hors de doute cette influence : les expériences chimiques et physiologiques de MM. Dulong et Despretz ont démontré que cette chaleur ne pouvait pas dépendre tout entière de la respiration.

On voit de même dans la génération les sensations et les mouvemens volontaires qui l'accompagnent, les mouvemens d'irritation, les phénomènes de sécrétion du sperme et de formation des ovules, ceux de la nutrition et de l'accroissement de l'œuf fécondé, être tous, mais plus ou moins directement, soumis à l'action nerveuse.

§ 757. La sympathie ou la coexistence de deux phénomènes de formation, d'irritation, de sensation ou de volition, dans des parties différentes, et par l'action d'un seul agent, fait le plus extraordinaire de l'organisme, est encore un effet de l'action nerveuse.

§ 758. Quel rapport existe-t-il entre les diverses parties du système nerveux relativement à ses fonctions ? Y a-t-il un seul centre, soit la moelle, soit l'encéphale ?

ou bien y a-t-il deux centres, savoir : un cérébral et un ganglionnaire? ou bien enfin y a-t-il autant de centres distincts qu'il y a d'organes principaux ou de grandes fonctions? Ces opinions, toutes fondées sur des observations, sont toutes vraies dans de certaines limites.

Dans l'homme adulte, le système nerveux forme un système unique dont toutes les parties concourent à l'action de l'ensemble, à l'innervation, mais en outre chacune à sa fonction propre. Ainsi le cerveau et le cervelet, outre leurs fonctions particulières, augmentent l'énergie de la moelle, celle-ci augmente celle des nerfs. Dans l'homme adulte, l'encéphale, et plus précisément encore le mésocéphale, c'est-à-dire l'extrémité crânienne de la moelle, l'endroit d'où naissent les pédoncules du cervelet et du cerveau, est vraiment le centre d'action du système nerveux.

§ 759. Quel rapport existe-t-il entre les deux substances du système nerveux, et quel est leur usage particulier?

M. Gall regarde la substance grise comme la substance matrice des nerfs, comme une couche fertile dans laquelle les nerfs sont enracinés, et d'où dépend leur nutrition et leur accroissement. Si M. Gall avait entendu par-là qu'il y eût une véritable production ou végétation, il aurait tort : car d'une part aucune partie n'est le produit de l'autre, toutes sont déposées par les vaisseaux chacune à leur place; et d'un autre côté la substance blanche apparaît avant la grise, soit dans le règne animal, soit dans l'embryon. S'il n'a voulu parler que d'une implantation il a eu raison. On doit regarder avec Ludwig, M. Gall, M. Carus et M. Tiedemann, la substance grise comme un centre d'activité, comme fortifiant l'action des parties blanches qui y sont implantées, en tant surtout qu'elle produit cet effet par la grande quantité de sang artériel qui la parcourt. Cette substance abonde dans la moelle, là où tiennent les plus gros nerfs; elle abonde également dans le corps rhomboïdal du cervelet, et dans les corps optiques et cannelés du cerveau, ainsi qu'à la surface de ces deux organes dans l'homme.

§ 760. Quelle est la fonction particulière de chacune des parties du système nerveux?

Les nerfs (Sect. II) conduisent les impressions des surfaces vers le centre, et le principe des mouvemens du centre vers les muscles et les vaisseaux.

Les ganglions (Sect. III), à raison de la quantité de sang qui s'y distribue, et à raison de leur texture particulière, modifient l'action nerveuse.

La masse nerveuse centrale remplit les parties les plus importantes de la fonction d'innervation; elle est l'instrument de l'intelligence.

Les actions de combinaison, intermédiaires aux sensations et aux volitions, sont aussi des fonctions de l'encéphale.

L'instinct, également intermédiaire à ces deux ordres de phénomènes, s'il est attaché à une partie nerveuse spéciale, a probablement son siége dans la partie supérieure de la moelle.

On s'est souvent occupé de déterminer, par l'observation et par l'expérimentation, le siége organique de la sensation et de la volition.

M. Rolando regarde les hémisphères du cerveau comme le siége de ces deux actions, et le cervelet comme l'organe qui envoie aux muscles le principe moteur sous la direction du cerveau.

Suivant M. Flourens, la moelle, à l'endroit où elle est surmontée des tubercules quadrijumeaux, serait le point commun d'arrivée des sensations, et de départ de l'influence nerveuse des mouvemens musculaires. Le cervelet, suivant ce physiologiste, serait le balancier ou le coordonnateur des mouvemens; suivant lui l'ablation du cervelet rend l'animal incapable d'agir d'une manière régulière et coordonnée pour la station et pour la locomotion.

M. Magendie, se fondant sur les expériences de Lorry, de Legallois, et sur les siennes propres, pense que la sensibilité est inhérente à la moelle épinière. Cet habile physiologiste est d'avis que la volonté ou la faculté de déterminer les mouvemens musculaires réside dans la partie la plus élevée de la moelle crânienne, jusque dans les tubercules optiques et les pédoncules du cerveau; que les tubercules optiques sont nécessaires aux mouvemens latéraux; que les hémisphères cérébraux sont nécessaires pour la production du mouvement en avant, et le cervelet pour le mouvement contraire. La soustraction de l'un ou de l'autre de ces organes supprime son action, et détermine l'action irrésistible de l'autre; la soustraction d'une couche optique détermine un mouvement de tournoiement.

MM. Foville et Pinel Grandchamps ont été conduits par des observations d'anatomie morbide, auxquelles ils ont joint des expériences sur les animaux, à établir le siége de la sensibilité dans le cervelet, et celui du mouvement volontaire dans la substance médullaire des hémisphères; la partie antérieure et le corps strié pour le membre abdominal, la couche optique et la partie postérieure de l'hémisphère pour le membre supérieur.

M. Dugès [1], par un rapprochement ingénieux de faits physiologiques et pathologiques, place également le siége de la sensibilité dans le cervelet, et celui du mouvement volontaire dans les hémisphères du cerveau, en admettant que la sensation est transmise directement au côté du cervelet correspondant à l'impression ; au contraire, comme on le sait depuis long-temps, la volition est transmise d'un côté du cerveau au côté opposé du corps.

Ces diverses opinions, qui se contredisent en quelques points, reposent les unes et les autres sur des faits plus ou moins bien observés ; de nouveaux faits sont nécessaires pour dissiper les incertitudes qui restent encore sur ce sujet.

La transmission du sentiment a lieu par la partie postérieure de la moelle épinière, et celle du mouvement par sa partie antérieure. Il y a, comme on le verra plus loin, des nerfs spéciaux pour chacune de ces fonctions.

La moelle, qui dans ces fonctions ne remplit que le rôle de conducteur, est le siége ou l'origine du principe de l'irritabilité. Si l'on divise à sa partie moyenne la moelle épinière d'un animal vivant, la partie postérieure du corps devient insensible et immobile. Si l'on irrite la peau de cette partie du corps, l'irritation non sentie détermine des mouvemens involontaires dans les muscles de cette partie. Si la moelle est enlevée, et par-là les connexions centrales des nerfs détruites, on ne pourra plus déterminer de mouvemens en irritant la peau.

La circulation est sous l'influence de la moelle tout

[1] Mémoire inédit.

entière, et de tous les nerfs moteurs qui y tiennent; l'action particulière du cœur aussi, mais médiatement, et immédiatement sous l'influence du nerf sympathique. La respiration est sous la direction de la partie supérieure et latérale de la moelle; la digestion sous l'influence combinée des nerfs vague et sympathique.

La sécrétion, l'absorption, la chaleur vitale et la nutrition, sous l'influence de toutes les parties du système nerveux.

§ 761. On ne sait rien sur la manière dont le système nerveux produit l'innervation. Ce fait échappant à l'observation, une foule d'hypothèses ont été proposées : elles ont varié avec les doctrines dominantes à chaque époque.

On a essayé d'expliquer l'action nerveuse par des hypothèses mécaniques, soit en supposant que les fibres nerveuses pouvaient vibrer à la manière des cordes, soit en admettant seulement de pareilles vibrations dans leurs fibrilles élémentaires, ou dans des fibrilles spirales qu'on y supposait, ou enfin par un ébranlement dans les globules élastiques dont on y avait deviné l'existence.

On a fondé d'autres explications sur la supposition d'un fluide nerveux, soit grossier et visible, soit plus généralement un fluide incoercible ; et, dans cette dernière supposition, on l'a tantôt appelé éther, tantôt phlogistique ou magnétique, lumineux, électrique ; en dernier lieu galvanique, suivant les objets qui ont fixé à diverses époques l'attention des physiciens.

Reil a proposé à ce sujet une hypothèse qui consiste à faire dériver l'action nerveuse d'un procédé chimico-vital. Il attribue en général l'action des parties organiques à leur forme et à leur composition. La forme et la composition des parties organiques étant changées, leur action l'est toujours; et toutes les fois que l'action est changée, il y a des changemens observables dans les parties ; de sorte qu'en règle générale, le changement d'action est la conséquence d'un changement de composition des parties : l'action nerveuse suppose donc un changement dans la substance nerveuse. Ce qui paraît surtout favorable à cette hypothèse de Reil, c'est l'abondance de sang artériel qui se distribue dans le système nerveux, et surtout dans la substance grise, dont le volume est toujours relatif à l'activité nerveuse (§ 759).

§ 762. On pourrait, indépendamment de toute hypothèse, considérer l'action nerveuse comme un fait général, et en observer les phénomènes et les conditions. Les phénomènes de l'innervation ne sont pas sensibles dans le nerf, comme ceux de la contraction musculaire dans le muscle : on n'y voit rien ; cependant quelques faits semblent indiquer qu'il y a pour la sensation un mouvement quelconque dans la substance nerveuse en action. La sensation résultant de l'impression faite par la lumière sur l'œil n'est pas instantanée ; l'ébranlement ou la pression de l'œil dans l'obscurité donne lieu à la sensation de lumière, etc. Beaucoup d'autres faits rassemblés par Darwin sembleraient indiquer qu'il y a dans la sensation un mouvement moléculaire de la substance nerveuse qui n'est pas instantané. D'un autre côté, beaucoup de faits semblent indiquer que le système nerveux est l'organe formateur et conducteur d'un agent impondérable analogue à l'agent électrique ou galvanique. Cet agent de l'innervation, dont l'existence a été prévue par Reil, reconnue par M. de Humboldt et par Aldini, admise et soutenue avec tant de talent par M. Cuvier, permet d'expliquer facilement tous les phénomènes de l'innervation, et notamment le rapport qui existe entre l'action nerveuse engourdissante des poissons électriques et les phénomènes galvaniques d'une part, et l'action nerveuse ordinaire de l'autre; la possibilité de déterminer des phénomènes galvaniques avec des nerfs et des muscles seuls; la possibilité de déterminer des contractions musculaires, l'action chimifiante de l'estomac, l'action respiratoire du poumon, etc., en remplaçant l'influence nerveuse par l'action galvanique; l'existence d'une atmosphère nerveuse, agissant à distance autour des nerfs et des muscles, et à travers la solution de continuité des nerfs divisés; le plissement qui s'opère dans la fibre musculaire en contraction, et le rapport des dernières fibrilles nerveuses transverses avec ces plis, phénomène d'innervation qui se rapproche de certains phénomènes électro-magnétiques, etc.

Ces opinions ont paru si vraisemblables à M. Rolando, qu'il a cherché la source de l'agent nerveux de la contraction dans le cervelet, qui, à raison de ses lames, lui a paru devoir agir à la manière d'une pile de Volta, et qu'il a admis dans la sensation un mouvement moléculaire de la pulpe.

Quoi qu'il en soit, la force nerveuse s'affaiblit et s'épuise par les opérations intellectuelles, par le travail des sens, des muscles et de l'encéphale, et plus encore par la douleur; elle se répare par le repos, l'alimentation et le sommeil. Son énergie, en général et en particulier, est relative à la masse du système nerveux tout entier et de ses parties, et surtout à la masse de la substance grise, qui est la plus vasculaire; elle est relative aussi à l'étendue des surfaces. Elle persiste quelque temps après la mort dans les nerfs et dans les muscles.

Cette force semble résulter de l'action d'un fluide subtil, formé par l'action organique de la substance nerveuse arrosée par le sang artériel. Il paraît que ce fluide est formé partout, mais surtout là où la substance nerveuse grise et vasculaire est amassée. Ce liquide subtil semble parcourir l'intérieur et la surface des nerfs, leur former une atmosphère, et, au-delà de leurs extrémités, pénétrer ou imprégner tous les organes et les humeurs elles-mêmes. Le sang particulièrement paraît être pénétré du même fluide, et lui devoir les propriétés essentielles qui le distinguent pendant la vie.

Cependant le sang artériel fournit au système nerveux la matière de son action; aussi l'abord du sang artériel est une condition de cette action.

L'asphyxie, dont on a tant cherché la cause dans l'interruption du passage du sang à travers le poumon (Haller), dans l'arrivée du sang, resté veineux dans le ventricule gauche (Godwin), dans la pénétration de ce sang dans la substance musculaire du cœur (Bichat), résulte bien plutôt de la pénétration du sang brun dans la substance nerveuse; de même la syncope dépend de l'interruption de l'innervation du cœur : la vie étant essentiellement liée à l'action réciproque du sang sur la substance nerveuse, et de la substance nerveuse sur le sang.

L'agent nerveux résulte-t-il directement et uniquement de l'action réciproque du sang et de la substance nerveuse? est-il puisé au dehors? peut-il passer d'un individu à un autre? résulte-t-il de l'opposition des substances blanche et grise? de l'action de la fibre nerveuse sur la fibre musculaire? L'action nerveuse serait alors comparable à une décharge électrique.

§ 763. L'action nerveuse est excitée ou mise en jeu par des stimulans externes ou internes.

§ 764. Les premiers momens de la formation et du

développement du système nerveux ne peuvent être saisis par l'observation. Ce système existe-t-il dès le commencement, et la génération ne résulte-t-elle que de la réunion du système cellulo-vasculaire fourni par la mère, et du système nerveux fourni par le mâle (Rolando)? Le système nerveux commence-t-il par la formation du ganglion cardiaque, et se développe-t-il successivement par le nerf grand sympathique et le reste du système (Ackermann)?

Ce que l'observation a appris, c'est que les nerfs et les ganglions spinaux se forment avant la moelle, et celle-ci avant l'encéphale, c'est-à-dire, avant le cervelet, les tubercules et le cerveau.

La moelle, d'abord ouverte en arrière comme une gouttière, puis creuse comme un canal, par le rapprochement de ses bords, devient à la fin solide. Elle occupe d'abord toute la longueur du canal vertébral. La substance blanche qui en forme l'extérieur se dépose la première; la substance grise, en se déposant ensuite à l'intérieur, en remplit la cavité.

Le cervelet, les tubercules et le cerveau, qui ne constituent d'abord que des parties plus larges de la gouttière de la moelle, se renversent, se rencontrent, s'unissent sur la ligne médiane, en présentant dans les diverses phases de leur développement la plus exacte ressemblance avec les mêmes parties des poissons, des reptiles, des oiseaux et des mammifères, en remontant des rongeurs vers les quadrumanes (§ 739).

Dans le cerveau, comme dans le reste de l'encéphale,

1. Ackermann, *de Systematis nervei primordiis*; Heidelb., 1813. — Tiedemann, *op cit*.

et comme dans la moelle, l'accroissement en épaisseur se fait simultanément et à l'extérieur et à l'intérieur. C'est par-là qu'il faut expliquer, avec M. Desmoulins, l'existence d'une cavité que l'on trouve, à l'âge fœtal, dans l'épaisseur du centre ovale de Vieusseus, entre la couche intérieure et la couche extérieure de la voûte des ventricules latéraux.

Dans l'encéphale comme dans la moelle, la substance grise ne se forme qu'après la blanche, et même après seulement que les fibres de cette dernière se sont réunies par des commissures sur la ligne médiane.

Après la naissance, l'accroissement du système nerveux, si rapide jusque-là, se ralentit beaucoup : après l'oreille interne et l'œil, c'est la partie du corps qui croît alors le plus lentement.

Dans la vieillesse, le système nerveux éprouve une diminution sensible de volume, qui se manifeste dans l'encéphale par le rétrécissement du crâne [1], et que l'on peut constater aussi en mesurant la moelle.

§ 765. Le système nerveux est sujet à beaucoup de vices de conformation [2]. On connaît un cas d'aneurie ou privation totale du système nerveux : il a été observé dans un fœtus acéphale réduit à un petit tronçon informe. Il y a un assez grand nombre de cas d'absence

[1] Tenon, Recherches sur le Crâne humain, Mém. de l'Inst., sc. phys. et math., tome I.

[2] A. Béclard, Mémoire sur les Fœtus acéphales; Paris, 1815. — Geoffroy Saint-Hilaire, Philos. anatom., vol. II. — Breschet, Dictionn. de Méd., art. Acéphale, et Anencéphale. — C.-P. Ollivier, d'Angers, Essai sur l'Anatomie et les vices de conformation de la moelle épinière; Paris, 1823. *Id.* Traité de la moelle épinière et de ses maladies, un vol. 8°. — Laroche, Essai d'Anat. pathol., sur les monstruosités de la face; Paris, 1823.

de l'encéphale et de la tête. Il y a un grand nombre d'exemples de privation totale du centre nerveux, les nerfs et les ganglions spinaux existans. Il y a un bien plus grand nombre encore de cas d'absence de l'encéphale, la moelle existante, ainsi que tous les nerfs de la face et du col. La moelle peut être restée ouverte, creuse, ou étendue à tout le canal. Dans certains cas le cervelet et les tubercules existent, ainsi que les pédoncules du cerveau et leurs renflemens optiques et striés, et les hémisphères manquent seuls. Dans quelques cas les hémisphères sont incomplets; les lobes moyen ou postérieur sont dépourvus de sillons et de circonvolutions. Quelquefois le corps calleux manque seul [1]; ou bien il reste une cavité dans l'épaisseur de l'hémisphère, ou dans la cloison, etc. Le cervelet peut présenter des défauts analogues, surtout dans le nombre de ses lames.[2] Tous ces cas sont des imperfections ou des défauts de développement.

Il peut exister des défauts de symétrie, des défauts de proportion entre les diverses parties du système.

§ 766. La consistance du système nerveux est quelquefois changée. Le ramollissement[3] est une altération très-fréquente d'une partie de la masse nerveuse centrale. La substance nerveuse ramollie l'est quelquefois au point d'être presque liquide. Sa couleur est quelquefois d'un blanc de lait; d'autres fois elle est jaunâtre, rosée, rouge, ou brune. Cette altération se rencontre dans les couches optiques, dans les corps striés, dans les

1 Reil, *Archiv für die physiologie*, tom. XI.

2 Malacarne, *Neuro encephalotomia*; Pavia, 1791.

3 Rostan, Recherches sur le ramollissement du cerveau, 2e édition; Paris, 1823.

hémisphères du cerveau, dans le cervelet, dans la moelle allongée, et même dans la moelle épinière. Elle donne lieu, suivant son siége, à divers dérangemens des sensations, des mouvemens volontaires et des autres fonctions du système nerveux. Elle est souvent le résultat d'une inflammation; dans quelques cas elle en paraît indépendante.

L'endurcissement[1] du système nerveux a été observé par M. Esquirol et par M. S. Pinel, qui l'a fort bien décrit. Le tissu nerveux endurci présente une masse compacte, d'apparence organique; il ressemble, par sa couleur, sa consistance et sa densité, à du blanc d'œuf fortement durci par la coction; on n'y aperçoit pas de vaisseaux sanguins; il paraît resserré sur lui-même. L'endurcissement paraît affecter particulièrement la substance blanche. On l'a observé dans des corps d'idiots, dans le cerveau, dans le cervelet et dans la moelle, où il rend très-manifeste la disposition fibreuse de la substance nerveuse blanche.

§ 767. Le système nerveux est sujet à beaucoup d'affections[2] dont les principales sont, dans la masse centrale, la contagion sanguine avec ou sans épanchement; l'inflammation et ses divers degrés; les divers produits des affections chroniques, comme les abcès enkistés, les productions de tubercules, de squirres, de cancers, des tumeurs fibreuses, osseuses, des hydatides, des corps étrangers. Les membranes qui enveloppent la masse nerveuse centrale sont également le siége fréquent

[1] Pinel fils, Recherches sur l'endurcissement du système nerveux; Paris, 1822.

[2] Lallemant, Recherches Anat.-path. sur l'encéphale et ses dépendances.

de congestions brusques avec exhalation sanguine ou séreuse, d'inflammation aiguë à différens degrés, d'inflammation chronique; on y observe l'hydrocéphale aiguë, l'hydrocéphale chronique. Les affections de la substance nerveuse et celles de ses membranes peuvent se compliquer.

Les affections de la moelle sont plus rares dans l'homme que celles de l'encéphale; le contraire a lieu dans les animaux.

Ces diverses altérations, suivant qu'elles sont aiguës ou chroniques, suivant qu'elles agissent en irritant, en détruisant, ou en comprimant, et suivant leur siége, déterminent divers dérangemens plus ou moins graves dans les fonctions du système nerveux.

§ 768. Le tissu nerveux ne se produit point accidentellement : le rapprochement établi entre ce tissu et la production encéphaloïde, par M. Maunoir, repose sur des analogies insuffisantes.

Le tissu nerveux blessé se cicatrise quand la blessure est de nature à laisser survivre l'individu.

Les blessures de l'encéphale et de la moelle, quand elles ne sont pas mortelles, se réunissent comme celles des autres parties. Les blessures de l'encéphale avec perte de substance de ses enveloppes se guérissent par la formation d'une cicatrice extérieure. Ce fait a été observé, par M. Duméril, sur des salamandres, et par beaucoup de chirurgiens, dans l'espèce humaine. Les plaies avec perte de substance du cerveau, le crâne restant entier, se guérissent par la formation d'une substance nouvelle, molle, comme muqueuse, qui ne ressemble pas tout-à-fait à celle de l'organe, et par l'élargissement du ventricule cérébral correspondant. Les déchirures de l'encéphale, produites par l'épanchement sanguin, présentent, quand l'individu survit, des phénomènes remarquables. Le sang est bientôt entouré par une couche de lymphe organisable; cette couche devient vasculaire et s'unit à la substance nerveuse; le sang est successivement résorbé, soit d'abord les parties fibrineuse et cruorique, et alors il reste de la sérosité [1]; soit d'abord la sérosité, et il reste alors un coagulum fibrineux [2] auquel le kyste s'unit : à la longue, la totalité du sang étant résorbée, le kyste, resserré peu à peu sur lui-même, contracte des adhérences, et devient une cicatrice jaunâtre qui disparaît peut-être à la longue.

Les cicatrices et les autres altérations des nerfs seront examinées plus loin.

§ 769. Le système nerveux, qui joue un si grand rôle dans l'exercice régulier des fonctions, en remplit un aussi important dans la production des maladies [3] : c'est lui qui reçoit et qui propage l'impression des causes morbifiques, qui détermine les mouvemens irréguliers des muscles, du cœur, des artères, qui produit les sympathies morbides; et comme son action s'étend jusque sur le tissu cellulaire qui fait la base des organes, jusque sur le sang qui les pénètre et les arrose, on conçoit qu'il n'est étranger à aucune action morbide, et qu'il est le principal agent d'un grand nombre d'entre elles.

Les maladies dites générales, essentielles, ou dynamiques, n'ont pas de siége plus probable que les systèmes nerveux et vasculaires, centres des fonctions

[1] Riobé, Observations propres à résoudre cette question : l'apoplexie, etc., est-elle susceptible de guérison? Paris, 1814.

[2] Rochoux, Recherches sur l'apoplexie; Paris, 1814.

[3] Georget, Ouvrage cité. — Lobstein, Discours sur la prééminence du système nerveux; Strasbourg, 1821.

animales et végétatives, que le sang et l'agent nerveux qui les parcourent, et qui sont dans une dépendance mutuelle, intime et nécessaire.

C'est dans le rapport régulier de ces deux grands appareils et de leurs fonctions, que consistent la vie et la santé; c'est du dérangement de leur harmonie, que résultent la maladie et la mort.

SECONDE SECTION.

DES NERFS EN GÉNÉRAL.

§ 770. Les nerfs[1], *nervi*, sont des cordons blancs formés de filamens médullaires, tenant par une extrémité au centre nerveux, et par l'autre aux tégumens, aux sens, aux muscles et aux vaisseaux.

§ 771. Les anatomistes de l'école d'Italie ont connu assez exactement toutes les paires de nerfs que l'on connaît aujourd'hui; mais ils ne les ont pas classées, dénombrées ou nommées comme on le fait maintenant.

Willis leur a donné des noms de nombre et des noms propres, sous lesquels ils ont été en général connus depuis lui; savoir :

1° Les nerfs olfactifs;

2° Les nerfs optiques ou visuels;

3° Les nerfs moteurs des yeux;

4° Les nerfs pathétiques des yeux;

5° La cinquième paire;

6° La sixième paire;

1 J. C. Reil, *Exercitationes anatomicæ de structura nervorum*; Halæ, 1797, fol.

7° La septième paire, composée d'une partie dure et d'une partie molle ou auditive;

8° La huitième, ou la paire vague, avec son nerf spinal ou accessoire;

9° La neuvième paire, ou les nerfs moteurs de la langue;

10° La dixième paire, ou le sous-occipital;

Les nerfs de la moelle spinale;

Et le nerf intercostal ou sympathique.

M. Sœmmerring a modifié la division de Willis. Il établit quarante-trois paires de nerfs, dont douze paires de nerfs du cerveau : en divisant la septième paire de Willis en septième ou faciale, et en huitième ou auditive; sa huitième, en neuvième ou glosso-pharyngienne, en dixième ou vague, et en onzième ou accessoire, la douzième est l'hypoglosse; et en rejetant le sous-occipital parmi les nerfs spinaux, qui sont alors au nombre de trente paires, le nerf grand sympathique forme la quarante-troisième paire. Ces modifications ont été généralement adoptées.

Bichat a distingué les nerfs encéphaliques ou crâniens, en ceux du cerveau, en ceux de la protubérance et en ceux de la moelle allongée. Cette division n'est pas fondée sur des observations exactes.

Les nerfs peuvent être exactement distingués, 1° en nerfs à double racine, l'une tenant à la colonne antérieure et l'autre à la colonne postérieure de la moelle : ce sont les nerfs spinaux, le sous-occipital et le trijumeau, ou la cinquième paire des nerfs crâniens. Ces nerfs servent tout à la fois à la sensibilité et à la myotilité. 2° En nerfs à une seule racine : ce sont la première paire, la seconde, la huitième, ou les nerfs olfactifs, visuels, auditifs; et la troisième, la quatrième, la sixième, ou les nerfs moteurs de l'œil; et la douzième, ou les nerfs moteurs de la langue. Ces nerfs servent exclusivement, les uns à la sensibilité, et les autres à la myotilité. 3° En nerfs respiratoires, vocaux et expressifs; ils tiennent au faisceau latéral de la partie supérieure de la moelle : ce sont, suivant M. Ch. Bell[1], à qui l'on en doit une connaissance exacte, le nerf vague, qui est le centre de ce système, le nerf facial, le glosso-pharyngien, le spinal ou accessoire, le diaphragmatique et le thoracique externe. 4° En nerfs circulatoires : ils tiennent à tous les nerfs spinaux; ce sont les nerfs grands sympathiques. Ces derniers et le nerf vague appartiennent en outre au tégument intérieur, aux glandes et aux muscles intérieurs en général. Le nerf sympathique sera décrit à part dans la section suivante.

§ 772. La forme des nerfs est, en général, cylindrique. Leurs rameaux sont, comme dans les vaisseaux, plus gros dans leur ensemble que les troncs qui les fournissent : les nerfs vont par conséquent en grossissant depuis leur origine jusqu'à leur terminaison; ils sont aussi légèrement renflés à l'origine. Leur surface présente des rides ou stries transversales, qui dépendent de l'allongement qu'ils éprouvent dans les divers mouvemens : ces rides se voient très-bien à la loupe, surtout dans les nerfs des membres.

Il y a trois choses à considérer dans les nerfs : 1° leur origine; 2° leur trajet; 3° leur terminaison.

§ 773. Il ne faut pas entendre par *origine* des nerfs, un point d'où ils naîtraient et sur lequel ils végéteraient, pour ainsi dire : cette origine n'est que l'extrémité centrale du nerf, ou celle par laquelle il tient au centre

[1] *Phil. trans.*, ann. 1822, part. 1 et 2.

nerveux. Elle se fait, pour tous les nerfs, à la moelle épinière et à la moelle allongée; aucun ne naît des lobes du cerveau ni du cervelet. L'olfactif ne fait pas même exception à cette règle; ce nerf tient à un prolongement de la moelle, qui, dans les animaux, constitue le bulbe olfactif. On trouve quelquefois des fœtus privés de cerveau, et chez lesquels pourtant les olfactifs existent avec la moelle et les pédoncules du cerveau, comme j'ai eu occasion de l'observer tout récemment. Bichat, tout en disant que tous les nerfs viennent de la moelle, fait pour l'optique et l'olfactif une exception qui n'est point réelle.

L'origine des nerfs est souvent située plus profondément qu'elle ne le paraît au premier abord; de sorte que le point d'où ils se détachent n'est souvent pas leur véritable origine : la cinquième paire, par exemple, ne vient pas du pont de Varole, d'où elle semble se détacher, car ce pont n'existe pas chez les animaux ovipares, où l'origine de ce nerf a pourtant lieu au même endroit que dans les mammifères. Il ne faut pas cependant chercher à poursuivre l'origine des nerfs au-delà de la portée des sens, et les supposer partir du cerveau ou du cervelet, comme on l'a fait pour étayer des explications hypothétiques.

On s'est demandé si les nerfs s'entre-croisent à leur origine; et l'on n'a pas hésité à affirmer qu'il en est ainsi, pour expliquer des phénomènes pathologiques dans lesquels la cause et l'effet, siégeant tous deux dans le système nerveux, présentaient une sorte d'entre-croisement. Voici ce que l'inspection apprend à ce sujet. Il n'y a pas d'entre-croisement sensible dans les nerfs de la moelle épinière. Il en est de même pour ceux qui viennent de cette moelle prolongée dans le crâne, si ce n'est peut-être les nerfs optiques, dans lesquels il paraît exister au moins un entre-croisement partiel. Les auteurs ne sont, en effet, pas d'accord sur le mode d'union de ces nerfs. Leur entre-croisement, admis par les uns, nié par les autres, est évident dans les poissons; mais dans l'homme, quoique dans la plupart des cas l'atrophie de l'un de ces nerfs se continue du côté opposé, des observateurs dignes de foi assurent l'avoir vu se continuer du même côté. La dissection ne montre pas non plus que l'entre-croisement ait lieu pour toutes les fibres; de sorte que l'opinion de ceux qui pensent qu'il n'est que partiel est la plus vraisemblable. Mais, à part cette exception, l'entre-croisement des nerfs n'est rien moins que démontré. On peut en dire autant de celui des deux côtés du cerveau et du cervelet, que l'on a admis. Les pyramides antérieures seules présentent cette disposition, qui explique comment, dans les lésions du cerveau, les symptômes se manifestent du côté opposé de la moelle : aussi, quand celle-ci est divisée au-dessous de l'endroit où se fait l'entre-croisement des pyramides, les symptômes apparaissent-ils du même côté.

Une autre question qui a été agitée par les anatomistes, est de savoir si les nerfs se réunissent sur la ligne médiane par des commissures analogues à celles que l'on trouve entre les côtés correspondans du cerveau et du cervelet. Cette réunion n'est évidente que dans les nerfs pathétiques. Les nerfs auditifs sont aussi quelquefois réunis, à leur origine, par des stries blanches, qui tapissent le fond du quatrième ventricule; mais ces stries sont loin d'être constantes, et manquent généralement dans le jeune âge.

Les nerfs naissent presque tous profondément de la substance grise, et non de la blanche, qui recouvre celle-ci, et sous laquelle ils ne font que s'enfoncer. Dans la moelle les nerfs arrachés laissent un enfoncement qui montre qu'ils ne s'arrêtaient pas à la surface ; et lorsque la moelle est endurcie, on peut suivre les racines des nerfs et les voir traverser les fibres longitudinales de cet organe, pour s'implanter sur la substance grise. Dans le crâne cette disposition est également évidente pour la plupart des nerfs. Les auditifs seuls ont leur origine à la surface de la moelle allongée ; mais il existe également de la substance grise au lieu d'où ils naissent : seulement cette substance est superficiellement placée ; elle forme le ruban gris.

Les nerfs de la moelle de l'épine naissent par deux racines, une antérieure et une postérieure, comme il a déjà été dit. Le volume respectif de ces deux racines, sur lequel on a beaucoup varié, et que M. Gall a dit être à l'avantage de la racine postérieure, n'est réellement ainsi que pour les nerfs brachiaux ; le contraire a lieu pour les nerfs cruraux. Ces racines se réunissent dans le trou de conjugaison, où la postérieure présente un renflement ou ganglion, auquel l'antérieure est simplement accolée. Celle-ci ne concourt point à former ce ganglion, comme on le trouve dans la plupart des traités d'anatomie, quoique cette particularité ait été indiquée depuis long-temps par Haase, Monro et Scarpa, auquel même on en a attribué la découverte : seulement M. Gall fait remarquer avec raison, qu'au col les racines antérieures des nerfs spinaux sont molles, pulpeuses et rougeâtres ; ce qui a pu en imposer aux anatomistes qui ont examiné cette région. Dans le crâne les nerfs ne présentent point de racines aussi distinctes. A l'endroit où les nerfs se détachent de la moelle allongée, le névrilème les abandonne ou s'amollit, et se confond avec la pie-mère, et la substance médullaire seule se continue avec celle de l'encéphale. Les filets intérieurs du nerf sont plutôt abandonnés par le névrilème que les filets extérieurs : il en résulte que, quand on arrache le nerf, il se déchire plus loin en dehors qu'en dedans, et il reste une saillie que l'on a comparée à tort à une apophyse sur laquelle le nerf serait implanté.

§ 774. Dans leur trajet, les nerfs se divisent en conservant à peu près le même volume dans l'intervalle de leurs divisions. Celles-ci ne consistent qu'en une séparation des filets qui les composent, et ne ressemblent point à celles des vaisseaux. Les divisions des nerfs sont en général accompagnées par celles des vaisseaux, quoique elles ne leur correspondent pas toujours exactement. Les nerfs communiquent entre eux de trois manières : 1° par les anastomoses ; 2° par les plexus ; 3° par les ganglions.

§ 775. On entend par *anastomose* la réunion de deux nerfs entre eux. Cette réunion a été ainsi nommée par les anciens, parce qu'ils regardaient les nerfs comme des vaisseaux dans lesquels circulait le fluide nerveux, et qu'ils les comparaient, sous ce rapport, aux artères. Cette expression, que l'on a critiquée, est assez convenable; car il n'y a pas simplement application des filets nerveux dans les anastomoses, mais véritablement communication de ces filets, abouchement de leur canal, qui à la vérité contient une substance qui y séjourne, et non un fluide circulant, comme on le croyait autrefois. Les anastomoses ont lieu tantôt entre les branches du même nerf, tantôt entre des nerfs différens, rarement entre les nerfs d'un côté et ceux du côté opposé.

C'est surtout dans les anses nerveuses que l'abouchement des filets est le plus évident : la plus remarquable de ces anses est celle qui résulte de la réunion du nerf vague du côté droit et du plexus solaire, et que Wrisberg a décrite sous le nom d'*ansa communicans memorabilis.*

Les plexus ne sont autre chose que des anastomoses multipliées. Scarpa [1] en a donné une très-bonne description; mais il les a à tort assimilés aux ganglions. La manière dont les quatre dernières paires cervicales s'unissent entre elles et avec la première dorsale, pour former le plexus brachial, en fournit un exemple remarquable. Les plexus cervical, lombaire, sciatique, etc., en sont encore des exemples. Ces plexus sont tellement disposés que les nerfs qui en sortent tirent à la fois leur origine de la plupart, au moins, d'un certain nombre des nerfs qui les constituent.

Bichat admet qu'il y a dans les plexus autre chose qu'un simple mélange intime des nerfs. Monro dit qu'ils contiennent de la substance grise, et peuvent être considérés comme une nouvelle origine des nerfs qui en sortent; mais cela n'est nullement démontré.

Les ganglions consistent en des renflemens qui contiennent, outre les filets nerveux, une substance qui leur est étrangère; les filets nerveux mélangés y sont beaucoup plus subtils; ils présentent, par conséquent, une plus grande complication que les deux autres modes de communication. Ils seront examinés après les nerfs, dont ils diffèrent par plusieurs caractères.

§ 776. La terminaison des nerfs a lieu après qu'ils ont traversé des anastomoses, des plexus ou des ganglions, ou bien directement, et sans qu'ils aient été interrompus depuis leur origine. Le mode de terminaison des nerfs est assez obscur. On les voit seulement se dépouiller de névrilème vers leur dernière extrémité, et devenir

[1] Anat. annot. *de gangliis et plexubus.*

par-là très-mous ; de sorte qu'il est alors très-difficile de les suivre. Ils se renflent, en général, à mesure qu'ils approchent de leur terminaison ; ils s'aplatissent, puis on les perd, lorsqu'ils paraissent encore devoir se continuer au-delà. Il existe deux hypothèses sur la dernière terminaison des nerfs ; l'une n'est peut-être pas plus fondée que l'autre. Dans l'une de ces hypothèses, les nerfs se perdent pour ainsi dire dans les organes, s'identifient avec leur substance, qui en est imbibée, si l'on peut s'exprimer ainsi. Dans l'autre, qui appartient à Reil, le nerf, ne pouvant être répandu dans tout l'organe à la fois, est entouré d'une atmosphère nerveuse dans laquelle il étend son action, à peu près comme cela se voit dans les phénomènes électriques. Ce qui a conduit à ces hypothèses, c'est cette remarque, que les nerfs se répandent dans des parties dont l'étendue est beaucoup plus grande que la leur, même après qu'ils se sont divisés aussi loin que l'œil, armé du microscope, peut les suivre, comme on le voit dans les muscles, la peau, les sens, et que pourtant chaque point de ces parties, si peu étendu qu'il soit, présente, quand on le pique, les mêmes phénomènes que si on piquait le nerf lui-même.

§ 777. Les différentes parties ne reçoivent pas un nombre égal de nerfs. Les organes des sens sont ceux qui en contiennent le plus : l'œil, l'oreille, présentent des épanouissemens membraneux entièrement formés de substance nerveuse. La peau, particulièrement aux mains, aux lèvres ; les membranes muqueuses, tant à l'extérieur qu'à l'intérieur ; le gland, les différentes parties de la vulve, placés au point de jonction de ces membranes avec la peau, reçoivent le plus de nerfs après les quatre principaux organes des sens. Viennent ensuite les muscles extérieurs, puis les intérieurs, les vaisseaux sanguins, parmi lesquels les artères en reçoivent plus que les veines, et que les vaisseaux lymphatiques, où leur existence n'est pas bien certaine. L'existence des nerfs est douteuse dans les autres parties, ou dans celles qui ont pour base la fibre cellulaire, si on en excepte les vaisseaux, comme le tissu cellulaire, les membranes séreuses et synoviales, les cartilages, les os, etc. : ces parties, en effet, ne paraissent pas recevoir de nerfs. Enfin les parties cornées et épidémiques en sont certainement dépourvues. Il serait possible, au contraire, qu'il y en eût dans les tissus précédens, et que leur mollesse ou leur ténuité extrême les dérobât aux yeux : ce qui pourrait porter à y en admettre, c'est la sensibilité que ces tissus présentent dans les maladies. Il est vrai que l'hypothèse suivant laquelle les nerfs agiraient au moyen d'un fluide impondérable, susceptible d'étendre son influence au-delà de leur terminaison apparente, peut expliquer, jusqu'à un certain point, ce phénomène. Suivant cette hypothèse, l'action nerveuse serait transmise au-delà des nerfs et à travers la substance organique, comme la nutrition a lieu au-delà des terminaisons artérielles, par une sorte d'imbibition.

Il est digne de remarque que, dans quelques circonstances où il existe paralysie du sentiment, et non du mouvement, les inflammations qui se développent ne sont point accompagnées de douleurs; ce qui porterait à penser que les mêmes cordons sont le siége du sentiment général et du sentiment douloureux, particulier à l'inflammation, et que ce ne sont pas seulement les nerfs des vaisseaux sanguins qui font éprouver ce dernier.

§ 778. Les parties dans lesquelles les extrémités périphériques des nerfs se terminent de la manière la plus évidente, sont donc les membranes tégumentaires et les sens qui en font partie, les muscles et les artères.

Les sens [1] sont des organes plus ou moins compliqués, au moyen desquels on aperçoit les corps extérieurs; ils ont une structure calculée de manière à pouvoir recevoir une impression déterminée; ils sont liés au centre nerveux par des nerfs très-développés : ces organes sont ceux du tact ou du toucher, du goût, de l'odorat, de l'ouïe et de la vue.

Les muscles sont liés au centre nerveux par des nerfs nombreux et très-ramifiés (§ 662). Les artères reçoivent un très-grand nombre de nerfs; mais ils ne se comportent pas tous de la même manière : 1° les uns ne font que les accompagner et les entourer, comme le lierre entoure les arbres, sans pénétrer dans leur tissu, si ce n'est peut-être après les avoir accompagnés à une distance plus ou moins grande : tels sont ceux qui accompagnent les artères vertébrales, carotides internes et faciales; 2° les autres, accolés à la membrane externe de l'artère, pénètrent avec celle-ci dans les organes devenus mous et pulpeux : après être beaucoup ramifiés ils disparaissent, et semblent se fondre dans la membrane externe; 3° enfin, nonobstant la dénégation de Behrends, on voit des ramuscules nerveux traverser la membrane externe des artères, et se terminer dans leur membrane moyenne. Les nerfs des artères appartiennent soit aux nerfs sympathiques, soit aux nerfs spinaux et trijumeaux.

§ 779. Les nerfs ont été examinés dans leur structure par divers anatomistes. Della Torre y a trouvé les fibres et les globules communs à tout le système nerveux;

[1] *Voyez* Blainville, Principes d'Anat. comparée, t. I; Paris, 1822.

Prochaska et Reil ont encore mieux fait connaître depuis leur disposition intérieure. D'après leurs recherches, les nerfs sont composés de cordons, et ceux-ci de filamens ou de filets très-fins, dont la ténuité est égale à celle des fils du ver à soie, et qui, dans le nerf optique seulement, sont du volume d'un gros cheveu. Ces filamens, qui sont de la même nature que les fibres ou filets médullaires du cerveau et de la moelle épinière, n'en diffèrent qu'en ce qu'ils sont plus distincts, plus séparés les uns des autres; parce qu'une enveloppe ou membrane propre les entoure: cette enveloppe est appelée névrilème, *neurhymen*, ce qui signifie membrane des nerfs; Galien s'est déjà servi de cette expression dont Reil a fait le premier une application précise. Le névrilème forme une enveloppe générale aux nerfs, et fournit des enveloppes partielles aux cordons nerveux, ainsi qu'aux filamens qui les composent: il est très-résistant. Lorsqu'on le vide, il représente un assemblage de petits canaux. Ces canaux s'unissent entre eux, s'abouchent de distance en distance. Il n'est donc pas exact de dire que les nerfs sont composés de filets qui se distinguent dans toute leur longueur; les communications de ces filets entre eux font qu'ils ne sont plus les mêmes: examinés à la partie supérieure et à la partie inférieure du nerf, les cordons nerveux ne sont pas non plus simplement accolés, mais ils s'envoient des filamens réciproques. C'est la même disposition que dans les plexus, où il y a une communication intime entre tous les nerfs, au moyen des cordons et des filamens qu'ils s'envoient. Ce que les plexus présentent en grand, on le voit en petit dans chaque nerf; et les cordons eux-mêmes ne sont que des plexus de filets nerveux. Vers l'origine ou l'extrémité centrale des nerfs, le névrilème se continue avec la pie-mère, mais seulement dans sa portion qui constitue l'enveloppe générale du nerf : les gaînes intérieures des filets nerveux s'amollissent et se perdent insensiblement, de manière que ceux-ci sont à nu dans le centre du nerf. On voit également les nerfs se dépouiller de leur névrilème à leur terminaison, partout où on peut les suivre assez loin. Les canaux névrilématiques ne présentent pas à l'intérieur une surface lisse et polie, comme l'est la surface interne des vaisseaux ; ils envoient une foule de prolongemens qui traversent la moelle du nerf et la soutiennent : celle-ci n'est point libre et mobile dans le nerf, ce qu'elle doit en partie à sa consistance, mais ce qui est dû aussi en partie à cette disposition. Il existe du tissu cellulaire autour de la gaîne générale et entre les gaînes partielles du nerf, comme on l'observe pour les faisceaux musculaires et pour les fibres qui les composent. Dans les névralgies, ce tissu est quelquefois le siége d'un œdème ou d'une infiltration qui le rend, dans certains cas, compacte et serré ; d'autres fois d'une congestion sanguine ou d'une rougeur très-grande, comme Cotugno et d'autres l'ont observé ; ce qui porte à croire que ces affections douloureuses dépendent de son inflammation. De la graisse peut aussi s'accumuler dans ce tissu. Les fibres médullaires renfermées dans les canaux du névrilème sont de la même nature que celles du cerveau et de la moelle.

§ 780. Les vaisseaux sanguins des nerfs pénètrent entre les cordons qui les composent, et se divisent, pour la plupart, en deux rameaux, l'un directe, l'autre rétrograde. Leur nombre est considérable : tout le névrilème en est couvert, dans les injections heureuses ; on les voit, à la loupe, se répandre jusque sur le névrilème des filets nerveux. Celui-ci est formé de tissu cellulaire fibreux et de vaisseaux sanguins. On ne connaît pas les vaisseaux lymphatiques des nerfs.

§ 781. La structure des nerfs n'est pas exactement la même dans tous. Dans la plupart des recherches qui ont été faites à ce sujet, c'est le nerf optique que l'on a choisi de préférence, parce que les filets nerveux y sont plus gros, et qu'il est facile d'y remplir les canaux névrilématiques. Or, ce nerf diffère des autres en ce que ses canalicules sont séparés par des cloisons communes qui se détachent de l'intérieur de la gaîne générale. La structure des nerfs a pourtant aussi été observée dans d'autres nerfs : c'est surtout dans ceux des muscles, où les filets sont plus distincts que dans les nerfs des sens et de la peau, que ces observations ont été faites.

§ 782. Reil, à qui l'on doit presque tout ce que l'on sait sur la structure des nerfs, a très-bien indiqué les moyens à l'aide desquels ont peut observer cette structure. En lavant un nerf avec de l'eau et de l'acide nitrique, on finit, au bout d'un certain temps, par détruire entièrement le névrilème, et il reste les filets médullaires qu'on peut voir s'entre-croiser, s'adosser, à peu près comme le font les nerfs optiques dans leur commissure. D'un autre côté, en plongeant le nerf dans la lessive des savonniers, que l'on peut regarder comme une dissolution alcaline de sous-carbonate de soude, on détruit la substance médullaire, et on obtient les gaînes névrilématiques. Pour les empêcher de s'affaisser, on y souffle de l'air : ce qui est très-facile en poussant ce fluide dans l'une d'entre elles, puisqu'elles communiquent toutes ensemble ; le nerf est ensuite lié à ses deux bouts : desséché dans cet état, il présente, quand on le coupe, une foule de petits canaux abouchés les uns dans les autres, ce qui lui donne l'aspect intérieur d'un roseau. Ces observations, qui, depuis Reil, ont été répétées bien des fois, démontrent les deux différentes substances dont le nerf se compose.

Les observations de M. Home sur le nerf optique, ont montré que les filamens médullaires dont il est composé vont en augmentant de nombre et en diminuant de volume de l'origine à la terminaison.

§ 783. Les nerfs n'ont que peu ou point d'élasticité; ils n'offrent aucun mouvement sensible, soit d'oscillation, soit de vibration, lorsqu'on les irrite sur l'animal vivant. L'irritation d'un nerf produit des douleurs atroces, et détermine des contractions convulsives dans les muscles.

§ 784. Les nerfs ont pour fonctions d'être conducteurs du sentiment et du mouvement. Ils transmettent avec une vitesse incalculable, du centre nerveux aux muscles, les volitions, et conduisent au centre les sensations produites par l'impression des agens extérieurs. Leur section, leur ligature, interrompent ses fonctions, et rendent insensibles et immobiles les parties placées au-dessous. L'irritation faite au-dessus de l'interruption détermine des sensations de douleur semblables à celles qu'aurait produites l'irritation de l'extrémité du nerf; l'irritation exercée au-dessous de l'interruption produit des contractions, comme celles qui résulteraient de l'irritation de l'origine du nerf.

§ 785. On a cherché, depuis Hérophile et Galien, s'il n'y avait pas des nerfs particuliers pour le sentiment, et d'autres pour le mouvement. On a bientôt reconnu qu'il y avait effectivement des nerfs sensoriaux, comme la première, la seconde paire, et l'auditif; des nerfs moteurs, comme la troisième, la quatrième, la sixième, l'hypoglosse, etc.; et des nerfs mixtes, comme tous les nerfs spinaux, qui en effet se distribuent à la peau et au muscle du tronc et des membres; et comme les nerfs sous-occipital et trijumeaux. Mais les paralysies et les anesthésies, que l'on observe tantôt réunies, et tantôt séparées dans les parties du corps où se distribuent les nerfs à double racine, conduisaient à supposer que ces nerfs étaient composés de filets sensoriaux et de filets moteurs distincts. Les expériences de M. Ch. Bell, celles de M. Magendie, et les miennes propres, ont clairement démontré que la racine postérieure des nerfs spinaux est sensoriale, et la racine antérieure motrice.

§ 786. Les nerfs ne sont pas bornés tout-à-fait aux fonctions de conducteurs : ils ont une activité propre qui se manifeste quand ils sont séparés du centre nerveux; mais cette activité est beaucoup augmentée par celle de la moelle, comme celle de la moelle par l'influence de l'encéphale; de sorte que le retranchement de l'encéphale diminue beaucoup l'activité de la moelle, que celle de la moelle restreint beaucoup celle des nerfs, et que plus le nerf est retranché près d'un muscle, et plus l'influence nerveuse sur sa contraction en est diminuée.

§ 787. Les nerfs ont-ils une force de formation ou de régénération telle que, coupés en travers, leur réunion ait la texture et remplisse les fonctions nerveuses? telle même que, divisés avec perte de substance, ils se reproduisent? Ces questions ont occupé beaucoup de physiologistes, et notamment Fontana, Monro, Michaelis, Arnemann, Cruikshank, Haighton, Meyer, etc. La plupart de ces expérimentateurs ont résolu affirmativement les questions relatives à la reproduction nerveuse. Arnemann seul, se fondant comme les autres sur une série d'expériences, a adopté une opinion contraire.

J'ai fait avec un de mes élèves [1], un grand nombre d'expériences pour résoudre ces questions. Il résulte de nos observations, 1° que la division d'un nerf produite par une ligature est constamment suivie de la réunion exacte des deux bouts du nerf et du prompt rétablissement de ses fonctions;

2° Que la section incomplète ou la piqûre, que l'on a accusé de donner lieu, chez l'homme, à des accidens si graves, ne produit pas des accidens dans les animaux, et que la réunion et le rétablissement des fonctions ont lieu très-promptement;

3° Que la section complète d'un nerf dans une partie peu mobile, comme par exemple le long de l'un des deux os de l'avant-bras du chien, au cou, dans le même animal, le long de l'un des os de l'avant-bras chez l'homme, etc., est ordinairement suivie assez promptement d'une réunion exacte et du rétablissement complet des fonctions;

4° Que dans les parties très-mobiles, comme au voisinage d'une articulation, lorsqu'un nerf est divisé, il s'établit, outre l'écartement primitif qui est constant, un écartement accidentel et variable suivant les mouvemens de la partie. Dans ce cas la réunion se fait beaucoup attendre; elle est imparfaite si même elle a lieu: le rétablissement des fonctions est imparfait aussi, ou même tout-à-fait nul. C'est à cela qu'il faut rapporter les résultats de quelques-unes des expériences de Meyer, et la paralysie permanente que l'on dit résulter de la section du nerf radial à la partie inférieure du bras;

5° Enfin, que quand il y a déperdition considérable

[1] L. J. Descot, Dissertation inaug. sur les affections locales des nerfs; Paris, 1822.

de substance d'un nerf, soit par une excision, soit dans une plaie contuse avec destruction, il reste un grand écartement entre les deux bouts du nerf, et que jamais les fonctions ne se rétablissent, quel que soit le nerf affecté; ce qui suffit pour prouver que les anastomoses n'y sont pour rien, quand le rétablissement des fonctions a lieu.

On peut donc conclure de tout ce qui précède, que les nerfs coupés en travers se réunissent; et que quand la réunion n'a pas lieu, cela dépend uniquement de l'écartement considérable des bouts, déterminé soit par les mouvemens de la partie, soit par une perte de substance.

§ 788. Lorsqu'un nerf a été divisé, il s'établit dans les premiers jours, autour des bouts, à leur surface et dans leur intervalle, un suintement de matière organisable; le tissu cellulaire environnant est pénétré de la même matière et a perdu sa perméabilité. Dans cet état, les bouts du nerf sont simplement agglutinés entre eux et aux parties voisines; les fonctions sont encore suspendues comme elles l'étaient immédiatement après la section; les deux bouts du nerf, qui sont gonflés, et surtout le supérieur, le tissu cellulaire environnant, et la matière organisable, prennent plus de consistance, et deviennent très-vasculaires. Dans cet état, qui dure quelque temps, les deux bouts du nerf sont réunis par une substance organisée vasculaire; mais il n'y a pas encore de communication de l'action nerveuse entre les deux bouts. Avec le temps le tissu cellulaire environnant cesse d'être compacte et vasculaire; la substance intermédiaire, plus ou moins longue, suivant le genre de blessure et les circonstances concomitantes, diminue peu à peu de volume, de consistance et de rougeur;

prend l'apparence et la texture du nerf (texture constatée par l'application faite par Meyer de l'acide nitrique à la cicatrice nerveuse) à partir des extrémités vers le milieu de leur intervalle, et finit par en remplir les fonctions, d'autant plus exactement et d'autant plus vite, que l'écartement était nul entre les bouts, comme dans le cas de ligature, ou peu considérable, comme dans le cas de section simple, ou d'une très-courte excision dans une partie peu mobile. Au contraire, quand l'écartement est considérable, la réunion est nulle, ou bien elle n'a lieu que par du tissu cellulaire qui n'acquiert pas, à une certaine distance de l'extrémité, la structure et les propriétés nerveuses. Le temps nécessaire pour le rétablissement complet de la structure et des fonctions n'est pas exactement connu; il a été certainement exagéré par ceux qui ont avancé qu'il devait être de plusieurs années : on peut le porter à six semaines ou deux mois environ.

§ 789. La section des nerfs pneumo-gastrique et trisplanchnique réunis, comme ils le sont dans le chien, produit constamment la mort, quand elle est pratiquée des deux côtés à la fois. C'est sur ces nerfs que l'on peut surtout étudier simultanément la réparation du tissu et le rétablissement des fonctions, d'après les expériences de Cruikshank, d'Haighton, et celles qui nous sont propres.

Voici ce que nous avons vu arriver dans cette section, répétée à divers intervalles.

Ayant coupé le même jour les deux nerfs pneumogastriques à deux chiens différens, l'un est mort trente heures après l'opération, l'autre plus de soixante-six heures après cette double section. Un autre animal, après un intervalle de neuf jours entre les deux sections, est mort dans la nuit du quatrième au cinquième jour. Chez un quatrième, la seconde section ayant été faite au bout des vingt-et-un jours, la mort n'est survenue que le vingt-cinquième après cette seconde section. Enfin, sur un dernier animal, la seconde section a été pratiquée trente-deux jours après la première, et l'animal a survécu un mois entier. A cette époque, c'est-à-dire deux mois après la première section, nous avons trouvé le premier nerf divisé complétement réuni. Ce chien a succombé à un empyème qui s'est développé dans la cavité gauche de la poitrine. Enfin Haighton a coupé le second nerf pneumo-gastrique six semaines après le premier, et l'animal a survécu dix-neuf mois, après lequel temps il fut tué. On a prétendu que l'action nerveuse, de même que l'action galvanique, pouvait s'établir à travers une substance autre que le tissu nerveux, comme un liquide ou du tissu cellulaire humecté; on a prétendu aussi que l'action nerveuse pourrait s'exercer à distance, et franchir l'intervalle qui existerait entre les bouts du nerf; on a prétendu enfin que le rétablissement des fonctions pouvait avoir lieu par des branches anastomotiques. Si c'était par l'une ou l'autre des deux premières causes que l'action nerveuse fût continuée, cette action ne devrait pas être un seul instant suspendue, et les animaux ne mourraient dans aucune des expériences citées ci-dessus. Quant au rétablissement des fonctions nerveuses au moyen des anastomoses, il est contredit par un grand nombre de cas, dans lesquels le nerf ayant été coupé sur certains sujets, et, sur d'autres, excisé ou détruit par la cautérisation, les fonctions se sont rétablies dans le premier cas, et point dans le second. Le rétablissement par les anastomoses est surtout démenti par une expérience qui consiste à recouper le même jour, dans l'endroit de la réunion, les nerfs pneumo-gastriques cicatrisés après la section pratiquée antérieurement sur ces deux nerfs, à un intervalle convenable. L'animal, qui avait survécu jusqu'à ce moment, meurt dans l'espace d'un à deux jours.

Ce n'est donc ni par l'interposition d'une substance simplement humide entre les deux bouts du nerf divisé, ni par l'action à distance du système nerveux, ni enfin par les anastomoses, que s'opère le rétablissement des fonctions nerveuses, mais bien par une véritable cicatrice nerveuse. L'on voit en effet les fonctions, d'abord tout-à-fait détruites, se rétablir graduellement, et suivre, dans leur rétablissement, tous les progrès de la réunion organique. On ne peut nier cependant que l'action nerveuse ne se propage à un certain degré d'une partie à l'autre d'un nerf simplement divisé : cela est prouvé par des expériences de M. Wilson Philip, répétées en France[1].

§ 790. Les nerfs sont sujets à d'autres altérations que celles qui résultent de leurs lésions physiques : telles sont l'inflammation ou neuritis, les tumeurs ou névrômes. Les unes consistent en un tubercule sous-cutané graniforme ou pisiforme, dur et très-douloureux; les autres en un tissu squirreux plus ou moins volumineux. Les névralgies et les insensibilités locales, les paralysies et les convulsions partielles, sont les résultats ordinaires des affections locales des nerfs; en outre, ces affections locales se propagent quelquefois au centre nerveux, et donnent ainsi lieu à des névroses générales.

[1] Vavasseur, de l'Influence du système nerveux sur la digestion stomacale; Paris, 1823.

TROISIÈME SECTION.

DES GANGLIONS ET DU NERF SYMPATHIQUE.

§ 791. *Les ganglions nerveux* sont des corps ronds ou obronds, formés de filets nerveux médullaires et d'une substance propre, placés sur le trajet des nerfs, et surtout des nerfs des fonctions végétatives.

§ 792. Le nom de ganglion, γαγγλιον, a été employé par Hippocrate, pour désigner les tumeurs des gaînes des tendons. Galien l'a le premier appliqué aux nodosités des nerfs, par comparaison avec les ganglions morbides. J. Riolan fils et Vieussens se sont servis du même nom ; d'autres ont employé celui de plexus gangliforme : celui de ganglion est généralement usité aujourd'hui.

MM. Gall, Reil, Walther, de Blainville, etc., ont étendu le sens du mot ganglion, et l'ont appliqué à la substance grise qui existe à l'intérieur de la moelle, aux amas de substance grise qu'on trouve dans la moelle allongée et dans les pédoncules du cervelet et du cerveau, comme les éminences olivaires, le corps festonné ou rhomboïde du cervelet, les couches optiques et les corps cannelés; on l'a étendu même aux lobes olfactifs, aux hémisphères du cerveau, aux tubercules et au cervelet; on a enfin confondu les ganglions avec les plexus et avec les expansions nerveuses sensoriales. Ce sont des rapprochemens forcés et déjà combattus par Walther l'ancien, Reimar et Sœmmerring. Ce n'est pas dans ce sens que le mot ganglion est employé ici.

§ 793. Les ganglions ont été particulièrement étudiés

et décrits par Meckel[1], Jonstone[2], Haase[3], Scarpa[4], Bichat[5], Wéber[6] et surtout Wutzer[7]. On peut rapporter à deux opinions principales, diversement modifiées, celles que les anatomistes et les physiologistes se sont faites sur la texture et la fonction des ganglions : les uns, les regardant simplement comme des plexus serrés, ne regardent les nerfs qui en partent que comme des divisions éloignées des nerfs spinaux et crâniens ; les autres, considérant les ganglions comme des centres nerveux spéciaux, considèrent les nerfs qui en émanent comme indépendans du système cérébral. On verra que ces deux opinions opposées doivent être combinées et se modifier mutuellement.

§ 794. Les animaux inférieurs, c'est-à-dire les rayonnés, les mollusques et les articulés, ont des renflemens nerveux qu'on a voulu assimiler aux ganglions des vertébrés. Mais dans les animaux invertébrés les mêmes nerfs appartiennent à tous les genres d'organes et de fonctions, tandis que dans les vertébrés les nerfs grands sympathiques (et, jusqu'à certain degré, les nerfs pneumo-gastriques) appartiennent spécialement aux organes des fonctions végétatives. M. Wéber a comparé les ganglions spinaux des vertébrés aux ganglions des animaux inférieurs.

1 Histoire de l'Acad. de Berlin, ann. 1749 et 1753.

2 *Essais on the use of the Ganglions*, etc., 1771. — *Medical Essais*, etc., 1795.

3 *De Gangliis nervorum; Lipsiæ*, 1762.

4 *De nervorum Gangliis et plexubus ; Mutinæ*, 1779.

5 Anatomie générale.

6 *De Systemate nerveo organ. ; Lipsiæ*, 1817.

7 *De corporis humani Gangliorum fabricâ atque usu; Berolini*, 1817.

Dans les animaux vertébrés, les seuls qui aient de vrais ganglions nerveux comparables à ceux de l'homme, on voit ces ganglions augmenter, surtout ceux du nerf sympathique, et le nerf pneumo-gastrique diminuer à mesure que l'encéphale se développe ; de sorte que ce sont les poissons qui ont le plus petit nerf sympathique et le plus grand pneumo-gastrique, et *vice versâ* pour les mammifères : comme si les fonctions végétatives devaient être plus soustraites à l'influence de l'encéphale, à mesure que cet organe est moins soumis à l'instinct.

§ 795. Les ganglions ont été divisés en plusieurs sortes par ceux qui les ont décrits avec le plus d'exactitude. Scarpa les divise en simples ou spinaux, et en composés. M. Wéber les divise en ganglions de *renforcement* : ce sont ceux des nerfs spinaux et quelques-uns de ceux des nerfs crâniens ; et en ganglions d'*origine* : ce sont ceux du nerf sympathique, auxquels il rattache l'orbitaire et le maxillaire. M. Ribes[1] divise les ganglions en trois séries : il range dans la première les rachidiens ou spinaux ; dans la seconde ceux qui se trouvent dans le trajet du trisplanchnique ; et tous ceux qui sont situés plus en dedans dans la troisième. M. Wutzer les classe en ganglions du système cérébral, du système spinal et du système végétatif ou sympathique. Je les divise en deux sortes : 1° les ganglions des nerfs encéphalo-rachidiens, les uns, les plus nombreux et les plus réguliers, appartenant aux nerfs à double racine, quelques autres placés dans le trajet des nerfs à une seule racine ; 2° les ganglions des deux nerfs sympathiques, les uns

[1] Exposé sommaire de quelques recherches anat., phys. et pathol., dans les Mém. de la soc. méd. d'émulation., vol. VIII.

formant une double série longitudinale, et quelques autres rapprochés de la ligne médiane.

§ 796. Le nombre des ganglions est très-grand comme on le verra. Ils sont tous situés au tronc; c'est sans raison que Lancisi en a indiqué dans les membres. Leur volume varie depuis celui d'une olive jusqu'à celui d'un grain de millet; leur forme est ronde, olivaire, lenticulaire, etc.

§ 797. Les ganglions sont composés de deux substances intérieures : la première médullaire, blanche; la seconde pulpeuse, d'un gris rougeâtre. La substance médullaire est rassemblée en cordons et en fils, comme dans les nerfs sensitifs et moteurs. Ces filamens médullaires intérieurs sont visiblement la continuation des nerfs tenant au ganglion. Le ganglion cœliaque est le seul où cette continuation soit peu manifeste. Ces filamens se reconnaissent encore à leur couleur et à leur forme. L'action des alcalis et des acides, sur eux, les fait reconnaître, au milieu même des ganglions, pour des filamens médullaires nerveux.

Ces filets, en pénétrant dans les ganglions, se dépouillent de leur névrilème, qui s'unit intimement à la membrane extérieure du ganglion. Ces filets ont leur surface moins exactement déterminée que dans les nerfs; leur surface paraît plus lâche, comme fondue ou intimement unie avec la substance adjacente. Ces filets médullaires ont d'ailleurs une assez grande ténacité.

§ 798. La seconde substance des ganglions établit non-seulement la différence entre les nerfs et les ganglions, mais encore entre les ganglions et les plexus. Cette substance a été beaucoup négligée par les anatomistes, qui, considérant les ganglions comme des plexus plus serrés, ne l'ont regardée que comme destinée à séparer ou à réunir les filets nerveux (Scarpa), ou à remplir les fonctions de tissu cellulaire (Haase). La matière qui entoure les filets médullaires des ganglions est un tissu cellulaire particulier, dont les interstices sont remplis d'une pulpe mucilagineuse ou gélatineuse, d'une couleur rougeâtre cendrée, jaunâtre dans quelques ganglions. Cette couleur, comme celle des autres organes, ne dépend pas uniquement de la quantité de sang qu'ils reçoivent.

Cette substance secondaire n'est pas également abondante, et n'est pas tout-à-fait unie à la substance médullaire de la même manière dans tous les ganglions.

§ 799. Scarpa dit que cette matière pulpeuse est de la graisse dans les cadavres très-gras. M. Meckel paraît être du même avis. Bichat pense, au contraire, que les ganglions ne se transforment jamais en graisse. Les observations de M. Wutzer, et les miennes propres, sont tout-à-fait d'accord avec celles de Bichat. Dans les sujets très-gras, il s'accumule, sous la membrane des ganglions, de la graisse qui, quand elle est en grande quantité, entoure non-seulement le ganglion, mais le comprime et en diminue le volume ; cependant il n'est jamais lui-même changé en graisse.

§ 800. Les ganglions sont enveloppés d'une membrane cellulaire ou fibreuse, différente dans les divers genres de ganglions.

§ 801. Les vaisseaux sanguins des ganglions sont très-nombreux. Les artères proviennent des troncs voisins : elles se ramifient d'abord dans la membrane, où elles forment un réseau ; des rameaux déliés pénètrent dans le tissu filamenteux et pulpeux du ganglion ; quelquefois des rameaux artériels pénètrent dans le ganglion avec des filamens nerveux, et les accompagnent. Les veines offrent une distribution semblable. On ne sait rien touchant les vaisseaux lymphatiques de ces organes.

§ 802. Les filets médullaires ne présentent point d'interruption dans les ganglions; ils établissent une continuité ou une liaison non interrompue entre les cordons nerveux, dans le trajet desquels les ganglions sont placés. Ces filets médullaires contractent des connexions dans l'intérieur du ganglion, et les parcourent en diverses directions, de manière à réunir entre eux tous les cordons qui en dépendent. De là résulte la figure irrégulière et la complication intérieure des ganglions sympathiques latéraux et médians, qui sont placés au milieu de beaucoup de cordons nerveux, et la forme ovoïde régulière, ainsi que la direction simplement longitudinale des filets des ganglions spinaux.

§ 803. Bichat avait déjà tenté sur les ganglions quelques essais chimiques, qui lui avaient appris qu'il n'y a rien de commun entre leur substance et celle du cerveau. Quelques anatomistes cependant ayant continué de confondre avec les ganglions les renflemens de la masse nerveuse centrale, composés de substance blanche et de substance grise, M. Wutzer a entrepris une série d'expériences chimiques comparatives sur les ganglions et sur des mélanges de substance blanche et grise du cerveau et du cervelet. Il résulte de ces expériences qu'il y a une différence réelle entre ces deux objets; que les ganglions diffèrent des nerfs par une plus grande proportion de gélatine, et plus encore de l'encéphale par l'excès de gélatine, par une plus grande quantité d'albumine, et par une moindre proportion de graisse. M. Lassaigne[1] a fait l'analyse chimique des ganglions

[1] Lassaigne, dans le Journal de physiologie, vol. I.

gutturaux du cheval, et les a trouvés composés, 1° de fibrine, pour la plus grande partie; 2° d'albumine concrète en petite quantité; 3° d'albumine soluble; 4° de traces de matière grasse; 5° de phosphate et de carbonate de chaux. M. Lobstein a observé que, quoiqu'ils résistent plus que les nerfs à la putréfaction, ils se convertissent promptement en *gras* par l'immersion dans l'eau.

§ 804. Les ganglions de la première sorte sont ceux que l'on trouve sur le trajet et à peu de distance de l'origine des nerfs de la moelle épinière. Il y en a, de chaque côté, trente, que l'on nomme spinaux; un sur le nerf trijumeau, qu'on appelle ganglion de Gasser; un ou deux sur le nerf vague, et un sur le glosso-pharyngien. Les ganglions spinaux, aperçus d'abord par Volcher-Coïter, au nombre de trente de chaque côté, ont la forme ovoïde ou olivaire. Ils appartiennent à la racine postérieure seulement des nerfs spinaux, l'antérieure n'est unie au ganglion que par du tissu cellulaire lâche. Haase a le premier fait cette observation, confirmée depuis par Prochaska et Scarpa. Les anatomistes qui les ont précédés croyaient que les deux racines du nerf concouraient à la formation du ganglion.

La membrane des ganglions spinaux, fournie par la dure-mère, paraît plus ferme, plus dense et plus solide que celle des autres ganglions. Le ganglion lui-même en est si étroitement enveloppé, qu'il paraît très-dur. La substance pulpeuse enveloppe les filets médullaires plus lâchement que dans les autres, et en est plus distincte et plus aisément séparable.

Les fascicules médullaires entrés par l'extrémité postérieure ou interne du ganglion, se divisent en trois, quatre ou cinq filamens blancs. Ils s'écartent d'abord les uns des autres, puis se rapprochent vers l'autre extrémité. Ces filets se réunissent entre eux en se mêlant; de sorte que chaque cordon sortant est formé de filets qui proviennent probablement de plusieurs cordons entrans. Cependant le nombre, la ténuité et la confusion des filets ne sont pas très-grands. Les ganglions spinaux ont une texture simple comparativement aux autres.

Les fascicules nerveux rassemblés à leur sortie du ganglion se réunissent intimement, après un trajet d'à peine deux lignes, avec ceux de la racine antérieure, pour former le tronc commun des nerfs spinaux : tronc qui n'a lui-même qu'une longueur d'une ou deux lignes avant de se diviser en rameau antérieur et en rameau postérieur.

Le tronc commun de chaque nerf spinal, à peu de distance du ganglion, fournit un rameau simple, souvent double, rarement triple, qui se porte vers le ganglion voisin du tronc nerveux sympathique, et s'y joint de manière à établir la liaison la plus intime entre les nerfs de la moelle, la moelle elle-même, et le nerf grand sympathique. Les anatomistes, et surtout les physiologistes, ont beaucoup discuté sur la question de savoir si le rameau de communication vient de l'une ou de l'autre racine. J'ai vu, comme Scarpa et comme M. Wutzer, que le rameau simple ou double vient du tronc commun inextricable, et que, quand on peut le poursuivre, on trouve qu'il vient de l'une et de l'autre racines. Ce rameau communiquant, semblable, à son origine, aux nerfs spinaux, arrivé à environ une ligne des ganglions du nerf sympathique, rougit et prend successivement les caractères de ce nerf.

Le ganglion de la cinquième paire de nerfs, ou le

ganglion de Gasser, appartient évidemment à la série des ganglions spinaux, dont il ne diffère que par la forme. Les fascicules nerveux blancs qui passent au-dessous, sans en faire partie, que Paletta proposait de considérer comme des nerfs particuliers, ressemblent tout-à-fait à la racine antérieure des nerfs spinaux.

Les ganglions du nerf vague et du nerf glosso-pharyngien ressemblent encore, pour la forme et pour la texture, aux ganglions spinaux.

Le tronc même du nerf vague a une texture tout-à-fait particulière et différente des autres nerfs, sans résulter cependant d'une série linéaire de ganglions, comme le disait Reil. Il ressemble beaucoup au tronc du nerf sympathique.

§ 805. La seconde sorte de ganglions comprend la série des trois ganglions cervicaux, des douze thoraciques, des cinq lombaires et des quatre sacrés, appartenant de chaque côté au tronc du nerf sympathique. Les ganglions ophthalmique, sphéno-palatin, et maxillaire, sont encore de la même sorte. Il faut y joindre le ganglion cardiaque, souvent remplacé par un plexus, les ganglions semi-lunaires ou cœliaques, et beaucoup d'autres, placés dans le plexus solaire et dans ses divisions; le petit ganglion coccygien, qui se trouve quelquefois à la réunion des deux nerfs sympathiques, vis-à-vis le sommet du sacrum; et le petit ganglion palatin, qui existe quelquefois dans le conduit palatin antérieur; enfin l'on y joint aussi quelques ganglions variables, que l'on trouve quelquefois sur les parois des artères, où ils remplacent des plexus, comme le ganglion de l'artère communiquante antérieure, celui du sinus caverneux, celui de l'artère temporale profonde, etc.

Tous ces ganglions ont en général une figure irrégulière et variable; ils ont en général des connexions avec plusieurs troncs ou plusieurs rameaux nerveux. La direction des filets médullaires qui les traversent est très-compliquée, et rarement ces filets les traversent simplement d'un côté à l'autre. La substance pulpeuse de ces ganglions est si fortement unie aux filets médullaires, qu'il est très-difficile de les en séparer. Cette substance, d'ailleurs, paraît différer de celle des autres ganglions : elle est plus dure, plus serrée, plus tenace. Cela est surtout remarquable dans les ganglions cœliaques et dans ceux de leurs plexus. La membrane des ganglions de cette série est cellulaire et ferme, mais n'a point la solidité fibreuse de celle des ganglions spinaux.

§ 806. Les cordons et les rameaux nerveux, les nerfs, en un mot, qui réunissent ces ganglions, diffèrent notablement de ceux qui tiennent immédiatement à la moelle. Au lieu de diminuer, comme ceux-ci, à mesure qu'en s'éloignant de l'origine ou de leur extrémité centrale ils fournissent des divisions successives, on les voit indifféremment diminuer ou augmenter, ou ne pas changer de volume en s'éloignant des ganglions. Les nerfs ganglionaires ont une moindre force de cohésion ou plus de fragilité que les autres. L'enveloppe extérieure des ganglions se continue sur les nerfs jusqu'à une certaine distance; au-delà du point où cette continuation cesse d'être apparente, le névrilème paraît plus mince et plus intimement uni à la substance médullaire que dans les autres nerfs. Leur substance interne résulte, comme celle des ganglions, de filamens médullaires et de substance pulpeuse, grise, rougeâtre, qu'on peut à peine en séparer; les filets, ou les rameaux réunis pour former un cordon, sont eux-mêmes à peine séparables;

les nerfs ganglionaires, enfin, semblent formés par les mêmes substances que les ganglions, ceux-ci étant seulement allongés en cordons. Cependant les nerfs des ganglions ne sont pas tous absolument semblables : ceux qui unissent les ganglions spinaux à ceux du nerf sympathique, et les nerfs splanchniques, qui vont des ganglions thoraciques du sympathique aux ganglions cœliaques, semblent intermédiaires, par leur couleur blanche, leur forme cylindrique, leur composition fibrillaire, leur fermeté et leur ténacité, entre les nerfs de la moelle et, les nerfs gris rougeâtres, aplatis, irréguliers, pulpeux, mous et fragiles du nerf sympathique. Scarpa prétend que les nerfs sympathiques peuvent être analysés par l'anatomie, et réduits en filets comme les autres. Je crois que cela est impossible, surtout dans les nerfs qui forment les plexus mésentériques ou intestinaux.

§ 807. *Le nerf sympathique* [1], intercostal ou trisplanchnique, est un cordon nerveux et ganglionaire, étendu depuis la tête jusqu'au bassin, tenant, par des rameaux anastomotiques ou des racines, à tous les nerfs spinaux et au trijumeau, et fournissant de nombreux rameaux aux organes des cavités splanchniques du tronc.

L'extrémité céphalique de ce nerf pénètre dans le crâne par le canal carotidien et le sinus caverneux, où

1 Walter, *Tabulæ nervorum thoracis et abdominis*; Berol. 1783. — H. A. Wrisberg, *de Nervis arterias venasque comitantibus*. — *De Nervis pharyngeis*. — *De Ganglio plexuque semilunari*. — *De Nervis viscerum abdominalium, etc., in Comment.*; Gotting. — Chaussier, Table synoptique du nerf trisplanchnique. — Lobstein, *De Nervi sympathetici humani fabrica, usu et morbis*; Paris, 1823. 4°, *cum tabulis*.

il forme un plexus et souvent un ganglion sur l'artère carotide; il envoie de là des filets anastomotiques au nerf de la sixième paire, et communique avec le filet inférieur du vidien; il envoie des plexus secondaires sur les branches de l'artère carotide interne, et peut être poursuivi jusqu'à un petit ganglion impair placé sur l'artère communiquante antérieure du cerveau.

Il consiste ensuite en trois ganglions cervicaux, douze thoraciques, cinq lombaires et quatre sacrés, et en leurs cordons de communication placés de chaque côté de la face antérieure de la colonne vertébrale.

Dans toute la longueur du nerf, chaque ganglion présente des filets anastomotiques externes, ou des racines et des filets internes ou des rameaux.

Sous ce rapport, on peut comparer le nerf sympathique à une tige souterraine ou à un rhizôme articulé, qui, à chaque nœud, présente d'un côté des racines, et de l'autre des rameaux, lesquels, les uns comme les autres, s'en écartent à angle droit ou au moins très-grand.

Les rameaux du grand sympathique se rendent aux organes situés à la face, au col, dans la poitrine, dans l'abdomen proprement dit, et dans le bassin.

L'extrémité pelvienne du nerf sympathique consiste en un petit ganglion ou en une anse, dans lesquels les deux nerfs se réunissent, et qui fournissent quelques filamens déliés aux environs de l'anus.

Les rameaux internes des nerfs sympathiques se portent, les uns directement sur des artères, et leur forment des plexus, les autres, en bien plus grand nombre, gagnent la ligne médiane, et forment là, en se réunissant à ceux du côté opposé, des ganglions ou des plexus médians (le cardiaque et le cœliaque), qui communiquent avec des rameaux du nerf pneumo-gastrique, qui fournissent des plexus et des ganglions secondaires, et se terminent au cœur, à l'aorte, au canal digestif, aux organes urinaires et génitaux, mais surtout aux artères de ces organes.

§ 808. Des interruptions rares, et peut-être mal observées, dans le tronc du nerf sympathique, ont porté quelques anatomistes à regarder l'existence de ce tronc comme une circonstance de peu d'importance. Il y a de l'exagération dans cette opinion. Cependant ses racines sont bien sûrement dans les nerfs spinaux, et non dans le nerf vidien et dans la sixième paire.

Les rameaux du nerf sympathique ne diffèrent pas seulement de ceux des autres nerfs, mais ils diffèrent encore beaucoup les uns des autres : chaque ganglion et surtout chaque plexus de rameaux ont leur caractère propre ou spécial.

Le nerf sympathique a été considéré, par Sœmmerring surtout, comme le nerf des artères : à la vérité les artères en reçoivent beaucoup de rameaux; mais le tissu musculaire du cœur, celui du canal digestif, la membrane muqueuse de ce canal et des voies urinaires et génitales, les ligamens, les os même de la colonne vertébrale, en reçoivent des filets. Il est remarquable que les veines, les vaisseaux et les glandes lymphatiques en soient dépourvus, ainsi que les membranes séreuses. On en trouve au contraire dans les muscles longs du col, dans les intercostaux, dans le diaphragme.

§ 809. Les ganglions spinaux sont, avec leurs nerfs, les premières parties visibles du système nerveux.

Les ganglions et le tronc nerveux du trisplanchnique sont apparens dans le fœtus dès le troisième mois. Les ganglions cœliaques et les nerfs splanchniques, qui en sont comme les racines, se développent un peu moins promptement que les ganglions cervicaux et les nerfs cardiaques. Dans la vieillesse les ganglions et leurs nerfs sont plus pâles et plus secs que dans l'âge adulte.

On trouve les ganglions et les cordons des nerfs sympathiques dans les fœtus privés de cerveau, et dans ceux qui sont privés de cerveau et de moelle.

§ 810. Les animaux [1] vertébrés sont les seuls qui aient un système nerveux particulier pour les organes des fonctions végétatives.

Dans les poissons le nerf sympathique consiste en un filet très-fin, avec peu ou point de ganglions.

Dans les reptiles il est plus distinct : il réunit entre eux les nerfs inter-vertébraux, et pénètre dans le crâne, uni au nerf vague.

Dans les oiseaux il pénètre dans le crâne avec le nerf vague et le glosso-pharyngien ; il communique avec la cinquième et la sixième paires ; il présente au col une interruption apparente, tenant à ce qu'il est là contenu dans le canal vertébral : il est très-distinct et ganglionaire dans la poitrine, et se prolonge jusqu'aux vertèbres caudales.

Dans les mammifères le nerf sympathique ne diffère pas beaucoup de celui de l'homme.

§ 811. MM. Meckel et Wéber ont fait remarquer que le nerf sympathique est d'autant plus petit, relativement au corps, que l'animal est plus éloigné de l'homme. Une seconde observation générale est que le nerf sympathique et le nerf vague sont en rapport inverse de développement ; de sorte qu'ils se suppléent mutuellement dans la vie végétative à laquelle ils appartiennent l'un et l'autre. Il faut aussi remarquer que

[1] Wéber, *Anatomia compar. nervi sympath.* ; Lips., 1817.

le nerf sympathique est développé dans tous les animaux en proportion de leur appareil circulatoire, auquel il appartient en grande partie.

§ 812. Le système nerveux ganglionaire, qui existe dans tous les animaux, qui, dans les vertébrés, forme encore un système à part en connexion avec le centre nerveux dont il précède le développement; qui conserve d'une part l'état de dissémination que présente le système nerveux des invertébrés, et qui forme aussi quelques centres principaux, comme le plexus cardiaque, et surtout les ganglions, et le plexus cœliaque ou solaire, qu'on a appelé cerveau abdominal ou épigastrique, doit avoir une grande importance dans l'organisme. Mais, avant d'exposer les fonctions du nerf sympathique, il faut examiner celles des ganglions.

§ 813. Willis a eu, sur les ganglions et sur le nerf sympathique, une idée assez conforme à celle que l'on en a aujourd'hui : il considérait les ganglions comme des diverticules des esprits, et le nerf sympathique comme placé entre les conceptions cérébrales et les affections précordiales, entre les actions et les passions, de manière à établir un consensus entre les parties.

Vieussens considère aussi le nerf intercostal comme un intermédiaire sympathique entre le cerveau et les viscères des deux autres cavités; il place dans les ganglions, qu'il appelle plexus, un centre d'action musculaire et fermentatif. Lancisi regardait aussi les ganglions comme des centres d'impulsion qu'il comparait au cœur.

Winslow, qui a le premier employé le nom de nerf sympathique, regardait les ganglions comme des centres d'origine, de véritables petits cerveaux.

Meckel attribua pour usage aux ganglions, 1° de

diviser les rameaux nerveux en ramuscules, et ceux-ci en filamens; 2° de faire parvenir des rameaux par diverses directions à des lieux éloignés; 3° de réunir plusieurs rameaux en un seul cordon.

Zinn soutint la même opinion, en ajoutant que les rameaux réunis de différens points dans un ganglion, sont plus intimement mêlés que dans les plexus.

Johnstone regarda les ganglions comme des cerveaux capables de développer et de communiquer la force nerveuse, comme l'origine des nerfs involontaires, et comme propres à rompre l'influence de la volonté sur les organes à mouvemens involontaires, tels que le cœur.

Haase, qui a rapproché les ganglions des plexus, a combattu l'opinion de Johnstone par ces deux argumens: que des muscles volontaires reçoivent des nerfs des ganglions spinaux, et que des organes involontaires, comme l'estomac, en reçoivent du nerf vague.

Scarpa adopte une opinion semblable à celle de Meckel et de Zinn: suivant lui, les ganglions ont pour usage de séparer, de mêler et de réunir de nouveau les filets nerveux; suivant lui, les nerfs des viscères émaneraient directement des nerfs spinaux et des cinquième et sixième paires, et seraient seulement rassemblés dans les ganglions.

Toutes ces opinions, comme on le voit, peuvent être rapportées à deux. Les uns, comme Meckel, Zinn, Haase, Scarpa, et, plus récemment, Legallois, n'ont vu dans les ganglions qu'un arrangement particulier, une disposition anatomique des filets nerveux; les autres, comme Winslow, Johnstone, Lecat, Petit, Metzger, etc., ont regardé les ganglions comme des points d'origine, et surtout comme des centres d'action nerveuse. Personne n'a défendu cette dernière idée avec plus de chaleur et de talent que Bichat. Reil, M. Autenrieth, M. Wutzer, M. Broussais, et beaucoup d'autres, ont ajouté de nouveaux argumens à ceux de notre célèbre compatriote, dont ils ont à peu près embrassé l'opinion.

§ 814. Bichat regarde le système nerveux organique comme résultant essentiellement de centres nombreux ou de ganglions réunis entre eux par des filets, et le tronc nerveux sympathique lui-même comme une série de ganglions et de filets anastomotiques. Bichat a peut-être accordé aux ganglions une importance exagérée ; mais certainement il n'a pas accordé à leur ensemble, à leur réunion, toute l'importance qu'elle mérite.

Suivant Reil, le nerf sympathique constitue un système propre, qu'il appelle système ganglionaire; il l'appelle aussi système nerveux végétatif. Dans les animaux vertébrés il est uni au système cérébral ou animal, mais il n'en émane pas. Ce système, au lieu d'avoir un centre unique où les racines soient implantées, a plusieurs foyers d'action : 1° il consiste en des plexus ou réseaux placés autour des artères; on en compte environ douze; parmi eux, un principal, l'épigastrique, muni de ganglions, et formant des plexus secondaires, est une sorte de centre ou de cerveau. 2° Ces plexus sont liés au système cérébro-spinal par des rameaux et des plexus conducteurs : les deux troncs réunis en bas, devant le coccix, et en haut par les cinquième et sixième paires et par le cerveau, constituent une périphérie elliptique qui embrasse tout le système des ganglions et des plexus, et dans laquelle pénètrent plusieurs nerfs cérébraux, notamment la huitième paire. 3° Les rameaux ou plexus conducteurs transmettraient des sensations et des volitions, s'ils étaient des conducteurs parfaits ; mais on peut les considérer comme des semi-conducteurs, et les ganglions comme des corps isolans.

Il résulte de là deux systèmes nerveux et deux sphères d'activité nerveuse : 1° la sphère animale, où les impressions sont senties, où les volitions déterminent les mouvemens; 2° la sphère végétative, où l'activité nerveuse est départie lentement, continuellement, obscurément. Dans ce système, les impressions, sans être propagées au centre animal, déterminent des mouvemens. Dans l'état malade, cependant, les cordons et les plexus communiquans deviennent conducteurs, les ganglions cessent d'être isolans, les impressions sont senties, et les mouvemens sont influencés par le centre animal.

Suivant Reil encore, dans le sommeil magnétique, la séparation des deux systèmes nerveux disparaîtrait, et le centre nerveux épigastrique, centre de la sphère végétative, deviendrait un sens distinct.

M. Autenrieth considère le nerf sympathique comme naissant du cerveau et de la moelle, mais en devenant de plus en plus indépendant à mesure qu'il en est séparé par des plexus et des ganglions, la substance rougeâtre, grisâtre, des nerfs sympathiques, conduisant plus difficilement que la blanche les impressions et les irritations.

M. Wéber a rassemblé beaucoup d'argumens anatomiques et physiologiques, pour démontrer que le nerf sympathique constitue un système particulier, qui, indépendant du cerveau, a son centre en lui-même.

M. Wutzer a observé, comme Bichat et d'autres encore,

que l'irritation mécanique du nerf sympathique ne produit aucun effet appréciable; tandis qu'un irritant plus fort, comme l'agent galvanique, détermine des douleurs et des convulsions.

M. Broussais considère aussi le nerf intercostal comme un système propre, un centre sensitif particulier, qui transmet des impressions au sensorium animal, et par suite des déterminations sur les muscles volontaires. Dans le fœtus il agit seul, il dirige les organes sécréteurs et nutritifs, il excite l'énergie du cœur, il étend son action jusque sur le centre animal, et détermine les mouvemens automatiques. Dans les fœtus anencéphales et amyèlés, il excite les mouvemens musculaires par son action sur les nerfs spinaux. Après la naissance, il agit sur le centre nerveux, en y transmettant les sensations internes, et établit ainsi, entre le cerveau et les viscères des deux autres cavités, une liaison féconde en phénomènes. Dans tous les temps il régit l'action des vaisseaux capillaires, et dirige la nutrition par l'intermède de la force formative ou plastique, que cet ingénieux écrivain appelle chimie vivante.

§ 815. Presque toutes ces opinions, qui consistent à considérer le système des ganglions comme un système indépendant, pèchent en ce qu'elles sont trop absolues, tout comme celles qui ne considèrent dans les ganglions qu'un pur arrangement anatomique. Le système des ganglions doit être considéré tout à la fois comme un système séparé ou réuni, indépendant ou dépendant, suivant diverses circonstances déjà indiquées pour la plupart.

Les fonctions des ganglions paraissent être de *diminuer* ou d'*arrêter* l'influence du centre nerveux sur les nerfs ganglionaires, de *diminuer* ou d'*empêcher* la transmission des impressions au centre; de sorte que, par l'action des ganglions, le système nerveux végétatif est *séparé* du système animal.

Les ganglions paraissent en outre destinés *à rassembler*, *à coercer* la force nerveuse qu'ils puisent dans la moelle, à en développer par eux-mêmes, pour la communiquer convenablement aux nerfs et aux organes où ils se terminent.

Les ganglions exercent des fonctions *différentes*, suivant la *diversité* de leur texture.

Ces différences consistent dans, 1° le mélange plus ou moins intime des filets médullaires; 2° la diversité de la substance secondaire; 3° les différences dans la membrane extérieure, plus ou moins dense, plus ou moins tendue : or, c'est dans les ganglions du nerf sympathique que l'on observe l'intrication et la fusion la plus grande des filets médullaires, la ténacité et l'union la plus intime de la substance secondaire, et une membrane ou capsule assez ferme, et très-adhérente à la substance intérieure. Dans les ganglions spinaux, au contraire, les filets médullaires sont droits, point mêlés, et la substance secondaire est grossière, lâche et très-distincte des filets : aussi ces ganglions sont-ils regardés comme moins parfaits que les autres; aussi Pfeffinger pensait-il qu'on devait les exclure de ce genre d'organes. La fonction de ces derniers ganglions reste d'ailleurs très-douteuse. Il ne paraît pas, en effet, qu'ils diminuent la communication nerveuse; ils ne peuvent pas être considérés non plus comme les origines des nerfs moteurs et sensitifs communs, car la racine antérieure des nerfs spinaux leur est étrangère.

§ 816. Les usages des cordons nerveux ganglionaires

sont de conduire l'influence nerveuse; mais ils sont des conducteurs un peu différens des autres nerfs, dont ils diffèrent en se rapprochant beaucoup des ganglions : ils sont des conducteurs imparfaits. Les irritations mécaniques ou chimiques ne les traversent pas; mais l'irritation galvanique est conduite par eux, et détermine soit des sensations, soit des contractions. Il en est de même des irritations morbides, comme les irritations intestinales, urétériques, etc., qui sont ressenties.

Les fonctions du nerf sympathique sont de diriger la nutrition, les sécrétions; de distribuer l'agent nerveux au cœur, au canal digestif et aux organes urinaires et génitaux; d'établir une liaison sympathique entre tous les principaux organes. Il remplit ces diverses fonctions sans l'influence de la volonté et sans conscience des impressions, les ganglions faisant tout à la fois l'office de ligatures qui modèrent la transmission de l'influence nerveuse, et de centres particuliers d'activité, qui en augmentent et en modifient la distribution.

Ce nerf forme ainsi un système particulier dans le système général; il a une sphère d'action propre renfermée dans la sphère générale. L'un et l'autre systèmes nerveux ont des connexions intimes; ils s'influencent réciproquement, surtout dans l'état de maladie.

§ 817. M. Lobstein a recueilli plusieurs faits très-curieux relatifs aux altérations morbides des ganglions et des nerfs sympathiques; il a observé l'inflammation des ganglions semi-lunaires ou cœliaques, dans des cas de névropathies abdominales chroniques, de coqueluche et de tétanos; il a observé également dans divers cas l'inflammation des nerfs cardiaques et pulmonaires. M. Autenrieth a aussi observé dans la coqueluche l'inflammation des nerfs vagues, sympathiques et cardiaques. M. Duncan a vu dans un cas de diabetès la portion abdominale du nerf sympathique triplée ou quadruplée en volume. Les nerfs sympathiques sont, comme les autres, augmentés en volume dans les hypertrophies, diminués au contraire dans les atrophies simples, ainsi que dans celles qui résultent d'une production accidentelle infiltrée dans le tissu d'un organe.

Beaucoup de maladies abdominales et thoraciques semblent en outre dépendre d'une action irrégulière du nerf sympathique; et d'autres, très-nombreuses aussi, de l'action anormale de ce nerf sur le centre nerveux cérébral.

CHAPITRE XI.

DES PRODUCTIONS ACCIDENTELLES.

§ 818. Les productions qui se rencontrent accidentellement dans l'organisation humaine sont des humeurs, des concrétions, des tissus et des animaux vivans.

Ces objets ne font point partie de l'organisation saine ou régulière : ils n'appartiennent qu'à l'anatomie morbide. Leur description, ou au moins leur indication sommaire, placée ici, a pour objet de compléter ce qui a été dit, à l'occasion de chaque tissu en particulier, sur les altérations et les productions qui lui sont propres. Les productions dont il est question dans ce chapitre sont communes à plusieurs parties ou à la totalité de l'organisation.

La connaissance des altérations et des productions accidentelles est très-importante pour l'anatomiste médecin ; car, d'une part, cette connaissance est la base de la pathologie ; et, d'un autre côté, l'anatomie étant rarement étudiée sur des sujets sains, mais le plus souvent sur des corps d'individus malades, l'anatomiste rencontre à tout instant, dans ses recherches, des altérations de l'organisation et des productions accidentelles.

PREMIÈRE SECTION.

DES HUMEURS ACCIDENTELLES.

§ 819. Les humeurs naturelles peuvent être altérées dans leur quantité ou dans leur qualité ; quelques-unes de ces altérations ont été indiquées. On trouve en outre quelquefois des humeurs tout-à-fait différentes des premières. Parmi ces dernières, le pus est la seule assez bien connue pour être décrite.

§ 820. Le *pus* [1] est une humeur accidentelle résultant d'une sécrétion morbide, qu'on nomme suppuration. Le pus est composé de globules microscopiques semblables à ceux du sang, découverts par Home, nageant dans un fluide coagulable par la solution de muriate d'ammoniaque.

Il est d'une couleur blanche ou jaunâtre, opaque, d'une consistance de crème. Sa consistance et sa couleur dépendent de la proportion des globules sur la partie fluide. Il est plus pesant que l'eau. Il a une saveur légèrement salée, constante, et une faible odeur particulière, un peu variable.

1 C. Darwin, *Experim. establishing criterion betwen mucagin. and purul. matter*; Lightfield, 1780. — Brugmans, *Dissertatio de pyogeniâ; Groningæ*, 1785. — E. Home, *on the Properties of pus*; London, 1789. — Grasmeyer, *Abhandlung von dem eiter*, etc.; Gotting, 1790. — Schwilgué, Mémoire inédit sur le pus, analysé dans la Nosogr. philos., vol. II. — G. Pearson, *on Expectorated matter*; *in* Phil. Trans., 1809. — *Idem, Obs. and exper. on pus*; *ibid.*, 1810. — Rizetti, *De phthisi pulmonali Specim. chim. med.*; *in* Mém. de Turin, vol. II et III. — Rossi et Michelotti, Analyse première du pus, *ibid.*, vol. III. — E. Home, *On the Conversion of pus into granulations or new flesh*; *in* Phil. Trans., 1819.

Le pus plonge dans l'eau, tandis que le mucus y flotte. Par l'agitation le pus se délaie, se mêle à l'eau, et la blanchit uniformément; le mucus, au contraire, reste en flocons distincts. Le pus se coagule par la chaleur, par les acides et par l'alcohol; les alcalis le rendent visqueux, filant, et le dissolvent. Il est composé, suivant Schwilgué, d'albumine à un état particulier, de matière extractive, d'une matière grasse, de soude, de muriate de soude, de phosphate de chaux, et autres sels. Il ressemble beaucoup au sérum du sang, dont il ne paraît différer que par l'état de l'albumine et de la matière extractive. Le mucus se délaie dans l'eau, se dissout par l'addition de l'acide sulfurique, et non le pus. Une solution d'alcali caustique dissout à la fois le pus et le mucus, et par l'addition de l'eau le pus se précipite seul. Ces caractères chimiques, et d'autres encore du même genre, ne sont point aussi certains que l'action de l'eau seule, et surtout que l'inspection microscopique.

Le pus ne présente pas toujours exactement les mêmes qualités physiques et les mêmes propriétés chimiques. On peut le distinguer en pus crémeux, homogène, vulgairement plus louable; en pus séreux, sanieux ou sérosité purulente; en pus glaireux ou mucus puriforme; en pus cailleboteux ou grumeleux; et en pus concret ou couenneux. En outre, le pus peut être mêlé de sang, de sérosité, de matières excrémentitielles, de matière putride, de tissus accidentels, de calculs, de matière virulente, etc.

Dans tous les cas, il est composé, suivant M. Pearson, d'un oxide animal blanc, opaque, peu soluble, d'un liquide limpide, analogue au sérum du sang, qui tient en suspension, mais non dissout l'oxide animal; et d'une innombrable quantité de globules microscopiques. Les différences qu'il présente dépendent des proportions différentes dans lesquelles se trouvent ces matériaux essentiels, ainsi que les substances qui peuvent s'y trouver accidentellement.

§ 821. Le pus peut se former dans la plupart des organes.

Le tissu où la suppuration est le plus fréquente et semble le plus facile, est la membrane muqueuse. Quelques heures après l'application d'une cause irritante, on voit les propriétés physiques et chimiques du mucus se changer insensiblement en celles du pus. Quand l'irritation diminue et cesse, on voit à l'inverse les propriétés du pus se changer insensiblement en celle du mucus. La suppuration de la membrane muqueuse s'accompagne d'un léger degré de rougeur et de gonflement, et très-rarement d'ulcération.

La peau suppure aisément dès qu'elle est irritée et que l'épiderme est enlevé. Cela peut continuer indéfiniment, si l'irritation est continuée, ou fréquemment renouvelée; la peau prend alors l'aspect d'une membrane muqueuse enflammée.

Le tissu cellulaire étant mis à découvert par l'ablation de la peau, l'hémorrhagie s'arrête; il s'écoule ensuite de la sérosité, qui peu à peu prend le caractère du pus. En même temps la surface vulnérée se couvre d'une couche de matière organisable, qui devient vasculaire et se couvre de granulations.

Le tissu cellulaire étant irrité par un corps étranger ou par une cause inconnue (*spina helmontii*) s'enflamme; il se forme du pus dans le centre du phlegmon : ce pus est renfermé dans une membrane de nouvelle formation, plus ou moins distincte, plus ou moins vasculaire, suivant son ancienneté; le tissu cellulaire environnant, enflammé et très-vasculaire, a perdu sa perméabilité par la déposition interstitielle de matière organisable.

Les membranes séreuses, quand elles suppurent, présentent des changemens analogues; elles deviennent très-vasculaires et prennent à la longue l'apparence des membranes muqueuses.

§ 822. Boerhaave attribuait l'origine du pus à la fonte des organes enflammés; Pringle et Gaber l'attribuaient à un changement dans le sérum du sang; ces deux opinions, diversement modifiées et combinées, ont été long-temps et généralement adoptées.

L'idée que le pus est formé dans les vaisseaux, et qu'il en sort par une action sécrétoire de ces organes, a été d'abord indiquée par le docteur Sympson, puis par Dehaen, et ensuite par le docteur Morgan, de Philadelphie. Hunter et Brugmans ont embrassé et développé cette doctrine, généralement adoptée aujourd'hui.

La suppuration est une sécrétion morbide. Cette sécrétion est toujours précédée et déterminée par l'inflammation; mais l'inflammation est plus ou moins évidente. Deahen lui-même, qui admet expressément la suppuration sans inflammation préalable, ne veut évidemment parler que de l'inflammation avec ulcération : en effet, l'on sait bien aujourd'hui, ce qu'il annonçait alors, que la suppuration peut avoir lieu sur les surfaces sans altération; il note, dans les cas de suppuration sans inflammation, des productions couenneuses et des adhérences qui dépendent, comme on sait, de l'inflammation.

Dans la constitution scrofuleuse la suppuration n'est souvent précédée que d'une inflammation chronique et latente, mais qui n'en existe pas moins, quoiqu'elle soit obscure.

§ 823. La suppuration, quand elle existe depuis longtemps, et lorsqu'elle a lieu par une large surface, devient, par son association avec les fonctions, une sécrétion importante; aussi l'on ne doit pas établir ou supprimer légèrement une suppuration.

Le pus est quelquefois le véhicule des virus introduits dans l'organisme; on le considère aussi, dans quelques cas, comme le véhicule de cause de maladies éliminées par l'organisme.

Suivant M. Ev. Home, le pus aurait encore pour usage de fournir, par sa coagulation à la surface des plaies suppurantes, les matériaux de la cicatrice, c'est-à-dire la matière organisable de ce nouveau tégument.

SECONDE SECTION.

DES CONCRÉTIONS PIERREUSES.

§ 824. Les concrétions ou calculs [1] sont des corps solides, plus ou moins durs, qui se forment dans les humeurs contenues dans les cavités, les réservoirs et les conduits tapissés par la membrane muqueuse. Cette formation est toujours accompagnée d'un changement de composition plus ou moins évident des liquides où elle a lieu.

§ 825. Les calculs intestinaux sont rares dans l'espèce humaine. Ces calculs, plus ou moins volumineux et nombreux, sont ronds ou ovoïdes, jaunes ou bruns : leur pesanteur spécifique est de 1, 4. Ils ont pour noyau un calcul biliaire, des fesses endurcies, ou un corps

[1] Walter, *de Concrementis terrestribus*; Berol., 1775. — Vicq-d'Azyr, Académ. roy. de médecine, ann. 1779. — Mosovius, *Dissert. de calculorum animalium, eorumque imprimis biliariorum, origine et natura*; Berolini, 1812.

étranger. Ils sont formés de couches, et composés de substance terreuse, surtout de phosphate de chaux, et d'un peu de substance animale.

Les follicules muqueux et sébacés contiennent quelquefois des amas endurcis ou plus ou moins concrets.

On cite quelques exemples de petits calculs de phosphate de chaux et de matière animale, dans la caroncule lacrymale, dans les tonsilles, dans la prostate.

On a trouvé quelquefois aussi des concrétions pierreuses de même nature dans le sac et le canal lacrymaux, dans les glandes salivaires et dans leurs conduits, dans le pancréas.

§ 826. Les voies biliaires [1] sont fréquemment le siége de calculs, *cholelithi.* On les trouve le plus souvent dans la vésicule biliaire; quelquefois dans les canaux cystique, hépatique ou cholédoque; ou dans le canal intestinal, et rarement dans les racines du canal hépatique dans le foie. Le nombre et le volume de ces calculs varient extrêmement : on en trouve depuis un jusqu'à plusieurs milliers dans la même vésicule, depuis le volume d'un œuf de poule jusqu'à celui d'un grain de millet; leur couleur varie du blanc au jaune, au brun et au noir; leur surface est arrondie ou à facettes, polie ou rugueuse; leur consistance varie beaucoup; leur pesanteur spécifique est de 0,20 à 0,35. On les divise, d'après Walter, en trois genres : striés ou rayonnés, *striati*, lamelleux, *lamellati*, et pourvus d'une écorce, *corticati.* Dans l'espèce humaine ces calculs sont formés de cholestérine, de matière jaune de la bile, et quelquefois d'un peu de picromel.

1 Sœmmerring, *de Concrementis biliariis corp. humani*; Traject. ad Mœn., 1795. — Thénard, Mém. de la soc. d'Arcueil, vol. I.

§ 827. Les calculs urinaires[1], *urolithi*, se trouvent dans le bassinet du rein, dans l'uretère, dans l'embouchure de ce canal, dans la vessie, dans l'urètre, dans le prépuce, dans des locules de la vessie, dans les conduits prostatiques et dans des cavités et des voies urinaires accidentelles.

Les calculs du bassinet et des calices du rein se moulent dans ces cavités, quand ils s'y accroissent, et deviennent rameux comme le corail.

Les calculs vésicaux sont les plus communs : tantôt, et c'est le plus ordinaire, il n'y en a qu'un dans la vessie, tantôt il y en a plusieurs; on en a vu jusqu'à plus d'un cent. Leur volume et leur poids varient depuis celui d'un grain de blé jusqu'au volume de la tête d'un fœtus à terme, et jusqu'à plus de six livres de poids. Leur forme est ronde ou obronde, ou ovoïde, ou tétraèdre, ou cunéiforme, ou cubique, etc.

Leur surface est unie, ou rugueuse, ou mamelonnée; leur couleur et leur consistance sont très-variables. Ils ont toujours un noyau formé, soit par un gravier descendu du bassinet, soit par un caillot de sang, ou un flocon de mucus, soit par un corps étranger.

Ils sont quelquefois homogènes, assez souvent formés de couches superposées, semblables ou différentes; d'autres fois mêlés ou hétérogènes, et sans couches.

Les calculs vésicaux sont composés, 1° d'acide urique; 2° d'oxide cystique; 3° de phosphate de chaux; 4° d'urate d'ammoniaque; 5° de phosphate ammoniaco-magnésien; 6° d'oxalate de chaux; 7° de silice; 8° de carbonate de chaux; 9° d'oxide xantique; 10° de matière fibrineuse; 11° de mucus; et 12° de

1 Fourcroy et Vauquelin, Mém. de l'Inst. nat., tom. IV. — Wollaston, Philos. trans., ann. 1797, etc.

phosphate de fer, de magnésie, de carbonate de magnésie, d'urate de soude. Ces substances se trouvent dans les calculs, ou isolées ou combinées par deux, trois, quatre ou cinq. Le plus commun de tous est le calcul d'acide urique; puis le calcul fusible, composé de phosphates ammoniaco-magnésien et calcaire; puis le calcul mural, composé d'oxalate de chaux; puis le calcul formé de couches distinctes d'acide urique et d'oxalate de chaux, etc. La silice et l'oxide cystique, et plus encore l'oxide xantique et la fibrine, sont les substances les plus rares dans les calculs urinaires.

§ 828. On dit avoir trouvé quelquefois des concrétions calculeuses pisiformes dans les vésicules spermatiques et dans les conduits éjaculateurs.

On trouve quelquefois aussi de petites concrétions semblables dans les trompes utérines. Quant aux concrétions de l'utérus, ce sont le plus souvent des corps fibreux ossifiés. Cependant on a trouvé dans cet organe des concrétions de phosphate calcaire ayant pour noyau un corps étranger.

On assure avoir trouvé des concrétions calculeuses dans les conduits excréteurs de la mamelle.

TROISIÈME SECTION.

DES TISSUS ACCIDENTELS.

§ 829. Les tissus accidentels[1] sont des organes nouveaux développés dans le corps vivant.

[1] Laennec, Cours oral de médecine, au Collége de France, année 182-1823.

Ces tissus peuvent être divisés en deux sortes : 1° les tissus analogues à ceux de l'organisation saine;

2° Les tissus hétérologues ou sans analogues dans l'organisation régulière.

Il y a aussi quelques tissus accidentels, intermédiaires, pour ainsi dire, entre les uns et les autres, et ayant des analogues, non dans l'organisation humaine, mais au moins dans d'autres animaux.

§ 830. Ces diverses sortes de tissus sont tantôt isolés, tantôt, et souvent, réunis ou combinés entre eux. Ils sont même souvent réunis avec des humeurs accidentelles, avec des animaux vivans, avec des humeurs ou des tissus altérés, etc.

§ 831. Parmi les anatomistes et les pathologistes, les uns (MM. Dupuytren, Cruveilhier, etc.) regardent les tissus accidentels comme le résultat de transformations éprouvées par les tissus naturels : ils appellent les tissus accidentels analogues, des transformations proprement dites, et les tissus hétérologues, des dégénérations; les autres (J. Hunter, MM. Abernethy, Laennec, etc.) les regardent comme des productions nouvelles ou épigénétiques. C'est une question très-difficile à résoudre; cependant le dernière opinion nous paraît la plus conforme à l'observation.

§ 832. Les transformations véritables sont très-rares, et n'ont lieu qu'entre des tissus peu différens : ainsi les cartilages du larynx se changent en os; la membrane muqueuse renversée à l'air se change en peau, comme la peau attirée à l'intérieur, par une cicatrice, devient muqueuse, etc. C'est ainsi que l'on voit, dans les arbres, les racines se changer en branches, et réciproquement les branches en racines. Mais la plupart des prétendues transformations ne sont autre chose que des productions :

ainsi une cicatrice est une membrane toute nouvelle, et non le résultat de la transformation des tissus dénudés; ainsi le cancer du col de l'utérus est le résultat d'une matière de nouvelle formation infiltrée dans son tissu, et qui l'a écarté, comprimé, atrophié, et non le résultat de la dégénération de ce tissu.

ARTICLE PREMIER.

DES TISSUS ACCIDENTELS ANALOGUES.

§ 833. Ces tissus ressemblent plus ou moins parfaitement aux tissus de l'homme sain.

Ils sont altérables comme les tissus naturels, et même plus qu'eux.

Ces tissus sont de deux sortes : 1° les uns sont le résultat de l'adhésion des lèvres d'une solution de continuité, ou de la régénération après une perte de substance ; 2° les autres sont le résultat d'une production tout-à-fait accidentelle. Les uns et les autres ont été décrits à l'occasion de chaque tissu (Chap. I à X).

§ 834. Les tissus demi-analogues sont, 1° quelques-uns des tissus ci-dessus, qui n'atteignent pas un degré parfait d'organisation : telles sont surtout les cicatrices ou productions cutanées accidentelles, la production de tissu blanc compacte et flasque, les productions demi-cartilagineuses, les ossifications terreuse et pierrieuse, les productions cornées imparfaites, etc. ; 2° ce sont aussi la production nacrée, analogue à la vessie natatoire des poissons, observée dans des parois de kystes ; la production de fongus en lames, etc.

ARTICLE II.

DES TISSUS ACCIDENTELS HÉTÉROLOGUES.

§ 835. Les tissus accidentels hétérologues, morbides, ou sans analogues dans l'organisation saine, sont assez nombreux. Les plus communs et les mieux caractérisés sont, le tubercule, le squirre, l'encéphaloïde et la mélanose; quelques autres plus rares seront indiqués après ceux-là.

§ 836. Ces tissus commencent probablement par l'état fluide; mais dès le moment qu'on peut les apercevoir ils sont solides. Ils persistent plus ou moins longtemps en cet état, qu'on nomme de crudité ou d'organisation; état dans lequel on peut les comparer à des zoophytes, dans lequel ils présentent, pour la plupart, des vaisseaux, et dans lequel ils sont indolens et ne nuisent que mécaniquement. Ils se ramollissent ensuite, se décomposent, se liquéfient. Dans cet état, que Bayle comparait à une mort anticipée, ils causent des douleurs plus ou moins vives, quelquefois nulles; ils irritent et enflamment les parties voisines; ils exercent une action délétère sur tout l'organisme, et particulièrement sur la nutrition, même sur celle des os; ils s'étendent et se multiplient alors plus ou moins rapidement dans l'organisation.

L'origine et la cause de ces tissus sont inconnues. On les a regardés comme innés ou héréditaires; comme résultant d'une aberration de l'action formatrice; comme des êtres organisés se développant et mourant prématurément au milieu de l'organisation; comme des produits, des résultats de l'inflammation et de l'irritation, etc. Ce sont autant d'hypothèses plus ou moins ingénieuses et plus ou moins fondées.

Ces tissus existent sous forme de masses isolées, de masses enveloppées, d'infiltrations dans le tissu des organes, etc.

Tantôt ils existent seul à seul, tantôt ils sont combinés entre eux et avec d'autres productions accidentelles, et avec des tissus et des humeurs altérés.

I. *Du Tubercule.*

§ 837. Le tubercule, ou les tubercules, car ils existent presque toujours en grand nombre, constituent le tissu morbide le plus commun. On les appelle aussi tubercules scrofuleux, parce qu'ils se rencontrent dans la plupart des cas de scrofules.

Ce tissu existe sous la forme de masses isolées ou enveloppées, et sous celle d'infiltration.

Il commence par l'état gélatiniforme; mais cet état n'est apercevable que quand la substance tuberculeuse est infiltrée.

Il existe ensuite à l'état grisâtre, transparent, comme demi-cartilagineux : c'est la première période distincte des tubercules isolés; ils constituent alors les granulations militaires de Bayle.

Ces grains, en grossissant, se réunissent souvent en masse; ils deviennent opaques, jaunâtres, friables, en commençant par le centre. Le même changement de couleur et de consistance a lieu dans l'état d'infiltration : c'est encore là l'état de crudité.

Ils se ramollissent ensuite, et se liquéfient : à cette période, ou même dans les périodes précédentes, il se produit ordinairement beaucoup de nouvelle substance tuberculeuse, soit en masse, soit en infiltration.

La matière tuberculeuse, ramollie plus ou moins complétement, en pus homogène, ou en pus caillebotté, est évacuée par une ouverture de la peau ou de la membrane muqueuse; elle est peut-être aussi quelquefois résorbée. Tantôt le foyer reste enflammé, ulcéré indéfiniment; tantôt il se resserre et s'oblitère; tantôt la membrane de nouvelle formation qui le tapisse acquiert une texture demi-muqueuse ou demi-cartilagineuse, et constitue une fistule permanente sèche; tantôt enfin on ne trouve qu'une matière friable, résidu probablement d'une résorption, le tubercule n'ayant pas abcédé.

On ne trouve jamais de vaisseaux dans les masses tuberculeuses : dans le cas d'infiltration tuberculeuse les vaisseaux comprimés, oblitérés, disparaissent promptement. Les masses qui se développent lentement ont une enveloppe molle ou glutineuse, celluleuse, cartilagineuse, et même quelquefois osseuse.

On trouve le tissu tuberculeux dans tous les organes, et surtout dans les poumons, dans le tissu cellulaire naturel et accidentel, à la surface des membranes séreuses, mais surtout dans leurs fausses membranes, à la surface libre de la membrane muqueuse, et surtout celle de l'intestin, dans les ganglions lymphatiques, dans les glandes, dans la rate, dans les os, dans le tissu musculaire, dans celui du cœur, dans l'encéphale et dans la moelle épinière, dans les tumeurs composées.

On a observé ce tissu morbide dans tous les animaux vertébrés.

II. *De l'Encéphaloïde.*

§ 838. Le tissu encéphaloïde ou cérébriforme est une production morbide très-commune : elle a été confondue sous le nom de cancer avec plusieurs autres, et notamment avec le squirre. Elle a été d'abord caractérisée par Bayle et M. Laennec. C'est le cancer médullaire, l'inflammation fongueuse, le fongus hématode de quelques écrivains anglais.

Ce tissu existe sous forme de masses nues ou enveloppées, et sous celle d'infiltration.

A l'état de crudité, il forme des masses de grosseur variée : chaque masse est lobée, lobulée, et les lobules sont ordinairement contournés comme les circonvolutions du cerveau. Ce tissu est alors ferme comme la couenne du lard, demi-transparent, incolore, ou blanchâtre, ou grisâtre; les lobules sont réunis entre eux par un tissu cellulaire imparfait, d'une mollesse extrême; ils se confondent à mesure que la masse se développe. Des vaisseaux nombreux, très-fins, à parois très-faibles, sont ramifiés dans ce tissu cellulaire et dans la substance encéphaloïde elle-même.

Quand le développement est complet, l'encéphaloïde est d'une couleur blanche rosée ou violacée par endroits, soit par teinte, soit par points. Ce tissu morbide est alors très-analogue au tissu cérébral, mais moins lié, moins tenace. Il présente d'ailleurs divers degrés de consistance dans la même masse; degrés comparables à ceux des diverses parties de l'encéphale.

Les masses encéphaloïdes qui ne sont pas enveloppées d'une membrane distincte le sont d'une couche de tissu cellulaire mou; les autres ont une enveloppe demi-cartilagineuse, doublée, à l'intérieur, de tissu cellulaire mou et vasculaire comme les premières. Quelquefois le kyste est incomplet dans son développement; dans tous les cas, il paraît postérieur dans sa formation à la substance qu'il renferme.

L'infiltration cérébriforme est très-commune, surtout dans le tissu du col de l'utérus; dans cet état la période de crudité est très-courte.

Le ramollissement de ce tissu donne lieu à une matière pultacée ou comme de la bouillie de couleur rosée. Quelquefois alors, les vaisseaux se rompant, il se fait des infiltrations sanguines dans le tissu cellulaire, ou des épanchemens semblables à l'apoplexie dans la substance amollie : le sang se concrète alors, et est en partie résorbé; quelquefois même il se forme une membrane en forme de kyste autour du sang; quelquefois ce sont des infiltrations séreuses qui ont lieu dans le tissu cellulaire ambiant, ou des épanchemens séreux dans la substance même, qui est alors liquide comme celle du ramollissement blanc du cerveau.

Quelle que soit la ressemblance, en effet très-grande, entre le tissu morbide dont il s'agit, et la substance du cerveau, il n'y a pas identité; et l'on ne peut admettre l'opinion de M. Maunoir, qui regarde ce tissu comme le produit d'un épanchement de matière nerveuse.

Quand le ramollissement est extérieur ou en contact avec l'air, la surface est grise, verdâtre, fétide, enflammée; quelquefois elle se détruit en tombant en putrilage.

Ce tissu, moins cependant que les tubercules, se multiplie dans l'organisation, lors de son ramollissement surtout. Il a plus de tendance que le tubercule à s'accroître ou à s'étendre de proche en proche. Il ne paraît pas qu'il soit susceptible d'être éliminé et de se guérir spontanément.

Il peut exister dans tous les organes : on l'observe fréquemment dans la mamelle, le testicule, l'utérus, le foie, le poumon, l'encéphale, l'estomac, le périoste, la méninge, les os, leur membrane médullaire, les membranes séreuses, la membrane muqueuse, les muscles, les glandes, les ganglions lymphatiques, le tissu cellulaire commun.

III. *Du Squirre.*

§ 839. Le tissu squirreux ou colloïde est moins commun que le précédent ; il est souvent confondu avec lui sous le nom de cancer.

Il existe le plus souvent sous forme de masses isolées. A l'état de crudité, il est difficile à distinguer du tubercule et de l'encéphaloïde. Il est dur ; mais sa consistance varie depuis celle des cartilages, ou de la couenne de lard, jusqu'à celle des ligamens intervertébraux. Il crie sous la pointe du scalpel quand on le gratte ; il est blanc, gris-bleuâtre, peu coloré ou incolore. Il est demi-transparent ; il forme des masses de figures irrégulières, rarement lobulées, ordinairement homogènes ; il est quelquefois partagé à l'intérieur par des intersections fibreuses ou cellulaires : ce tissu intérieur est quelquefois régulièrement rayonné, comme celui d'un navet, quelquefois alvéolaire, quelquefois irrégulier. On y voit rarement des vaisseaux distincts.

Le squirre se ramollit sous consistance de gelée de viande figée, et quelquefois sous l'apparence de sirop, tantôt incolore, tantôt fauve, tantôt verdâtre, quelquefois grisâtre, sale et teint de sang. Quelquefois le ramollissement est gommeux ou pultacé, quelquefois mielleux.

Ce tissu morbide présente une assez grande diversité d'apparences, soit à l'état de crudité, soit à l'état de ramollissement. Bayle en faisait cinq à six espèces de cancers. Plusieurs des espèces de sarcôme de M. Abernethy rentrent également dans cette sorte de tissu.

Le squirre se ramollit quelquefois partiellement, et alors il présente l'apparence de cicatrices (Nicod). Dans un cas de ce genre, que j'ai vu récemment, il m'a semblé que ce qui paraissait des cicatrices était la peau restée saine par petites places au milieu d'un très-grand nombre d'ulcérations superficielles et irrégulières.

Le squirre a été observé dans la plupart des parties du corps, dans presque tous les organes, dans presque tous les tissus.

IV. *De la Mélanose.*

§ 840. La mélanose [1], cancer mélané de M. Alibert, est un tissu morbide caractérisé par sa couleur noire, qui, aperçu d'abord par quelques observateurs, soit dans l'homme, soit dans les animaux, a été spécifié et nommé, il y a quelques années, par M. Laennec.

Cette substance existe sous forme de masses isolées, nues ou enveloppées, sous celle d'infiltration, et sous celle de plaques à la surface des membranes.

Les masses de mélanose varient, pour la grosseur, depuis le plus petit volume jusqu'à celui d'une noix : elles existent en nombre plus ou moins grand sur le même individu ; elles sont quelquefois assez régulières, quelquefois mamelonnées, lobulées, quelquefois comme formées de lames entortillées et volutées. Ces parties sont réunies entre elles, et les masses entourées par du tissu cellulaire. Les vaisseaux suivent ce tissu, mais ne pénètrent point dans la substance noire. Cette substance est noire ou brune, opaque, sans odeur, sans saveur, ferme, tenace, homogène au premier aspect ; mais si on l'écrase par la percussion, et si on la lave avec de l'eau, l'eau se colore en brun ou en noir ; le tissu est décoloré et reste grisâtre.

On trouve la mélanose en plaques à la surface des membranes muqueuses ou séreuses ; on la trouve aussi

[1] Breschet, Considérations sur une altération organique appelée *dégénérescence noire*, etc. ; Paris, 1821.

infiltrée dans l'épaisseur de la membrane muqueuse, des fausses membranes, des ganglions, etc.

La mélanose, examinée chimiquement, paraît composée, 1° de fibrine colorée; 2° d'une matière colorante noirâtre, soluble dans l'acide sulfurique affaibli et dans la solution de sous-carbonate de soude, et colorant ces liquides en rouge; 3° d'une petite quantité d'albumine; 4° de chlorure de sodium, de sous-carbonate de soude, de phosphate de chaux et d'oxide de fer.

La composition de la mélanose est donc très-analogue à celle du caillot du sang, c'est-à-dire à la matière colorante du sang et à la fibrine, l'une et l'autre dans un état particulier; on y rencontre aussi trois matières grosses.

La mélanose se ramollit tard, sous forme de bouillie noirâtre; et, suivant son siége, cette substance s'épanche dans les cavités, ou s'infiltre de manière à colorer les humeurs et les tissus. Quelquefois, mais rarement, la mélanose sous-cutanée s'ulcère; le docteur Ferrus en a observé un cas. A l'état de ramollissement, même extrême, ce tissu a peu de tendance à s'étendre et à se multiplier; il ne détermine pas sur l'organisme une action délétère aussi marquée que les précédens. Les altérations qu'on a le plus souvent observées sont une décoloration générale, des hydropisies, une torpeur, une débilité analogue à ce qui a lieu dans le scorbut.

On a trouvé la mélanose dans beaucoup de parties, et surtout dans le tissu cellulaire commun, dans les muscles, dans le cœur, dans les glandes lymphatiques, dans l'orbite, dans l'œil, dans les poumons, le foie, les reins, le pancréas, la rate, le tissu cellulaire de la mamelle, le tissu cellulaire accidentel, etc.

La mélanose paraît résulter d'une aberration de quelques-uns des matériaux, et surtout de la matière colorante du sang.

V. *De la Cirrhose, etc.*

§ 841. La cirrhose, ou le tissu morbide fauve, existe quelquefois sous forme de masses; on l'a vue aussi sous forme de plaques et de kyste.

En masses, ce tissu est fauve, mat, flasque, humide, compacte, analogue au tissu des capsules surrénales : il ne présente point de fibres distinctes. Les masses varient du volume d'un grain de millet à celui d'un noyau de cerise. Elles existent quelquefois en quantité innombrable. Les plus grosses paraissent squammeuses.

Ce tissu se ramollit sous forme de putrilage brun verdâtre; ses effets, soit locaux, soit généraux, sont peu marqués. Il existe assez souvent et très-abondamment dans le foie, qui est alors amoindri, ridé, rugueux. On l'a vu aussi dans le rein, la prostate, l'épididyme, l'ovaire, la thyroïde.

§ 842. M. Laennec a désigné, sous le nom de *sclérose*, un tissu très-ressemblant ou identique avec le tissu blanc compacte, et qu'il a trouvé infiltré dans le tissu cellulaire sous-péritonéal de la région lombaire d'un individu cancéreux. Il diffère des tissus morbides en ce qu'il n'a pas été vu ramolli; mais il s'en rapproche par sa propension à s'étendre.

§ 843. Le même pathologiste a désigné, sous le nom de *squirre squammeux*, un tissu d'un blanc mat demi-transparent, feuilleté comme la chair de la morue, qu'il a vu une fois renfermé dans un kyste nacré, sur un individu cancéreux.

VI. *Des Tissus morbides composés.*

§ 844. Les tissus morbides sont très-souvent associés : leur réunion est une des plus grandes sources de difficultés dans l'étude de l'anatomie pathologique.

La composition a lieu tantôt par simple juxta-position, et tantôt par pénétration intime et mutuelle.

Les combinaisons les plus ordinaires sont, 1° celles des tissus fibreux, cartilagineux et osseux dans les kystes qui renferment des vers vésiculaires;

2° La combinaison de l'ossification terreuse et du tubercule, surtout dans les glandes bronchiques;

3° Celle du tubercule et de l'encéphaloïde, fréquente dans le foie, dans le testicule;

4° Celle du squirre et de l'ossification terreuse, assez fréquente encore dans le foie;

5° Celle de tous les tissus morbides, avec des ossifications, avec d'autres productions analogues, avec l'inflammation, l'hypertrophie, les infiltrations séreuses, sanguines, purulentes, etc.; ce qui constitue les cancers composés de l'estomac, de la mamelle, etc.

QUATRIÈME SECTION.

DES CORPS ÉTRANGERS ANIMÉS.

§ 845. Les animaux[1] que l'on rencontre dans l'organisation, et qui vivent à ses dépens, sont, les uns des vers intestinaux, et les autres des animaux attachés à la surface du corps, pénétrans dans son épaisseur, introduits dans les cavités, etc. La connaissance de ces êtres est une des parties de l'histoire naturelle médicale les plus difficiles et les plus obscurcies par des observations inexactes.

1 J. H. Ioerdens, *Entomologie und helminthologie des menschlichen korpers, etc.*, 1801-1802.

ARTICLE PREMIER.

DES VERS INTESTINAUX.

§ 846. Les vers intestinaux ou les entozoaires [1], *entozoa* (Rudolphi), se forment, ou du moins naissent et habitent dans l'organisation; ils ne peuvent vivre ailleurs. On en trouve non-seulement dans le canal alimentaire et dans les conduits qui y aboutissent, mais jusque dans le tissu cellulaire, dans les muscles et dans la substance des organes les plus éloignés des surfaces du corps, comme le cerveau. Leur organisation présente beaucoup de variétés très-grandes. (§ 38.) Leur origine est fort obscure. En se bornant à l'indication de ceux qui habitent le corps humain, on peut les rapporter à trois ordres; savoir : les vers vésiculaires, les vers plats et les vers cylindriques.

I. *Des Vers vésiculaires.*

§ 847. Les vers vésiculaires[2], *Entozoa cystica* (Rud.), consistent, en grande partie, en une vessie caudale plus ou moins volumineuse, propre à un seul, ou commune à plusieurs vers : le corps est déprimé ou arrondi, toujours très-petit; la tête (nulle dans un genre) est munie de fossettes (deux ou quatre), de suçoirs (quatre), d'une couronne de crochets ou de quatre proboscides recourbées; il n'y a point de canal intestinal ni d'organes génitaux visibles. Ces vers habitent toujours la

[1] C. A. Rudolphi, *Entozoorum, sive Vermium intestinalium Hist. natur.*; *Parisiis et Argentorati*; 1810. — *Idem. Entozoorum Synopsis*; *Berolini*, 1819.

[2] Laennec, Mémoire sur les vers vésiculaires, etc., *in* Bulletin de l'École de médecine; Paris, an XIII.

substance des organes dans un kyste distinct ; ils ont été long-temps confondus ensemble et avec les kystes, sous le nom d'hydatides. Aujourd'hui même les naturalistes rejettent un ou deux des genres de cet ordre, qui sont les suivans : *Acephalocystis*, *Echinococcus*, *Cysticercus*, et *Diceras*.

§ 848. L'acéphalocyste [1], genre établi par M. Laennec, mais non adopté par M. Rudolphi, ni par M. Cuvier, consiste en une vessie dépourvue de tête et de corps, ronde ou obronde, du volume d'un petit pois à celui d'une pomme moyenne, à parois minces et molles, transparentes, blanchâtres, homogènes, fragiles, remplie d'un liquide limpide, aqueux et albumineux. Il est douteux qu'on y ait observé des mouvemens spontanés. Il paraît que ces êtres équivoques se reproduisent par des bourgeons intérieurs. On en a rencontré dans presque tous les organes. On en connaît sept à huit espèces. Ils sont toujours enkystés, si l'on en excepte la môle en grappe, que l'on regarde comme le résultat de la réunion ou de la soudure d'une espèce de vers de ce genre.

§ 849. L'échinococque, genre de M. Rudolphi, qui y comprend peut-être les acéphalocystes, et que M. Cuvier n'admet pas, consiste en une vessie extérieure simple ou double, à la surface interne de laquelle tiennent plusieurs vers fins et granuleux comme des grains de sable, dont le corps est ovoïde, et la tête (comme celle du ténia armé) munie d'une couronne de crochets et de suçoirs.

Une espèce, l'E. de l'homme, *E. hominis*, habite les viscères de l'homme, et surtout le foie.

[1] Laennec, *loc. cit.* — Ludersen, *Diss. de hydatidibus*; *Gotting.*, 1808. — H. Cloquet, Faune des médecins, tome I; Paris, 1822.

§ 850. Le cysticerque a le corps arrondi ou déprimé, rugueux, se terminant en une vessie caudale; sa tête (comme celle du ténia armé) est munie de quatre suçoirs et d'une proboscide recourbée. Il habite solitaire dans un kyste très-mince.

Le C. du tissu cellulaire ou C. ladrique, *C. cellulosæ*, à tête carrée, à col très-court et renflé en avant, à corps cylindrique allongé, à vessie caudale elliptique transversalement, est l'espèce si commune dans le porc; on la rencontre aussi quelquefois dans les muscles, le cerveau et le cœur de l'homme. On en trouve encore quelques autres espèces dans le corps humain.

§ 851. Le diceras ou bicorne rude, *D. rude*, a le corps ovoïde, déprimé; il a une tunique lâche; sa tête est pourvue d'une corne bifide, âpre, filamenteuse. On ne sait pas au juste s'il habite la substance des organes. Il a été découvert par M. Sultzer, dans des matières rendues par l'action d'un drastique. Mis en doute par M. Rudolphi, il a été retrouvé depuis par M. Le Sauvage, de Caen, qui en a envoyé des individus à la Société de la Faculté de Médecine, où je les ai vus.

II. *Des Vers plats.*

§ 852. Les vers plats sont ceux dont le corps mou et déprimé est pourvu de pores-suçoirs à sa face inférieure ou à ses extrémités, *Entozoa trematoda* (Rud.), et ceux dont le corps est allongé, continu ou articulé, et la tête garnie de fossettes, de suçoirs, d'une ou quatre proboscides nues ou armées, *Ent. cestoïdea* (Rud.). Les uns et les autres sont dépourvus de canal intestinal, et pourvus d'ovaires ramifiés. Cet ordre comprend dans le corps humain les genres *Tænia*, *Distoma*, et *Polystoma*.

§ 853. Le tænia a le corps très-allongé, plat, articulé,

la tête garnie de deux ou quatre petits suçoirs. On en trouve deux espèces dans l'homme.

Le tænia large ou inerme, *T. lata, Bothriocephalus latus* (Bremser, Rud.), a la tête à peu près carrée, deux fossettes-suçoirs nues, la tête et les fossettes, qui sont marginales, oblongues, le col presque nul, les articles antérieurs en forme de rides, les suivans larges et courts, et les derniers allongés; sa longueur est de vingt pieds, et au-delà. Cette espèce est commune en Suisse et en Russie, très-rare en Angleterre, en Hollande et en Allemagne. On ne la trouve point dans les cadavres.

Le tænia solitaire ou armé, *T. solium*, appelé aussi vulgairement, et à tort, ver solitaire, a la tête garnie de quatre oscules-suçoirs, et dans leur centre d'une proboscide obtuse, armée de crochets; la tête est hémisphérique, distincte; le col s'épaissit antérieurement; les articles antérieurs sont très-courts, les suivans allongés, les derniers plus longs, tous obtus, pourvus chacun d'un pore marginal, alternant vaguement de côté; sa longueur est de cinq à dix pieds et plus. Cette espèce est commune en Angleterre, en Hollande, en Allemagne. On la rencontre quelquefois dans les cadavres.

On trouve l'une et l'autre espèces en France, mais surtout la seconde. Elles habitent l'une et l'autre le canal intestinal, surtout l'intestin grêle.

§ 854. Le distome ou la douve, *Fasciola* (Lin.), a le corps mou, déprimé, et deux pores solitaires, un antérieur et un ventral.

Le D. hépatique, *D. hepaticum*, qui a la forme d'une feuille ovale, se rencontre dans la vésicule biliaire de l'homme et de beaucoup d'autres mammifères, mais surtout du mouton.

Le polystôme, *Hexathyridium* (Treutler), a le corps

déprimé, six pores antérieurs, un ventral et un postérieur. Le P. de la graisse, *P. pinguicola*, qui est tronqué en avant, pointu en arrière, a été rencontré dans une tumeur de l'ovaire humain. Le P. des veines, *P. venarum*, paraît être un ver extérieur (§ 457).

III. *Des Vers cylindriques.*

§ 855. Les vers cylindriques, *Ent. nematoïdea* (Rud.), ont le corps allongé, arrondi, élastique; ils ont un canal intestinal, terminé par une bouche et un anus, des organes génitaux, séparés sur deux individus différens. Cet ordre comprend, dans l'homme, les trois genres suivans : *Filaria*, *Tricocephalus* et *Ascaris.*

§ 856. L'ascaride a le corps rond, aminci aux deux bouts, la tête munie de trois tubercules; le pénis du mâle est pointu et bifide. On en trouve deux espèces dans le corps humain.

L'A. lumbricoïde, *A. lumbricoïdes*, dont la tête est nue, le corps long de plusieurs pouces (3 à 12), marqué de deux sillons opposés, la queue un peu obtuse, habite dans l'intestin grêle. L'A. vermiculaire, *A. vermicularis*, *Oxyurus vermicularis* (Bremser), a la tête obtuse, garnie d'une membrane vésiculaire des deux côtés; son corps est un peu épaissi à la partie antérieure; la queue du mâle est fléchie et obtuse; celle de la femelle est droite et aplatie. Il habite le gros intestin, et surtout le rectum.

§ 857. Le tricocéphale a la partie antérieure du corps capillaire, le reste tout à coup un peu plus volumineux; la bouche orbiculaire; le pénis simple, engaîné.

On trouve dans l'homme le *T. dispar* : il est inerme; sa partie capillaire est très-longue, sa tête pointue; le corps de la femelle est à peu près droit; celui du mâle est tourné en spirale; la gaîne du pénis est ovoïde. Ce ver, observé par Morgagni, Wrisberg, Rœderer et Wagler, est très-commun. Il habite le gros intestin, et surtout le cœcum.

§ 858. La filaire a le corps allongé et à peu près égal, la bouche orbiculaire; le pénis du mâle est pointu et simple.

La F. de Médine, *F. medinensis*, qui est très-longue, qui a la tête effilée, la queue aplatie et fléchie dans le mâle, demi-cylindrique, pointue et courbe dans la femelle, se rencontre dans l'espèce humaine, mais entre les tropiques seulement. Elle habite le tissu cellulaire sous-cutané, et surtout celui des pieds. On a cru autrefois que c'était un ver extérieur pénétrant; il paraît que c'est réellement un entozoaire. La F. des bronches, *F. bronchialis*, est une espèce douteuse, observée et décrite par Treutler, sous le nom d'*Hamularia lymphatica*.

§ 859. Le *Strongylus gigas* a été rangé au nombre des vers qui habitent le corps humain, parce que Ruysch dit avoir vu une fois dans les reins de l'homme des vers semblables à ceux du rein du chien.

Le *Spiroptera hominis* est une espèce encore douteuse, observée par MM. Barnett et Lawrence, et sortie de la vessie urinaire d'une femme.

M. H. Cloquet a récemment décrit, sous le nom d'*Ophiostoma ponterii*, un ver rendu par un homme en vomissant, et observé par M. Pontier.

Beaucoup d'autres vers ont été indiqués comme habitant le corps humain, qui ne se trouvent que dans les animaux; d'autres ne sont que des larves, ou d'autres objets plus ou moins analogues à des vers qui se trouvent fortuitement dans les matières des excrétions, ou qui y ont été placés par supercherie.

ARTICLE II.

DES ANIMAUX PARASITES.

§ 860. Les animaux parasites sont beaucoup plus étrangers encore à l'organisation que les entozoaires.

Les uns cependant sont des insectes naissant, vivant et se reproduisant à la surface et dans l'épaisseur de la peau : tels sont le *Pediculus humanus corporis*, le *P. capitis*, le *P. pubis*, le *Pulex irritans*, le *P. penetrans*, l'*Acarus scabiei* ou *Sarcoptes*.

D'autres insectes sont déposés sous la peau et dans les cavités muqueuses, à l'état d'œufs, s'y développent à l'état de larves, et en sortent ensuite : tel est l'*Œstrus*, si commun dans le cheval, le bœuf, le mouton, et que l'on a trouvé aussi sous la peau de l'homme et dans les sinus de sa face. Des larves du genre *Musca* et de quelques autres se développent aussi quelquefois dans le conduit auriculaire des enfans malpropres, à la surface des ulcères, etc. Il ne faut pas oublier que beaucoup d'exemples de larves excrétées doivent être rapportées à des supercheries ou à des cas fortuits.

§ 861. Certains autres animaux pénètrent, à l'état adulte, dans les cavités muqueuses du corps, y demeurent plus ou moins long-temps, et y causent diverses altérations : telles sont, entre autres, les sangsues, *Hirudo medicinalis*, et *H. alpina*; tel est probablement aussi le dragonneau, *Gordius*. On a cru que le lombric terrestre pouvait pénétrer dans le corps : c'est l'effet ou d'une méprise ou d'une supercherie. La furie infernale de Linnæus paraît être un ver imaginaire.

Quelques insectes, enfin, ne font que blesser mécaniquement la surface extérieure du corps, ou y déposer un venin; ils sont d'ailleurs tout-à-fait étrangers.

FIN.

www.ingramcontent.com/pod-product-compliance
Ingram Content Group UK Ltd.
Pitfield, Milton Keynes, MK11 3LW, UK
UKHW020253230726
13925UKWH00001B/31